U0209302

全球油气
勘探开发形势及油公司动态
（2022年）

中国石油勘探开发研究院（RIPED） 编

石油工業出版社

内 容 提 要

《全球油气勘探开发形势及油公司动态（2022年）》全面系统地论述了2021年全球油气勘探开发形势、发展趋势、油公司发展动态与策略，形成了对全球油气勘探开发现状、潜力和发展方向及油公司动向的认识与判断，提出了对中国油公司开展海外油气合作的启示和建议。

本书可为油公司、政府管理部门及油气行业相关机构“走出去”拓展海外油气业务、制定发展战略提供依据与参考。适合于从事海外油气勘探开发的高级管理人员和研究人员，以及大专院校的教师和学生参考使用。

图书在版编目（CIP）数据

全球油气勘探开发形势及油公司动态．2022年 / 中国石油勘探开发研究院编．—北京：石油工业出版社，2022.9

ISBN 978-7-5183-5573-0

Ⅰ．①全… Ⅱ．①中… Ⅲ．①油气勘探－现状－世界－2022 ②石油企业－概况－世界－2022 Ⅳ．①TE1-11 ②F416.22

中国版本图书馆CIP数据核字（2022）第162418号

审图号：GS京（2022）1033号

出版发行：石油工业出版社有限公司
（北京安定门外安华里2区1号　100011）
网　址：www.petropub.com
编辑部：（010）64253017　　图书营销中心：（010）64523633
经　　销：全国新华书店
印　　刷：北京中石油彩色印刷有限责任公司

2022年9月第1版　2022年9月第1次印刷
889×1194毫米　开本：1/16　印张：25.5　插页：1
字数：480千字

定价：500.00元
（如出现印装质量问题，我社图书营销中心负责调换）

《全球油气勘探开发形势及油公司动态（2022 年）》

编 委 会

前　言

PREFACE

随着中国经济的持续发展，油气对外依存度逐年持续攀升，油气供应给国民经济发展和国家能源安全带来的影响越来越大，油气安全成为国家能源安全的核心。合理有效利用国外油气资源，缓解国内能源需求压力，成为中国国家石油公司和参与国际油气合作的各类企业的时代责任与义务。面对百年变局、世纪疫情、能源转型和“双碳目标”等因素交错叠加的挑战，分享利用国外油气资源需要把握几个关键问题：全球油气勘探开发形势如何？全球油气勘探开发发展动向如何？国外同行们如何进行战略布局？国际石油公司如何实施资产优化、能源转型和低碳发展？回答这些关键问题，需要持续从国家油气战略出发，以全球化、国际化的研究视角，分析全球油气勘探开发历程，把握其脉络，进而预测和研判其未来发展趋势和方向。

中国石油勘探开发研究院作为中国石油海外勘探开发业务技术支持和研究的龙头单位，是国家能源局 2017 年设立的国家油气战略研究中心的依托单位。近 30 年来，中国石油勘探开发研究院不仅致力于做好中国石油海外所有勘探开发项目的技术支持和新项目评价工作，积累了全球几乎所有含油气盆地的勘探开发一手基础数据和研究成果；而且充分利用购置商业数据库的大量资料和信息，持续开展全球油气资源分布和潜力的研究，深入分析全球油气资源分布规律，密切跟踪全球油气勘探开发形势，系统总结全球油气勘探活动与发现、全球油气开发现状与开发形势，研判预测全球油气勘探开发的未来发展方向和重点，持续关注国际石油公司投资动态与发展战略，总结形成对全球各类石油公司发展战略和合作方向的阶段性判断，提出对中国石油公司关于开展海外上游油气合作的建议。基于上述长期积累的全球油气勘探开发资料和全球油气勘探开发研究成果，我们编写《全球油气勘探开发形势及油公司动态》年度研究报告，并对全社会发布，旨在世界油气勘探开发舞台上以中国人的视角和方法论预测全球油气上游业务未来发展趋势，同时也为中国石油公司和民营企业“走出去”开展能源合作及制定国家能源发展战略提供依据和参考。同时，我们致力于把《全球油气勘探开发形势及油公司动态》年度报告和发布会打造成国家油气战略研究中心和中国石油勘探开发研究院的一个对外品牌和研究成果展示平台。

全书由三章组成。第一章“2021 年全球油气勘探形势”，论述了 2021 年全球油气勘探投资、勘探活动以及勘探新发现，解剖了典型油气田发现历程，提出了全球重点勘探领域和方向，为中国石油公司海外勘探及超前选区提供指导与依据。第二章“2021 年全球油气开发形势”，论述了全球油气开发现状与特征、全球油气开发形势、全球主力油气田开发特征，展望了全球油气开发发展趋势，为国家制定能源战略、能源发展规划及油气行业政策提供前瞻性、战略性的参考和借鉴。第三章“全球石油公司业务发展动向与策略”，通过对主要国际石油公司、国家石油公司、独立石油公司上游储量、产量、经营业绩、资产结构和收并购活动进行分析，揭示全球油气行业发展形势与动态、发展战略与动向、资产组合和优化特点，为中国石油公司海外业务发展提供借鉴。

本书由中国石油勘探开发研究院海外研究中心 8 个研究所相关专家和技术人员共同编写完成。窦立荣提出了报告的总体编写思路和详细编写提纲，完成了内容提要、前言的编写和全书的审定，何东博、史卜庆、范子菲、张兴阳、万仑坤、夏朝辉完成了文字报告的审校。第一章由温志新、王兆明、贺正军、刘小兵、宋成鹏、陈瑞银、刘祚冬、王素花、杨沛广、陈忠民、刘亚明、洪国良、边海光、范兴燕、李恒萱等完成；第二章由王作乾、郜峰、陈希、彭云、王克铭、李宏伟、韦青、王曦、岳雯婷、王子健、刘倩、何欣、崔洪嘉、蒋伟娜、方立春等完成；第三章由王建君、张宁宁、王青、曹庆超、雷占祥、黄飞、何媛媛、吴义平、李谦、邹倩、王燕琨、刘申奥艺、易成高、罗彩珍、李祖欣等完成。

特别感谢国家能源局对国家油气战略研究中心的指导和大力支持；感谢马新华教授、赵文智院士等专家对报告提供了重要指导和帮助，感谢中国石油国际勘探开发有限公司在数据库购置、油公司动态分析和发展策略研究方面给予的经费支持和技术指导。

受水平所限，本书难免存在不尽人意之处，真诚地希望广大读者能够提出宝贵的意见和建议，使我们在今后的研究和编写工作中不断提高。

编委会

2022 年 8 月

目　录

CONTENTS

第一章　2021 年全球油气勘探形势

第一节　全球油气勘探总体形势

一、勘探投资

自 2014 年低油价以来，全球各类油公司纷纷大幅削减上游投资，勘探投资与 2013 年高峰时期相比削减幅度达 35%～60%。2021 年，受低油价叠加新冠肺炎疫情的双重影响，全年勘探投资 312.8 亿美元，油气勘探投资维持 2020 年的投资水平，继续保持上一轮低油价下投资低迷的态势（图 1–1）。

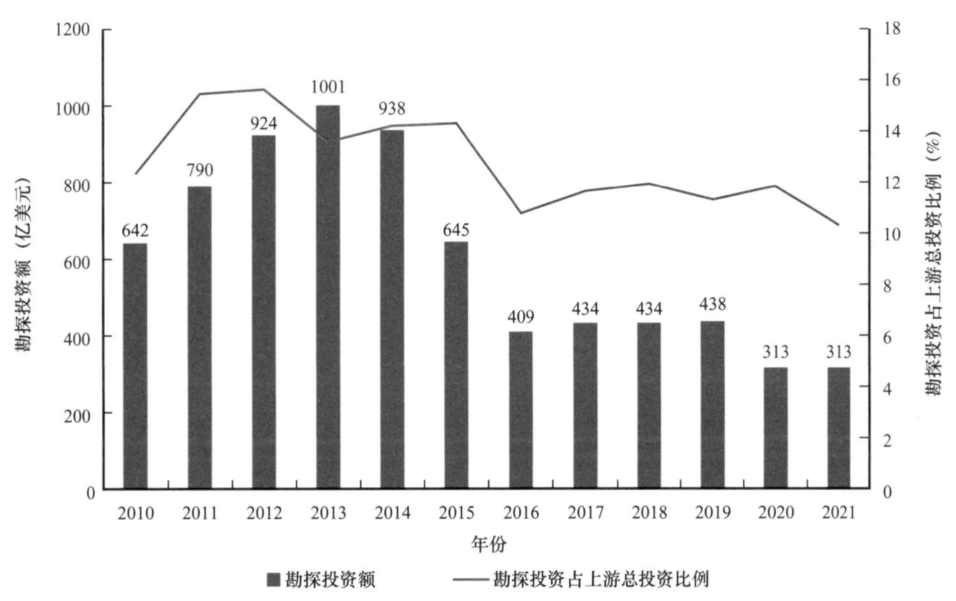

图 1–1　2010 年以来全球油气勘探投资年度分布柱状图

全球油气勘探投资占上游总投资的比例为 10%，同比略有下降。2011—2015 年高油价期间勘探投资占比为 14%～16%，平均为 14.7%。2016—2020 年低油价期间与上一个五年相比勘探投资占比明显下降一个台阶，降幅约为 4 个百分点，基本稳定在 10%～12% 区间。

从区域角度来看，全球油气勘探投资呈现明显差异性。美洲和亚太地区的投资额超过 100 亿美元，其中美洲地区勘探投资最高，达到 141 亿美元；亚太地区次之，投资额达 131.1 亿美元；欧洲位列第三，投资额为 21.4 亿美元（图 1–2）；非洲、中亚—

俄罗斯和中东地区投资额相对较小。从勘探投资占上游总投资的比例来看，亚太地区的占比相对最高，为 18%；欧洲和中东地区分别为 14% 和 13%；美洲地区占比最低，仅为 7%（图 1–2）。

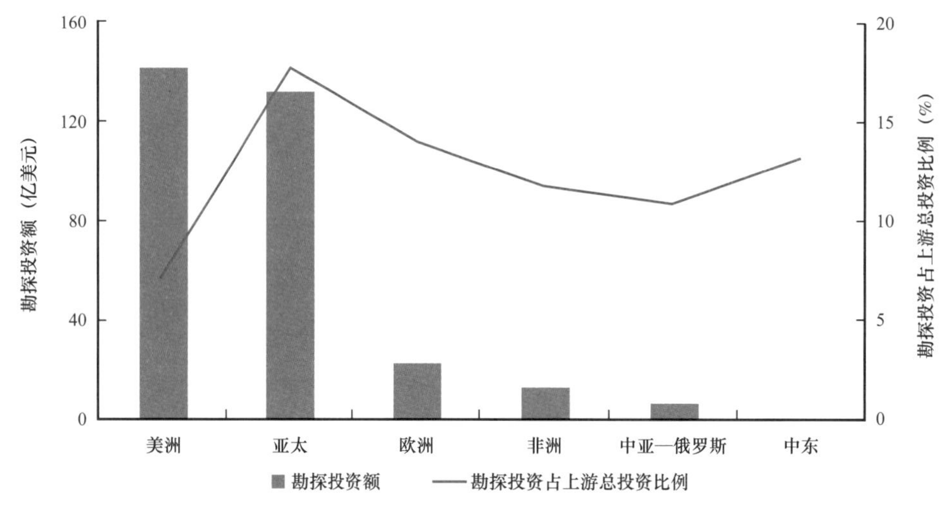

图 1–2　2021 年全球各地区油气勘探投资及占比图

从投资主体来看，低油价下国家石油公司勘探投资相对占优，国际石油公司最少，独立石油公司勘探投资相对活跃。国家石油公司勘探投资累计为 128.2 亿美元，在三类油公司中居于首位。其中，亚太地区勘探投资为 116.1 亿美元，占国家石油公司勘探投资总额的 90.6%。

碧辟（bp）、雪佛龙（Chevron）、埃克森美孚（ExxonMobil）、壳牌（Shell）、道达尔能源（TotalEnergies）、埃尼石油（Eni）和艾奎诺（Equinor）七大国际石油公司勘探投资合计 69.9 亿美元，占全球勘探总投资的 22.3%。其中，壳牌和埃克森美孚的勘探投资额最高，分别为 18.7 亿美元和 12.4 亿美元；其次为道达尔能源和艾奎诺，分别为 11.2 亿美元和 9.7 亿美元；雪佛龙、碧辟和埃尼石油的勘探投资规模相对较小，分别为 6.8 亿美元、6.1 亿美元和 5.0 亿美元（图 1–3）。从国际石油公司勘探投资的地区分布来看，埃克森美孚、壳牌和雪佛龙在美洲地区的勘探投资占比相对较高，为 70%～74%；埃尼石油和道达尔能源在非洲地区勘探投资力度相对较大，分别为 53% 和 32%。

独立石油公司的勘探投资占据重要地位，勘探投资额为 115 亿美元，占全球勘探总投资的 36.8%。与国际石油公司相似，独立石油公司的勘探投资重心位于美洲地区，高达 88 亿美元（图 1–4），而这些投资的 77% 集中在美国和加拿大。亚太地区勘探投资额为 9.9 亿美元，其中澳大利亚一枝独秀，其勘探投资额为 8.1 亿美元，远高于泰国和中国。

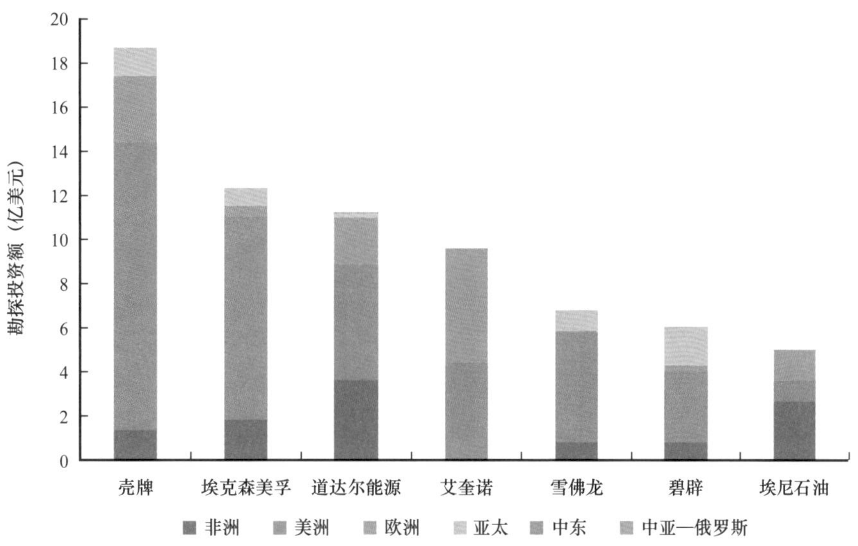

图 1-3　2021 年七大国际石油公司在各地区油气勘探投资分布

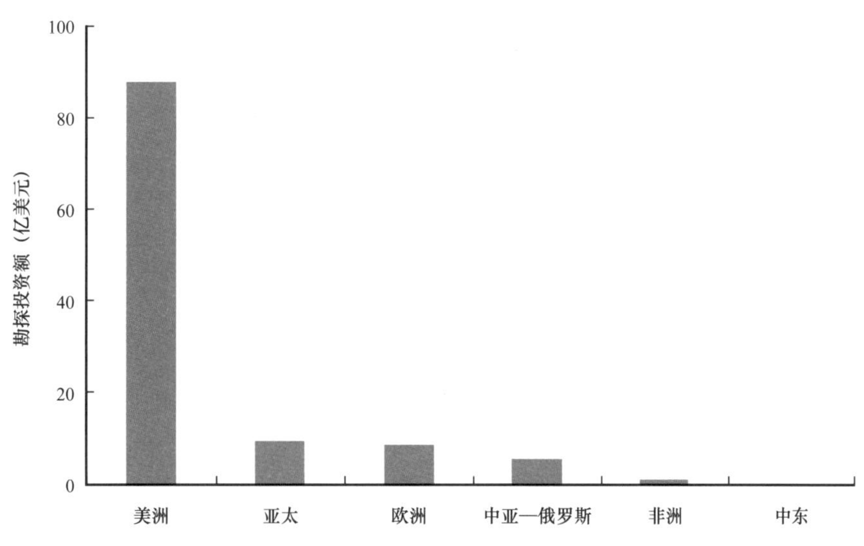

图 1-4　2021 年独立石油公司在各地区油气勘探投资分布

二、勘探工作量

2021 年，全球油气勘探工作量总体仍处于历史低位，重磁勘探工作量略有增加，地震勘探工作量重新跌入历史低谷，勘探钻井工作量降幅减缓。

1. 重磁勘探工作量略有增加

2021 年共完成重磁勘探工作量 2.3 万千米，其中重力勘探工作量为 5000 千米，磁力勘探工作量为 1.8 万千米，近三年来呈现增长趋势（图 1-5）。其中，巴基斯坦石油公司在印度河盆地分别完成 5000 千米的重力和磁力勘探；南非 Afro Energy 公司在卡鲁盆地完成 1.26 万千米的磁力勘探。

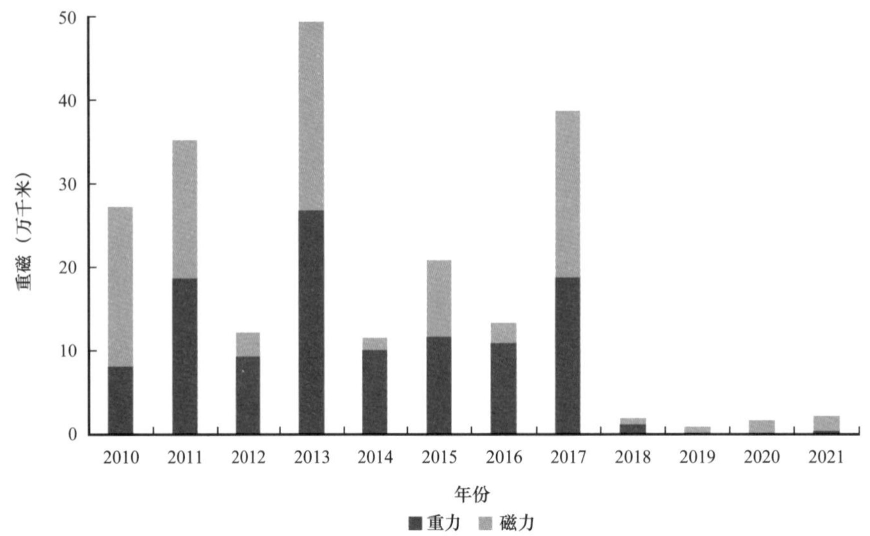

图 1-5　2010 年以来全球重磁勘探工作量柱状图

2. 二维地震降幅明显，海上二维地震占比下降

2021 年，全球共完成二维地震采集 5.6 万千米，同比下降了 42%。海上二维地震采集占比为 53%，较 2020 年大幅下降（图 1-6）。陆上二维地震勘探工作量有明显增长，主要来自阿拉伯和南亚地区的盆地。其中阿拉伯盆地二维地震工作量最多，为 6228 千米；其次是印度河和波特瓦尔盆地，分别采集 5747 千米和 1539 千米；孟加拉盆地和恒河盆地也表现不俗，分别为 3509 千米和 1064 千米。

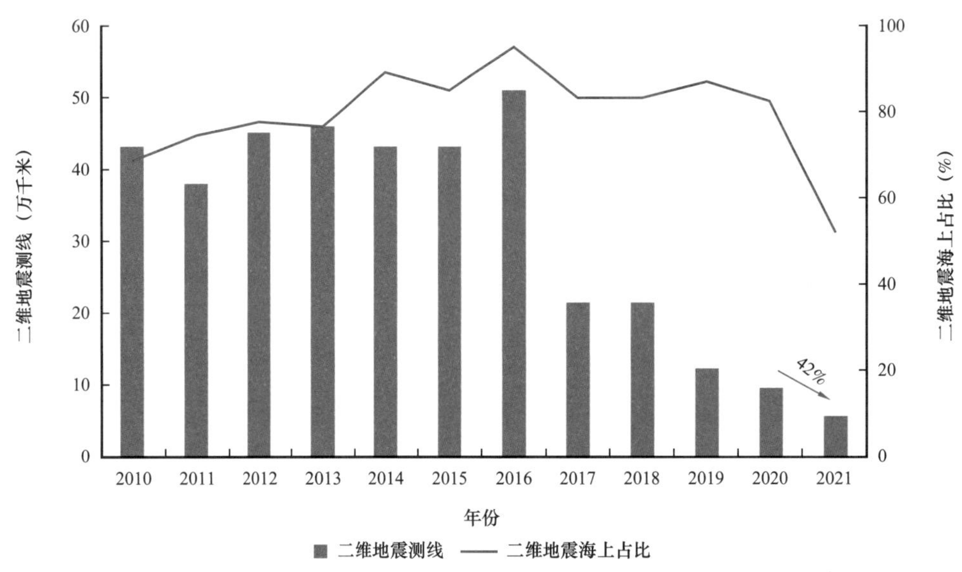

图 1-6　2010 年以来全球二维地震勘探工作量柱状图

从全球二维地震采集的地区分布来看，亚太地区位列第一（图 1-7），采集二维地震 1.94 万千米，其中 87.2% 的地震工作量来自陆上，主要来自印度、巴基斯坦、孟加

拉国、印度尼西亚和澳大利亚等国家，分别采集 4764 千米、4436 千米、3509 千米、2226 千米和 1460 千米。非洲、美洲和欧洲等地区处于第二梯队，分别采集 10436 千米、9798 千米和 9227 千米，三个地区 91.4% 的二维地震来自大西洋两岸的佩洛塔斯盆地（巴西）、北海盆地、塞内加尔盆地（毛里塔尼亚）和非洲西南海岸盆地（南非），占三个地区总采集量的比例分别为 31.9%、29.1%、25.5% 和 4.9%。中东和中亚—俄罗斯地区的二维地震采集较少，分别为 6228 千米和 1344 千米。

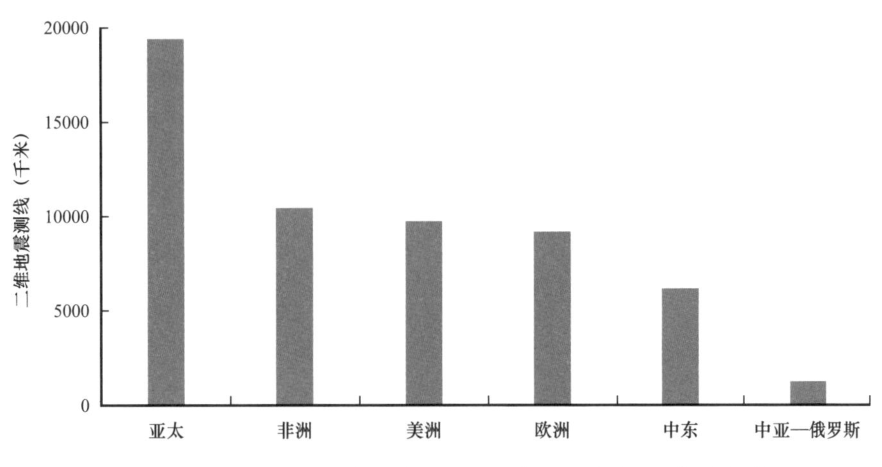

图 1–7　2021 年全球各地区二维地震勘探工作量柱状图

二维地震勘探工作量排名前 15 的盆地共采集二维地震测线 5.07 万千米（图 1–8），占全球二维地震工作总量的 90%。其中美洲地区的佩洛塔斯盆地、欧洲地区的北海盆地、非洲地区的塞内加尔盆地以及中东地区的阿拉伯盆地表现最为突出，采集工作量合计 3.17 万千米，占全球二维地震工作总量的 56%。此外，亚太地区的印度河盆地和孟加拉盆地，采集工作量分别为 5747 千米和 3509 千米，占比分别为 10% 和 6%。

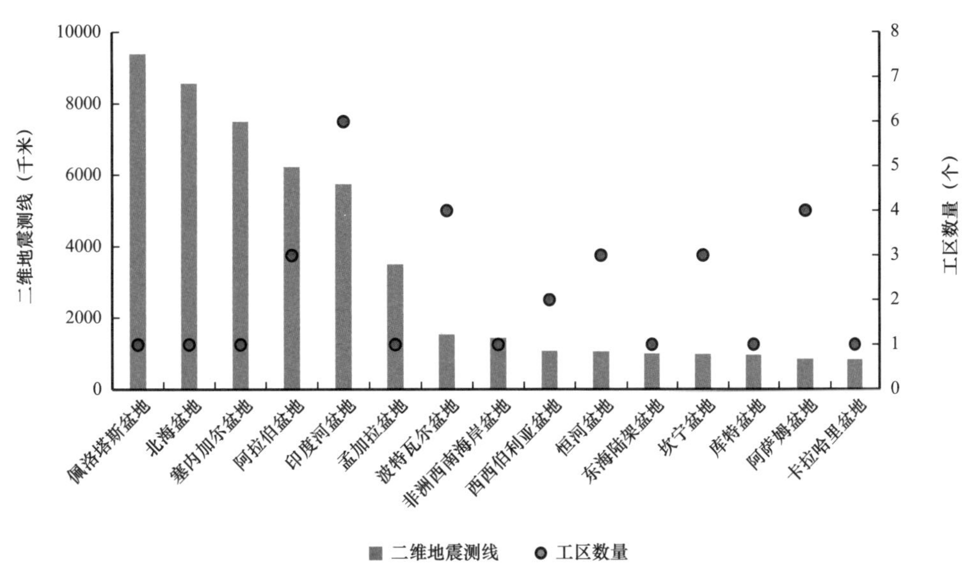

图 1–8　2021 年全球二维地震勘探工作量前 15 个盆地柱状图

3. 三维地震同比下降，海上三维地震占比略增

2021 年共完成三维地震采集 17.5 万平方千米，较 2020 年下降 31%，为连续第四年下降，工作量主要分布在海上。2010 年以来，海上三维地震占比呈逐步增加的趋势，自 2012 年以来其占比均超过 80%，2021 年占比达 93%，为历史最高水平（图 1–9）。

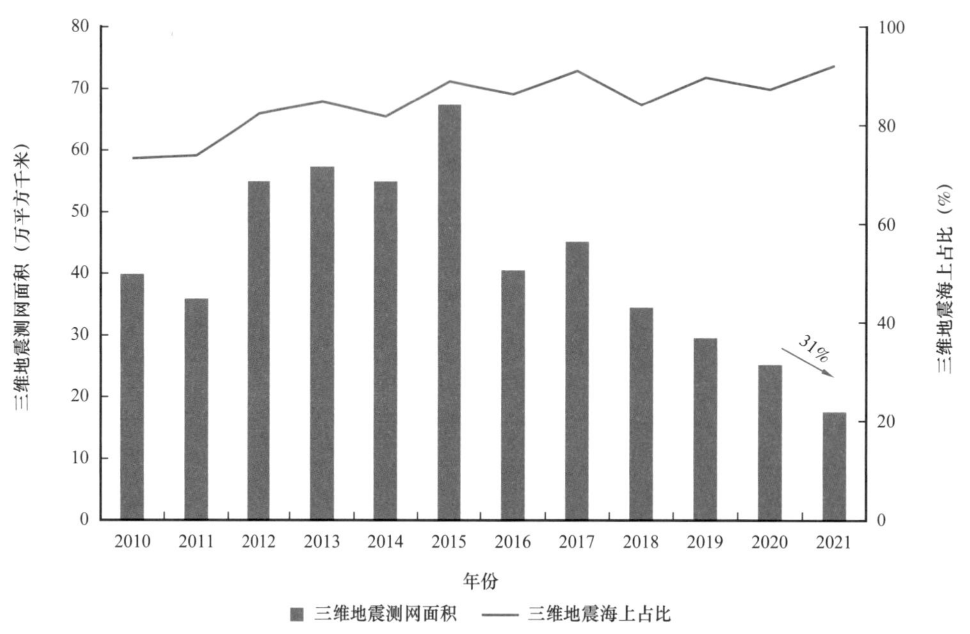

图 1–9　2010 年以来全球三维地震勘探工作量柱状图

从区域分布来看，美洲、亚太、欧洲和非洲的三维地震采集量位居前列，均超过 3 万平方千米（图 1–10），分别为 4.63 万平方千米、3.91 万平方千米、3.86 万平方千米和 3.35 万平方千米。中亚—俄罗斯的三维地震采集处于第二梯队，采集工作量为 1.24 万平方千米。中东地区采集量最少，仅为 5441 平方千米。

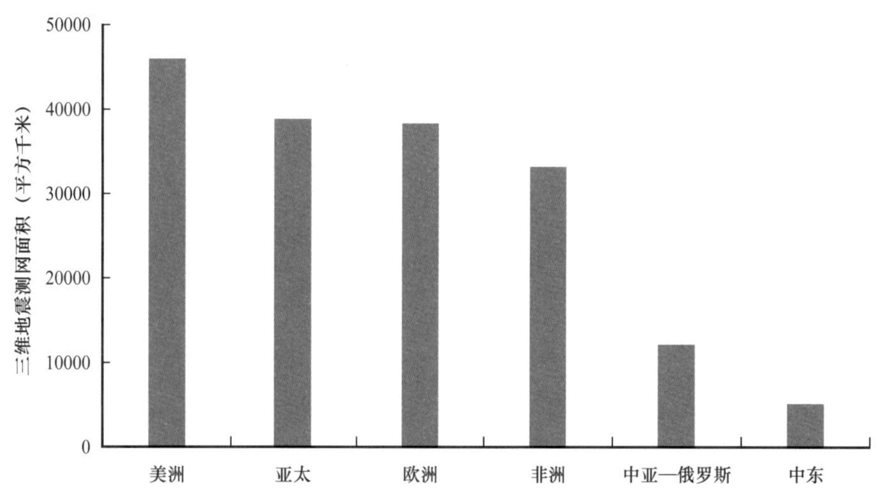

图 1–10　2021 年全球各地区三维地震勘探工作量柱状图

三维地震勘探工作量排名前 15 的盆地共采集 12.2 万平方千米（图 1–11），占全球三维地震工作总量的 70%。其中欧洲地区的北海盆地、北美地区的北大西洋盆地和南美地区的坎波斯盆地占据前三位，三维地震采集超过 1 万平方千米。欧洲地区的英荷盆地、非洲地区的塞内加尔盆地及北埃及盆地、中亚—俄罗斯地区的西西伯利亚盆地及欧洲地区的黑海盆地三维地震采集工作量均超过 7000 平方千米。美洲地区的圭亚那盆地、非洲地区的尼日尔三角洲、亚太地区的庆尚盆地、美洲地区的桑托斯盆地及非洲地区的下刚果盆地也表现不俗，三维地震采集均超过 5000 平方千米。

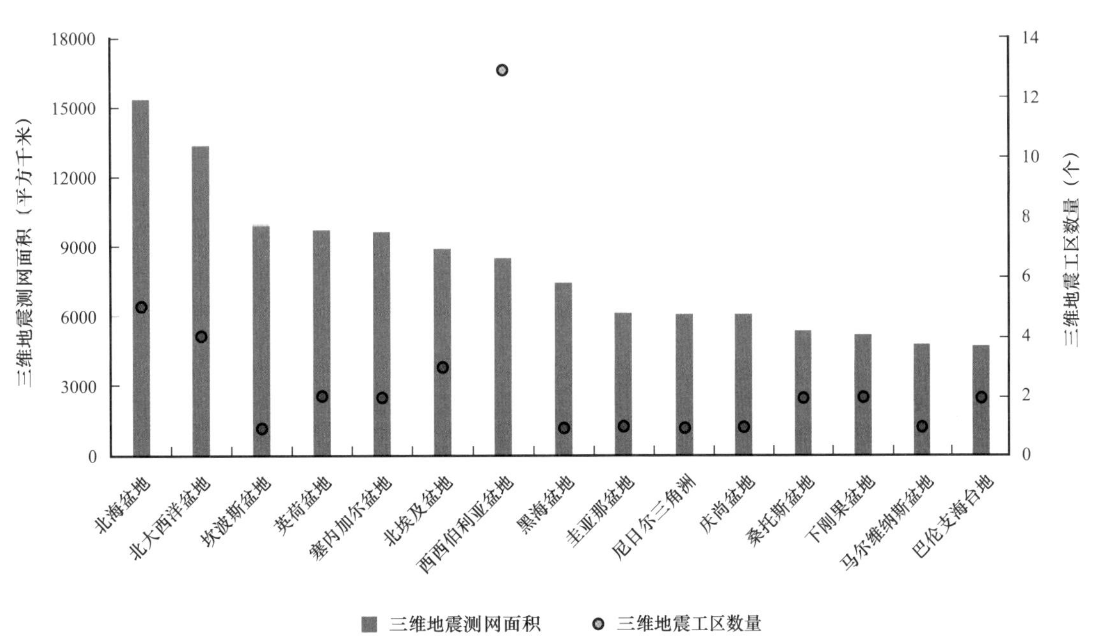

图 1–11　2021 年全球三维地震勘探工作量前 15 个盆地柱状图

4. 勘探钻井工作量降幅减缓

2021 年全球共完钻探井、评价井 1235 口，较上年减少 39 口，降幅 3.1%（图 1–12）。其中，探井 644 口，较上一年减少 34 口，探井占比 52.1%，较上一年小幅减少（图 1–12）。从全球区域分布来看，亚太地区位居首位，共完钻 316 口；其次为中亚—俄罗斯、欧洲和美洲地区，为 197～235 口；中东和非洲地区钻井数量最少，分别为 134 口和 123 口（图 1–13）。

1）海上钻井数量降幅近一成

从勘探钻井的海陆分布上看，海上完钻 381 口，同比减少 37 口，降幅 8.9%。其中浅水 286 口、深水（水深大于 500 米）36 口、超深水（水深大于 1500 米）59 口。海上钻井占钻井总数的 30.9%，与上一年相比小幅减少。

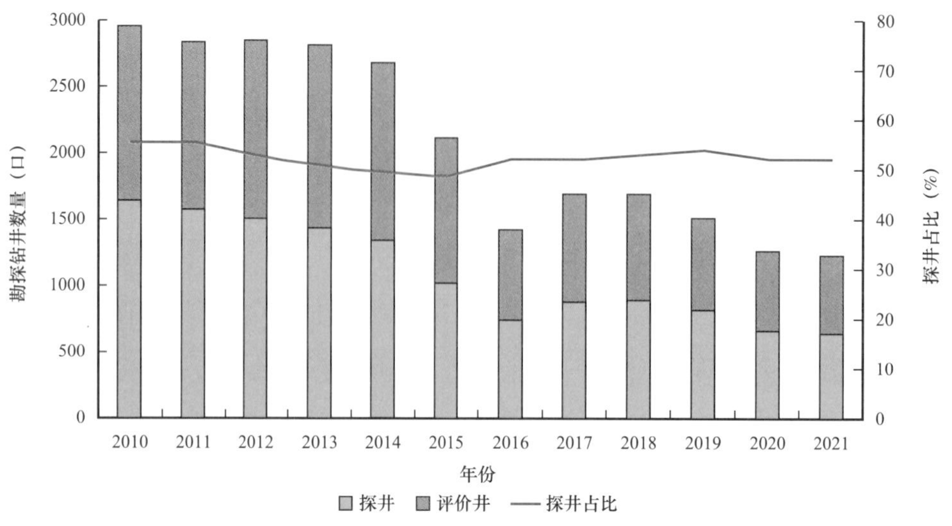

图 1-12　2010 年以来全球探井、评价井数量柱状图

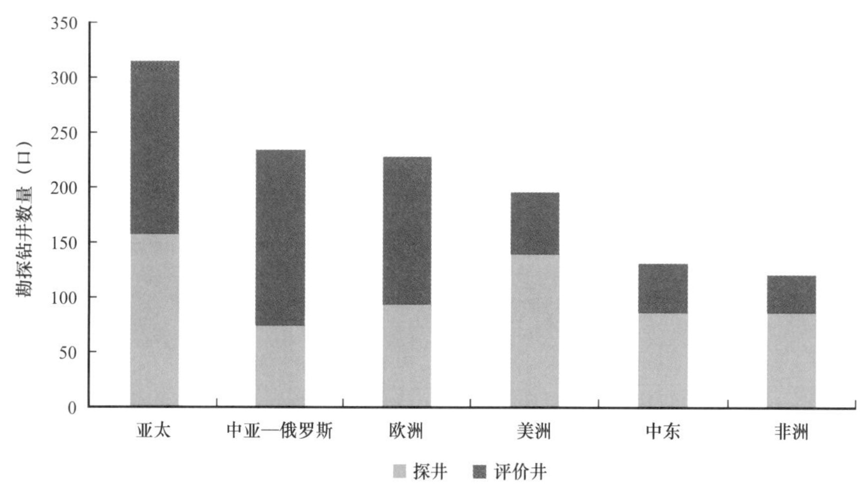

图 1-13　2021 年全球各地区探井、评价井数量柱状图

海上探井、评价井主要分布在北海盆地以及渤海湾盆地，钻井数量均超过 40 口，最高达到 59 口（图 1-14）。其次是孟买盆地、墨西哥湾深水盆地以及苏瑞斯特盆地，钻井数量均超过 20 口。从深水、超深水的钻井数量分布来看，墨西哥湾深水盆地和圭亚那盆地数量最多，分别为 23 口和 19 口；其次是黑海盆地、下刚果盆地、琼东南盆地和桑托斯盆地，钻井数量为 4～6 口。

2）陆上钻井数量基本持平

陆上完钻探井和评价井 854 口，与上年的 856 口相比基本持平。从陆上钻井数量排名前 20 的盆地来看，主要分布在俄罗斯西西伯利亚、阿曼以及乌兹别克斯坦阿姆河等勘探程度较高的盆地，数量均超过 50 口，西西伯利亚盆地最高达 115 口。其他各盆地钻井数量介于 10～30 口之间（图 1-15）。

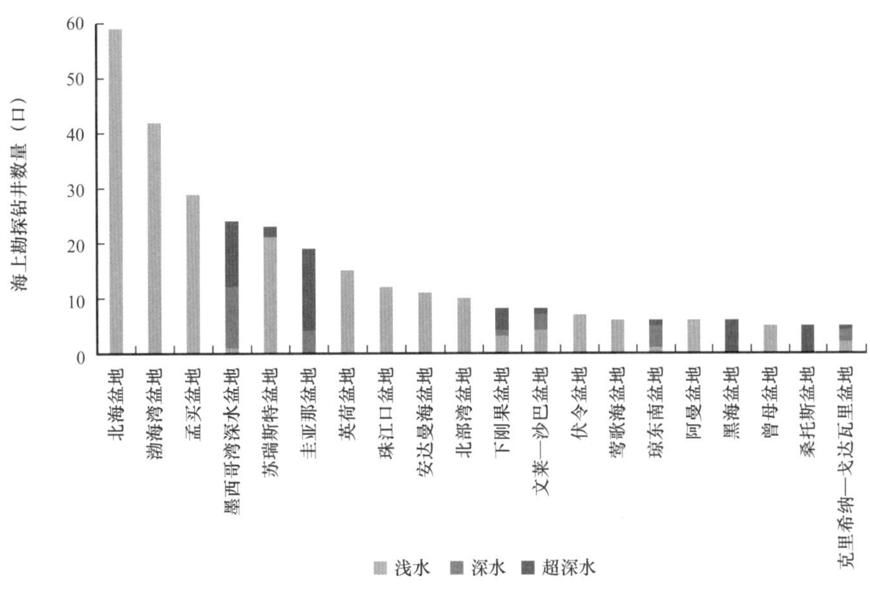

图 1–14　2021 年全球海上钻井数前 20 个盆地柱状图

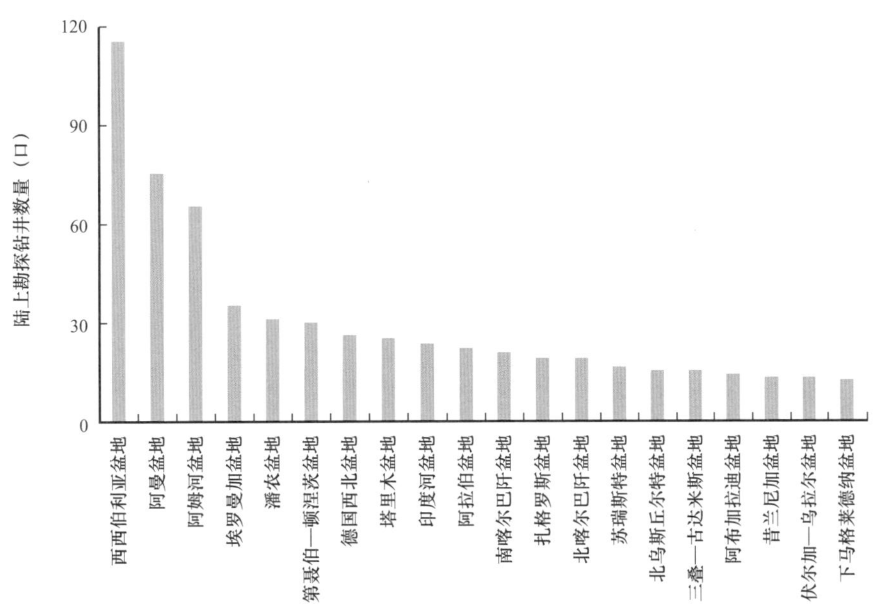

图 1–15　2021 年全球陆上钻井数前 20 个盆地分布图

3）海上探井数量及占比略降

海上共钻探井 221 口，较 2020 年减少 38 口。海上探井占海上钻井总数的 58%，与 2020 年的 62% 相比小幅减少（图 1–16）。其中，北海盆地、墨西哥湾深水盆地、渤海湾盆地、苏瑞斯特盆地、孟买盆地和圭亚那盆地的探井数相对较多，均超过 10 口，最高达 30 口。深水和超深水领域共完钻探井 66 口，占海上探井的 29.9%，墨西哥湾深水盆地和圭亚那盆地位居前列，分别为 20 口和 11 口，数量远高于其他盆地。

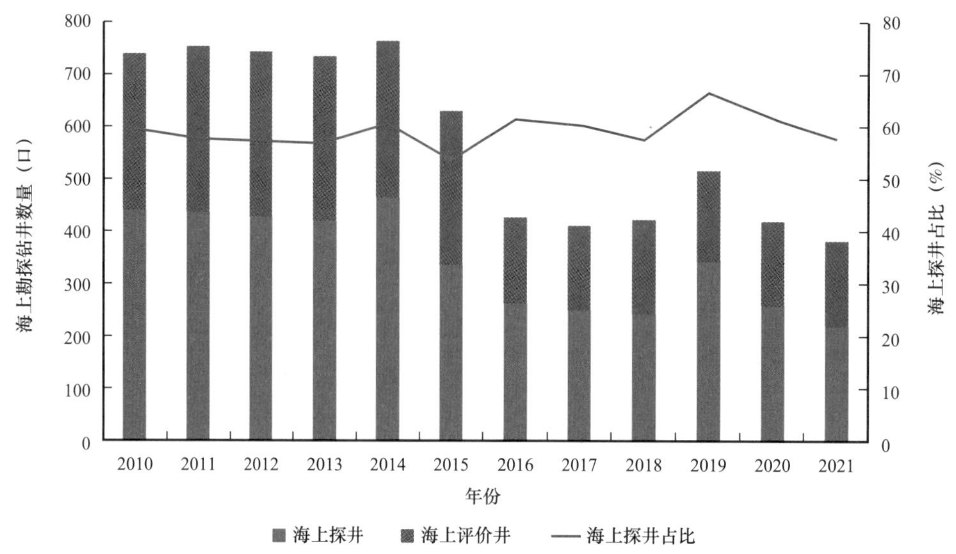

图 1–16　2010 年以来全球海上钻井类型及探井占比图

4）探井成功率较上年明显回升

全球探井平均成功率为 46.4%，略高于 2020 年的 45.8%，扭转了近四年以来逐渐下降的趋势，主要得益于海上探井成功率的稳步提升。其中，海上探井成功率为 49.3%，高于 2020 年的 39.4%；陆上探井成功率为 44.9%，低于上一年的 49.9%（图 1–17）。

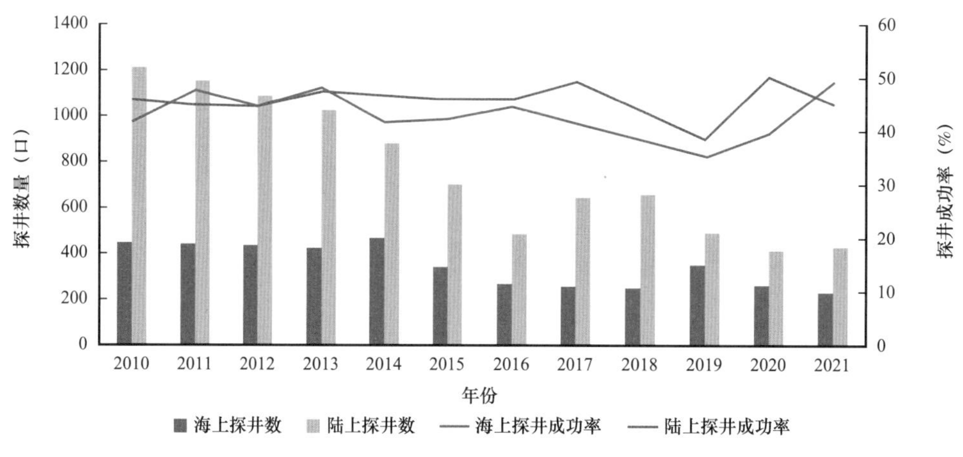

图 1–17　2010 年以来全球海陆探井成功率统计柱状图

三、勘探新发现储量

2021 年，不含北美陆上，全球新发现油气田 230 个（图 1–18），可采储量超过 21 亿吨油当量。其中常规油气田 214 个，与上年的 205 个相比有所增加；新发现油气田可采储量 20.8 亿吨油当量，与上年相比增加约 1 亿吨油当量（图 1–19）。近三年常规油气勘探基本保持在 20 亿吨油当量左右的储量发现水平，远高于 2016—2018 年 12.7

亿吨油当量的平均水平，一定程度上提振了油公司的勘探信心。

2021 年新发现 16 个非常规油气田，可采储量为 2590 万吨油当量，储量规模远小于常规油气田可采储量。

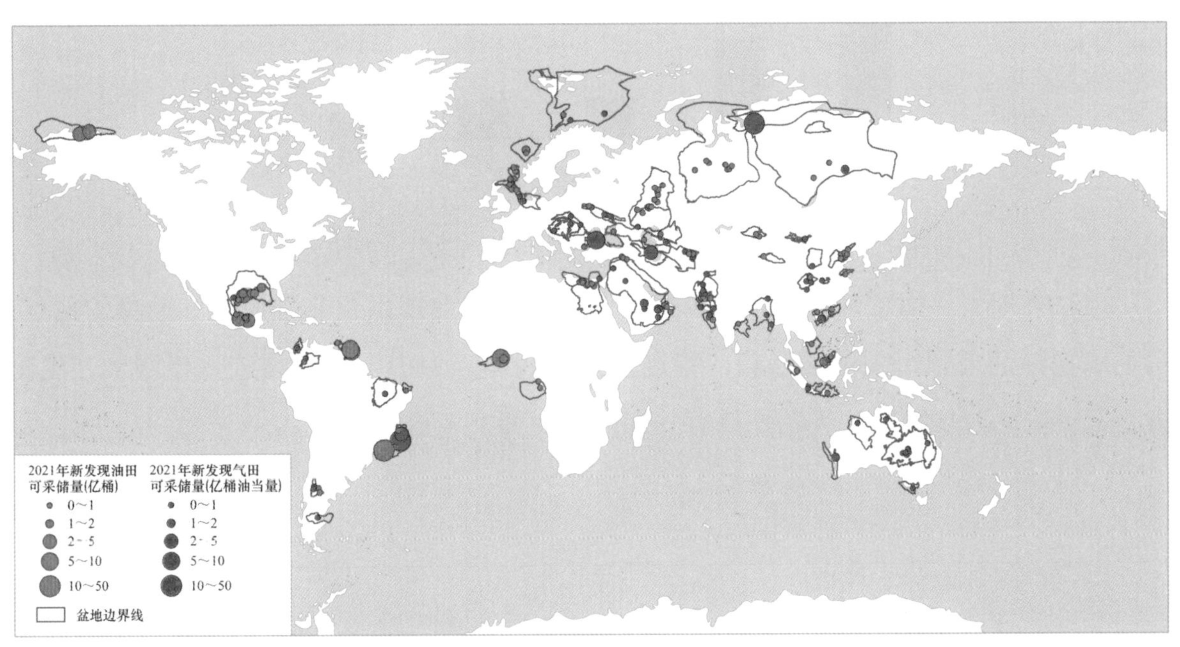

图 1–18 2021 年全球新发现油气田分布图（不含北美陆上）

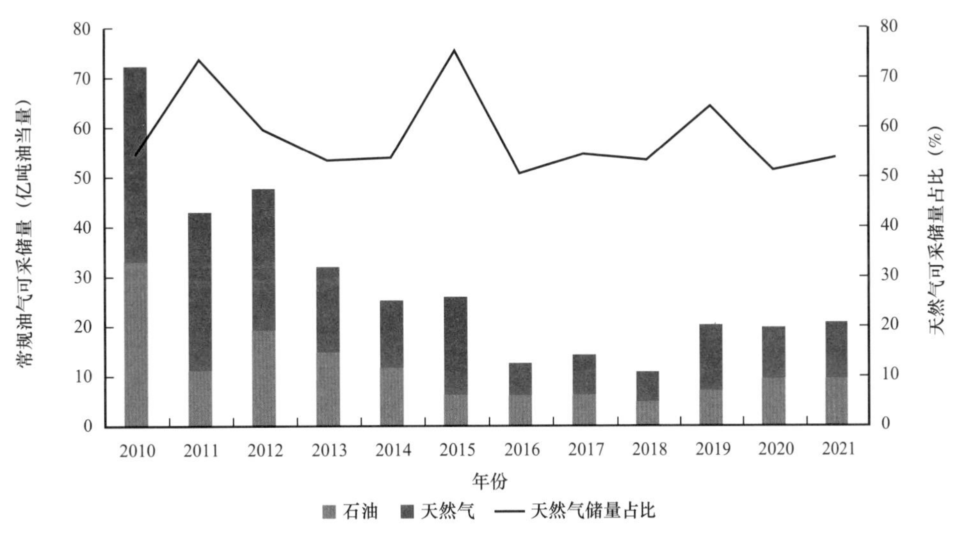

图 1–19 2010 年以来全球常规油气可采储量柱状图

可采储量为证实和控制可采储量，下同

从常规油气可采储量的区域分布来看，美洲地区位居前列，为 11.42 亿吨油当量，远高于其他地区。中亚—俄罗斯地区位列第二，可采储量为 4.11 亿吨油当量；亚太、中东和非洲地区的新发现油气可采储量为 1 亿～2 亿吨油当量；欧洲地区的储量规模最小，仅为 8139 万吨油当量（图 1–20）。

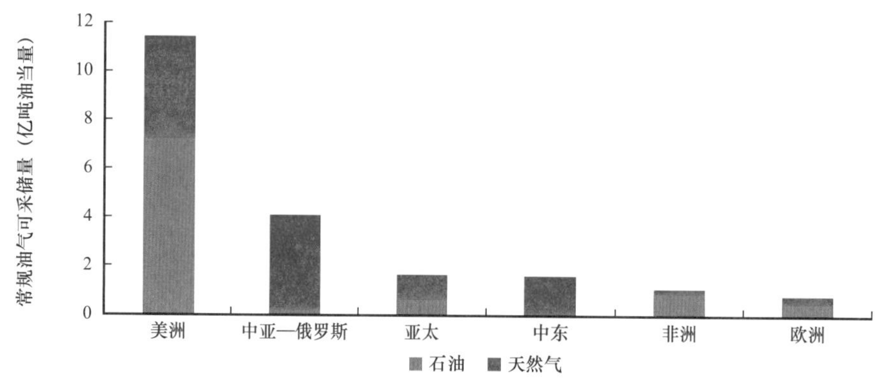

图 1-20　2021 年全球各地区新发现常规油气田可采储量柱状图

总结常规大—中型油气发现、跨国大—中型油气发现以及非常规油气勘探的特点，对正确把握油公司跨国勘探形势、特点及未来趋势，为中国油公司进一步明确“走出去、走上去”开展跨国油气勘探具有一定的指导和参考意义。

1. 常规大—中型油气发现特点

1）储量贡献超过八成

全球新发现常规大—中型油气田（可采储量大于 1 亿桶油当量）33 个，数量占新发现常规油气田总数的 15.4%，但新增油气可采储量达 17.55 亿吨油当量，为新发现常规总可采储量的 84.4%（图 1-21）。其中，可采储量大于 5 亿桶油当量的大油气田 8 个，较上年增加 2 个，可采储量为 11.03 亿吨油当量，占常规大—中型油气田总可采储量的 62.8%，主要分布在巴西超深水、俄罗斯北极陆上、圭亚那超深水以及土耳其超深水等领域（图 1-18）。1 亿～5 亿桶油当量的中型油气田共 25 个，较上年增加 1 个，新增可采储量 6.52 亿吨油当量。

2）天然气储量占比增幅明显

2021 年常规大—中型油气田中天然气可采储量为 1.25 万亿立方米（图 1-21），占常规大—中型油气田总可采储量的 57%，高于 2020 年的 52%。从大区分布来看，储量贡献主要来自中亚—俄罗斯和美洲地区，天然气可采储量均超过 4000 亿立方米，分别为 4989 亿立方米和 4555 亿立方米。其中，俄罗斯叶尼赛—哈坦加盆地的 im. Ye. Zinicheva 气田可采储量位居全球首位，天然气可采储量为 4247 亿立方米，占大—中型油气田天然气总可采储量的 34%；土耳其黑海盆地的 Sakarya North 气田为继 2020 年 Sakarya 大气田之后的又一个大发现，可采储量为 1360 亿立方米；巴西坎波斯盆地 Mairare 和 Urissane 气田为美洲地区最大的气田发现，天然气可采储量占全球天然气总可采储量的比例分别为 12% 和 6%。

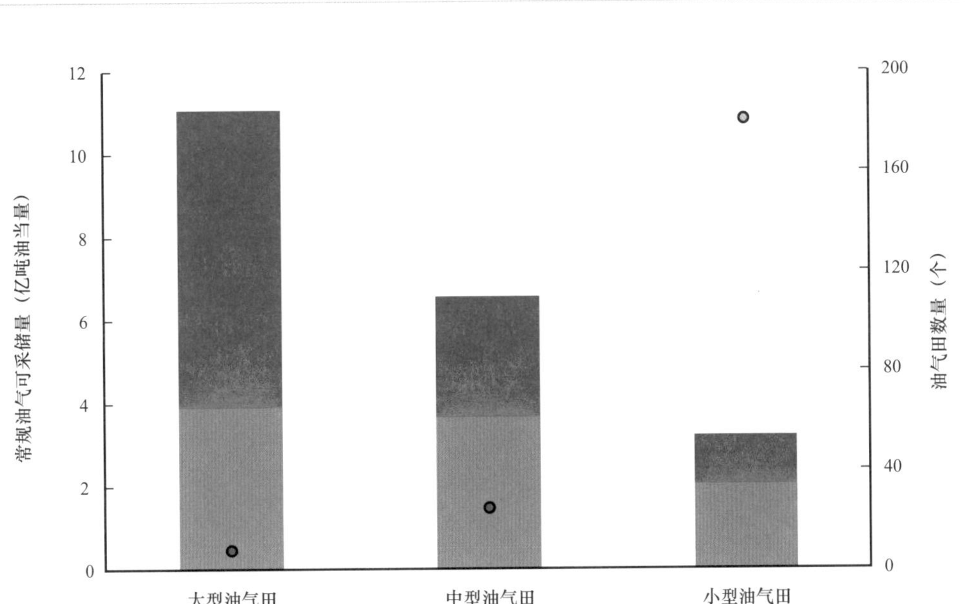

图 1-21　2021 年全球新发现常规油气田规模柱状图

大型油气田可采储量大于 5 亿桶油当量，中型油气田可采储量为 1 亿～5 亿桶油当量，小型油气田可采储量小于 1 亿桶油当量

3）集中分布于深水—超深水领域

2021 年全球深水、超深水领域共获 20 个常规大—中型油气田发现，可采储量为 10.9 亿吨油当量，储量同比增幅 3.4%。这些油气田主要分布于大西洋两岸的圭亚那、坎波斯、桑托斯、科特迪瓦和埃斯普利托桑托以及墨西哥湾深水等被动陆缘盆地（图 1-22），可采储量为 9.3 亿吨油当量，占深水—超深水常规大—中型油气田总可采储量的 85%。从领域分布来看，水深超过 1500 米的超深水领域共获 12 个油气田发现，数量占比为 60%，但可采储量达 8.65 亿吨油当量，占深水—超深水常规大—中型油气田总可采储量的 80%。

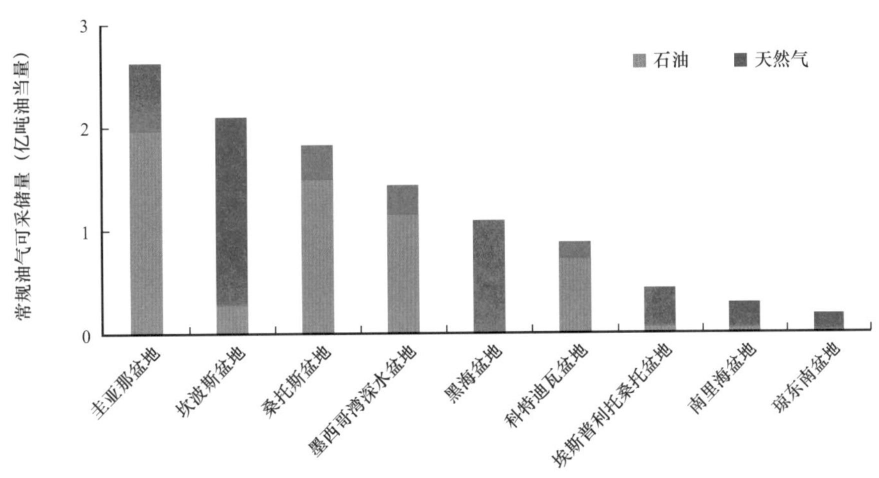

图 1-22　2021 年全球主要盆地深水—超深水常规大—中型油气田可采储量柱状图

4）白垩系储量贡献更大

近年来，常规大—中型油气田的储量贡献主要来自中—新生界储层，其中白垩系储层的油气储量贡献最大（图 1–23），2021 年发现的白垩系储层可采储量合计 13.3 亿吨油当量，占常规大—中型油气田可采储量的 75.8%（图 1–24），高于 2020 年的 56.8%。白垩系储层主要分布在巴西的桑托斯、坎波斯和埃斯普利托桑托等盐下含油气盆地，俄罗斯的叶尼赛—哈坦加盆地，美洲地区的圭亚那盆地、墨西哥维拉克鲁斯盆地和苏瑞斯特盆地、阿拉斯加北坡盆地，以及西非地区的科特迪瓦盆地，可采储量占常规大—中型油气田总可采储量的 74.7%。

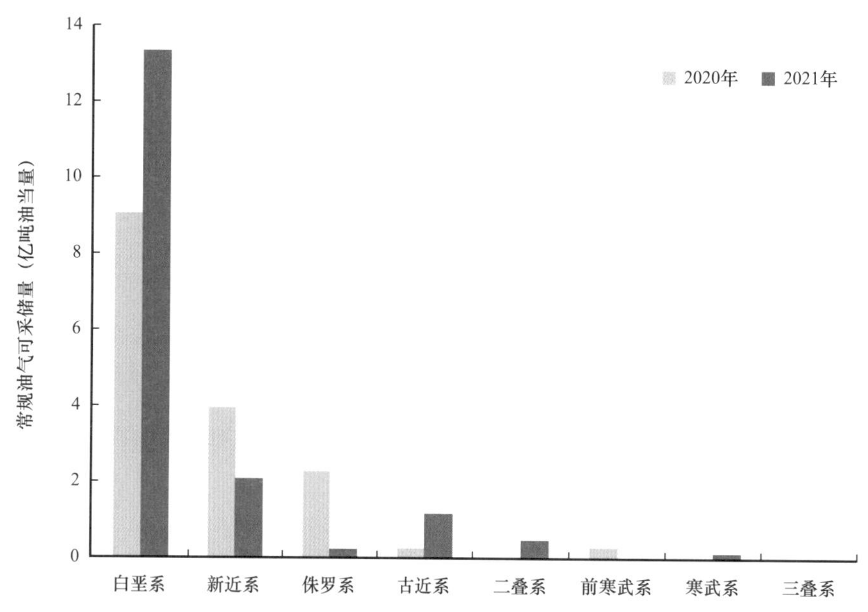

图 1–23　近两年常规大—中型油气田不同储层层位可采储量对比图

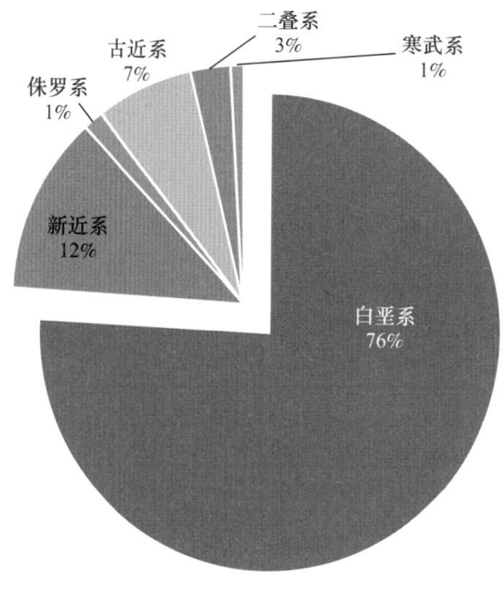

图 1–24　2021 年常规大—中型油气田不同储层层位可采储量占比图

5）陆上富油气盆地深层系持续获得发现

2021 年共发现 17 个陆上深层系常规油气田，占新发现常规油气田总数的 7.9%；可采储量为 1.34 亿吨油当量，占新发现常规油气田总可采储量的 6.4%，主要分布在墨西哥、沙特阿拉伯、哥伦比亚、俄罗斯、巴基斯坦、乌克兰、中国和阿曼等国家。墨西哥的苏瑞斯特盆地和维拉克鲁斯盆地获得 4 个白垩系油气田发现，圈闭顶部埋深为 5270～6990 米，可采储量合计 9881 万吨油当量，占墨西哥新发现陆上油气田总可采储量的 53%。近年来，沙特阿拉伯重视天然气勘探，常规天然气勘探的主要目的层为二叠系及以下层系，2021 年发现的 Shadoon 气田为中阿拉伯盆地下二叠统 Unayzah 组砂岩储层，可采储量为 2402 万吨油当量，占中东地区深层系可采储量的 99.8%。俄罗斯 Lukoil、Tekhn Komp 和 Yugraneft 等独立石油公司，在西西伯利亚盆地发现 4 个侏罗系砂岩油田和 1 个二叠系—二叠系风化基底的深层系油田，圈闭顶部埋深为 2100~3200 米，可采储量合计 311 万吨油当量，占西西伯利亚盆地新发现总可采储量的 61.8%。

2. 跨国大—中型油气田发现特点

1）国际石油公司引领跨国勘探

2021 年，国际石油公司、独立石油公司和国家石油公司分别发现 11 个、3 个和 1 个大—中型油气田，可采储量分别为 4.75 亿吨油当量、1.0亿吨油当量和 1511 万吨油当量。国际石油公司跨国发现的可采储量占三类石油公司的比例为 80.4%，与 2020 年的 32.8% 相比有明显提升。国际石油公司的储量增长，主要由于大西洋两岸的圭亚那、科特迪瓦 / 加纳以及阿塞拜疆南里海等海域的储量贡献（图 1–25）。

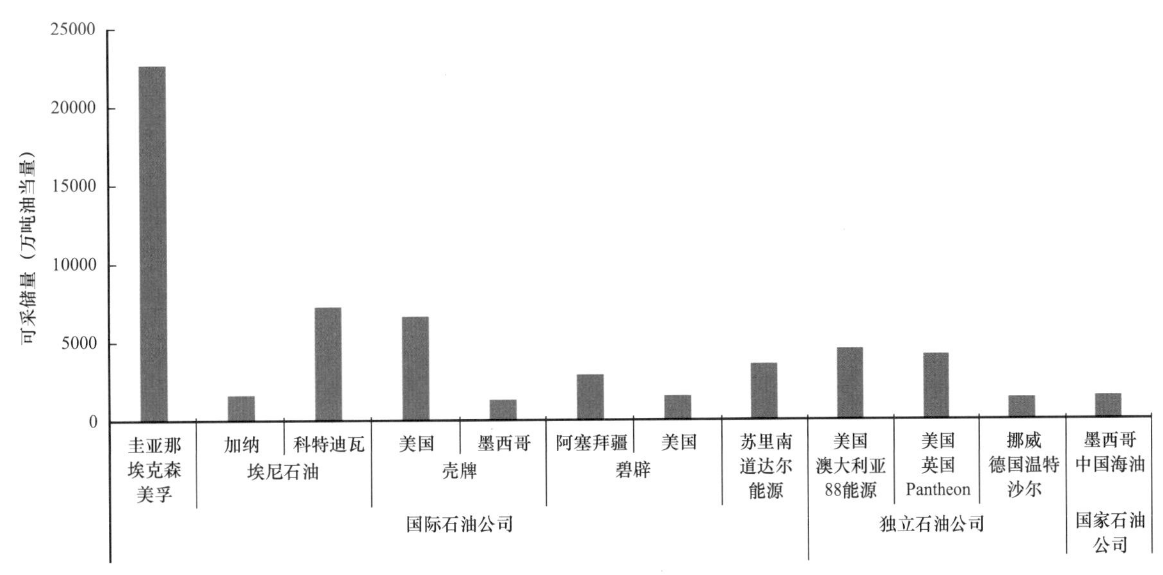

图 1–25　2021 年油公司以作业者身份跨国发现大—中型油气田可采储量柱状图

从国际石油公司近年的勘探布局及新发现油气田可以判断，其勘探策略总体表现出聚焦核心资产，利用在成熟油气田周边的基础设施进行滚动勘探开发，从而实现降低成本和提高投资回报率的目标。其中，埃克森美孚的油气勘探聚焦南美洲地区，自2015年在圭亚那海域获得Liza大油田发现以来，一直持续加大在上白垩统浊积砂岩的勘探力度，并且在周边海域获得3个勘探区块。埃尼石油关注环非洲地区，自2015年在北非埃及海域发现Zohr气田以来，在其周边的塞浦路斯海域获得5个勘探区块；通过区域地质综合研究及地震解释，2017年以来重返科特迪瓦海域，在2017—2021年期间获得7个勘探区块，并于2021年获得Baleine大油田，结合2009—2021年在加纳海域发现的Sakofa/Akoma/Eban油气田，将在科特迪瓦盆地形成规模勘探开发效益，达到降本增效的目的。道达尔能源的油气核心业务区聚焦南非、纳米比亚、尼日利亚、安哥拉和苏里南等国家，并在这些国家获得大型油气田发现后，快速投入开发，实现资产变现。

2）深水—超深水为最重要的增储领域

随着陆上勘探程度的不断提高，海域成为油气新增储量的主战场。在2021年跨国大—中型油气田发现中，仅2个发现来自陆上，即澳大利亚88能源和英国Pantheon公司在阿拉斯加北坡盆地分别发现Merlin油田和Talitha油田，均为浅层白垩系砂岩储层，可采储量分别为4521万吨油当量和4110万吨油当量（图1-26）。

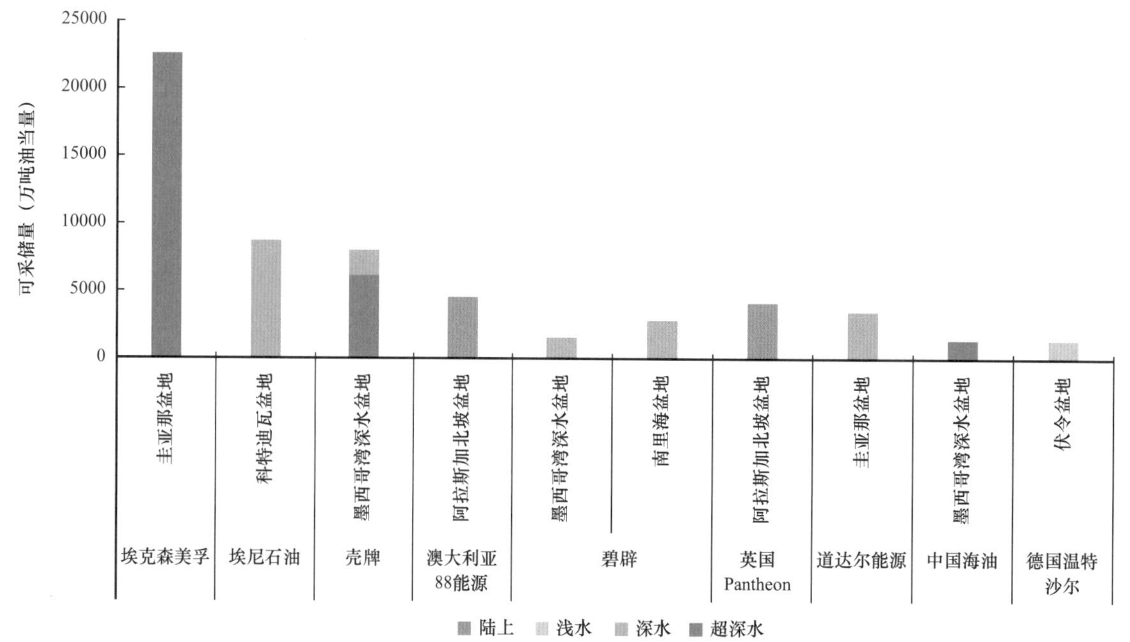

图1-26　2021年油公司以作业者身份在不同领域跨国发现的油气可采储量柱状图

海域共发现13个大—中型油气田，仅德国温特沙尔公司在伏令盆地发现一个浅水气田（Dvalin North），可采储量为1403万吨油当量。除中国海油在墨西哥湾深水盆地

发现 Ameyali 油田外，其余 11 个油气田均由国际石油公司在深水—超深水领域勘探发现，主要位于圭亚那盆地、墨西哥湾深水盆地、科特迪瓦盆地和南里海盆地。其中，圭亚那盆地和科特迪瓦盆地为上白垩统浊积砂体，为地层 / 复合圈闭；墨西哥湾深水盆地为始新统—中新统砂岩储层，为构造 / 复合圈闭；南里海盆地为上新统砂岩储层，为构造圈闭。值得注意的是南里海盆地阿塞拜疆海域获得的 Shafag&Asiman（SA）气田，是继伊朗海域 2012 年发现 Sardar Jangal 气田后的又一重大勘探突破，结合伊朗近几年将其南里海海域近乎全部划分成区块开展招标活动，表明伊朗、阿塞拜疆等国正加大对南里海盆地深水领域天然气勘探的重视。

3）被动陆缘盆地储量占比超过八成

对于大西洋两岸被动陆缘盆地的勘探，可以追溯到 20 世纪 60—70 年代。随着板块构造、地质理论和勘探技术的不断创新，特别是被动陆缘盆地深水油气地质理论和“两宽一高”、全波反演等地震技术的持续进步，被动陆缘盆地的油气勘探不断取得勘探突破。2021 年跨国大—中型油气田中，仅南里海盆地和阿拉斯加北坡盆地的 3 个油气田为前陆盆地类型，另外 12 个油气田均为被动陆缘盆地，可采储量合计 4.75 亿吨油当量，占跨国大—中型油气田总可采储量的 80.4%。例如，埃克森美孚在圭亚那盆地对新采集的三维地震运用 AVO+DHI、全波反演等技术，自 2015 年以来发现 20 个大—中型油气田，可采储量为 16.3 亿吨油当量。

3. 非常规油气勘探特点

2021 年共发现 16 个非常规油气田，主要位于沙特阿拉伯、中国、蒙古国、澳大利亚、阿曼、阿根廷和俄罗斯等国家。其中，沙特阿拉伯非常规油气勘探表现抢眼。近年来，沙特阿拉伯积极布局非常规油气勘探领域，其主要原因是常规油气勘探成熟和天然气等清洁能源占比较低。沙特阿美计划在 2030 年前提高天然气在其能源结构中的份额，持续关注非常规天然气勘探，2021 年在中阿拉伯盆地和美索不达米亚盆地各发现 1 个致密气田，可采储量合计 87 亿立方米。

第二节　全球重点地区勘探形势

一、中东地区油气勘探形势

2021 年中东地区共完成二维地震项目 3 个，三维地震项目 4 个，主要分布在阿曼盆地和阿拉伯盆地。全年共完钻探井、评价井 134 口，其中探井 87 口，探井成功率约

19.5%。中东地区新发现常规油气田 15 个，新增油气可采储量 1.65 亿吨油当量，占全球油气新发现常规总可采储量的 7.9%。其中，新增天然气可采储量 1.57 亿吨油当量，占中东地区新增常规油气可采储量的 95.2%，主要分布在黑海盆地和阿拉伯盆地，主要层系为上新统砂岩和侏罗系碳酸盐岩，圈闭类型以岩性—构造复合圈闭和构造圈闭为主。

1. 中东地区勘探活动

1）勘探投资特点

中东各国勘探投资略有减少，2021 年中东地区勘探投资 0.3 亿美元，相比 2020 年 1 亿美元的勘探投资有所减少。

2）地震及重磁勘探活动

2021 年中东地区共实施地震项目 7 个，包括 3 个二维地震项目和 4 个三维地震项目。二维地震项目有 1 个位于伊拉克境内，测线长度 2217 千米；另外 2 个分别位于阿曼和巴林境内，其中位于鲁布哈利盆地的阿曼 36 区采集二维地震 4010 千米。

三维地震项目主要位于阿拉伯等盆地（图 1–27），总面积约 5441.6 平方千米。土耳其石油公司在塞浦路斯东北部盆地深水地区采集 1 块三维地震，面积约 4000 平方千米，为中东地区最大的三维地震采集项目。阿拉伯盆地共有 2 个三维地震项目，其中 1 个位于阿布扎比境内，面积为 750 平方千米，作业者为阿布扎比石油公司；另一个位于伊拉克境内，面积为 236 平方千米，作业者为巴士拉石油公司。特提斯石油公司通过其全资子公司 Tethys Oil Qatbeet 在阿曼盆地采集 1 块三维地震，面积为 456 平方千米。

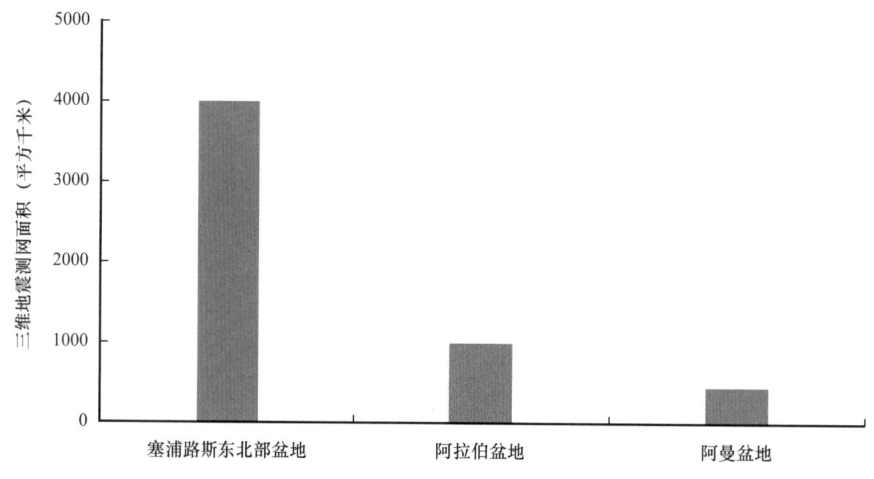

图 1–27　2021 年中东地区主要盆地三维地震采集面积柱状图

3）钻井活动

2021 年中东地区共完钻探井、评价井 134 口，与 2020 年相比有所增加。钻井主要位于阿曼盆地，其次分布于阿拉伯盆地、扎格罗斯盆地、黑海盆地、地中海东部盆地和爱琴海北部盆地等。探井成功率为 19.5%，低于全球平均水平。

（1）阿曼盆地依然是钻井活动最活跃的地区。

阿曼盆地完钻探井、评价井数量最多，全年共完钻探井 60 口、评价井 21 口，钻井总数相比 2020 年略有减少，约占整个中东地区钻井总数的 60.4%（图 1–28）。阿拉伯盆地全年完钻探井 11 口、评价井 13 口；扎格罗斯盆地完钻探井 12 口、评价井 7 口；黑海盆地完钻探井 3 口、评价井 5 口；地中海东部盆地完钻评价井 1 口。

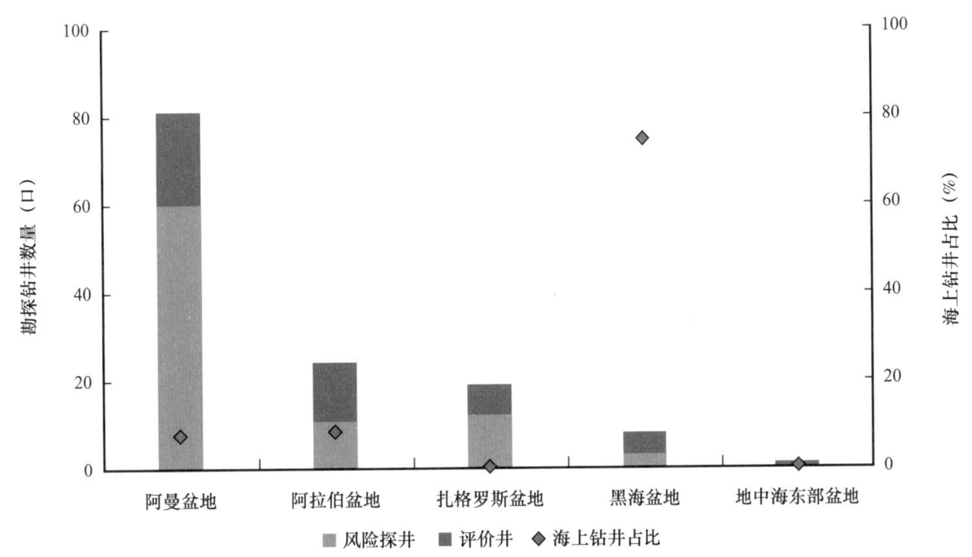

图 1–28　2021 年中东地区主要盆地勘探钻井数量及海上占比图

（2）钻探活动以陆上为主，海上钻井占比较少。

从钻井分布来看，陆上钻井占比为 89.6%。海上钻井主要分布在阿曼盆地、黑海盆地和阿拉伯盆地（图 1–28）。对于浅水钻井，6 口位于阿曼盆地东部的 Masirah 海沟，作业者为 Masirah Oil 公司；另外 2 口位于阿拉伯盆地的波斯湾海域，分别为埃尼石油在巴林海域的 Shamal 1 井以及伊朗国家石油公司在卡塔尔隆起带的 Yalda 1 井，结果均未公布。在黑海盆地的土耳其海域，自 2020 年发现 Sakarya 气田之后，土耳其石油公司连钻 Turkali 2—Turkali 6 等 5 口评价井和 1 口 Amasra 1 野猫井，均位于超深水地区。

（3）黑海盆地和阿拉伯盆地的探井成功率相对较高。

从探井成功率来看，黑海盆地和阿拉伯盆地相对较高，分别为 66.7% 和 45.5%，其中黑海盆地成功钻探 1 口气井，阿拉伯盆地成功钻探 3 口气井和 2 口油井。阿曼盆地尽管完钻探井数量最多，但成功率较低，仅为 11.7%，均为油井。扎格罗斯盆地内探井成功率为 25%，均为油井（图 1–29）。

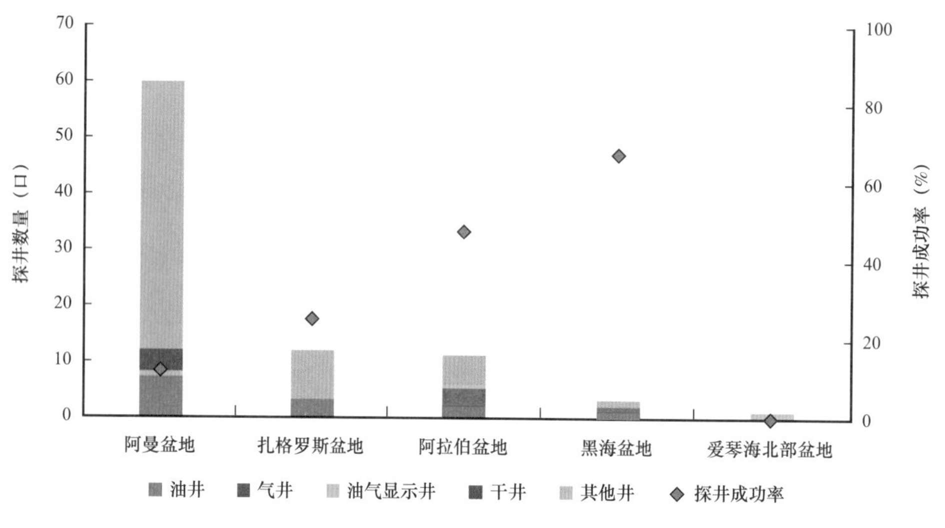

图 1–29　2021 年中东地区主要盆地探井结果及成功率图

其他井为未公布结果或待测试的探井

2. 主要勘探新发现

1）概况

2021 年中东地区勘探新发现常规油气田 15 个，均位于前陆盆地，占全球勘探新发现常规油气田总数的 7.0%，与 2020 年相比基本持平。累计新增常规油气可采储量约 1.65 亿吨油当量，占全球新增常规油气可采储量的 7.9%，新增可采储量与 2020 年相比大幅下降，降幅约 59%。与 2020 年相似，天然气为主要的储量增长点，新增常规天然气可采储量 1.57 亿吨油当量，占比 95.2%。新发现油气储量以超深水为主，占比达 62.9%，主要分布于黑海盆地，新增天然气可采储量 1.09 亿吨油当量。黑海盆地新发现超深水气田储量规模相对较大，阿拉伯盆地和阿曼盆地新发现油气田数量相对较多（图 1–30）。

2）新发现油气藏以新近系为主

中东地区新发现油气藏主要位于新生界和中生界，新增可采储量占比分别为 66% 和 34%。从新发现油气藏层位上看，新近系、白垩系、侏罗系、三叠系、二叠系和前寒武系油气藏储量占比分别为 66%、0.69%、18.2%、0.52%、14.57% 和 0.02%，新近系是最重要的新发现油气藏层系。圈闭类型以复合圈闭为主，新增可采储量占比约 66%；储层岩性以碎屑岩为主，新增可采储量占比 81%。

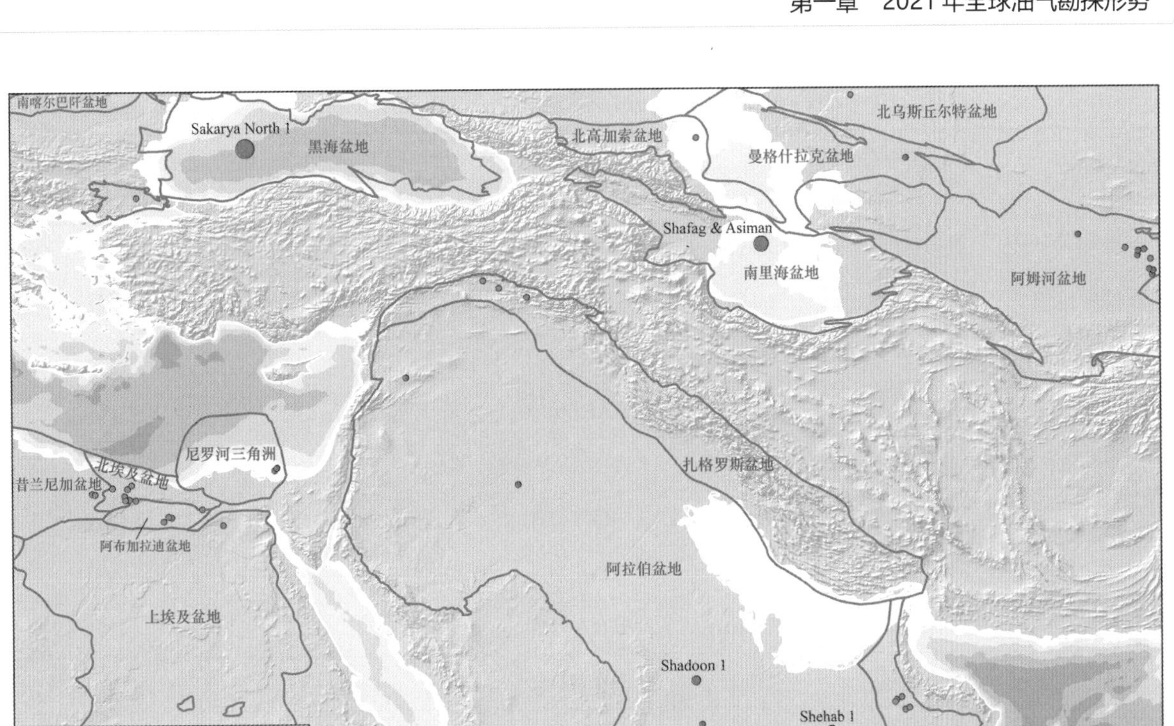

图 1-30　2021 年中东地区主要盆地新发现油气田分布图

3）勘探新发现以常规油气藏为主

中东地区新增常规油气可采储量 1.65 亿吨油当量，主要来自黑海盆地上新统碎屑岩储层、阿拉伯盆地上侏罗统碳酸盐岩和二叠系碎屑岩储层。新发现非常规油气田 3 个，其中 2 个位于沙特阿拉伯，1 个位于阿曼，油气可采储量合计 806 万吨油当量。沙特阿拉伯非常规储量均发现于奥陶系碎屑岩储层，为致密气，埋深 3000～5000 米。而阿曼新增非常规储量为位于志留系碎屑岩储层的致密气，储层埋深约 3000 米。

4）典型油气田分析

2021 年中东地区储量排名前 10 的发现主要位于土耳其、沙特阿拉伯、叙利亚和阿曼。其中大型气田 1 个，位于黑海盆地，储量占比 63%（表 1-1）；中型气田 2 个，主要位于阿拉伯盆地沙特阿拉伯境内，储量占比 25%。

2020 年土耳其黑海盆地超深水领域获 Sakarya 大气田发现，天然气可采储量 4050 亿立方米。2021 年 6 月土耳其石油公司宣布，在 Sakarya 气田东北部 1938 米水深钻探的 Amasra-1 井获得 Sakarya North 气田发现，储层与 Sakarya 气田相同，为上新统盆底扇砂岩，可采储量 1360 亿立方米。圈闭类型为岩性—构造复合圈闭。

表 1-1　2021 年中东地区新增储量排名前 10 的油气田统计表

国家	盆地	油气田名称	作业者	领域	石油可采储量（万吨）	天然气可采储量（亿立方米）
土耳其	黑海盆地	Sakarya North	TPAO	超深水	0	1360
沙特阿拉伯	阿拉伯盆地	Shadoon	S ARAMCO	陆上	712	211
沙特阿拉伯	阿拉伯盆地	Shehab	S ARAMCO	陆上	0	243
沙特阿拉伯	阿拉伯盆地	Al Shorfa	S ARAMCO	陆上	11	131
叙利亚	阿拉伯盆地	Zamlat Al Mahr	SYRIAN PET	陆上	5	10
阿曼	阿曼盆地	Khaznah North	OXY OM	陆上	21	0
阿曼	阿曼盆地	Muzna	OXY OM	陆上	14	0
阿曼	阿曼盆地	Muthriah	OXY OM	陆上	14	0
阿曼	阿曼盆地	Alaa	OXY OM	陆上	14	0
土耳其	扎格罗斯盆地	Bukat	TPAO	陆上	14	0

黑海盆地位于土耳其北部，占据了黑海大部分深水水域和部分陆架，黑海中部隆起带分隔东西两个次盆（图 1-31）。上侏罗统碳酸盐岩、始新统碎屑灰岩和新近系浊积扇是潜在储层，上白垩统致密灰岩、渐新统 Maykop 泥岩和新近系泥岩为潜在盖层。

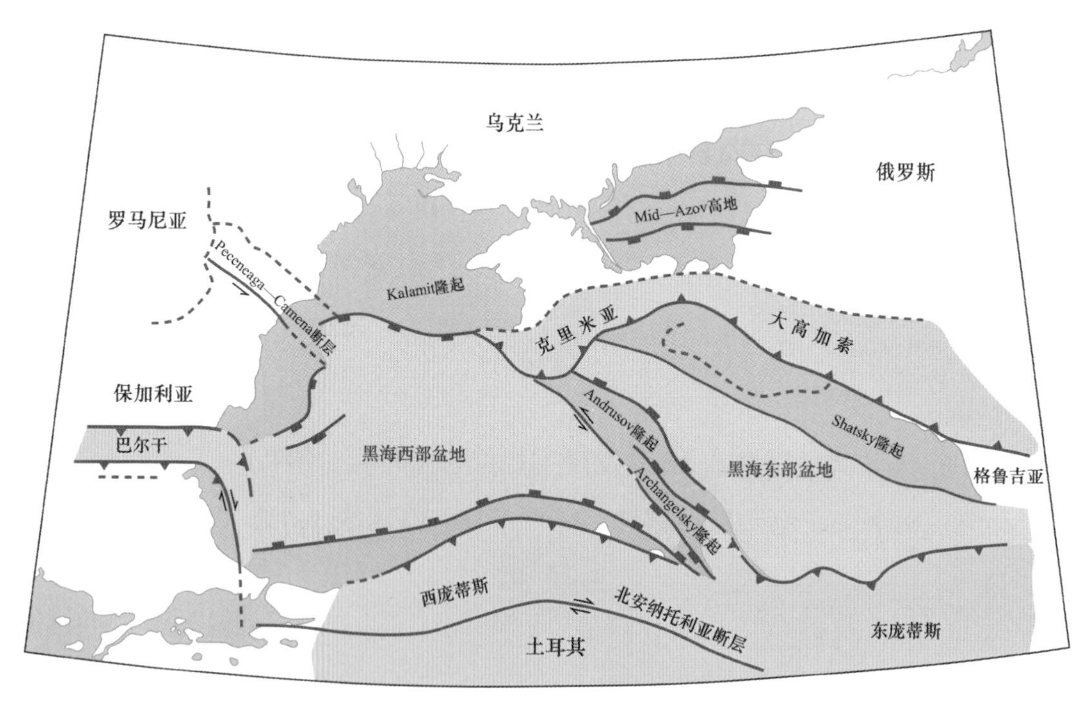

图 1-31　黑海盆地地理位置与构造纲要图

在黑海西部地区的罗马尼亚、保加利亚和土耳其海域，2020 年之前共发现 33 个油气田（图 1–32），规模普遍小于 2000 万吨油当量（图 1–33）。2020 年土耳其石油公司在其黑海水域发现第一个深水大气田——Sakarya 气田，随后在 2021 年 6 月又发现 Sakarya North 气田，在先前 Sakarya 气田 4050 亿立方米可采储量的基础上又增加了 1360 亿立方米，可采储量合计达到了 5410 亿立方米。土耳其石油公司作为土耳其的国有公司，持有区块 100% 权益，并计划独立开发该气田。

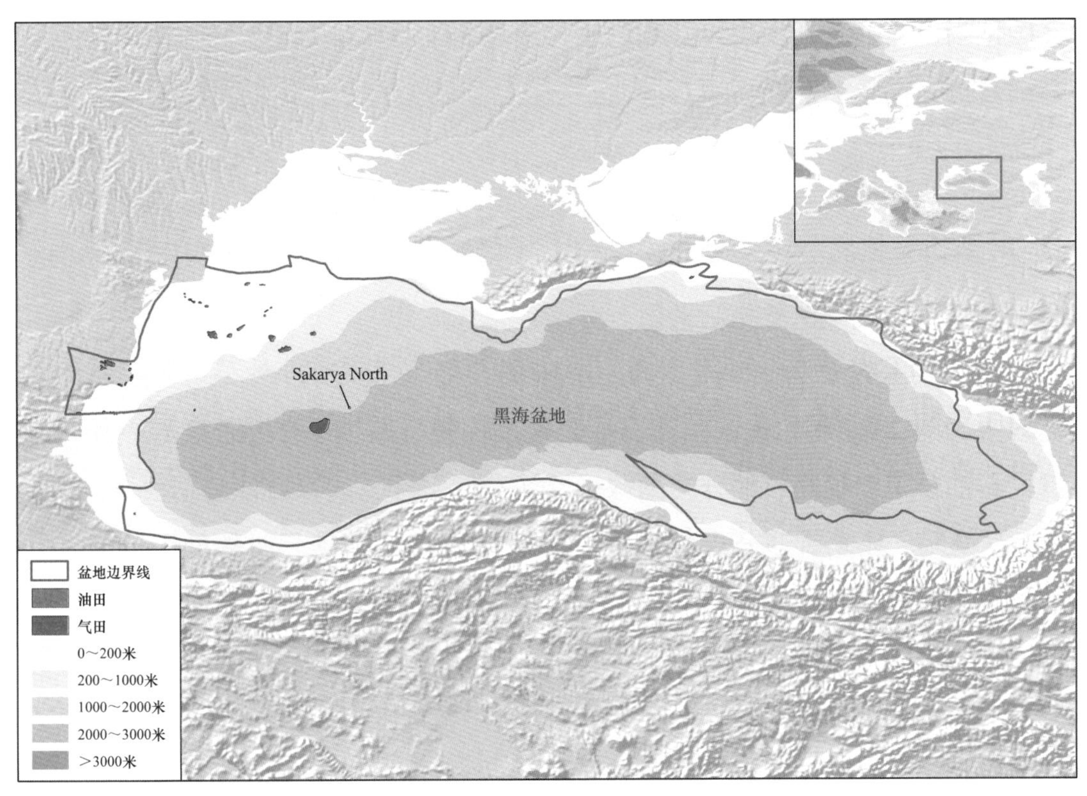

图 1–32　土耳其 Sakarya North 气田位置图

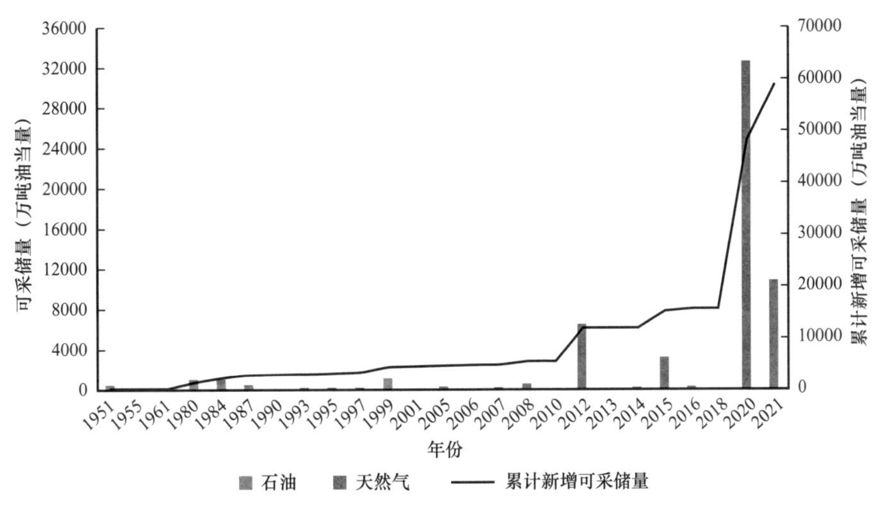

图 1–33　黑海盆地历年新增油气可采储量柱状图

二、非洲地区油气勘探形势

2021 年，非洲地区完成油气勘探投资 12.8 亿美元，投资规模与 2020 年的 16.2 亿美元相比减少了 21.0%。全年完成二维地震约 1.04 万千米，同比减少 47.7%；完成三维地震采集约 3.35 万平方千米，与上年相比减少近 48%；此外采集四维地震 567 平方千米。非洲地区共完钻探井、评价井 123 口，同比增加 4.2%，其中陆上常规领域钻井占 79.7%，探井成功率为 35.2%。全年共发现常规油气田 22 个，新增油气可采储量 1.12 亿吨油当量；油气新发现以石油为主，新增石油可采储量 0.9 亿吨油当量，占非洲地区新增总可采储量的 80%。

1. 非洲地区勘探活动

1）勘探投资特点

（1）勘探投资规模保持相对平稳。

非洲地区勘探投资为 12.8 亿美元，占全球勘探总投资的 4%。三类油公司之间投资变化较大，与 2020 年相比，国际石油公司勘探投资减少了 2.7 亿美元，为 11.3 亿美元；国家石油公司和独立石油公司勘探投资均有所下降，国家石油公司由 0.2 万美元减少为 0.1 万美元，独立石油公司由 2.0 亿美元下降到 1.4 亿美元。从勘探投资占上游总投资的比例来看，国际石油公司所占比例最高，为 13%，而国家石油公司勘探投资占比最低，约 4%（图 1–34）。

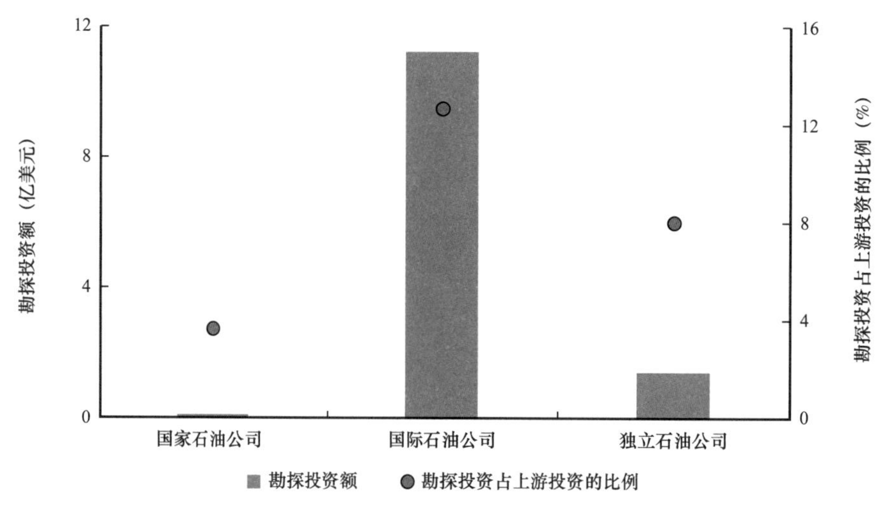

图 1–34　2021 年非洲地区不同类型公司勘探投资及其占比图

（2）道达尔能源和埃尼石油勘探投资位居前列。

从国际石油公司在非洲地区的勘探投资情况看，道达尔能源勘探投资最多，为 3.6 亿美元，占国际石油公司在非洲地区勘探总投资的 31.9%。其次为埃尼石油、埃克森美孚、壳牌等公司，勘探投资均超过了 1 亿美元，分别为 2.7 亿美元、1.9 亿美元和 1.4 亿美元。此外碧辟和雪佛龙等公司的勘探投资也超过 5000 万美元。艾奎诺勘探投资相对较低，约 1000 万美元（图 1–35）。从国际石油公司在非洲勘探投资占其非洲地区上游总投资的比例看，埃克森美孚和壳牌占比较高，分别为 28%和 25%；而碧辟和艾奎诺占比较低，分别为 6% 和 2%（图 1–35）。

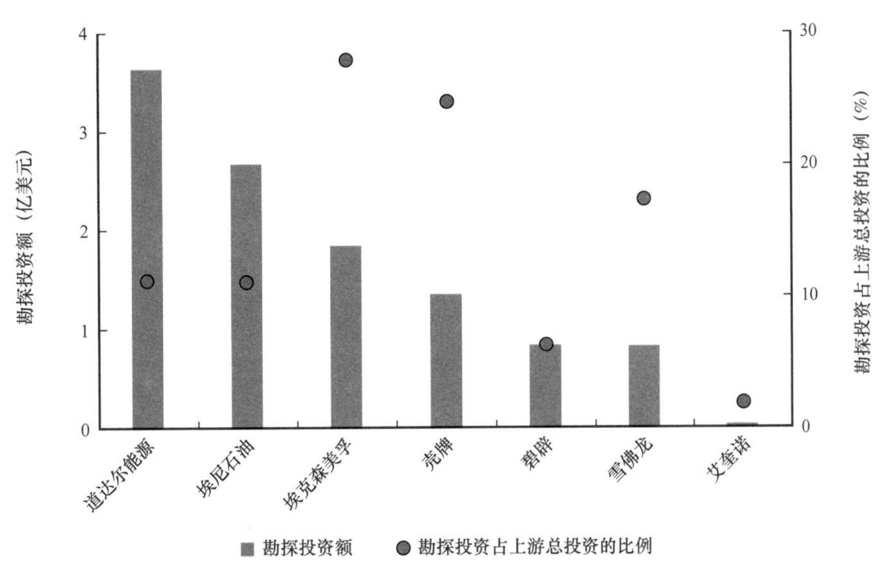

图 1–35　2021 年国际石油公司非洲地区勘探投资及其占比图

2）地震勘探活动

非洲地区共实施二维地震采集项目 5 个，测线总长度约 10436 千米，与 2020 年相比减少 47.7%。海域二维地震采集项目 2 个，测线长度 8945 千米，主要包括塞内加尔盆地海域 7502 千米、非洲西南海岸盆地海域 1443 千米。陆上二维地震采集项目 3 个，即卡拉哈里盆地 839 千米、欧科范果盆地 450 千米、东非裂谷系西支 202 千米（图 1–36）。

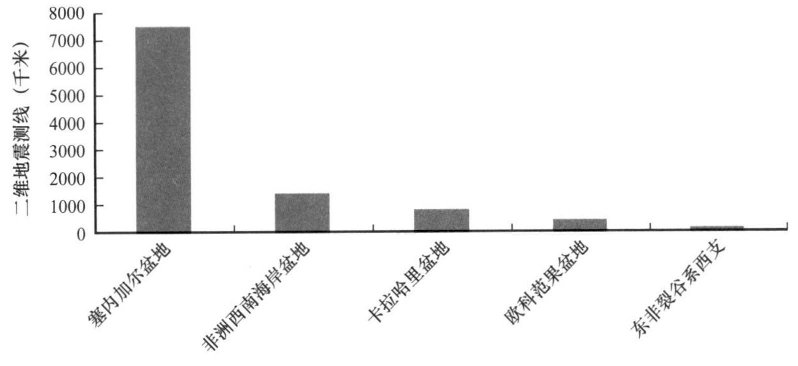

图 1–36　2021 年非洲地区不同盆地二维地震工作量柱状图

非洲地区实施三维地震采集项目 11 个，面积约 3.35 万平方千米，与 2020 年相比减少明显，降幅达 48%。其中海域三维地震采集面积占比高，约为 96.6%，主要分布于塞内加尔盆地、北埃及盆地、尼日尔三角洲、下刚果盆地、宽扎盆地。单个盆地的三维地震采集面积均未超过 1 万平方千米，其中位于塞内加尔盆地的两块三维地震采集面积合计 9770 平方千米。陆上三维地震主要集中在莫桑比克盆地和坦桑尼亚盆地，采集面积分别为 663 平方千米和 481 平方千米（图 1–37）。

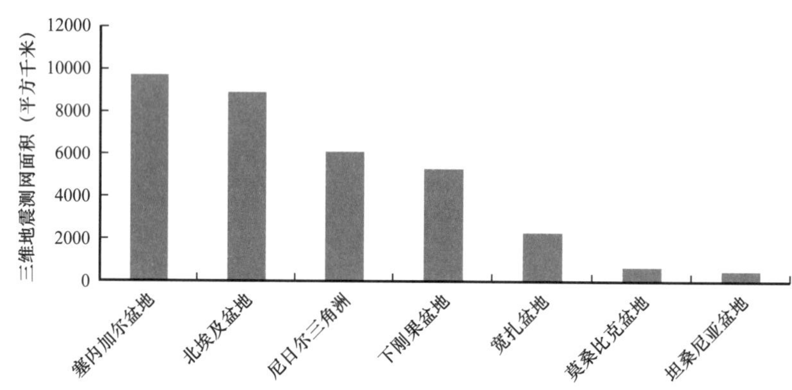

图 1–37　2021 年非洲地区不同盆地三维地震工作量柱状图

3）钻井活动

非洲地区共完钻探井、评价井 123 口，其中探井 88 口、评价井 35 口，钻井总数较 2020 年增加了 4.2%，其中探井数量增加最为明显，增幅达 37.5%。探井成功率为 35.2%，与 2020 年的 35.9% 相比基本持平。

（1）埃及地区钻井数量最多。

埃及共完钻探井、评价井 54 口，占非洲地区钻井总数的 44%，是非洲钻井数量最多的国家。其中埃及北部的阿布加拉迪盆地钻井数量最多，包括探井 11 口、评价井 3 口；其次是昔兰尼加盆地，共完钻探井 10 口、评价井 3 口；北埃及盆地钻井数量排名第三，完钻探井 10 口、评价井 1 口；红海盆地完钻探井 5 口、评价井 3 口；尼罗河三角洲完钻探井 6 口、评价井 1 口（图 1–38）。

阿尔及利亚完钻探井、评价井数量位列第二，共计 13 口，占非洲地区钻井总数的 11.4%，主要分布在三叠—古达米斯盆地，为 8 口探井、5 口评价井。尼日尔完钻探井、评价井数量位居第三，共 11 口，主要位于东尼日尔盆地，均为探井。

（2）钻井以陆上勘探领域为主，海域占比较小。

非洲地区陆上共完钻探井、评价井 98 口，占总数的 79.7%，较 2020 年减少 3.9%。其中，三叠—古达米斯盆地、阿布加拉迪盆地、昔兰尼加盆地、北埃及盆地、东尼日尔盆地等陆上钻井数量均超过 10 口（图 1–38）。

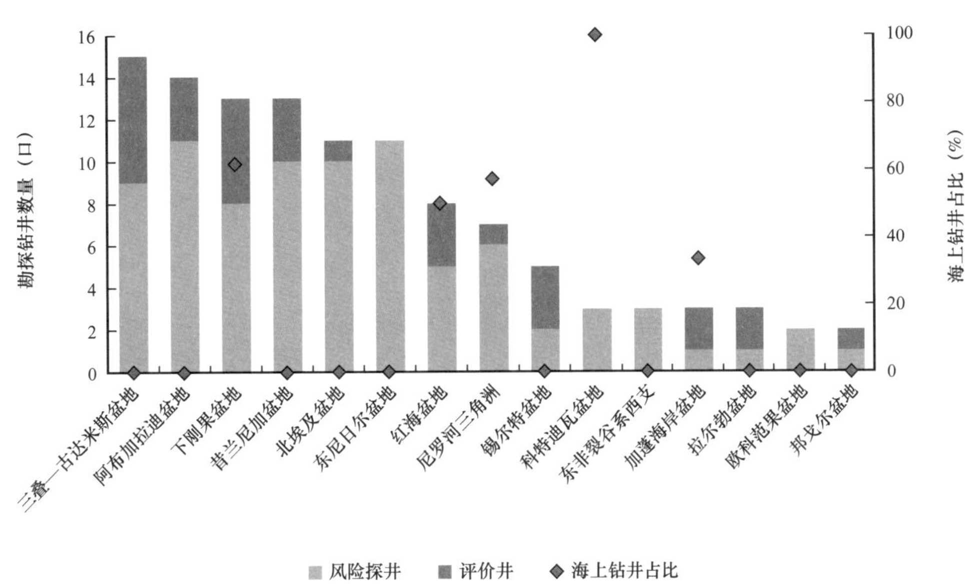

图 1–38　2021 年非洲地区前 15 个盆地勘探钻井数量柱状图

海域仅完钻探井、评价井 25 口，相比 2020 年增加 56.3%，占非洲地区探井、评价井总数的 20.3%，主要集中在西非下刚果盆地、科特迪瓦盆地、北非尼罗河三角洲、红海盆地等海域，上述海域的探井数占非洲地区海域探井总数的 76.0%。

（3）各盆地探井成功率差异性较大。

非洲地区的平均探井成功率为 35.2%。从探井数超过 5 口的盆地看，阿布加拉迪盆地、下刚果盆地的探井成功率较高，均超过 60%（图 1–39）。位于埃及地区的尼罗河三角洲、北埃及盆地、红海盆地处于第二梯队，探井成功率为 40%～50%。其他盆地的探井成功率普遍低于 30%。

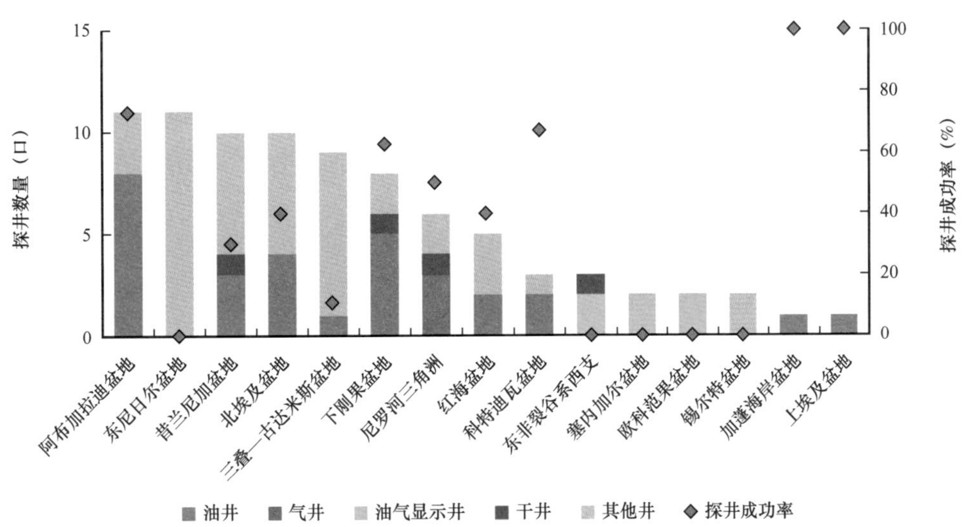

图 1–39　2021 年非洲地区探井数量前 15 个盆地钻探结果及成功率图

2. 主要勘探新发现

非洲地区新发现常规油气田 22 个，较 2020 年增加 22%，占全球勘探新发现常规油气田总数的 10.3%。非洲地区新增常规油气可采储量约 1.12 亿吨油当量，占全球新发现常规油气总可采储量的 5.4%，与上年相比大幅减少。

1）勘探新发现储量主要位于西非海域

非洲地区陆上和海域新发现油气田数量分别占 68% 和 32%，但新增油气可采储量分别为 1090 万吨油当量和 1.01 亿吨油当量（图 1–40），占比为 9.8% 和 90.2%，其数量和储量规模呈明显“倒挂”关系。

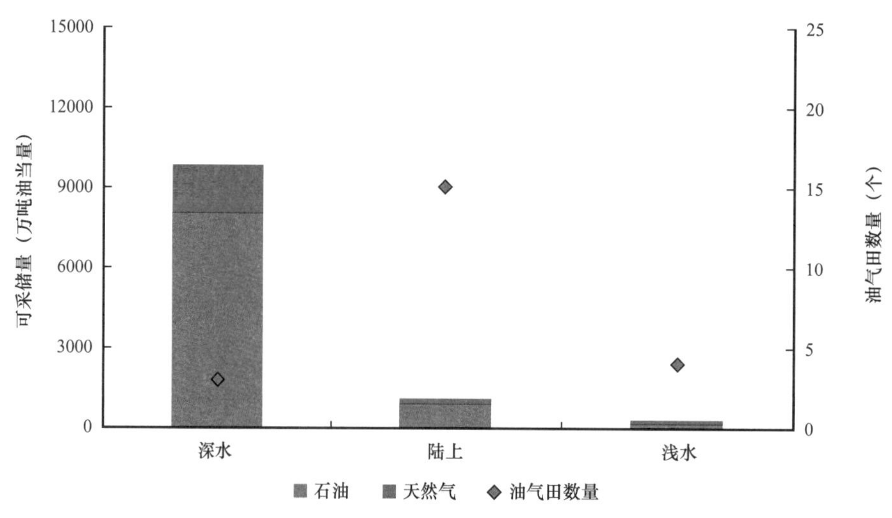

图 1–40　2021 年非洲地区海陆新增可采储量柱状图

深水是 2021 年非洲地区最重要的储量增长点（图 1–40、图 1–41），西非的科特迪瓦盆地、下刚果盆地以及北非的尼罗河三角洲，累计新增油气可采储量 9776 万吨油当量，占非洲全年总可采储量的 87.3%。科特迪瓦盆地的科特迪瓦海域 Baleine 1X 井为非洲地区 2021 年最大的油气发现，可采储量为 7219 万吨油当量，而加纳海域的 Eban 1X 井为中型油气田发现，新增可采储量 1598 万吨油当量。

2）勘探新发现以石油为主

非洲地区勘探新发现以石油为主，累计新增石油可采储量 9011 万吨，占非洲地区 2021 年新增总可采储量的 80.5%，主要集中在科特迪瓦盆地和下刚果盆地（图 1–42）。其中，科特迪瓦盆地、下刚果盆地、昔兰尼加盆地、北埃及盆地、阿布加拉迪盆地、上埃及盆地的石油储量占比最高，占盆地当年总发现可采储量的比例均超过 70%；尼罗河三角洲均为天然气发现。

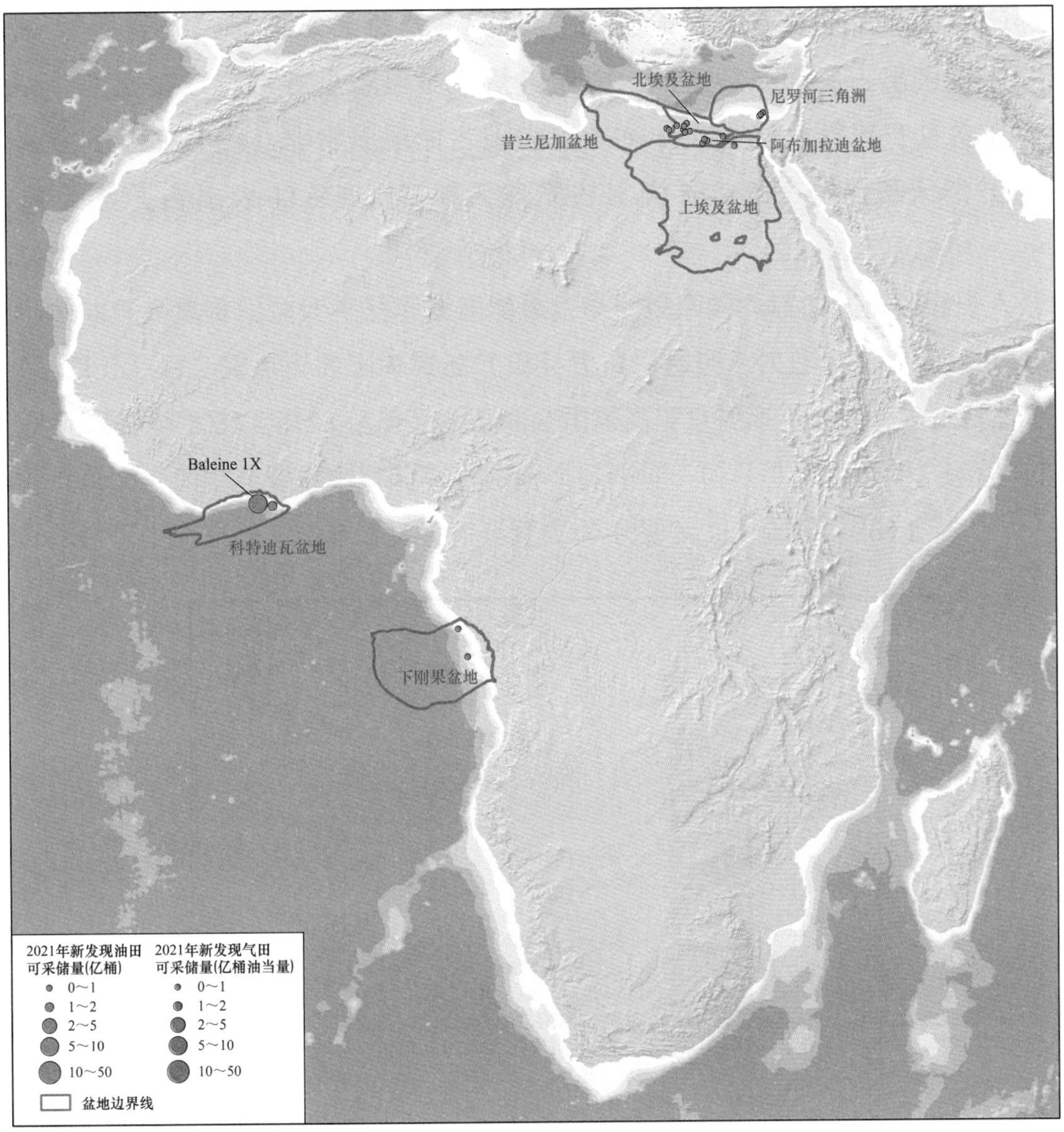

图 1-41　2021 年非洲地区新发现油气田分布图

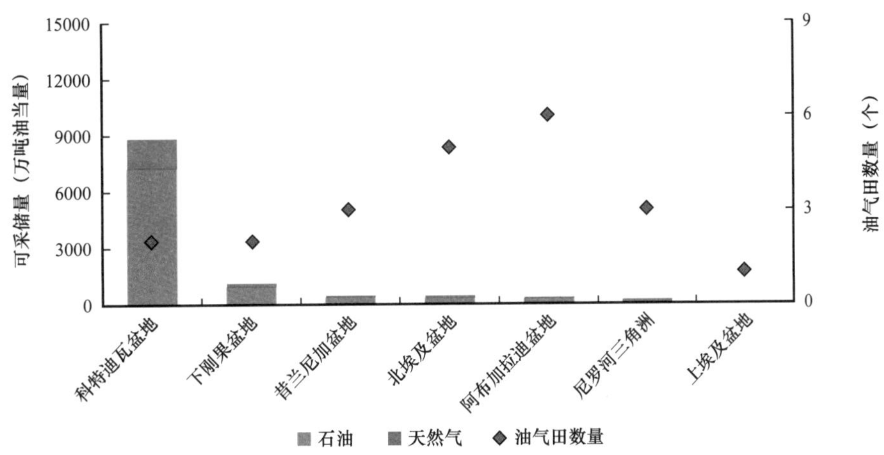

图 1-42　2021 年非洲地区新发现油气田盆地分布图

3）新发现油气藏主要位于白垩系，储层以砂岩为主

从新发现油气藏的分布层位看，白垩系、新近系新增油气可采储量占比分别为 88% 与 10%，侏罗系发现储量占比少，仅 2.0%。新发现的白垩系油气藏主要来自科特迪瓦盆地、下刚果盆地、北埃及盆地、昔兰尼加盆地和阿布加拉迪盆地。储层类型以砂岩为主，储层埋深以中浅层为主，多小于 4000 米，这类油气藏新增可采储量占比接近 100%。

4）新增油气主要位于被动陆缘盆地

被动陆缘盆地油气新发现储量最多，新增油气可采储量 1.08 亿吨油当量，占非洲地区新发现总可采储量的 96.4%（图 1–43）。新增油气可采储量绝大多数来自西非科特迪瓦盆地、下刚果盆地及尼罗河三角洲，均位于被动陆缘盆地，裂谷盆地仅有少量发现。

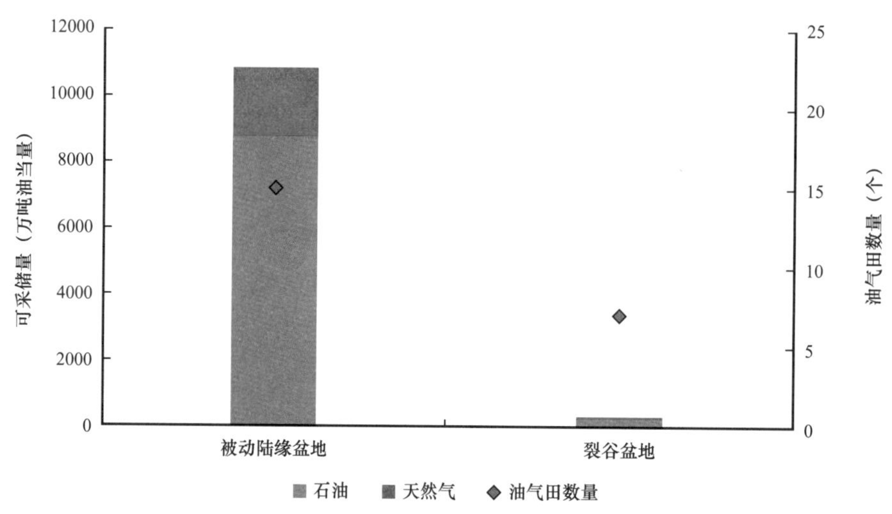

图 1–43　2021 年非洲地区不同类型盆地新发现油气可采储量柱状图

5）典型油气田分析

非洲地区新发现的 22 个油气田中仅有 1 个大型油气田，位于科特迪瓦海域，储量占比达 64.7%（表 1–2）；中型油气田 1 个，位于科特迪瓦盆地加纳海域，储量占比为 14.3%；小型油气田 20 个，储量占比为 21.0%。

科特迪瓦盆地位于西非海域中段，面积约 18.5 万平方千米，其中海域约 17.6 万平方千米，陆上 0.9 万平方千米。主要沉积中心位于大陆架和大陆坡之下，北部边界和现今的海岸线大体一致。盆地北部边界为前寒武系基底（大致与 Lagunes 断裂带重合），南部边界为 Romanche 断裂带，东部以枢纽带与盐池盆地相隔。盆地经历了前裂谷、同裂谷、后裂谷和被动陆缘四个构造演化阶段，可划分为大巴萨姆（Grand Bassam）坳

陷、大拉乌（Grand Lahou）高地和南萨桑德拉（Sassaandra）地堑等构造单元。基底为前寒武系变质岩，主要沉积地层为泥盆系—石炭系碎屑岩、以海相为主的白垩系—古近系碎屑岩夹碳酸盐岩、新近系碎屑岩夹碳酸盐岩。

表 1–2 2021 年非洲地区新发现储量排名前 10 的油气田统计表

国家	盆地	油气田名称	作业者	领域	石油可采储量（万吨）	天然气可采储量（亿立方米）
科特迪瓦	科特迪瓦盆地	Baleine 1X	ENI CI	深水	5822	175
加纳	科特迪瓦盆地	Eban 1X	ENI GH	深水	1370	29
安哥拉	下刚果盆地	Cuica	ENI AO	深水	822	17
埃及	昔兰尼加盆地	Hadid	KHALDA PET	陆上	137	3
埃及	昔兰尼加盆地	Tayim North 2	KHALDA PET	陆上	123	4
埃及	北埃及盆地	Jasmin West 1	AGIBA	陆上	96	6
加蓬	下刚果盆地	Hibiscus North 1	BW EN DUSS	浅水	110	1
埃及	北埃及盆地	Shai 1	KHALDA PET	陆上	82	3
埃及	阿布加拉迪盆地	Watania 21	ENPEDCO	陆上	55	5
埃及	北埃及盆地	Meleiha Southwest 4	MELEIHA	陆上	82	0

科特迪瓦盆地油气勘探始于 1951 年，截至 2021 年，共发现油气田 81 个，可采储量 8.7 亿吨油当量，其中科特迪瓦 43 个油气田可采储量 3.1 亿吨油当量，加纳 38 个油气田可采储量 5.6 亿吨油当量（图 1–44 和图 1–45）。油气主要来自白垩系砂岩储层，以石油为主，储量占比为 67.7%。

科特迪瓦自 2001 年以来，至今 20 年深水一直没有商业性油气发现。埃尼石油于 2021 年 9 月在距科特迪瓦海岸以南 55 千米的 CI–101 区块，发现了 Baleine 油田，该发现水深 1200 米。CI–101 区块与相邻的 CI–802 区块均由埃尼石油与 Petroci 控股公司共同运营，勘探阶段分别拥有 90% 和 10% 的股份。除了上述两个区块，埃尼石油还拥有科特迪瓦深水区 CI–205、CI–501 及 CI–504 等三个区块的权益，所有区块均与同一合作伙伴 Petroci 控股公司合作。

Baleine–1X 井是埃尼石油对科特迪瓦沉积盆地的各种三维地震数据和区域研究成果综合分析后选定的，包括智能电缆地层测试和流体取样在内的诸项先进技术的实施。该井于 2021 年 8 月开钻，30 天钻进深度达 3445 米，在白垩系钻遇两个轻质油藏（40°API），其中一个为塞诺曼阶 / 阿尔布阶披覆于倾斜断块之上的扇体，另一个为与加纳深水油藏相似的上白垩统塞诺曼阶砂岩（图 1–46）。

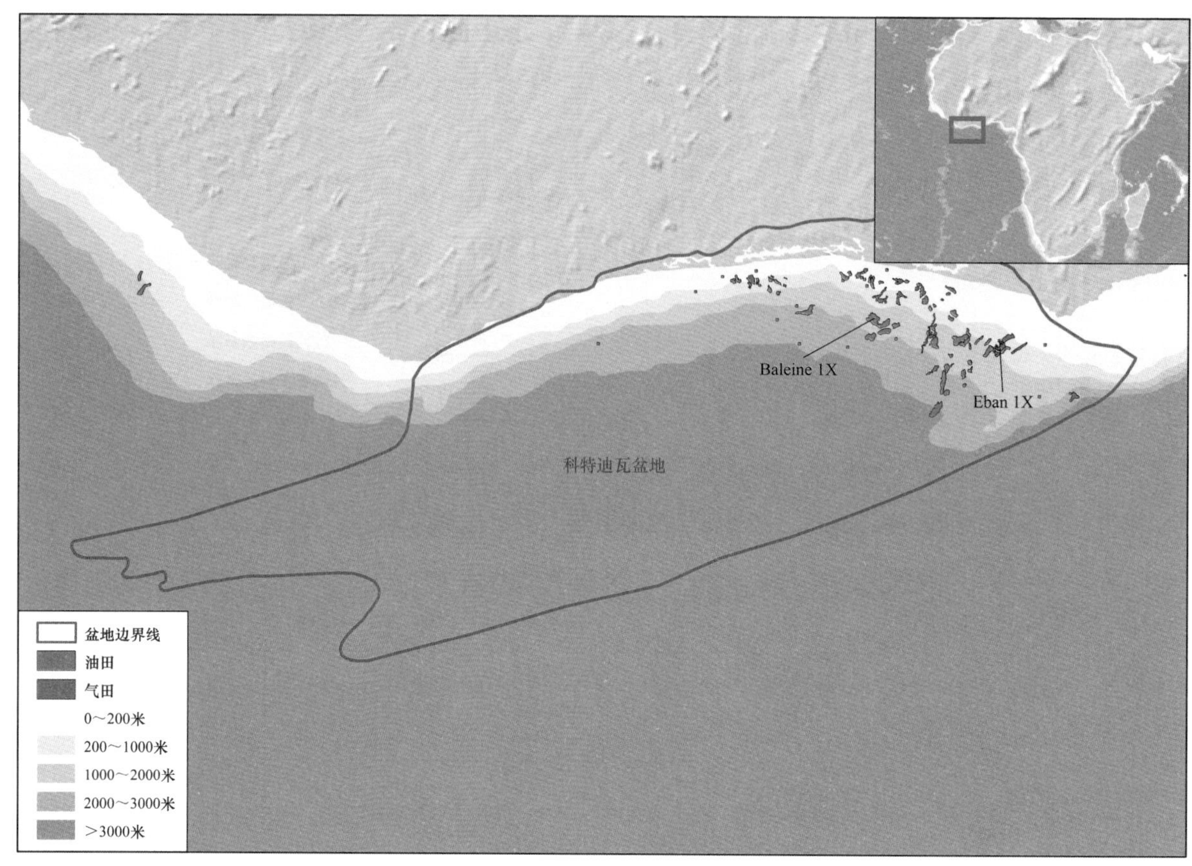

图 1–44　科特迪瓦盆地已发现油气田位置图

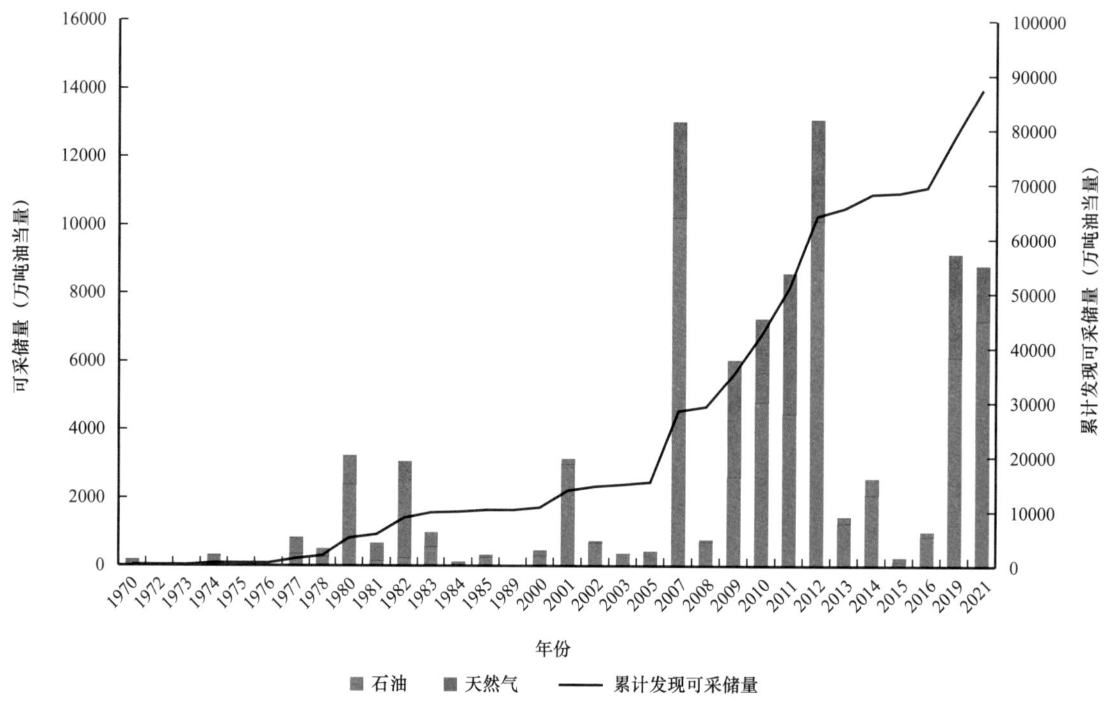

图 1–45　科特迪瓦盆地历年新增油气可采储量柱状图

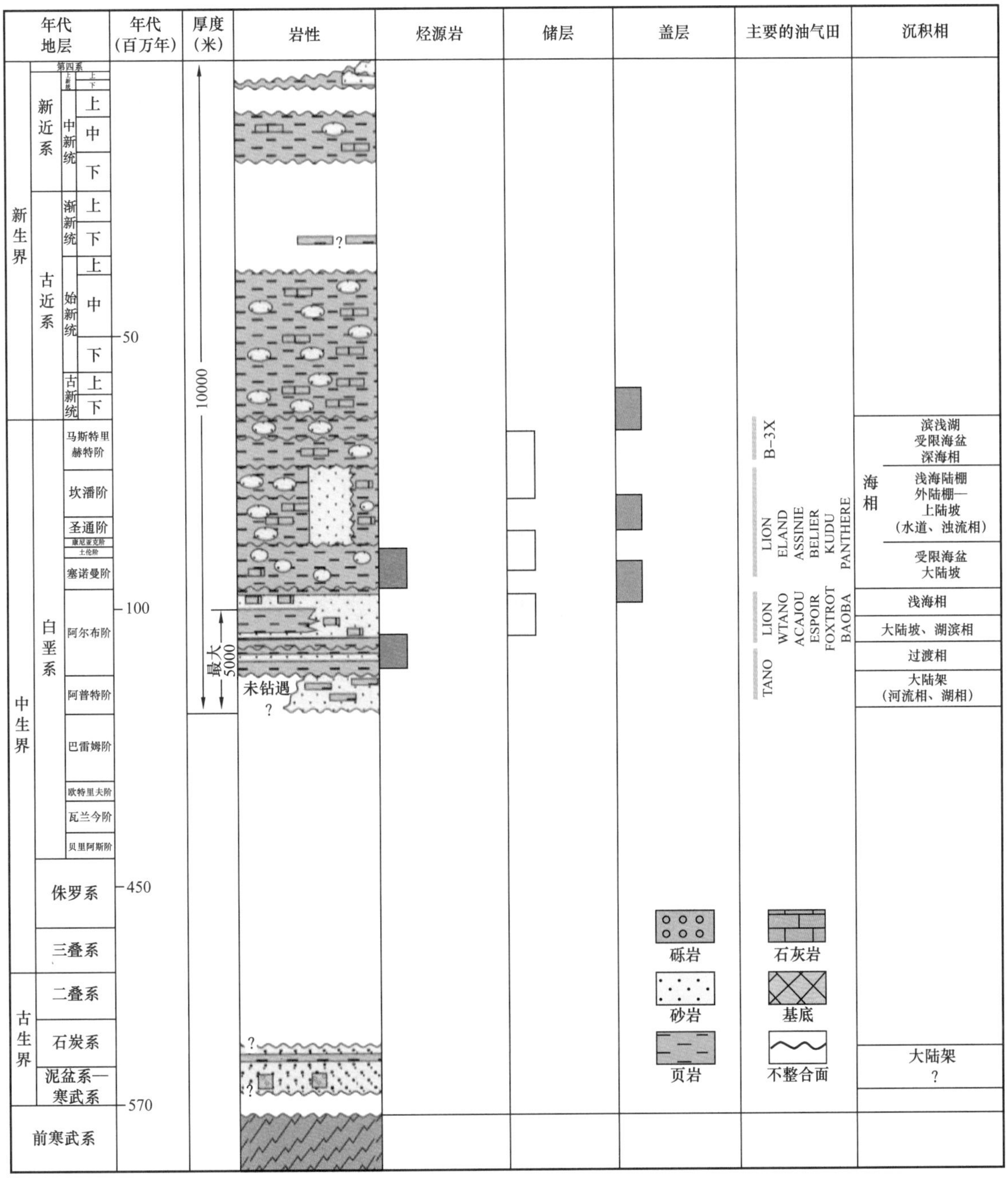

图 1-46 科特迪瓦盆地地层综合柱状图

此外，埃尼石油还于 2021 年 7 月宣布在科特迪瓦盆地加纳海域的 4 区块获得 Eban 油气发现。Eban-1X 井距离海岸 50 千米，距离 Sankofa Hub 西北 8 千米（John Agyekum Kufuor FPSO 所在地），水深 545 米，圈闭顶部埋深 3949 米。Eban 油田可采储量为 1.17 亿桶油当量，未来随着钻探更多的评价井，储量预计还会增加。烃源岩为下白垩统页岩，储层为上白垩统塞诺曼阶厚层砂岩，重度为 30°API，油层厚度约 80 米，盖层为页岩，圈闭为地层圈闭。对大量三维地震数据和井数据采集并进行综合分析评价，认为该发现储层物性与先前 Akoma 发现和邻近的 Sankofa 油田一致。生产测试表明 Eban-1X

井石油可采潜力大约 5000 桶 / 天，类似于 Sankofa 油田现有井的产量。

三、美洲地区油气勘探形势

2021 年美洲地区油气勘探投资 141 亿美元，较 2020 年减少约 1.7 亿美元，降幅约 1.2%，但仍是全球勘探最为活跃的地区。采集二维地震 0.98 万千米，较上年减少 50.3%，三维地震 4.63 万平方千米，同比减少 29.8%。完钻探井、评价井 197 口，其中探井 139 口，较 2020 年减少 6 口，探井成功率为 50.4%。全年共发现常规油气田 52 个，新增油气可采储量 11.42 亿吨油当量，同比增加 24.8%，占全球新增常规油气总可采储量的 54.9%，新增油气可采储量以石油为主，占比为 63%。

1. 美洲地区勘探活动

1）勘探投资特点

（1）勘探投资占全球近一半，独立石油公司为勘探投资主体。

美洲地区勘探投资占全球总勘探投资的 45%，继续保持全球油气勘探投资领先位置。但是与 2020 年相比，勘探投资还是减少了 1.7 亿美元。具体而言，国家石油公司勘探投资由 31.2 亿美元减少为 12 亿美元，国际石油公司由 46.7 亿美元减少为 41 亿美元，但独立石油公司勘探投资增加了 23.2 亿美元。

独立石油公司的勘探投资占美洲地区勘探总投资的 62.4%，仍然为美洲地区勘探投资主体。国际石油公司和国家石油公司的勘探投资分别占美洲地区勘探总投资的 29.1% 和 8.5%（图 1–47）。先锋自然资源公司（Pioneer Natural Resources Co.）和钻石能源公司（Diamond Back Energy Inc.）勘探投资力度最大，分别为 26.9 亿美元和 12.2 亿美元，其投资均集中在美国。

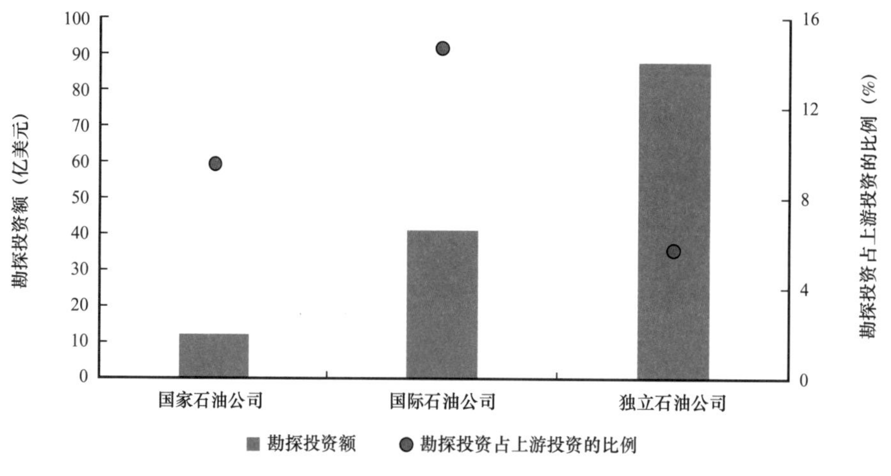

图 1–47　2021 年美洲地区不同类型公司勘探投资及其占比图

（2）国际石油公司中壳牌勘探投资居首。

国际石油公司在美洲的勘探投资以壳牌为主，为 13.1 亿美元，占 31.9%；其次为埃克森美孚，占 22.5%；道达尔能源和雪佛龙紧随其后，分别占 12.8% 和 12.2%（图 1–48）。国际石油公司的勘探投资主要集中在美国和加拿大，两个国家的勘探投资分别为 15.5 亿美元和 12.1 亿美元。

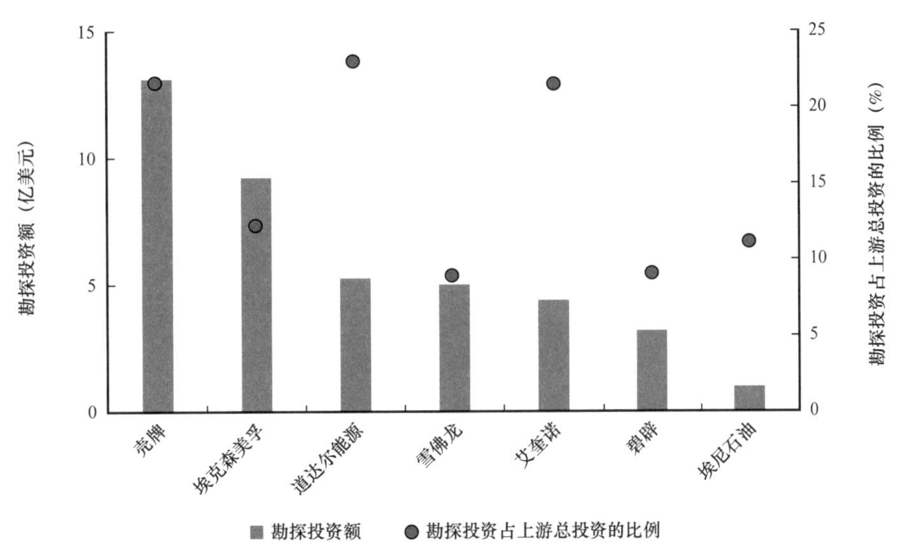

图 1–48　2021 年美洲地区国际石油公司勘探投资额及其占比图

从各公司在美洲地区勘探投资占其上游总投资的比例来看，道达尔能源、壳牌和艾奎诺占比最高，为 21%～23%；碧辟和雪佛龙占比最低，均为 9%（图 1–48）。

（3）巴西国家石油公司在美洲一枝独秀。

国家石油公司勘探投资额为 12 亿美元（图 1–47），为美洲地区勘探总投资的 8.5%。其中巴西国家石油公司勘探投资最多，为 6.82 亿美元，占国家石油公司在美洲地区勘探总投资的 56.8%。其次为哥伦比亚石油公司，其勘探投资总额为 4.78 亿美元，占国家石油公司在美洲地区总勘探投资的 40%。

2）地震及重磁勘探活动

美洲地区共实施地震项目 22 个，包括 4 个二维地震项目、16 个三维地震项目和 2 个四维地震项目。二维地震测线总长度约 9798 千米，与 2020 年相比大幅减少，减幅为 50.3%。陆上二维地震采集项目 2 个，位于秘鲁的乌卡亚利盆地，测线长度为 384 千米，占二维地震测线总长度的 3.9%。海上二维地震采集项目 2 个，分别位于巴西的佩洛塔斯盆地和特立尼达与多巴哥的特立尼达盆地，测线长度分别为 9392 千米和 22 千米，占二维地震测线总长度的 96.1%（图 1–49）。

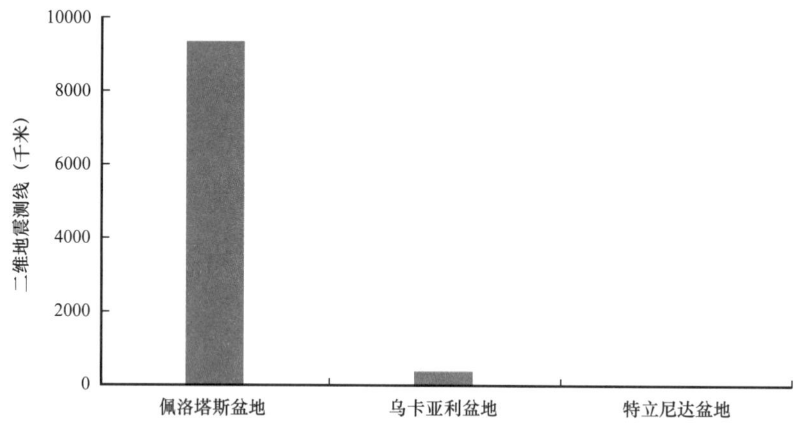

图 1–49　2021 年美洲地区主要盆地二维地震采集量柱状图

美洲地区三维地震采集面积约 4.63 万平方千米，与 2020 年的 6.6 万平方千米相比减少 29.8%。其中，深水和陆上三维地震面积分别为 4.58 万平方千米和 559 平方千米，占比分别为 98.8% 和 1.2%。深水三维地震项目主要位于加拿大的北大西洋盆地、巴西的坎波斯盆地和苏里南的圭亚那盆地等，平均采集面积均超过 6000 平方千米（图 1–50），深水盆地仍然是目前美洲地区油气勘探的重点领域。

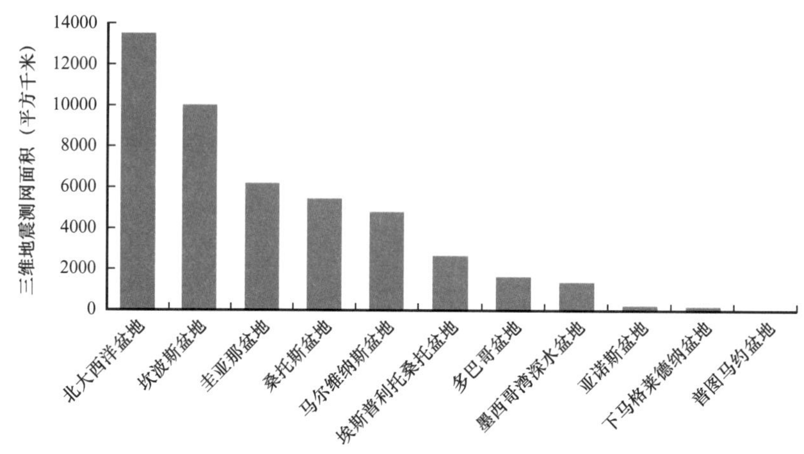

图 1–50　2021 年美洲地区主要盆地三维地震采集量柱状图

3）钻井活动

美洲地区共完钻探井 139 口、评价井 58 口。与 2020 年相比，探井数量减少 6 口，评价井数量增加 4 口。探井成功率为 50.4%，较 2020 年的 48.3% 略有提高。墨西哥湾深水盆地、墨西哥苏瑞斯特盆地、圭亚那盆地为美洲地区的勘探热点（图 1–51）。

墨西哥苏瑞斯特盆地勘探钻井数量最多，共完钻探井 26 口、评价井 13 口；其次是墨西哥湾深水盆地，共完钻探井 21 口、评价井 3 口；圭亚那盆地共完钻探井 11 口、评价井 8 口。

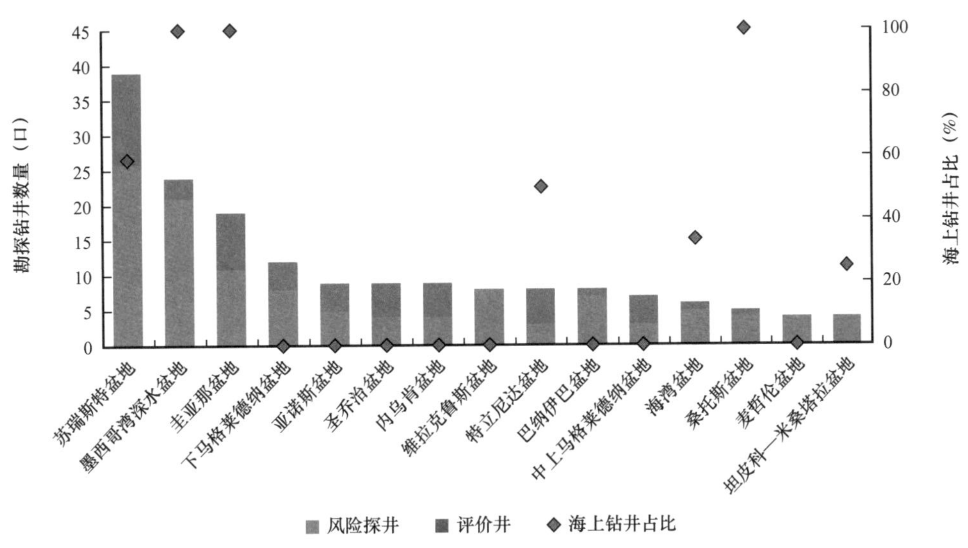

图 1–51　2021 年美洲地区前 15 个盆地勘探钻井数量柱状图

从勘探钻井的海陆分布上看，陆上共有 113 口，为总数的 57.4%，主要分布在苏瑞斯特盆地、下马格莱德纳盆地和亚诺斯盆地等。海上钻井 84 口，为总数的 42.6%，主要分布在苏瑞斯特盆地、墨西哥湾深水盆地、圭亚那盆地等（图 1–51）。

从探井成功率来看，2021 年美洲地区为 50.4%。在探井数量超过 5 口的盆地中，圭亚那盆地、苏瑞斯特盆地和亚诺斯盆地成功率最高，分别为 63.6%、61.5% 和 60%（图 1–52）。

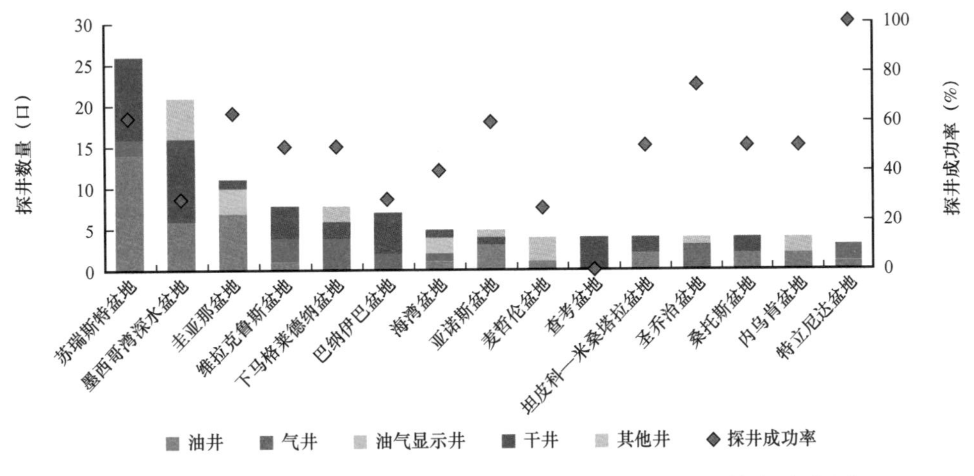

图 1–52　2021 年美洲地区前 15 个盆地探井数量及其成功率图

2. 主要勘探新发现

1）概况

美洲地区新发现常规油气田 52 个，较 2020 年增加 10 个。新增常规油气可采储量 11.42 亿吨油当量，其中石油 7.21 亿吨、天然气 5260 亿立方米。新发现常规油气可采

储量占全球勘探新增常规油气总可采储量的 54.9%，占比明显高于 2020 年的 47.4%。

美洲地区新增油气储量主要来自圭亚那盆地、巴西的坎波斯和桑托斯盆地（图 1–53）。其中圭亚那盆地新发现油气可采储量 2.67 亿吨油当量，占美洲地区总油气可采储量的 23.4%，另外坎波斯盆地和桑托斯盆地分别占 18.5% 和 17.1%。

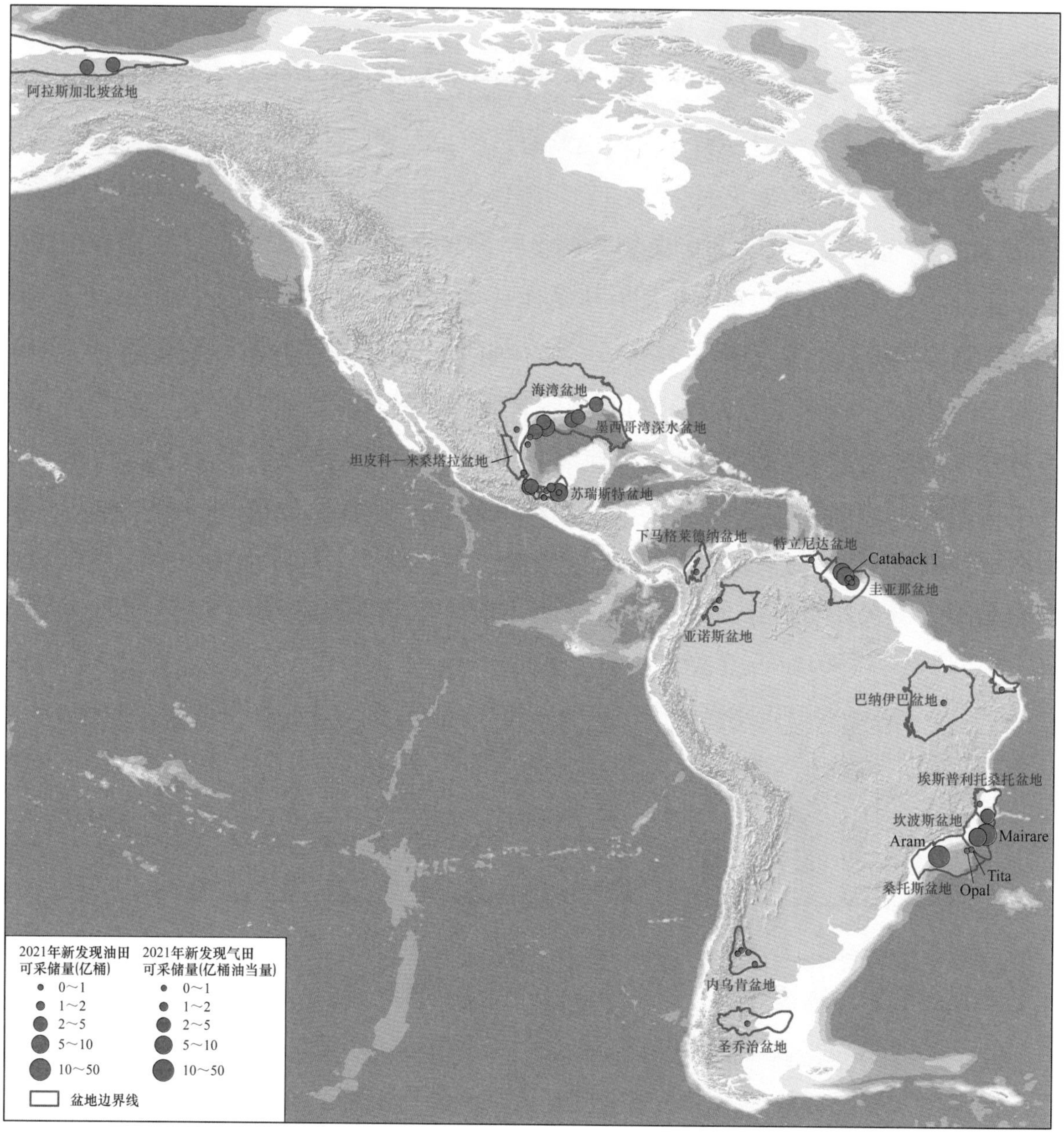

图 1–53　2021 年美洲地区新发现油气田分布图（不含北美陆上）

总体上看，美洲地区 2021 年新发现油气田具有数量多、规模大、分布广的特点。圭亚那盆地依然是美洲勘探发现的热点之一，共发现 4 个大—中型油气田和 2 个小型油气田，单个油气田规模介于 191 万～10390 万吨油当量，平均为 4449 万吨油当量。

巴西的桑托斯盆地取得 3 个油气田发现，最大的 Aram 油田可采储量为 1.84 亿吨

油当量，占美洲地区总油气可采储量的 16.1%，另外埃克森美孚的两个发现的可采储量规模较小，仅占 1.1%。

墨西哥的苏瑞斯特盆地为油气勘探发现数量最多的盆地，一共发现 13 个油气田，占美洲地区年度发现数量的 25%；可采储量为 9803 万吨油当量，占美洲地区总可采储量的 8.6%。墨西哥国家石油公司在该盆地新发现的油气储量最大，8 个油气田油气可采储量合计 7945 万吨油当量，单体规模介于 107 万～4918 万吨油当量。

从前 10 大发现的油气类型上看，圭亚那盆地、桑托斯盆地和墨西哥湾深水盆地以石油发现为主，新增石油可采储量分别为 2.0 亿吨、1.59 亿吨和 1.16 亿吨，占各自盆地油气总可采储量的比例分别为 75%、81% 和 80%（图 1–54）。坎波斯盆地和埃斯普利托桑托盆地新增天然气可采储量分别为 2290 亿立方米和 472 亿立方米，天然气可采储量占比最高，均为 86.8%。

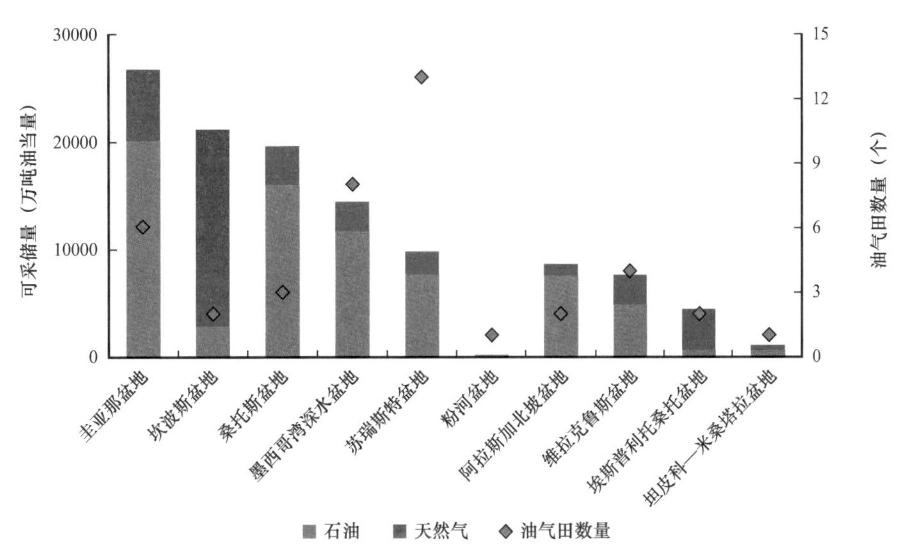

图 1–54　2021 年美洲地区前 10 个盆地可采储量柱状图

2）油气新发现主要位于被动陆缘盆地

2021 年美洲地区被动陆缘盆地取得 23 个新发现，新增油气可采储量 8.62 亿吨油当量（图 1–55），占美洲地区新发现总可采储量的 75.5%，较 2020 年增加 9.3 个百分点，占比的进一步提高凸显了被动陆缘盆地在美洲地区油气发现的主导地位。被动陆缘盆地的油气发现以圭亚那盆地、桑托斯盆地和坎波斯盆地为主，主要包括桑托斯盆地的 Aram、坎波斯盆地的 Mairare、圭亚那盆地的 Whiptail 和 Cataback 等油气田，可采储量分别为 1.84 亿吨油当量、1.4 亿吨油当量、1.04 亿吨油当量和 9575 万吨油当量。

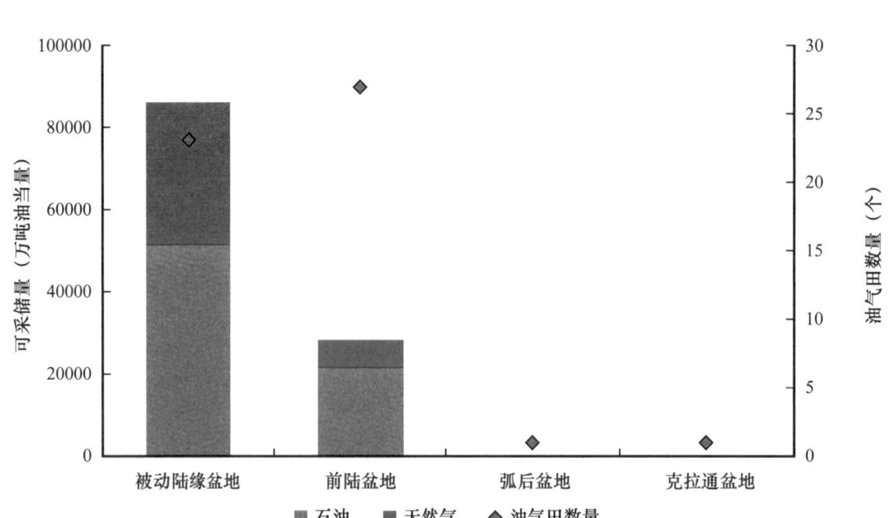

图 1–55　2021 年美洲地区不同类型盆地新发现油气田储量柱状图

前陆盆地共取得 27 个新发现，新增油气可采储量 2.79 亿吨油当量，占美洲地区新发现总可采储量的 24.4%。油气发现主要来自苏瑞斯特盆地、阿拉斯加北坡盆地和维拉克鲁斯盆地，包括 Racemosa、Merlin、Tum、Talitha 和 Kuun 油气田，可采储量分别为 4918 万吨油当量、4521 万吨油当量、4137 万吨油当量、4110 万吨油当量和 3315 万吨油当量。

3）新发现油气藏以白垩系为主，碎屑岩和碳酸盐岩储层并重

美洲地区新发现油气藏的层系以白垩系为主，新增可采储量 9.5 亿吨油当量，占美洲地区总可采储量的 83.0%；其次为古近系和新近系，新发现可采储量分别为 1.0 亿吨油当量和 8288 万吨油当量，分别占美洲地区总可采储量的 8.8% 和 7.3%；其他层系新发现储量规模较小，合计占比 0.9%。

新发现油气藏的圈闭类型以复合圈闭为主，可采储量为 4.13 亿吨油当量，占美洲地区总可采储量的 36.1%；其次为地层油气藏，新增可采储量 4.04 亿吨油当量，占比为 35.4%；构造油气藏可采储量为 3.25 亿吨油当量，占比为 28.5%。

碎屑岩和碳酸盐岩的储量占比相近，其中碎屑岩占总可采储量的 56%，占比较 2020 年减少约 13%；碳酸盐岩油气藏占总可采储量的比例为 44%，同比大幅提升，主要得益于巴西盐下碳酸盐岩储层的一系列油气田发现。

4）超深水一枝独秀，勘探发现领域分布较为集中

美洲地区在陆上、浅水、深水和超深水新发现油气田分别为 24 个、8 个、5 个和 15 个，分别占美洲新发现油气田数量的 46.15%、15.38%、9.62% 和 28.85%；而新增油气可采储量分别为 2.45 亿吨、3569 万吨、8825 万吨和 7.73 亿吨油当量，分别占美

洲新发现油气田储量的 21.4%、3.1%、7.7% 和 67.7%。由此可见，在储量发现规模上超深水领域具有绝对的主导地位（图 1–56）。

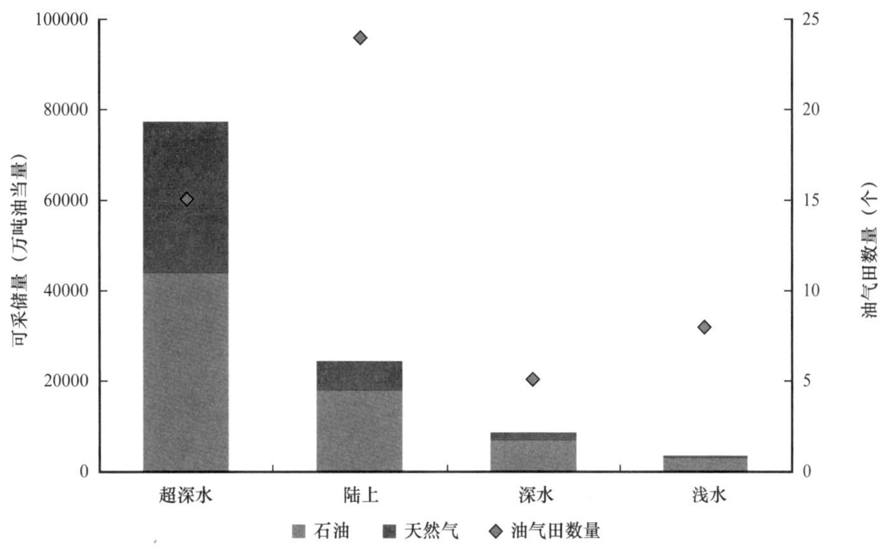

图 1–56　2021 年美洲地区新发现油气田海陆可采储量柱状图

5）典型油气田分析

美洲地区发现的 52 个油气田主要位于巴西、圭亚那和美国等国家，其中大型油气田 5 个，分别位于坎波斯、桑托斯和圭亚那等盆地，可采储量占美洲地区油气总可采储量的 52.0%（表 1–3）；中型油气田 15 个，主要位于墨西哥湾深水盆地、阿拉斯加北坡盆地、维拉克鲁斯盆地、苏瑞斯特盆地和埃斯普利托桑托盆地，储量占比 40.3%；小型油气田 32 个，储量占比 7.7%。

表 1–3　2021 年美洲地区新发现储量排名前 10 的油气田统计表

国家	盆地	油气田名称	作业者	领域	石油可采储量（万吨）	天然气可采储量（亿立方米）	总可采储量（万吨油当量）
巴西	桑托斯盆地	Aram	PET BRASIL	超深水	14932	428	18356
巴西	坎波斯盆地	Mairare	PET BRASIL	超深水	2123	1479	13954
圭亚那	圭亚那盆地	Whiptail	EEPGL	超深水	8164	278	10390
圭亚那	圭亚那盆地	Cataback	EEPGL	超深水	7055	315	9575
巴西	坎波斯盆地	Urissane	PET BRASIL	超深水	671	811	7162
墨西哥	苏瑞斯特盆地	Racemosa	PET MEXICA	陆上	3726	149	4918
美国	墨西哥湾深水盆地	Leopard	SHELL OFF	超深水	3425	171	4795
美国	阿拉斯加北坡盆地	Merlin	EMERALD	陆上	4110	51	4521
巴西	埃斯普利托桑托盆地	Monai	PET BRASIL	超深水	562	472	4336
墨西哥	维拉克鲁斯盆地	Tum	PET MEXICA	陆上	1808	291	4137

2021 年巴西的储量增长主要得益于 2017—2020 年坎波斯和桑托斯盆地多轮区块授标，巴西国家石油公司、埃克森美孚、中国石油等公司参股的区块在第一勘探期获得勘探突破。从新发现油气田的类型来看，整体表现为“内油外气”，即盐下核心区以石油为主，核心区以外以天然气为主。2017 年以来，国际石油公司针对中标的区块实施勘探，并非一帆风顺，陆续揭示了 CO_2 含量高、储层物性差、气油比高等风险。而 2021 年巴西国家石油公司联合艾奎诺、道达尔能源和埃克森美孚在埃斯普利托桑托盆地和坎波斯盆地的气田发现，进一步表明盐下核心区以外由于地热梯度增高导致裂谷期烃源岩以生气为主。Monai、Mairare 和 Urissane 气田虽然获得地质成功，但难以进行独立的商业开发。

桑托斯盆地是巴西最大的海岸盆地之一，面积约 32.7 万平方千米。盆地演化主要分为裂谷期、过渡期和漂移期 3 个阶段，裂谷期主要发育良好的湖相烃源岩和碳酸盐岩储层，过渡期主要为阿尔布阶巨厚盐岩，为良好的区域盖层，漂移期主要发育海相沉积体系。

桑托斯盆地的油气发现始于 1979 年，但在 2006 年以前，以浅水勘探为主，获得 32 个资源规模较小的油气田（图 1–57）。随着 2006 年 Lula 油田的发现，盆地的油气可采储量快速增加，迈上 10 亿吨油当量台阶；到 2010 年后随着 Buzios 和 Libra 等油气田的发现，盆地的油气可采储量规模再上新台阶，达到 50 亿吨油当量；2013 年以后可采储量增加趋势有所放缓。

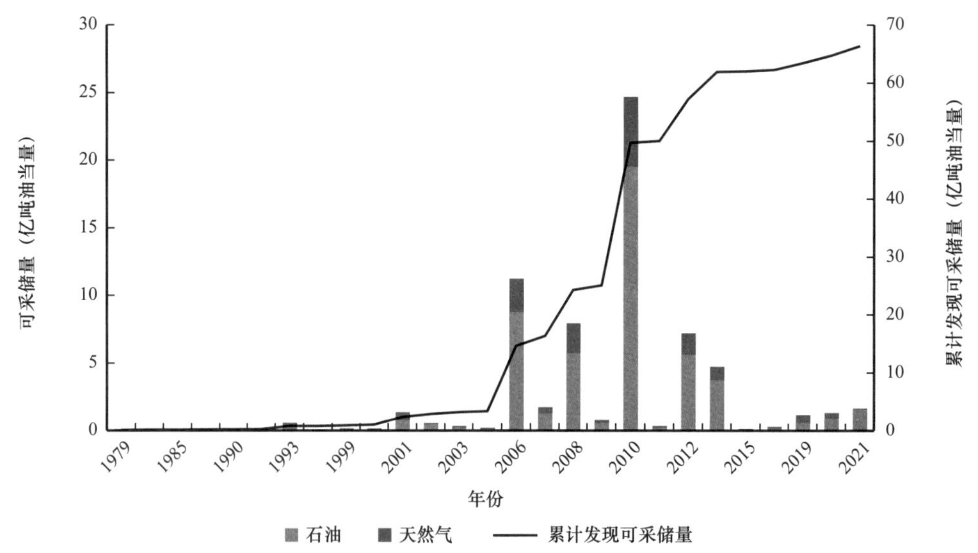

图 1–57　桑托斯盆地历年发现油气可采储量柱状图

（1）桑托斯盆地 Tita 油田。

桑托斯盆地虽经过多年持续勘探，但近年来仍然持续取得重要油气发现。2018 年，由埃克森美孚领导的投标联合体，合作伙伴为卡塔尔石油公司，权益 36%，在第五轮巴西盐下区块招标中获得 Tita 区块。2021 年 11 月，埃克森美孚在桑托斯盆地盐下核心区边部发现 Tita 油田（图 1–58）。

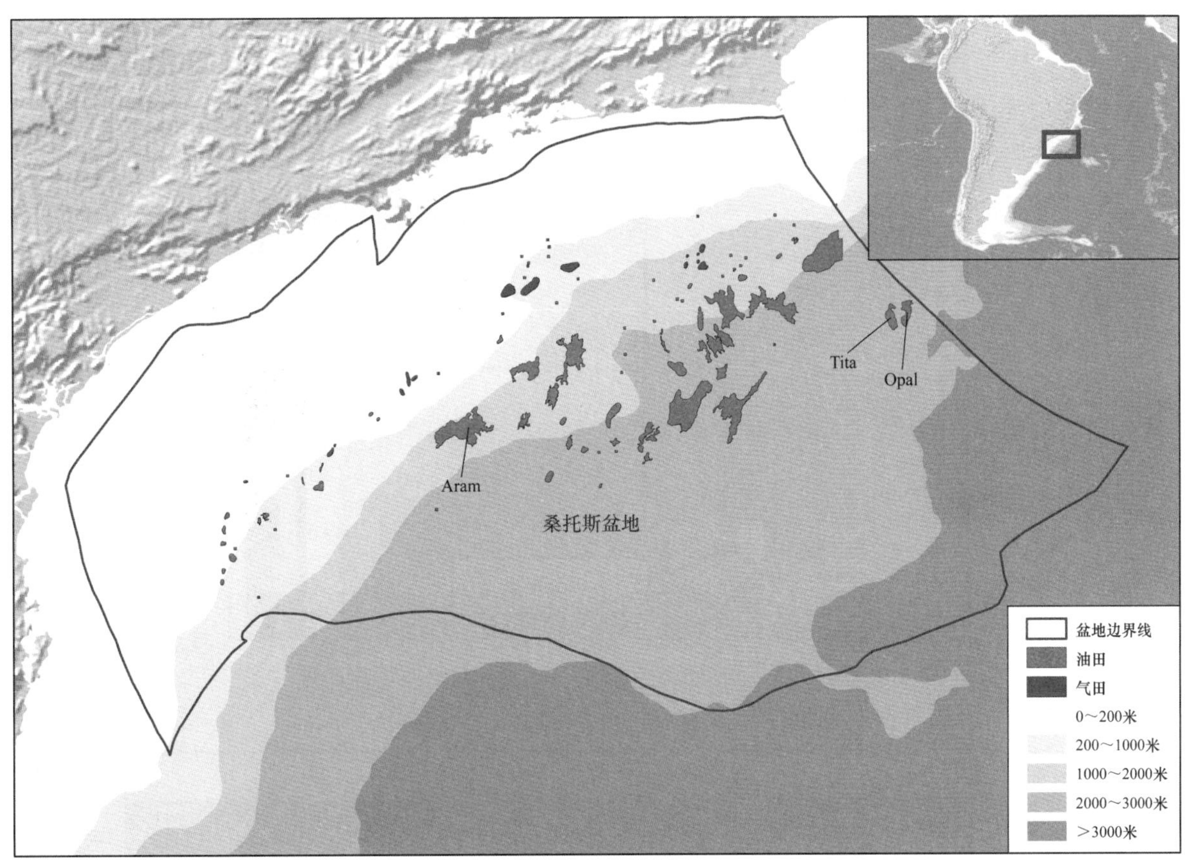

图 1–58　桑托斯盆地油气田分布图

Tita 1 野猫井的钻探目标是盐下的 Barra Velha 组和 Itapema 组碳酸盐岩储层。Tita 勘探区为 176 平方千米的背斜构造（图 1–59、图 1–60），埃克森美孚提出了五个潜在的钻探位置，并确定位于构造中北部的 Tita 1 井为最高优先级。钻前预期为轻质油或气，预计可采资源量分别为 2.3 亿吨、713 亿立方米，钻后 IHS 估算可采储量为 753 万吨油当量，可能由于油气充注有效性、盐下储层物性差等风险导致储量低于钻前预期。

（2）桑托斯盆地 Aram 油田。

2019 年在巴西第六轮盐下招标中，巴西国家石油公司（80%）和中国石油（20%）以 29.96% 的政府最低利润油分成比签署盐下核心区的 Aram 区块，有利目标面积为 1350 平方千米（图 1–61），成为第六轮盐下招标轮次中唯一授标的区块。

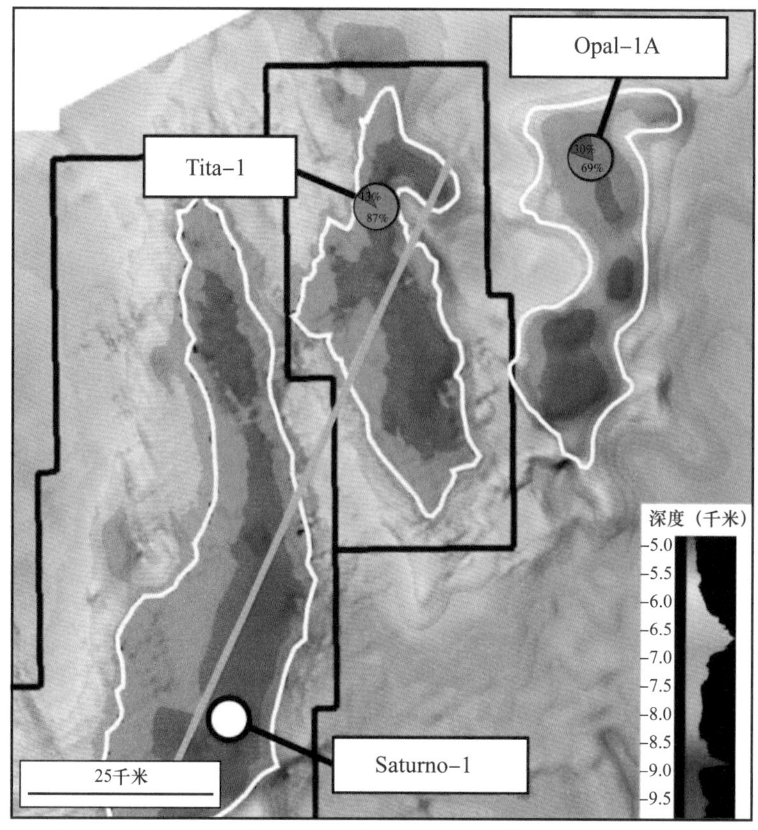

图 1-59 Tita 勘探区及其周边有利目标盐底构造图

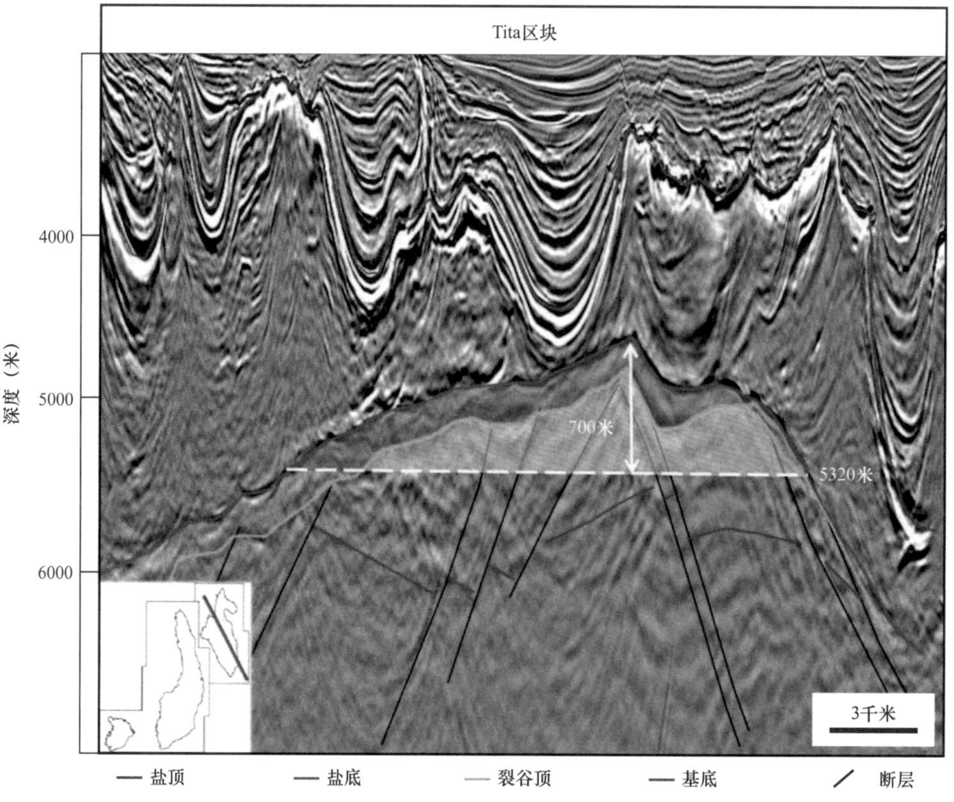

图 1-60 过 Tita 区块北西—南东向地震剖面图

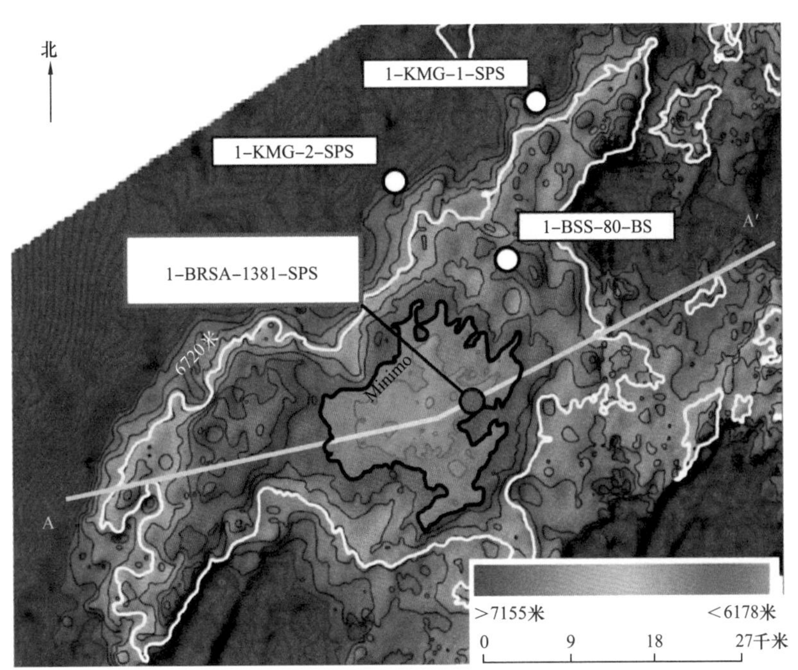

图 1-61　Aram 区块有利目标顶部构造图

2021 年 11 月，巴西国家石油公司宣布在桑托斯盆地 Aram PSC 区块的 1-SPS-108（1-BRSA-1381-SPS）野猫井中发现了 Aram 油田。该井设计井深 6925 米，作业水深 1905 米，钻探目标是盐下 Barra Velha 组碳酸盐岩储层（图 1-62）。据 IHS 估算，油气可采储量为 1.84 亿吨油当量，其中石油 1.5 亿吨、天然气 428 亿立方米，为 2021 年全球最大的油气发现，待试油证实。

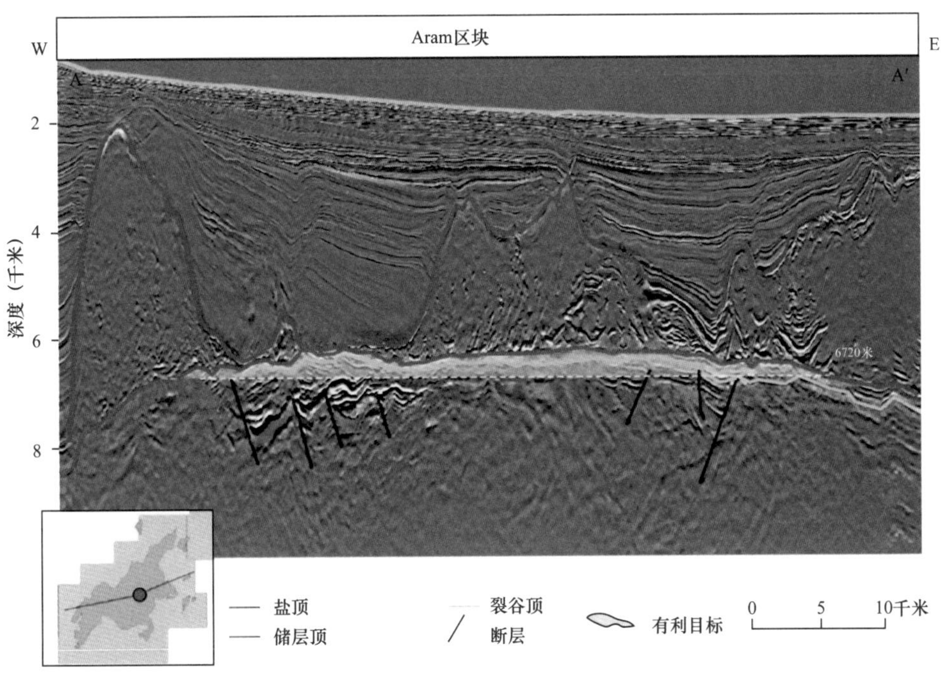

图 1-62　过 Aram 区块西—东向地震剖面图

四、中亚—俄罗斯地区油气勘探形势

2021年，中亚—俄罗斯地区油气勘探投资6.19亿美元，较2020年减少了19亿美元。全年完成二维地震采集1344千米，较2020年增加了16.5%，主要分布在西西伯利亚盆地。完成三维地震采集1.24万平方千米，较上年略有下降，主要分布在西西伯利亚、北萨哈林和东西伯利亚等盆地。全年共完钻探井、评价井235口，较2020年减少12.0%；探井成功率为69.7%。全年共发现常规油气田39个，新增常规油气可采储量4.11亿吨油当量，比2020年增长了94.8%，占全球新发现常规总可采储量的19.8%。其中，新增石油可采储量2371万吨、天然气可采储量4810亿立方米，主要来自叶尼赛—哈坦加盆地和南里海盆地。

1. 中亚—俄罗斯地区勘探活动

1）勘探投资特点

2021年，中亚—俄罗斯地区勘探投资为6.19亿美元，占全球的2%。与2020年相比，勘探投资减少了19亿美元。独立石油公司为中亚—俄罗斯地区的勘探投资主体，全年勘探投资为6.15亿美元，占中亚—俄罗斯地区勘探总投资的99%。国际石油公司勘探投资仅为450万美元（图1–63）。从勘探投资占其上游总投资的比例来看，独立石油公司表现最好，为11%；国际石油公司勘探投资占比为2%（图1–63）。

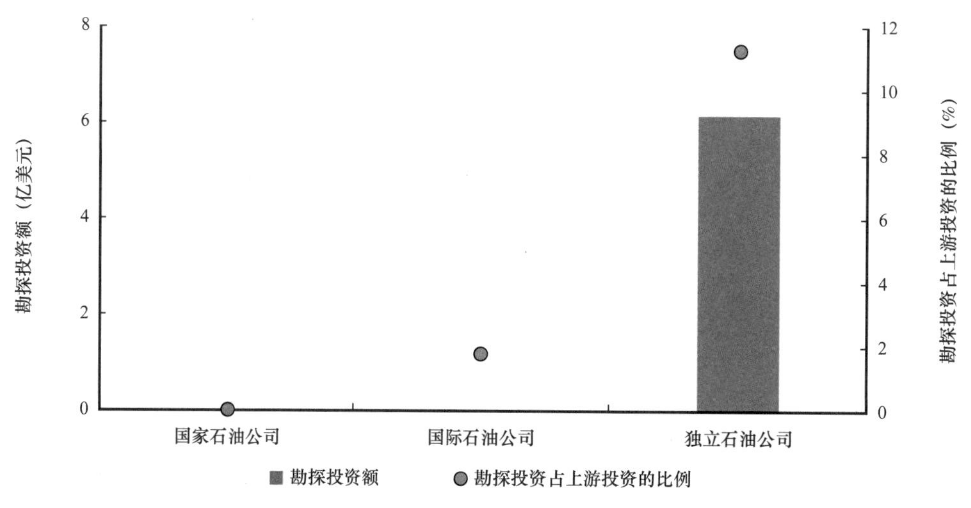

图1–63　2021年中亚—俄罗斯地区不同类型公司勘探投资及占比图

2）地震及重磁勘探活动

中亚—俄罗斯地区实施二维地震项目较少，二维地震测线总长度约1344千米，与2020年相比增加了16.5%，主要分布在西西伯利亚盆地和东西伯利亚盆地。三维地震项目略有增加，完成三维地震采集 1.24 万平方千米，与 2020 年相比减少了 4%，主要分布在西西伯利亚、北萨哈林、东西伯利亚和北乌斯丘尔特等盆地（图 1–64）。

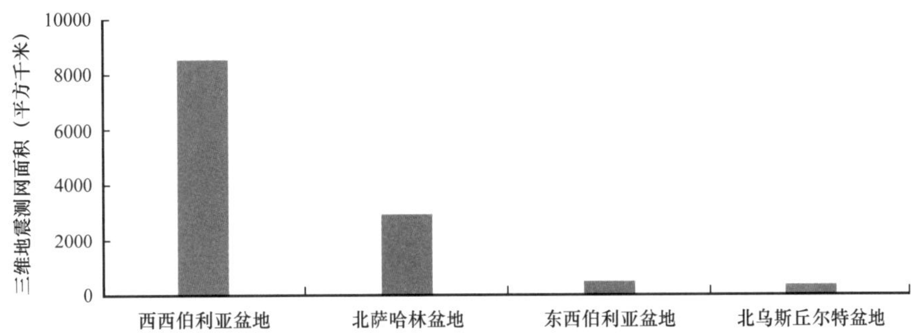

图 1–64　2021 年中亚—俄罗斯地区不同盆地三维地震工作量柱状图

3）钻井活动

中亚—俄罗斯地区共完钻探井 76 口、评价井 159 口，钻井数量较 2020 年减少 12.0%。探井、评价井主要分布在西西伯利亚、阿姆河、北乌斯丘尔特和伏尔加—乌拉尔等盆地。

（1）西西伯利亚盆地钻井数量最多。

西西伯利亚盆地完钻探井 33 口、评价井 85 口（图 1–65），位居中亚—俄罗斯地区首位，占该区钻井总数的 50.2%。其次为阿姆河盆地，共完钻探井 16 口、评价井 49 口。北乌斯丘尔特盆地位列第三，完钻探井 5 口、评价井 10 口。

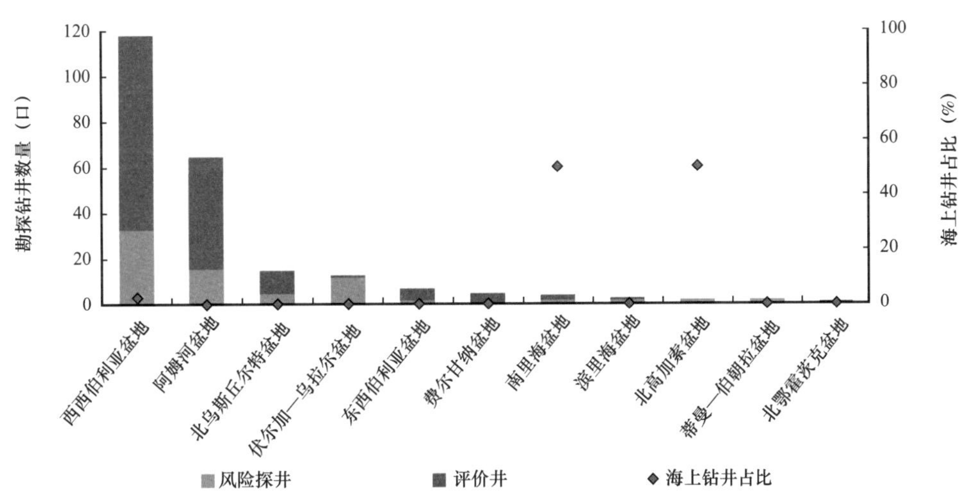

图 1–65　2021 年中亚—俄罗斯地区主要盆地钻井类型柱状图

（2）钻井以陆上为主，阿姆河盆地探井成功率最高。

钻井以陆上为主，占中亚—俄罗斯地区钻井总数的 97%。海上钻井仅 6 口，西西伯利亚盆地 3 口、南里海盆地 2 口、北高加索盆地 1 口。

中亚—俄罗斯地区探井成功率较高，平均为69.7%。探井数量大于5口的盆地中，阿姆河盆地和北乌斯丘尔特盆地探井成功率最高，分别为16口和5口，全部取得成功。其次是伏尔加—乌拉尔盆地，探井成功率为91.7%。西西伯利亚盆地探井数量最多，成功率为42.4%（图1–66）。

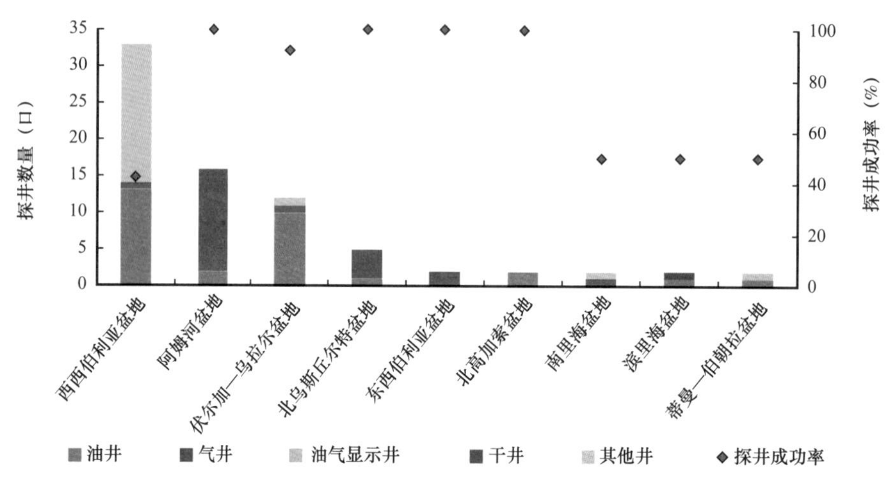

图1–66 2021年中亚—俄罗斯地区主要盆地探井及成功率图

2. 主要勘探新发现

1）概况

2021年，中亚—俄罗斯地区新发现常规油气田39个，占全球勘探新发现常规油气田总数的18.2%，数量与上年相近。新增油气可采储量4.11亿吨油当量，占全球常规油气总可采储量的19.8%。新增储量主要来自天然气藏，天然气可采储量4810亿立方米，占比94%。油气新发现主要位于叶尼赛—哈坦加盆地、南里海盆地、阿姆河盆地等（图1–67和图1–68），新增可采储量分别为3.28亿吨油当量、2877万吨油当量和

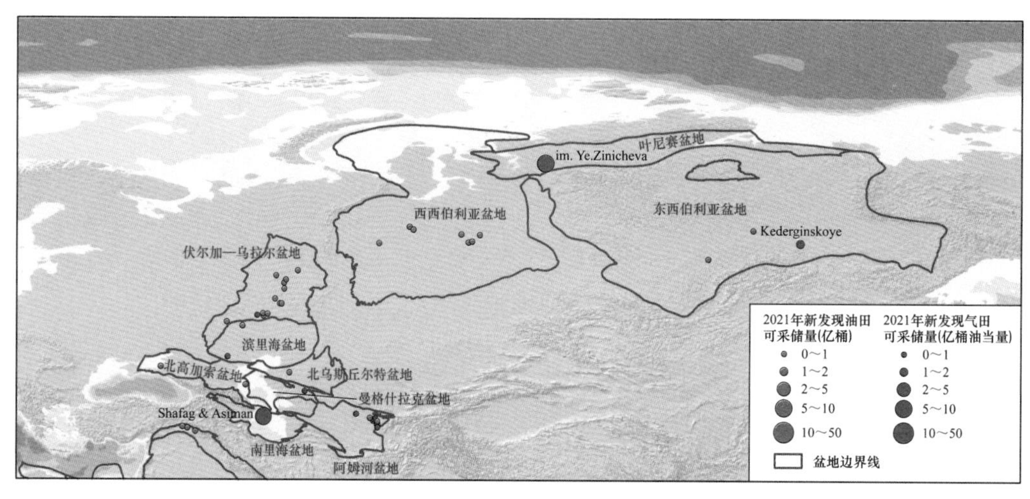

图1–67 2021年中亚—俄罗斯地区新发现油气田分布图

1961 万吨油当量。总体上看，新发现 25 个油田规模较小，最大的油田是俄罗斯境内北高加索盆地的 Titonskoye 油田，可采储量为 696 万吨油当量；新发现的 14 个气田中 2 个规模较大，分别为俄罗斯叶尼赛—哈坦加盆地的 im.Ye. Zinicheva 气田和阿塞拜疆南里海盆地的 Shafag & Asiman 气田，天然气可采储量分别为 4054 亿立方米和 308 亿立方米。

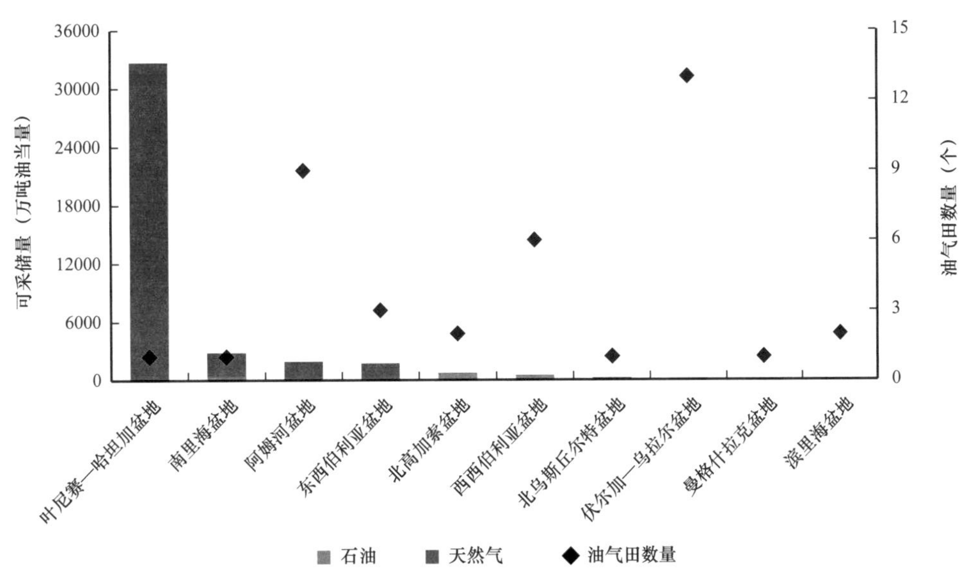

图 1-68　2021 年中亚—俄罗斯地区不同盆地的油气新发现可采储量柱状图

2）油气新发现主要位于白垩系和深部侏罗系

西西伯利亚盆地中—上侏罗统发现 im. Marshala Rokossovskogo 等 8 个油气田，阿姆河盆地在中—上侏罗统发现了 Alouddin 等 9 个气田，叶尼赛—哈坦加盆地发现 1 个气田，伏尔加—乌拉尔盆地发现 13 个油田，北高加索盆地发现 2 个油田。总体上，侏罗系中发现的可采储量占中亚—俄罗斯地区新发现总可采储量的 7.7%。值得一提的是，叶尼赛—哈坦加盆地发现的气田可采储量约占中亚—俄罗斯地区总可采储量的 79.7%，是该盆地近年来最大的气田发现，气田储层为下白垩统砂岩。另外在伏尔加—乌拉尔盆地获得 13 个新发现，新增可采储量占比达 0.4%，新发现以泥盆系和石炭系的砂岩、碳酸盐岩油气藏为主，多为小型油田。

3）典型油气田分析

中亚—俄罗斯地区共发现 40 个油气田，其中伏尔加—乌拉尔盆地 22 个、西西伯利亚盆地 6 个、阿姆河盆地 5 个、东西伯利亚盆地 3 个，叶尼赛—哈坦加盆地、蒂曼—伯朝拉盆地、曼格什拉克盆地、北乌斯丘尔特盆地各 1 个。上述油气田中，中型油气田 4 个，其余均为小型油气田，前 10 大油气田发现情况见表 1-4。

表 1-4　2021 年中亚—俄罗斯地区新发现储量排名前 10 的油气田统计表

国家	盆地	油气田名称	作业者	领域	石油可采储量（万吨）	天然气可采储量（亿立方米）
俄罗斯	叶尼赛—哈坦加盆地	im.Ye. Zinicheva	YERMAK NG	陆上	90	4054
阿塞拜疆	南里海盆地	Shafag & Asiman	bp	深水	411	308
俄罗斯	东西伯利亚盆地	Kederginskoye	ROSNEFT	陆上	137	193
乌兹别克斯坦	阿姆河盆地	Shirinabad	EPSILON D	陆上	67	110
俄罗斯	北高加索盆地	Titonskoye	LUKOIL NIZ	浅水	685	1
哈萨克斯坦	北乌斯丘尔特盆地	Halel Uzbekgaliyev	TEPKE	陆上	205	3
乌兹别克斯坦	阿姆河盆地	Izhobat	UZBEKNEFTE	陆上	14	26
乌兹别克斯坦	阿姆河盆地	Gurchak	EPSILON D	陆上	6	25
乌兹别克斯坦	阿姆河盆地	Yangi Naiston	EPSILON D	陆上	5	22
俄罗斯	西西伯利亚盆地	Nizhneroslavlskoye	LUK ZAPAD	陆上	137	2

（1）叶尼赛—哈坦加盆地 im.Ye. Zinicheva 气田。

Yermak—Neftgaz 合资公司成立于 2016 年，由俄罗斯石油公司（51%）和碧辟（49%）组成，目的是在西西伯利亚盆地和叶尼赛—哈坦加盆地进行陆上勘探。Verknekuvinsky 区块于 2016 年授予 Yermak—Neftgaz 合资公司，区块位于叶尼赛—哈坦加盆地的西缘，叶尼赛河以东 80 千米。与盆地的西部地区相比，该地区的勘探程度较低。

Yermak—Neftgaz 合资公司于 2020 年下半年开钻，目的层是下白垩统气藏，2021 年 11 月俄罗斯石油公司宣布在叶尼赛—哈坦加盆地发现了 im.Ye. Zinicheva 气田，为中亚—俄罗斯地区 2021 年发现规模最大的气田（图 1-69），据 Wood Mackenzie 估算，天然气可采储量为 4054 亿立方米。

im.Ye. Zinicheva 气田为下白垩统构造—岩性砂岩气藏，主力储层是下白垩统 Nizhnekhetskaya 组和 Sukhodudinskaya 组砂岩，为海相沉积环境，平均孔隙度为 20%，主力烃源岩为 Yanovstanskaya 组泥岩，盖层为 Malokhetskayazu 组泥岩（图 1-70）。2021 年 11 月对 Sukhodudinskaya 组 5 个层段（SD12、SD10、SD8、SD6-7 和 SD5）进行了测试，获得天然气日产量 6000 万立方英尺。

（2）南里海盆地 Shafag & Asiman 油气田。

碧辟在南里海的布局始于 20 世纪 90 年代。1994 年，碧辟以 17.1% 股份主导阿塞拜疆国际开发公司（AIOC）进行 ACG 油田（1985 年发现）的开发。1996—1999 年，碧辟获得沙赫德尼兹（Shah Deniz）勘探区块，并基于新采集的三维地震解释获得 Shah Deniz 大气田发现，天然气可采储量为 9690 亿立方米，凝析油可采储量为 1.86 亿吨。

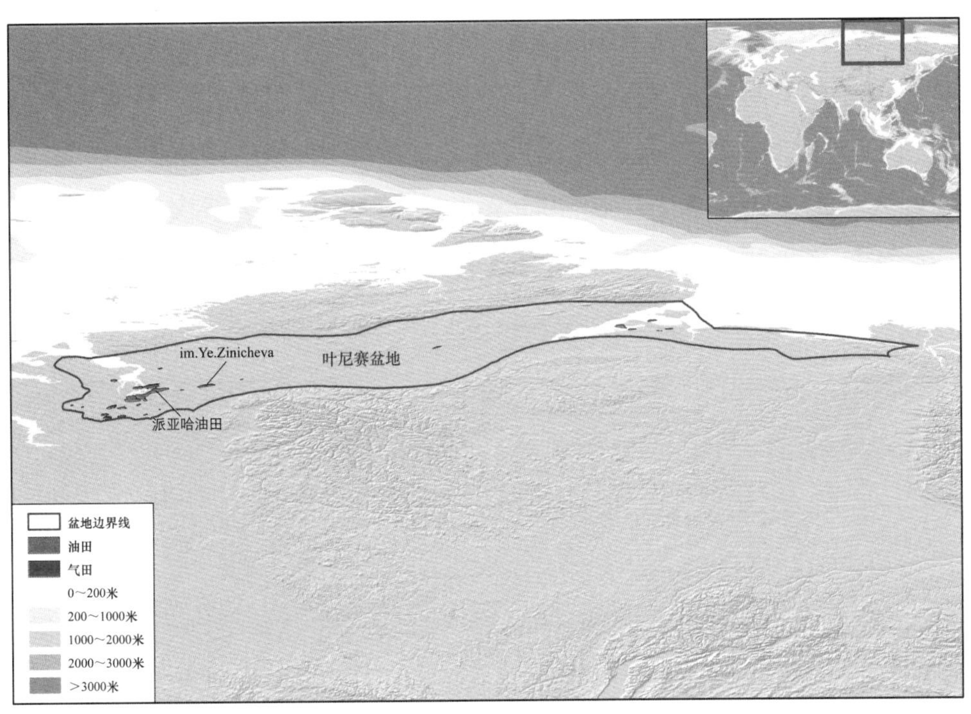

图 1-69　im. Ye. Zinicheva 气田位置图

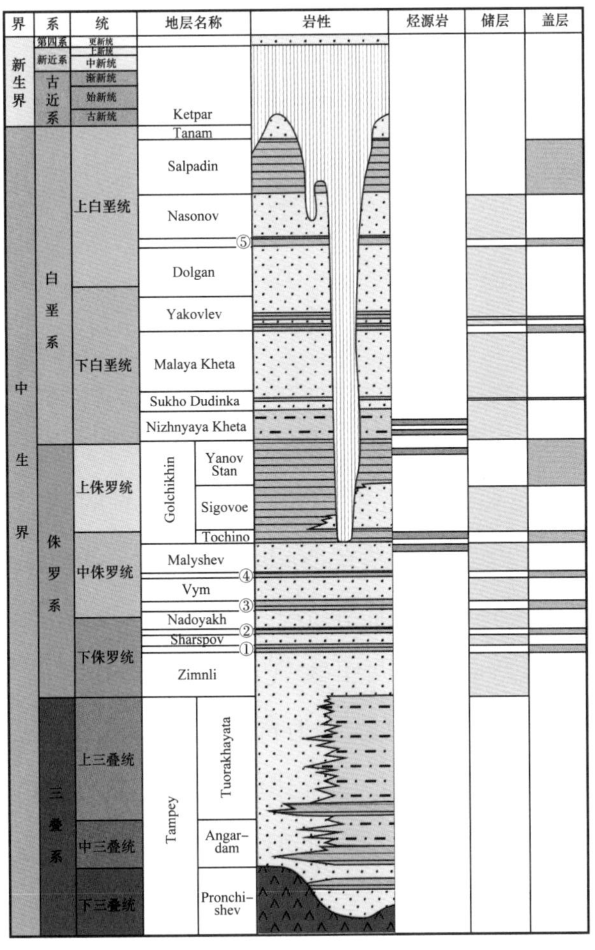

图 1-70　叶尼赛—哈坦加盆地地层柱状图

2009—2011年，碧辟与阿塞拜疆签署MOU并获得Shafag&Asiman区块，区块面积为1100平方米，碧辟为作业者，持有50%权益，合作伙伴为阿塞拜疆国家石油公司（50%权益）。2021年，碧辟在巴库东南125千米处钻Shafag-Asiman-1井，水深650～800米。由于异常高压，Shafag-Asiman-1井未能钻至深部上新统主要目的层，但仍在7189米发现天然气和凝析油（图1-71），可采储量分别为513亿立方米和410万吨。

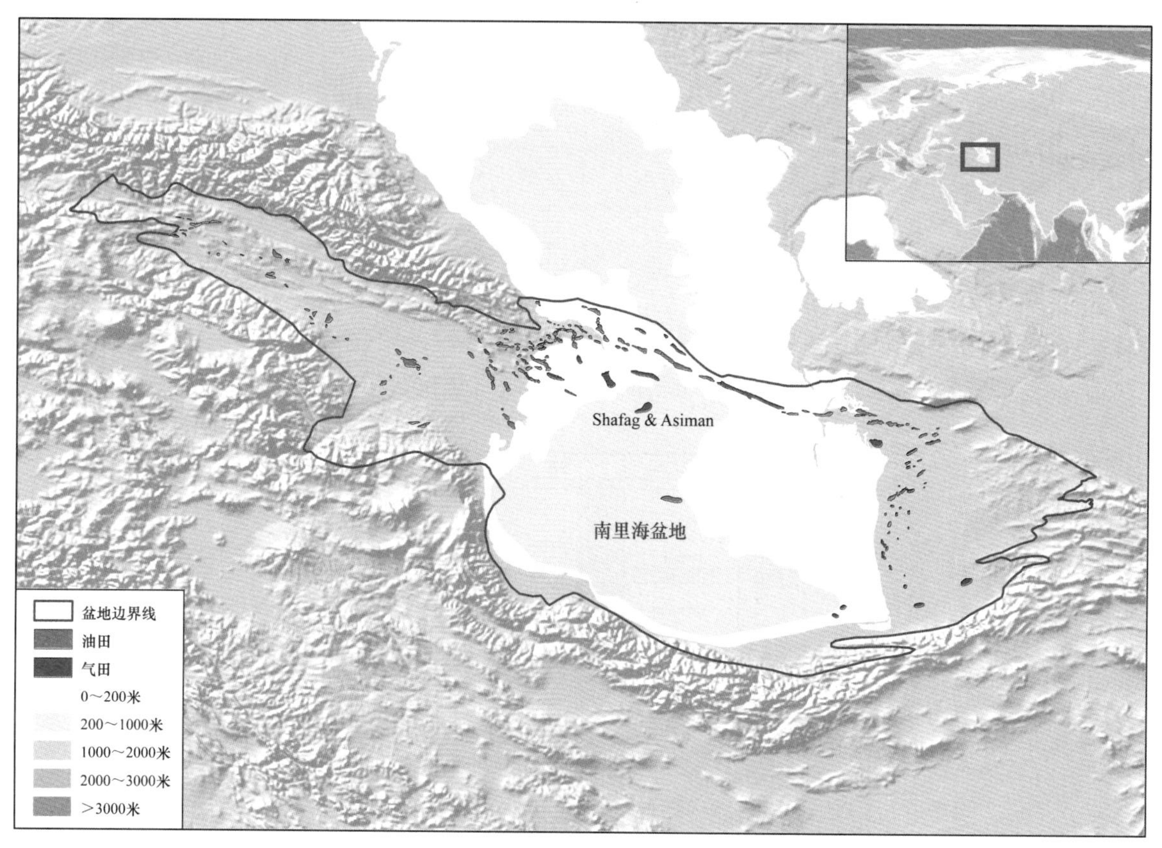

图1-71　南里海盆地油气田分布图

碧辟于2015年通过三维地震查明Shafag & Asiman构造，2020年初开钻SAX-1井，井深7263米，钻探目的层为上新统Nadkirmaku组、Fasila组和Balakhany组砂岩（图1-72）。该发现的主要烃源岩为渐新统—中新统Maykop群页岩（与土耳其国家石油公司2020—2021年在黑海盆地的两个大气田相同），主要储层为上新统湖相Fasila组三角洲砂岩，主要盖层为上新统页岩，为背斜构造圈闭。据了解，此次发现公告并非基于试井结果，而是基于测井、录井等其他评价方法。碧辟计划在构造高部位钻Shafag-Asiman-2评价井，由于目的层深约7000米及异常高压条件，钻井周期预计长达6～12个月。

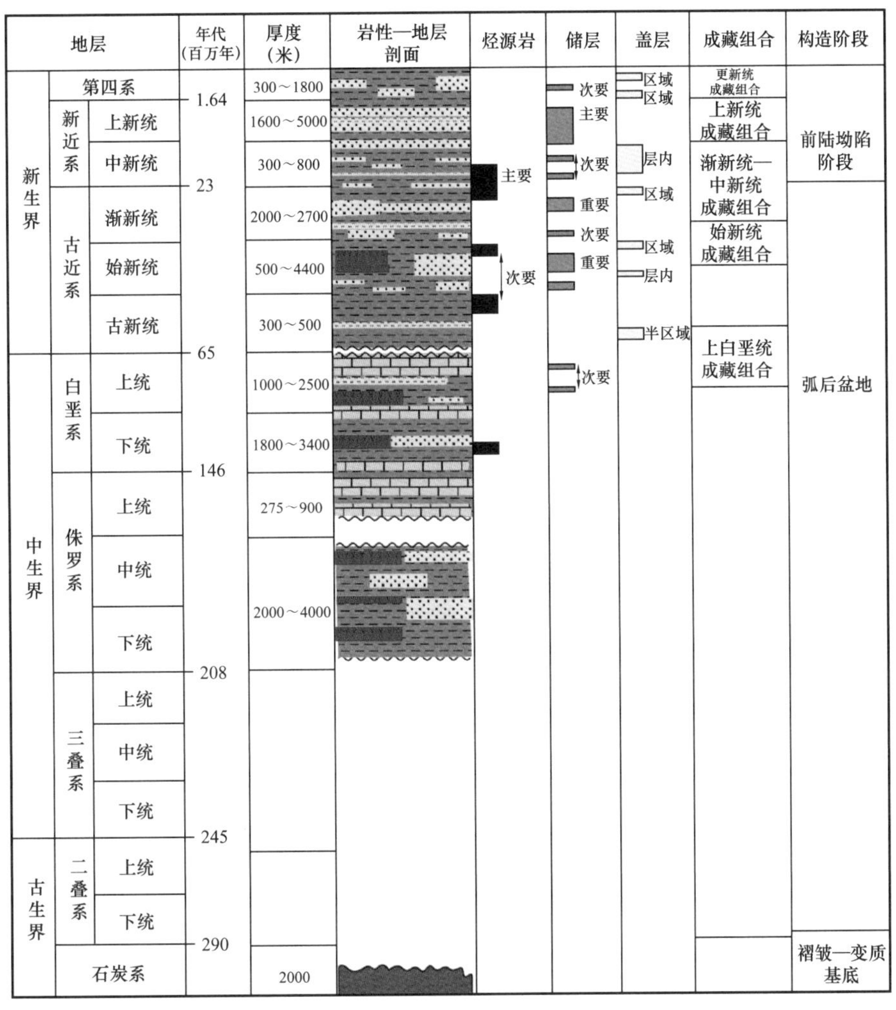

图 1–72　南里海盆地地层柱状图

五、亚太地区油气勘探形势

2021 年，亚太地区完成二维地震采集 1.9 万千米，主要分布在印度河盆地、孟加拉盆地和波特瓦尔盆地。三维地震采集 3.9 万平方千米，主要位于庆尚盆地、珠江口盆地和马来盆地。完钻探井 158 口、评价井 158 口，主要分布于渤海湾盆地、埃罗曼加盆地和孟买盆地等。全年新发现常规油气田 57 个，占全球勘探新发现常规油气田总数的 26.6%。新增常规油气可采储量约 1.68 亿吨油当量，占全球新增常规油气可采储量的 8.1%。新增储量主要来自天然气的贡献，常规天然气可采储量占亚太地区新增总常规可采储量的 60.7%。

1. 亚太地区勘探活动

1）勘探投资特点

2021 年，亚太地区勘探投资为 131.1 亿美元，占全球勘探总投资的 42%。与 2020

年相比，勘探投资增加 24.1 亿美元。国家石油公司勘探投资为 116.1 亿美元，占亚太地区勘探总投资的 88.6%，其勘探投资增幅相对较大，增加约 21.3 亿美元。独立石油公司勘探投资约 9.9 亿美元，同比增加约 0.3 亿美元。国际石油公司勘探投资最少，为 5.1 亿美元。

从勘探投资占其上游总投资的比例来看，国家石油公司表现最好，为 23%，国际石油公司和独立石油公司勘探投资占比较为接近，为 6%～7%（图 1–73）。

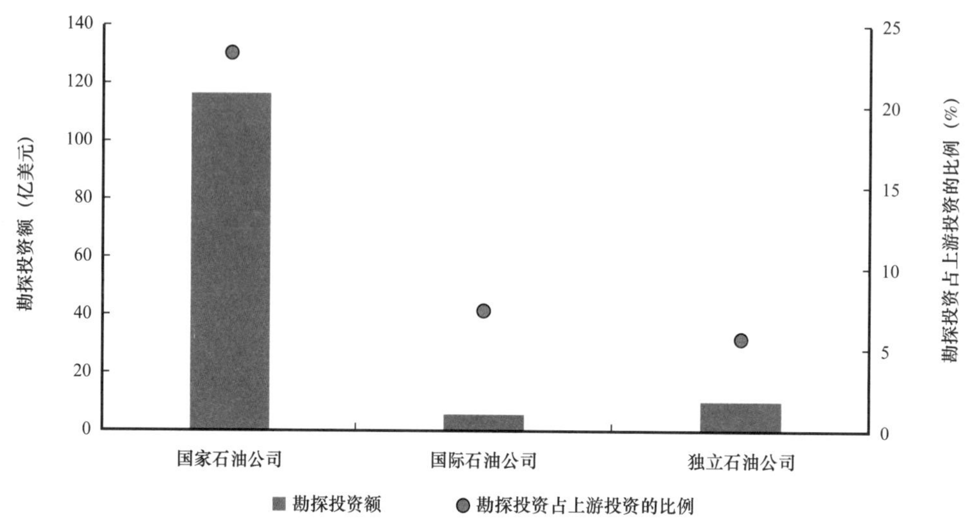

图 1–73　2021 年亚太地区不同类型公司勘探投资及占比图

2）地震及重磁勘探活动

亚太地区共实施地震及重磁勘探项目 78 个，包括 34 个二维地震项目、42 个三维地震项目和 2 个重磁项目。二维地震测线总长度为 1.9 万千米，与 2020 年相比减少了约 3.5 万千米。其中，印度河盆地、孟加拉盆地和波特瓦尔盆地二维地震测线长度位列前三，分别为 5747 千米、3509 千米和 1539 千米（图 1–74）。

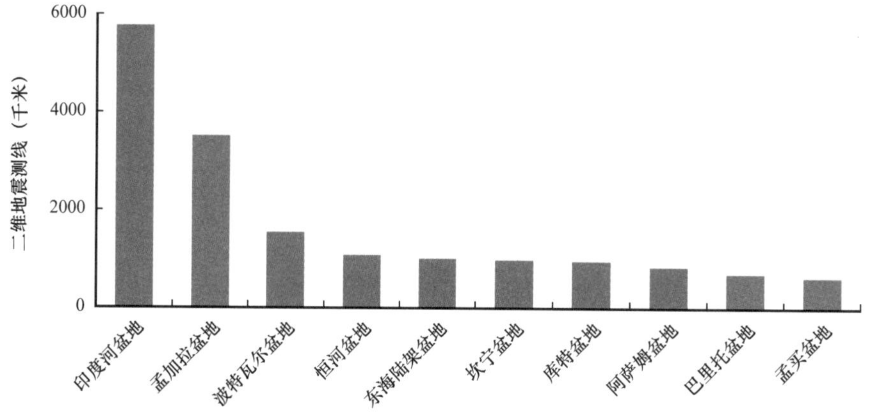

图 1–74　2021 年亚太地区主要盆地二维地震采集工作量柱状图

三维地震采集 3.9 万平方千米，相比 2020 年减少约 1.3 万平方千米。三维地震项目主要位于庆尚盆地、珠江口盆地和马来盆地，面积分别为 6093 平方千米、4300 平方千米和 4000 平方千米（图 1–75）。

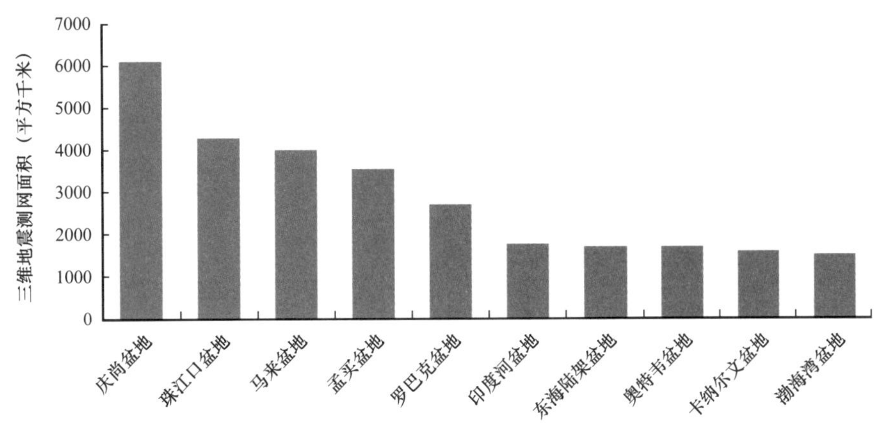

图 1–75　2021 年亚太地区主要盆地三维地震采集工作量柱状图

3）钻井活动

亚太地区共完钻探井 158 口、评价井 158 口，钻井数量较 2020 年减少 71 口。探井成功率约 44.3%，较 2020 年的 39.5% 略有增长。钻井主要分布于渤海湾盆地、埃罗曼加盆地和孟买盆地等（图 1–76），钻井数量分别为 42 口、35 口和 29 口。其中陆上钻井 153 口，浅水钻井 147 口，深水钻井 10 口，超深水钻井 6 口。

渤海湾盆地钻井数量最多，共完钻探井、评价井 42 口（图 1–76），占亚太地区的 13.3%，其中风险探井 18 口、评价井 24 口。其次为澳大利亚的埃罗曼加盆地，共完钻探井 17 口、评价井 18 口。孟买盆地共完钻探井 14 口、评价井 15 口。

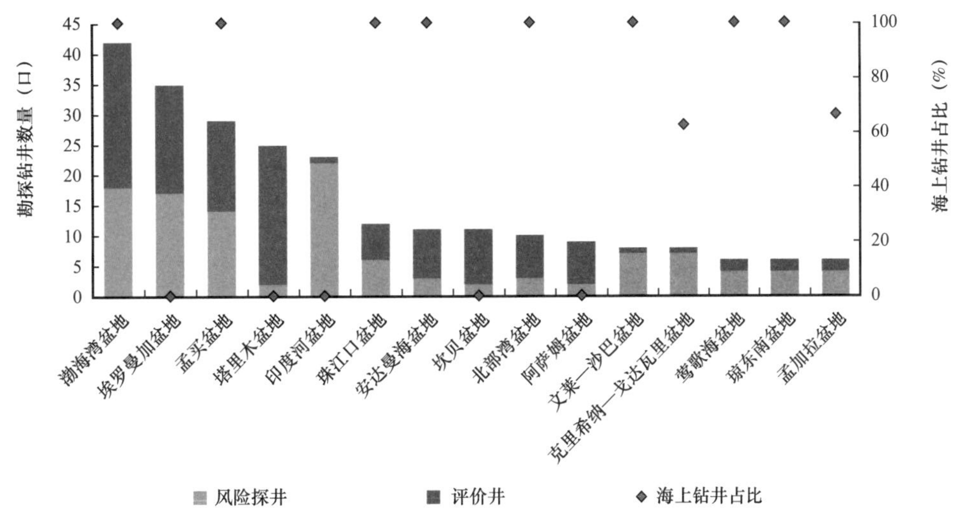

图 1–76　2021 年亚太地区前 15 个盆地勘探钻井数量柱状图

2. 主要勘探新发现

1）概况

亚太地区新发现常规油气田 57 个，占全球勘探新发现常规油气田总数的 26.6%，新发现常规油气田数量较上年略有减少。新增常规油气可采储量约 1.68 亿吨油当量，占全球新增常规油气可采储量的 8.1%；其中，新增天然气可采储量 1280 亿立方米。新发现油气储量主要来自文莱—沙巴盆地和珀斯盆地（图 1–77），新增可采储量分别为 2766 万吨油当量和 2562 万吨油当量。

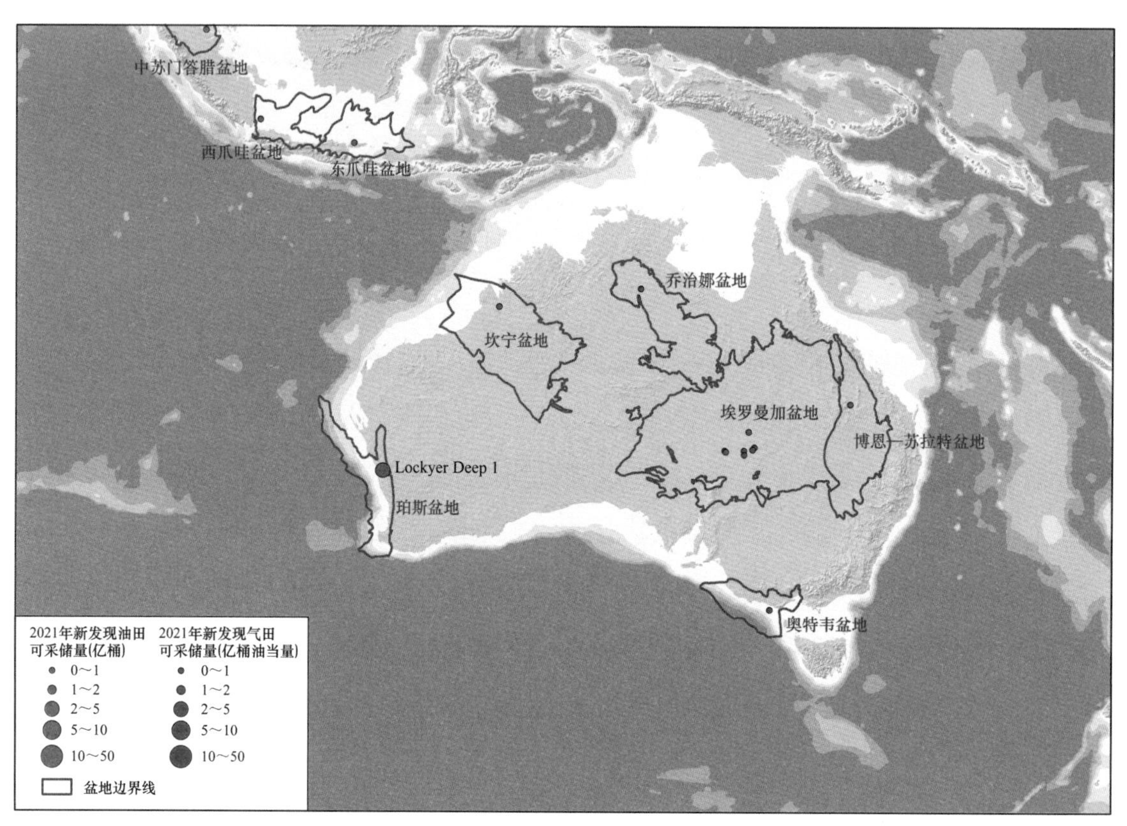

图 1–77　2021 年亚太地区新发现主要油气田分布图

2）新发现油气藏以新近系和古近系为主

亚太地区新发现油气藏主要位于新近系，可采储量占亚太地区总可采储量的 42%，其次为古近系，占 30%。油气藏以中浅层为主，占比约 99%，深层和超深层占比较小。圈闭类型以构造圈闭和复合圈闭为主，占比分别为 57% 和 42%。岩性以碎屑岩为主，可采储量占亚太地区总可采储量的 86%，其次为碳酸盐岩，占比为 12%。

3）浅水和陆上依然为亚太地区重要的储量增长点

陆上新发现常规油气田 30 个，新增常规油气可采储量 5470 万吨油当量（图 1–78），占亚太地区常规油气总可采储量的 32.6%，与 2019 年的 32.8% 相比略有下降。浅水领域发现 23 个油气田，新增常规油气可采储量 8564 万吨油当量，占比为 51.0%，重点分布在曾母盆地、文莱—沙巴盆地和东爪哇盆地，主要包括 Sirung、Nangka 和 Hidayah 等气田。浅水和陆上依然为亚太地区重要的储量增长点，而深水和超深水储量发现相对较少。

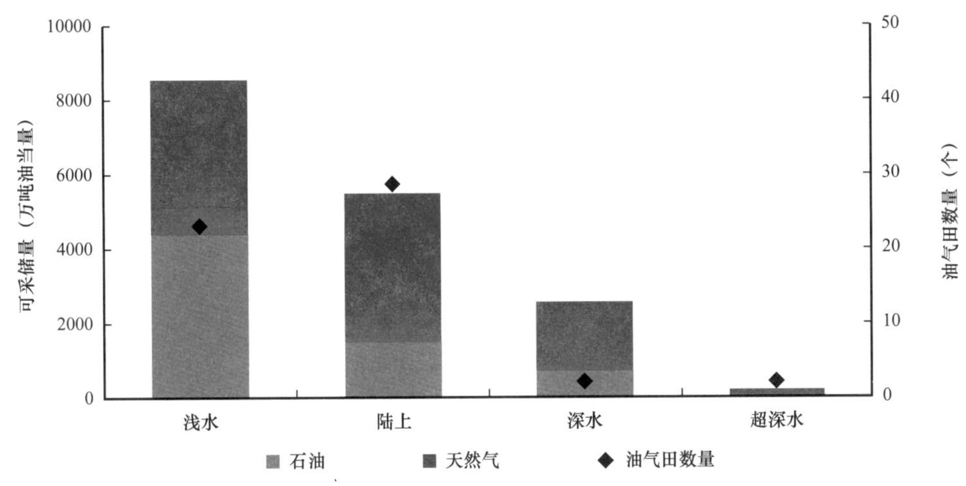

图 1–78　2021 年亚太地区新发现油气田海陆可采储量柱状图

4）典型油气田分析

亚太地区新发现中型常规油气田 4 个，分别位于珀斯盆地陆上、琼东南盆地深水、曾母盆地浅水和文莱—沙巴盆地浅水（图 1–79）。新增常规油气可采储量 7328 万吨油当量，占亚太地区总新增常规可采储量的 44%。小型常规油气田共 53 个，占亚太地区新发现常规油气田总数的 93%，新增常规油气可采储量 9468 万吨油当量，占亚太地区总新增常规可采储量的 56%。

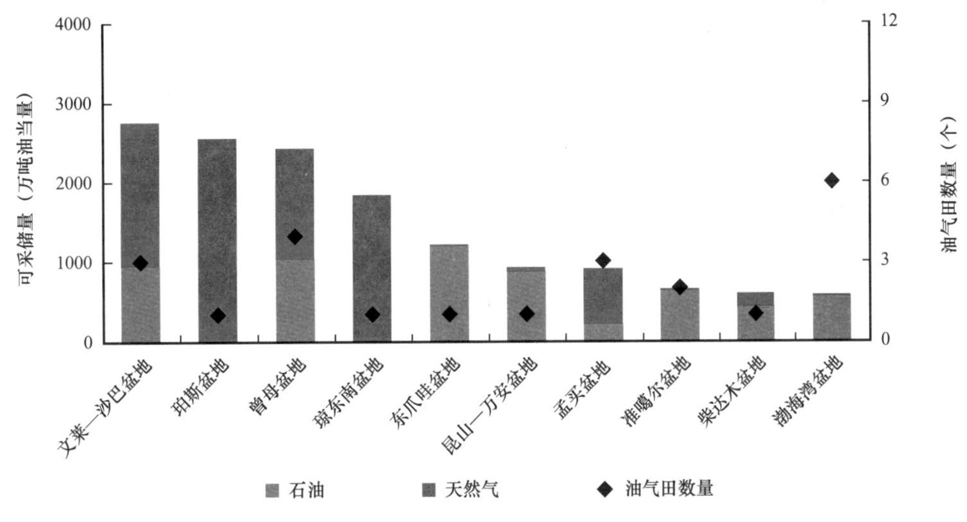

图 1–79　2021 年亚太地区前 10 个盆地可采储量柱状图

Energy Resources 公司在珀斯盆地陆上发现 Lockyer Deep 气田（图 1–80），天然气可采储量 320 亿立方米。该气田面积约 86 平方千米，为断鼻构造，主要产层为二叠系 Kingia 组砂岩储层（图 1–81），气层厚度约 20 米。Lockyer Deep 1 井完钻深度为 4274 米，储层净厚度为 20.2 米，孔隙度约 16%，平均渗透率为 500 毫达西，为断块圈闭（图 1–82）。

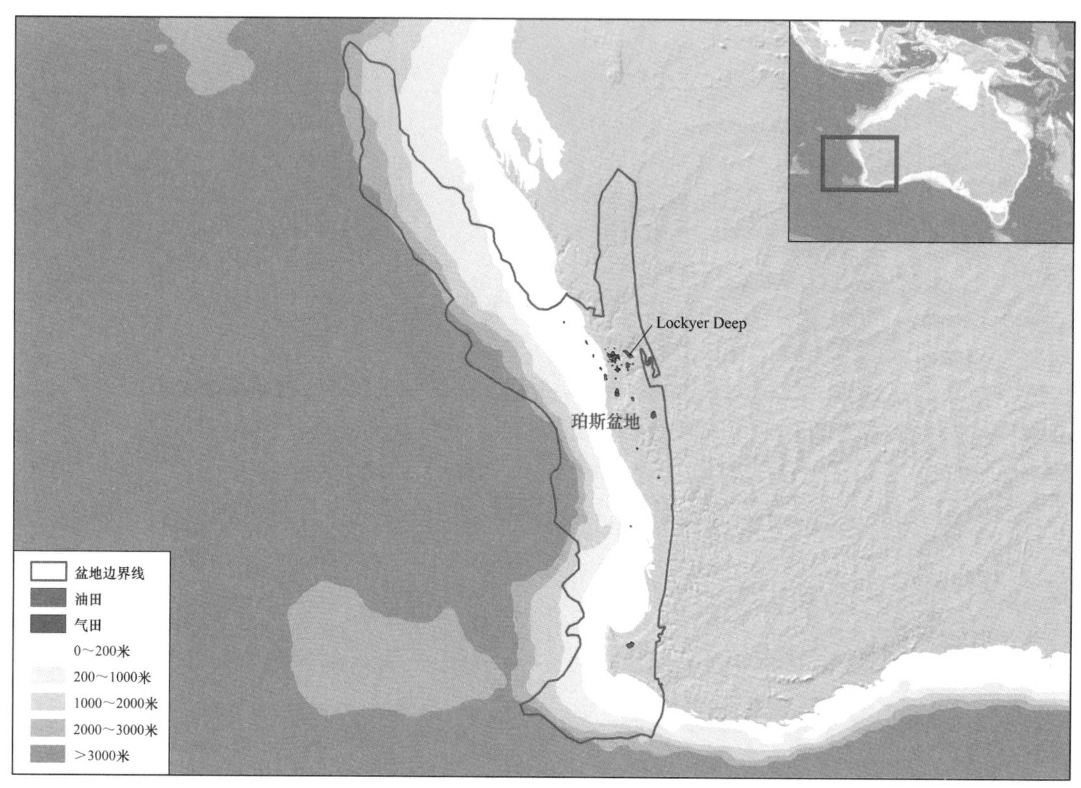

图 1–80　珀斯盆地油气田分布图

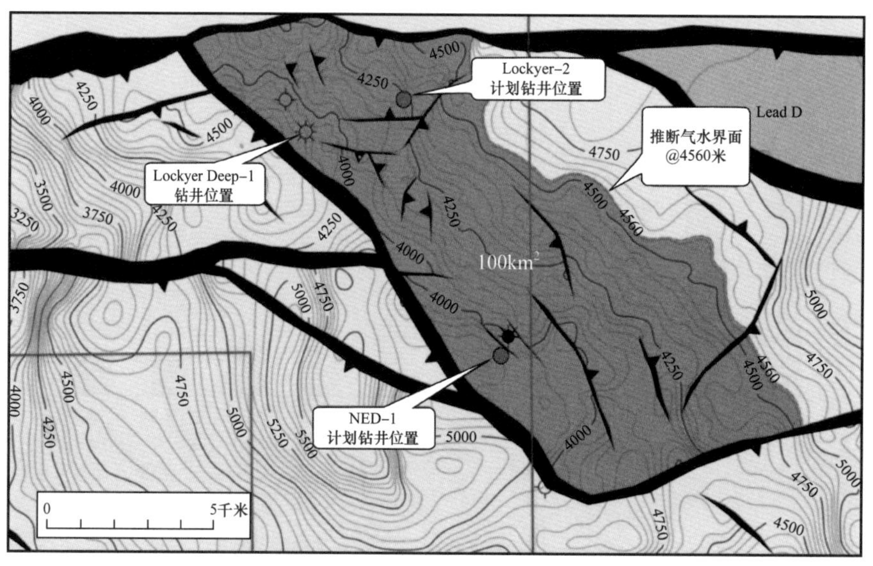

图 1–81　Lockyer Deep 气田 Kingia 组顶面构造图

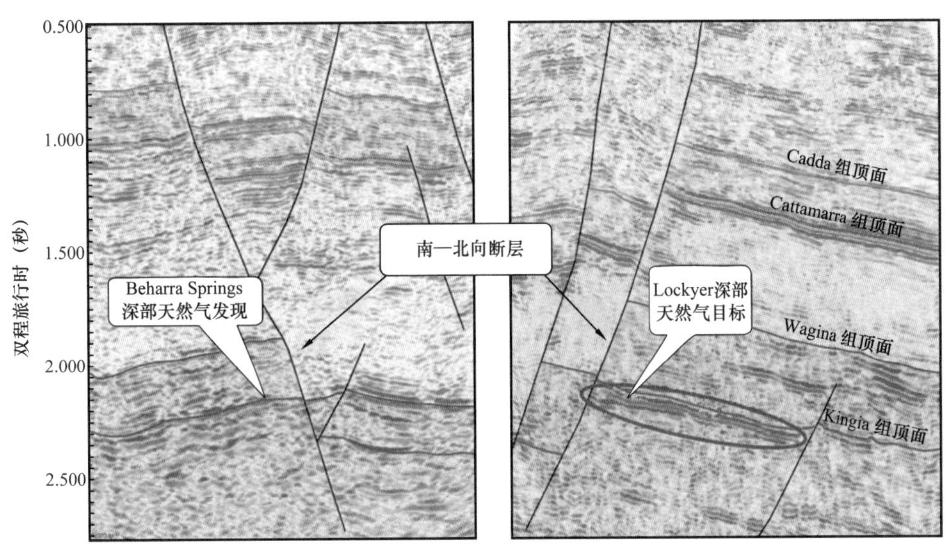

图 1-82　过 Lockyer Deep 气田地震剖面图

六、欧洲地区油气勘探形势

2021 年，欧洲地区油气勘探投资与 2020 年持平，全年共完成勘探投资 21.4 亿美元，较 2020 年增长 5.4%。完成二维地震采集 9227 千米；完成三维地震采集 3.86 万平方千米，较 2020 年增加 37.9%。完钻探井、评价井共计 230 口，较 2020 年增加 30 口，增幅 15%，其中探井 96 口，探井成功率为 60.4%。全年共发现常规油气田 29 个，较 2020 年增加 4 个，常规油气可采储量约为 8139 万吨油当量，较 2020 年增加 79 万吨油当量。

1. 欧洲地区勘探活动

1）勘探投资特点

欧洲地区勘探总投资为 21.4 亿美元，为全球勘探总投资的 6.8%。勘探投资与 2020 年相比增加 5.4%。国际石油公司和独立石油公司的勘探投资分别为 12.5 亿美元和 8.9 亿美元，分别占欧洲地区勘探总投资的 58.4% 和 41.6%。欧洲地区油气勘探投资以独立石油公司和国际石油公司为主，其中国际石油公司投资规模略高于独立石油公司（图 1-83）。独立石油公司勘探投资较 2020 年增加了 0.2 亿美元；投资区域主要位于北海地区，勘探投资额达到 7.64 亿美元，占其在欧洲地区勘探投资的 86%。

国际石油公司勘探投资占比为 58.4%，高于 2020 年的 54.7%。与 2020 年相似，艾奎诺在欧洲地区勘探投资最多，勘探投资为 5.2 亿美元；其次为壳牌，勘探投资为 3.0 亿美元（图 1-84）；艾奎诺和壳牌的勘探投资主要集中在北海地区。道达尔能源和埃尼石油勘探投资分别为 2.2 亿美元和 1.3 亿美元，主要集中在东地中海塞浦路斯海域。

从勘探投资占欧洲地区上游总投资的比例来看，埃尼石油占比最高，为 38%；其次是壳牌和埃克森美孚，分别为 23% 和 18%（图 1-84）。

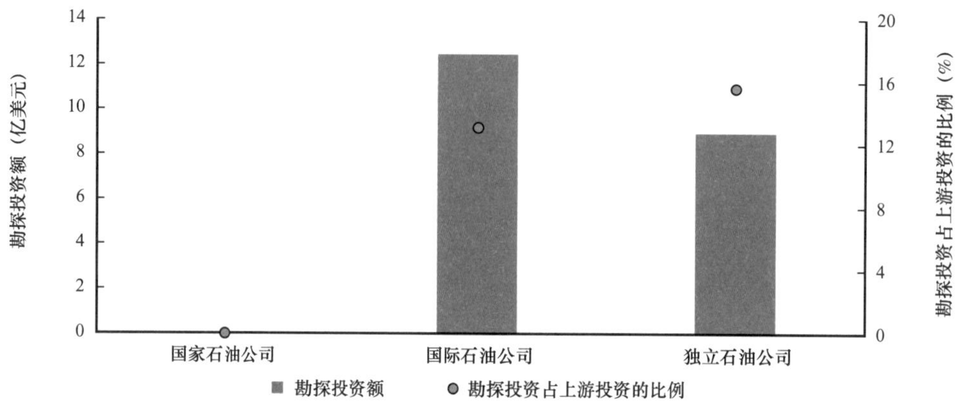

图 1-83　2021 年不同类型公司在欧洲勘探投资及其占比图

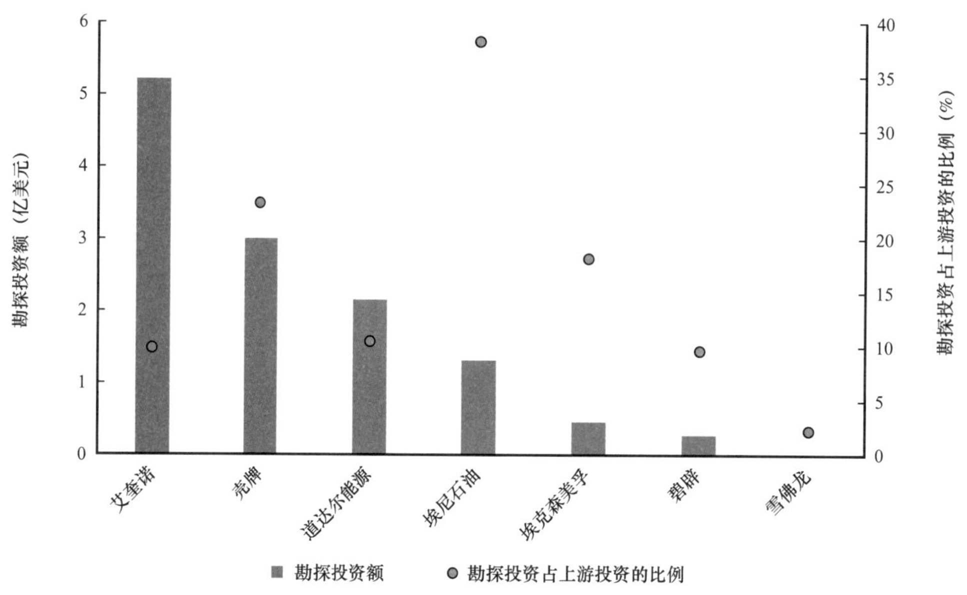

图 1-84　2021 年国际石油公司在欧洲地区勘探投资及占比图

2）地震勘探活动

欧洲地区共实施二维地震项目 4 个，测线总长度约为 9227 千米，与 2020 年相比大幅增加。2021 年二维测线主要位于北海盆地，为 8566 千米，其次是爱奥尼亚盆地、东北德国—波兰盆地以及潘农盆地。

欧洲地区共实施三维地震项目 8 个，合计 3.86 万平方千米，项目数量略有下降，三维地震实施面积较 2020 年增加 37.9%。其中勘探程度较为成熟的北海盆地三维地震采集规模相对较大，面积约为 1.55 万平方千米。其次是英荷盆地、黑海盆地和巴伦支海台地，三维地震采集量分别为 0.98 万平方千米、0.75 万平方千米和 0.47 万平方千米（图 1-85）。

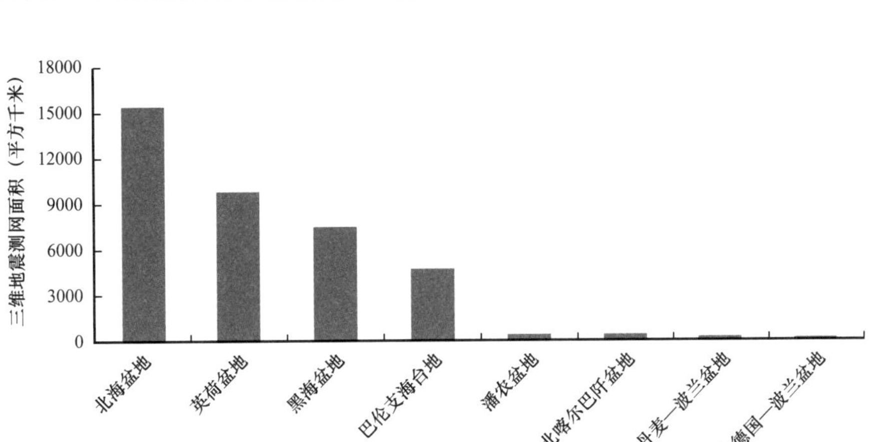

图 1-85　2021 年欧洲地区不同盆地三维地震工作量柱状图

3）钻井活动

欧洲地区共完钻探井、评价井 230 口，其中风险探井 96 口，较 2020 年增加 7 口；评价井 134 口，较 2020 年增加 23 口。欧洲地区探井成功率为 60.4%，高于全球平均水平（46%）。

（1）钻井主要分布在陆上地区以及北海盆地的浅水区。

陆上钻井主要分布在东欧喀尔巴阡山周边地区。位于匈牙利—塞尔维亚—克罗地亚—罗马尼亚的潘农盆地数量最多，共完钻 31 口，其中探井 9 口，评价井 22 口；第聂伯—顿涅茨盆地完钻井数量位列第二，为 30 口，其中探井 13 口，评价井 17 口；位于波兰—乌克兰—斯洛伐克—捷克的北喀尔巴阡盆地和南喀尔巴阡盆地共完钻 40 口，其中探井 9 口，评价井 31 口。

海上钻井主要分布在北海及其周边地区。北海盆地共完钻 59 口，其中探井 30 口，较上年增加 5 口；评价井 29 口，较上年减少 1 口。邻近的伏令盆地钻井数量为 7 口，均位于浅水区（图 1-86）。

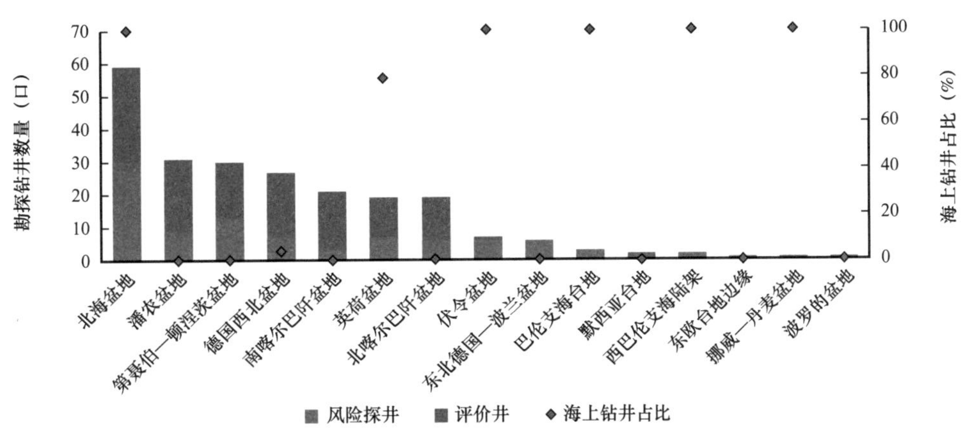

图 1-86　2021 年欧洲地区前 15 个盆地勘探钻井数量柱状图

（2）探井成功率差异明显。

欧洲地区探井成功率为60.4%，低于2020年的66.3%。探井成功率差异明显，海上探井成功率普遍高于60%。从探井数超过5口的盆地探井成功率来看，英荷盆地均获得成功，北海盆地、伏令盆地和巴伦支海台地探井成功率为65%～85%，均高于全球46%的平均水平（图1-87）。

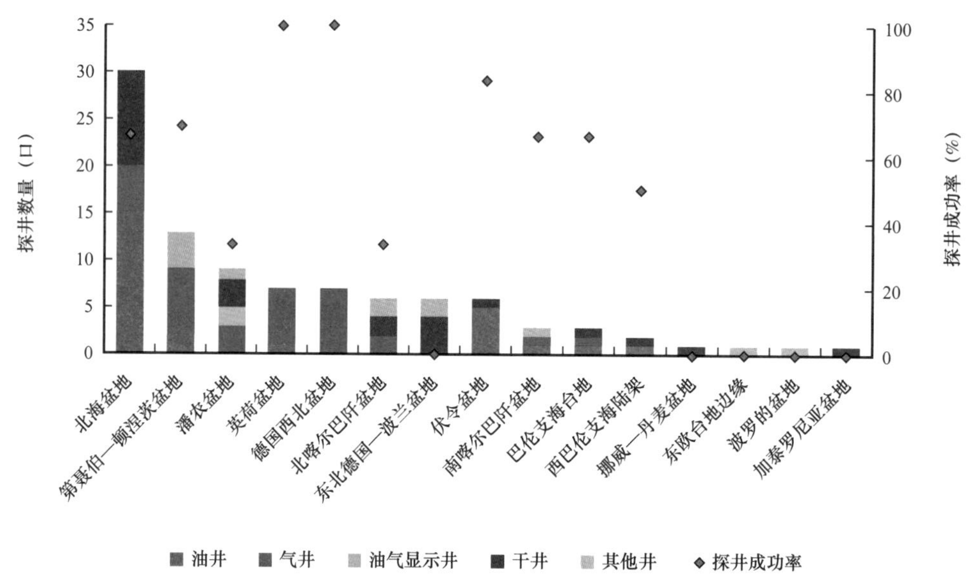

图1-87　2021年欧洲地区探井数量前15个盆地钻探结果及成功率图

陆上探井成功率差异较大。德国西北盆地位居前列，7口探井均获得成功，第聂伯—顿涅茨盆地和南喀尔巴阡盆地的探井成功率高于60%，其他如潘农盆地、北喀尔巴阡盆地、东北德国—波兰盆地、东欧台地边缘的探井成功率普遍小于35%。

2. 主要勘探新发现

1）概况

欧洲地区共发现29个常规油气田，占全球勘探新发现常规油气田总数的13.6%，新发现油气田数量较2020年增加16%。新发现常规油气可采储量8139万吨油当量，占全球新发现常规油气可采储量的3.9%，同比增加1%。

北海盆地储量贡献量最大，13个油气田新增油气可采储量达到4737万吨油当量，占2021年欧洲地区新发现常规油气可采储量的58.2%（图1-88）。其次是伏令盆地，全年共发现2个油气田，新增油气可采储量1907万吨油当量（图1-89），占2021年欧洲地区新发现总储量的23.4%。

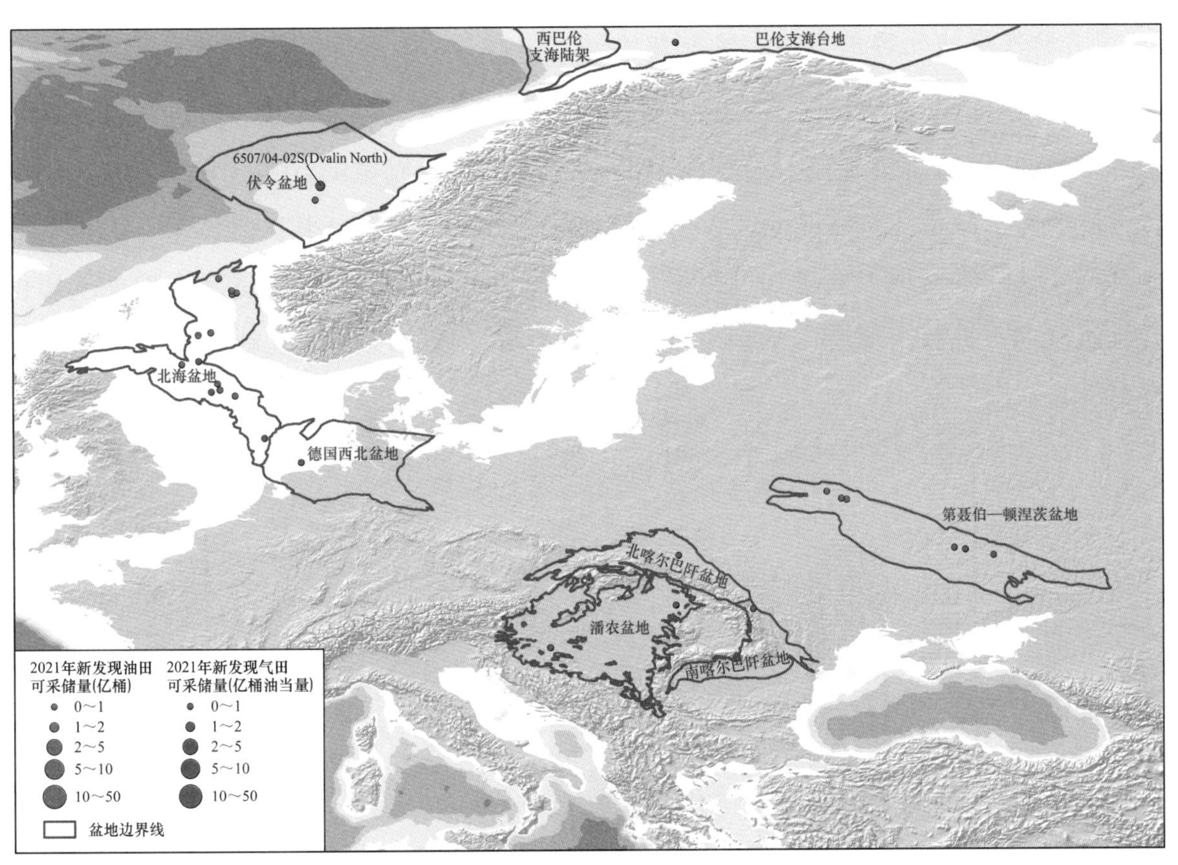

图 1-88　2021 年欧洲地区新发现油气田分布图

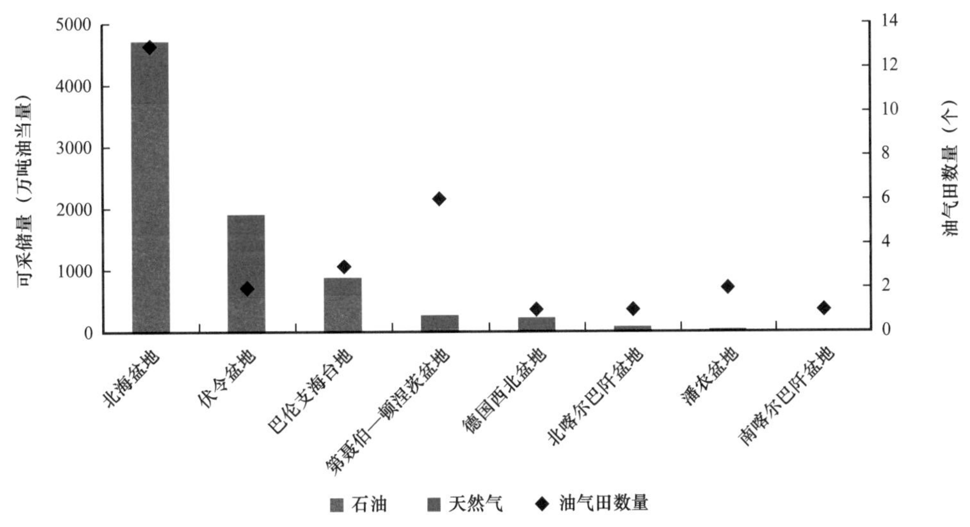

图 1-89　2021 年欧洲地区不同盆地油气新增可采储量柱状图

伏令盆地的 6507/04-02S（Dvalin North）气田可采储量位居首位，为 1403 万吨油当量，北海盆地的 031/02-22S（Blasto）油田和 025/08-20S（Prince）油田位列其后，可采储量分别为 1301 万吨油当量和 1226 万吨油当量，储量规模均超过 1000 万吨油当量。

2）新发现油气田主要位于裂谷盆地

欧洲地区新发现油气田主要位于裂谷盆地，新增油气可采储量 4968 万吨油当量，远高于 2020 年的储量规模，占欧洲地区新发现总可采储量的 61%（图 1–90）。北海盆地新增储量最高，占欧洲地区新发现总可采储量的 58.2%。其次是伏令、巴伦支海台地等被动陆缘盆地，新增油气可采储量 2787 万吨油当量。仅少量新发现油气田位于前陆盆地，油气可采储量合计 383 万吨油当量，仅占欧洲地区新发现总可采储量的 5%。

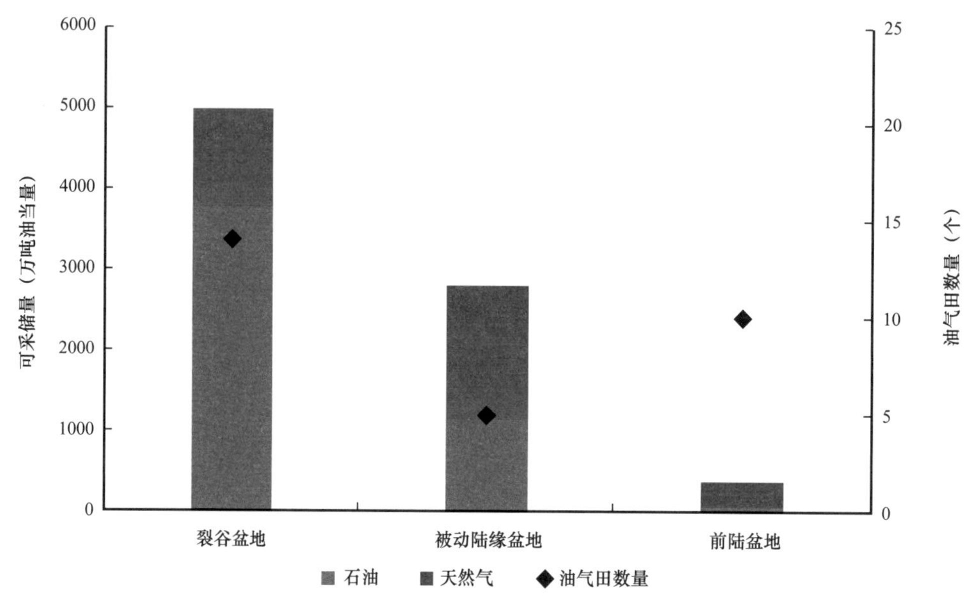

图 1–90　2021 年欧洲地区不同类型盆地油气新增可采储量柱状图

3）新发现油气田主要位于浅水区

欧洲地区陆上新发现油气田 10 个，占新发现油气田总数的 34.48%，累计油气可采储量 383 万吨油当量，仅为新发现总可采储量的 4.7%。浅水地区新发现油气田 19 个，油气可采储量 7755 万吨油当量，占欧洲地区新发现总可采储量的 95.3%，其中石油可采储量约占 60.3%，主要位于英国、挪威和荷兰海域，包括北海盆地、伏令盆地、德国西北盆地和挪威巴伦支海台地等（图 1–91）。

4）油气新发现以侏罗系—古近系砂岩 / 碳酸盐岩为主

欧洲地区油气新发现的主要层位为侏罗系、白垩系和古近系，新增可采储量 7213 万吨油当量，占新发现总可采储量的 89%，且均为浅层油气藏。储层岩性以碎屑岩为主，储量占比 97%；其次为碳酸盐岩，储量占比 3%。圈闭类型以构造圈闭和地层圈闭为主，储量分别占 71% 和 17%，复合圈闭占 12%。

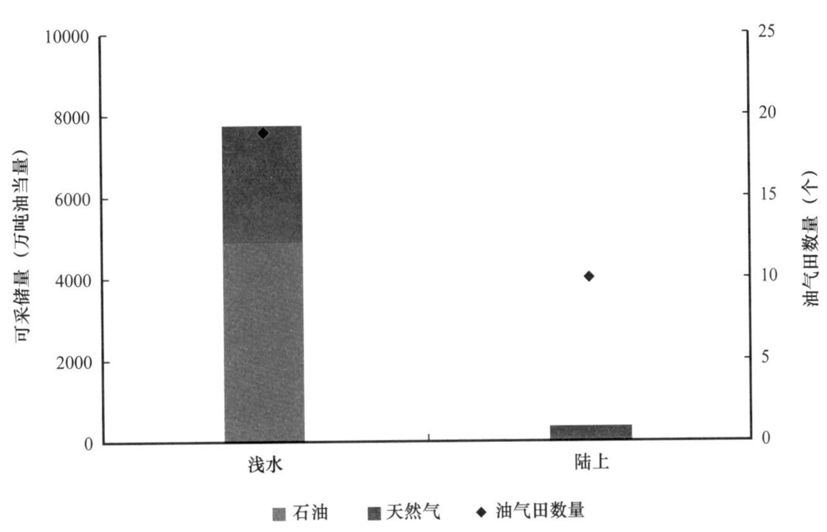

图 1-91　2021 年欧洲地区不同领域新发现油气田可采储量柱状图

5）典型油气田分析

欧洲地区仅发现 1 个中型油气田，占新发现油气田总数的 3.4%，但新增油气可采储量 1403 万吨油当量，占新发现总可采储量的 17.2%（表 1-5）。小型油气田 28 个，新增油气可采储量 6736 万吨油当量。

表 1-5　2021 年欧洲地区新发现储量排名前 10 的油气田统计表

国家	盆地	油气田名称	作业者	领域	石油可采储量（万吨）	天然气可采储量（亿立方米）
挪威	伏令盆地	6507/04-02S（Dvalin North）	WINTERSHAL	浅水	76	166
挪威	北海盆地	031/02-22S（Blasto）	EQUINOR E	浅水	1233	9
挪威	北海盆地	025/08-20S（Prince）	VAR EN	浅水	986	30
挪威	北海盆地	031/01-02S（Rover North）	EQUINOR E	浅水	438	40
挪威	巴伦支海台地	7220/07-04（Isflak）	EQUINOR E	浅水	534	6
挪威	伏令盆地	6407/01-09（Egyptian Vulture）	EQUINOR E	浅水	479	3
挪威	北海盆地	035/10-07S（Toppand）	EQUINOR E	浅水	340	3
荷兰 / 德国	德国西北盆地	N4-3（Turkoois）	ONE DYAS	浅水	3	29
英国	北海盆地	022/01b-12（Fotla）	ITHACA OG	浅水	212	1
挪威	北海盆地	034/06-05S（Garantiana West）	EQUINOR E	浅水	178	1

伏令盆地位于东北大西洋之间挪威中部西海岸，为被动陆缘盆地，面积约 10 万平方千米，水深 250～2500 米。2021 年 5 月，Wintershall Dea 公司联合其合作伙伴 Petoro

和 Sval Energi 公司，在挪威海 Haltenbanken 地区的 Dvalin North 远景区获得了重大油气发现（图 1-92），钻探深度为 4398 米，水深为 450 米。该发现位于 Dvalin 油田以北 12 千米，Maria 油田以北 65 千米，钻至三叠系，主要勘探目标是中侏罗统 Garn 组储层，次要勘探目标是上白垩统 Lysing 组和 Lange 组两套储层，钻前预计可采资源量为 3300 万～7000 万桶油当量。Wintershall Dea 公司在 Lysing 组上部钻遇 33 米凝析气柱，包含多个砂岩层，厚约 15 米，储层物性适中—良好。在 Lange 组遇到四个砂岩层，其中两个有效厚度分别为 24 米和 48 米，储层物性适中。

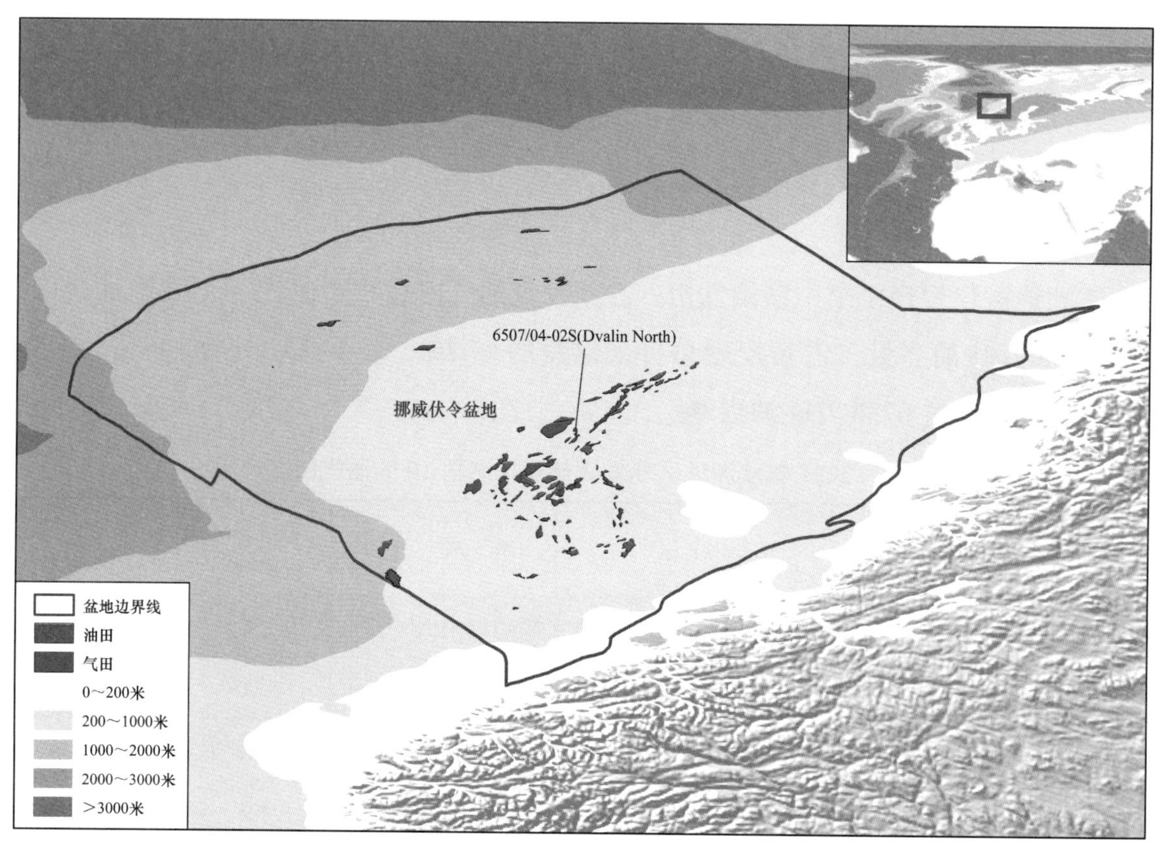

图 1-92　伏令盆地油气田分布图

第三节　全球油气勘探重点领域与方向

纵观 2021 年，受新冠肺炎疫情叠加低油价影响，尽管油公司勘探工作量有所回落，但勘探发现仍表现出很强的韧性，新发现油气田可采储量同比略有提升，“一洋一湾两海”（大西洋两岸、墨西哥湾、黑海和南里海）深水领域不断取得勘探发现。长期来看，未来世界经济仍将重返缓慢上升的发展轨道，油气勘探行业需保持信心和战略定力。2022 年及今后一段时间，随着疫情的有效控制，各国的区块招标以及油公司持

续开展海外油气勘探，全球油气勘探将逐渐回暖。

一、近 10 年油气勘探发现的启示

1. 全球油气勘探程度仍处于中低水平，未来勘探潜力可期

全球油气工业经过 150 年的发展历史，理论技术的进步促进了储量的持续增长，但从整体来看，目前除北美陆上、欧洲、中东、中国等地区 / 国家勘探程度相对较高外，全球油气勘探程度仍处于中低水平。探井密度可以反映盆地的勘探程度，全球探井密度大于 100 口 / 万平方千米的盆地有 35 个，个数占 7%，面积仅占 3%；探井密度大于 30 口 / 万平方千米的盆地有 96 个，个数占 20%，面积仅占 11%。全球仍然有众多大型盆地处于中—低勘探程度，勘探潜力仍然很大，特别是海域的被动陆缘盆地勘探程度最低。随着理论和技术的进步，这些盆地的勘探潜力将持续得到有效释放，未来勘探潜力值得期待。

2. 前沿领域是勘探的重点，应重视超前布局

前沿领域由于地质认识和勘探程度低，主力成藏组合不清，因此勘探发现的技术要求和风险均较高。但前沿领域一旦获得突破，明确了主力成藏组合，往往会带动整个盆地，甚至相邻盆地的勘探发现和储量将持续增长 5～10 年。因此，国际石油公司均非常重视前沿风险勘探领域的超前布局，持续开展超前基础研究，提前购置大量多用户地震和钻井资料，并主要通过积极参与资源国招标的方式，低成本、大面积、高权益保有前沿领域的风险勘探区块，实施自主勘探，追求引领大发现。勘探成功后通过转让部分权益，从而在勘探期就能获取高额收益，并留有部分权益将自主低成本发现的储量投入开发。这种模式被埃尼石油称为“双勘探”模式，这成为国际石油公司通过勘探快速创效的典范。

3. 海域是未来勘探的主战场，应加大技术与资产储备

近年来，全球六成以上的油气新增储量来自海域，特别是深水领域，其中巨型油气田储量占比为 67.6%，海域已经成为油气勘探新发现的主战场。根据“十三五”国家油气重大专项“全球油气资源评价与选区选带研究”的最新评价结果：全球海域剩余可采储量为 1714.2 亿吨油当量，占全球剩余可采储量的 40.2%；海域待发现油气可采资源量为 1576.1 亿吨油当量，占全球待发现油气可采资源量的 49.1%；海域已发现油气田储量增长量为 476 亿吨油当量，占全球已发现油气田储量增长量的 43.1%。巴西盐下、北海、尼日利亚等深水油田平衡油价低于 40 美元 / 桶，东非、北海的盈亏平

衡气价为每千立方英尺 2～4 美元。海域的油气勘探理论及技术与陆上并无太大差别，中国石油公司应积极与国际石油公司联合获取储备深水风险勘探区块，逐步学习和积累深水油气田勘探开发的技术与管理经验。

4. 天然气作为低碳清洁能源，将是未来重要的勘探方向

近年来，全球天然气勘探新增储量占比也超过六成，随着“碳中和”时代的到来，天然气作为低碳清洁的能源，将会越来越受到青睐。根据中国石油“十三五”自主评价的结果，天然气剩余可采储量为 247.7 万亿立方米，占全球剩余油气可采储量的 49.7%；天然气待发现可采资源量为 191.7 万亿立方米，占全球待发现油气可采资源量的 51.6%；已发现天然气田储量增长量为 66.1 万亿立方米，占全球已发现油气田储量增长量的 51.1%。据 Wood Mackenzie 预测，2030 年全球 LNG 需求量将达到 4.8 亿吨 / 年。国际石油公司均不同程度加强了对天然气资产的重视，不断加大天然气 /LNG 业务的投资，纷纷布局全球重要的天然气勘探领域，例如东地中海、西北非海域、东非海域、俄罗斯北极等领域。

二、深水油气勘探特点及主要运作模式

全球深水油气资源丰富、探明率低，是勘探开发业务最具潜力的发展方向。近 10 年深水油气项目已成为全球油气增储上产的核心领域，新发现的 101 个大型油气田中，深水油气田数量占比 67%、储量占比 68%。深水油气产量不断攀升，2021 年全球深水油气产量为 5.0 亿吨油当量，占全球油气总产量的 6.3%。据壳牌 2021 年度战略报告，未来全球油气上游投资占比超 70% 的 9 大核心业务中 5 个位于深水领域，预计以深水油气勘探为主的上游领域收益率将达到 20%～25%，远高于一体化天然气 14%～18%、新能源 10% 的收益水平。

发展深水油气勘探开发是国际石油公司上游核心战略，具有投资大、风险高、收益高的特点，在国际石油公司的资产组合中一直占据重要地位。“双碳”背景下，作为传统油气领域盈利引擎的深水油气勘探开发业务仍是国际石油公司发展重点之一。

1. 深水勘探特点

尽管深水油气勘探开发项目投资大、风险高、技术复杂、运作难度大，但经过几十年的摸索，勘探开发、工程技术与装备能力都日趋成熟，业界也已经积累了大量的研究成果与丰富的案例。不同层级的参与者，资源国、国际石油公司、独立石油公司

乃至油服公司，秉持合作共赢理念，均能在深水领域大展身手，追求高额回报。由此可见，深水油气勘探开发领域的门槛并非高不可攀。

1）风险共担、合作共赢

风险共担、合作共赢是全球深水油气项目运作的主流。深水油气勘探开发实践表明，单独一家石油公司很难全揽深水领域从区块获取、勘探发现、开发先导试验到开发投产的全过程，多家石油公司联合作业已成为项目管理、运作的主流。近20年全球深水领域共发现92个大型油气田，主要位于中—南大西洋两岸、墨西哥湾、东非、东地中海、黑海、南里海、澳大利亚西北陆架等海域（图1–93）。其中，多家石油公司联合发现49个大型油气田，占比53%，而单独一家石油公司发现的43个大型油气田中又有29个通过出售权益变为联合作业，占比增至85%。全球在建在产的330个深水油气田中，联合开发的占75%，参与公司更多、权益更分散。

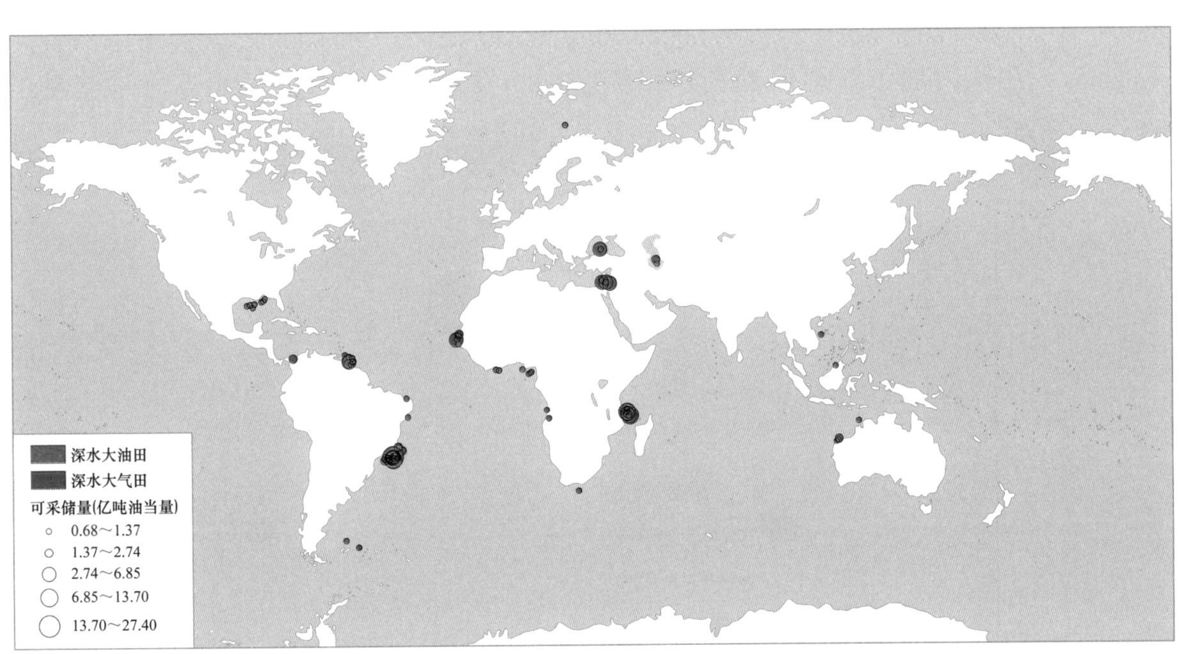

图1–93　近20年全球深水大油气田分布图

2）以我为主、雇佣服务

以我为主、雇佣服务是解决深水工程技术和工程建设难题的主要模式。深水油气勘探开发过程中的工程技术密集、投资大，国际通行做法是石油公司通过全球招标或战略合作与业界领先的专业服务公司合作，石油公司提方案、出设计、明要求，可以有效控制工程质量、进度、成本、风险等，专业服务公司出技术、出队伍、出装备，确保项目成功实施。

近 20 年深水大型油气田发现中，75% 的地震采集处理服务由法国地球物理维里达斯（CGGVeritas）、挪威石油地质服务（PGS）和西方奇科地球物理（WesternGeco）这 3 家公司提供，64% 的钻井服务被越洋钻探（Transocean）、瓦拉里斯（Valaris）、海上钻探（Seadrill）、诺贝尔钻探（Noble Drilling）和钻石海上钻探（Diamond Offshore Drilling）这 5 家公司垄断。除埃尼石油、土耳其国家石油公司、伊朗国家石油公司为自主钻探外，其他公司均雇佣专业钻井公司。国际石油公司一般都与大型钻井公司签有战略合作协议，共同商定钻井运行计划，就近调用钻井船，其中 57% 的钻探大发现由欧洲的越洋钻探、海上钻探和斯泰纳钻探（Stena Drilling）3 家钻井服务商承揽，如埃克森美孚在圭亚那雇佣越洋钻探等 3 家钻井公司，发现 11 个深水大型油气田，可采储量 14 亿吨油当量（图 1–94）。独立石油公司除雇佣国际石油公司的合作商外，也各有相对固定的合作伙伴，由瓦拉里斯、海豚钻探（Dolphin Drilling）等 2 家公司承担的钻探占大发现数量的 48%，如科斯莫斯公司（Kosmos）在塞内加尔盆地雇佣瓦拉里斯公司，发现 4 个深水大气田，可采储量达 2.1 万亿立方米。

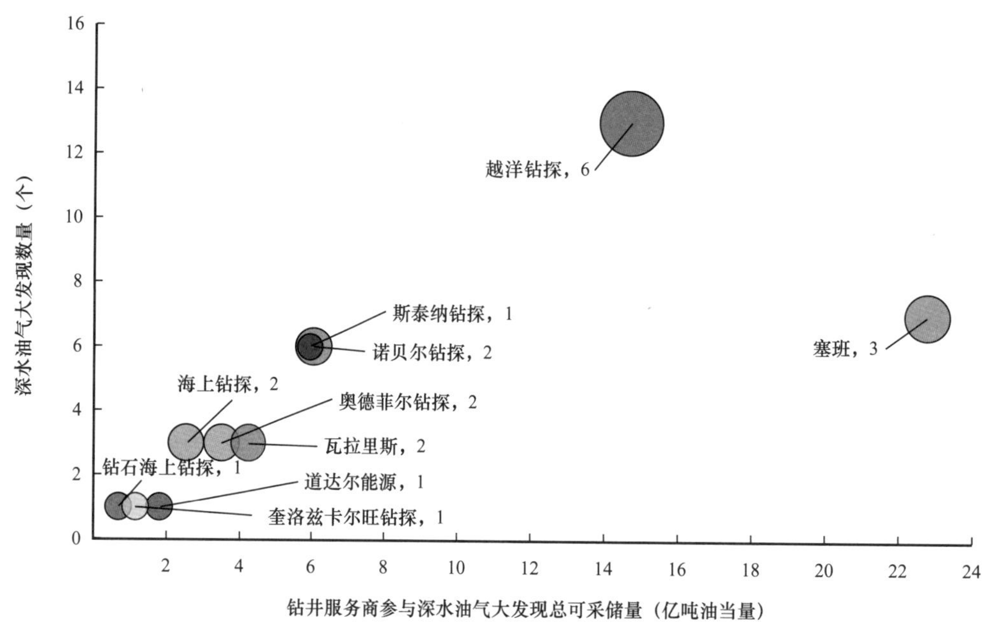

图 1–94　钻井服务商参与国际石油公司深水勘探大发现情况图

气泡大小及相应数字代表与钻井服务商合作的作业者数量

开发工程方面，适应恶劣海洋环境的“半潜式平台 + 水下生产系统 + 海底管线”和适应相对温和海洋环境的“海上浮式生产储卸油平台（FPSO）+ 水下生产系统”等两类开发模式日趋成熟。其工程设计、装备制造、总装等服务均采用全球招标，由专业承包商根据（工程、采购、建造、安装）合同 /（工程、采购、建造、安装及调试）合同（EPCI/EPCIC）完成。相关环节承包商在业界均有绝对垄断地位：FPSO 的前端工程设计（FEED）、EPCI 的总承包上，荷兰松博海工公司（SBM Offshore）和日本三井海洋开发公司（MODEC）的市场占有率超过 80%；水下生产系统全球仅 4 家供应商可以提供总承包合同，法国德西尼布富美实公司（TechnipFMC）市场占有率高达 50%；半潜式平台与 FPSO 建造，韩国三星重工、现代重工、大宇造船和新加坡胜科海事公司的市场占有率为 80%。以埃克森美孚在圭亚那的 Liza 等项目开发为例，FPSO 的 FEED、EPCI 总承包均由松博海工公司承担，水下生产系统的 EPCI 均由德西尼布富美实公司承担。

3）紧盯热点、坚守前沿

紧盯热点、坚守前沿是国际石油公司深水油气勘探取得成功的主要做法。深水勘探中获得一个新成藏组合的突破，通常会迅速成为热点并引领未来 10 多年的储量增长。一旦某个地区取得突破，国际石油公司迅速抢占其周边具有相似地质背景 / 成藏组合的区块，以竞标、议标、参股等多方式低成本快速进入。紧盯热点、及时跟进已经成为国际石油公司在深水领域取得成功的捷径，78% 的大发现都是通过这一方式获得。

典型的例子包括塞内加尔盆底扇和东地中海生物礁两大热点领域。科斯莫斯公司 2015 年在塞内加尔发现 Greater Tortue 大气田，可采储量 5050 亿立方米，碧辟 2016 年迅速入股获取科斯莫斯公司的 5 个区块，随后发现 Yakaar、Orca 等气田，可采储量达 7400 亿立方米；而埃克森美孚、道达尔能源等公司紧随其后，于 2017—2019 年间通过招标抢占瓜分塞内加尔—毛里塔尼亚海域 10 余个勘探区块。埃尼石油 2015 年在东地中海埃及深水发现 Zohr 生物礁气田之后，埃尼石油、道达尔能源和埃克森美孚等公司迅速抢占了塞浦路斯和黎巴嫩海域的有利勘探区块，2018—2019 年发现 Calypso 和 Glaucus 大气田，可采储量均超过 1000 亿立方米。

此外，在前沿领域超前布局、战略坚守是国际石油公司获得成功的诀窍。如埃克森美孚超前布局圭亚那坚守 15 年后陆续获得 14 个大发现，可采储量超过 14 亿吨；道达尔能源在南非历经 6 年发现 2 个气田，可采储量超 2000 亿立方米，未来还有 3 个待钻目标，预计资源量可达 5000 亿立方米。

4）把控风险、商务运作

把控风险、商务运作是深水油气项目按期投产达峰的关键。深水油气项目从发现

到产量达峰周期具有规律性。统计 1970 年以来全球已投产的深水大型油气田平均勘探评价期（勘探发现至最终投资决策）为 3.7 年、产能建设期（最终投资决策至首油 / 首气）为 5.6 年、产量达峰期（首油 / 首气至高峰产量）为 6.6 年。项目从勘探到投产达峰、实现资金回收的风险因素众多。从外部因素看，资源国投资环境变化、国际油气价格波动、全球油气市场供需形势都会对深水开发项目投产达峰造成一定影响；从内部风险因素看，多个伙伴间沟通与协调效率、环环相扣的项目管理、工程总承包商组织协调能力、工程服务商装备使用率、设备制造商供应能力等都将直接影响项目的投产周期。

在众多因素中，主要有两方面因素会对深水开发项目的投产达峰周期造成重大影响。在深水钻井环节，全球深水钻井船和半潜式钻井平台数量有限，合计 230 台艘，但使用率却高达 70%～80%，导致深水钻井无法像陆上油田开发可整体整建开展有规模的会战模式，而经常需等钻井服务商的空档期；在 FPSO 建造环节，EPCI 总承包受制于三井海洋开发公司和松博海工公司的垄断，以及少数 FPSO 船体、顶部模块、总装等分包制造商的能力和工期。这些因素无疑会对深水油气开发项目的投产达峰周期造成重大影响。由此可见，把控风险，以高超的商务协调能力与众多服务商周旋，达成项目投资投产计划是项目成功运作的关键。

5）利用机制、深度参与

利用机制、深度参与可为小股东权益提供有效保障。以法律、合同和协议为主线，以政府审批审计和股东享有同等权益为核心，构建协商性治理 / 决策的机构及其程序，确保各股东在不同层级的决策权，是当前深水开发项目联合作业通行的管理运作模式。如巴西深水开发项目构建了“联合管理、联合决策、联合保障、联合审计和成果共享”五大机制，即为非作业者深度参与决策提供组织保障的联合管理、为非作业者行使决策权提供制度保障的联合决策、非作业者深度参与为项目科学决策提供保障的联合保障、充分发挥非作业者监督作用的联合审计、为非作业者决策提供详细资料和成果基础的成果共享。合作伙伴可依规参与联合公司管理，尤其是小股东也可以发挥自身优势、自下而上深度参与项目运营，确保自身利益。

2. 深水油气项目主要运作模式

深水油气项目具有勘探阶段风险较高、投资偏大、利润较厚以及开发阶段风险降低、投资增大、利润减薄的特点，石油公司在开展深水油气勘探开发业务时往往会根据自身资金和技术实力采取不同的运作模式。

1）小股东跟随模式

对于深水油气勘探技术不够成熟的石油公司来说，可以通过战略跟随分享勘探开发成果，积累经验技术，实现自身能力与实力的蜕变，英国天然气集团（BG）是这类公司的典型代表。

BG自1999年重组后主要从事英国境外的油气勘探开发业务。1999年以作业者身份在以色列海域获得10个深水区块；2000年以小股东权益（25%～30%）跟随巴西国家石油公司进入桑托斯盆地深水领域3个区块，总面积1.28万平方千米。作为作业者，BG在以色列海域的勘探并不顺利，仅在2000年发现1个中型气田，可采储量456亿立方米，其后一直未取得任何勘探突破，到2005年BG退出了以色列海域全部区块。但是2000年以小股东跟随巴西国家石油公司的3个区块反而获得巨大成功（图1–95）。2006年发现Tupi油田，可采储量11.4亿吨油当量，为桑托斯盆地盐下的第一个大发现，开启巴西盐下勘探大发现热潮，2007—2008年陆续发现Lapa、Sapinhoa和Sururu大油田，可采储量合计6.1亿吨油当量（图1–95和图1–96）。

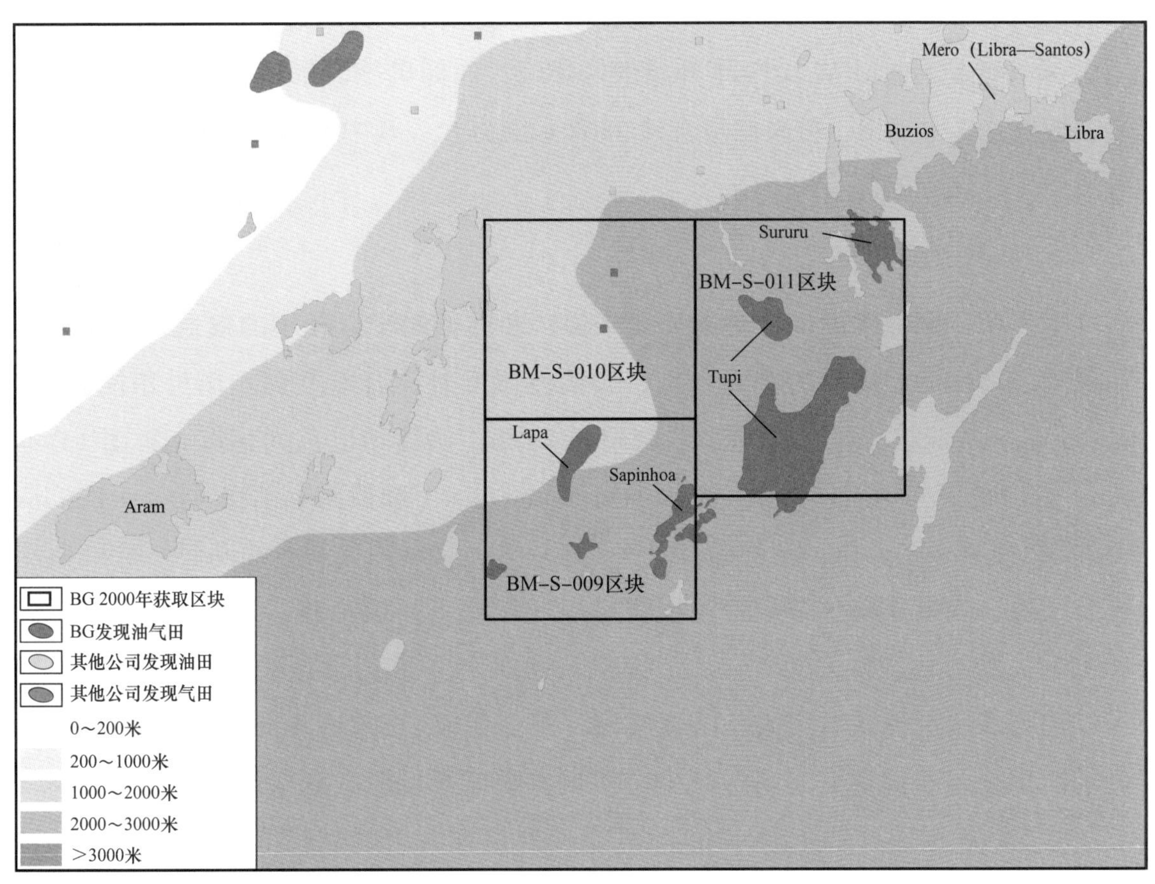

图1–95 BG跟随巴西国家石油公司发现盐下油田位置图

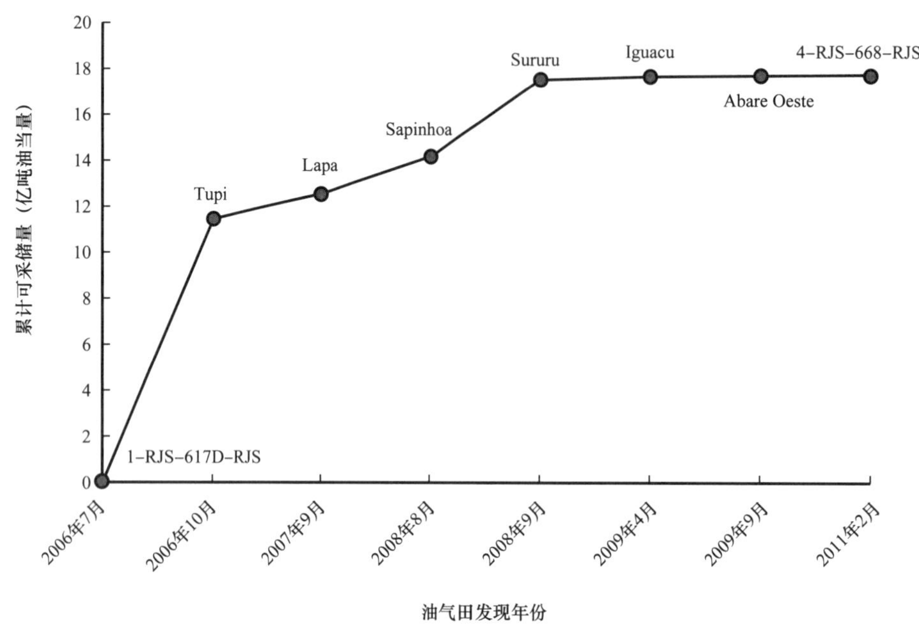

图 1-96　BG 跟随巴西国家石油公司累计发现盐下油田可采储量图

BG 通过在巴西深水领域 10 年的积累，勘探开发经验不断提升，于 2010 年从奥菲尔能源公司（Ophir Energy）手中获得坦桑尼亚深水领域 3 个区块各 60% 的权益，再次以作业者身份大胆进入深水领域开展油气勘探。随后 BG 利用地震资料识别出白垩系 AVO 异常并确定目标，从 2012 年开始的两年间，雇佣奥德菲尔钻探公司，在 Block 1 区块一连发现 7 个气田，可采储量合计 3867 亿立方米，其中 Jodari 和 Mzia 2 个大气田的可采储量合计为 2666 亿立方米。

2）小股权作业者模式

对于具备一定深水勘探经验的公司来说，往往偏向于以较小的权益担任作业者，并与具有技术 / 资金优势的企业合作，实现技术互补、合作共赢。诺贝尔能源公司（Noble Energy）深耕东地中海深水领域超过 20 年，始终与以色列德雷克集团（Delek Group）控股的阿夫纳石油勘探（Avner Oil Exploration）和德雷克钻探（Delek Drilling）2 家公司组成勘探联合体，除竞标获得 3 个区块外，又从阿夫纳石油勘探公司和 BG 获得 5 个区块，均以 33%～47% 的较小权益担任作业者。1999 年，诺贝尔能源公司通过参股阿夫纳石油勘探公司 Noa（273）区块 40% 权益获得上新统 Noa 气田发现，实现了以色列深水勘探零的突破，虽然气田可采储量仅 56 亿立方米，但该发现坚定了诺贝尔能源公司和德雷克集团持股公司在东地中海开展深水勘探的信心（图 1-97 和图 1-98）。2006 年诺贝尔能源公司趁 BG 退出以色列海域之际获得 Matan（309）区块作业权，2009 年发现 Tamar 气田，可采储量 3437 亿立方米，开启东地中海中新统浊积砂岩的勘探新领域。随后 2010—2013 年又先后在相同储层发现 Leviathan、Dolphin、Tanin、Karish、Tamar Southwest 等 5 个气田，可采储量合计 7600 亿立方米（图 1-98）。

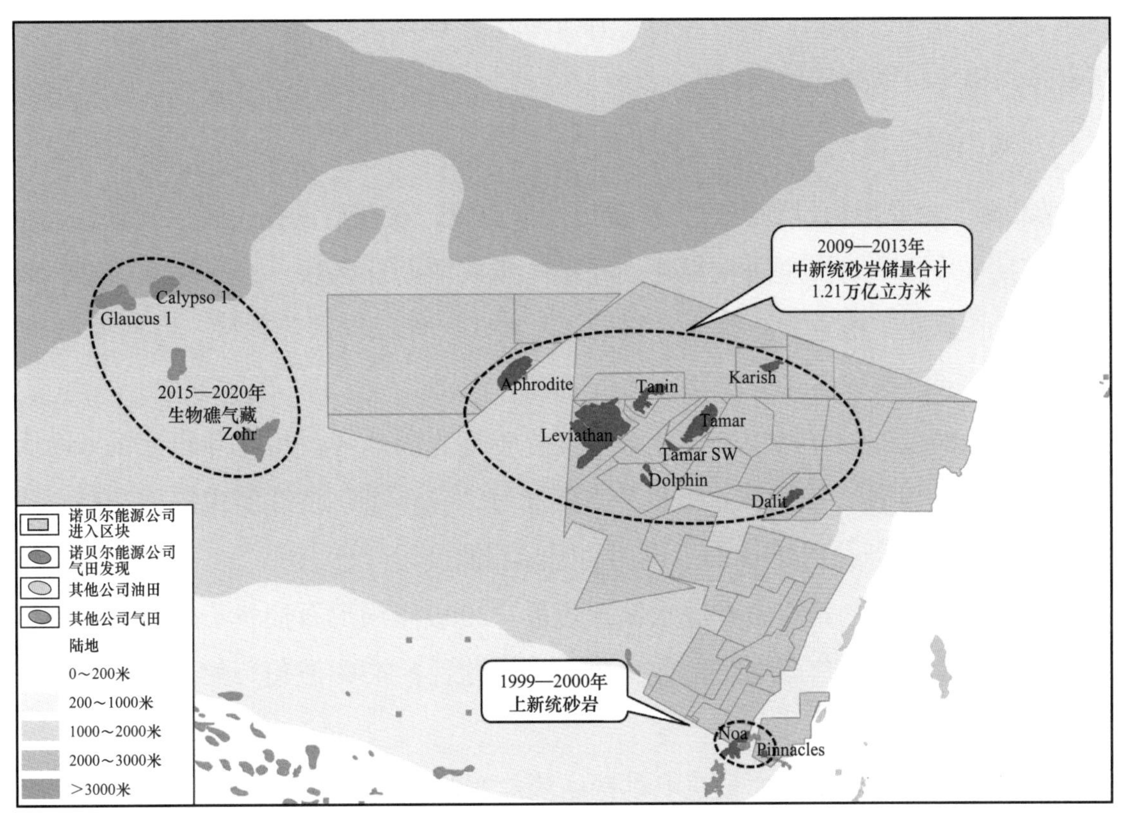

图 1-97　东地中海油气田位置图

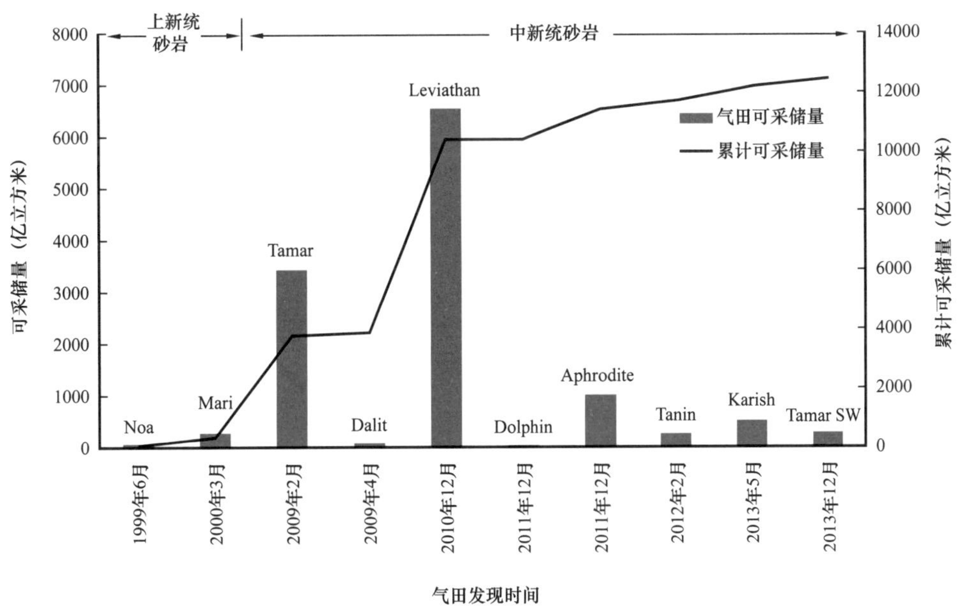

图 1-98　诺贝尔能源公司发现气田可采储量柱状图

Aphrodite 为诺贝尔能源公司在塞浦路斯发现的气田

诺贝尔能源公司通过小权益担当作业者，与相对固定的合作伙伴开展稳定合作，各展其长，充分利用德雷克钻探公司的钻探管理经验，雇佣瓦拉里斯、诺贝尔钻探和越洋钻探等专业钻井公司，极大降低了作业成本，提高了作业效率，为石油公司开展深水勘探提供了可借鉴的模式。

3）“双勘探”模式

“双勘探”主要指通过独资或大权益担任作业者，在获得勘探发现后转让权益，力争在勘探期 / 开发早期快速回收资金，并进一步获取勘探区块。这一深水大型风险勘探项目的运作思路，被业界总结为“双勘探”模式，即以勘探养勘探、以勘探养开发，埃尼石油的“双勘探”模式运作最为成功。

埃尼石油的境外油气勘探开发业务主要位于环非洲地区，2011 年以来的 6 个大发现全部来自这一领域。其深水勘探业务主要通过“三步走”持续实现勘探突破，成为近 10 年除埃克森美孚之外勘探最为成功的国际石油公司。

一是通过公司并购重组填补深水钻探短板。2006 年埃尼石油将子公司斯纳姆普罗盖蒂（Snamprogetti）出售给塞班钻井公司，并持有后者 43% 股份行使控制权，其深水钻探水平大幅提升。

二是在环非洲深水领域大量获取勘探区块。2006 年以来埃尼石油共获深水区块 74 个，面积 38 万平方千米，其中作业者区块 55 个，权益超过 50% 的 34 个，包括莫桑比克鲁伍马盆地深水 4 区（90% 权益，区块总面积 1.76 万平方千米）和埃及尼罗河三角洲 Shorouk 区块（100% 权益，区块总面积 3765 平方千米）（图 1–99）。

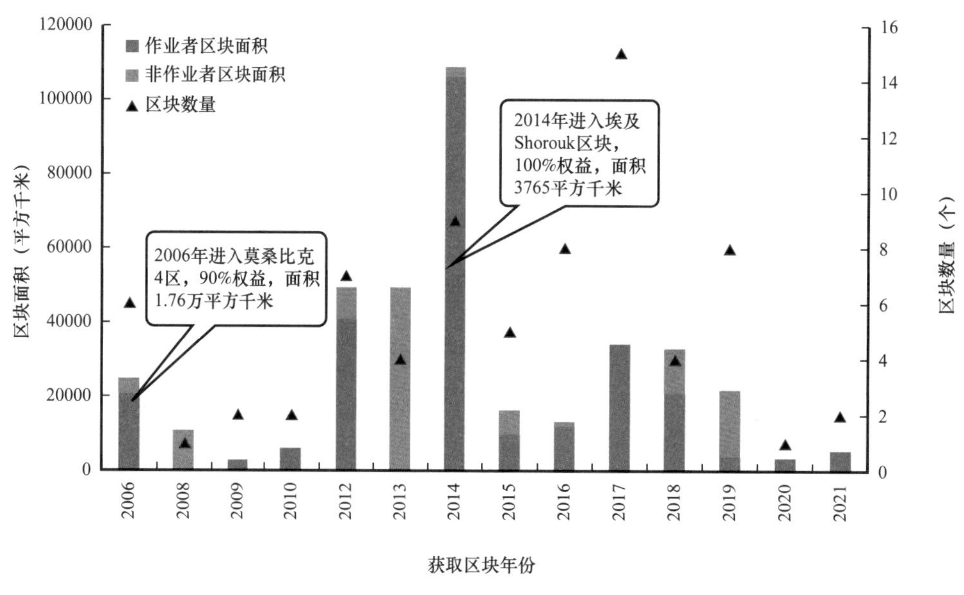

图 1–99　埃尼石油环非洲深水区块统计图

三是提升勘探技术，获得大发现后迅速转让股权，回收资金。埃尼石油针对 Shorouk 区块早期二维资料地震反射异常体开展攻关处理，认识到白垩系—中新统可能存在生物礁建造，并通过新采集三维地震资料精细刻画生物礁，2015 年获得 Zohr 大气田发现，可采储量 6124 亿立方米，开启东地中海生物礁气藏的勘探潮流。针对莫桑比克的 4 区块，埃尼石油通过 2008 年和 2010 年两期地震采集和解释逐步精准识别斜坡扇体，落实有利目标，2011 年获得 Mamba 气田发现，可采储量 1.43 万亿立方米。埃尼石油在 2011 年以来发现以 Mamba、Zohr 为代表的 5 个大气田后，迅速开展资本运作转让权益，转让权益获得大量现金流，为后续勘探和开发生产筹集资金。通过这种运作，仅上述 2 个区块就在 2013—2018 年挣得超过 100 亿美元的勘探收入。

三、未来重点勘探领域与方向

过去 10 年，全球油气勘探经历了油价两次断崖式下跌和“碳中和”的双重考验，勘探投资不断降低，同时随着油气地质理论和勘探技术的持续进步，勘探效率大幅提升。但随着 2022 年全球的新冠肺炎疫情趋稳以及俄乌冲突引发的供需矛盾，油公司未来仍会在一些重点领域加大勘探力度，保障油气储量的可持续增长。综合全球油气地质条件、待发现资源潜力、资源国合作机会等多种因素，认为大西洋两岸、东非、东地中海、俄北极等重点领域值得近期重点关注。

大西洋两岸主要包括：（1）南大西洋中段含盐盆地，主要包括桑托斯、坎波斯等盆地，主要成藏组合为盐下生物礁灰岩和盐上重力流砂岩，合作方式可以重点关注巴西第 7、8 轮招标区块；（2）阿根廷海域，主要包括科罗拉多盆地、阿根廷滨海盆地，主要成藏组合为侏罗系—白垩系裂谷及斜坡扇，重点关注阿根廷海上第二轮招标；（3）西北非海域，主要包括塞内加尔、塔尔法亚盆地，主要成藏组合为白垩系陆架砂岩和盆底扇，合作方式为公司参股和优选开放区块；（4）加勒比海周缘，主要包括多巴哥盆地和哥伦比亚前陆盆地等，主要成藏组合为中新统砂岩，重点关注巴巴多斯等国招标；（5）圭亚那滨海，包括圭亚那盆地和福斯杜亚马逊盆地，主要成藏组合为上白垩统斜坡扇，以公司参股为主。

东非地区主要包括：（1）索马里海域，主要包括索马里滨海盆地，主要成藏组合为侏罗系生物礁及白垩系—古近系斜坡扇，重点关注索马里第一轮海上招标区块，以及优选开放区块进行议标；（2）莫桑比克海域，主要包括赞比西三角洲盆地、安哥奇盆地，主要成藏组合为白垩系—古近系斜坡扇，重点关注莫桑比克第 6轮招标区块及开放区块；（3）东非裂谷系，包括坦嘎尼喀、马加迪、阿尔伯特等盆地，以中新统砂岩成藏组合为主，合作方式包括公司参股和优选开放区块。

其他地区主要包括：（1）东地中海，主要包括埃拉托色尼盆地和黎凡特盆地，主要成藏组合为上白垩统生物礁和中新统砂岩，重点关注公司参股和黎巴嫩招标；（2）俄罗斯北极海域，主要包括西西伯利亚、拉普捷夫海等盆地，以侏罗系—白垩系砂岩成藏组合为主，合作方式主要是参股俄罗斯本地公司和优选开放区块。

第二章　2021 年全球油气开发形势

受世纪疫情影响减弱、世界经济缓慢复苏、OPEC 减产逐步放松和"双碳目标"持续推进"四重"因素叠加影响，2021 年国际油价宽幅震荡，能源转型加速演进。本章从油气田数量及不在产原因、剩余可采储量分布特征及同比变化、油气产量分布特征及同比变化、未建产与待建产油气开发潜力 4 个维度，梳理了全球油气开发现状与特征；结合全球油气地缘政治、油气行业发展趋势、油气投资强度、热点领域的追踪和研判，凝练了 2021 年全球油气开发 8 大形势，在此基础上，针对国际油气合作和发展战略提出 4 点启示与建议。

第一节　全球油气开发现状与特征

2021 年以来，随着全球新冠肺炎得到有效防控、国际油价的反弹和不断攀升，全球油气供需失衡的态势得以扭转，全球油气开发形势呈现出复苏的局面，全球各资源国油气财税政策调整更趋谨慎，多国成为油气行业投资热点，油气开发投资以及新投产油气田数量将迎来增长。据统计，2021 年油气储量同比减少 66.21 亿吨油当量，下降率为 1.5%。美洲地区是油气储量减少的主要地区，非常规油气为主要下降类型；油气产量同比增加 2.32 亿吨油当量，增长率为 3.07%；中亚—俄罗斯地区是油气产量增加的主要地区，陆上常规油气为主要增长类型，待建产油气储量同比增加 28.78 亿吨油当量。

一、全球油气开发现状

1. 全球油气开发概况

2020 年以来，全球油气行业遭逢百年未遇的疫情，面临近百年未遇的全球经济大衰退，更经历 160 年以来石油市场最惨烈的价格下跌，但全球油气资源仍然十分丰富，开发潜力巨大，油气在能源结构中的地位仍难以被快速替代。

截至 2021 年底，全球油气田主要分布于 133 个国家，可划分为六个大区，即中亚—俄罗斯地区、中东地区、非洲地区、美洲地区、亚太地区和欧洲地区。全球油气经济剩余可采储量 2074.27 亿吨油当量，技术剩余可采储量 4352.38 亿吨油当量；其

中，原油经济剩余可采储量 1215.14 亿吨，技术剩余可采储量 2389.17 亿吨；天然气经济剩余可采储量 101.74 万亿立方米，技术剩余可采储量 232.49 万亿立方米（表 2–1）。全球油气年产量 77.92 亿吨油当量，其中原油产量 44.07 亿吨，天然气产量 40084.11 亿立方米。

表 2–1 全球油气经济与技术剩余可采储量统计表

六大地区	原油（亿吨）		天然气（万亿立方米）		油气合计（亿吨油当量）	
	经济	技术	经济	技术	经济	技术
中东地区	536.89	982.00	23.93	91.64	738.99	1755.81
美洲地区	380.63	904.78	28.99	36.82	625.47	1215.69
中亚—俄罗斯地区	186.08	295.82	29.06	58.33	431.43	788.35
非洲地区	57.24	116.37	5.48	18.72	103.49	274.45
亚太地区	33.05	53.63	11.58	21.41	130.87	234.47
欧洲地区	21.25	36.57	2.7	5.57	44.02	83.61
合计	1215.14	2389.17	101.74	232.49	2074.27	4352.38

全球油气田数量为 16328 个（油田为 9395 个，气田为 6933 个），其中在产油气田为 3911 个（油田为 2725 个，气田为 1186 个）；不在产油气田为 12417 个（油田为 6670 个，不在产气田为 5747 个）。不在产油气田中，废弃油气田为 696 个（油田为 188 个，气田为 508 个）；已停产油气田为 1871 个（油田为 886 个，气田为 985 个）；不经济油气田为 7203 个（油田为 4024 个，气田为 3179 个）；因技术原因暂不能开发油气田为 418 个（油田为 267 个，气田为 151 个）；建设中油气田为 2148 个（油田 1272 个，气田 876 个）；投产准备阶段油气田为 81 个（油田为 33 个，气田为 48 个）（表 2–2）。

与 2020 年相比，2021 年不在产油气田个数增加了 105 个，增长率为 0.85%。美洲地区不在产油气田增长量最大，增长了 94 个，占总增量的 89.52%；美洲地区不在产气田增长量最大，增长了 50 个，而欧洲地区不在产气田减少了 23 个；美洲地区不在产油田增长量最大，增长了 44 个，占总增量的 55.70%。

全球可采储量大于 5 亿桶的不在产油气田 387 个，可采储量 1884 亿吨，其中不经济、建设中和技术原因不能开发的油气田数量占比 87.9%，可采储量占比 89.3%（表 2–3）。

2. 全球油气储量特征及现状

全球油气技术剩余可采储量分布不均衡，呈现“两大一中三小”的特点，两大为中东、美洲地区（占比大于 30%），一中为中亚—俄罗斯地区（占比 16.12%），三小为欧洲、非洲、亚太地区（占比小于 10%）。截至 2021 年底，原油经济剩余可采储量 1215.14 亿吨，技术剩余可采储量 2389.17 亿吨，天然气经济剩余可采储量 101.74 万亿立方米，技术剩余可采储量 232.49 万亿立方米（表 2–1）。

截至 2021 年底，全球前十大盆地的技术剩余可采储量占全球技术剩余可采储量的 69.10%。油气技术剩余可采储量排名前三的盆地依次是鲁卜哈利盆地、维典—北阿拉伯湾盆地和马图林次盆；原油技术剩余可采储量排名前三的盆地依次是维典—北阿拉伯湾盆地、鲁卜哈利盆地和马图林次盆；天然气技术剩余可采储量排名前三的盆地依次是鲁卜哈利盆地、西西伯利亚（南喀拉海 / 亚马尔）盆地和扎格罗斯盆地（表 2–4）。

前十大国家油气技术剩余可采储量占全球的 78.35%。油气技术剩余可采储量占比大于 10% 的国家 2 个，在 5%～10% 之间的 5 个，小于 5% 的 3 个；原油储量大于 300 亿吨的国家 2 个，在 100 亿～300 亿吨之间的 7 个，小于 100 亿吨的 1 个；天然气储量大于 30 万亿立方米国家 2 个，在 20 万～30 万亿立方米之间的 2 个，小于 20 万亿立方米的 6 个。位于中东地区的国家有 6 个，油气技术剩余可采储量占前十大国家的 50.14%，其中卡塔尔主要类型为海域天然气，沙特阿拉伯、伊朗、阿拉伯联合酋长国、伊拉克、科威特主要类型为陆上常规原油；位于美洲地区的国家有 3 个，储量占比 31.18%，委内瑞拉、加拿大主要类型均为非常规原油；位于中亚—俄罗斯地区的国家有 1 个，俄罗斯主要类型为陆上常规天然气（表 2–5）。

截至 2021 年底，全球前十大油气田油气技术剩余可采储量占全球油气技术剩余可采储量的 12.01%，以区域位置划分，全球前十大油气田有 9 个位于中东地区，1 个位于中亚—俄罗斯地区。全球前十大油田原油技术剩余可采储量占全球原油技术剩余可采储量的 14.37%，原油技术剩余可采储量大于 30 亿吨的油田 5 个，在 25 亿～30 亿吨之间的 4 个，小于 25 亿吨的 1 个；前十大油田有 9 个位于中东地区，1 个位于中亚—俄罗斯地区。全球前十大气田天然气剩余可采储量占全球天然气的 17.28%，天然气储量大于 3 万亿立方米的气田 5 个，在 2 万亿～3 万亿立方米的 3 个，小于 2 万亿立方米的 2 个；位于中东地区的前十大气田有 5 个（占全球储量 10.51%），位于中亚—俄罗斯地区的有 5 个（占全球储量 6.77%；表 2–6、表 2–7、表 2–8）。

表 2–2　六大区不在产油气田

停产类型	亚太地区（个）			中亚—俄罗斯地区（个）			欧洲地区（个）			美洲地区（个）			非洲地区（个）			中东地区（个）			合计（个）		
	油田	气田	油气田	油田	气田	油气田	油田	气田	油气田	油田	气田	油气田	油田	气田	油气田	油田	气田	油气田	油田	气田	油气田
废弃油气田	14	4	18	4	4	8	115	88	203	42	411	453	12	0	12	1	1	2	188	508	696
已停产油气田	173	149	322	135	48	183	255	212	467	197	541	738	106	21	127	20	14	34	886	985	1871
不经济油气田	679	1171	1850	1081	480	1561	547	645	1192	648	333	981	807	423	1230	262	127	389	4024	3179	7203
技术原因暂不能开发油气田	22	36	58	27	24	51	77	48	125	60	9	69	24	23	47	57	11	68	267	151	418
建设中油气田	137	207	344	293	56	349	149	137	286	565	460	1025	73	13	86	55	3	58	1272	876	2148
投产准备阶段油气田	3	9	12	7	11	18	8	8	16	11	2	13	3	9	12	1	9	10	33	48	81
合计	1028	1576	2604	1547	623	2170	1151	1138	2289	1523	1756	3279	1025	489	1514	396	165	561	6670	5747	12417

表 2–3　2021 年全球可采储量大于 5 亿桶的不在产油气田分布

分类	类别	废弃	停产	不经济	技术原因不能开发	建设中	投产准备	合计
可采储量大于 5 亿桶的不在产油气田分布	个数	1	20	186	63	91	26	387
	可采储量（亿吨）	0.98	41.73	1163.35	165.28	352.60	159.74	1884
	个数占比（%）	0.3	5.2	48.1	16.3	23.5	6.7	100
	可采储量占比（%）	0.1	2.2	61.8	8.8	18.7	8.5	100

续表

分类	类别	废弃	停产	不经济	技术原因不能开发	建设中	投产准备	合计
全球不在产油气田分布	个数	696	1871	7203	418	2148	81	12417
	可采储量（亿吨）	12.28	101.84	1372.03	215.64	442.05	170.29	2314
	个数占比（%）	5.6	15.1	58.0	3.4	17.3	0.7	100
	可采储量占比（%）	0.5	4.4	59.3	9.3	19.1	7.4	100

表 2–4　前十大盆地油气技术剩余可采储量统计表

盆地	原油（亿吨）		天然气（万亿立方米）		油气合计（亿吨油当量）	
	经济	技术	经济	技术	经济	技术
鲁卜哈利盆地	143.77	313.23	15.45	65.35	274.21	865.03
维典—北阿拉伯湾盆地	347.91	535.88	5.91	12.59	397.80	642.22
马图林次盆	15.63	301.08	0.04	1.68	15.96	315.25
加拿大西部—艾伯塔盆地	64.14	221.16	4.62	5.44	103.13	267.11
扎格罗斯盆地	81.53	124.76	8.70	13.28	155.03	236.90
西西伯利亚（中部）盆地	41.37	122.92	1.22	10.62	51.68	212.62
西西伯利亚（南喀拉海 / 亚马尔）盆地	10.43	20.10	11.38	19.92	106.53	188.32
阿巴拉契亚盆地	84.65	84.65	4.03	4.03	118.70	118.70
特拉华盆地	11.24	11.24	8.46	8.46	82.65	82.65
尼日尔三角洲盆地	11.38	34.80	0.83	5.20	18.36	78.70

表 2–5　前十大国家油气技术剩余可采储量统计表

国家	地区	油田数量（个）	气田数量（个）	油气田数量（个）	技术剩余可采储量（亿吨油当量）	主要类型
俄罗斯	中亚—俄罗斯	1537	445	1982	636.96	陆上常规天然气（48.56%） 陆上常规原油（36.50%）
卡塔尔	中东	19	20	39	526.75	海域天然气（75.74%） 海域原油（23.68%）
美国	美洲	1364	1750	3114	414.47	非常规原油（47.0%） 非常规天然气（42.79%）
沙特阿拉伯	中东	90	35	125	393.72	陆上常规原油（44.72%） 海域原油（30.40%）
委内瑞拉	美洲	212	23	235	358.04	非常规原油（79.72%） 陆上常规原油（11.38%）
伊朗	中东	103	77	180	310.07	海域天然气（32.84%） 陆上常规原油（31.96%）
加拿大	美洲	377	125	502	290.85	非常规原油（74.31%）
阿拉伯联合酋长国	中东	45	23	68	198.29	陆上常规原油（27.99%） 海域原油（22.97%）
伊拉克	中东	144	15	159	193.32	陆上常规原油（86.27%）
科威特	中东	22	1	23	87.79	陆上常规原油（88.51%）

表 2–6　前十大油气田油气技术剩余可采储量统计表

油气田	地区	原油（亿吨）		天然气（万亿立方米）		油气合计（亿吨油当量）	
		经济	技术	经济	技术	经济	技术
南帕斯气田	中东	10.68	17.90	4.19	8.00	46.10	85.42
北方气田	中东	12.74	12.74	8.50	8.50	84.52	84.52
加瓦尔油田	中东	54.33	54.33	0.28	0.28	56.69	56.69
南约罗坦气田	中亚—俄罗斯	0.18	0.67	1.55	5.60	13.26	47.99
贾夫拉气田	中东	3.54	30.22	0.23	2.01	5.45	47.22
萨法尼亚油田	中东	23.89	44.25	0.08	0.11	24.57	45.16
大布尔甘油田	中东	24.64	40.92	0.23	0.23	26.60	42.88
祖卢夫油田	中东	19.97	40.33	0.07	0.13	20.54	41.46
阿布扎比恩康气田	中东	0	0	0	4.53	0	38.21
阿布扎比陆上油田	中东	30.03	33.02	0	0.01	30.03	33.12

表 2-7　前十大油田技术剩余可采储量统计表

油田	地区	原油（亿吨）		天然气（万亿立方米）		油气合计（亿吨油当量）	
		经济	技术	经济	技术	经济	技术
加瓦尔油田	中东	54.33	54.33	0.28	0.28	56.69	56.69
萨法尼亚油田	中东	23.89	44.25	0.08	0.11	24.57	45.16
大布尔甘油田	中东	24.64	40.92	0.23	0.23	26.60	42.88
祖卢夫油田	中东	19.97	40.33	0.07	0.13	20.54	41.46
阿布扎比陆上油田	中东	30.03	33.02	0	0.01	30.03	33.12
谢拜油田	中东	19.82	25.12	0	0.57	19.82	29.89
阿布扎比恩康油田	中东	0	29.85	0	0	0	29.85
北部油田	中东	17.99	23.13	0.36	0.54	21.06	27.65
库阿斯油田	中东	26.64	26.64	0.08	0.08	27.30	27.30
尤甘斯克油田	中亚—俄罗斯	19.38	25.79	0.14	0.14	20.54	26.97

表 2-8　前十大气田技术剩余可采储量统计表

气田	地区	原油（亿吨）		天然气（万亿立方米）		油气合计（亿吨油当量）	
		经济	技术	经济	技术	经济	技术
南帕斯气田	中东	10.68	17.90	4.19	8	46.10	85.42
北方气田	中东	12.74	12.74	8.50	8.50	84.52	84.52
南约罗坦气田	中亚—俄罗斯	0.18	0.67	1.55	5.60	13.26	47.99
贾夫拉气田	中东	3.54	30.22	0.23	2.01	5.45	47.22
阿布扎比恩康气田	中东	0	0	0	4.53	0	38.21
安格罗—列斯格夫气田	中亚—俄罗斯	0	0.83	2.11	3.43	17.86	29.84
什托克马诺夫气田	中亚—俄罗斯	0	0.49	0	2.75	0	23.75
阿布扎比国家石油公司天然气项目	中东	11.21	11.21	0.77	1.39	17.68	22.93
鲍瓦年科气田	中亚—俄罗斯	0.43	0.43	2.15	2.15	18.56	18.56
亚姆堡气田	中亚—俄罗斯	0.28	0.63	1.71	1.81	14.7	15.93

2021 年油气技术剩余可采储量略有下滑，减少了 66.21 亿吨油当量，下降率为 1.5%。非常规油气为主要下降点，非常规油气减少 78.16 亿吨油当量，下降率为

6.44%，其中非常规天然气减少10.1万亿立方米，下降率为20.65%；海域油气增加5.49亿吨油当量，增长率为0.37%；陆上常规油气增加6.46亿吨油当量，增长率为0.37%，其中陆上常规原油储量减少15.48亿吨，下降率为1.51%（表2-9）。

3. 全球油气产量特征及现状

2021年，全球合计生产原油44.07亿吨，天然气40084.11亿立方米，油气合计77.92亿吨油当量。全球油气产量大小分布不均衡，油气产量呈现“两大一中三小”的特点，两大为美洲、中东地区（大于20亿吨油当量），一中为中亚—俄罗斯地区（10亿～20亿吨油当量），三小为非洲、亚太、欧洲地区（小于10亿吨油当量），中东、中亚—俄罗斯、非洲地区陆上常规油气产量占比最多，美洲地区非常规油气产量占比最多，亚太、欧洲地区海域油气产量占比最多。全球在产油气田3911个，其中美洲地区数量最多，为1652个，占全球的42.24%（表2-10）。

受国际油价筑底回升影响，2021年，全球油气总产量同比上升。中亚—俄罗斯地区油气产量上升幅度最大，增加了0.81亿吨油当量，同比上升6.09%；非洲地区急速上升，同比上升9.76%；美洲、中东和亚太地区同比分别增加0.43亿吨油当量、0.51亿吨油当量、0.15亿吨油当量，增幅分别为1.73%、2.58%、1.76%；欧洲地区减少了0.11亿吨油当量，同比下降了3.03%（图2-1）。

图2-1　全球六大区油气产量变化图

与2021年相比，三种类型的油气产量均呈不同幅度的增长，其中陆上常规油气为主要增加点。陆上常规油气增长1.26亿吨油当量，增幅为3.60%，陆上常规原油增加了0.62亿吨，增幅为2.94%；陆上常规天然气增加了740.18亿立方米，增幅为4.50%。其次是非常规油气0.57亿吨油当量，增幅为3.01%。海域油气产量增加0.49亿吨油当量，增幅为2.26%（表2-11、图2-2）。

表 2-9　不同类型油气技术剩余可采储量变化表

时间类型	2020 年			2021 年			增量			增长率（%）		
	原油（亿吨）	天然气（万亿立方米）	油气合计（亿吨油当量）	原油（亿吨）	天然气（万亿立方米）	油气合计（亿吨油当量）	原油（亿吨）	天然气（万亿立方米）	油气合计（亿吨油当量）	原油	天然气	油气合计
陆上常规油气	1027.18	82.63	1724.9	1011.70	85.23	1731.36	−15.48	2.60	6.46	−1.51	3.15	0.37
海域油气	572.64	107.37	1479.27	568.91	108.45	1484.76	−3.73	1.08	5.49	−0.65	1.01	0.37
非常规油气	801.43	48.91	1214.42	808.56	38.81	1136.26	7.13	−10.10	−78.16	0.89	−20.65	−6.44
合计	2401.25	238.91	4418.59	2389.17	232.49	4352.38	−12.08	−6.42	−66.21	−0.50	−2.69	−1.50

表 2-10　全球油气产量现状

六大地区	在产油气田数量（个）	2021 年产量			主要油气类型（产量占比）
		原油（亿吨）	天然气（亿立方米）	油气合计（亿吨油当量）	
美洲地区	1652	14.73	12558.98	25.33	非常规原油（36.99%）非常规天然气（31.66%）海域原油（11.96%）
中东地区	215	14.01	7429.78	20.29	陆上常规原油（49.68%）海域天然气（19.62%）海域原油（18.58%）
中亚—俄罗斯地区	535	6.65	9032.47	14.28	陆上常规天然气（49.65%）陆上常规原油（40.27%）
亚太地区	462	3.34	6284.54	8.65	海域天然气（30.98%）陆上常规天然气（21.39%）陆上常规原油（16.99%）
非洲地区	418	3.65	2611.24	5.85	陆上常规原油（34.28%）海域原油（29.06%）陆上常规天然气（20.85%）
欧洲地区	629	1.69	2167.10	3.52	海域原油（40.06%）海域天然气（39.20%）
合计	3911	44.07	40084.11	77.92	

与 2020 年相比，全球原油年产量变化大于 400 万吨的国家有 10 个。尼日利亚是原油产量减少最多的国家，以陆上常规原油为主，同比减少 236.16 万吨，占尼日利亚原油总减少量的 40.67%。利比亚是原油产量增长最多的国家，以陆上常规原油为主，同比增加 4116.47 万吨。2021 年，无新兴产油大国（产量大于 1000 万吨 / 年）的诞生（表 2–12、图 2–3）。

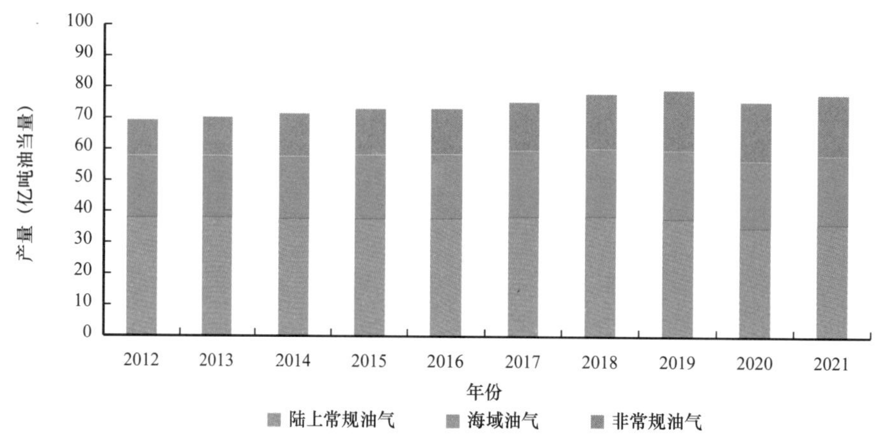

图 2–2　全球不同油气类型油气产量变化

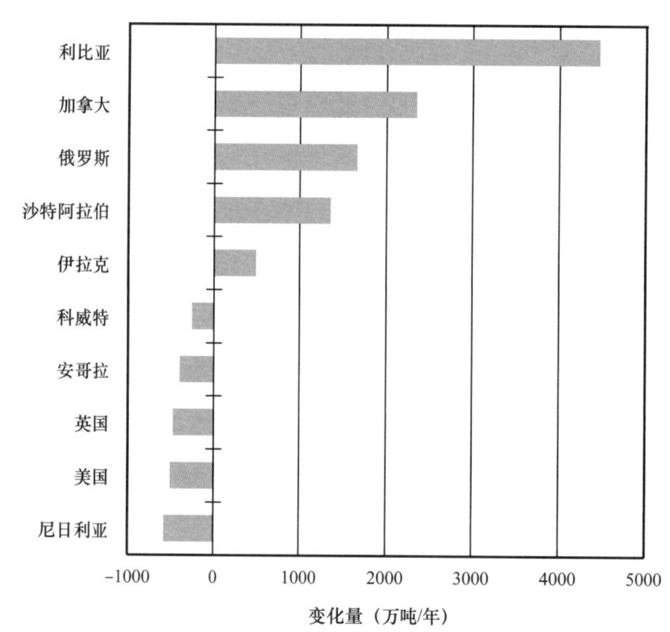

图 2–3　2020—2021 年原油产量同比变化前五位国家堆积条形图

与 2020 年相比，全球天然气年产量变化大于 50 亿立方米的国家有 10 个。俄罗斯是天然气产量增加最多的国家，以陆上常规天然气为主，同比增加 590.40 亿立方米，占俄罗斯天然气总增加量的 96.51%。全球天然气变化量最大前十国家的天然气产量均增长（表 2–13、图 2–4）。

表 2-11 不同类型油气产量变化表

类型	2020年			2021年			增长量			增长率（%）		
	原油（亿吨）	天然气（亿立方米）	油气合计（亿吨油当量）	原油（亿吨）	天然气（亿立方米）	油气合计（亿吨油当量）	原油（亿吨）	天然气（亿立方米）	油气合计（亿吨油当量）	原油	天然气	油气合计
陆上常规油气	21.12	16438.27	35.00	21.74	17178.45	36.26	0.62	740.18	1.26	2.94	4.50	3.60
海域油气	11.80	11701.61	21.68	11.96	12088.18	22.17	0.16	386.57	0.49	1.36	3.30	2.26
非常规油气	10.19	10342.26	18.92	10.37	10817.48	19.49	0.18	475.22	0.57	1.77	4.59	3.01
合计	43.11	38482.14	75.60	44.07	40084.11	77.92	0.96	1601.97	2.32	2.23	4.16	3.07

表 2-12 主要生产国原油产量变化

国家	2020年（万吨）	2021年（万吨）	变化量（万吨）	主要变化类型	变化量（万吨）	变化量占比（%）
美国	81690.65	81180.38	–510.27	致密油	–2640.04	—
				陆上常规原油	–511.36	100.22
				页岩气凝析油	–862.86	169.10
				页岩油	3098.49	—
				深水原油	506.25	99.21
沙特阿拉伯	52817.69	54186.08	1368.38	陆上常规原油	926.00	67.67
				浅水原油	402.59	29.42
俄罗斯	50709.45	52376.04	1666.59	陆上常规原油	1556.73	93.41
加拿大	25999.68	28351.01	2351.33	油砂	1386.27	58.96
				页岩气凝析油	743.14	31.61
				陆上常规原油	296.01	—

续表

国家	2020年（万吨）	2021年（万吨）	变化量（万吨）	主要变化类型	变化量（万吨）	变化量占比（%）
伊拉克	21067.07	21559.83	492.76	陆上常规原油	485.09	98.44
伊朗	15866.93	16275.72	408.79	陆上常规原油	404.05	98.84
尼日利亚	9052.73	8472.02	−580.71	陆上常规原油	−236.16	40.67
				深水原油	−178.12	30.67
				重油	63.51	—
				浅水原油	−118.99	20.49
利比亚	1652.355	6114.115	4461.76	陆上常规原油	4116.47	92.26
安哥拉	6104.625	5699.84	−404.79	深水原油	−376.68	93.05
				浅水原油	−21.54	5.32
英国	4759.965	4281.815	−478.15	浅水原油	−414.27	86.64
				深水原油	−48.18	10.08
				重油	−15.70	3.28

表 2-13　主要生产国天然气产量变化

国家	2020 年（亿立方米）	2021 年（亿立方米）	变化量（亿立方米）	主要变化类型	变化量（亿立方米）	变化量占比（%）
美国	9249.21	9401.01	151.8	陆上常规天然气	-40.99	—
				页岩气	250.65	165.13
				页岩油凝析气	148.45	97.98
				致密油凝析气	-228.43	—
俄罗斯	6601.43	7213.17	611.74	陆上常规天然气	590.40	96.51
				浅水天然气	20.53	3.36
卡塔尔	1891.07	1955.32	64.25	酸气	61.94	96.40
				LNG	-5.08	—
中国	1626.23	1711.02	84.78	页岩气	19.38	22.86
				致密气	31.93	37.66
				陆上常规天然气	17.28	20.38
				浅水天然气	11.12	13.11
加拿大	1482.04	1596.21	114.17	致密气	166.10	145.48
				陆上常规天然气	-59.54	—
沙特阿拉伯	940.15	1072.26	132.11	酸气	97.28	73.63
				陆上常规天然气	31.63	23.94
阿尔及利亚	875.76	980.9	105.14	陆上常规天然气	91.40	86.93
				致密气	13.74	13.07
土库曼斯坦	637.7	689.92	52.22	酸气	64.27	123.08
				陆上常规天然气	-12.13	—
埃及	602.12	685.97	83.85	深水天然气	91.46	109.08
				陆上常规天然气	-13.61	—
乌兹别克斯坦	464.39	553.37	88.98	酸气	49.17	55.26
				陆上常规天然气	39.81	44.74

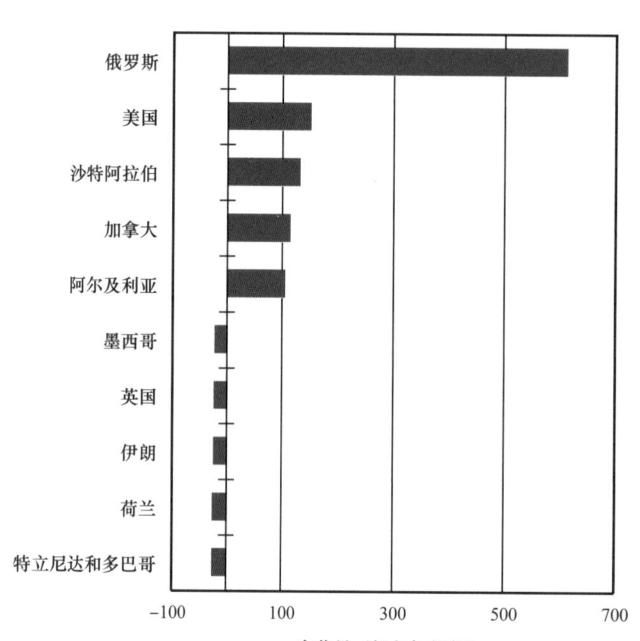

图 2-4　2020—2021 年天然气产量同比变化前五位国家堆积条形图

截至 2021 年底，油气产量前十大国家的产量占全球的 69.67%。前十国家原油产量占全球原油的 72.79%，前十国家天然气产量占全球天然气的 72.95%；美国原油和天然气产量均位于世界首位，其中原油产量占前十大国家的 29.58%，天然气产量占 32.15%（图 2-5、图 2-6、图 2-7）。

2021 年产量前十大油田中，中东地区 8 个，占全球原油总产量 13.44%；美洲地区 1 个，占全球的 1.06%；中亚—俄罗斯地区 1 个，占全球的 1.58%。2021 年产量前十大气田中，中东地区 4 个，占全球天然气总产量 10.82%；中亚—俄罗斯地区 4 个，占全球天然气总产量的 7.52%（表 2-14、表 2-15）。

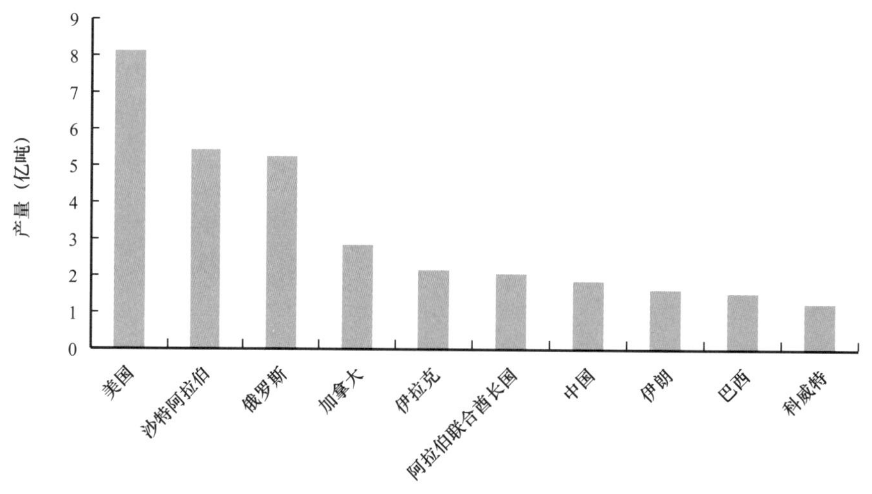

图 2-5　2021 年原油产量前十国家

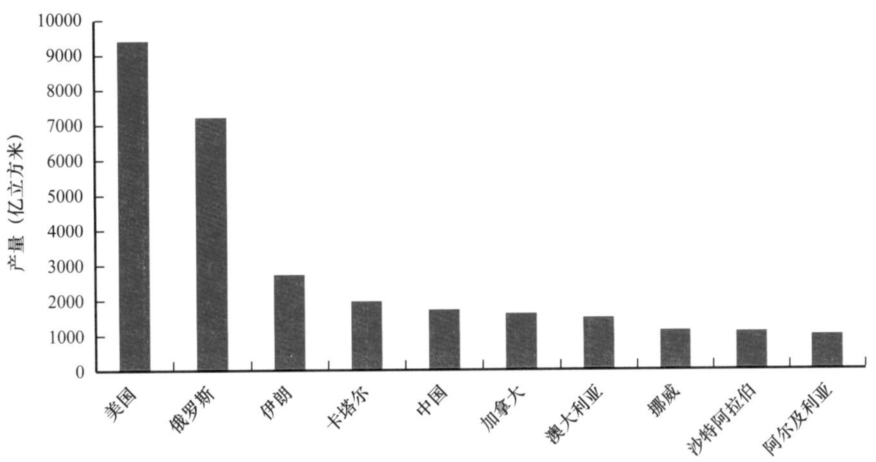

图 2-6　2021 年天然气产量前十国家

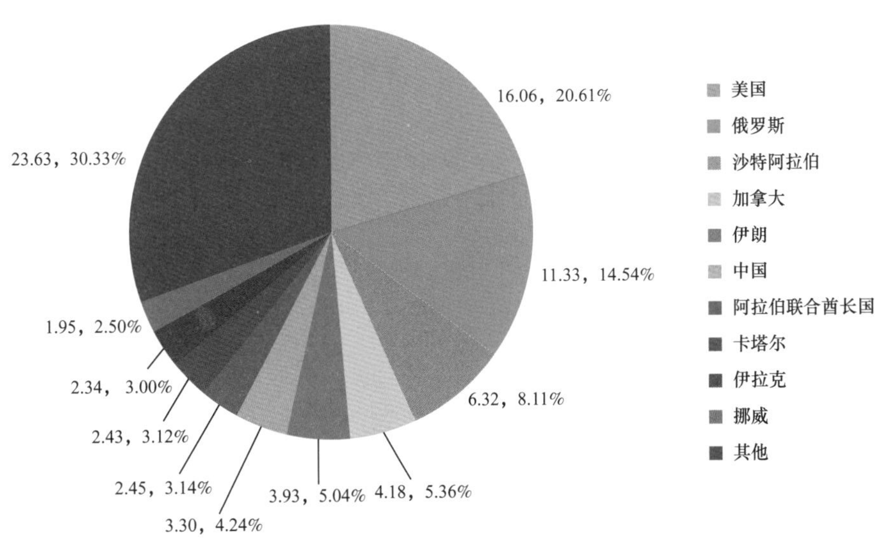

图 2-7　2021 年油气产量前十国家（亿吨油当量）

表 2-14　前十大油田产量特征

油田	地区	国家	作业公司	初产年份	产量（万吨）	技术剩余可采储量（亿吨）
加瓦尔油田	中东	沙特阿拉伯	沙特阿美	1951	18426.3	54.33
阿布扎比陆上油田	中东	阿拉伯联合酋长国	阿布扎比陆上石油公司	1963	7738	33.02
尤甘斯克油田	中亚—俄罗斯	俄罗斯	尤科斯石油公司	1977	6953.98	25.79
鲁迈拉油田	中东	伊拉克	巴士拉能源公司	1954	6834.63	18.17
大布尔甘油田	中东	科威特	科威特石油公司	1946	6613.07	40.92
库阿斯油田	中东	沙特阿拉伯	沙特阿美	1963	6394.07	26.64

续表

油田	地区	国家	作业公司	初产年份	产量（万吨）	技术剩余可采储量（亿吨）
谢拜油田	中东	沙特阿拉伯	沙特阿美	1998	5596.55	25.12
图皮油田	美洲	巴西	巴西国家石油公司	2009	4652.66	4.31
北部油田	中东	科威特	科威特石油公司	1960	4057.71	23.13
上扎库姆油田	中东	阿拉伯联合酋长国	阿布扎比陆上石油公司	1982	3590.87	14.63

表 2-15　前十大气田产量特征

气田	地区	国家	作业公司	初产年份	产量（亿立方米）	技术剩余可采储量（万亿立方米）
南帕斯气田	中东	伊朗	帕斯石油天然气公司	2002	1981.83	8.00
北方气田	中东	卡塔尔	卡塔尔液化气公司	1996	1724.13	8.50
鲍瓦年科气田	中亚—俄罗斯	俄罗斯	俄罗斯天然气工业股份公司	2012	1114.09	2.15
扎波利亚尔气田	中亚—俄罗斯	俄罗斯	俄罗斯天然气工业股份公司	2001	970.47	1.11
亚姆堡气田	中亚—俄罗斯	俄罗斯	俄罗斯天然气工业股份公司	1983	637.14	1.81
哈西鲁迈勒油气田	非洲	阿尔及利亚	阿尔及利亚国家石油公司	1961	500.84	0.77
特罗尔气田	欧洲	挪威	艾奎诺	1995	371.62	0.68
加瓦尔气田	中东	沙特阿拉伯	沙特阿美	1951	346.65	1.40
南塔姆别伊斯凯气田	中亚—俄罗斯	俄罗斯	俄罗斯亚马尔液化天然气	2017	291.20	0.91
阿布扎比国家石油公司天然气项目	中东	阿拉伯联合酋长国	阿布扎比国家石油公司	1981	284.32	1.39

从不同国际石油公司油气产量特征角度分析，2021 年国际石油公司原油权益产量减少 0.02 亿吨，降幅 0.4%。埃克森美孚和艾奎诺产量都下降了 0.02 亿吨；壳牌产量下降 0.01 亿吨。2021 年国际石油公司天然气权益产量增加 191.47 亿立方米，增幅 3.61%。碧辟增长 101.7 亿立方米，增长率 14.66%，居首位；艾奎诺产量下降最多为 31.52 亿立方米，下降率为 3.10%（图 2–8、图 2–9）。

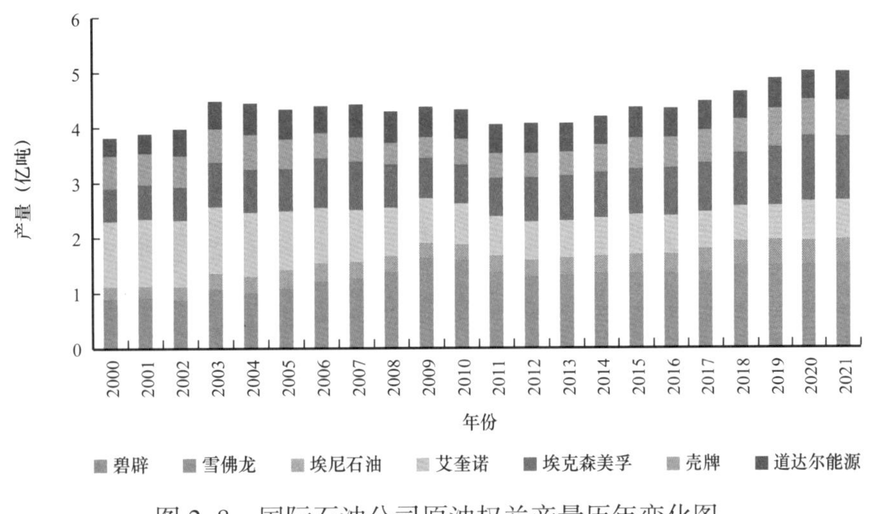

图 2-8　国际石油公司原油权益产量历年变化图

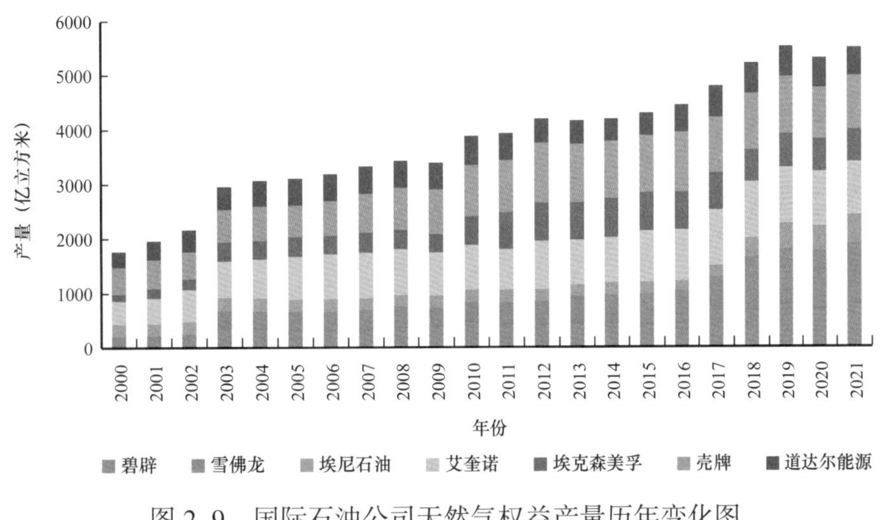

图 2-9　国际石油公司天然气权益产量历年变化图

国际石油公司油气权益产量长期呈上升趋势，2021 年 9.63 亿吨油当量，占全球比例 12.36%。美国、俄罗斯、中国、中东油气产量合计 51 亿吨油当量，较 2002 年增加 25 亿吨油当量，美国油气产量上升明显，其余板块均呈长期稳定趋势。全球各大区油气产量中除美洲大区外，均处于稳定状态，美洲油气产量总体上升（图 2-10、图 2-11、图 2-12）。

中国、欧洲、美国全球原油贸易的前三流入地，2021 年分别流入 5.26 亿吨、4.68 亿吨和 3.05 亿吨，合计占全球 63%；沙特阿拉伯、俄罗斯、加拿大和西非是全球原油贸易的前四流出地，2021 年分别流出 3.23 亿吨、2.64 亿吨、1.97 亿吨和 1.87 亿吨，合计占全球 47%。管道气方面，欧盟、美国、墨西哥和中国是全球管道气的前四流入地，2021 年分别流入 2698 亿立方米、759 亿立方米、587 亿立方米和 532 亿立方米，占全球 65%；LNG 方面，日韩、中国、欧盟、印度是全球 LNG 的前四流入地，2021 年分别

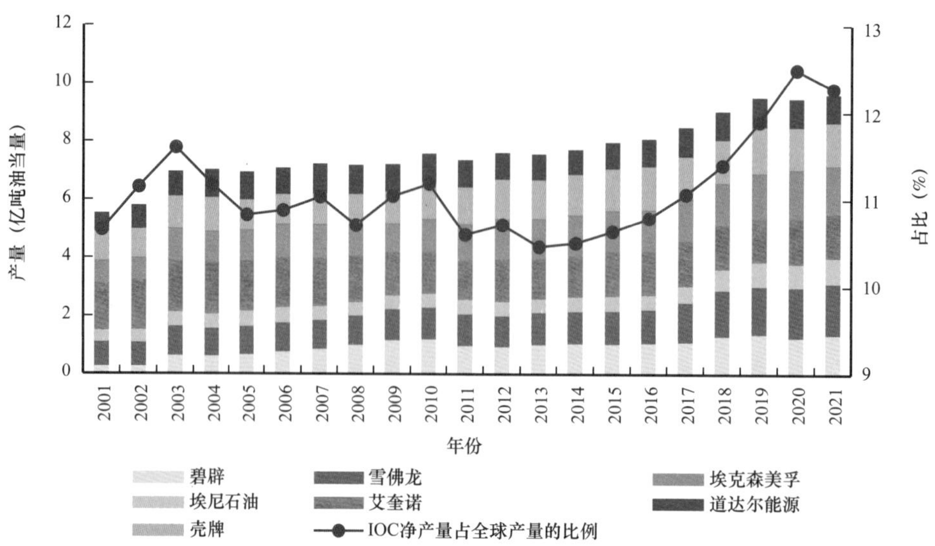

图 2-10　国际石油公司历年油气权益产量及占全球产量的比例

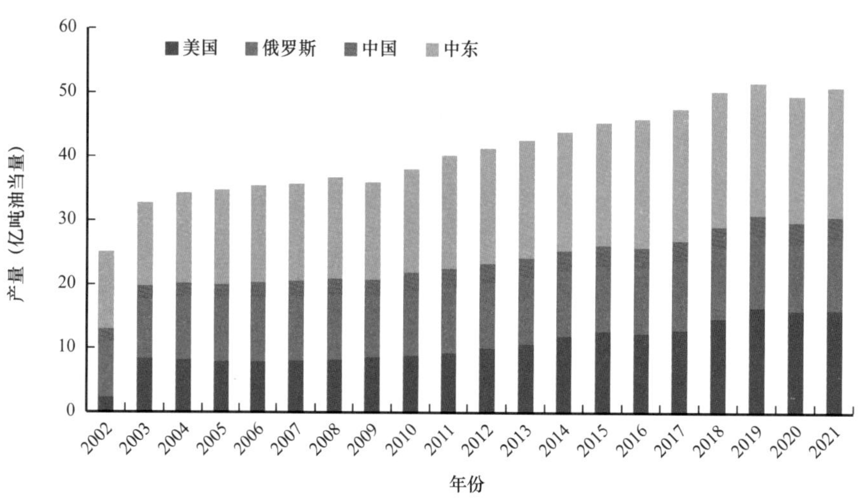

图 2-11　美国、俄罗斯、中国和中东历年油气产量

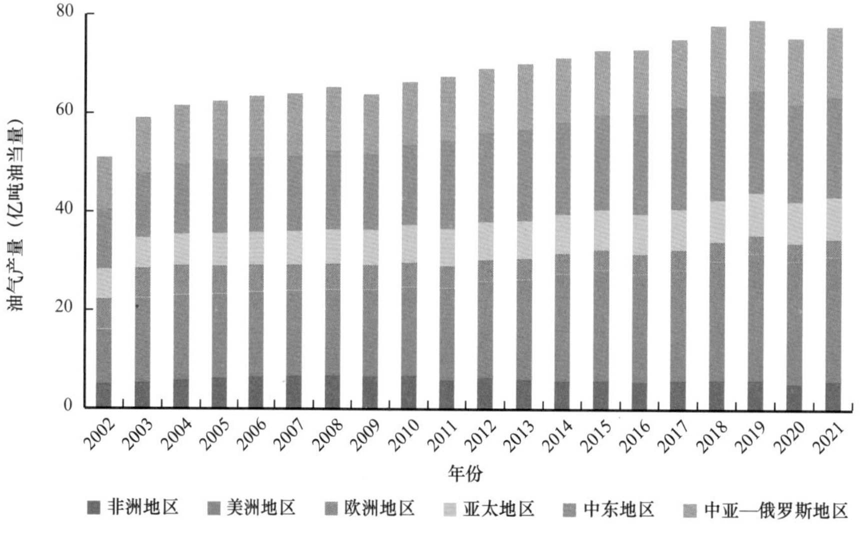

图 2-12　各大区历年油气产量（亿吨油当量）

流入 1654 亿立方米、1095 亿立方米、1082 亿立方米和 336 亿立方米，占全球 81%（图 2–13、图 2–14）。

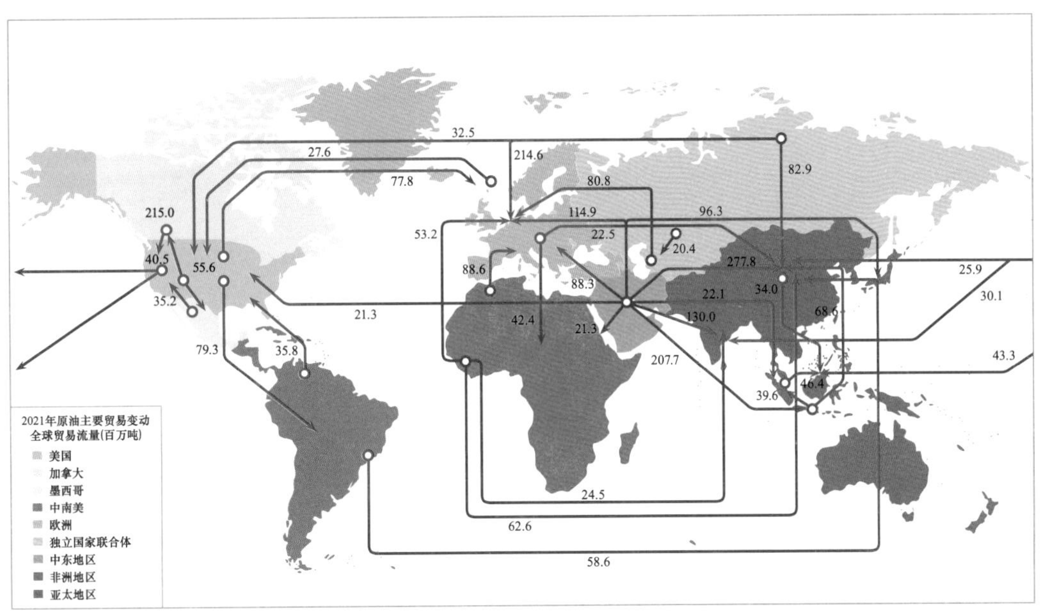

图 2–13　2021 年全球原油贸易流向图（数据来源：bp 世界能源统计年鉴 2022）

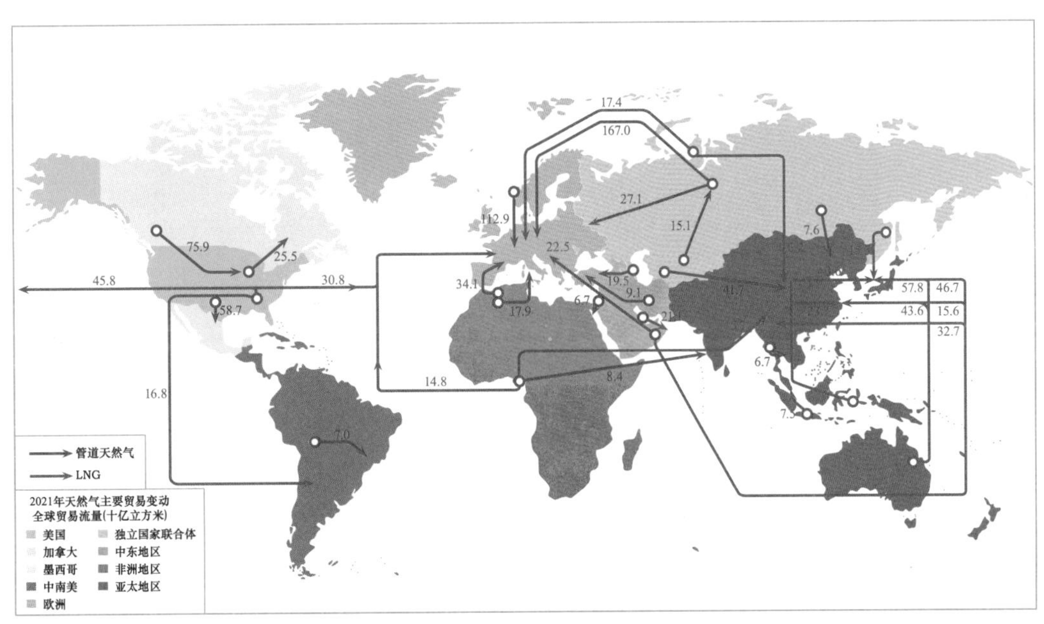

图 2–14　2021 年全球天然气贸易流向图（数据来源：bp 世界能源统计年鉴 2022）

2021 年美国共计流入原油制品 1.126 亿吨，其中加拿大、欧洲、俄罗斯是前三大地区，合计流入 7340 万吨，占比超过 65%。2021 年美国共计流出原油制品 2.44 亿吨，中南美、墨西哥、欧洲、加拿大是前四大地区，合计流出 17800 万吨，占比超过 73%（图 2–15）。

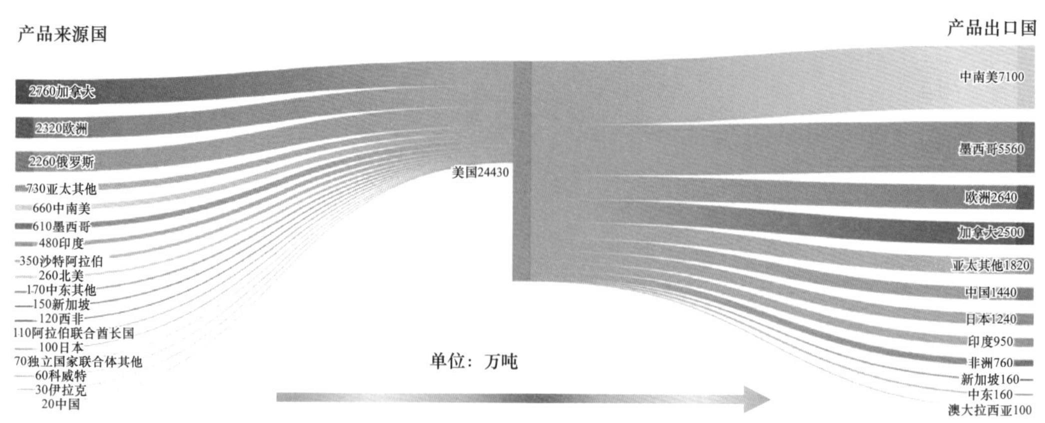

图 2-15　美国 2021 年原油制品流入流出情况桑基图

4. 全球油气新建产能贡献

2012—2021 年，全球共新投产油气田 2938 个。原油新投产项目 1818 个，2021 年贡献产量占总产量 20.22%；天然气新投产项目 1120 个，2021 年贡献产量占总产量 20.46%（图 2-16、图 2-17）。

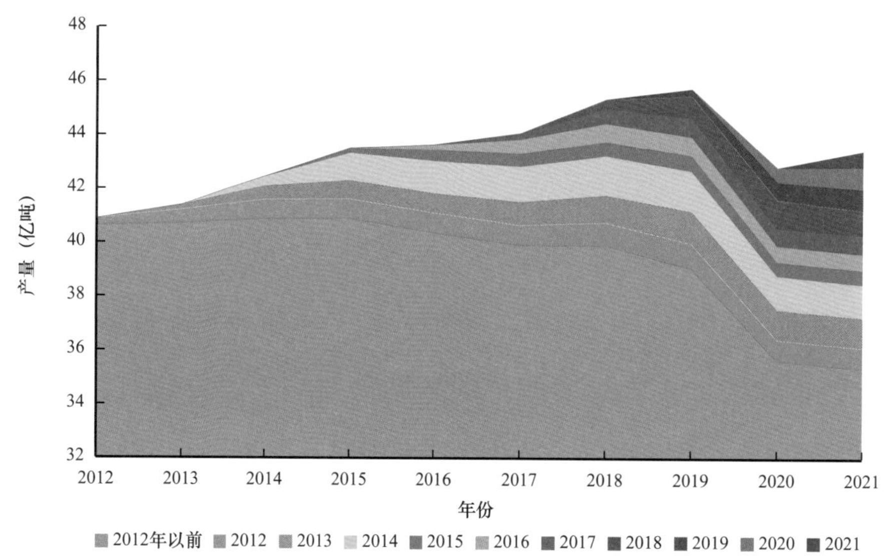

图 2-16　全球原油新建产能贡献

2012—2021 年，七大国际石油公司在全球新投产油气田 105 个，占全球新投产项目总量的 3.57%。道达尔能源与壳牌在近十年各新投产项目 20 个，居首位。七大公司在欧洲地区新投产项目 39 个，居首位；美洲地区其次，26 个；中亚—俄罗斯地区无新投产项目。2012—2021 年，埃克森美孚原油新建产能居首位，雪佛龙天然气新建产能居首位（表 2-16、图 2-18、图 2-19）。

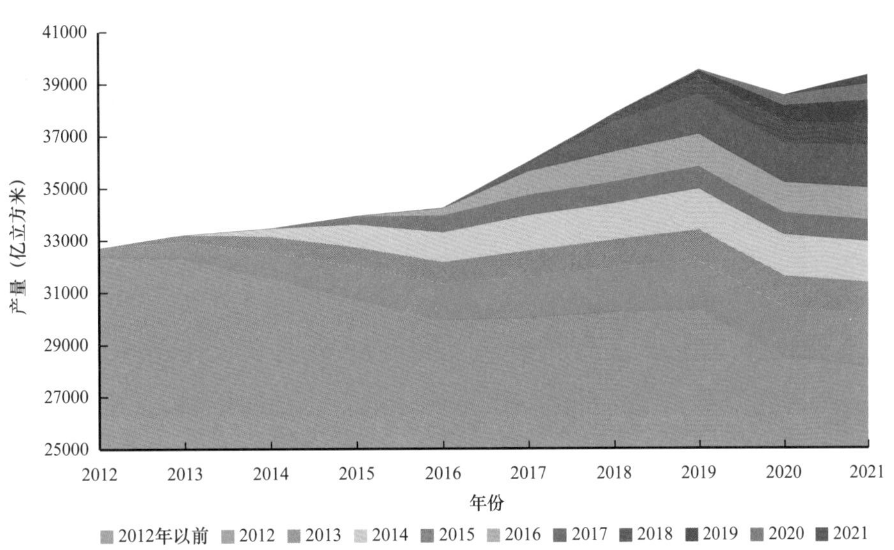

图 2-17　全球天然气新建产能贡献

表 2-16　七大国际石油公司近十年投产项目地区分布

公司	近十年新投产项目	非洲	欧洲	美洲	中东	亚太	中亚—俄罗斯
碧辟	9	4	3	1	1	0	0
道达尔能源	20	3	13	4	0	0	0
埃克森美孚	11	1	0	7	0	3	0
埃尼石油	12	8	1	1	0	2	0
壳牌	20	0	5	8	1	6	0
艾奎诺	17	0	17	0	0	0	0
雪佛龙	16	5	0	5	3	3	0
合计	105	21	39	26	5	14	0

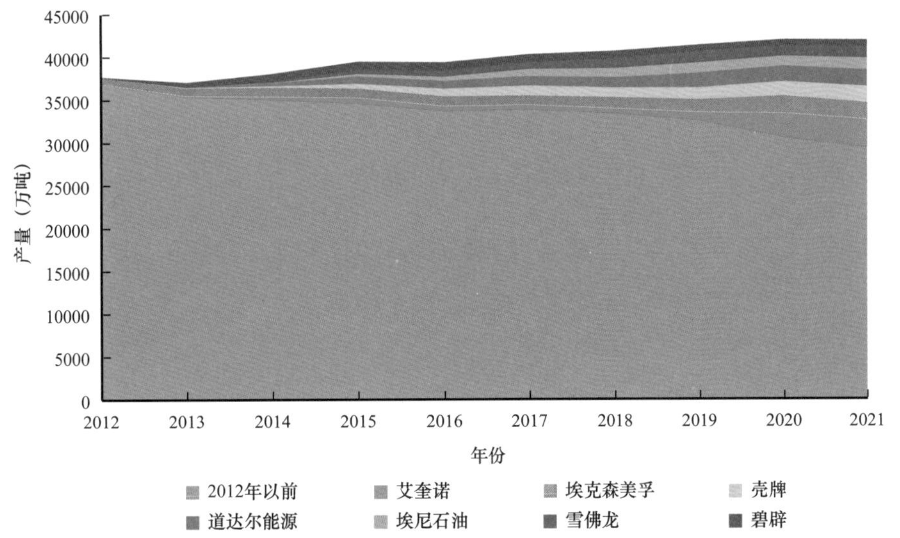

图 2-18　七大国际石油公司近十年原油新建产能贡献

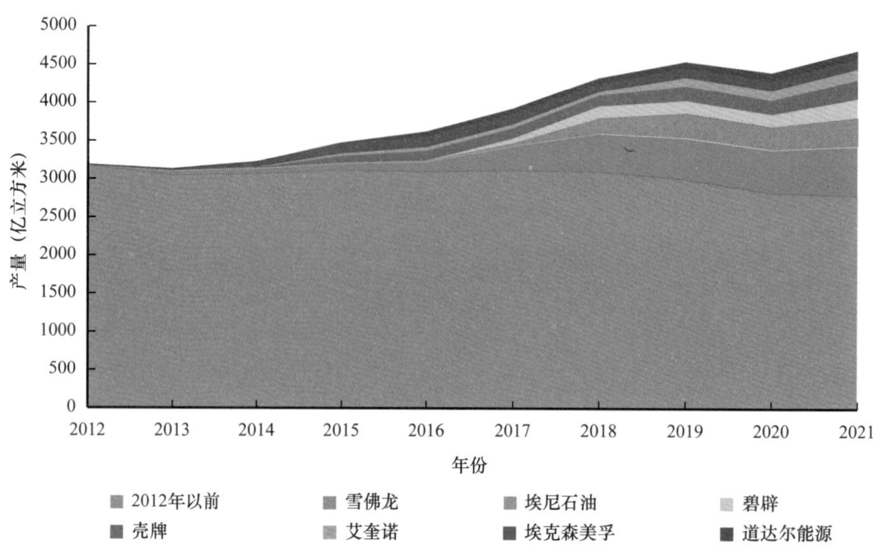

图 2-19　七大国际石油公司近十年天然气新建产能贡献

5. 不在产油气田分布及因素

截至 2021 年底，不在产油气技术剩余可采储量呈现“一大两中三小”特点，一大为中东地区，占全球的 47.74%；两中为美洲、中亚—俄罗斯地区（占比大于 10%）；三小为非洲、亚太、欧洲地区（占比小于 10%）。不在产原油经济剩余可采储量 126.88 亿吨，技术剩余可采储量 898.17 亿吨；不在产天然气经济剩余可采储量 20.13 万亿立方米，技术剩余可采储量 118.03 万亿立方米（表 2-17）。

表 2-17　全球六大区不在产油气剩余可采储量表

六大地区	原油（亿吨）		天然气（万亿立方米）		油气合计（亿吨油当量）	
	经济	技术	经济	技术	经济	技术
非洲地区	15.30	43.84	1.78	10.74	30.34	134.51
亚太地区	2.93	15.27	2.35	9.17	22.76	92.70
欧洲地区	4.09	16.12	0.31	2.23	6.72	34.92
美洲地区	22.09	436.69	0.55	5.31	26.72	481.53
中东地区	66.96	342.14	8.01	66.60	134.56	904.54
中亚—俄罗斯地区	15.51	44.11	7.13	23.98	75.71	246.60
总计	126.88	898.17	20.13	118.03	296.81	1894.80

前十大国家不在产油气技术剩余可采储量占全球的 83.17%。不在产油气技术剩余可采储量占比大于 10% 的国家 3 个，在 5%～10% 之间的 3 个，小于 5% 的 4 个；不在

产原油技术剩余可采储量最多的国家为委内瑞拉，274.30 亿吨，占全球原油不在产的 30.54%；不在产天然气技术剩余可采储量最多的国家为卡塔尔，44.81 万亿立方米，占全球天然气不在产的 37.96%。按地区划分，中东地区国家有 5 个，储量占比 47.14%，卡塔尔、伊朗主要类型为海域天然气；美洲地区的国家有 2 个，储量占比 21.73%，委内瑞拉、加拿大主要类型为非常规原油；中亚—俄罗斯地区的国家有 1 个，储量占比 11.31%，俄罗斯主要类型为陆上常规天然气；非洲地区的国家有 1 个，储量占比 1.55%，莫桑比克主要类型为海域天然气；亚太地区的国家有 1 个，储量占比 1.44%，澳大利亚主要类型为海域天然气（图 2–20、图 2–21、图 2–22、表 2–18）。

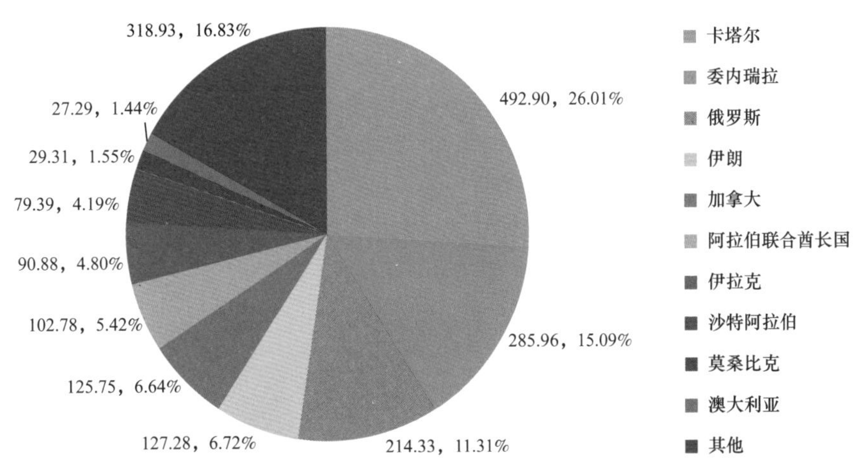

图 2–20　不在产油气技术剩余可采储量前十大国家（亿吨油当量）

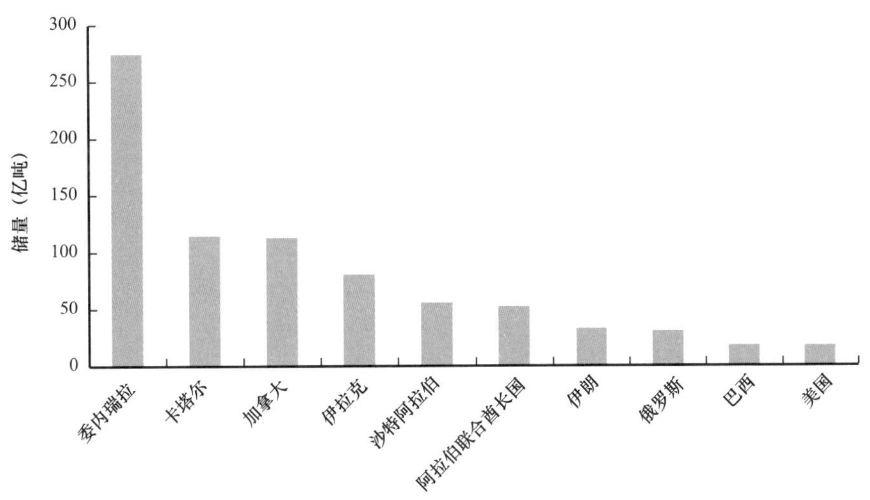

图 2–21　不在产原油技术剩余可采储量前十大国家

前十大盆地不在产油气技术剩余可采储量占全球的 79.18%。不在产油气技术剩余可采储量占比大于 10% 的盆地 2 个，在 3%～10% 之间的盆地 4 个，小于 3% 的盆地 4 个；不在产原油技术剩余可采储量大于 200 亿吨的盆地 1 个，在 100 亿～200 亿吨之间

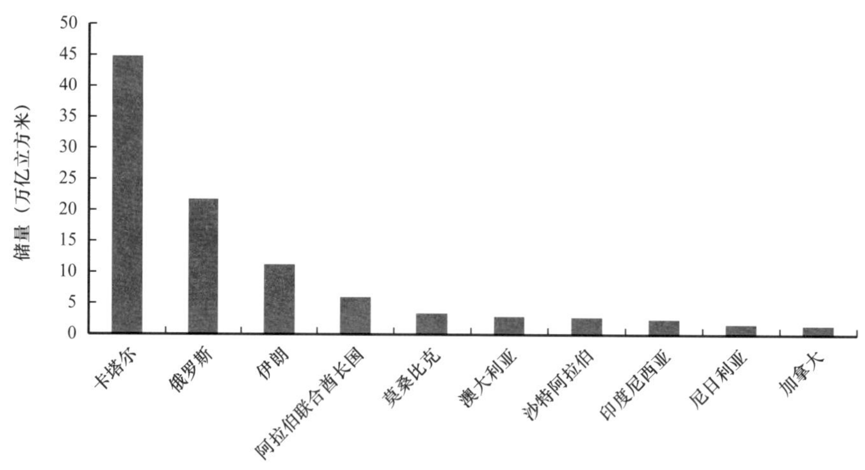

图 2–22　不在产天然气技术剩余可采储量前十大国家

表 2–18　全球不在产油气技术剩余可采储量前十国家列表

国家	地区	油田数量（个）	气田数量（个）	油气田数量（个）	技术剩余可采储量（亿吨油当量）	主要类型
卡塔尔	中东	10	7	17	492.90	海域天然气（76.77%） 海域原油（23.23%）
委内瑞拉	美洲	169	18	187	285.96	非常规原油（93.96%）
俄罗斯	中亚—俄罗斯	1303	399	1702	214.33	陆上常规天然气（52.11%） 海域天然气（33.65%） 陆上常规原油（11.22%）
伊朗	中东	75	60	135	127.28	海域天然气（43.05%） 陆上常规天然气（25.88%）
加拿大	美洲	211	104	315	125.75	非常规原油（85.21%）
阿拉伯联合酋长国	中东	33	16	49	102.78	非常规原油（29.05%） 非常规天然气（43.91%） 海域原油（12.89%）
伊拉克	中东	92	13	105	90.88	陆上常规原油（86.45%） 陆上常规天然气（11.21%）
沙特阿拉伯	中东	73	27	100	79.39	非常规原油（39.82%） 陆上常规原油（29.53%） 非常规天然气（22.54%）
莫桑比克	非洲	1	10	11	29.31	海域天然气（97.66%）
澳大利亚	亚太	253	664	917	27.29	海域天然气（68.66%） 非常规天然气（18.72%）

的盆地 3 个，小于 100 亿吨的盆地 6 个；不在产天然气技术剩余可采储量大于 10 万亿立方米盆地 2 个，5 万亿～10 万亿立方米盆地 2 个，小于 5 万亿立方米盆地 6 个。位

于中东地区的盆地有 3 个，储量占比 47.11%，其中鲁卜哈利盆地主要类型为海域天然气，维典—北阿拉伯湾盆地主要类型为陆上常规原油；位于美洲地区的盆地有 2 个，储量占比 20.33%，马图林次盆、加拿大西部—艾伯塔盆地主要类型为非常规原油；位于中亚—俄罗斯地区的盆地有 3 个，储量占比 8.76%，西西伯利亚（南喀拉海 / 亚马尔）盆地主要类型为陆上常规天然气，东巴伦支海盆地主要类型为海域天然气；位于非洲的盆地有 2 个，主要类型为海域天然气（表 2–19）。

表 2–19　全球不在产剩余可采储量前十盆地列表

盆地	原油（亿吨）		天然气（万亿立方米）		油气合计（亿吨油当量）	
	经济	技术	经济	技术	经济	技术
鲁卜哈利盆地	20.93	178.84	7.02	54.50	80.24	639.03
马图林次盆	0.90	268.69	0	0.66	0.90	274.28
维典—北阿拉伯湾盆地	43.16	123.32	0.74	5.43	49.40	169.19
西西伯利亚（南喀拉海 / 亚马尔）盆地	1.12	5.46	5.74	13.62	49.57	120.45
加拿大西部—艾伯塔盆地	1.65	106.82	0	0.50	1.67	111.01
扎格罗斯盆地	2.84	37.10	0.06	5.61	3.31	84.43
鲁伍马盆地	0.17	0.48	1.11	3.68	9.51	31.54
东巴伦支海盆地	0	0.49	0	3.39	0	29.14
尼日尔三角洲盆地	1.46	9.52	0.12	1.81	2.50	24.84
滨里海盆地	7.89	10.81	0.32	0.66	10.60	16.37

前十大不在产油气田剩余可采储量占全球的 25.89%。不在产油气储量大于 50 亿吨油当量的油气田 2 个，40 亿～50 亿吨油当量的 1 个，小于 40 亿吨油当量的 7 个；不在产原油储量大于 30 亿吨的油气田 2 个，在 20 亿～30 亿吨之间的 2 个，小于 20 亿吨的 6 个；不在产天然气储量大于 3 万亿立方米的油气田 4 个，在 0.5 万亿～3 万亿立方米之间的 3 个，小于 0.5 万亿立方米的 3 个。前十大油田不在产原油技术剩余可采储量占全球不在产原油的 33.92%。不在产原油技术剩余可采储量最大的油田为奥里诺科重油带，为 181.82 亿吨；前十大油田有 7 个位于中东地区，3 个位于美洲地区。前十大气田不在产天然气技术剩余可采储量占全球不在产天然气的 23.71%。不在产天然气储量最大的气田为北方气田，为 6.28 万亿立方米；前十大气田中东地区有 5 个（占全球不在产天然气储量 14.93%），中亚—俄罗斯地区有 3 个（6.45%），非洲地区有 1 个（1.25%），亚太地区有 1 个（1.08%；表 2–20、表 2–21、表 2–22）。

表 2-20　全球不在产剩余可采储量前十油气田列表

油气田	地区	原油（亿吨）		天然气（万亿立方米）		油气合计（亿吨油当量）	
		经济	技术	经济	技术	经济	技术
奥里诺科重油带	美洲	0	181.82	0	0.57	0	186.60
北方气田	中东	6.08	6.08	6.28	6.28	59.07	59.07
贾夫拉气田	中东	3.54	30.22	0.23	2.01	5.45	47.22
阿布扎比恩康气田	中东	0	0	0	4.53	0	38.21
南帕斯	中东	0.62	7.54	0.35	3.47	3.55	36.84
阿布扎比恩康油田	中东	0	29.85	0	0	0	29.85
安格罗—列斯格夫气田	中亚—俄罗斯	0	0.83	2.11	3.43	17.86	29.84
西古尔纳油田	中东	8.05	25.59	0	0	8.05	25.59
什托克马诺夫气田	中亚—俄罗斯	0	0.49	0	2.75	0	23.75
萨尔斯克油田	美洲	0	13.57	0	0	0	13.57

表 2-21　全球不在产剩余可采储量前十油田列表

油气田	地区	原油（亿吨）		天然气（万亿立方米）		油气合计（亿吨油当量）	
		经济	技术	经济	技术	经济	技术
奥里诺科重油带	美洲	0	181.82	0	0.57	0	186.60
阿布扎比恩康油田	中东	0	29.85	0	0	0	29.85
西古尔纳油田	中东	8.05	25.59	0	0	8.05	25.59
萨尔斯克油田	美洲	0	13.57	0	0	0	13.57
加瓦尔油田	中东	9.94	9.94	0.34	0.34	12.84	12.84
西古尔纳 2 号油田	中东	5.98	11.59	0	0.08	5.98	12.22
东巴格达油田	中东	0	9.35	0	0.07	0	9.95
阿布扎比陆上油田	中东	4.54	7.99	0	0	4.54	7.99
上扎库姆油田	中东	4.58	7.81	0	0	4.58	7.81
北欧化工油田	美洲	0	7.14	0	0	0	7.14

表 2-22　全球不在产剩余可采储量前十气田列表

气田	地区	原油（亿吨）		天然气（万亿立方米）		油气合计（亿吨油当量）	
		经济	技术	经济	技术	经济	技术
北方气田	中东	6.08	6.08	6.28	6.28	59.07	59.07
贾夫拉气田	中东	3.54	30.22	0.23	2.01	5.45	47.22

续表

气田	地区	原油（亿吨）		天然气（万亿立方米）		油气合计（亿吨油当量）	
		经济	技术	经济	技术	经济	技术
阿布扎比恩康气田	中东	0	0	0	4.53	0	38.21
南帕斯气田	中东	0.62	7.54	0.35	3.47	3.55	36.84
安格罗—列斯格夫气田	中亚—俄罗斯	0	0.83	2.11	3.43	17.86	29.84
什托克马诺夫气田	中亚—俄罗斯	0	0.49	0	2.75	0	23.75
乌得勒叶气田	中亚—俄罗斯	0.38	1.07	1.21	1.43	10.61	13.16
曼巴气田	非洲	0.07	0.16	0.59	1.47	5.08	12.61
北帕斯气田	中东	0	0.14	0	1.33	0	11.36
纳土纳气田	亚太	0	0.02	0	1.28	0	10.80

6. 未 / 待建产油气剩余可采储量

截至 2021 年底，待建产原油经济剩余可采储量 126.79 亿吨，技术剩余可采储量 208.44 亿吨；待建产天然气经济剩余可采储量 20.12 万亿立方米，技术剩余可采储量 28.97 万亿立方米。待建产油气技术剩余可采储量呈现“一大两中三小”特点。一大为中东地区，占全球的 48.29%，两中为非洲、中亚—俄罗斯地区（占比大于 10%），三小为美洲、亚太、欧洲地区（占比小于 10%）（表 2–23）。

表 2–23　全球六大区待建产油气剩余可采储量表

六大地区	原油（亿吨）		天然气（万亿立方米）		油气合计（亿吨油当量）	
	经济	技术	经济	技术	经济	技术
非洲地区	15.30	18.78	1.78	3.95	30.34	52.12
亚太地区	2.92	3.48	2.35	2.92	22.74	28.13
欧洲地区	4.08	4.71	0.31	0.56	6.71	9.47
美洲地区	22.08	33.35	0.55	1.39	26.69	45.13
中东地区	66.96	129.77	8.01	10.55	134.56	218.78
中亚—俄罗斯地区	15.45	18.35	7.12	9.60	75.61	99.45
总计	126.79	208.44	20.12	28.97	296.65	453.08

前十大国家待建产油气技术剩余可采储量占全球 78.53%。油气待建产储量占比大于 10% 的国家 4 个，其中俄罗斯 84.99 亿吨，居首位。伊拉克待建产原油技术剩余可

采储量53.3亿吨，占全球原油的25.57%，居首位。俄罗斯天然气待建产储量8.99万亿立方米，占全球天然气的31.04%。按地区划分，位于中东地区的国家有4个，储量占前十大国家总储量的59.04%，其中卡塔尔主要类型为海域天然气，伊拉克主要类型为陆上常规原油，沙特阿拉伯主要类型为非常规原油，阿拉伯联合酋长国为海域原油；位于中亚—俄罗斯地区的国家有2个，储量占前十大国家总储量的27.12%，俄罗斯主要类型为陆上常规天然气，哈萨克斯坦为陆上常规原油；位于美洲地区的国家有2个，储量占前十大国家总储量的5.25%，加拿大主要类型均为非常规原油，美国主要类型是海域原油（图2–23、图2–24、图2–25、表2–24）。

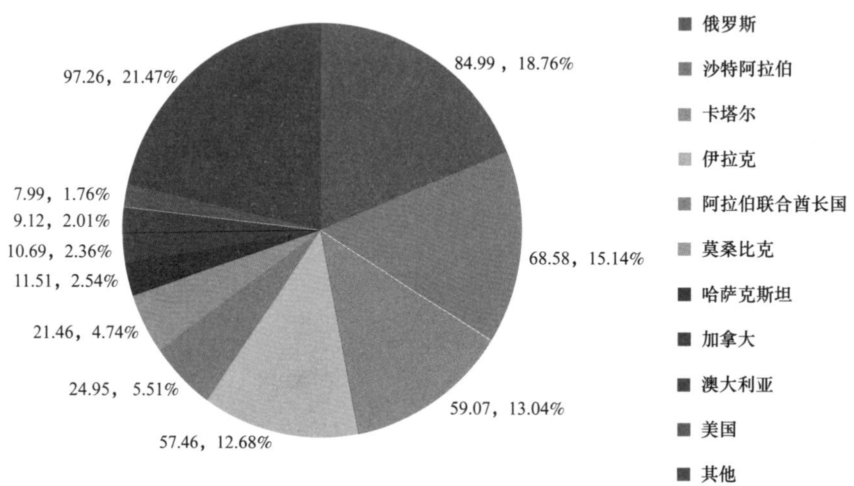

图2–23 待建产油气技术剩余可采储量前十大国家

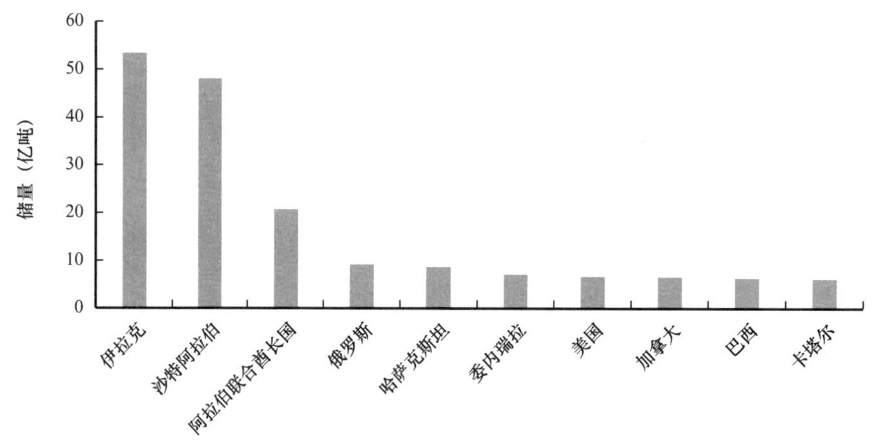

图2–24 待建产原油技术剩余可采储量前十大国家

前十大盆地待建产油气技术剩余可采储量占全球的76.87%。油气技术剩余可采储量占比大于10%的盆地3个，在3%～10%之间的盆地1个，小于3%的盆地6个。位于中东地区的盆地有3个，储量占比47.84%，其中鲁卜哈利盆地主要类型为海域天然气，维典—北阿拉伯湾盆地、扎格罗斯盆地主要类型为陆上常规原油；位于中亚—俄罗斯地区的盆地有 2 个，储量占比 17.71%，西西伯利亚（南喀拉海 / 亚马尔）盆地主要类型为陆上常规天然气，滨里海盆地主要类型为陆上常规原油；位于美洲地区的盆地有 2 个，储量占比 3.74%，加拿大西部—艾伯塔盆地、马图林次盆主要类型为海域原油；位于亚太地区的盆地有 2 个、非洲地区的盆地有 1 个，其主要类型均为海域天然气（表 2–25、表 2–26）。

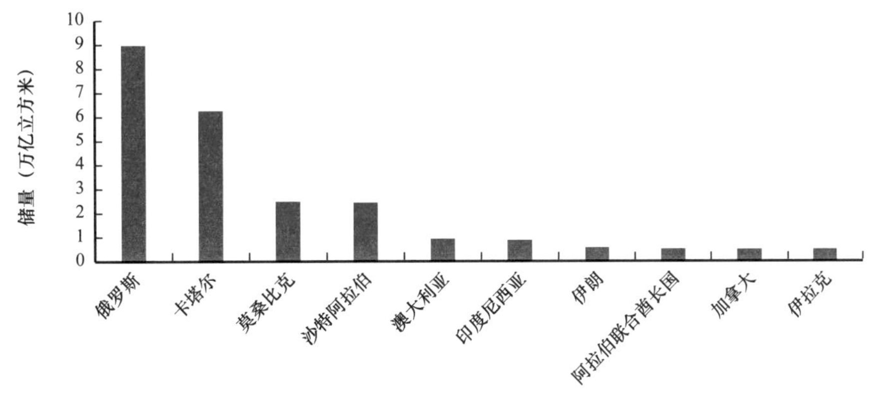

图 2–25　待建产天然气技术剩余可采储量前十大国家

表 2–24　全球待建产油气技术剩余可采储量前十国家列表

国家	地区	油田数量（个）	气田数量（个）	油气田数量（个）	技术剩余可采储量（亿吨油当量）	主要类型
俄罗斯	中亚—俄罗斯	233	55	288	84.99	陆上常规天然气（77.40%） 海域天然气（11.93%）
沙特阿拉伯	中东	5	5	7	68.58	非常规原油（44.31%） 陆上常规原油（25.56%）
卡塔尔	中东	5	3	8	59.07	海域天然气（87.92%）
伊拉克	中东	30	3	33	57.46	陆上常规原油（92.75%）
阿拉伯联合酋长国	中东	7	2	9	24.95	海域原油（50.03%） 陆上常规原油（32.5%）
莫桑比克	非洲	0	3	0	21.46	海域天然气（99.39%）
哈萨克斯坦	中亚—俄罗斯	37	5	42	11.51	陆上常规原油（42.14%） 海域原油（31.05%）
加拿大	美洲	68	13	81	10.69	非常规原油（50.91%） 陆上天然气（38.88%）
澳大利亚	亚太	64	186	250	9.12	海域天然气（84.61%）
美国	美洲	362	412	774	7.99	海域原油（37.31%） 陆上常规原油（27.53%）

表 2-25　全球待建产油气剩余可采储量前十盆地列表

盆地	原油（亿吨）		天然气（万亿立方米）		油气合计（亿吨油当量）	
	经济	技术	经济	技术	经济	技术
维典—北阿拉伯湾盆地	43.16	94.27	0.74	2.60	49.40	116.26
鲁卜哈利盆地	20.93	29.95	7.02	7.37	80.24	92.18
西西伯利亚（南喀拉海 / 亚马尔）盆地	1.12	2.90	5.74	7.89	49.57	69.49
鲁伍马盆地	0.17	0.33	1.11	2.51	9.51	21.51
滨里海盆地	7.89	7.97	0.32	0.33	10.60	10.75
加拿大西部—艾伯塔盆地	1.65	5.44	0	0.49	1.67	9.60
扎格罗斯盆地	2.84	5.47	0.06	0.34	3.31	8.31
马图林次盆	0.90	6.97	0	0.04	0.90	7.33
波拿巴盆地	0.36	0.43	0.47	0.73	4.34	6.55
东萨哈林盆地	1.86	1.89	0.52	0.52	6.28	6.31

2021 年待建产油气技术剩余可采储量主要以陆上常规油气、海域油气为主。陆上常规油气待建产技术剩余可采储量为 196.74 亿吨油当量，海域油气为 191.60 亿吨油当量，分别占全球的 43.42%、42.29%；除非常规油气、非常规原油、陆上常规原油、海域天然气呈负增长，其余均呈正增长，其中非常规油气减少了 1.59 亿吨油当量；非常规原油减少了 2.36 亿吨；陆上常规原油减少了 2.26 亿吨（表 2-27）。

目前，全球已发现大油田（储量＞7000 万吨）中仍有 111 个未建产，可采储量超 456.2 亿吨，主要集中在美洲、中东地区；31 个待建产大油田，可采储量达 62.64 亿吨，海域油田 18 个，占比 58.06%；其中 20 个做出 FID，可采储量 48.88 亿吨，海域油田 11 个，占比 55%。截至 2025 年，9 个待建产大油田计划投产；2032 年，31 个待建产大油田达到高峰产量 1.10 亿吨（图 2-26、图 2-27、图 2-28）。

目前，全球已发现大气田（储量大于1000 亿立方米）中仍有 97 个未建产，可采储量 43.68 万亿立方米，主要集中在中亚—俄罗斯、中东地区；36 个待建产大气田，可采储量超 18.3 万亿立方米，海域气田 18 个，占比 50%；其中 23 个做出 FID，可采储量 13.13 万亿立方米，海域气田 9 个，占比 39.13%。截至 2025 年，15 个待建产大气田计划投产；2032 年，36 个待建产大气田达到高峰产量 4597.8 亿立方米（图 2-29、图 2-30、图 2-31）。

表 2-26　全球待建产油气技术剩余可采储量前十盆地列表

盆地	地区	油田数量（个）	气田数量（个）	油气田数量（个）	技术剩余可采储量（亿吨油当量）	主要类型
维典—北阿拉伯湾盆地	中东	29	4	33	116.26	陆上常规原油（54.95%）非常规原油（26.14 %）
鲁卜哈利盆地	中东	62	3	65	92.18	海域天然气（67.37%）海域原油（21.27%）
西西伯利亚（南喀拉海 / 亚马尔）盆地	中亚—俄罗斯	56	12	68	69.49	陆上常规天然气（87.61%）海域天然气（8.22%）
鲁伍马盆地	非洲	12	4	16	21.51	海域天然气（97.63%）
滨里海盆地	中亚—俄罗斯	109	11	120	10.75	陆上常规原油（40.74%）海域原油（33.12%）
加拿大西部—艾伯塔盆地	美洲	12	69	81	9.60	海域原油（56.67%）陆上常规天然气（43.33%）
扎格罗斯盆地	中东	65	3	68	8.31	陆上常规原油（65.82%）陆上常规天然气（34.18%）
马图林次盆	美洲	61	164	225	7.33	海域原油（81.58%）
波拿巴盆地	亚太	2	67	69	6.55	海域天然气（93.44%）
东萨哈林盆地	亚太	0	1	1	6.31	海域天然气（70.05%）海域原油（29.95%）

表 2-27　不同类型待建产油气技术剩余可采储量变化表

类型	2020 年			2021 年			增长量			增长率（%）		
	原油（亿吨）	天然气（亿立方米）	油气合计（亿吨油当量）	原油（亿吨）	天然气（亿立方米）	油气合计（亿吨油当量）	原油（亿吨）	天然气（亿立方米）	油气合计（亿吨油当量）	原油	天然气	油气合计
陆上常规油气	107.83	6.95	166.48	105.57	10.79	196.74	−2.26	3.84	30.26	−2.10	55.25	18.18
海域油气	57.62	15.85	191.49	58.63	15.75	191.60	1.01	−0.10	0.11	1.75	−0.63	0.06
非常规油气	46.6	2.33	66.33	44.24	2.43	64.74	−2.36	0.10	−1.59	−5.06	4.29	−2.40
合计	212.05	25.13	424.3	208.44	28.97	453.08	−3.61	3.84	28.78	−1.70	15.28	6.78

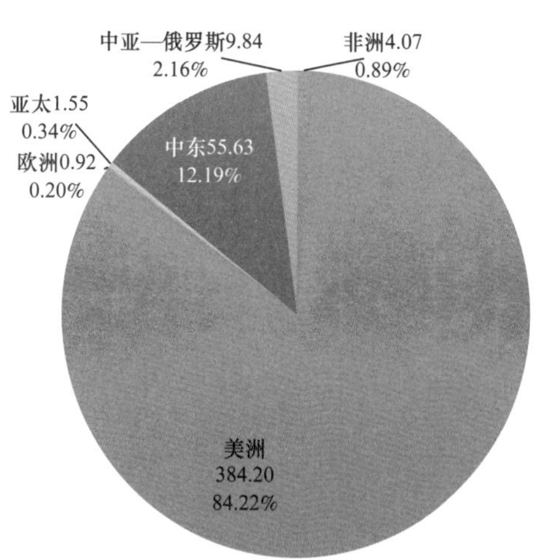

图 2-26　未建产大油田可采储量占比（亿吨）

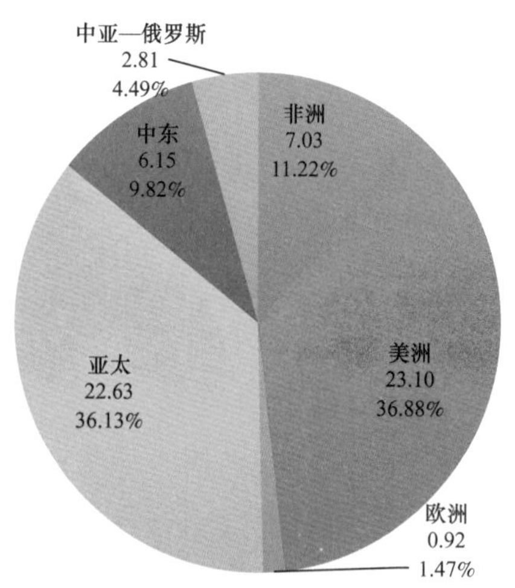

图 2-27　待建产大油田可采储量占比（亿吨）

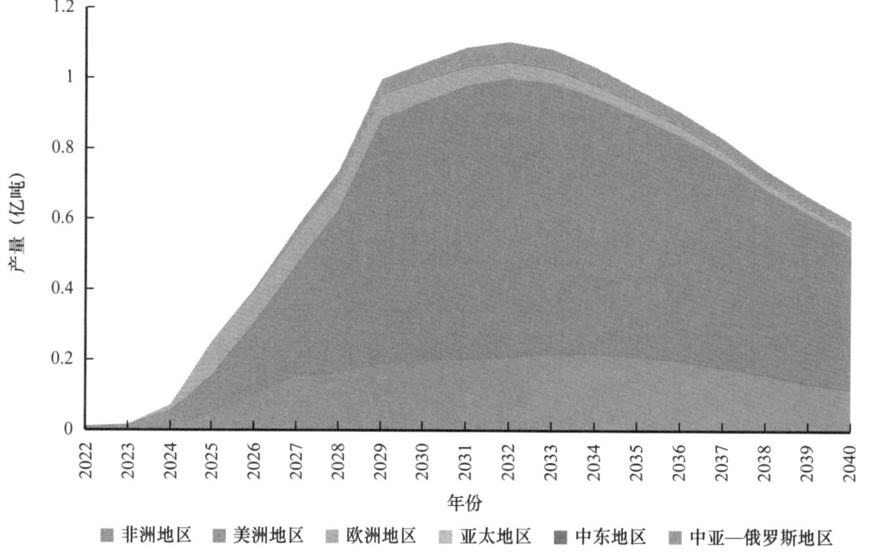

图 2-28　全球各大区待建产大油田年产能剖面

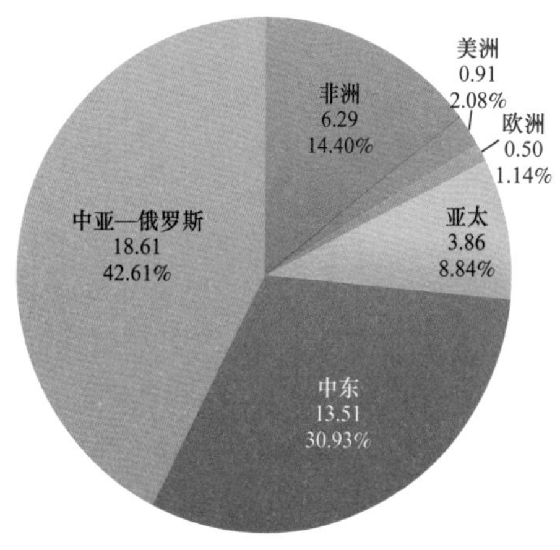

图 2-29　未建产大气田可采储量占比（万亿立方米）

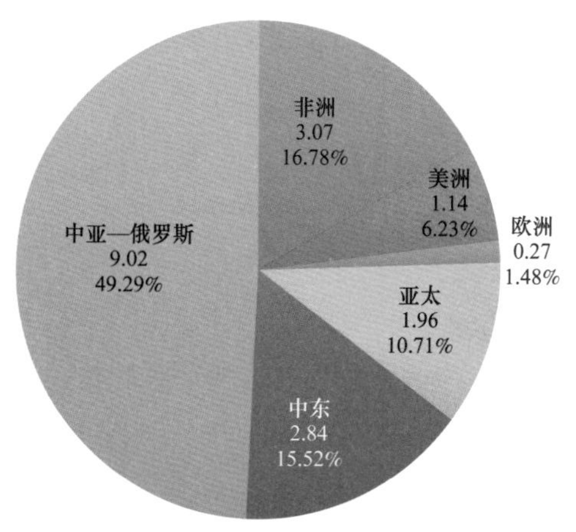

图 2-30　待建产大气田可采储量占比（万亿立方米）

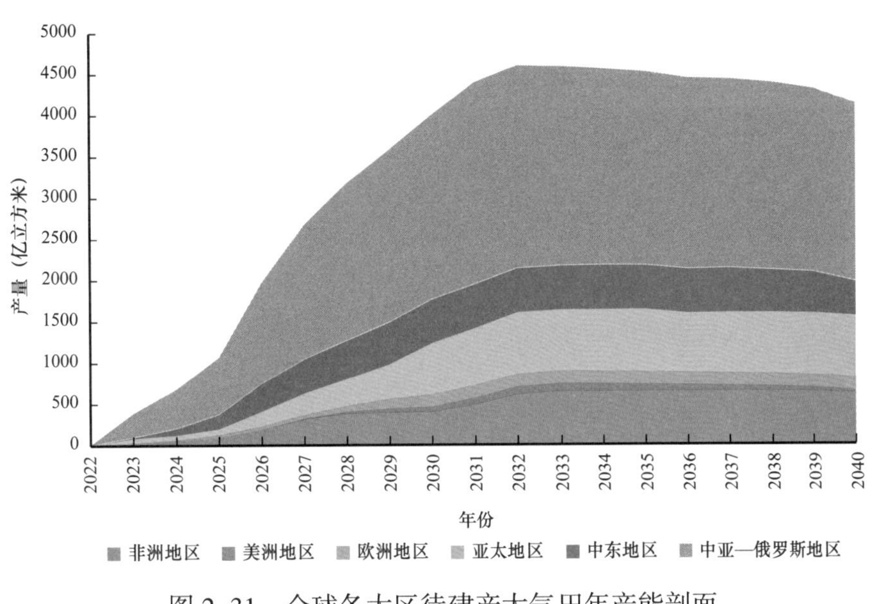

图 2-31　全球各大区待建产大气田年产能剖面

二、不同类型油气开发现状及特征

截至 2021 年底，全球油气田共 16328 个，其中在产油气田 3911 个，不在产油气田 12417 个，不在产油气田占绝对优势。不同类型不在产油气田中，陆上常规油气田有 6866 个，海域油气田有 4434 个，非常规油气田有 1117 个。陆上常规油气田不在产个数增长最多，为 50 个，其中油田增加了 57 个，气田减少了 7 个；非常规油气田不在产个数增长最少，为 25 个，其中油田增加了 13 个，气田增加了 12 个；海域油气田不在产个数增长了 30 个，其中油田增加了 9 个，气田增加了 21 个（表 2-28）。

2021 年不在产油气剩余可采储量主要以非常规油气、海域油气为增长点。陆上常规油气不在产储量减少了 12.33 亿吨油当量，海域油气增长了 9.39 亿吨油量；除陆上常规油气、陆上常规原油呈负增长，其余均呈正增长（表 2-29）。

1. 陆上常规油气

2021 年陆上常规油气剩余可采储量 1731.36 亿吨油当量，占全球 39.78%，较上年增加 6.46 亿吨油当量，增长的主要地区为中亚—俄罗斯地区。陆上常规油气剩余可采储量主要分布在中东地区，占比为 43.45%（图 2-32、图 2-33、图 2-34）。

全球陆上常规油气历年产量变化基本稳定，2020 年产量明显下降，2021 年陆上常规油气产量 36.26 亿吨油当量，占全球油气产量的 46.53%，较上年增加 1.26 亿吨油当量，增加的主要地区为中亚—俄罗斯地区。陆上常规油气产量主要分布在中亚—俄罗斯地区，占比为 35.42%；其次是中东地区，占比 33.68%；欧洲地区产量最少，占比 1.71%（图 2-35、图 2-36、图 2-37）。

表 2–28　不同类型不在产油田个数变化表

类型	2020 年			2021 年			增长量			增长率（%）		
	油田	气田	油气田	油田	气田	油气田	油田	气田	油气田	油田	气田	油气田
陆上常规油气	3991	2825	6816	4048	2818	6866	57	–7	50	1.43	–0.25	0.73
海域油气	1980	2424	4404	1989	2445	4434	9	21	30	0.45	0.87	0.68
非常规油气	620	472	1092	633	484	1117	13	12	25	2.10	2.54	2.29
合计	6591	5721	12312	6670	5747	12417	79	26	105	1.2	0.45	0.85

表 2–29　不同类型不在产油气剩余可采储量变化表

类型	2020 年			2021 年			增长量			增长率（%）		
	原油（亿吨）	天然气（万亿立方米）	油气合计（亿吨油当量）	原油（亿吨）	天然气（万亿立方米）	油气合计（亿吨油当量）	原油（亿吨）	天然气（万亿立方米）	油气合计（亿吨油当量）	原油	天然气	油气合计
陆上常规油气	240.49	22.49	430.43	199.17	25.93	418.1	–41.32	3.44	–12.33	–17.18	15.30	–2.86
海域油气	240.55	80.85	923.23	241.65	81.83	932.62	1.10	0.98	9.39	0.46	1.21	1.02
非常规油气	430.42	10.21	516.64	457.35	10.27	544.08	26.93	0.06	27.44	6.26	0.59	5.31
合计	911.46	113.55	1870.30	898.17	118.03	1894.80	–13.29	4.48	24.5	–1.46	3.95	1.31

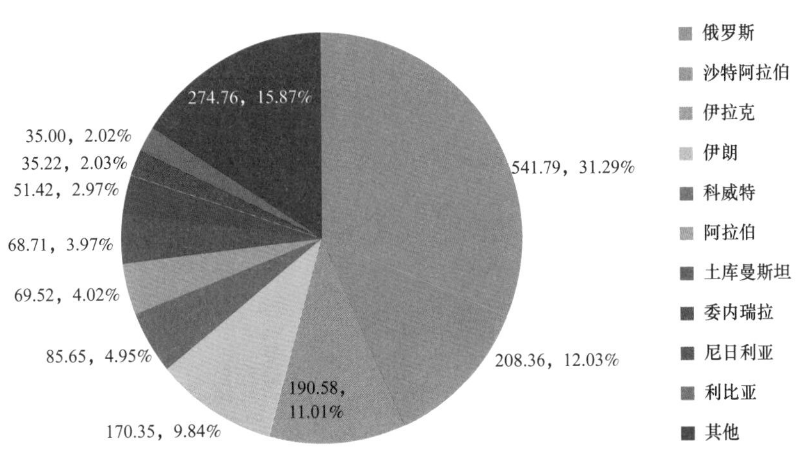

图 2-32　陆上常规油气技术剩余可采储量国家构成图（亿吨油当量）

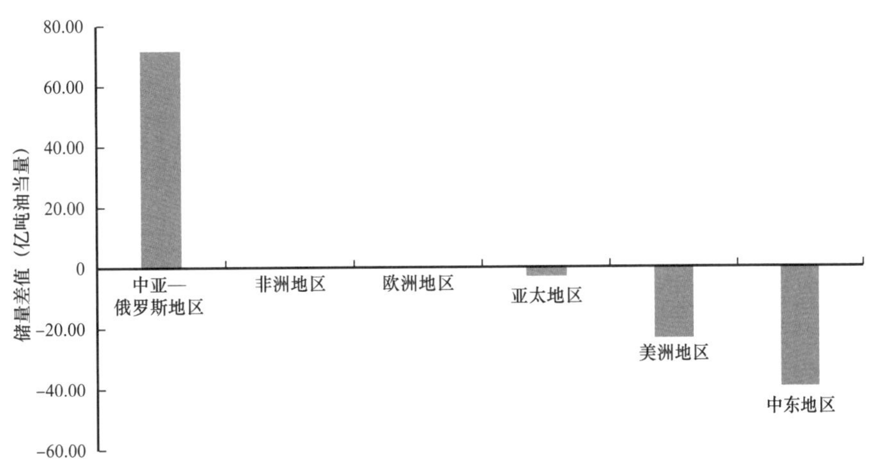

图 2-33　陆上常规油气技术剩余可采储量变化图

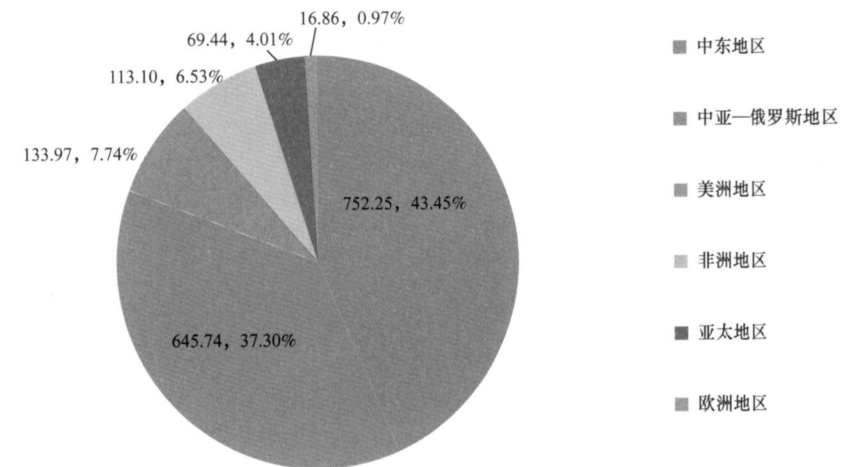

图 2-34　陆上常规油气技术剩余可采储量大区构成图（亿吨油当量）

1）陆上常规原油

2021 年陆上常规原油技术剩余可采储量 1011.70 亿吨，占原油储量的 42.35%，较

上年减少 15.48 亿吨，下降的主要地区为中东地区。陆上常规原油技术剩余可采储量主要分布在中东地区，占比为 58.09%。从国家角度来看，俄罗斯是陆上常规原油技术剩余可采技术储量最多的国家，拥有 232.46 亿吨，占比为 22.98%；其次是沙特阿拉伯，陆上常规原油为 176.06 亿吨，占比 17.40%（图 2–38、图 2–39、图 2–40）。

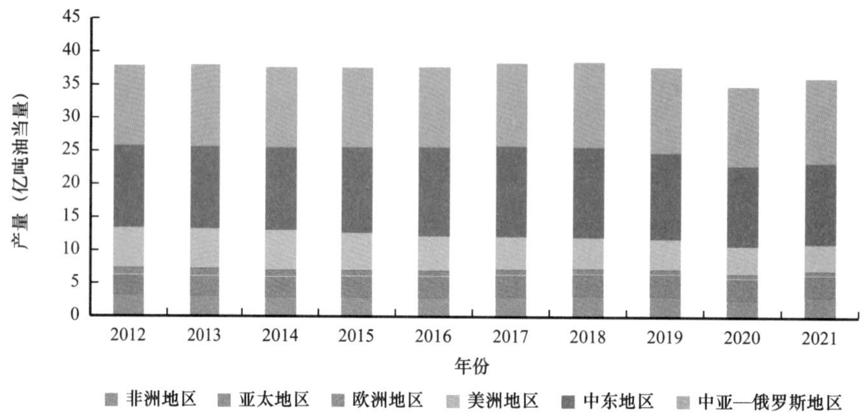

图 2–35　全球陆上常规油气历年产量变化图

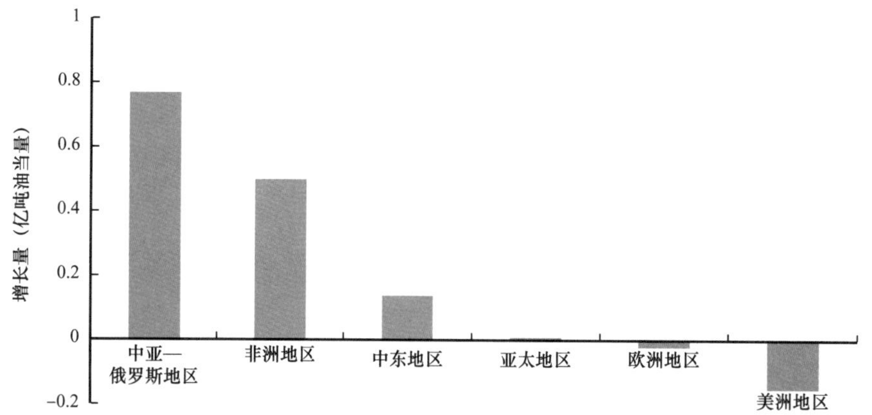

图 2–36　全球陆上常规油气产量变化图

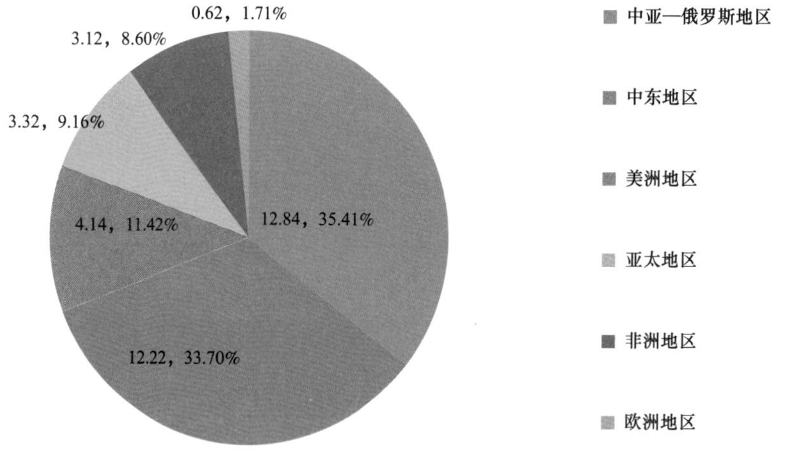

图 2–37　2021 年陆上常规油气地区产量构成图（亿吨油当量）

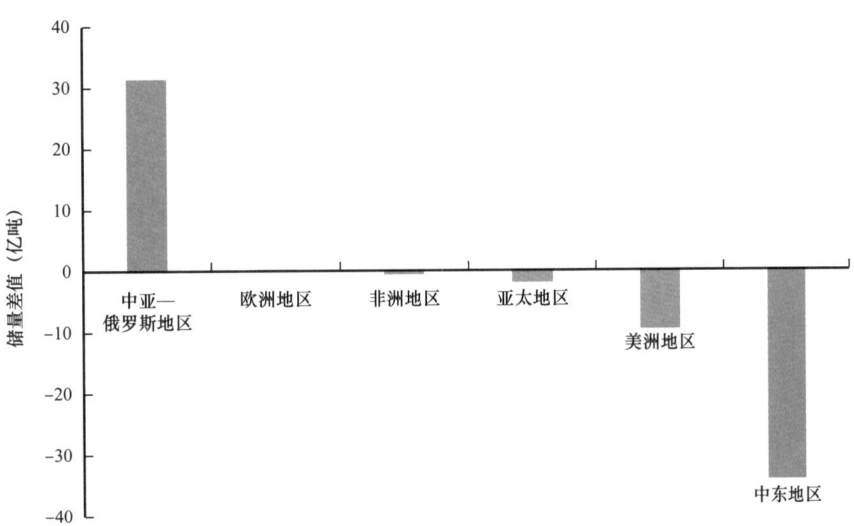

图 2-38　全球陆上常规原油技术剩余可采储量变化图

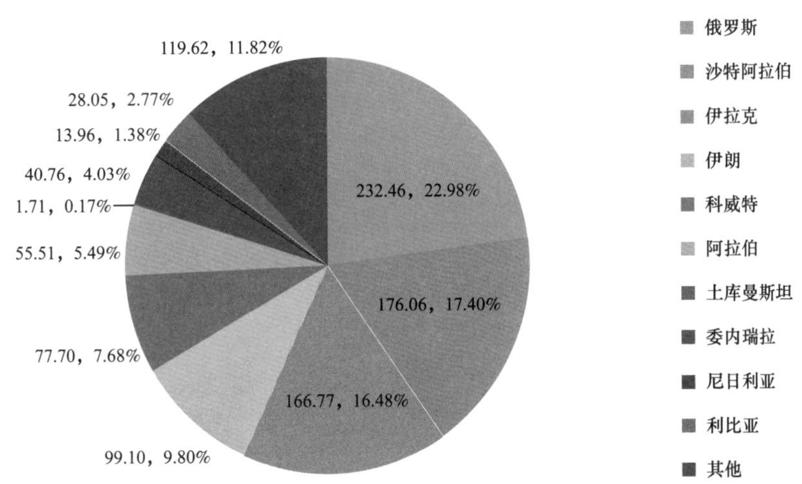

图 2-39　全球陆上常规原油技术剩余可采储量国家分布图（亿吨）

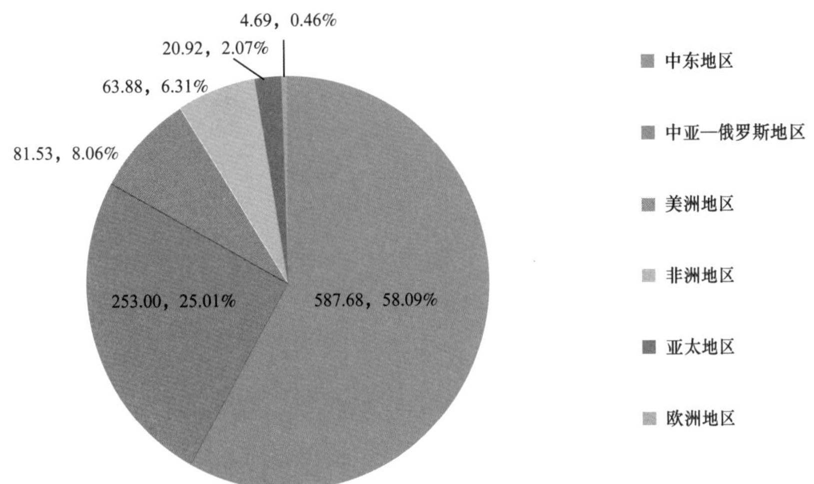

图 2-40　全球陆上常规原油技术剩余可采储量分布图（亿吨）

2021 年陆上常规原油产量 21.74 亿吨，占全球原油产量的 49.33%，较上年增加 0.62 亿吨，增加的主要地区为非洲地区。陆上常规原油产量主要分布在中东地区（10.08 亿吨），占比为 46.32%（图 2-41、图 2-42、图 2-43）。

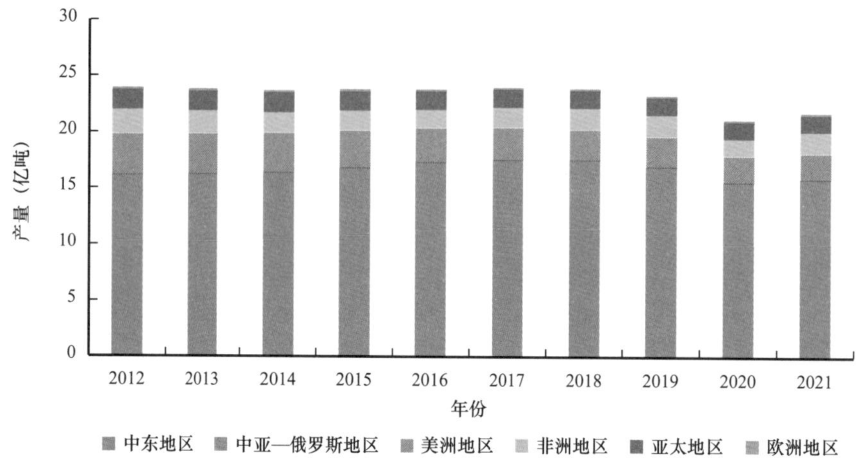

图 2-41　全球陆上常规原油历年产量变化图

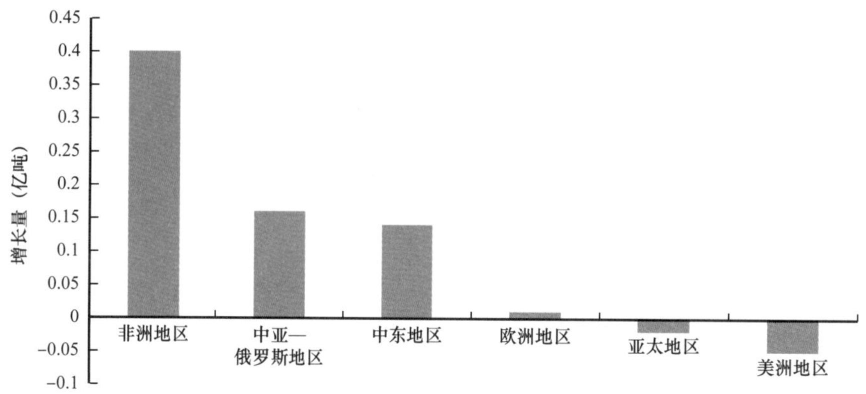

图 2-42　全球陆上常规原油产量变化图

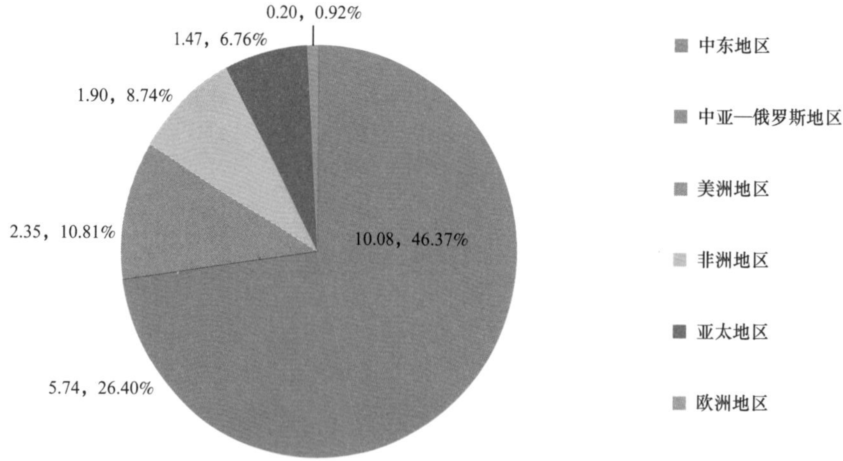

图 2-43　2021 年陆上常规原油地区产量构成图（亿吨）

2）陆上常规天然气

2021 年陆上常规天然气技术剩余可采储量 85.23 万亿立方米，占全球天然气的 36.66%，较上年增加 2.60 万亿立方米，增加的主要地区为中亚—俄罗斯地区。陆上常规天然气技术剩余可采储量主要分布在中亚—俄罗斯地区，占比为 54.57%。从国家角度来看，俄罗斯是陆上常规天然气储量最大的国家，占比 42.98%（图 2–44、图 2–45、图 2–46）。

2021 年陆上常规天然气产量 17178.45 亿立方米，占全球天然气产量的 42.86%，较上年增加 740.18 亿立方米，增加的主要地区为中亚—俄罗斯地区。陆上常规天然气产量主要分布在中亚—俄罗斯地区，占比为 48.86%（图 2–47、图 2–48、图 2–49）。

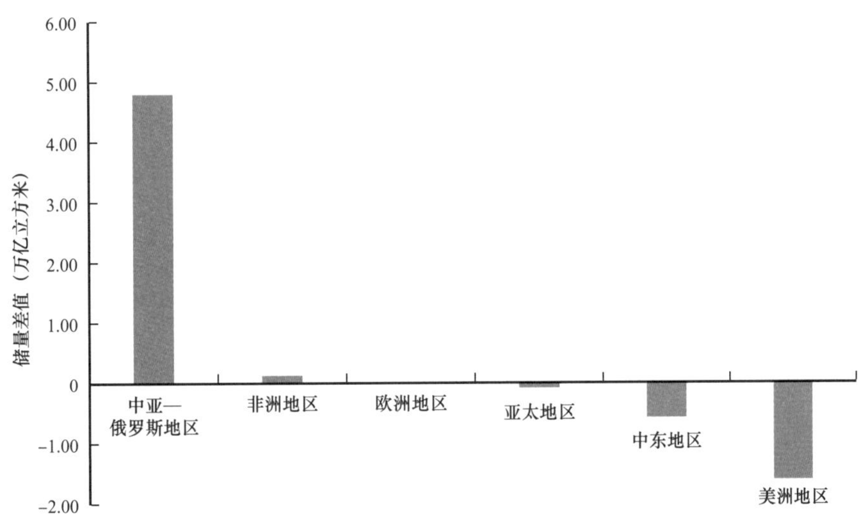

图 2–44　全球陆上常规天然气技术剩余可采储量变化图

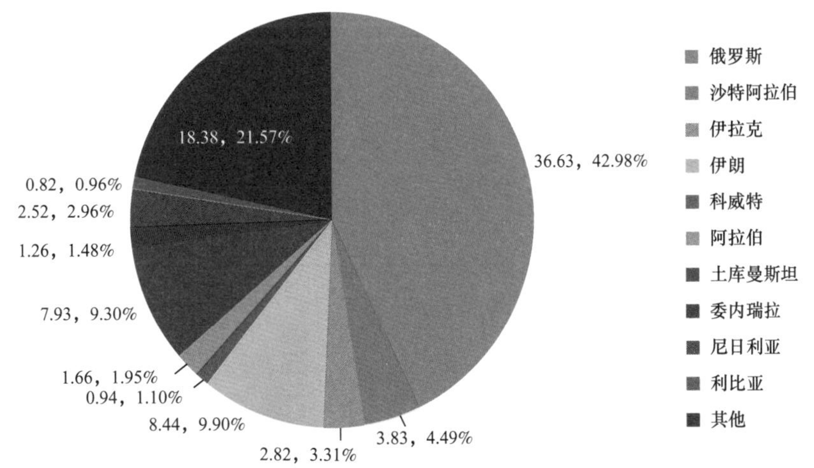

图 2–45　全球陆上常规天然气技术剩余可采储量国家分布图（万亿立方米）

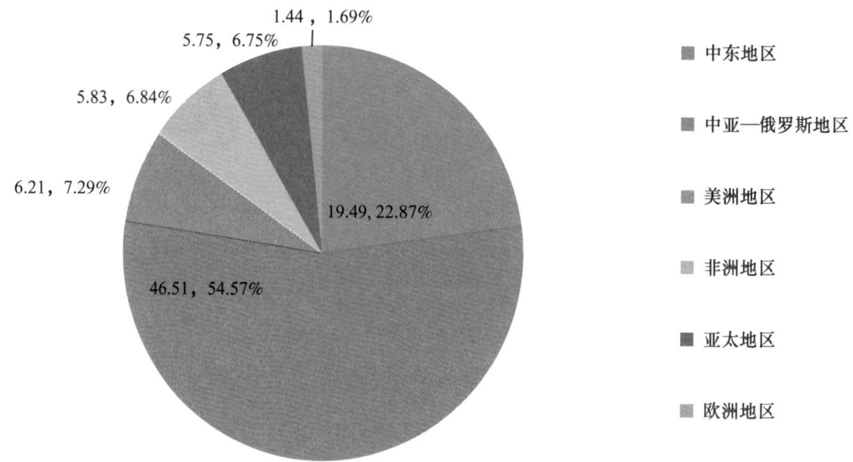

图 2–46　全球陆上常规天然气技术剩余可采储量分布图（万亿立方米）

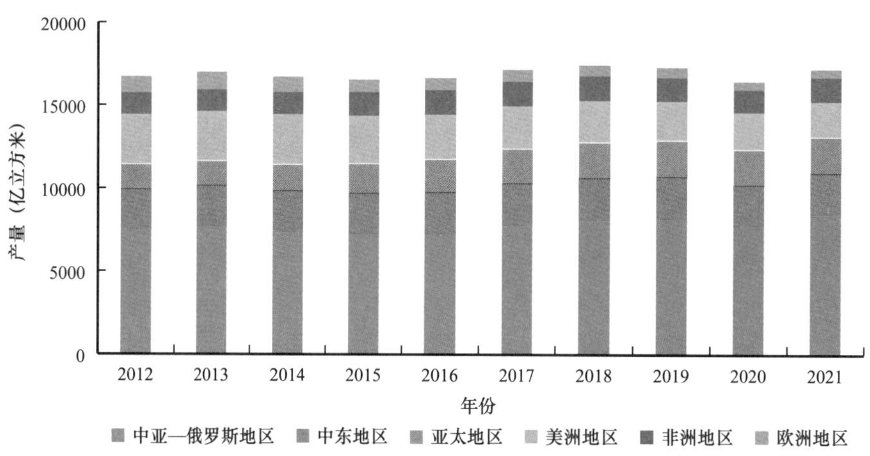

图 2–47　全球陆上常规天然气历年产量变化图

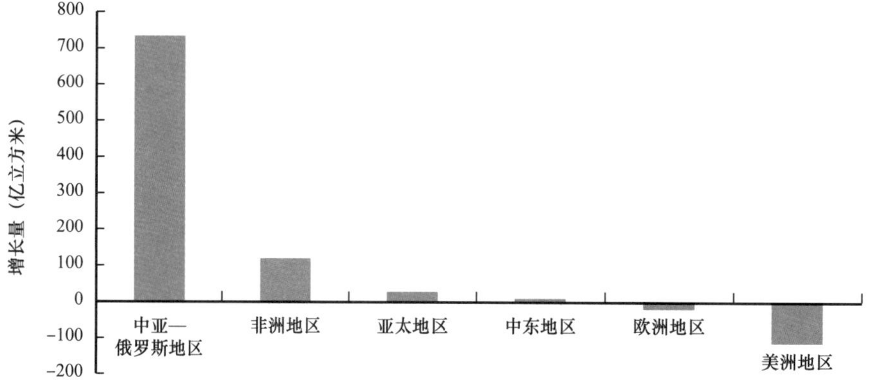

图 2–48　全球陆上常规天然气产量变化图

2. 海域油气

2021 年海域油气技术剩余可采储量 1484.76 亿吨油当量，占全球 34.11%，较上年增加 5.49 亿吨油当量，中东地区技术剩余可采储量增长最大，亚太地区下降最多。海域油气技术剩余可采储量主要分布在中东地区，大部分集中在浅水，占比为 57.39%（图 2–50、图 2–51、图 2–52）。

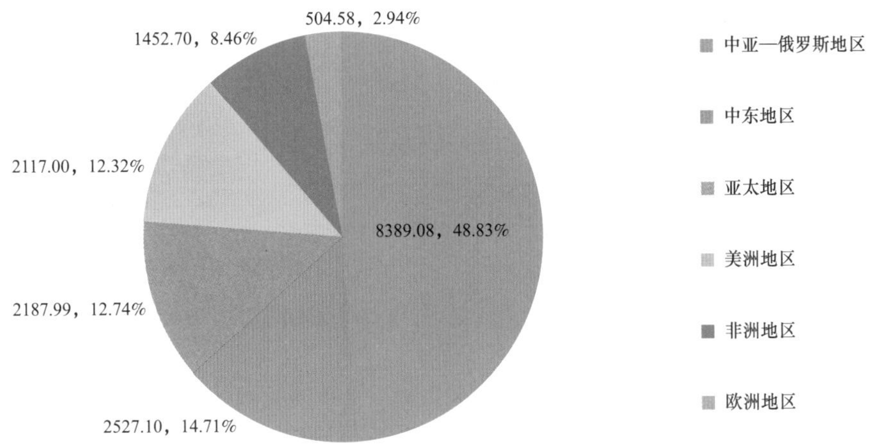

图 2–49　陆上常规天然气产量大区分布（亿立方米）

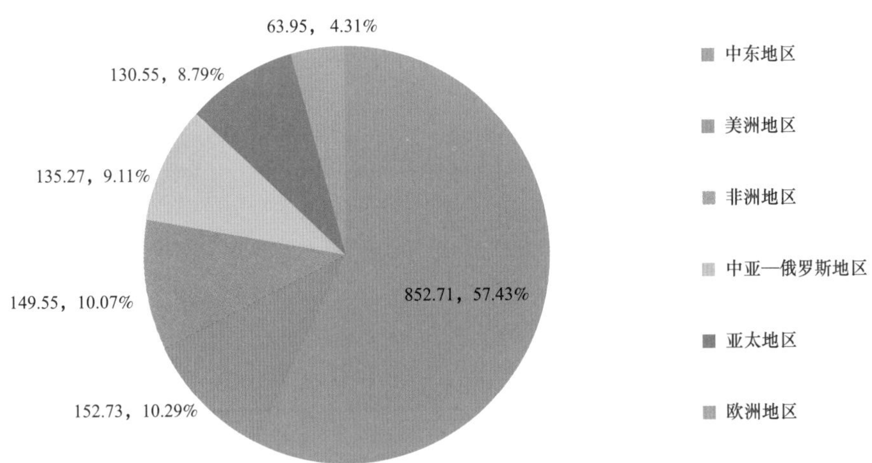

图 2–50　全球海域油气技术剩余可采储量分布图（亿吨油当量）

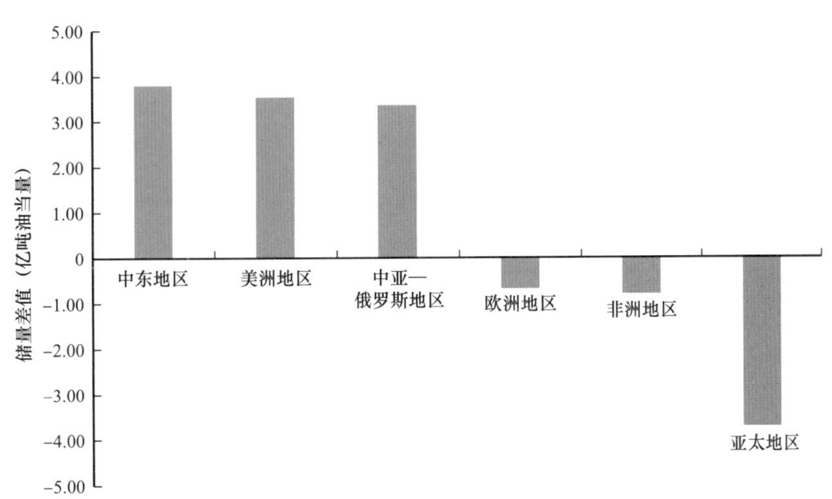

图 2–51　全球海域油气技术剩余可采储量变化图

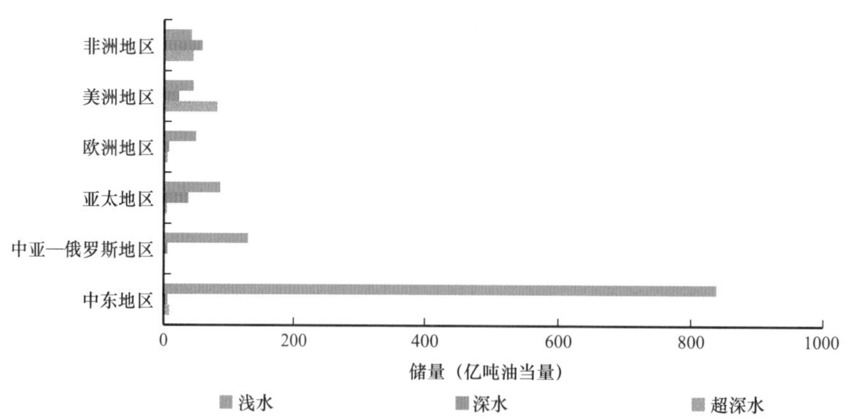

图 2-52　全球海域油气技术剩余可采储量类型构成图

2021 年海域油气产量 22.17 亿吨油当量，大部分为海域浅水油气，浅水油气产量占海域油气产量的 77.12%，与 2020 年相比，海域油气产量增加 0.49 亿吨油当量，增加的主要地区为中东地区。海域油气产量主要分布在中东地区，占比为 34.94%（图 2-53、图 2-54、图 2-55）。

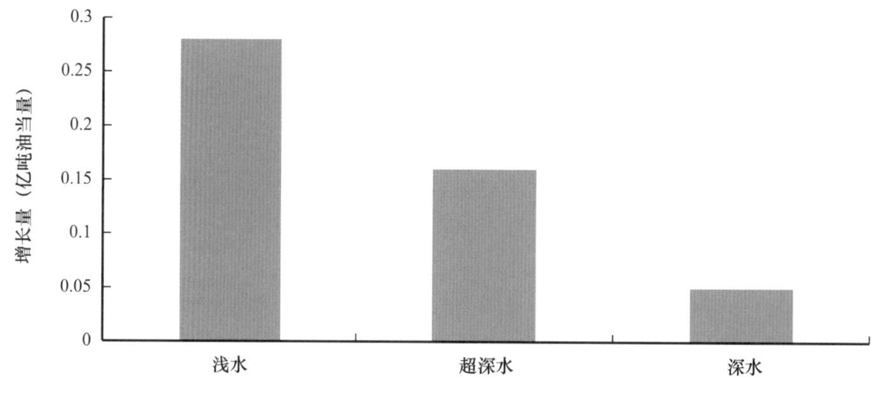

图 2-53　海域油气产量变化图

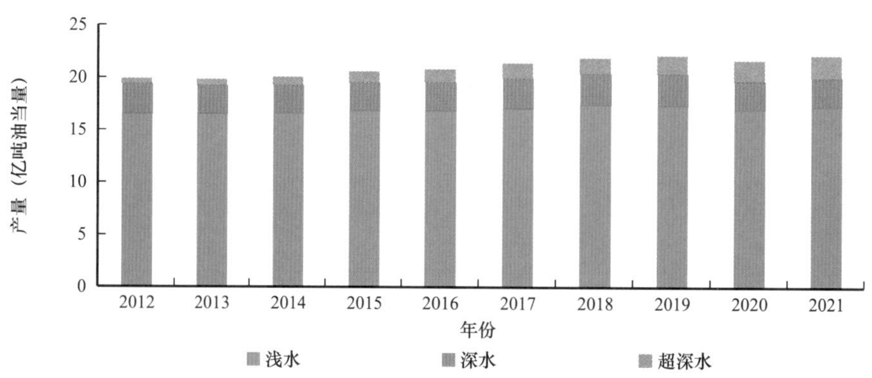

图 2-54　全球海域油气不同类型历年产量变化图

1）海域原油

2021 年海域原油技术剩余可采储量 568.91 亿吨，占全球原油储量 23.81%，较上年减少 3.73 亿吨，减少的主要地区为中东地区，增加的地区是美洲地区。海域原油剩余可采储量主要分布在中东地区，占比为 55.95%（图 2–56、图 2–57、图 2–58）。

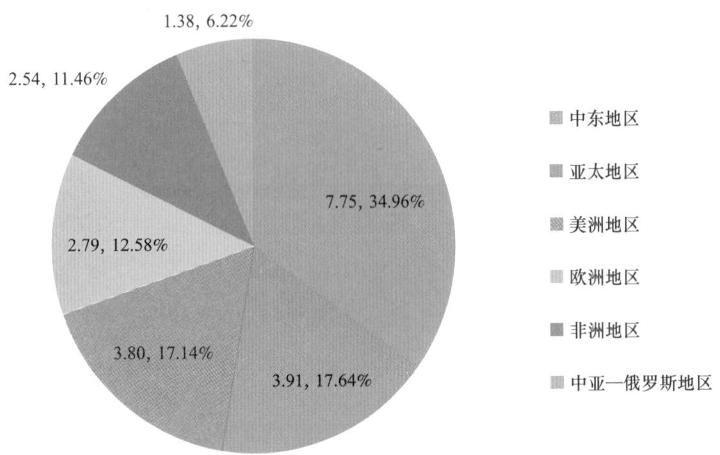

图 2–55　海域油气地区产量构成图（亿吨油当量）

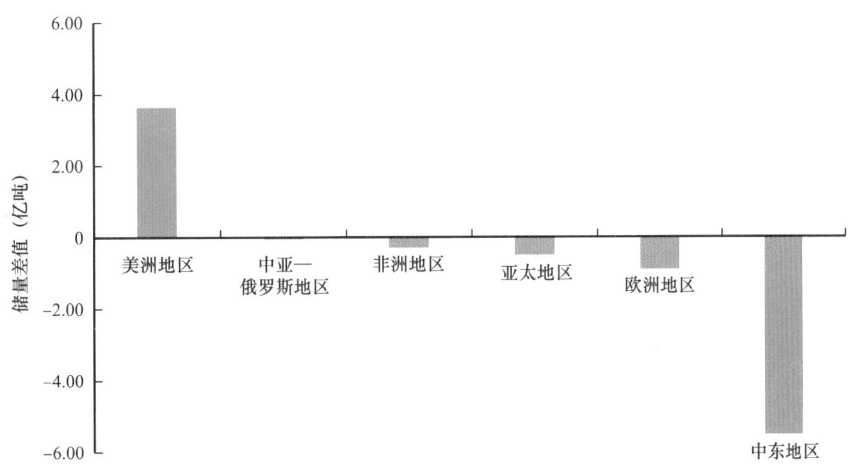

图 2–56　全球海域原油技术剩余可采储量变化图

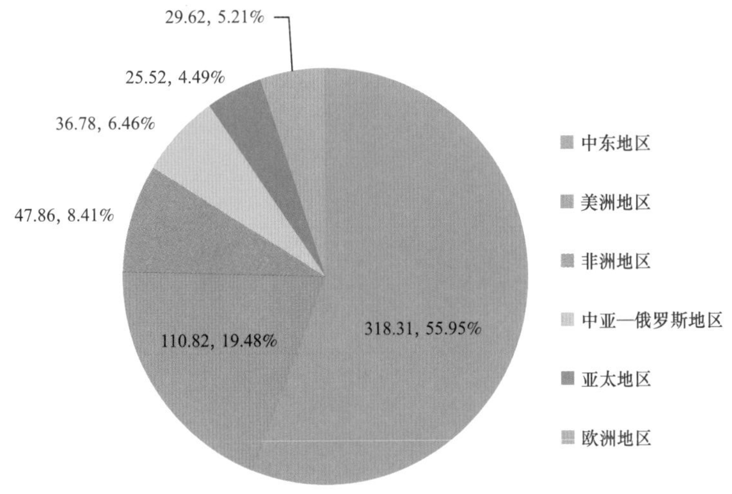

图 2–57　海域原油技术剩余可采储量大区构成图（亿吨）

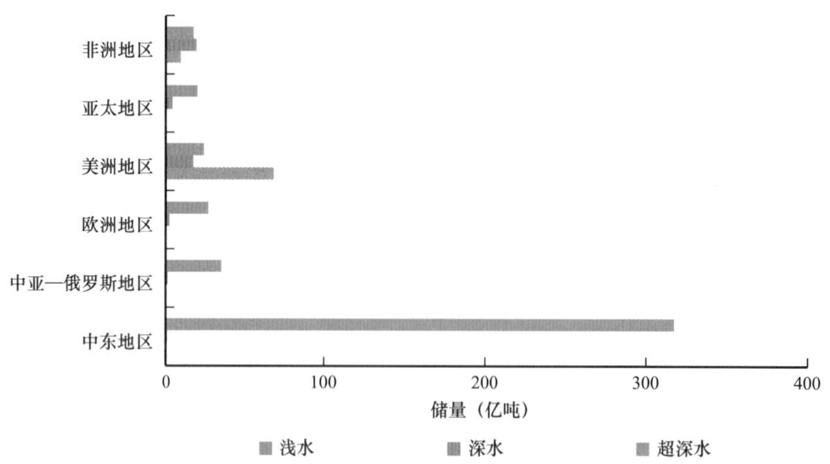

图 2-58　全球海域原油技术剩余可采储量类型构成图

2021 年海域原油产量 11.96 亿吨，占全球原油产量的 27.14%，较上年增长 0.16 亿吨，增长的主要地区为中东地区。海域原油产量主要分布在中东地区，占比为 30.98%（图 2-59、图 2-60、图 2-61）。

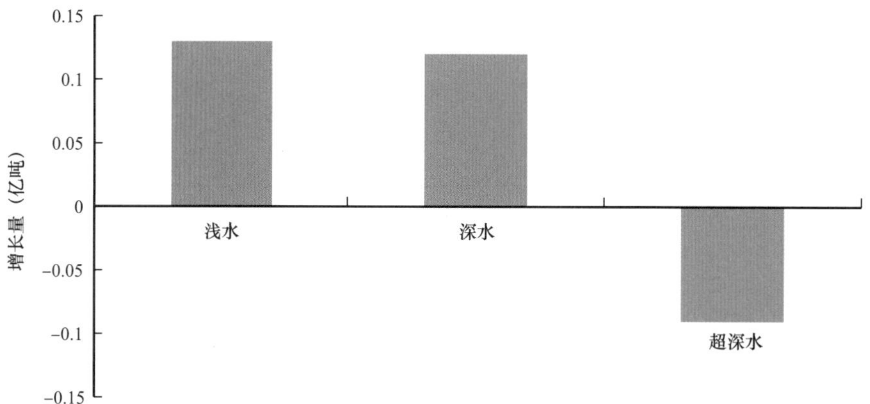

图 2-59　全球海域原油产量变化图

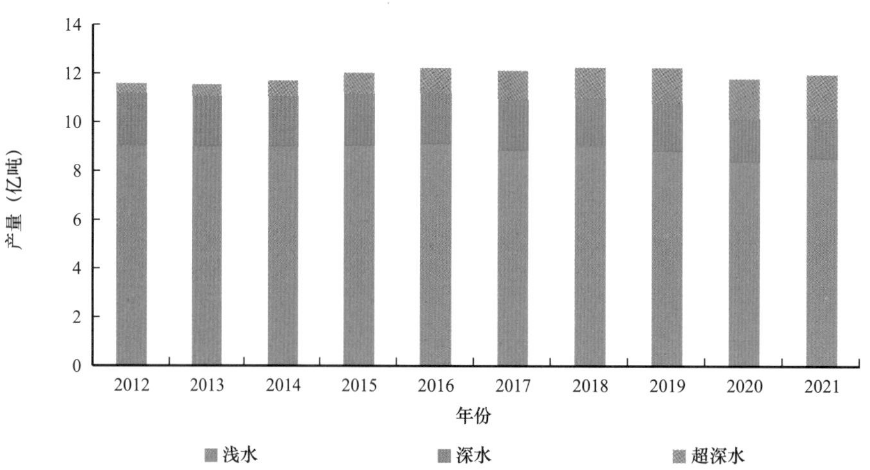

图 2-60　全球海域原油不同类型历年产量变化图

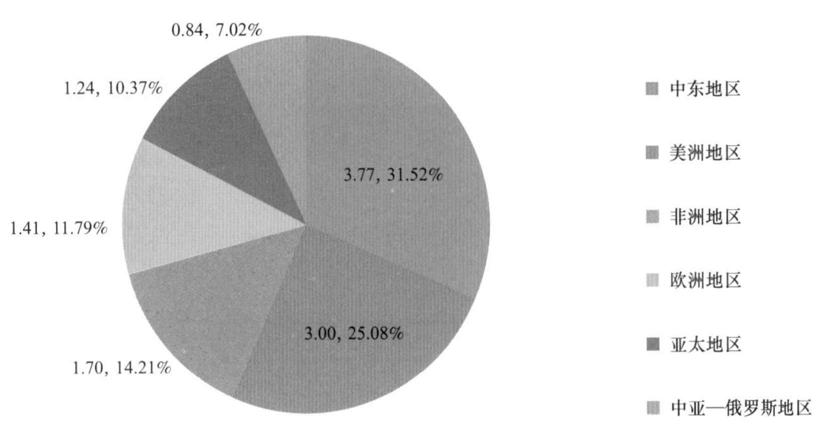

图 2-61　海域原油地区产量构成图（亿吨）

2）海域天然气

2021 年海域天然气技术剩余可采储量 108.45 万亿立方米，占全球天然气的 46.65%，较上年增加 1.08 万亿立方米，增加的主要地区为中东地区。海域天然气技术剩余可采储量主要分布在中东地区，多为海域浅水天然气，占比为 58.35%；非洲地区海域天然气占比最多的类型是海域深水天然气（图 2-62、图 2-63、图 2-64）。

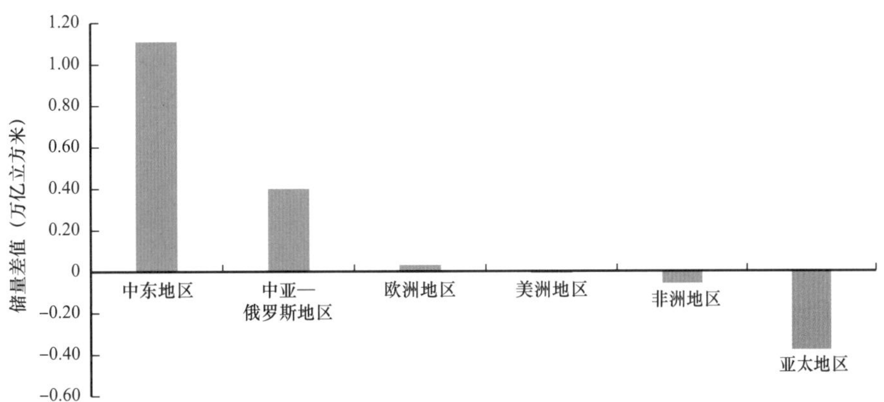

图 2-62　全球海域天然气技术剩余可采储量变化图

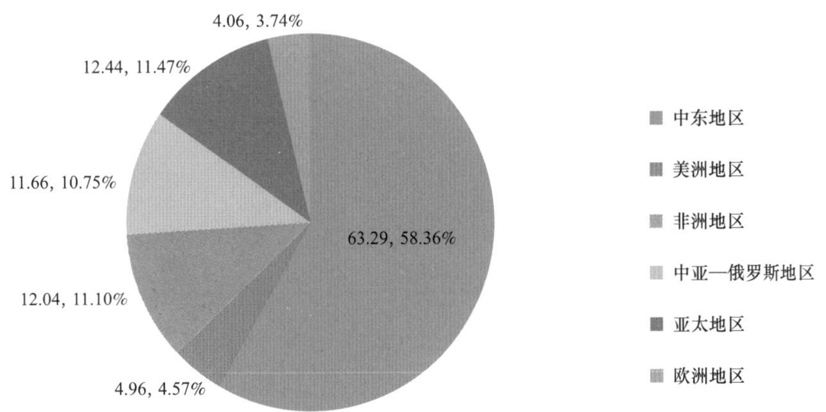

图 2-63　全球海域天然气技术剩余可采储量分布图（万亿立方米）

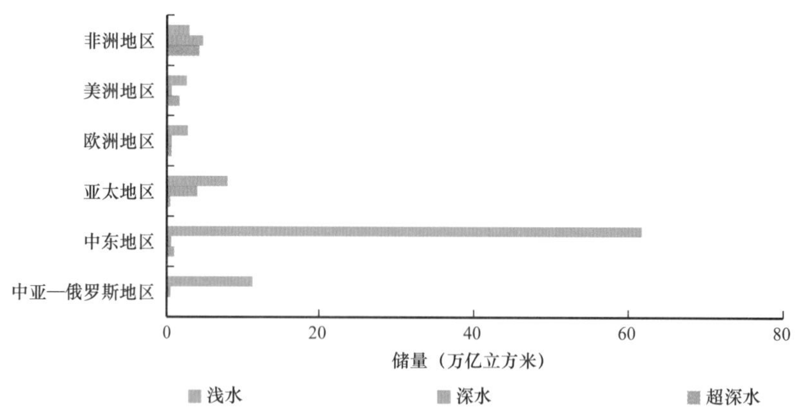

图 2-64　全球海域天然气技术剩余可采储量类型构成图

全球海域天然气不同类型历年产量均呈上升趋势，2021 年海域天然气产量 12088.18 亿立方米，占全球天然气产量的 30.16%，较上年增加 386.57 亿立方米，增加的主要地区为中东地区，增加的主要类型为海域浅水天然气。海域天然气产量主要分布在中东地区，占比为 39.02%（图 2-65、图 2-66、图 2-67）。

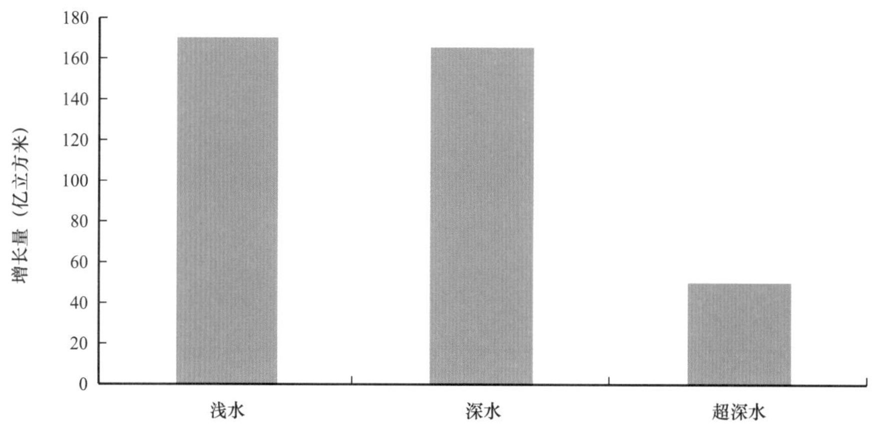

图 2-65　海域天然气产量变化图

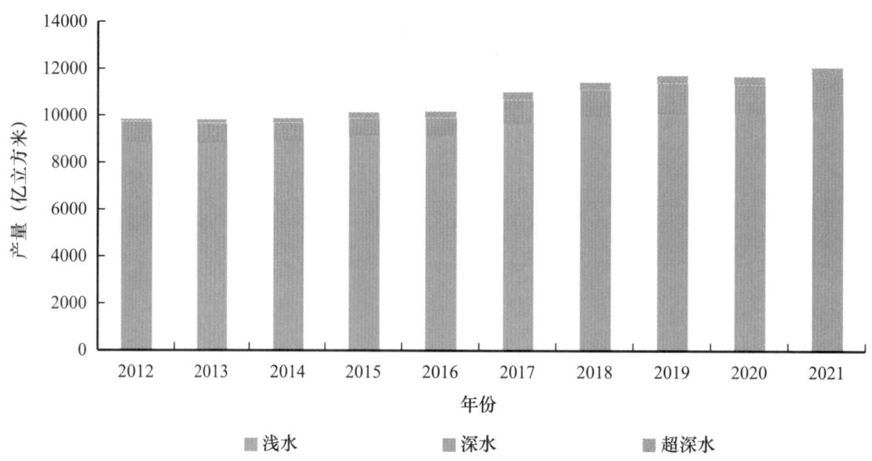

图 2-66　全球海域天然气不同类型历年产量变化图

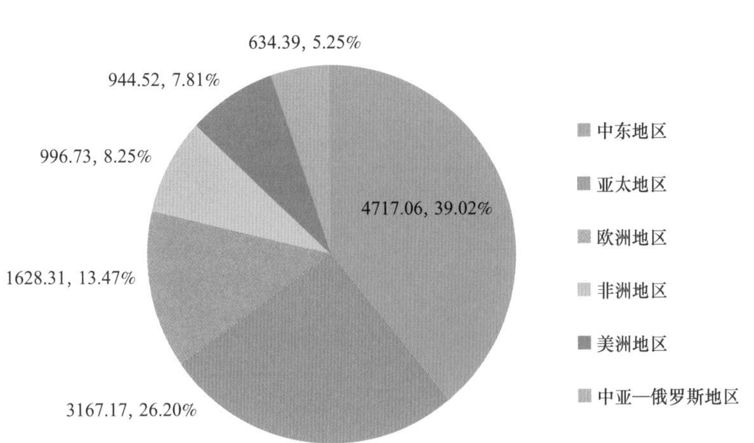

图 2-67　2021 年海域天然气地区产量构成图

3. 非常规油气

2021 年非常规油气技术剩余可采储量 1136.26 亿吨油当量，占全球储量的 26.11%，较上年减少 78.16 亿吨油当量，减少的主要地区为美洲地区。从全球非常规油气储量角度看，非常规油气技术剩余可采储量主要分布在美洲地区，占比为 81.76%；其次是中东地区，占比为 13.28%。非常规油气中，重油储量占比最多，其次是油砂（图 2-68、图 2-69、图 2-70）。

2021 年非常规油气产量 19.49 亿吨油当量，占全球油气产量的 25.01%，较上年增加 0.57 亿吨油当量，增加的主要地区为美洲地区。非常规油气产量主要分布在美洲地区，占比为 89.23%（图 2-71、图 2-72、图 2-73）。

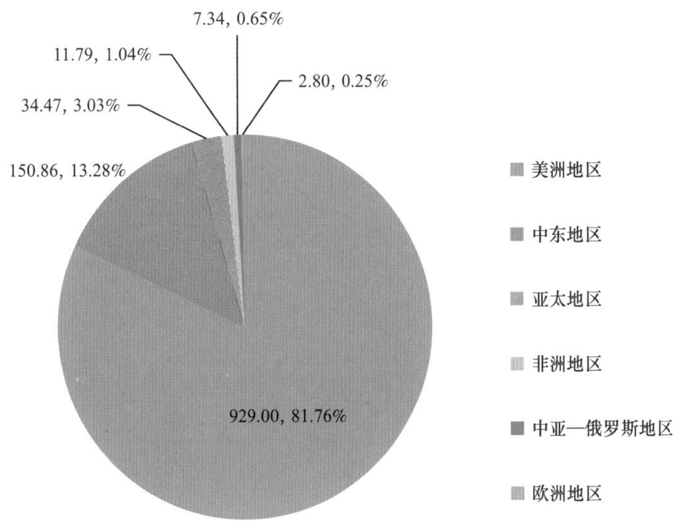

图 2-68　全球非常规油气技术剩余可采储量分布图（亿吨油当量）

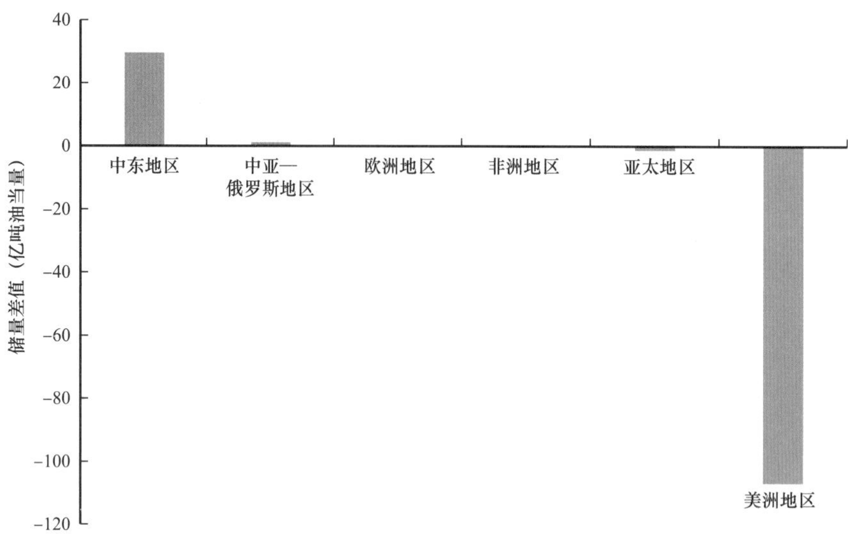

图 2-69　全球非常规油气技术剩余可采储量变化图

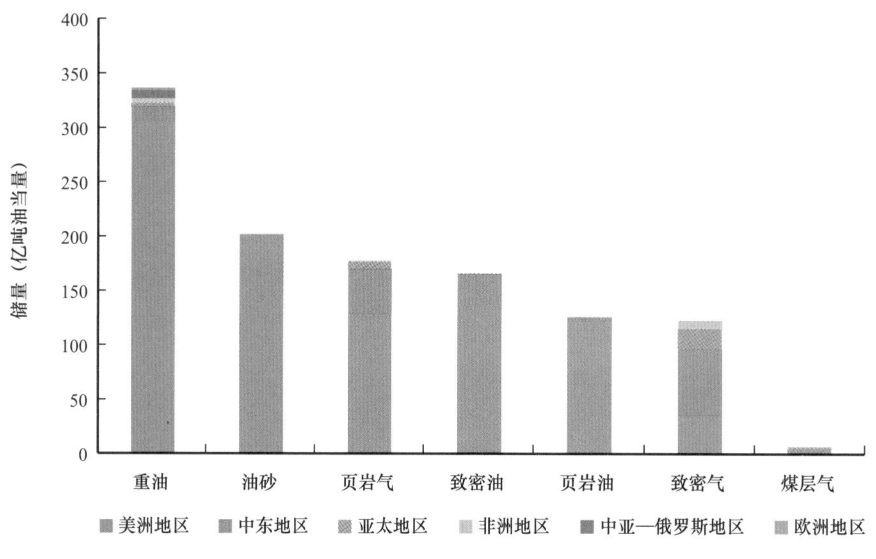

图 2-70　全球非常规油气技术剩余可采储量类型构成图

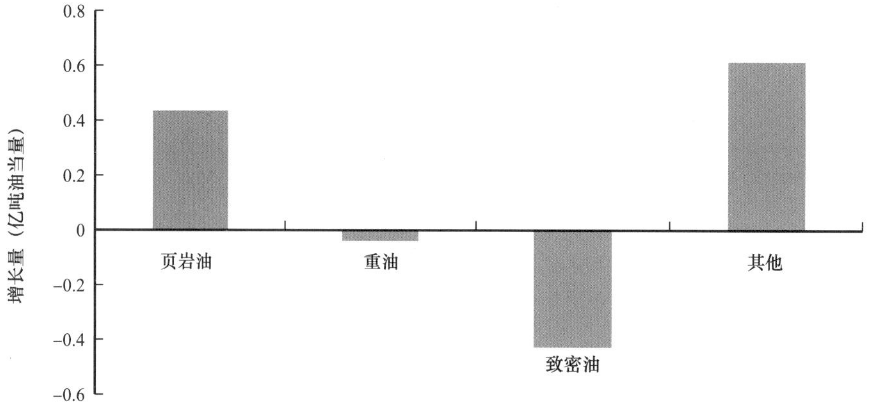

图 2-71　全球非常规油气产量变化图

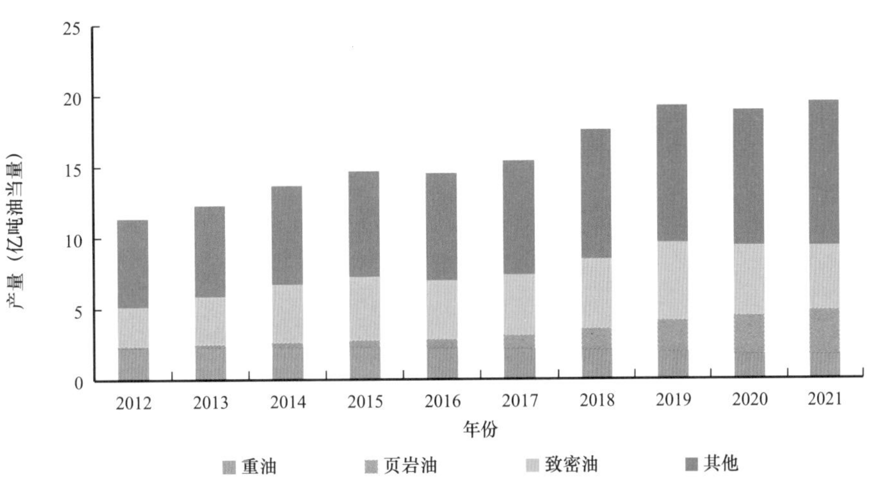

图 2-72　全球非常规油气不同类型历年产量变化图

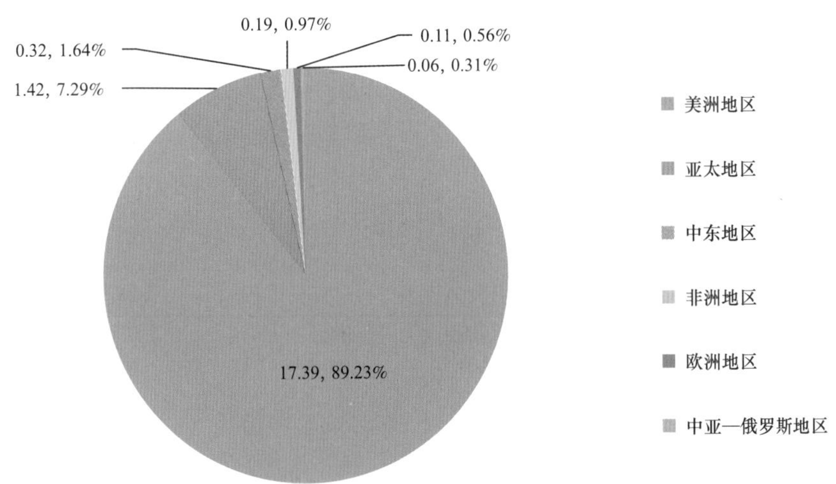

图 2-73　非常规油气地区产量构成图（亿吨油当量）

1）非常规原油

2021 年非常规原油技术剩余可采储量 808.56 亿吨，占全球 33.84%，较上年增加 7.13 亿吨，增加的主要地区为中东地区，美洲地区减少最多。非常规原油技术剩余可采储量主要分布在美洲地区，占比为 88.11%，从储量构成类型的角度看，重油和油砂占比最多，中东地区致密油气丰富（图 2-74、图 2-75、图 2-76）。

2021 年非常规原油产量 10.37 亿吨，占全球原油产量的 23.53%，较上年增长 0.18 亿吨，增长的主要地区为美洲地区，增长的类型主要是页岩油。全球非常规原油六大区产量历年基本呈上升趋势，非常规原油产量主要分布在美洲地区，占比为 90.36%（图 2-77、图 2-78、图 2-79）。

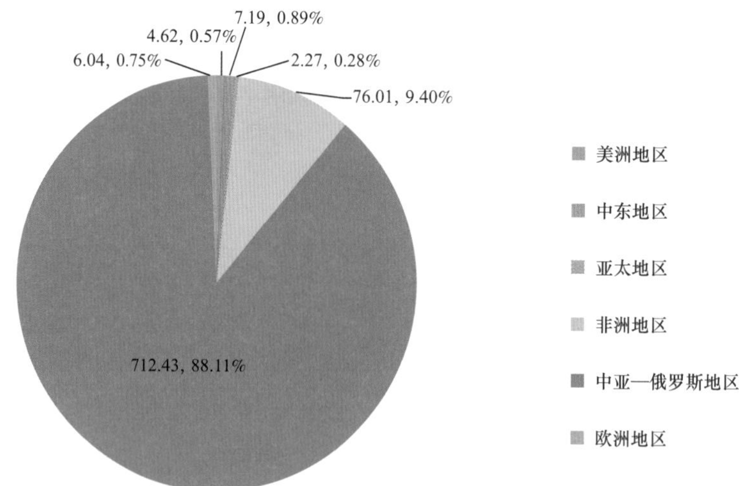

图 2-74　全球非常规原油技术剩余可采储量分布图（亿吨）

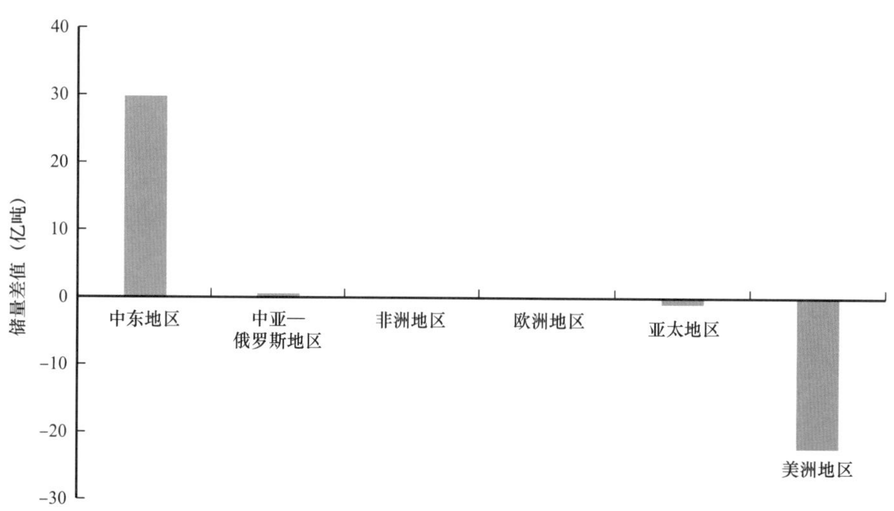

图 2-75　非常规原油技术剩余可采储量变化图

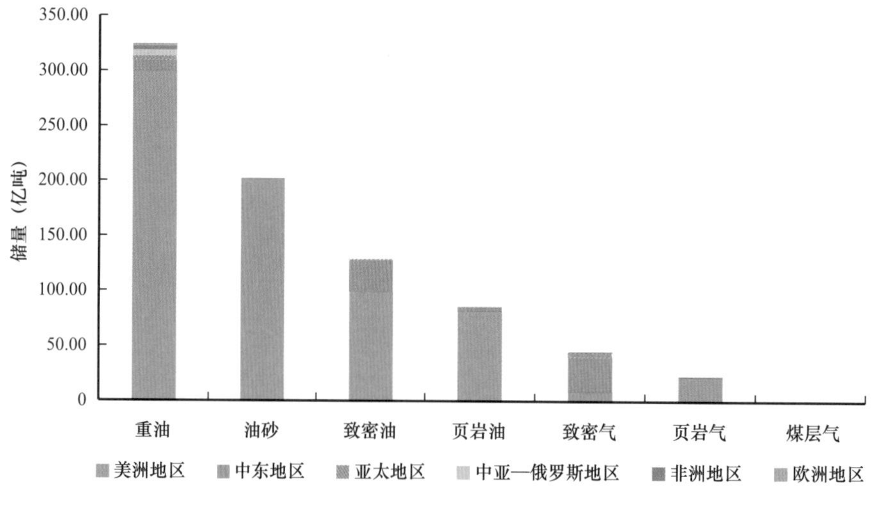

图 2-76　全球非常规原油技术剩余可采储量类型构成图

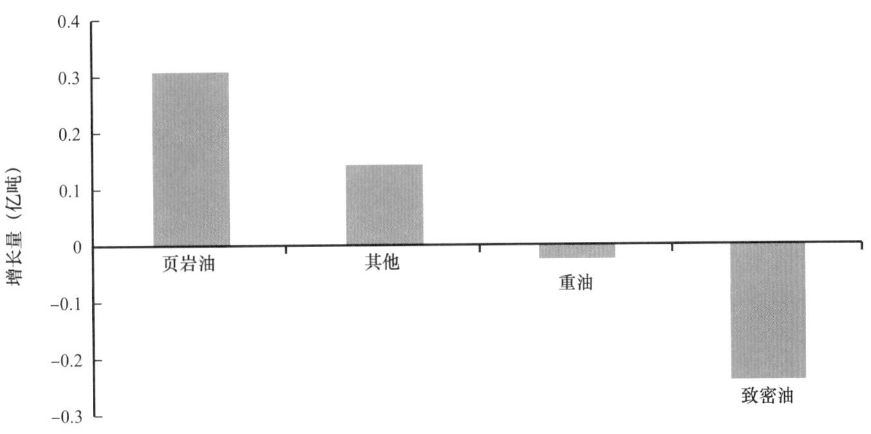

图 2–77　非常规原油产量变化图

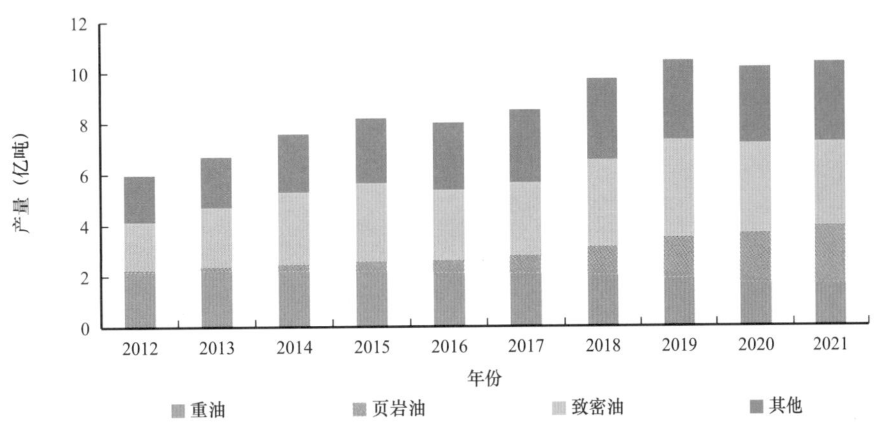

图 2–78　全球非常规原油不同大区历年产量变化图

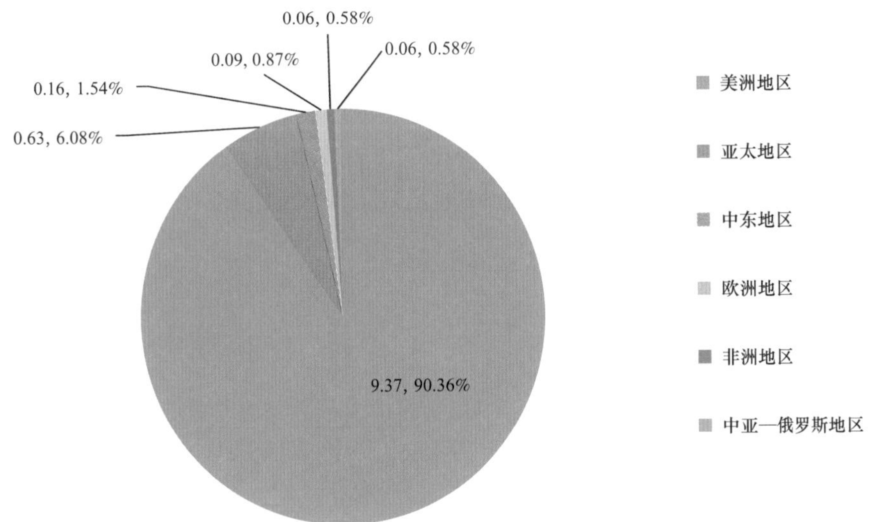

图 2–79　非常规原油地区产量构成图（亿吨）

2）非常规天然气

2021 年非常规天然气技术剩余可采储量 38.81 万亿立方米，占全球 16.69%，较上

年减少 10.10 万亿立方米，减少的主要地区为美洲地区。非常规天然气技术剩余可采储量主要分布在美洲地区，占比为 66.12%。煤层气集中分布在亚太地区，致密气多分布于美洲、中东地区，页岩气多分布于美洲地区（图 2–80、图 2–81、图 2–82）。

十年来，全球非常规天然气产量呈上升趋势，2021 年非常规天然气产量 10817.48 亿立方米，占全球天然气产量的 26.99%，较上年增加 475.22 亿立方米，增加的主要地区为美洲地区，主要的增长类型为致密气和页岩气。非常规天然气产量主要分布在美洲地区，占比为 87.87%（图 2–83、图 2–84、图 2–85）。

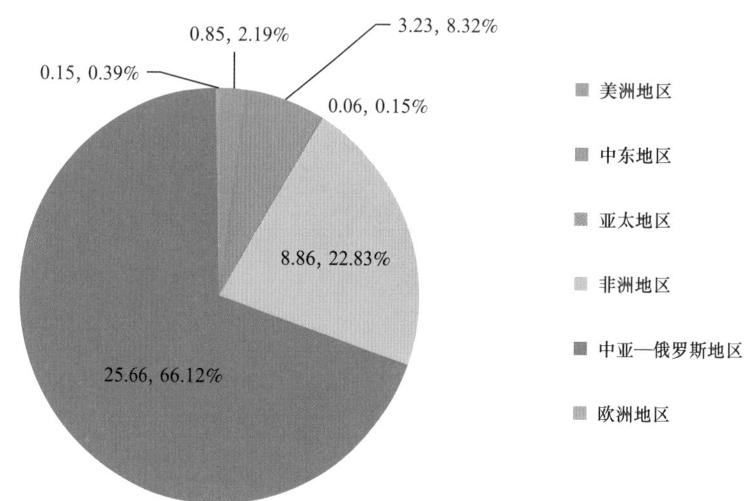

图 2–80　全球非常规天然气技术剩余可采储量分布图（万亿立方米）

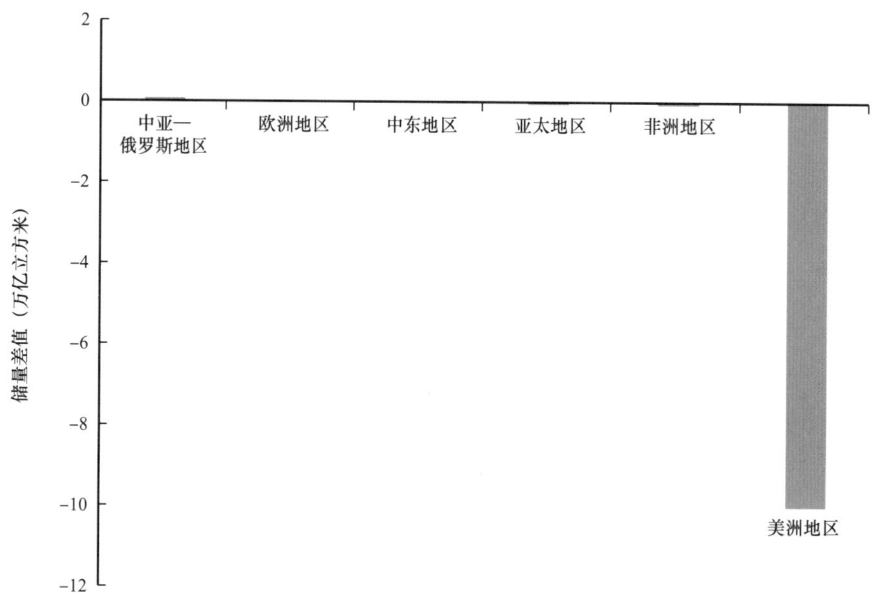

图 2–81　全球非常规天然气技术剩余可采储量变化图

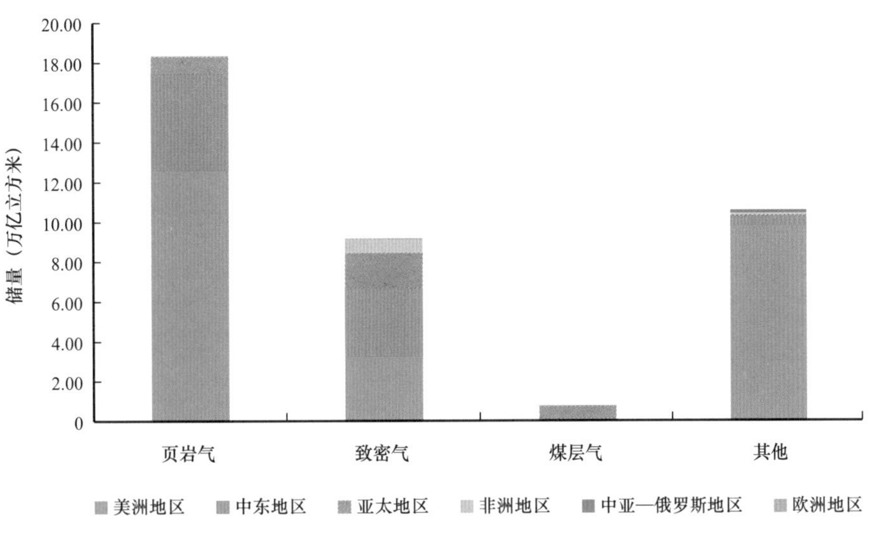

图 2-82　全球非常规天然气技术剩余可采储量类型构成图

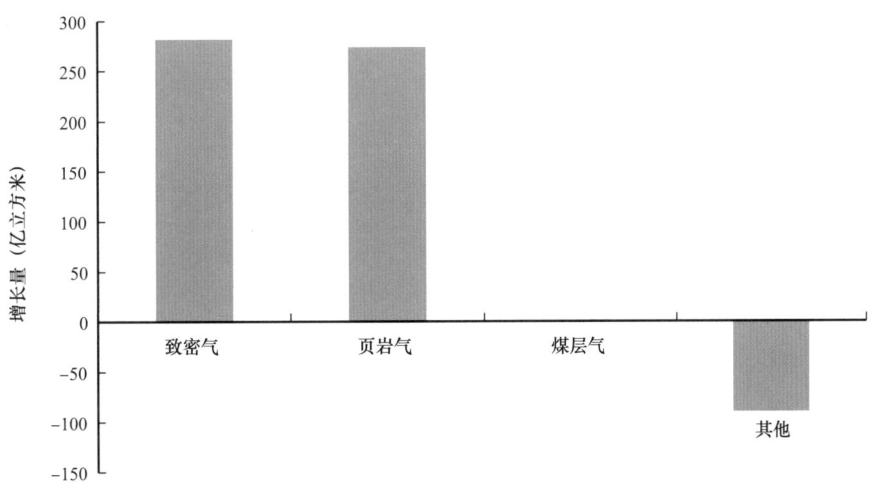

图 2-83　非常规天然气产量变化图

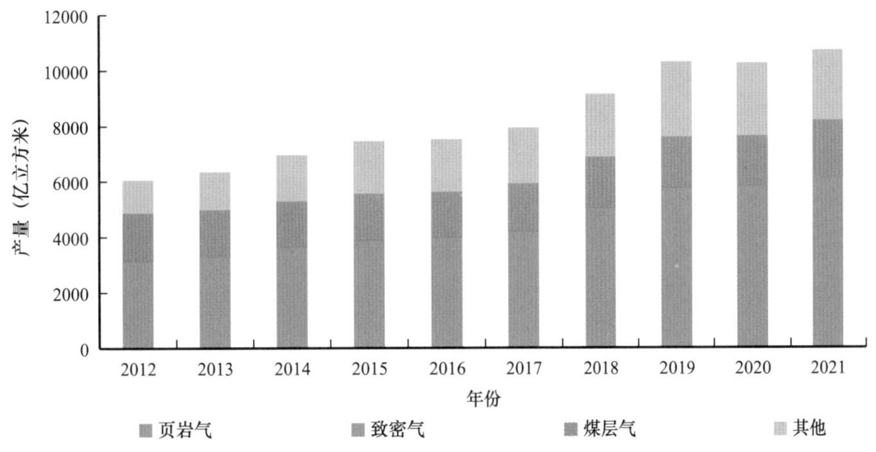

图 2-84　不同类型非常规天然气历年产量图

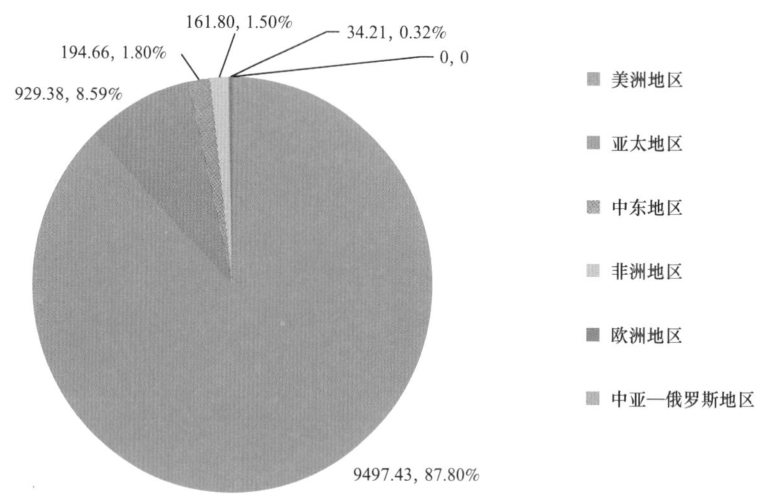

图 2–85　非常规天然气地区产量构成图（亿立方米）

4. 不同类型油气储采比与采油速度变化

2021 年油气储量再度下降，产量逆势增长。油气技术剩余可采储量下降 66.21 亿吨油当量，下降幅度 1.5%；油气产量增加 2.32 亿吨油当量，增幅 3.07%。2021 年非常规油气技术剩余可采储量下降 78.16 亿吨油当量，下降幅度 6.44%；非常规油气产量增长 0.57 亿吨油当量，增幅 3.01%。页岩气储量下降 86.56 亿吨油当量，下降幅度 7.13%；致密油储量下降 51.47 亿吨油当量，下降幅度 4.24%。页岩油产量增长 0.43 亿吨油当量，增幅 2.27%；致密气产量增长 0.32 亿吨油当量，增幅 1.69%（图 2–86、图 2–87）。

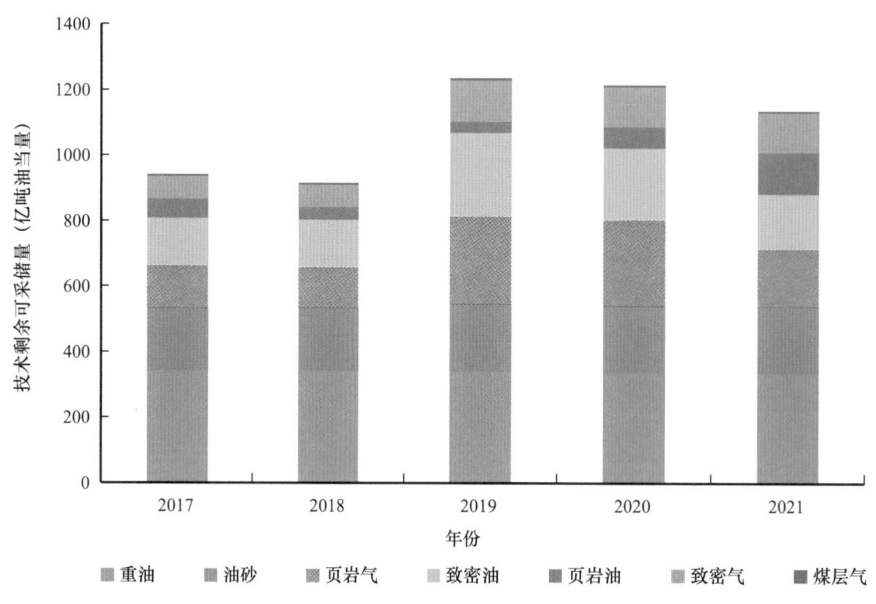

图 2–86　2017—2021 年非常规油气技术剩余可采储量

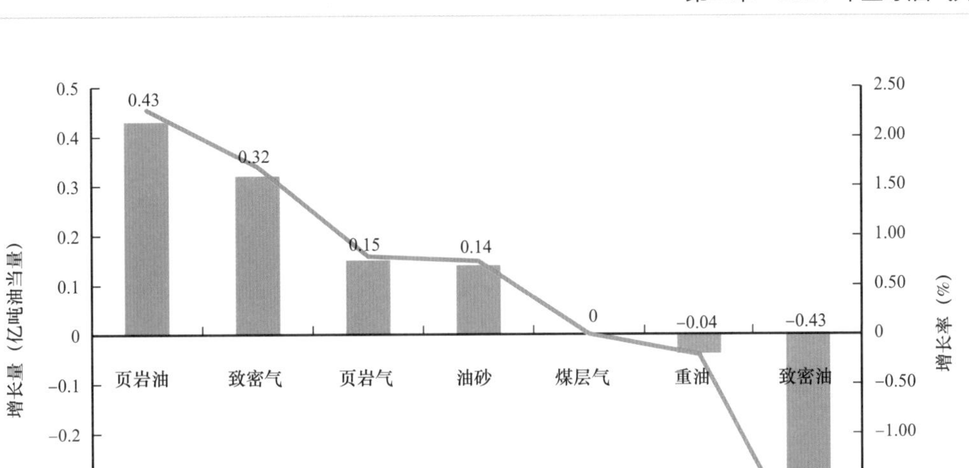

图 2-87　2020—2021 年陆上常规油气产量增长趋势

2021 年全球油气技术剩余可采储量和储采比小幅下降，但储采比保持在 50 以上，其中 2021 年原油储采比为 55.20，天然气储采比为 59.00。2021 年油气技术剩余可采储量采油速度同比上升 0.08%，可采储量采油速度同比上升 0.03%。其中原油技术剩余可采储量采油速度 1.84%，天然气技术剩余可采储量采气速度 1.72%；原油可采储量采油速度 1.03%，天然气可采储量采气速度 1.16%（图 2-88、图 2-89）。

2021 年非常规油气技术剩余可采储量为 1136.26 亿吨油当量，其中重油为 336.38 亿吨油当量，占非常规储量的 29.60%；可采储量为 1396.38 亿吨，重油占比最多，为 27.65%。储采比最大的是重油，为 197.71，页岩气最小，为 29.89。非常规油气可采储量采油速度最大的是页岩气，为 2.48%；技术剩余可采储量采油速度也最大，为 3.46%（图 2-90、图 2-91）。

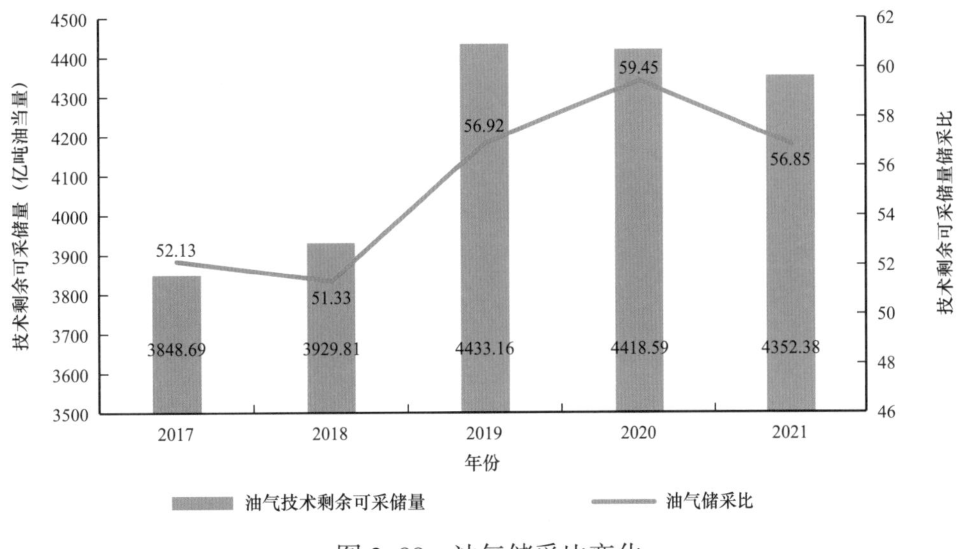

图 2-88　油气储采比变化

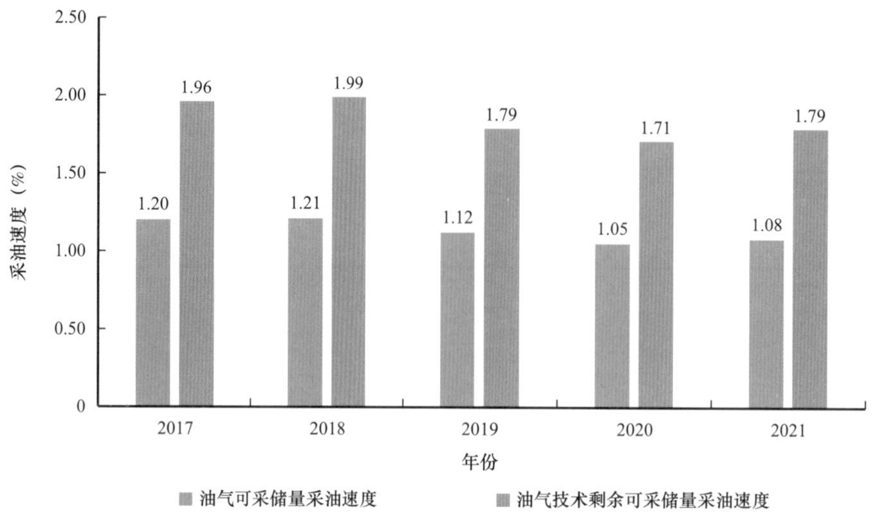

图 2–89　油气采油速度变化

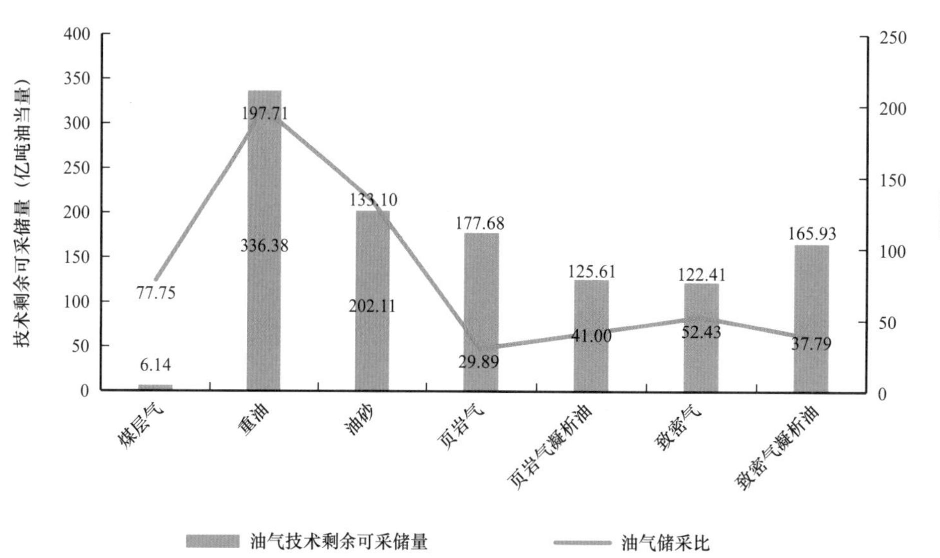

图 2–90　非常规油气储采比变化

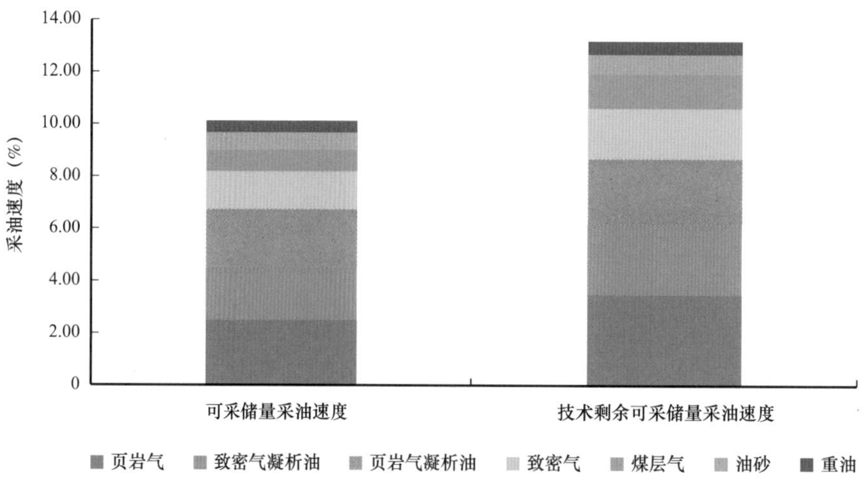

图 2–91　非常规油气采油速度变化

2021 年海域油气技术剩余可采储量为 1484.76 亿吨油当量，其中浅水占比最多，为 1195.97 亿吨油当量；浅水和超深水储采比较大，为 70.41 和 70.33。海域油气可采储量采油速度最大的是深水，为 1.40%；技术剩余可采储量采油速度也最大，为 2.00%（图 2–92、图 2–93）。

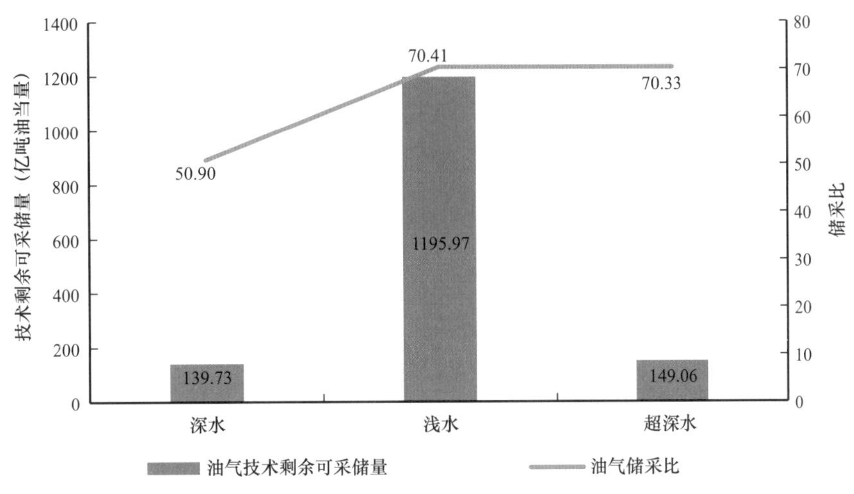

图 2–92　海域油气储采比变化

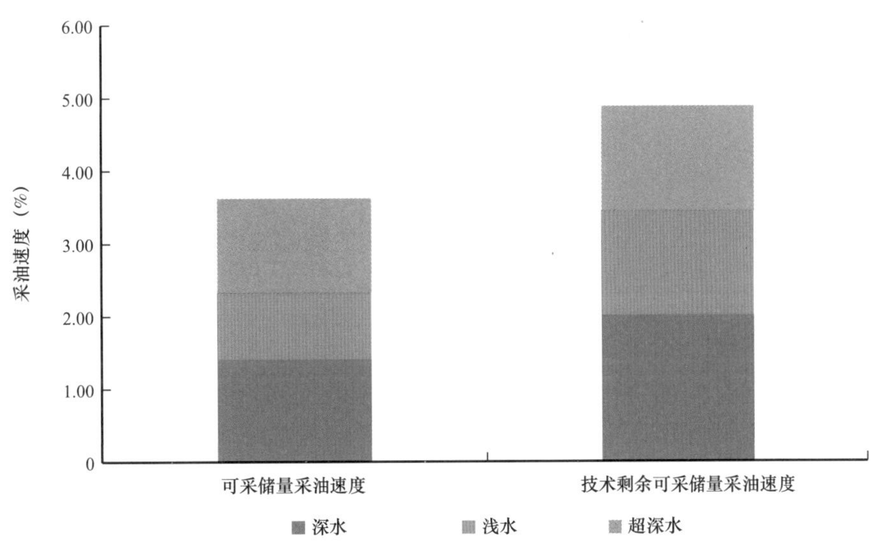

图 2–93　海域油气采油速度变化

2021 年陆上常规油气技术剩余可采储量为 1731.36 亿吨油当量，其中原油为 1011.7 亿吨油当量，天然气为 719.66 亿吨油当量。天然气储采比大于原油储采比，为 50.60。陆上常规油气可采储量采油速度最大的是天然气，为 1.11%；技术剩余可采储量采油速度最大的是原油，为 2.15%（图 2–94、图 2–95）。

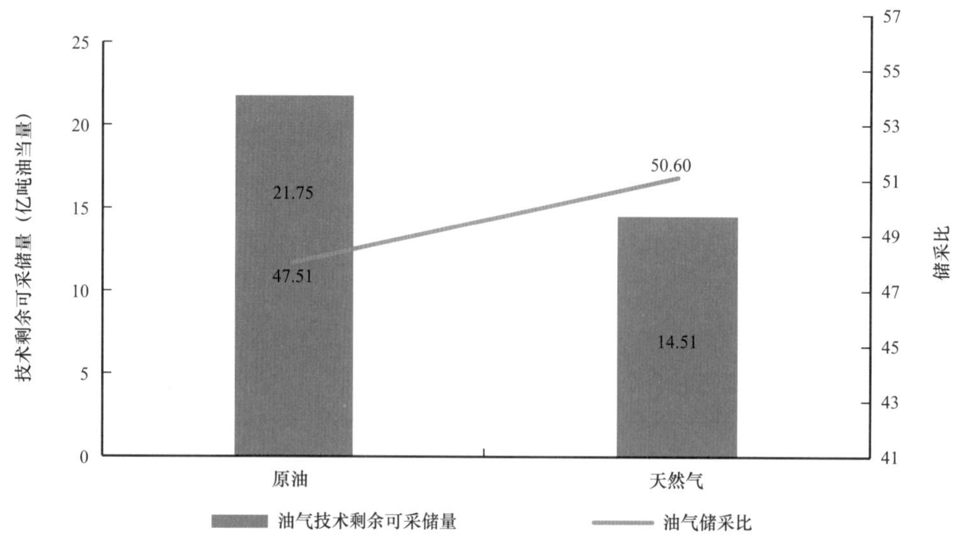

图 2–94　陆上常规油气储采比变化

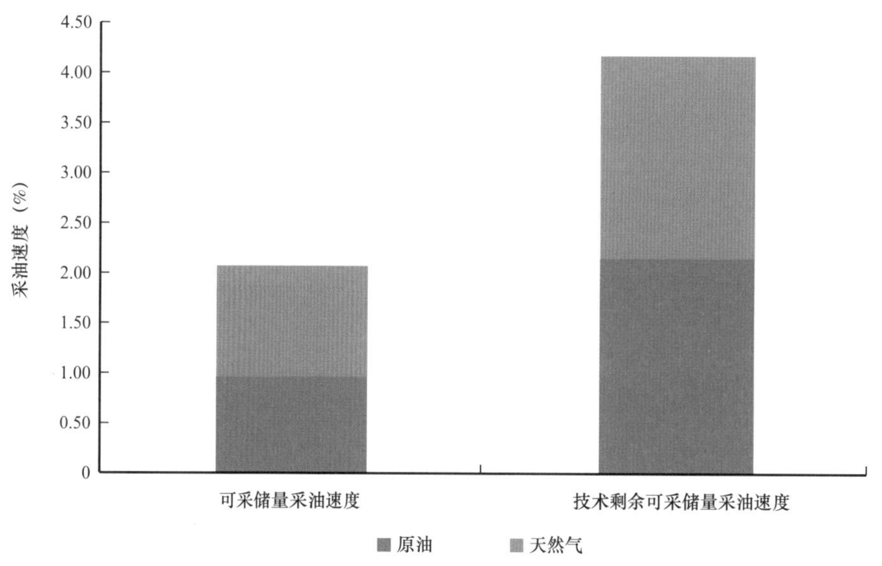

图 2–95　陆上常规油气采油速度变化

三、各大区油气开发现状及特征

2021年全球油气技术剩余可采储量减少了66.21亿吨油当量，下降率为1.5%。美洲地区是油气技术剩余可采储量减少的主要地区，减少126.6亿吨油当量，中亚—俄罗斯地区增加了76.22亿吨油当量；中亚—俄罗斯地区是原油储量增加的主要地区，增加31.78亿吨，增长率为12.04%；美洲地区是天然气储量下降的主要地区，减少11.63万亿立方米。不在产油气储量增加了24.5亿吨油当量，增长率为1.31%（表2–30）。

中亚—俄罗斯地区是油气不在产技术剩余可采储量增长最大的地区，增长了27.79亿吨油当量，增长率为12.7%；亚太地区是油气不在产技术剩余可采储量减少最大的地区，减少了 7.27 亿吨油当量，下降率为 7.27%。2021 年待建产油气技术剩余可采储量增加了 28.78 亿吨油当量，增长率为 6.78%。中亚—俄罗斯地区是油气待建产油气技术剩余可采储量增长最大的地区，原油增长了 0.69 亿吨，增长率为 3.91%；天然气增长了 3.48 万亿立方米，增长率为 56.86%；亚太地区是油气待建产油气技术剩余可采储量减少最大的地区，原油减少了 1.03 亿吨，下降率为 22.84%；天然气减少了 0.28 万亿立方米，下降率为 8.75%（表 2–31、表 2–32）。

六大区油气总产量增长了 2.32 亿吨油当量，增长率为 3.07%；原油总产量增长了 0.96 亿吨，增长率为 2.23%；天然气总产量增长了 1601.97 亿立方米，增长率为 4.16%。中亚—俄罗斯地区是油气产量增长最大的地区，增长量占油气总增长量的 35.34%；该地区也是天然气产量增长最大的地区，增长了 773.51 亿立方米，增长率为 9.37%；欧洲地区是油气产量唯一降低的地区，降低了 0.11 亿吨油当量，降低率为 3.03%；该地区也是天然气产量唯一降低的地区，降低了 80.09 亿立方米，降低率为 3.56%（表 2–33）。

2021 年六大区油气技术剩余可采储量为 4352.38 亿吨油当量，其中美洲和中东地区最多，分别为 1215.69 亿吨油当量、1755.81 亿吨油当量；中东地区储采比最大，为 87.54；欧洲地区，最小为 24.75。六大区油气可采储量采油速度最大的是亚洲地区，为 1.69%；技术剩余可采储量采油速度最大的是欧洲地区，为 4.21%（图 2–96、图 2–97）。

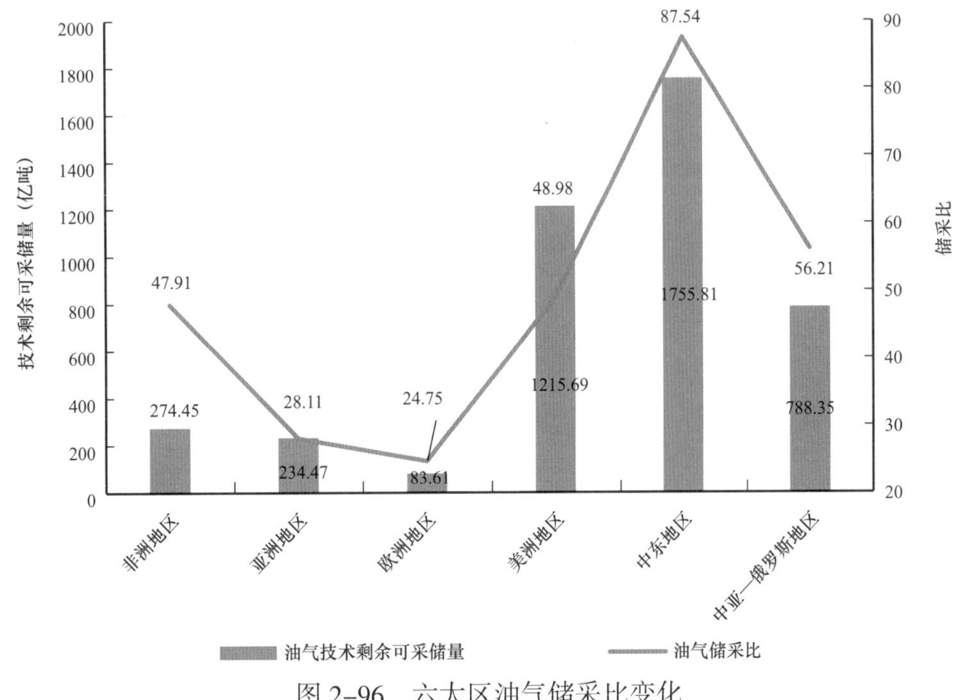

图 2–96　六大区油气储采比变化

表 2-30　不同地区油气技术剩余可采储量变化表

时间 地区	2020 年			2021 年			增长量			增长率（%）		
	原油（亿吨）	天然气（万亿立方米）	油气合计（亿吨油当量）	原油（亿吨）	天然气（万亿立方米）	油气合计（亿吨油当量）	原油（亿吨）	天然气（万亿立方米）	油气合计（亿吨油当量）	原油	天然气	油气合计
非洲地区	117.31	18.73	275.45	116.37	18.72	274.45	-0.94	-0.01	-1.00	-0.80	-0.05	-0.36
亚太地区	57.14	21.96	242.54	53.63	21.41	234.47	-3.51	-0.55	-8.07	-6.14	-2.50	-3.33
欧洲地区	37.51	5.55	84.41	36.57	5.57	83.61	-0.94	0.02	-0.80	-2.51	0.36	-0.95
美洲地区	933.16	48.45	1342.29	904.78	36.82	1215.69	-28.38	-11.63	-126.60	-3.04	-24.00	-9.43
中东地区	992.09	91.15	1761.77	982.00	91.64	1755.81	-10.09	0.49	-5.96	-1.02	0.54	-0.34
中亚—俄罗斯地区	264.04	53.07	712.13	295.82	58.33	788.35	31.78	5.26	76.22	12.04	9.91	10.70
总计	2401.25	238.91	4418.59	2389.17	232.49	4352.38	-12.08	-6.42	-66.21	-0.50	-2.69	-1.50

表 2-31　不同地区不在产油气技术剩余可采储量变化表

时间 地区	2020 年			2021 年			增长量			增长率（%）		
	原油（亿吨）	天然气（万亿立方米）	油气合计（亿吨油当量）	原油（亿吨）	天然气（万亿立方米）	油气合计（亿吨油当量）	原油（亿吨）	天然气（万亿立方米）	油气合计（亿吨油当量）	原油	天然气	油气合计
非洲地区	44.68	10.85	136.27	43.84	10.74	134.51	-0.84	-0.11	-1.76	-1.88	-1.01	-1.29
亚太地区	18.97	9.59	99.97	15.27	9.17	92.7	-3.7	-0.42	-7.27	-19.5	-4.38	-7.27
欧洲地区	15.57	2.16	33.83	16.12	2.23	34.92	0.55	0.07	1.09	3.53	3.24	3.22
美洲地区	439.8	5.29	484.48	436.69	5.31	481.53	-3.11	0.02	-2.95	-0.71	0.38	-0.61
中东地区	341.27	65.81	896.94	342.14	66.6	904.54	0.87	0.79	7.6	0.25	1.2	0.85
中亚—俄罗斯地区	51.17	19.85	218.81	44.11	23.98	246.6	-7.06	4.13	27.79	-13.8	20.81	12.7
总计	911.46	113.55	1870.3	898.17	118.03	1894.8	-13.29	4.48	24.5	-1.46	3.95	1.31

表 2-32 不同地区待建产油气技术剩余可采储量变化表

时间 地区	2020 年			2021 年			增长量			增长率（%）		
	原油（亿吨）	天然气（万亿立方米）	油气合计（亿吨油当量）	原油（亿吨）	天然气（万亿立方米）	油气合计（亿吨油当量）	原油（亿吨）	天然气（万亿立方米）	油气合计（亿吨油当量）	原油	天然气	油气合计
中东地区	127.8	10.69	218.08	129.77	10.55	218.78	1.97	−0.14	0.7	1.54	−1.31	0.32
非洲地区	20.01	4.16	55.16	18.78	3.95	52.12	−1.23	−0.21	−3.04	−6.15	−5.05	−5.51
中亚—俄罗斯地区	17.66	6.12	69.37	18.35	9.60	99.45	0.69	3.48	30.08	3.91	56.86	43.36
美洲地区	37.31	0.67	42.94	33.35	1.39	45.13	−3.96	0.72	2.19	−10.61	107.46	5.10
亚太地区	4.51	3.2	31.53	3.48	2.92	28.13	−1.03	−0.28	−3.4	−22.84	−8.75	−10.78
欧洲地区	4.76	0.29	7.22	4.71	0.56	9.47	−0.05	0.27	2.25	−1.05	93.10	31.16
总计	212.05	25.13	424.3	208.44	28.97	453.08	−3.61	3.84	28.78	−1.70	15.28	6.78

表 2-33 不同地区产量特征表

时间 地区	2020 年			2021 年			增长量			增长率（%）		
	原油（亿吨）	天然气（万亿立方米）	油气合计（亿吨油当量）	原油（亿吨）	天然气（万亿立方米）	油气合计（亿吨油当量）	原油（亿吨）	天然气（万亿立方米）	油气合计（亿吨油当量）	原油	天然气	油气合计
美洲地区	14.47	12371.96	24.9	14.73	12558.98	25.33	0.26	187.02	0.43	1.80	1.51	1.73
中东地区	13.73	7157.18	19.78	14.01	7429.78	20.29	0.28	272.6	0.51	2.04	3.81	2.58
中亚—俄罗斯地区	6.49	8258.96	13.46	6.65	9032.47	14.28	0.16	773.51	0.82	2.47	9.37	6.09
亚太地区	3.37	6069.53	8.5	3.34	6284.54	8.65	−0.03	215.01	0.15	−0.89	3.54	1.76
非洲地区	3.32	2377.32	5.33	3.65	2611.24	5.85	0.33	233.92	0.52	9.94	9.84	9.76
欧洲地区	1.73	2247.19	3.63	1.69	2167.1	3.52	−0.04	−80.09	−0.11	−2.31	−3.56	−3.03
合计	43.11	38482.14	75.60	44.07	40084.11	77.92	0.96	1601.97	2.32	2.23	4.16	3.07

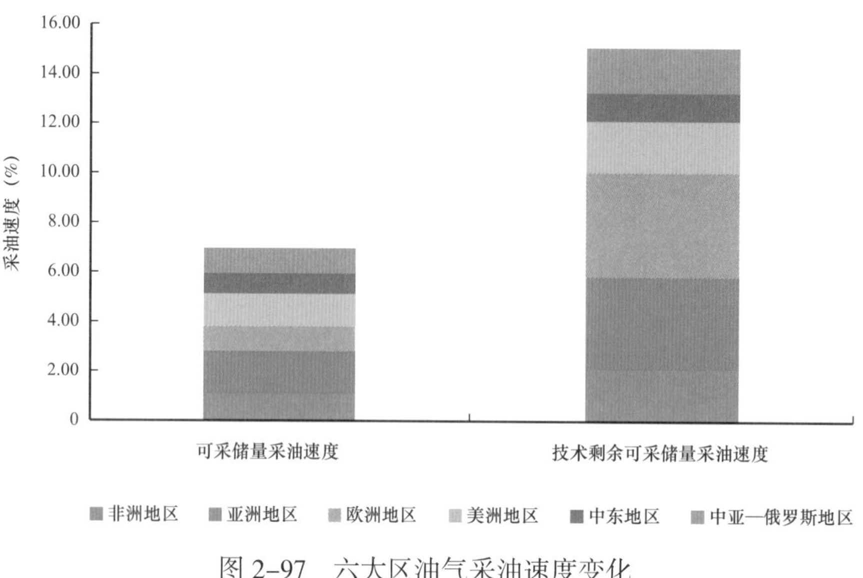

图 2–97　六大区油气采油速度变化

1. 中亚—俄罗斯地区

2021 年中亚—俄罗斯地区油气技术剩余可采储量 788.35 亿吨油当量，占全球 18.11%，较上年增加 76.22 亿吨油当量，增加的主要类型为陆上常规天然气。中亚—俄罗斯地区油气技术剩余可采储量主要分布在俄罗斯，占比为 80.80%，其主要类型为陆上常规天然气和陆上常规原油（图 2–98、图 2–99、图 2–100）。

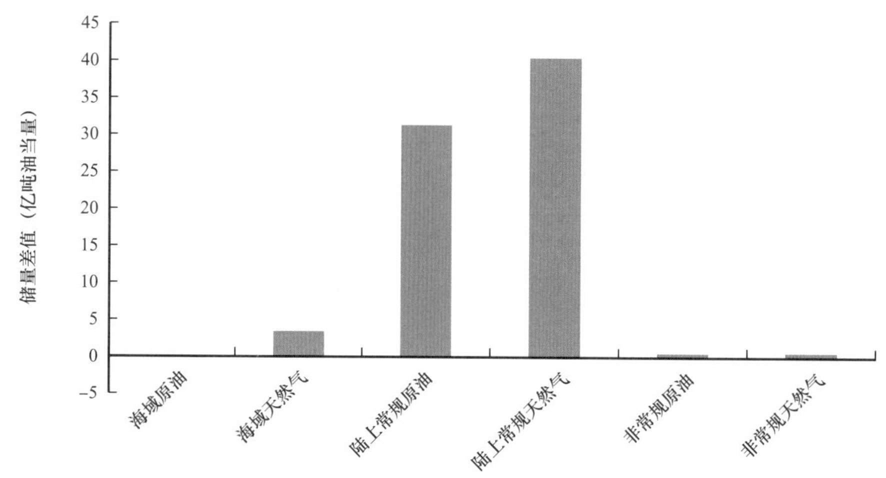

图 2–98　中亚—俄罗斯地区不同类型油气技术剩余可采储量变化

2021 年中亚—俄罗斯地区产量类型以陆上常规天然气和陆上常规原油为主，分别占总产量的 49.65% 和 40.27%。2021 年产量 14.28 亿吨油当量，占全球油气产量的 18.33%。与 2020 年相比，产量增加了 0.82 亿吨油当量，增加的主要类型为陆上常规天然气（图 2–101、图 2–102、图 2–103）。

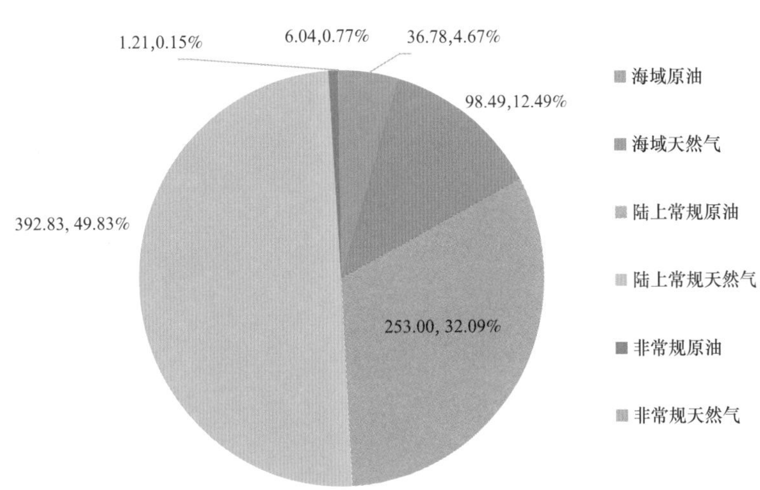

图 2-99　中亚—俄罗斯地区不同类型油气技术剩余可采储量（亿吨油当量）

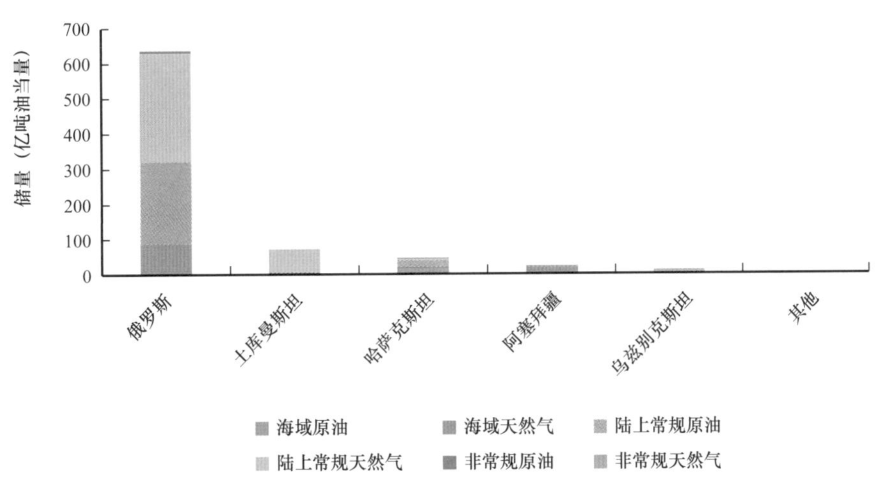

图 2-100　中亚—俄罗斯地区资源国油气技术剩余可采储量类型组成图

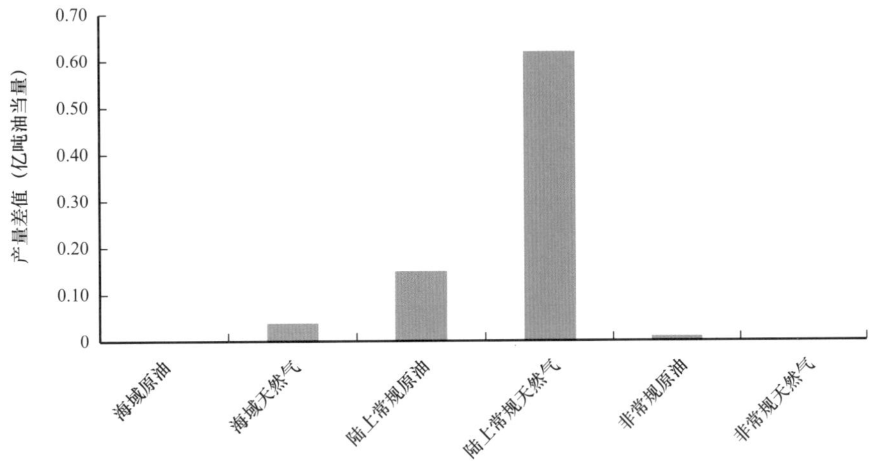

图 2-101　中亚—俄罗斯地区不同类型产量变化

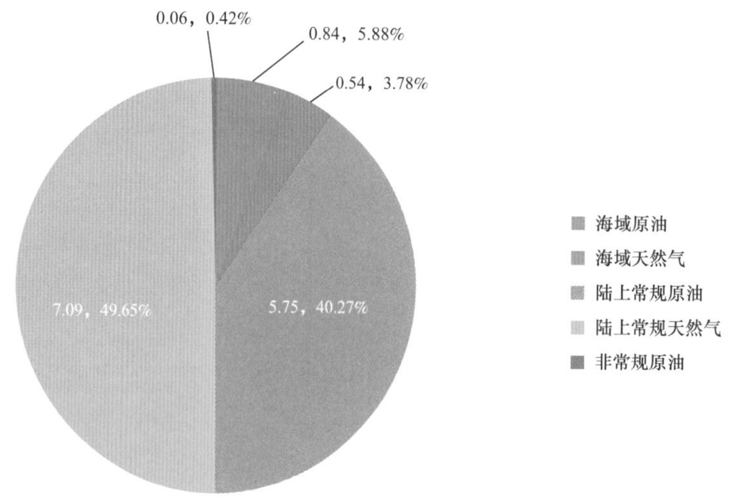

图 2-102　中亚—俄罗斯地区不同类型油气产量（亿吨油当量）

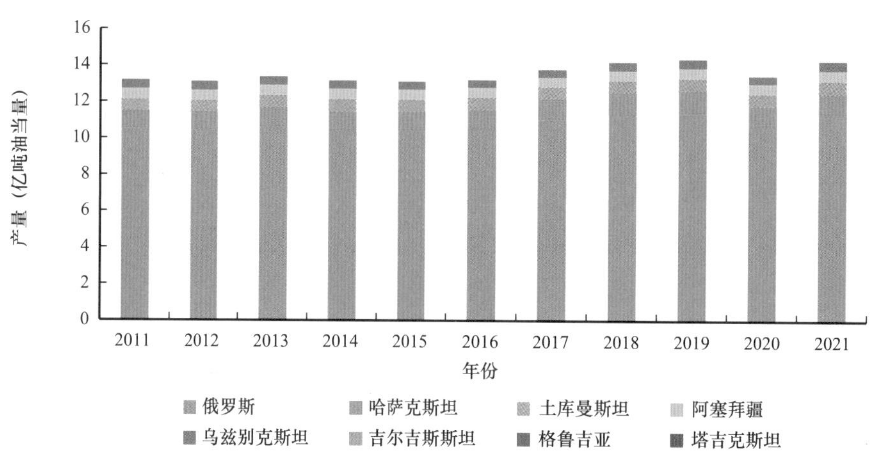

图 2-103　中亚—俄罗斯地区资源国油气历年产量图

2. 非洲地区

2021 年非洲地区油气技术剩余可采储量 274.45 亿吨油当量，占全球 6.31%，较上年减少 1.0 亿吨油当量，减少的主要类型为陆上常规原油，陆上常规天然气储量同比增加最多。非洲地区不同类型油气技术剩余可采储量中，海域天然气占比最多，为 37.05%。从资源国角度来看，非洲地区剩余可采储量主要分布在尼日利亚，占比为 27.04%，其主要类型为陆上常规天然气和海域天然气；莫桑比克的海域天然气储量最多；利比亚的陆上常规原油储量最多（图 2-104、图 2-105、图 2-106）。

2021 年非洲地区产量类型以海域原油与陆上常规原油为主，分别占总产量的 29.06% 和 32.48%。2021 年产量 5.85 亿吨油当量，占全球油气产量的 7.51%。与 2020 年相比，增长了 0.52 亿吨油当量，增长的主要类型为陆上常规原油。非洲地区资源国油气产量最多的是阿尔及利亚和尼日利亚（图 2-107、图 2-108、图 2-109）。

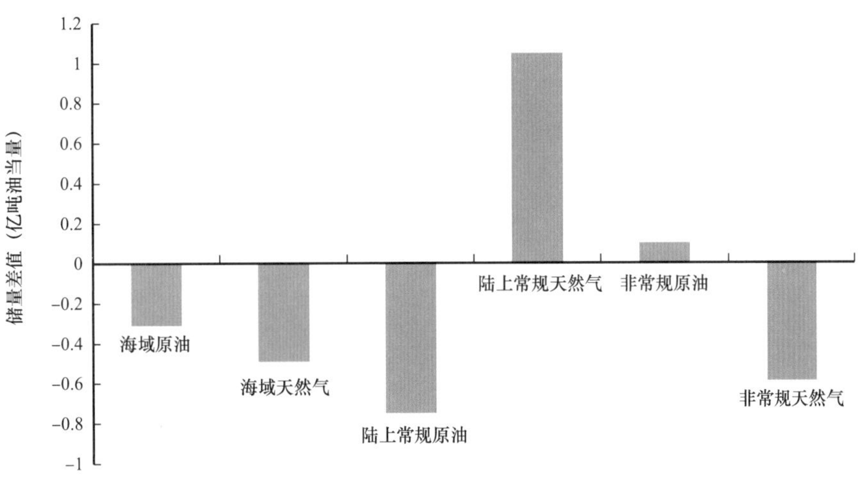

图 2–104　非洲地区不同类型油气技术剩余可采储量变化

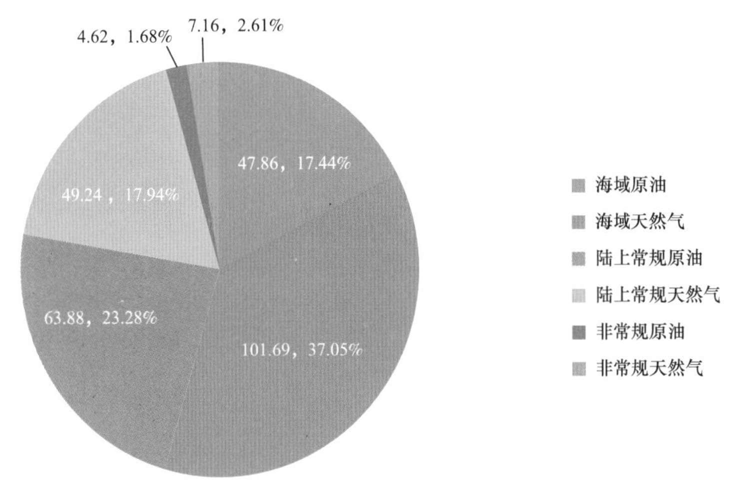

图 2–105　非洲地区不同类型油气技术剩余可采储量（亿吨油当量）

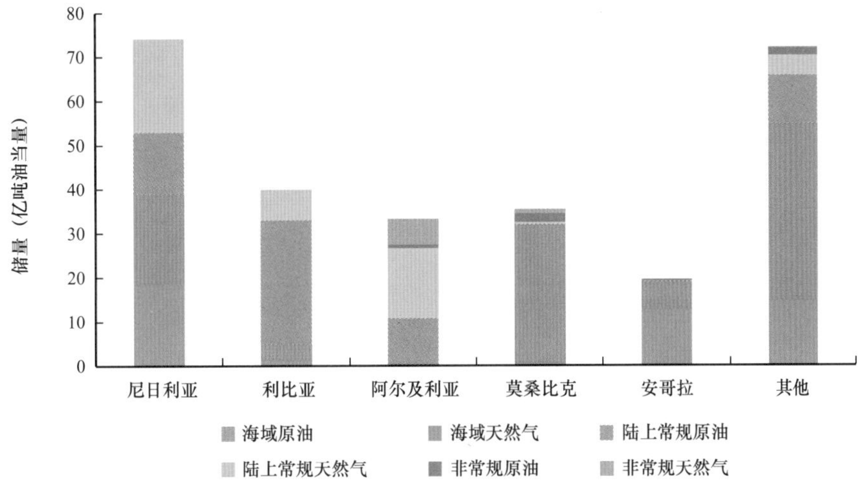

图 2–106　非洲地区资源国油气技术剩余可采储量类型组成图

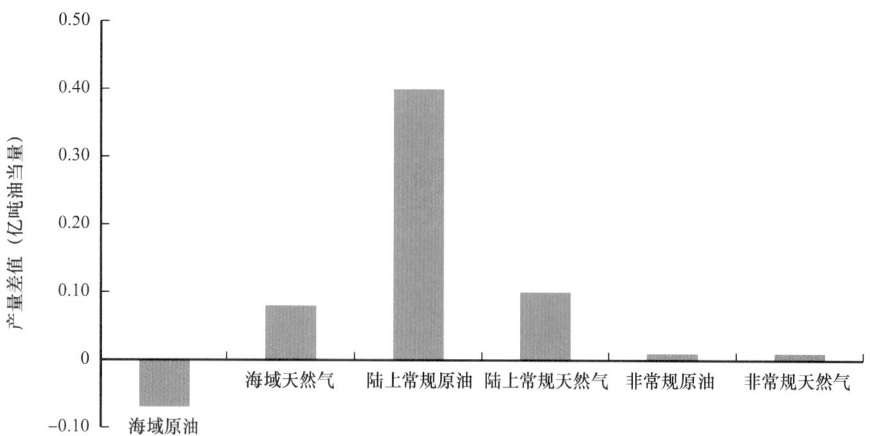

图 2–107　非洲地区不同类型油气产量变化

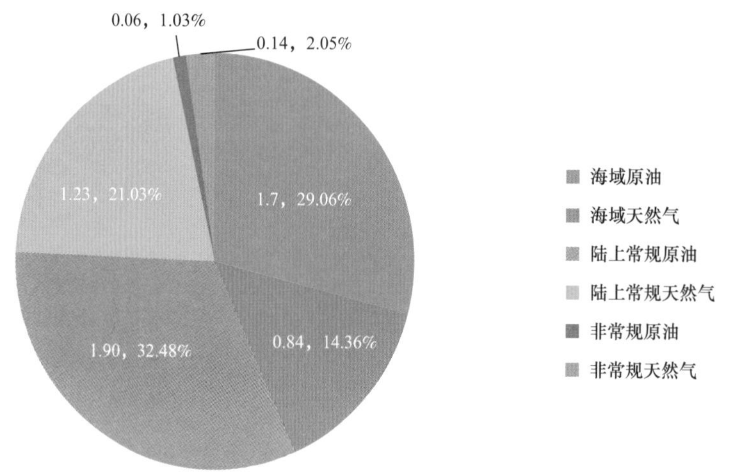

图 2–108　非洲地区不同类型油气产量（亿吨油当量）

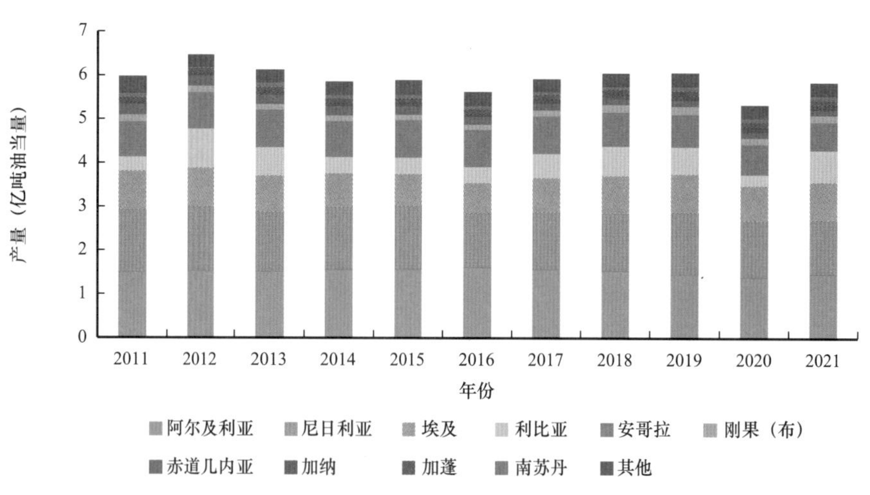

图 2–109　非洲地区资源国油气总产量图

3. 中东地区

2021 年中东地区油气技术剩余可采储量 1755.81 亿吨油当量，占全球 40.34%，较上年下降 5.96 亿吨油当量，下降的主要类型为陆上常规原油。中东地区油气技术剩余可采储量主要分布在卡塔尔，占比为 30%，其主要类型为海域天然气和海域原油；伊拉克的主要类型为陆上常规原油（图 2-110、图 2-111、图 2-112）。

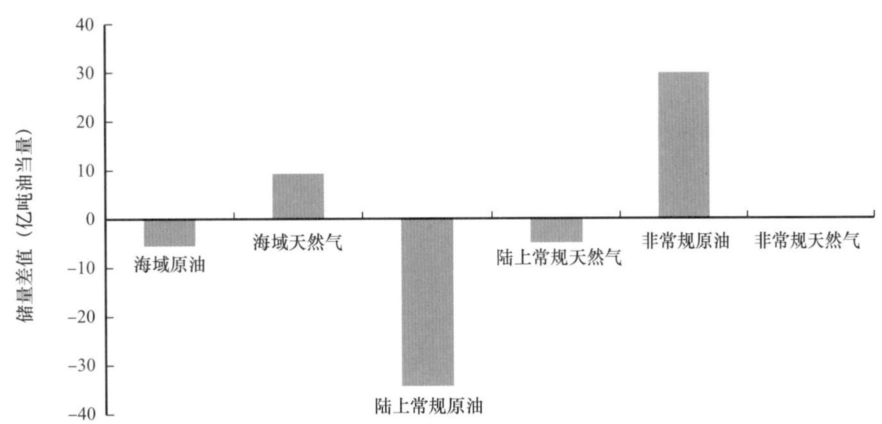

图 2-110　中东地区不同类型油气技术剩余可采储量变化

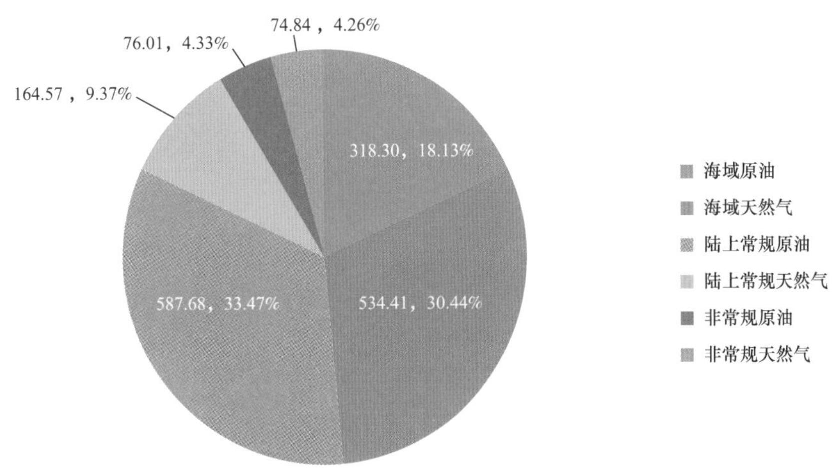

图 2-111　中东地区不同类型油气技术剩余可采储量（亿吨油当量）

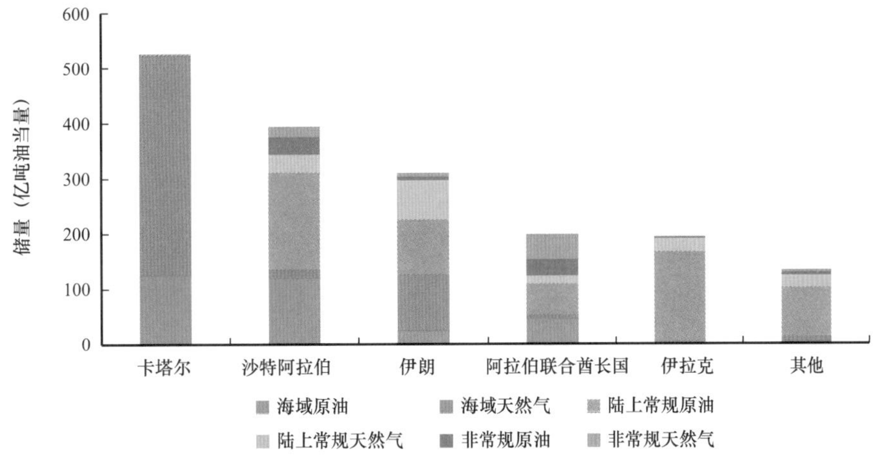

图 2-112　中东地区资源国油气技术剩余可采储量类型组成图

2021年中东地区产量类型以陆上常规原油为主，占总产量的49.68%。2021年产量20.29亿吨油当量，占全球油气产量的26.04%。与2020年相比，增加了0.51亿吨油当量，增加的主要类型为海域油气、陆上常规原油。从资源国角度看，沙特阿拉伯占中东地区油气产量比例最多，其次是伊朗（图2–113、图2–114、图2–115）。

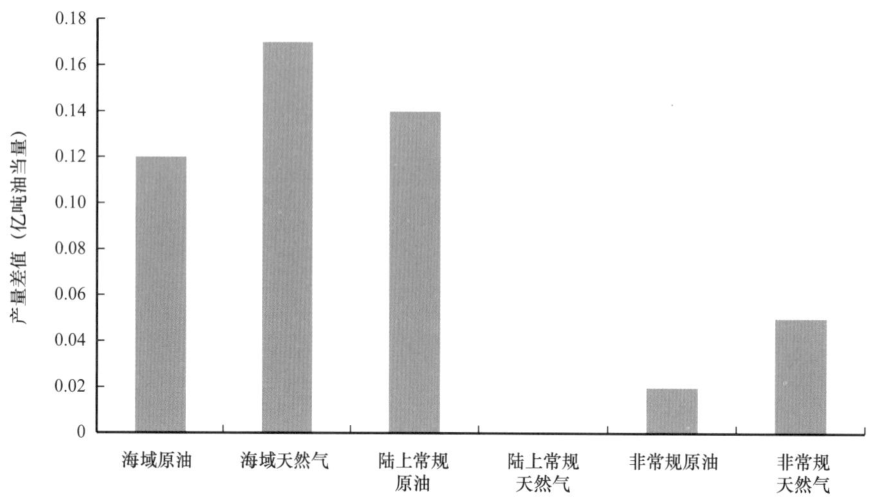

图2–113　中东地区不同类型产量变化

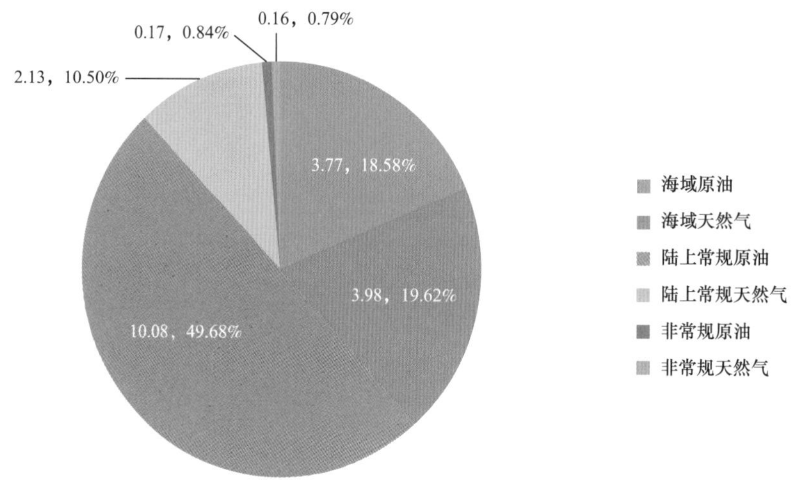

图2–114　中东地区不同类型油气产量（亿吨油当量）

4. 美洲地区

2021年美洲地区油气技术剩余可采储量1215.69亿吨油当量，占全球27.93%，较上年减少126.60亿吨油当量，减少的主要类型为非常规天然气。美洲地区油气技术剩余可采储量主要分布在美国，占比为34.09%，其主要类型为非常规天然气和非常规原油。从资源国角度看，美国储量占比最多，主要类型为非常规油气；委内瑞拉和加拿大的非常规原油占比最多，巴西的海域原油占比最多（图2–116、图2–117、图2–118）。

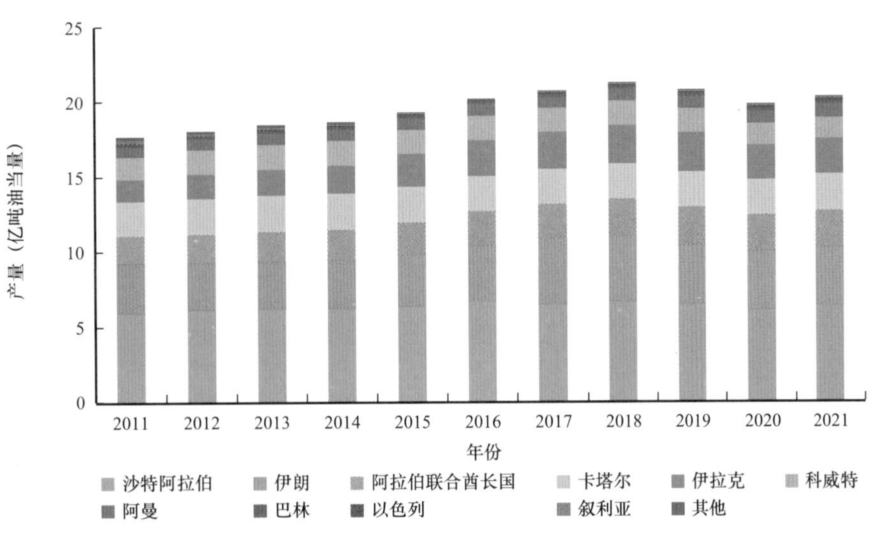

图 2-115　中东地区资源国油气历年产量图

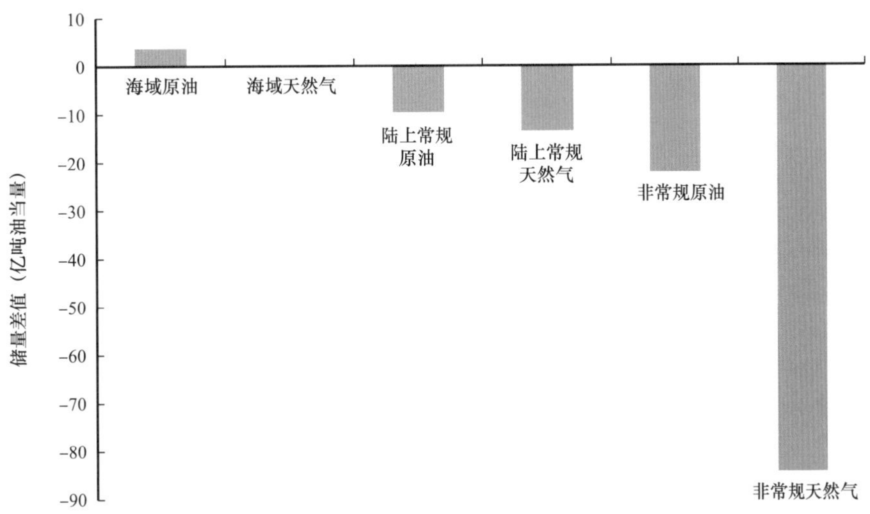

图 2-116　美洲地区不同类型油气技术剩余可采储量变化

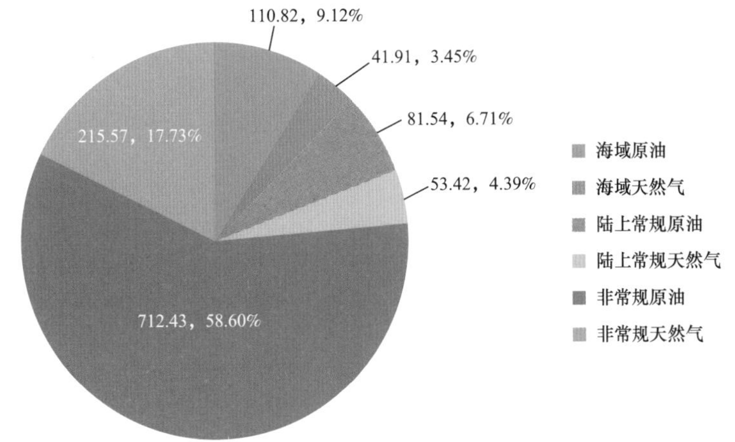

图 2-117　美洲地区不同类型油气技术剩余可采储量（亿吨油当量）

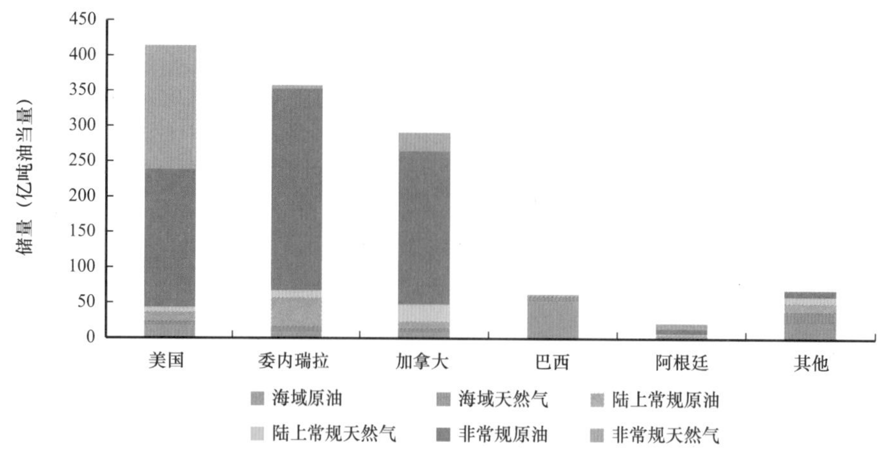

图 2-118 美洲地区资源国油气技术剩余可采储量类型组成图

2021 年美洲地区产量类型以非常规原油和非常规天然气为主，分别占总产量的 36.98% 和 31.65%。2021 年产量 25.33 亿吨油当量，占全球油气产量的 32.51%。与 2020 年相比，增加了 0.43 亿吨油当量，增加的主要类型为非常规天然气。从资源国角度来看，美国产量最多，其次是加拿大（图 2-119、图 2-120、图 2-121）。

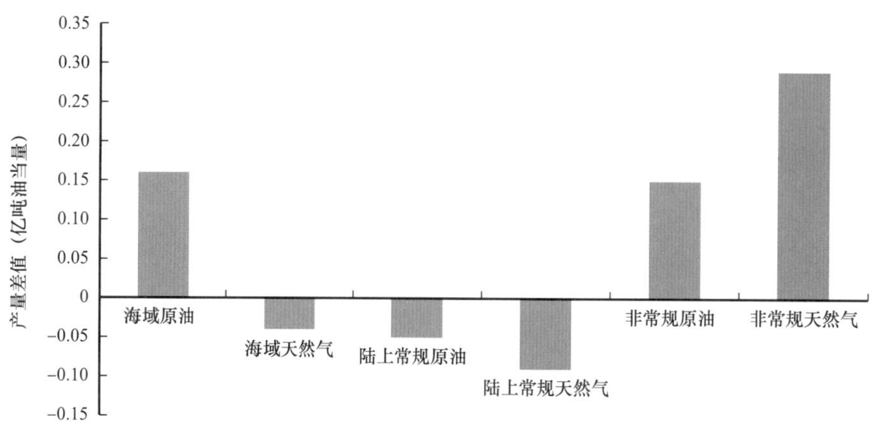

图 2-119 美洲地区不同类型油气产量变化

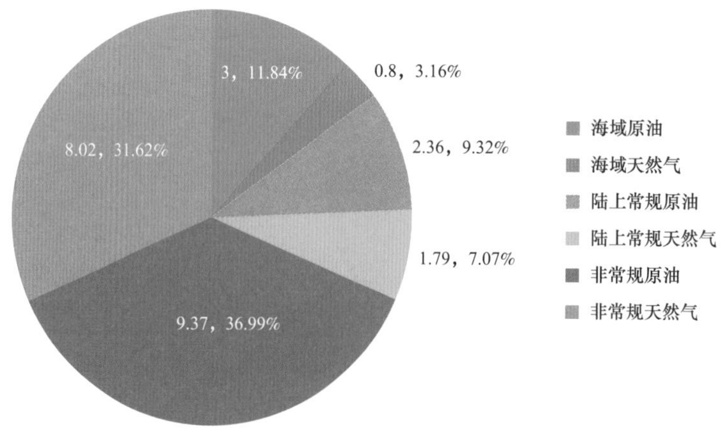

图 2-120 美洲地区不同类型油气产量（亿吨油当量）

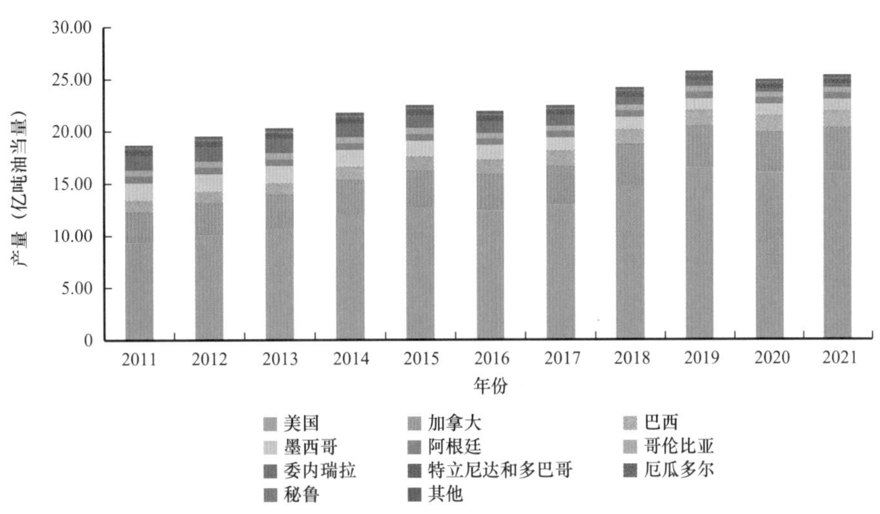

图 2-121　美洲地区资源国油气历年产量图

5. 亚太地区

2021 年亚太地区油气技术剩余可采储量 234.47 亿吨油当量，占全球 5.39%，较上年下降 8.07 亿吨油当量，下降的主要类型为海域天然气和陆上常规原油。亚太地区油气技术剩余可采储量占比最多的为海域天然气，为 44.62%。亚太地区剩余可采储量主要分布在中国，占比为 30.17%，其主要类型为陆上常规天然气；其余国家占比最多的均为海域天然气（图 2-122、图 2-123、图 2-124）。

2021 年亚太地区产量类型以海域天然气和陆上常规原油为主，分别占总产量的 30.89% 和 16.99%。2021 年产量 8.65 亿吨油当量，占全球油气产量的 11.10%。与 2020 年相比，增加了 0.15 亿吨油当量，增加的主要类型为海域天然气。从资源国角度看，中国占亚太地区产量的比例最大（图 2-125、图 2-126、图 2-127）。

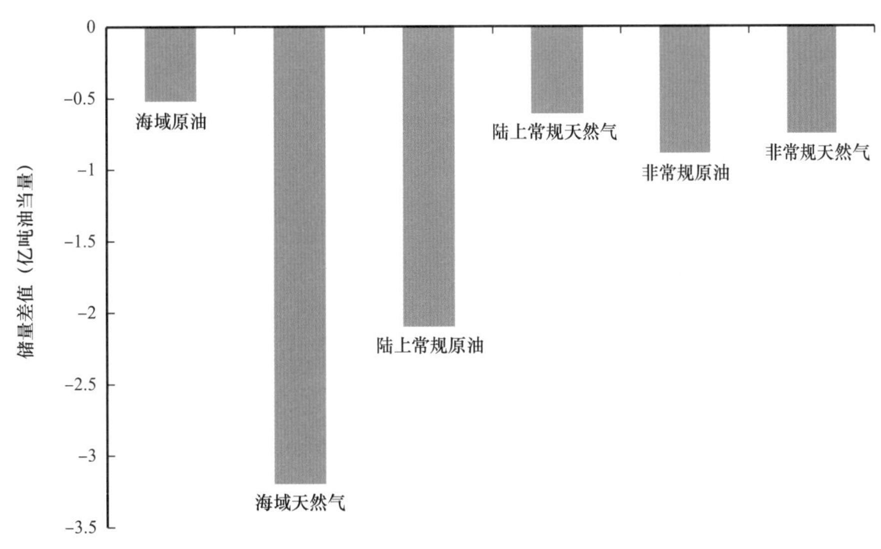

图 2-122　亚太地区不同类型技术剩余可采储量变化

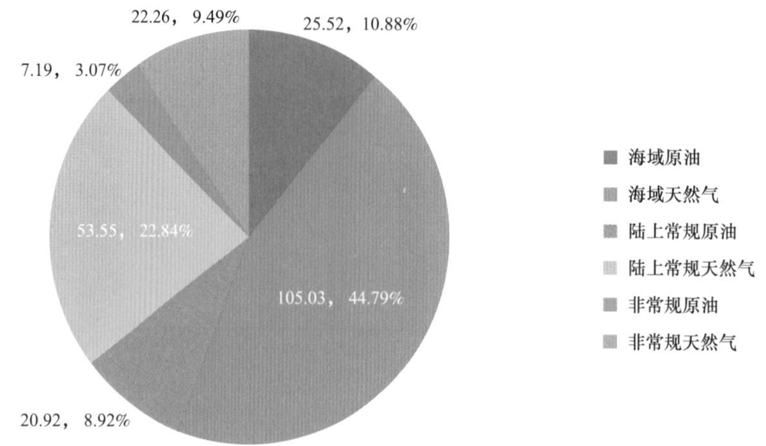

图 2-123　亚太地区不同类型油气技术剩余可采储量（亿吨油当量）

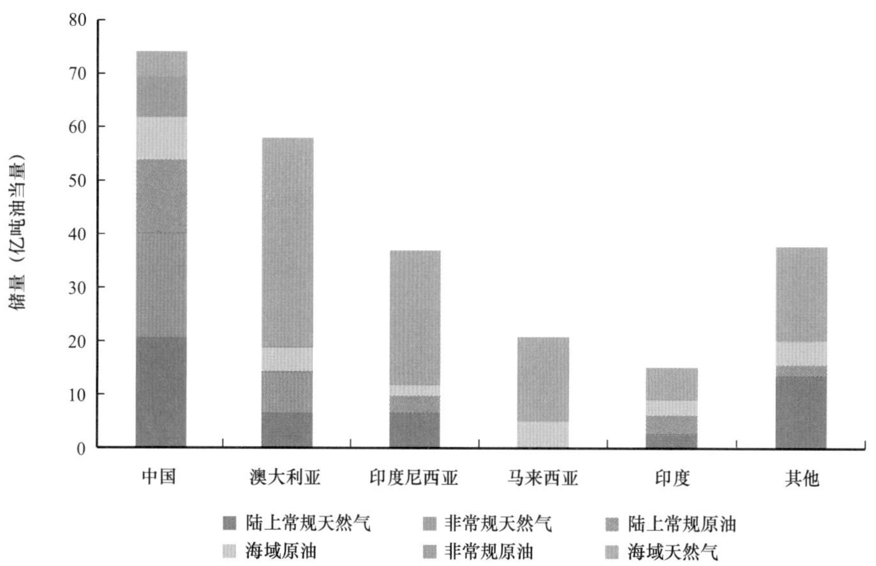

图 2-124　亚太地区资源国油气技术剩余可采储量类型组成图

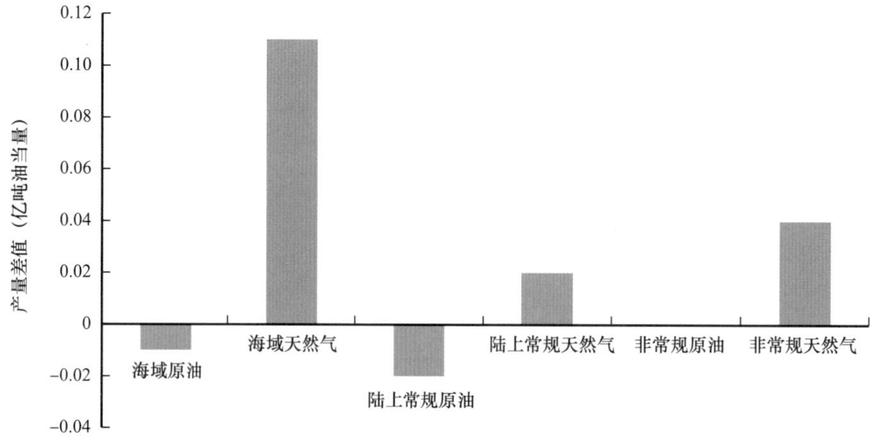

图 2-125　亚太地区不同类型产量变化

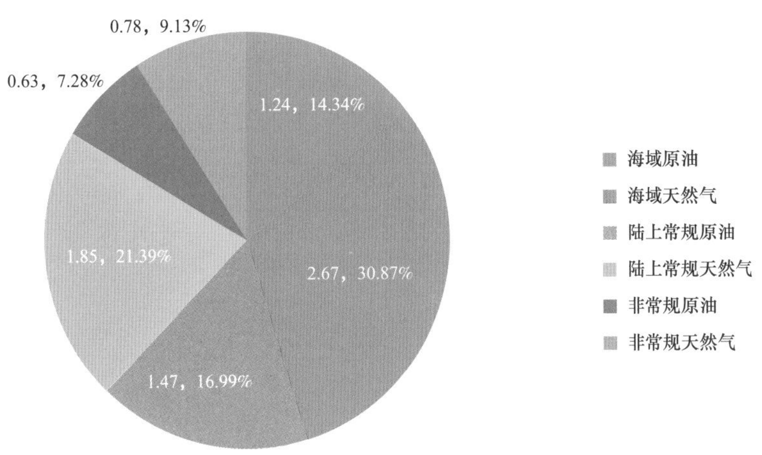

图 2-126　亚太地区不同类型油气产量（亿吨油当量）

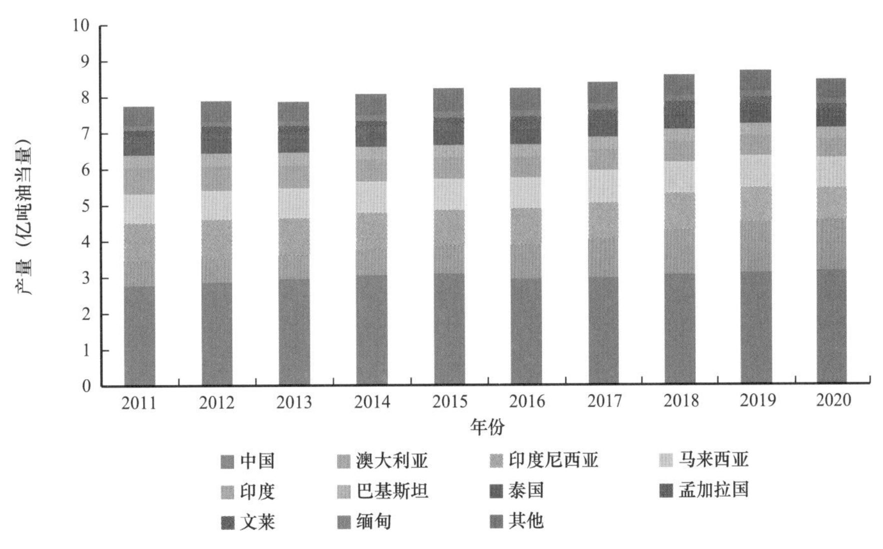

图 2-127　亚太地区资源国油气历年产量图

6. 欧洲地区

2021 年欧洲地区油气技术剩余可采储量 83.61 亿吨油当量，占全球 1.92%，较上年减少 0.8 亿吨油当量，减少的主要类型为海域原油。欧洲地区油气技术剩余可采储量占比最多的为海域原油和海域天然气，分别为 35.43% 和 41.07%。欧洲地区油气技术剩余可采储量主要分布在挪威，占比为 44.04%，其主要类型为海域天然气和海域原油（图 2-128、图 2-129、图 2-130）。

2021 年欧洲地区产量类型以海域原油和海域天然气为主，分别占总产量的 39.86% 和 39.01%。2021 年产量 3.52 亿吨油当量，占全球油气产量的 4.52%。与 2020 年相比，减少了 0.11 亿吨油当量，减少的主要类型为海域天然气。从资源国角度来看，挪威占欧洲地区总产量比例最大，其次是英国（图 2-131、图 2-132、图 2-133）。

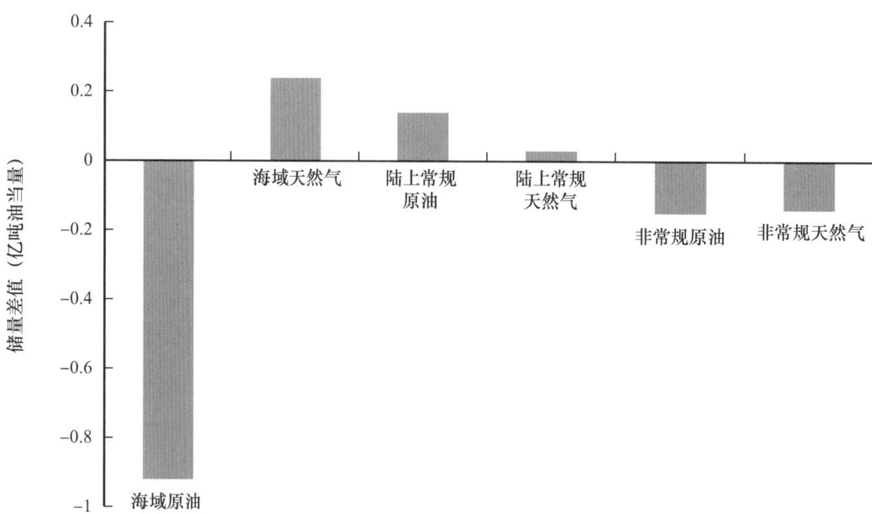

图 2–128　欧洲地区不同类型油气技术剩余可采储量变化

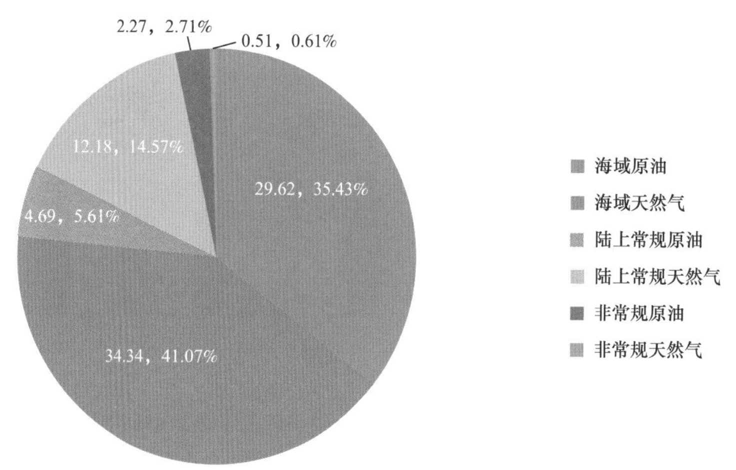

图 2–129　欧洲地区不同类型油气技术剩余可采储量（亿吨油当量）

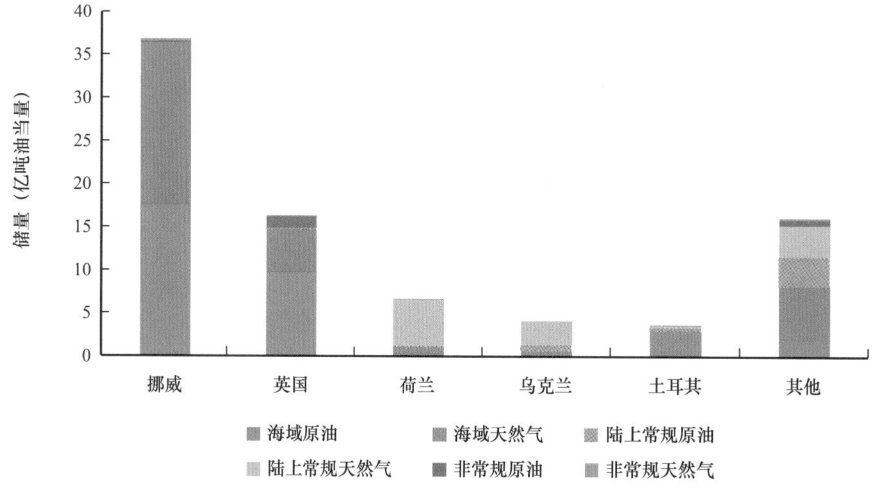

图 2–130　欧洲地区资源国油气技术剩余可采储量类型组成图

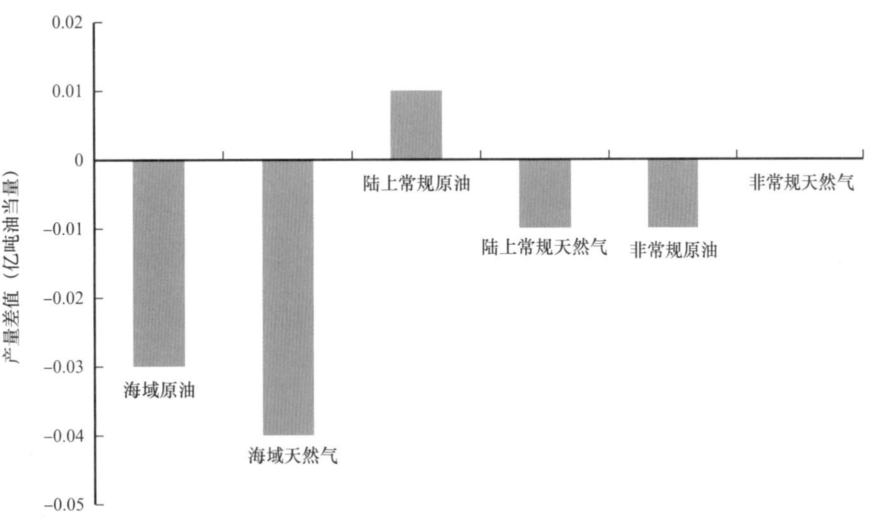

图 2-131　欧洲地区不同类型油气产量变化

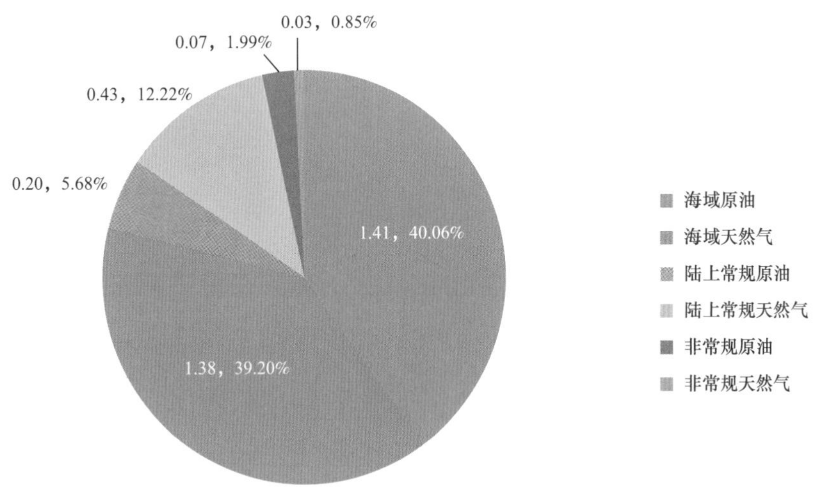

图 2-132　欧洲地区不同类型油气产量（亿吨油当量）

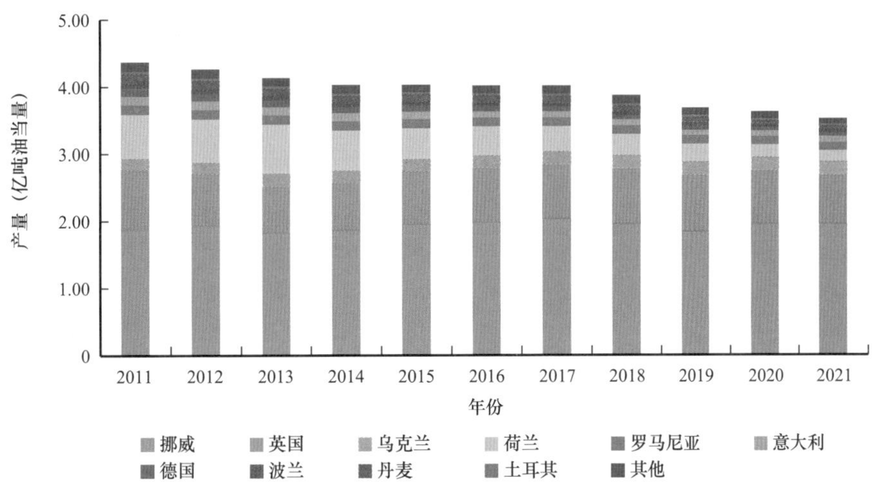

图 2-133　欧洲地区资源国油气历年产量图

第二节　全球油气开发形势

随着全球新冠肺炎得到有效防控、国际油价的反弹和不断攀升，全球油气供需失衡的态势得以扭转，2021 年全球油气开发形势呈现出复苏的局面。截至 2035 年，全球油气产量总体呈现先上升后下降的趋势，预计在 2028 年达到峰值，陆上常规油气仍占据主要地位，海域油气与非常规油气产量占比逐渐增加。

一、全球油气开发形势总结

碳减排成为 2021 年度全球油气开发关键词，各国纷纷为碳税立法，资源国政策调整更加谨慎，随着世界经济的缓慢复苏，全球油气需求逐步恢复，供给能力与增产意愿跟不上市场需求，国际油价持续上升，OPEC+ 限产保价与减产协议逐渐放松，也推动着石油产量的增加。低碳化能源转型和极端天气助推天然气价格升至历史高位。总体来看，2021 年度全球油气开发形势可总结为以下八个方面。

1. 宏观环境更趋不稳定，危与机呈辩证发展

全球的政治形势影响着石油市场，地缘政治的不确定性成为石油市场的最大变量因素。在全球化的背景下，国家之间高度相互依存，美国在世界石油市场的话语权十分明显，中国作为油气进口大国，石油消费对外依赖程度越来越高，中美之间的博弈具有长期性和复杂性，但两国经贸关系有所缓和，气候合作取得进展，政治安全关系趋紧。全球的黑天鹅事件具有不可预测性，非洲政权突变频发，哈萨克斯坦突现骚乱，俄乌冲突深刻影响全球，美国、欧盟和俄罗斯博弈加剧或将助推伊核谈判取得进展，美国对委内瑞拉制裁有望松动。全球恐怖主义出现回潮苗头，2021 全球恐怖袭击事件呈现增势，多个重点资源国登上全球恐怖主义指数榜单。危与机具有相对性和辩证性，主要表现在美欧俄博弈加剧助推伊核谈判进展，美国对委制裁有望松动（图 2–134、表 2–34）。

2. 财税政策调整更谨慎，碳减排成主要动因

今年油气行业最大的主题是脱碳，政府对上游业务的碳收费持有碳税与排放交易计划（ETS）两种方式。挪威政府通过 2021—2030 年气候计划，2030 年碳税从当前 590 挪威克朗 / 吨升至 2000 挪威克朗 / 吨（约合 232 美元 / 吨）。加拿大提升联邦碳价格正式立法通过，宣布碳价格从当前 50 加元 / 吨升至 2035 年前 170 加元 / 吨（约合 136 美元 / 吨）。欧盟公布首个碳边界调整机制方案，碳税收外流隐患促使多国加快建设自有碳价格体系，增加了其他国家碳定价的可能性。

面临政治暴力风险的国家	应对外部冲击能力大幅弱化的国家	面临冲突升级风险的国家
巴西	黎巴嫩	埃塞俄比亚
法国	吉尔吉斯斯坦	索马里
美国	土耳其	南苏丹
墨西哥	尼加拉瓜	布基纳法索
白俄罗斯	海地	阿富汗
苏丹	波黑	利比亚
哥伦比亚	苏丹	缅甸
斯里兰卡	委内瑞拉	
泰国	马里	
菲律宾	乍得	
	几内亚	
	突尼斯	
	阿尔及利亚	

图 2-134　2021 年全球多国脆弱性增强（数据来源：Control Risks）

表 2-34　2022 年全球恐怖主义指数排名前十国家（数据来源：IEP Global Terrorism Index）

国家	恐怖主义指数*	袭击事件数	伤亡人数
阿富汗	9.109	837	3635
伊拉克	8.511	833	1360
索马里	8.398	308	1077
布基纳法索	8.270	216	963
叙利亚	8.250	338	990
尼日利亚	8.233	204	609
马里	8.152	333	1125
尼日尔	7.856	74	707
缅甸	7.830	750	872
巴基斯坦	7.852	186	744

* 全球恐怖主义指数（Global Terrorism Index，简称 GTI）是全球知名智库经济与和平研究所（Institute for Economics & Peace）开展的对 163 个国家恐怖主义影响的综合性研究，恐怖主义指数由恐怖事件、死亡、伤害、财产损失四个评价指标加权得出，年度更新并在网络公开发布（https://www.visionofhumanity.org/maps/global-terrorism-index/#/）。

资源国调整同时受正向和反向拉动力影响。油价回暖，供需再平衡，行业缓步复苏，部分热点地区再获勘探新发现。资源国仍将持续面临财政压力，能源转型给行业发展带来长期冲击，油公司加速战略转型，上游投资更趋谨慎。总结来说，资源国调整更趋谨慎，油价回升未拉动调整频率提升，全年调整 21 起，同比降幅 13%；调整方向以负向为主，负向调整 11 起，占比 52%，同比去年从以正向为主转为以负向为

主；低碳环保成主要动因，占比 43%，包括勘探开发禁令，空燃、排放、弃置监管，碳税；碳价格呈多米诺效应，发达国家到发展中国家，挪威、加拿大、欧盟提出新举措，印度尼西亚正在考虑出台新举措（表 2–35、图 2–135）。

表 2–35　2021 年全球主要碳价格调整措施（数据来源：IHS Markit）

国家	主要内容 / 影响
挪威	挪威政府通过 2021—2030 年气候计划 2030 年碳税从当前 590 挪威克朗 / 吨升至 2000 挪威克朗 / 吨（约合 232 美元 / 吨）
加拿大	加拿大提升联邦碳价格正式立法通过 碳价格在 2035 年之前从当前 50 加元 / 吨升至 170 加元 / 吨（约合 136 美元 / 吨）
欧盟	欧盟公布首个碳边界调整机制方案 征收碳关税使碳成本同欧盟保持一致 目前仅限范围 1 排放量，针对密集型工业和发电部门；未来可能扩大范围 碳税收外流隐患促使多国加快建设自有碳价格体系

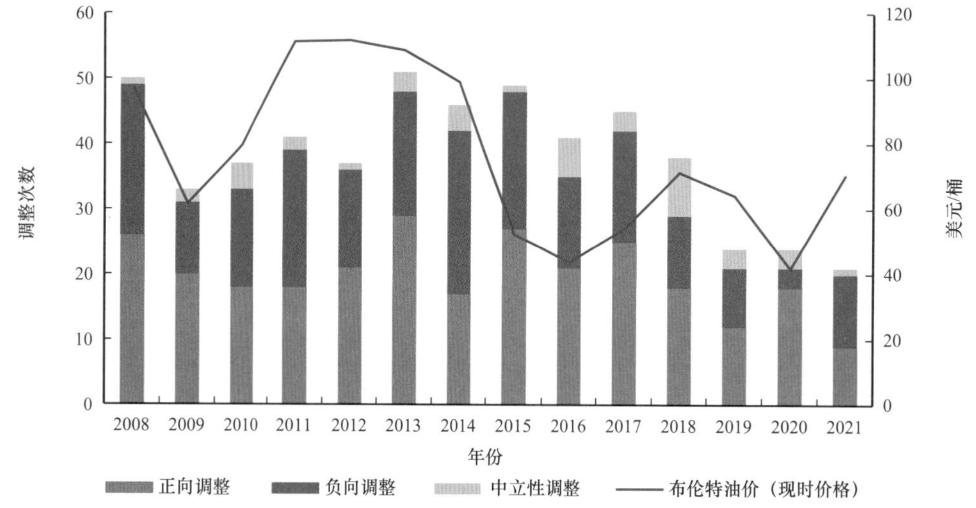

图 2–135　2021 年度全球油气财税与法律调整年度统计（数据来源：IHS Markit）

3. OPEC+ 坚持限产保价，增产意愿大打折扣

自 2020 年 4 月 OPEC+ 达成史上最大规模减产协议以来，欧佩克成员国减产执行率普遍较高。2021 年以沙特阿拉伯为主的 OPEC 减产协议国平均减产执行率 120%，非 OPEC 主要协议国俄罗斯平均减产执行率 91%。限产保价以获取更高收益仍是 OPEC+ 的首选，导致石油生产国增产意愿不强，全球疫情形势逐渐变好，全球石油市场的需求持续恢复、俄乌局势加剧供给紧张，但 OPEC 成员国自 2021 年 8 月起维持每月上调配额 40 万桶 / 天的增产速度。OPEC 剩余产能较 2021 年初已下降一半，石油资源国增产能力不足，安哥拉、尼日利亚等因投资不足增产乏力；俄罗斯因制裁增产潜力存在较大不确定性（图 2–136、图 2–137）。

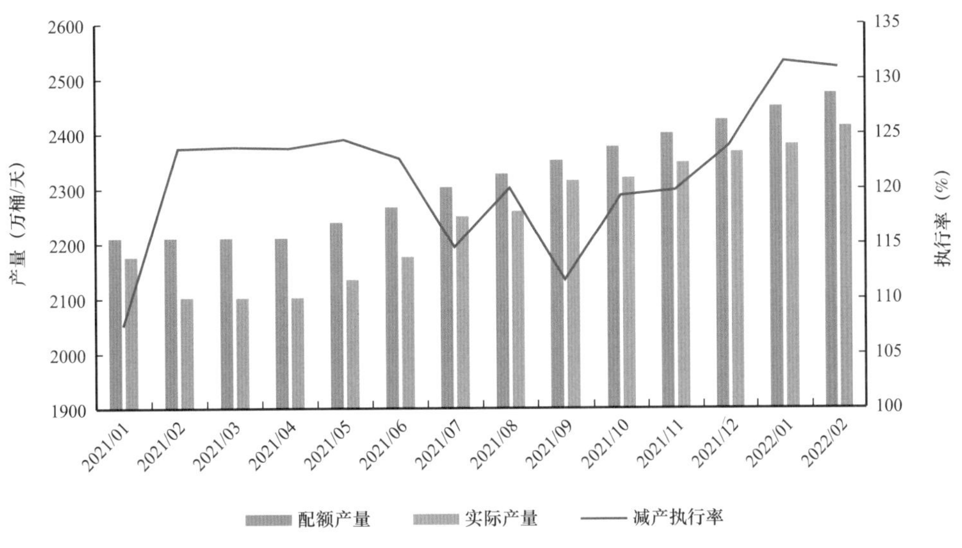

图 2-136　OPEC 减产执行率（数据来源：OPEC、EIA）

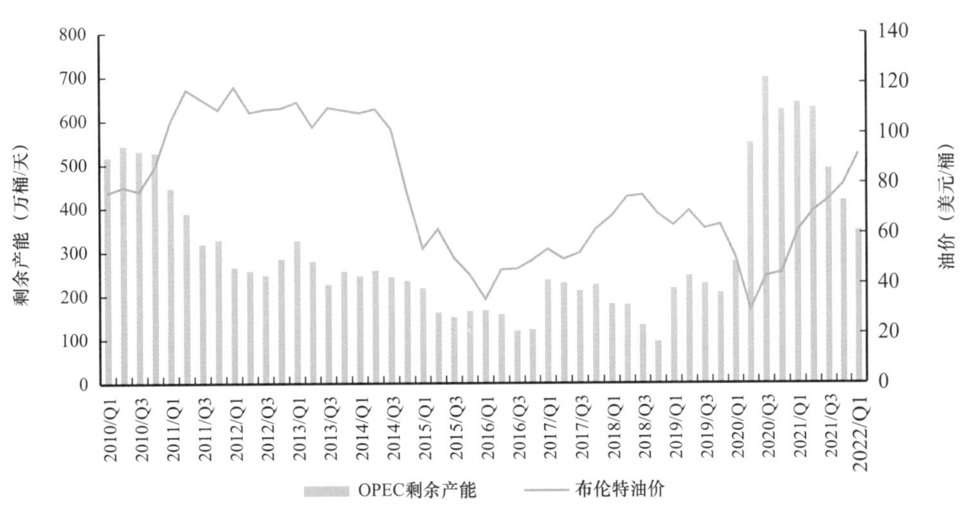

图 2-137　OPEC 剩余产能（数据来源：OPEC、EIA）

4. 供小于需与货币宽松，推升油价持续复苏

2021 年全年布伦特平均油价 71 美元 / 桶，同比增长 69%；2021 年初油价低于 50 美元 / 桶；而在 2021 年下半年，油价始终高于 70 美元 / 桶。国际油价高位震荡原因主要有以下三点：一是投资低迷抑制供给增长，2021 年全球新钻井数 4.75 万口，相当于恢复至疫情前 2019 年的 77%；二是疫情趋缓需求持续恢复，疫情持续影响石油市场，新冠疫苗接种率逐渐上升，全球新冠疫情整体趋缓，全球经济加快复苏，全球石油需求增长至 560 万桶 / 天；三是货币宽松刺激油价上涨，为应对疫情对经济增长带来的冲击，主要经济体中央银行与各国纷纷实施极度宽松的货币政策，全球资金流动性过剩，大量资金流入包括大宗商品在内的金融资产市场，刺激原油等大宗商品价格上涨（图 2-138、图 2-139、图 2-140）。

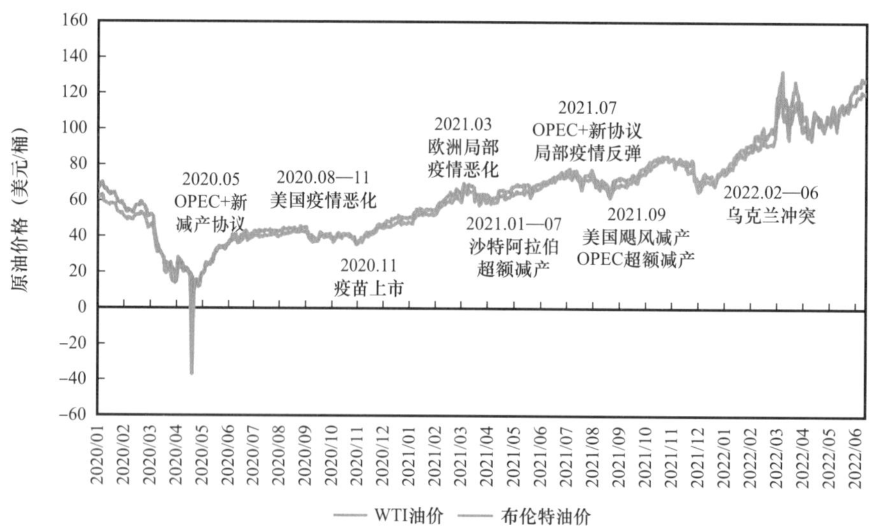

图 2-138　国际原油价格走势（数据来源：EIA、IHS Markit、IEA）

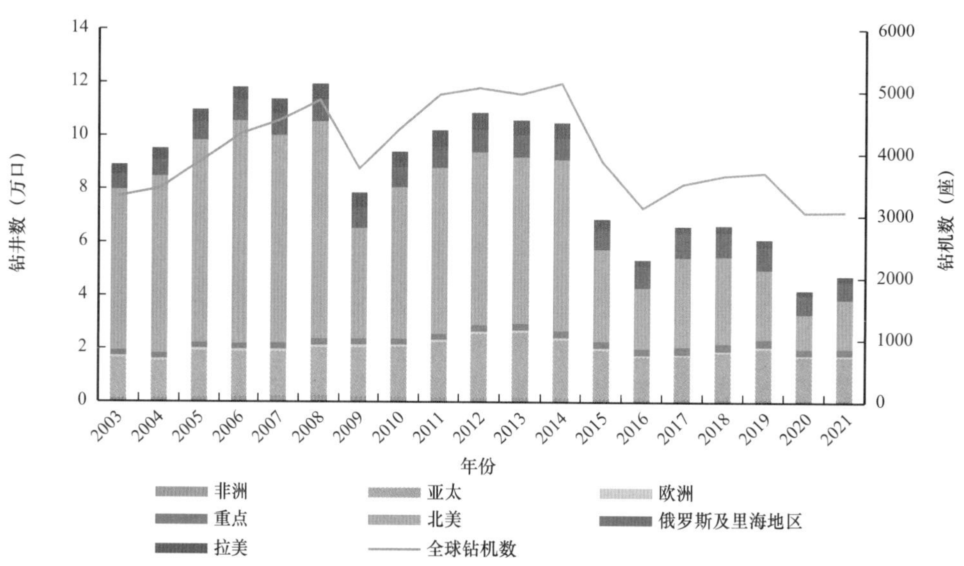

图 2-139　全球新钻井数及钻机数（数据来源：EIA、IHS Markit、IEA）

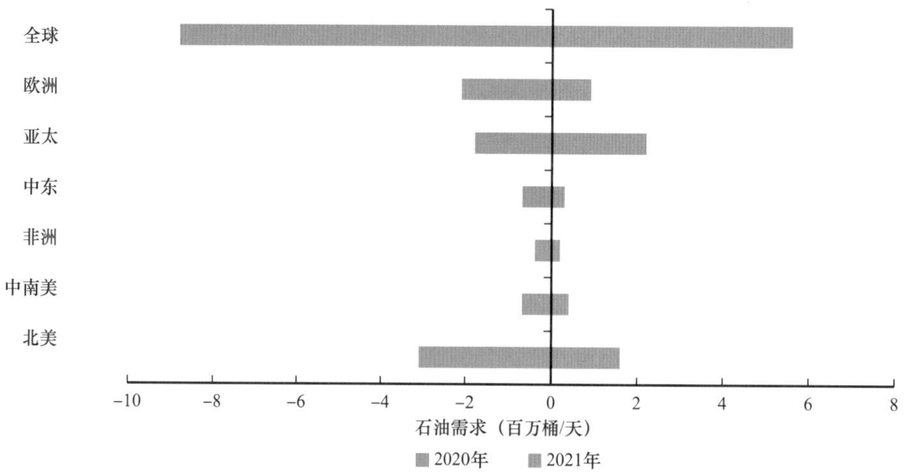

图 2-140　全球石油需求（数据来源：EIA、IHS Markit、IEA）

5. 天然气供需持续紧张，价格升至历史高位

2021年天然气供需紧张推升气价高涨，LNG价格持续上涨，英国NBP气价同比增长384%，荷兰TTF气价同比增长396%，美国Henry Hub气价同比增长93%。受双碳影响及全球经济刺激，进口量同比持续增长，全年需求累计同比增长1787万吨，中国LNG现货进口价同比增长282%。

投资不足和意外停产导致供应紧缩，油气上游投资仅恢复至疫情前2019年的85%；全球计划外停产达530亿立方米，相当于全球产量的9%。经济复苏和极端天气促使需求高涨，亚洲需求稳健上涨，同比涨幅6.5%；欧洲地区上半年需求显著增长，全年同比增速4%；北美地区需求总体与上年持平，同比微降0.4%（图2–141、图2–142）。

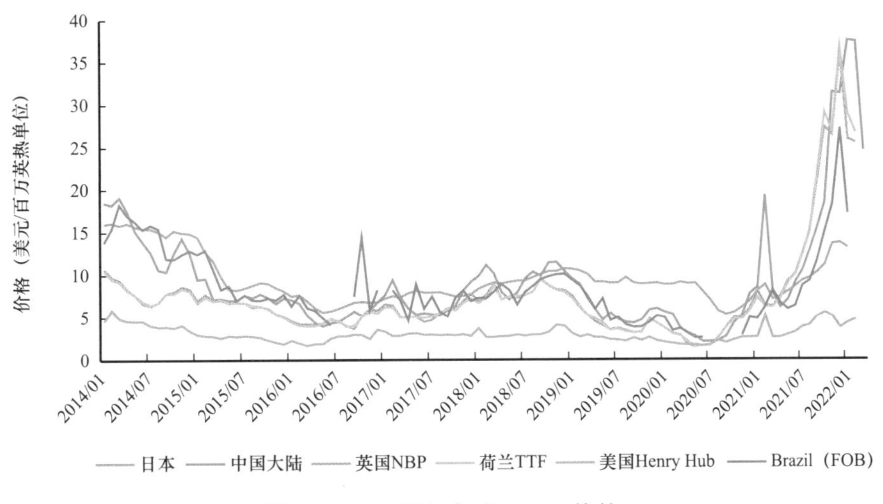

图2–141　天然气和LNG价格

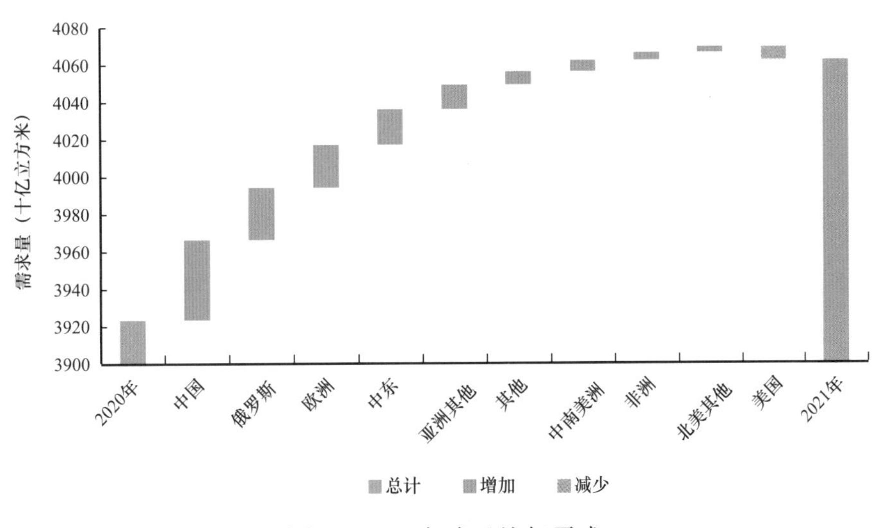

图2–142　全球天然气需求

6. 开发支出仅小幅回升，规模仍处较低水平

2021 年布伦特均价 70.6 美元 / 桶，为 2015 年以来最高均价。2021 年上游开发资本支出 3182 亿美元，同比增长 9%，在 2014 年和 2020 年两次油价暴跌打击下，全球开发资本支出大幅下降，2021 年较 2014 年高点下降 47%。2021 年单位开发成本下降，2015 年起全球单位开发成本总体呈下降趋势，2015—2021 年平均同比降幅为 11%，2021 年降至 5 美元 / 桶（图 2-143、图 2-144）。

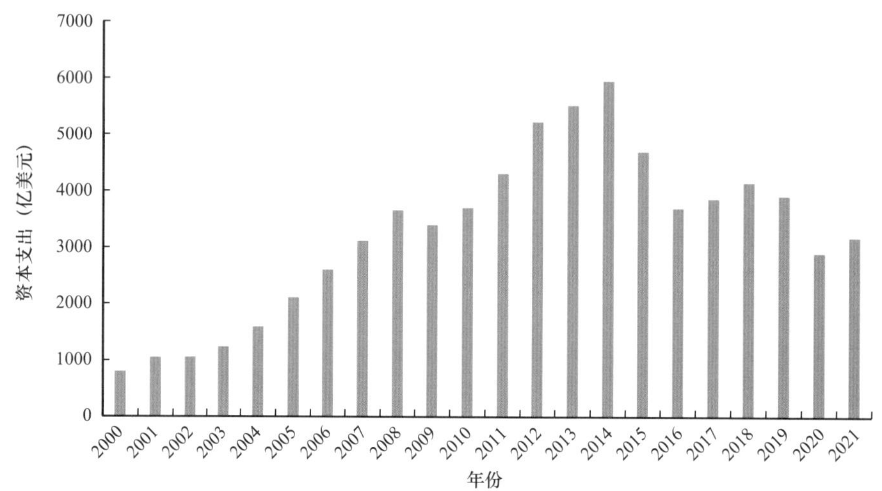

图 2-143　历年全球油气开发资本支出（数据来源：Rystad、WoodMackenzie）

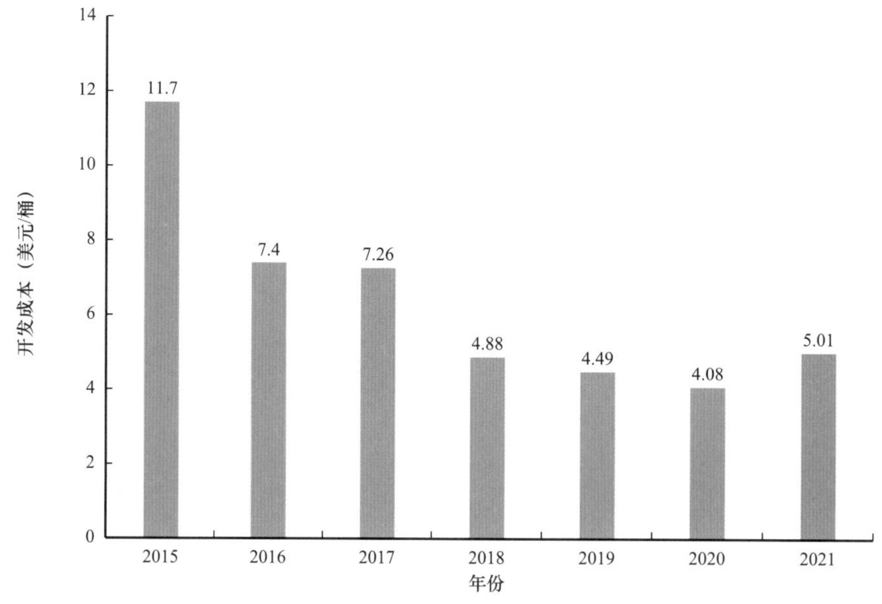

图 2-144　全球油气单位开发成本（数据来源：Rystad、WoodMackenzie）

7. 储产量异向小幅变化，油价推动产量增加

2021 年全球油气技术剩余可采储量下降 66.21 亿吨油当量，降幅为 1.5%，其中非

常规天然气下降 10.1 万亿立方米，为 2021 年油气储量主要下降的主要类型。美国非常规天然气下降 10.04 万亿立方米，页岩气下降 8.33 万亿立方米，其中阿巴拉契亚盆地（APPKY 区块）与 ArkLaTex Basin Other Shale gas ALT AR 的页岩气分别下降 4.27 万亿立方米、3.81 万亿立方米；致密油下降 47.79 亿吨，其中墨西哥湾盆地（GFCLA 区块）下降 19.56 亿吨，居首位。主要原因有两个：一是美国天然气管道项目受挫，天然气运输能力下降，制约上游的增储上产步伐；二是油价上升，巨头公司将资本配置从增长转向维持支出，减少勘探开发投入，北美地区钻机数量与新钻井数保持低位。

2021 年全球油气产量增加 2.32 亿吨油当量，增幅为 3.07%，其中原油增加 0.96 亿吨，天然气增加 1601.97 亿立方米；非常规油气产量增加 0.57 亿吨油当量，其中页岩油产量增加 0.43 亿吨油当量，致密气增加 0.32 亿吨油当量（图 2–145、图 2–146）。

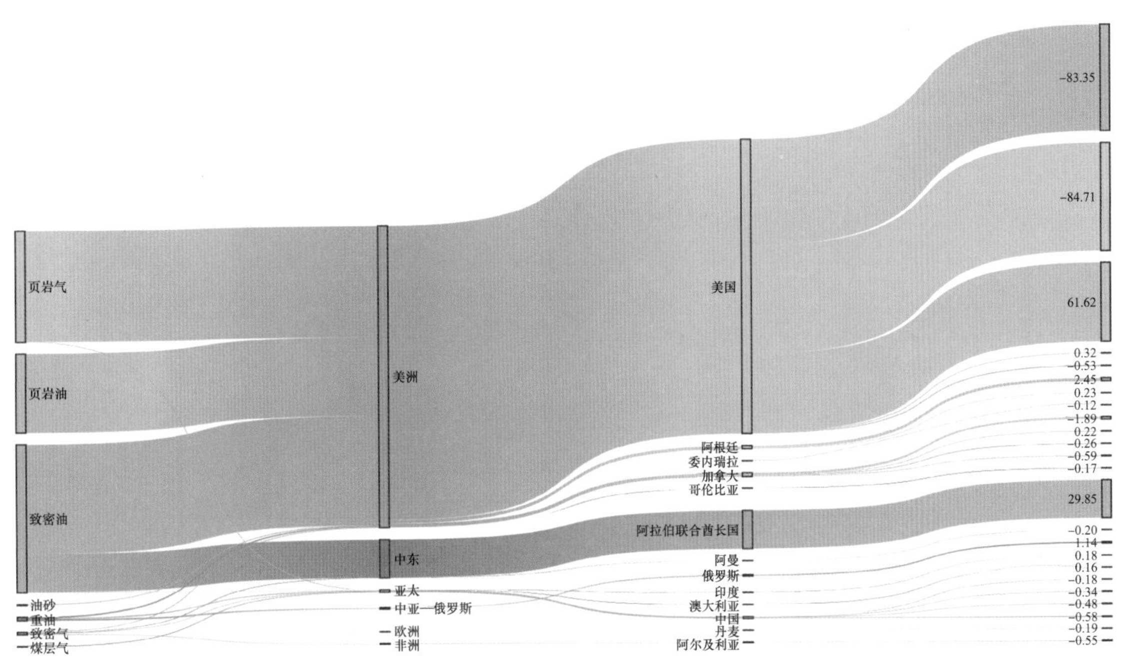

图 2–145　2020—2021 年非常规油气技术剩余可采储量变化桑基图

8. 油气储采比保持高位，开采速度低位运行

2021 年油气技术剩余可采储量和储采比同比小幅下降，但储采比仍保持在 50 以上，其中原油储采比为 55.2，天然气储采比为 59。2021 年油气技术剩余可采储量开采速度为 1.79%，同比上升 0.08%；可采储量开采速度为 1.08%，同比上升 0.03%，其中原油技术剩余可采储量采油速度 1.84%，天然气技术剩余可采储量采气速度 1.72%；原油可采储量采油速度 1.03%，天然气可采储量采气速度 1.16%（图 2–147、图 2–148）。

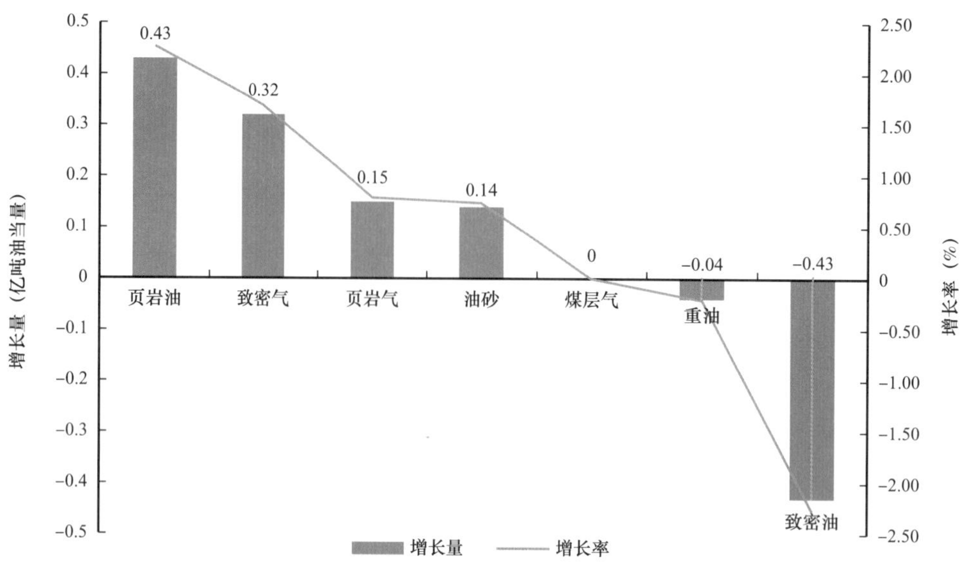

图 2-146　2020—2021 年非常规油气产量增长趋势

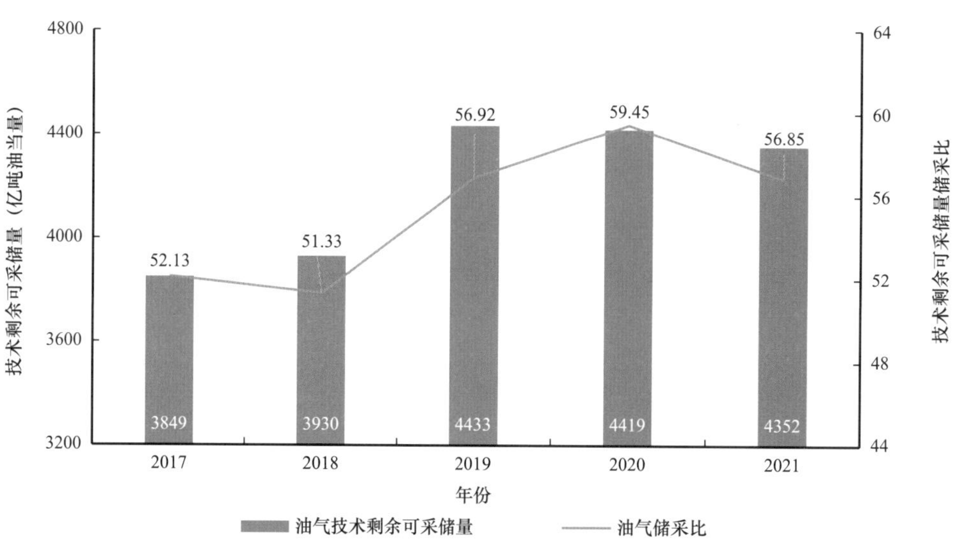

图 2-147　2017—2021 年油气储量及储采比变化

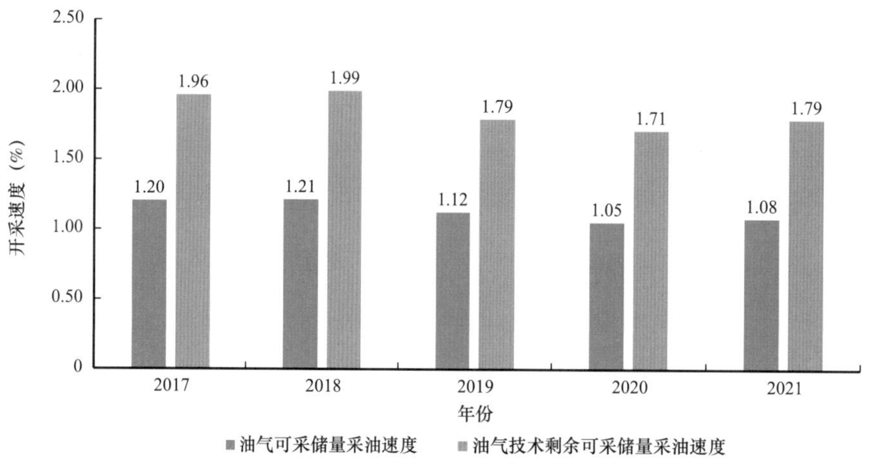

图 2-148　2017—2021 年开采速度变化

二、全球六大区油气开发趋势展望（根据 Wood Mackenzie 数据资料分析得出）

截至 2035 年，全球油气产量总体呈现先上升后下降的趋势，预计在 2028 年达到峰值 89.98 亿吨油当量。其中，美洲地区与中东地区仍是未来全球油气的主要产区，亚太、非洲、欧洲地区未来的油气产量呈现平稳下降趋势，油气产量占比逐渐减小。未来油气生产中，预计陆上常规油气仍占据主要地位，海域油气与非常规油气生产逐渐发力，油气产量占比逐渐增加。

1. 全球六大区油气开发趋势展望

1）中亚—俄罗斯地区

陆上常规天然气产量占据主要地位，2022 年产量 7.47 亿吨油当量，2025 年产量 8.25 亿吨油当量，2030 年产量 8.85 亿吨油当量，2035 年产量 7.7 亿吨油当量；其次是陆上常规原油，2022 年产量 6.15 亿吨油当量，2025 年产量 6.75 亿吨油当量，2030 年产量 6.7 亿吨油当量，2035 年产量 5.69 亿吨油当量。海域油气和非常规油气产量较少，其中 2022 年海域油气产量 1.43 亿吨油当量，非常规油气 0.08 亿吨油当量；2025 年海域油气产量 1.63 亿吨油当量，非常规油气 0.11 亿吨油当量；2030 年海域油气产量 1.99 亿吨油当量，非常规油气 0.1 亿吨油当量；2035 年海域油气产量 2.10 亿吨油当量，非常规油气 0.08 亿吨油当量（图 2–149、图 2–150）。

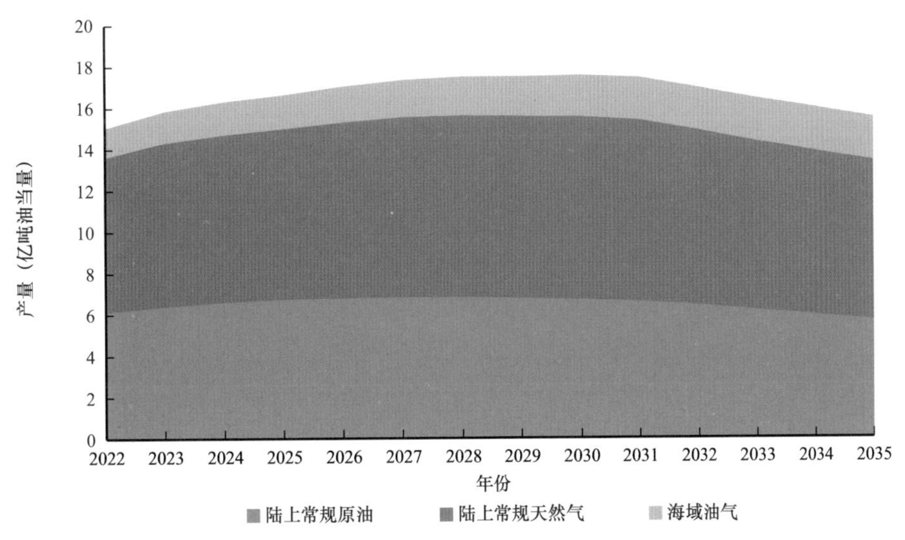

图 2–149　中亚—俄罗斯地区不同类型油气产量预测

2）非洲地区

陆上常规油气产量占据主要地位，2022 年产量 3.28 亿吨油当量，2025 年产量 3.36

亿吨油当量，2030 年产量 2.75 亿吨油当量，2035 年产量 1.87 亿吨油当量；其次是海域油气，2022 年产量 2.56 亿吨油当量，2025 年产量 2.52 亿吨油当量，2030 年产量 2.45 亿吨油当量，2035 年产量 1.71 亿吨油当量。陆上常规天然气和非常规油气产量较少，其中 2022 年陆上常规天然气产量 1.25 亿吨油当量，非常规油气 0.21 亿吨油当量；2025 年陆上常规天然气产量 1.24 亿吨油当量，非常规油气 0.27 亿吨油当量；2030 年陆上常规天然气产量 0.98 亿吨油当量，非常规油气 0.28 亿吨油当量；2035 年陆上常规天然气产量 0.62 亿吨油当量，非常规油气 0.23 亿吨油当量（图 2–151、图 2–152）。

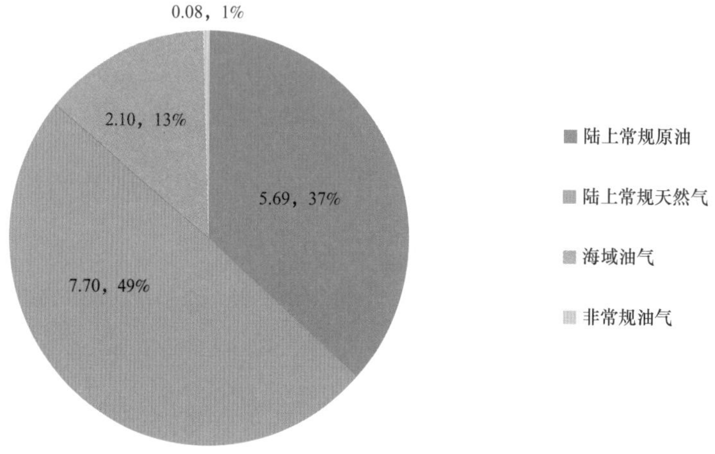

图 2–150　2035 年中亚—俄罗斯地区不同类型产量占比（亿吨油当量）

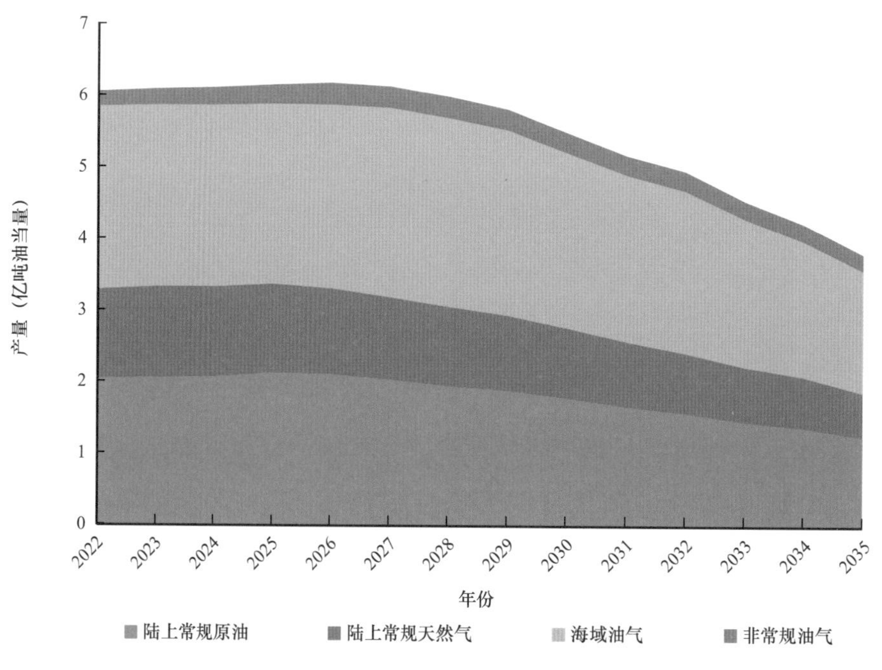

图 2–151　非洲地区不同类型油气产量预测

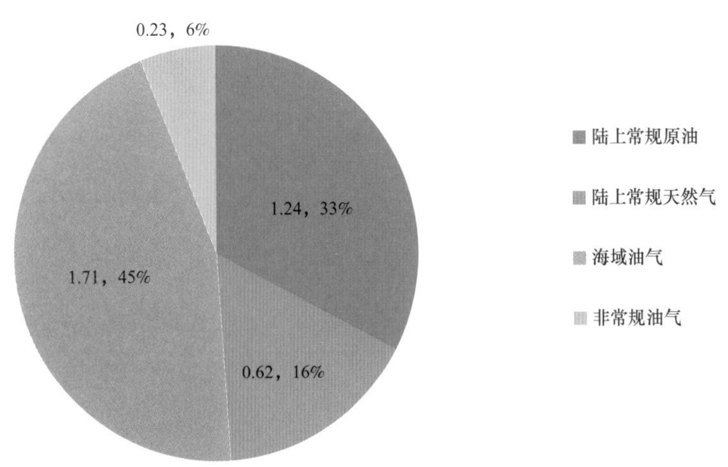

图 2-152 2035 年非洲地区不同类型产量占比（亿吨油当量）

3）中东地区

陆上常规原油产量占据主要地位，2022 年产量 11.01 亿吨油当量，2025 年产量 12.31 亿吨油当量，2030 年产量 13.1 亿吨油当量，2035 年产量 12.37 亿吨油当量；其次是海域油气，2022 年产量 8.06 亿吨油当量，2025 年产量 8.56 亿吨油当量，2030 年产量 9.71 亿吨油当量，2035 年产量 8.61 亿吨油当量。陆上常规天然气和非常规油气产量较少，其中 2022 年陆上常规天然气产量 2.18 亿吨油当量，非常规油气 0.36 亿吨油当量；2025 年陆上常规天然气产量 2.44 亿吨油当量，非常规油气 0.47 亿吨油当量；2030 年陆上常规天然气产量 2.48 亿吨油当量，非常规油气 0.53 亿吨油当量；2035 年陆上常规天然气产量 2.39 亿吨油当量，非常规油气 0.45 亿吨油当量（图 2-153、图 2-154）。

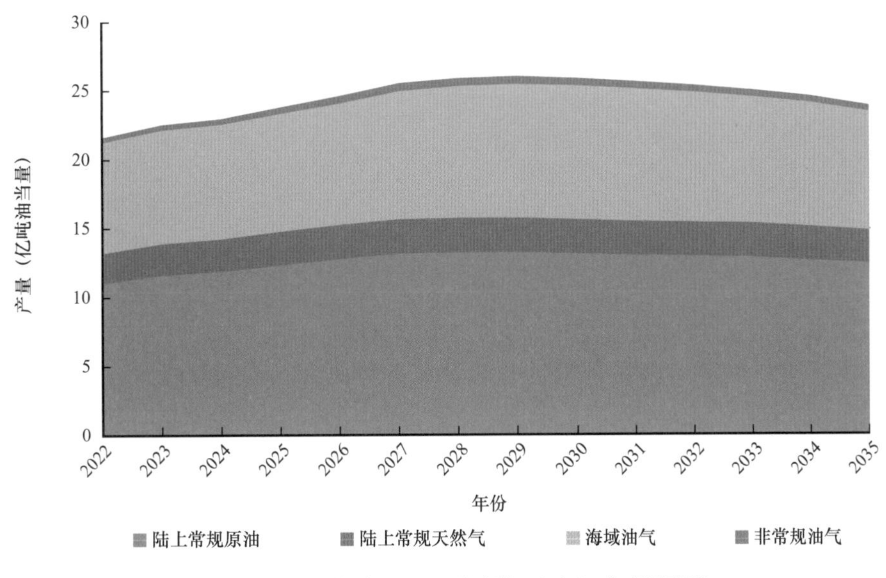

图 2-153 中东地区不同类型油气产量预测

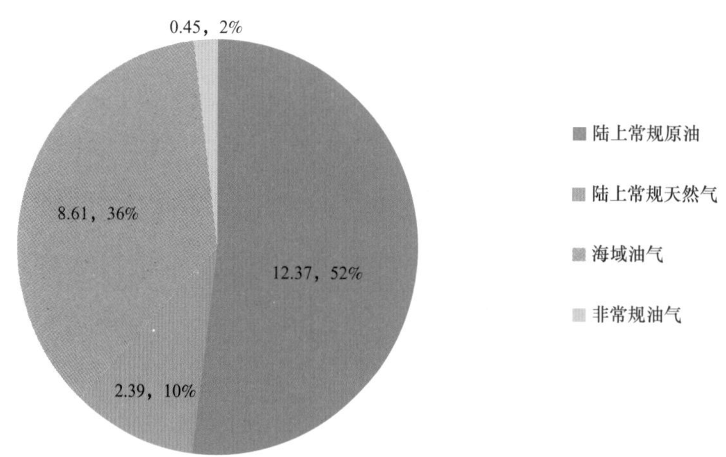

图 2-154　2035 年中东地区不同类型产量占比（亿吨油当量）

4）美洲地区

非常规油气产量占据主要地位，2022 年产量 9.89 亿吨油当量，2025 年产量 11.11 亿吨油当量，2030 年产量 11.95 亿吨油当量，2035 年产量 10.25 亿吨油当量；其次是海域油气，2022 年产量 4.15 亿吨油当量，2025 年产量 4.88 亿吨油当量，2030 年产量 5.34 亿吨油当量，2035 年产量 3.53 亿吨油当量。陆上常规天然气和陆上常规原油在美洲地区产量较少，其中 2022 年陆上常规天然气产量 1.44 亿吨油当量，陆上常规原油 2.31 亿吨油当量，2025 年陆上常规天然气产量 1.28 亿吨油当量，陆上常规原油 2.07 亿吨油当量，2030 年陆上常规天然气产量 1.07 亿吨油当量，陆上常规原油 1.65 亿吨油当量，2035 年陆上常规天然气产量 0.78 亿吨油当量，陆上常规原油 1.14 亿吨油当量（图 2-155、图 2-156）。

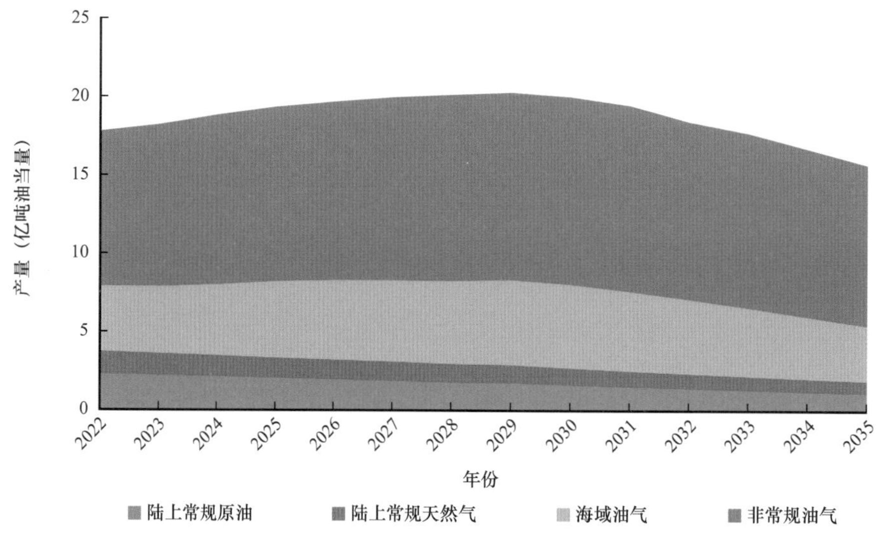

图 2-155　美洲地区不同类型油气产量预测

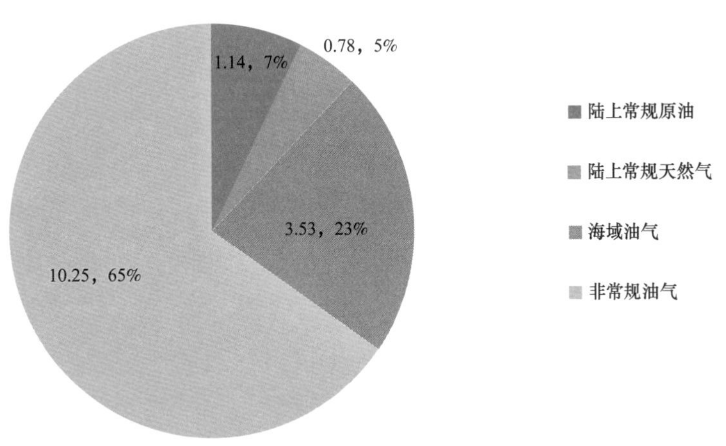

图 2-156　2035 年美洲地区不同类型产量占比（亿吨油当量）

5）亚太地区

海域油气产量占据主要地位，2022 年产量 3.97 亿吨油当量，2025 年产量 4.52 亿吨油当量，2030 年产量 3.8 亿吨油当量，2035 年产量 2.32 亿吨油当量；其次是陆上常规天然气，2022 年产量 1.87 亿吨油当量，2025 年产量 1.77 亿吨油当量，2030 年产量 1.65 亿吨油当量，2035 年产量 1.25 亿吨油当量。陆上常规原油和非常规油气产量较少，其中 2022 年陆上常规原油产量 1.44 亿吨油当量，非常规油气 1.46 亿吨油当量；2025 年陆上常规原油产量 1.29 亿吨油当量，非常规油气 1.55 亿吨油当量；2030 年陆上常规原油产量 0.49 亿吨油当量，非常规油气 0.86 亿吨油当量；2035 年陆上常规原油产量 0.36 亿吨油当量，非常规油气 0.93 亿吨油当量（图 2-157、图 2-158）。

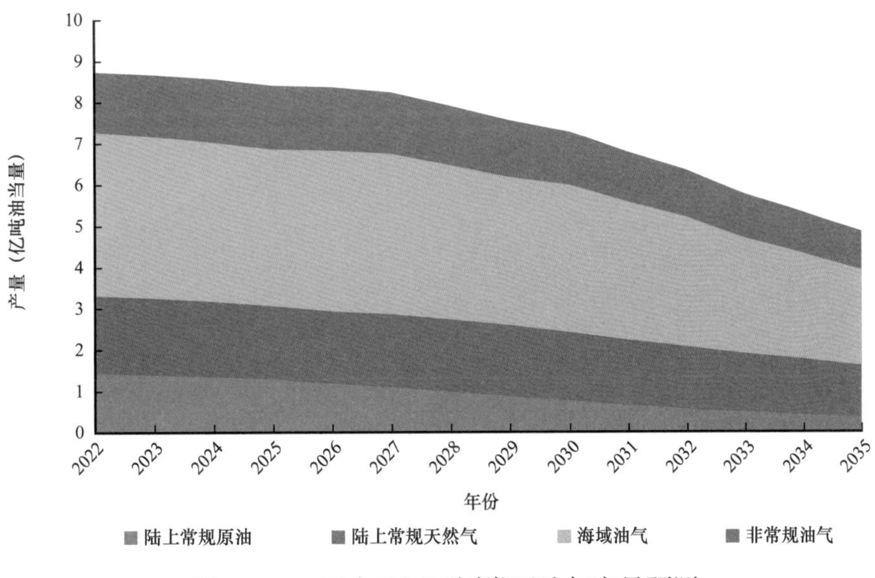

图 2-157　亚太地区不同类型油气产量预测

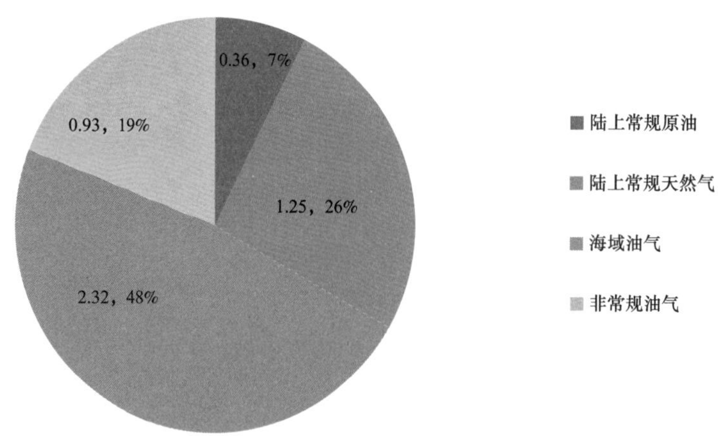

图 2–158　2035 年亚太地区不同类型产量占比（亿吨油当量）

6）欧洲地区

海域油气产量占据主要地位，2022 年产量 2.9 亿吨油当量，2025 年产量 2.89 亿吨油当量，2030 年产量 2.58 亿吨油当量，2035 年产量 1.47 亿吨油当量；其次是陆上常规天然气，2022 年产量 0.38 亿吨油当量，2025 年产量 0.31 亿吨油当量，2030 年产量 0.2 亿吨油当量，2035 年产量 0.12 亿吨油当量。陆上常规原油和非常规油气产量较少，其中 2022 年陆上常规原油产量 0.2 亿吨油当量，非常规油气 0.11 亿吨油当量；2025 年陆上常规原油产量 0.20 亿吨油当量，非常规油气 0.12 亿吨油当量；2030 年陆上常规原油产量 0.15 亿吨油当量，非常规油气 0.07 亿吨油当量；2035 年陆上常规原油产量 0.11 亿吨油当量，非常规油气 0.05 亿吨油当量（图 2–159、图 2–160）。

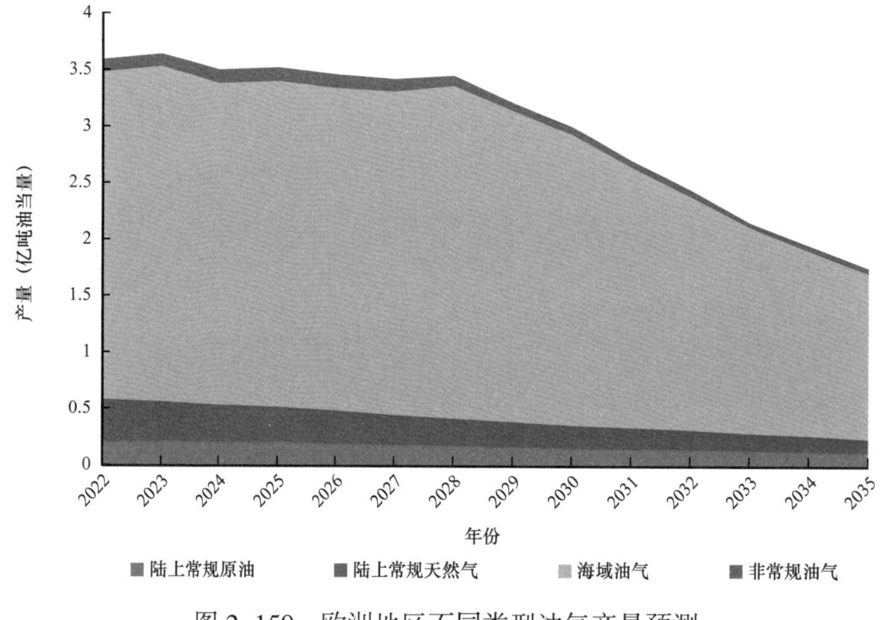

图 2–159　欧洲地区不同类型油气产量预测

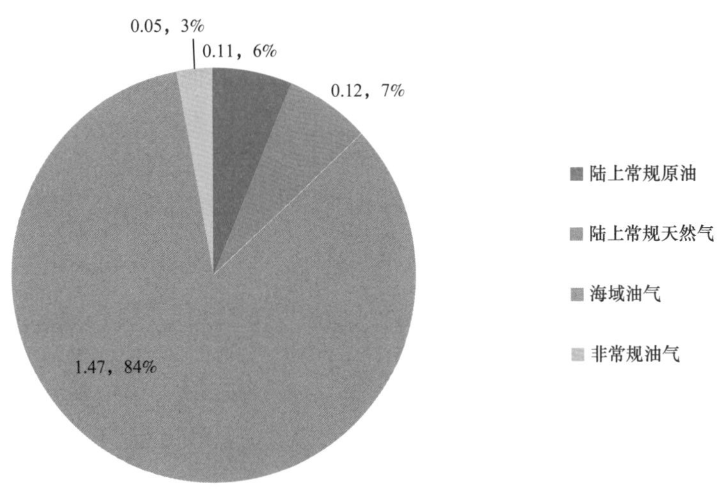

图 2-160 2035 年欧洲地区不同类型产量占比（亿吨油当量）

2. 不同类型油气开发趋势展望

未来全球油气产量呈先上升后下降的趋势，2022—2025 年增至 86.7 亿吨油当量，2028 年达到 89.98 亿吨油当量，其中原油 52.08 亿吨油当量，天然气 37.9 亿吨油当量。

未来 20 年，原油与天然气产量占比较平稳，2042 年后原油产量占比逐年下降，天然气产量占比稳步上升。2022—2030 年天然气产量增长较明显，2030 年产量较 2022 年上升 4.14 亿吨油当量，增长率 8.87%；2030 年后产量趋于下降趋势，2035 年原油产量降到 41.74 亿吨油当量；天然气产量降到 31.76 亿吨油当量（图 2-161、图 2-162）。

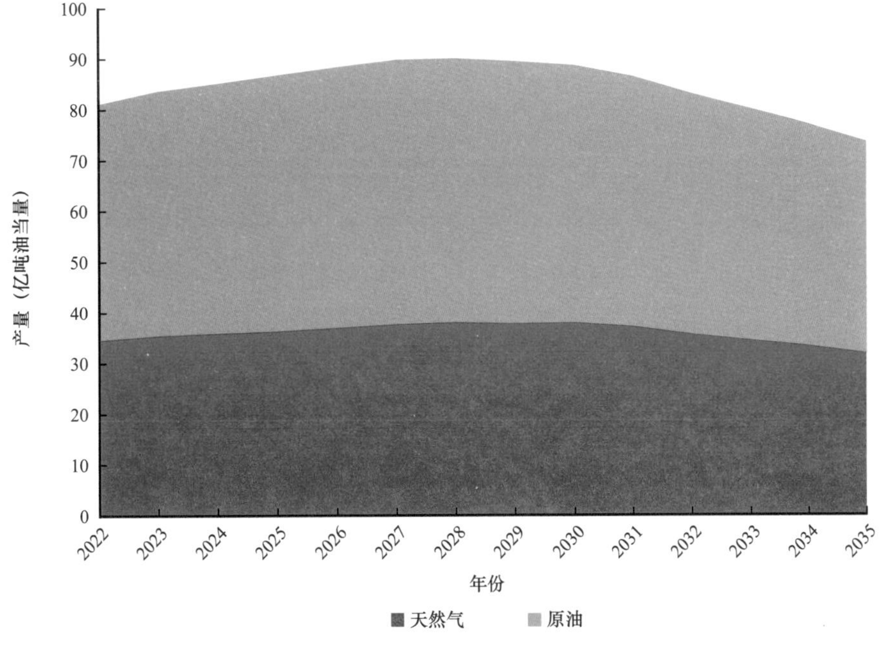

图 2-161 全球油气产量变化趋势

陆上常规油气是全球油气产量的主要部分，非常规油气和海域油气作为未来油气的主要发展方向，也将在全球油气产量构成中起到越来越重要的作用。陆上常规原油产量占比逐渐增加，海域油气产量占比趋于平稳，非常规油气产量占比处于先上升后下降的趋势。2035 年，海域油气产量减少到 19.75 亿吨油当量，非常规油气产量为 19.97 亿吨油当量。2035 年陆上常规原油产量占比 28.46%，陆上常规天然气占比 17.51%，海域油气占比 26.87%，非常规油气占比 27.16%（图 2–163、图 2–164）。

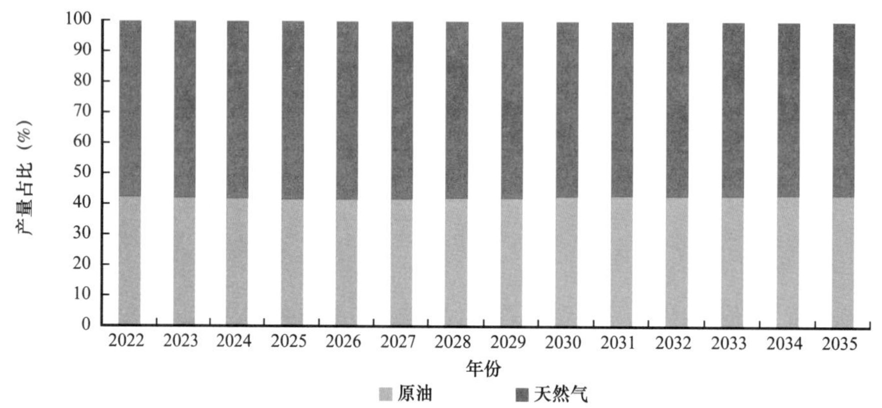

图 2–162　全球油气产量占比变化趋势

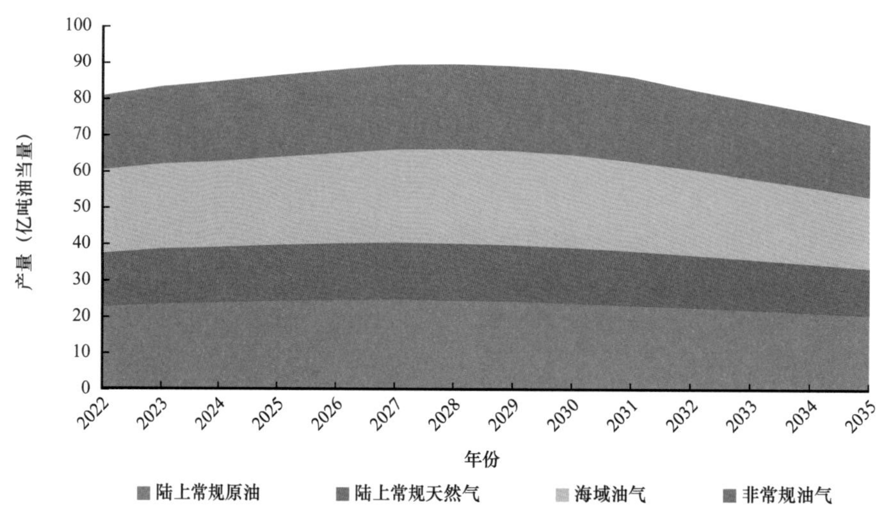

图 2–163　全球油气分类发展趋势

1）陆上常规油气

陆上常规油气未来产量先上升后下降，中东地区在产量构成中占据主要位置。2025 年后，中东地区产量上升明显，产量占比迅速增大，美洲、亚太地区产量下降迅速，产量占比小。

全球陆上常规油气 2022 年产量为 37.74 亿吨油当量，2035 年产量约为 33.78 亿吨油当量（图 2–165、图 2–166）。

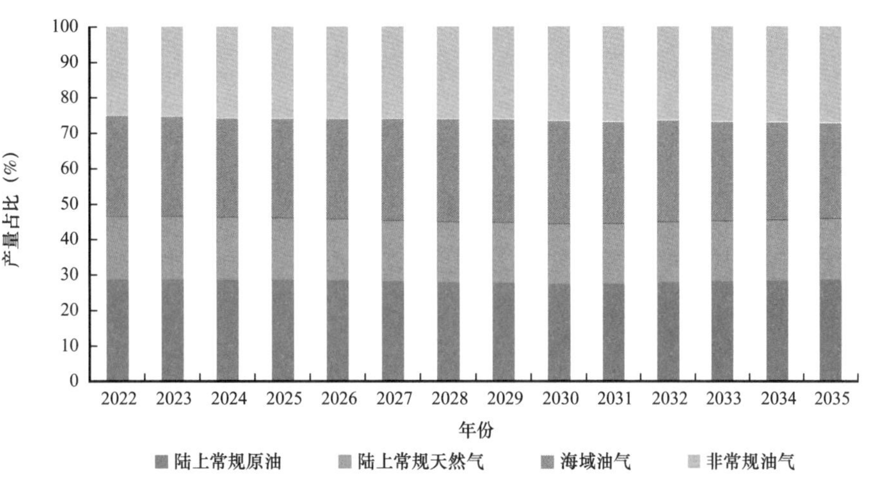

图 2-164　全球四种类型油气产量占比预测

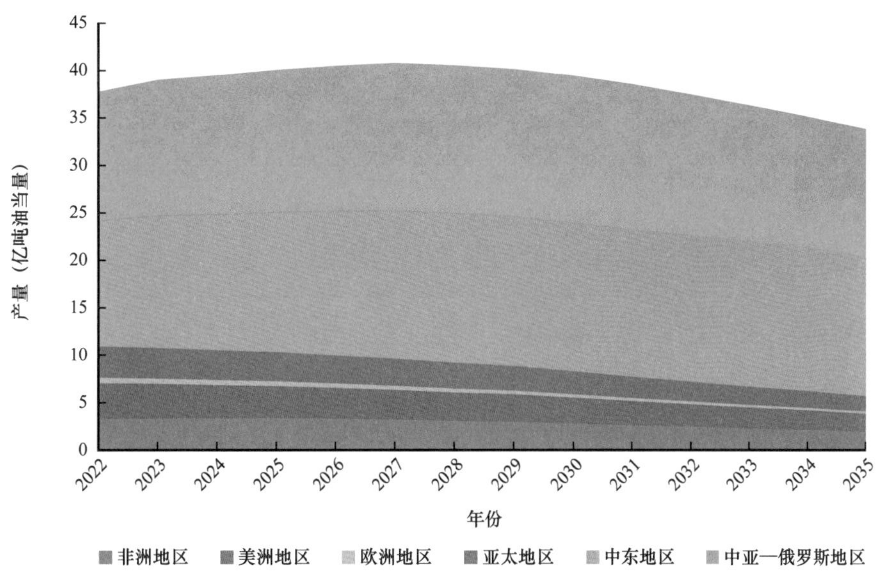

图 2-165　全球陆上常规油气开发趋势展望

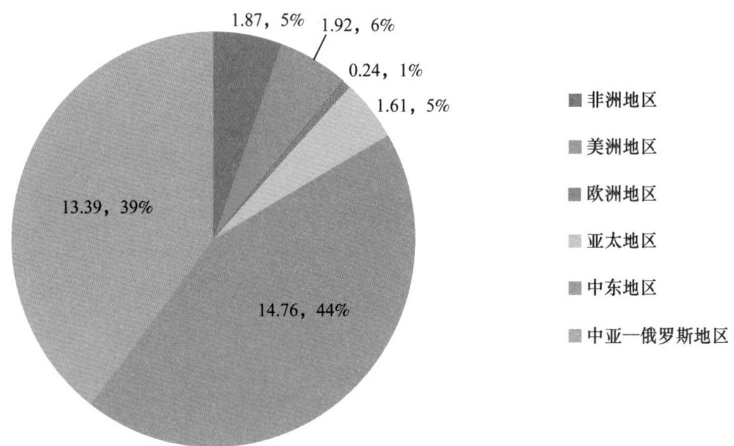

图 2-166　2035 年全球陆上常规油气区域产量构成图（亿吨油当量）

（1）陆上常规原油。

陆上常规原油已处于中等采出程度阶段，2027 年陆上常规原油产量达到峰值，较 2022 年增长 2.03 亿吨，中东地区仍在产量构成中占据主要位置。2030 年后，中东地区产量占比迅速增大，美洲、亚太地区产量下降迅速，产量占比小。

全球陆上常规原油 2022 年产量为 23.14 亿吨，2035 年产量约为 20.92 亿吨（图 2–167、图 2–168）。

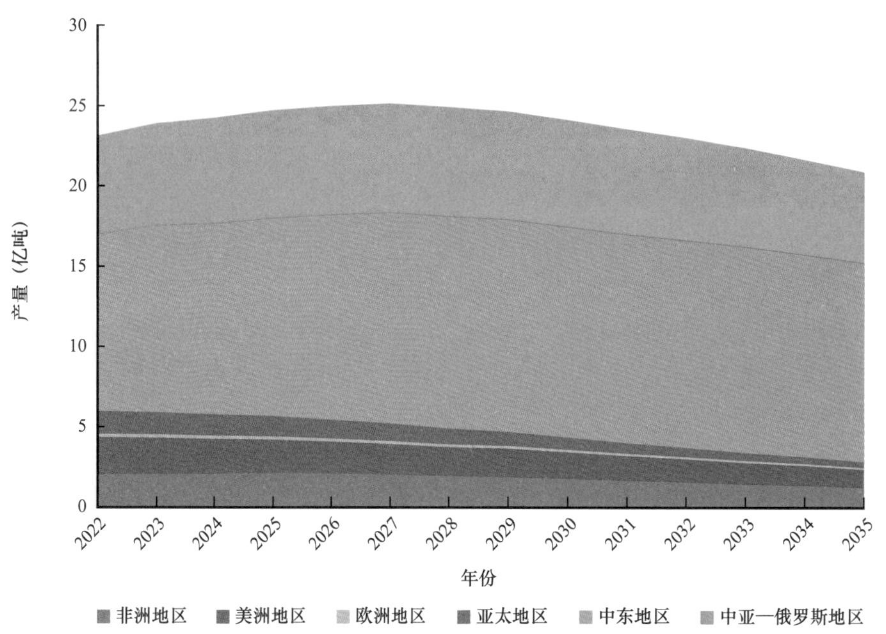

图 2–167　全球陆上常规原油开发趋势展望

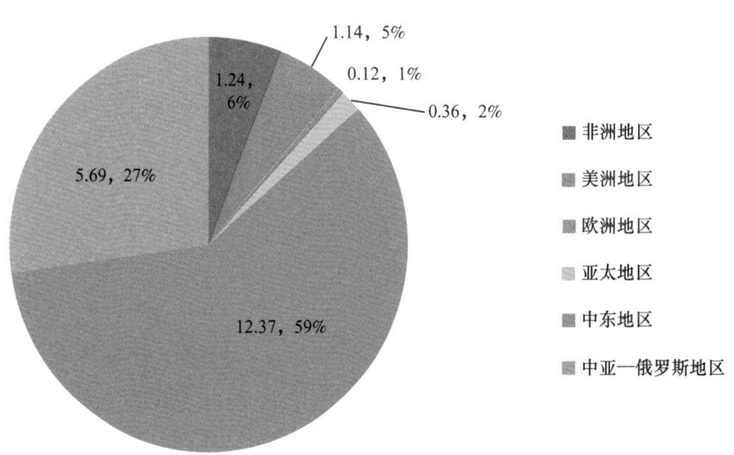

图 2–168　2035 年全球陆上常规原油区域产量构成图（亿吨）

（2）陆上常规天然气。

至 2030 年，全球陆上常规天然气产量呈增长趋势，由 2022 年的 14.6 亿吨油当量增加至 2035 年的 12.86 亿吨油当量。2035 年，中亚—俄罗斯地区保持主力地位，产量占比高达60%；至2035年，中东地区产量逐渐增加，2035年产量2.39亿吨油当量；2035年后，亚太地区及欧洲地区产量下降明显（图2–169、图2–170）。

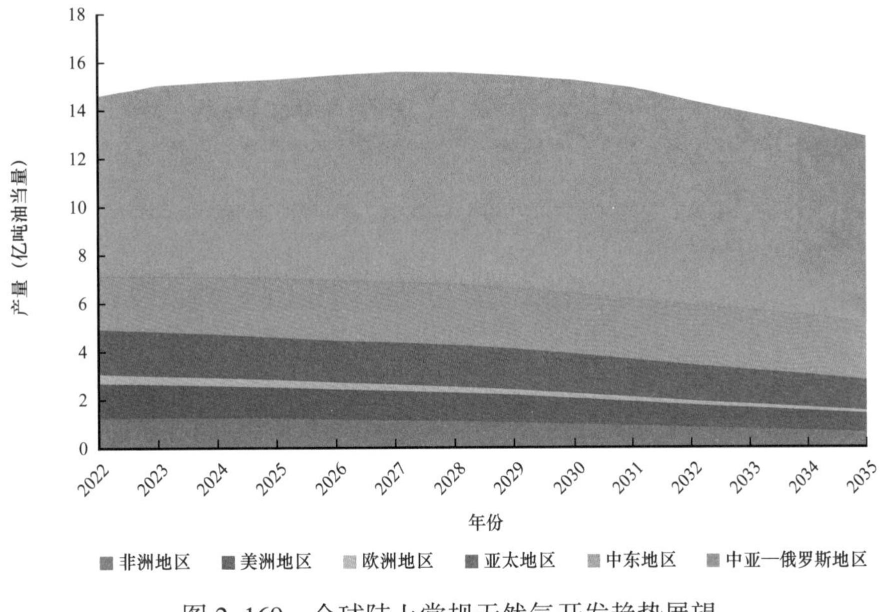

图2–169 全球陆上常规天然气开发趋势展望

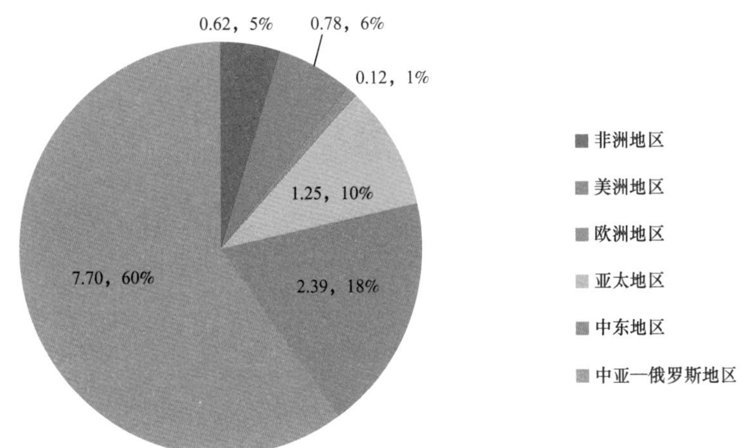

图2–170 2035年全球陆上常规天然气区域产量构成图（亿吨油当量）

2）海域油气

2029年前海域浅水油气产量将保持稳定，深水和超深水逐渐发力。中东地区、中亚—俄罗斯地区产量增长较明显，美洲地区高峰产量过后，递减明显。2025年后中东、中亚—俄罗斯地区产量保持稳定，其余地区产量都处于下降趋势。

全球海域油气2022年产量为23.05亿吨油当量，其中原油产量为12.59亿吨油当量，天然气产量为10.46亿吨油当量；2035年产量为19.74亿吨油当量，其中原油产量为10.06亿吨，天然气产量为9.68亿吨油当量（图2–171、图2–172）。

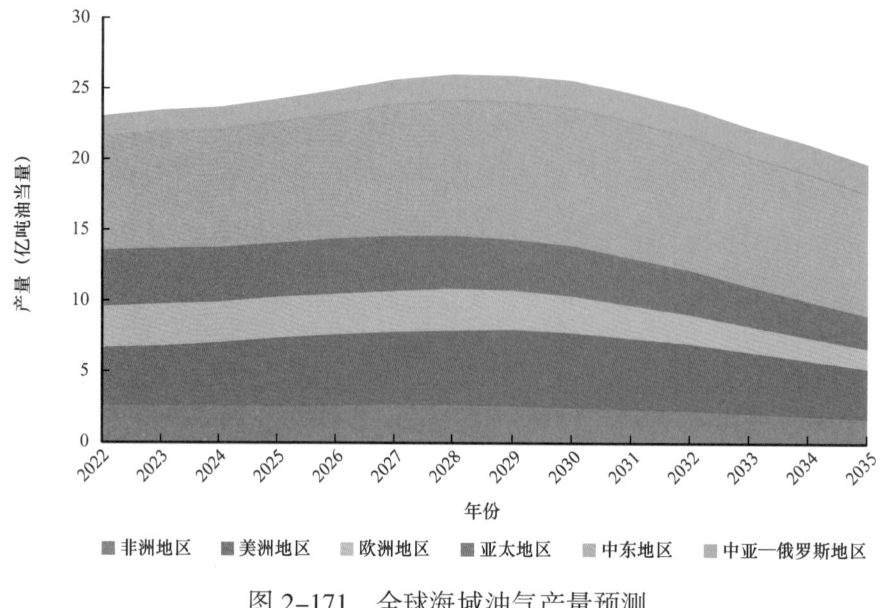

图 2–171　全球海域油气产量预测

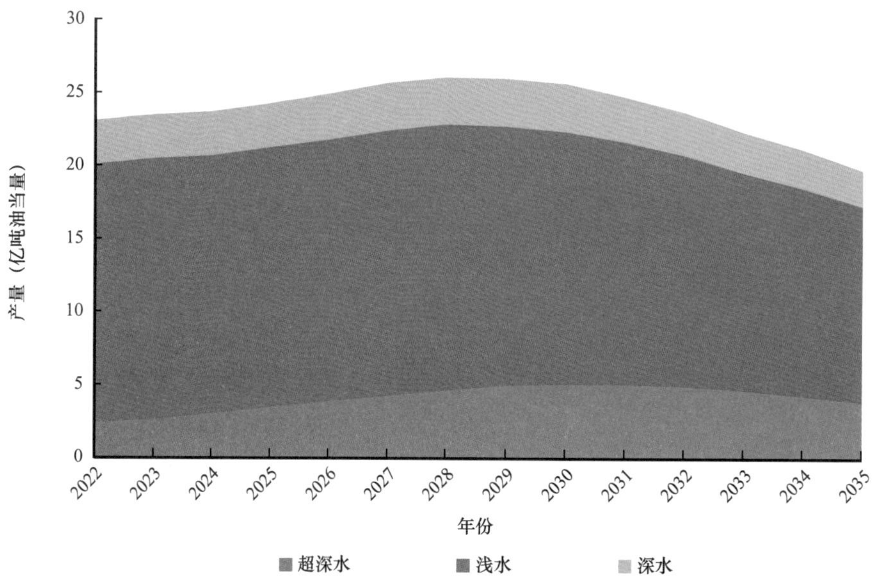

图 2–172　全球不同水深海域油气产量预测

（1）海域原油。

全球海域原油产量将先增加后减小。2030 年前海域原油产量在浅水保持稳定，深水和超深水逐渐发力。2030 年后海域原油在浅水区域产量下降，深水、超深水产量也逐渐下降。2022—2035 年中东、中亚—俄罗斯地区产量基本保持稳定，非洲地区产量一直处于下降趋势，美洲、亚太和欧洲地区产量一直处于下降趋势。

全球海域原油 2022 年产量为 12.59 亿吨油当量；2035 年产量为 10.06 亿吨油当量（图 2–173、图 2–174）。

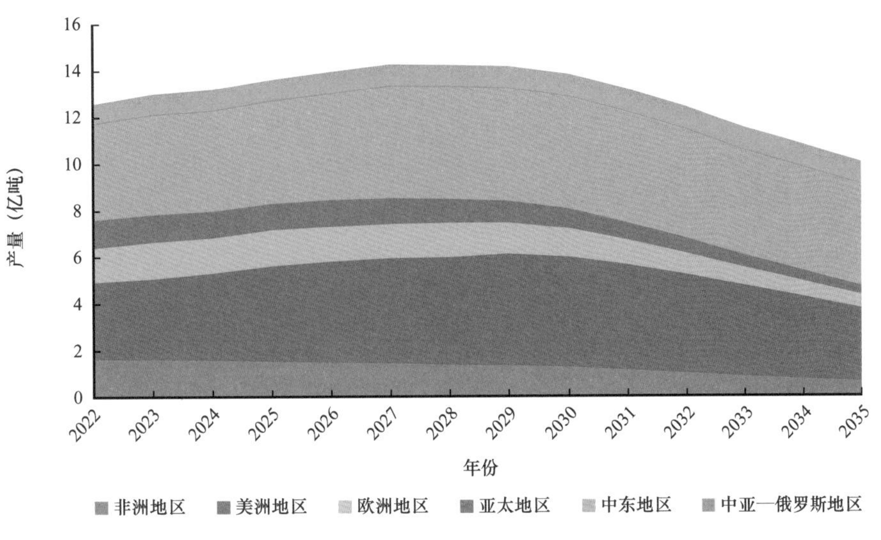

图 2-173 全球海域原油产量预测

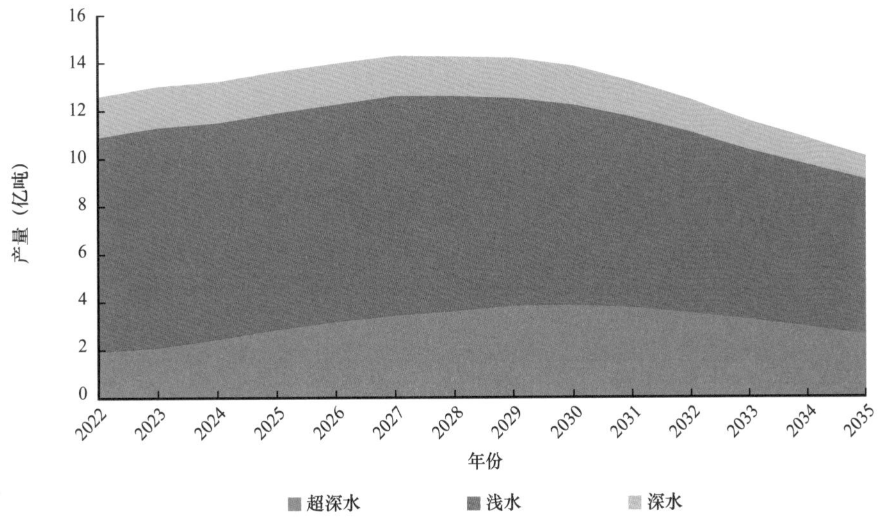

图 2-174 全球不同水深海域原油产量预测

（2）海域天然气。

全球海域天然气产量处于先缓慢上升后快速下降的趋势。中亚—俄罗斯、中东和非洲地区海域天然气产量一直处于上升趋势，美洲地区产量一直处于下降趋势，亚太、欧洲地区海域天然气产量处于先上升后下降的趋势。

全球海域天然气 2022 年产量为 10.46 亿吨油当量；2035 年产量为 9.68 亿吨油当量（图 2-175、图 2-176）。

3）非常规油气

全球非常规油气以 2030 年为分界点，将经历快速上升、缓慢下降两个阶段。由 2022 年 20.28 亿吨油当量快速增长到 2030 年 23.54 亿吨油当量，后降低到 2035 年的 19.96 亿吨油当量。

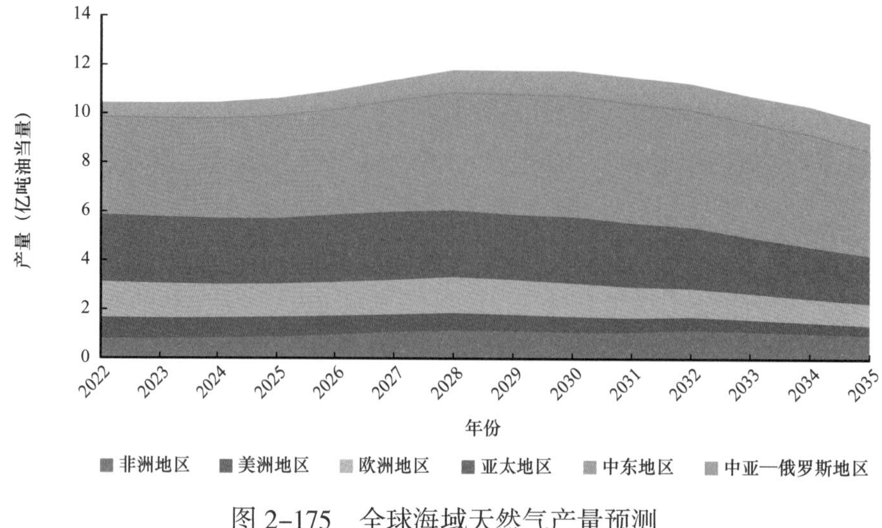

图 2-175　全球海域天然气产量预测

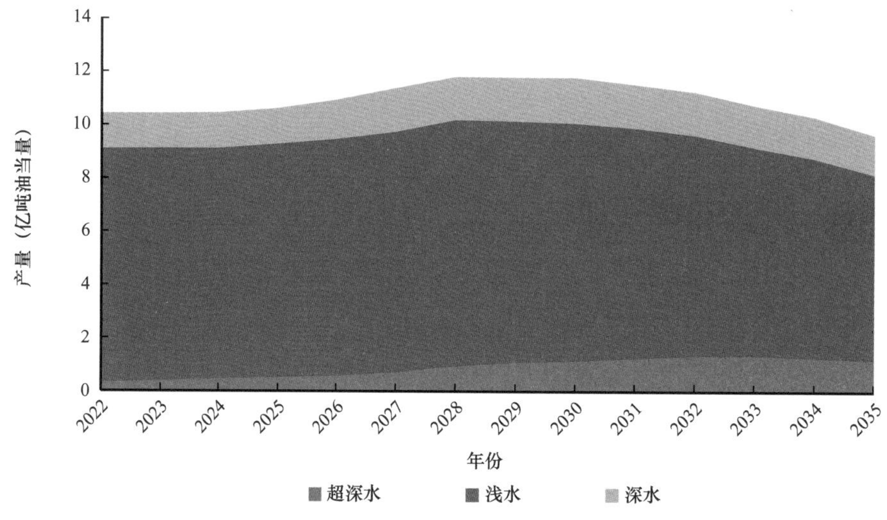

图 2-176　全球不同水深海域天然气产量预测

全球非常规油气 2022 年产量为 20.28 亿吨油当量，其中原油产量为 10.92 亿吨，天然气产量为 9.36 亿吨油当量；2025 年预计为 22.4 亿吨油当量，其中原油产量为 12.2 亿吨，天然气产量为 10.2 亿吨油当量；2030 年，全球非常规油气产量预计为 23.54 亿吨油当量，其中原油产量为 12.8 亿吨，天然气产量为 10.74 亿吨油当量；2035 年预计为 19.96 亿吨油当量，其中原油产量为 10.76 亿吨，天然气产量为 9.2 亿吨油当量（图 2-177、图 2-178）。

（1）非常规原油。

全球非常规原油以 2029 年为分界点，将经历快速上升、缓慢下降两个阶段。由 2022 年 10.92 亿吨快速增长到 2029 年 12.9 亿吨，后降低到 2035 年的 10.76 亿吨。致密油仍然是未来非常规原油的开发重点方向（图 2-179、图 2-180）。

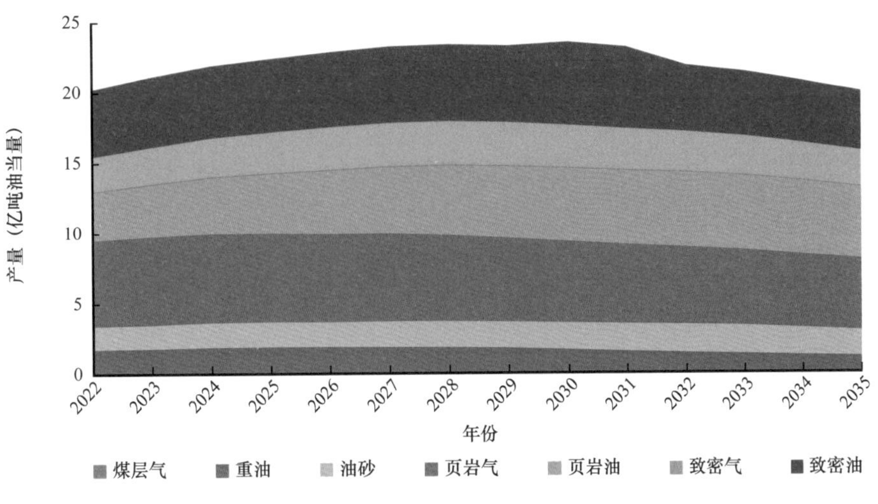

图 2-177　全球非常规油气发展趋势

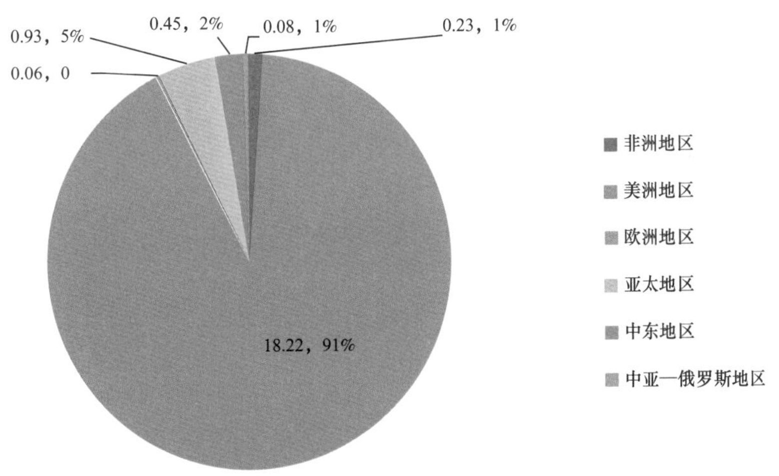

图 2-178　2035 年全球非常规油气区域产量构成图（亿吨油当量）

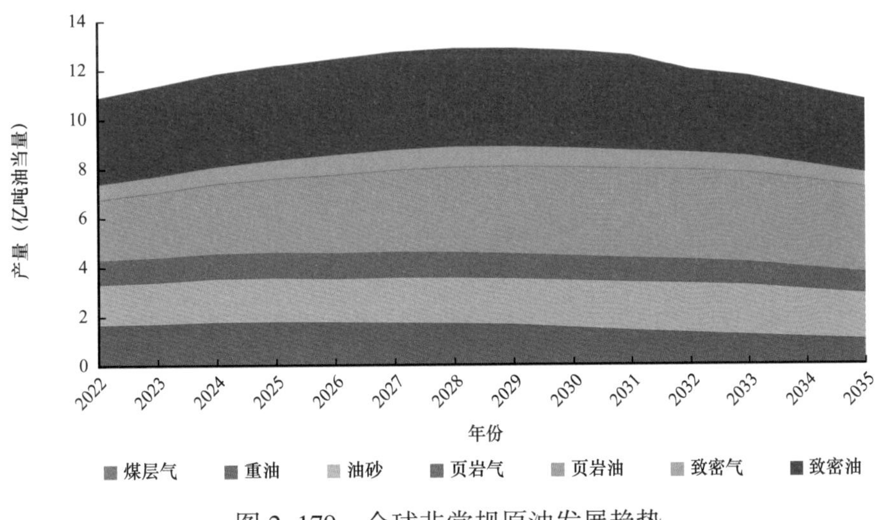

图 2-179　全球非常规原油发展趋势

（2）非常规天然气。

全球非常规天然气以 2030 年为分界点，将经历快速上升、缓慢下降两个阶段。由

2022 年 9.36 亿吨油当量快速增长到 2030 年 10.74 亿吨油当量降低到 2035 年的 9.2 亿吨油当量。页岩气仍然是未来非常规原油的开发重点方向（图 2–181、图 2–182）。

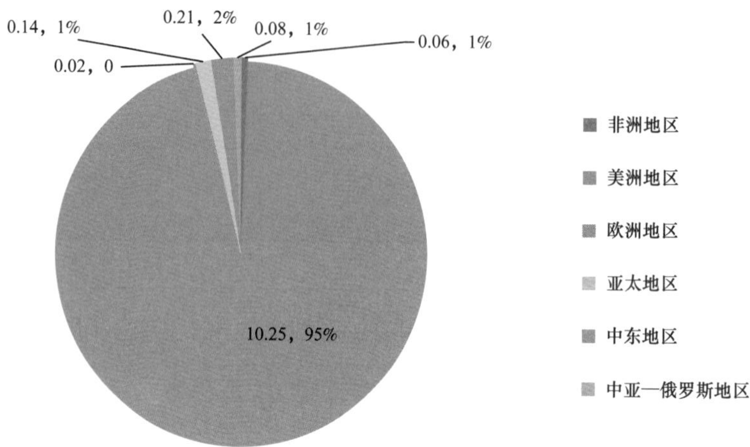

图 2–180　2035 年全球非常规原油区域产量构成图（亿吨）

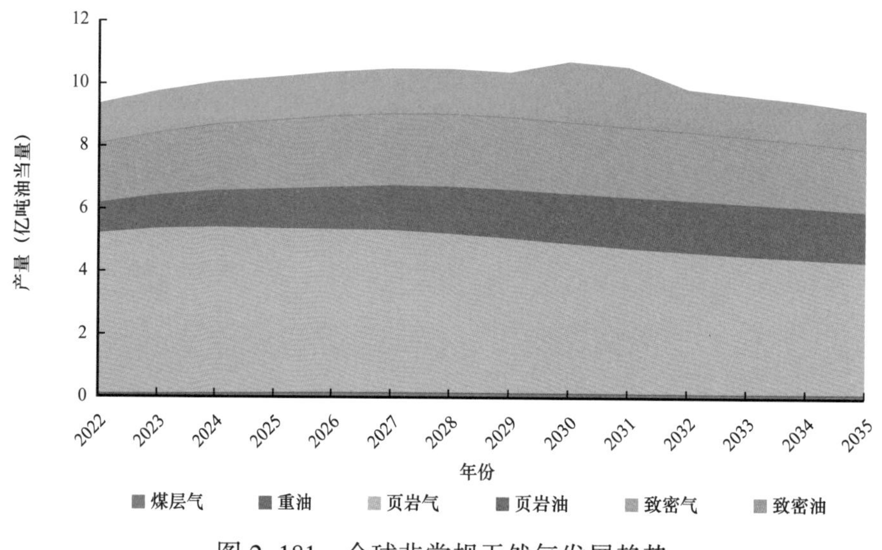

图 2–181　全球非常规天然气发展趋势

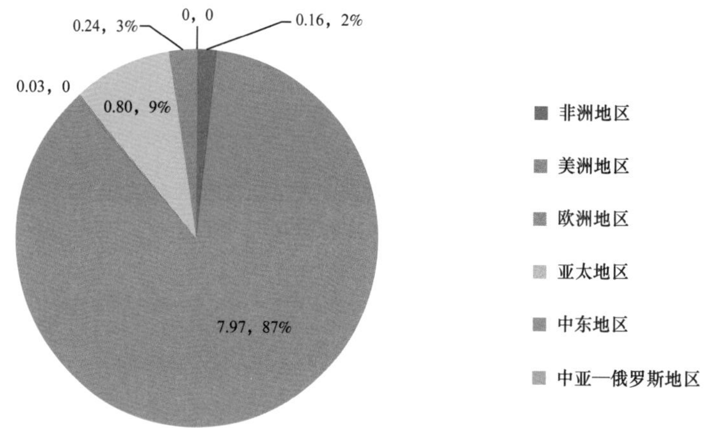

图 2–182　2035 年全球非常规天然气区域产量构成图（亿吨油当量）

第三节　全球主力油气田开发特征

定义历史最大年产量在 1000 万吨以上的油气田为主力油气田。本节主要阐述全球主力油气田基本概况、分布特征、开发阶段和股权构成、参股比例变化情况，最后归纳总结了全球主力油气田开发特征。

一、全球主力油气田基本概况

截至 2021 年，主力油气田共 349 个。从类型来看，陆上常规油气田 190 个，海域油气田 117 个，非常规油气田 42 个；从区域来看，美洲地区 81 个，中东地区 76 个，中亚—俄罗斯地区 66 个，亚太地区 47 个，非洲地区 45 个，欧洲地区 34 个。

二、全球主力油气田分布特征

1. 主力油气田数量分布特征

截至 2021 年底，全球主力油田 248 个，主力气田 101 个，最大年产量集中分布在 1000 万～5000 万吨之间，该区间的主力油气田共 303 个（油田 216 个，气田 87 个）；最大年产量在 5000 万～1 亿吨之间的油气田 33 个（油田 24 个，气田 9 个）；大于 1 亿吨的油气田 13 个（油田 8 个，气田 5 个；图 2–183、表 2–36）。

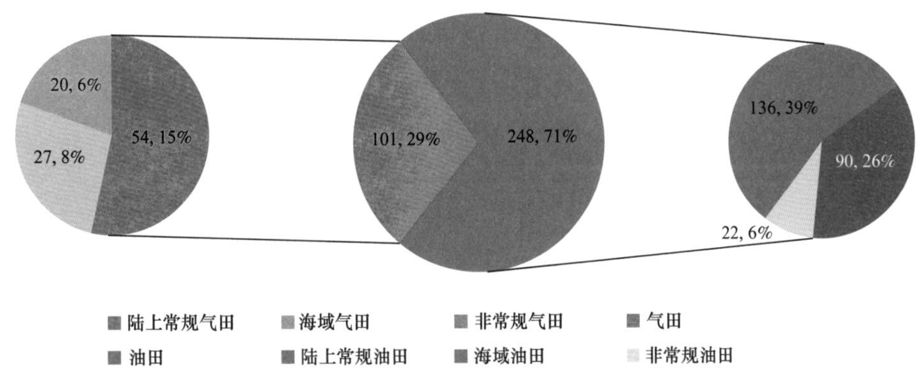

图 2–183　不同类型主力油气田开发分布

全球陆上常规类型的主力油气田 190 个，占主力油气田数量的 54.44%；海域类型的主力油气田 117 个，占主力油气田数量的 33.52%，非常规主力油气田 42 个，占主力油气田数量的 12.04%（表 2–37）。

全球 44.99% 的主力油气田分布在美洲地区和中东地区，美洲地区主力油气田数量占全球主力油气田的 23.21%，其中美洲地区主力油田的数量占全球主力油田的 24.60%，美洲地区主力气田数量占全球主力气田的 19.8%。

表 2-36　2021 年全球主力油气田不同地区统计表（个）

最大年产量	中东地区		中亚—俄罗斯地区		美洲地区		亚太地区		非洲地区		欧洲地区	
	油田	气田	油田	气田	油田	气田	油田	气田	油田	气田	油田	气田
1000 万～5000 万吨	49	10	32	23	52	17	23	22	36	7	24	8
5000 万～1 亿吨	10	2	4	2	7	2	2	0	1	1	0	2
>1 亿吨	3	2	3	2	2	1	0	0	0	0	0	0
总计	62	14	39	27	61	20	25	22	37	8	24	10

表 2-37　2021 年全球主力油气田不同类型统计表（个）

最大年产量	陆上常规			海域			非常规		
	油田	气田	油气田	油田	气田	油气田	油田	气田	油气田
1000 万～5000 万吨	111	46	157	86	24	110	19	17	36
5000 万～1 亿吨	18	6	24	3	1	4	3	2	5
>1 亿吨	7	2	9	1	2	3	0	1	1
总计	136	54	190	90	27	117	22	20	42

中东地区主力油气田的数量占全球主力油气田数量的 21.78%，中东地区的主力油田的数量占全球主力油田的 25%，中东主力气田的数量占全球主力气田的 13.86%；欧洲地区主力油气田数量最少，仅占全球主力油气田的 9.74%，其中主力油田占全球主力油田的 9.68%，主力气田占全球主力气田的 9.90%（图 2-184）。

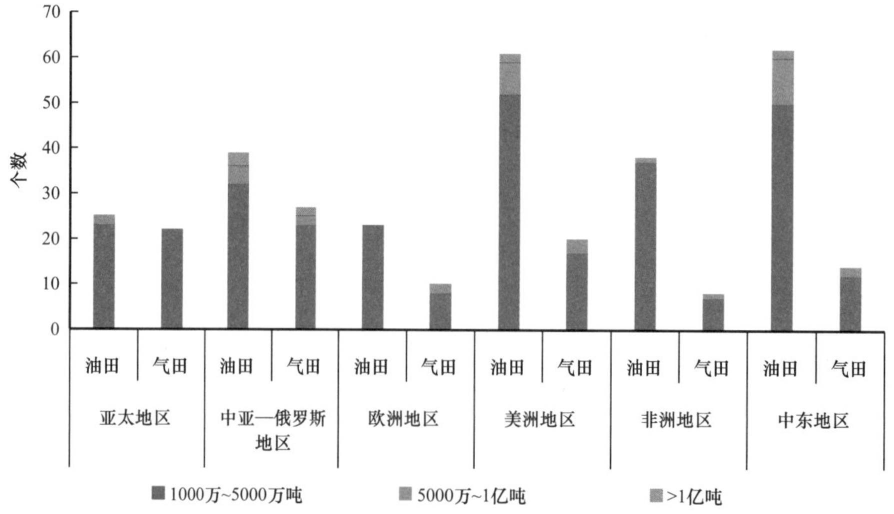

图 2-184　2021 年全球各大区主力油气田统计图（个）

2. 主力油气田储量分布特征

截至 2021 年底，全球主力油气田油气经济剩余可采储量 1178.94 亿吨油当量，技术剩余可采储量 1661.21 亿吨油当量；原油经济剩余可采储量 702.77 亿吨，技术剩余可采储量 972.70 亿吨；天然气经济剩余可采储量 56.39 万亿立方米，技术剩余可采储量 81.54 万亿立方米。2021 年主力油气田油气技术剩余可采储量较 2020 年减少了 49.07 亿吨油当量，下降率为 2.87%；美洲地区是油气储量减少的主要地区，油气储量减少 153.57 亿吨油当量，原油储量减少 36.66 亿吨，天然气储量减少 13.84 万亿立方米；中东地区是油气储量增加的主要地区，油气储量增加 75.19 亿吨油当量，原油储量增加 62.77 亿吨，天然气储量增加 1.47 万亿立方米（表 2–38、表 2–39）。

表 2–38　2021 年全球主力油气田六大区剩余可采储量表

六大地区	原油（亿吨）		天然气（万亿立方米）		油气合计（亿吨油当量）	
	经济	技术	经济	技术	经济	技术
非洲地区	19.03	35.2	2.17	4.24	37.32	71.03
亚太地区	16	17.95	5.49	6.49	62.36	72.72
欧洲地区	6.53	7.52	1.21	1.95	16.77	23.96
中东地区	431.09	570.49	20.61	31.41	605.12	835.77
美洲地区	130.05	199.55	9.98	11.06	214.31	292.92
中亚—俄罗斯地区	100.07	141.99	16.93	26.39	243.06	364.81
合计	702.77	972.7	56.39	81.54	1178.94	1661.21
占比（%）	57.83	40.71	55.43	35.07	56.84	38.17

表 2–39　全球主力油气田技术剩余可采储量变化（2020—2021 年）

时间	2020 年			2021 年			增长量			增长率（%）		
地区	原油（亿吨）	天然气（万亿立方米）	油气合计（亿吨油当量）	原油（亿吨）	天然气（万亿立方米）	油气合计（亿吨油当量）	原油（亿吨）	天然气（万亿立方米）	油气合计（亿吨油当量）	原油	天然气	油气合计
非洲地区	35.14	4.23	70.88	35.2	4.24	71.03	0.06	0.01	0.15	0.17	0.24	0.21
亚太地区	16.84	5.96	67.18	17.95	6.49	72.72	1.11	0.53	5.54	6.59	8.89	8.25
欧洲地区	8	2.05	25.34	7.52	1.95	23.96	–0.48	–0.1	–1.38	–6	–4.88	–5.45
中东地区	507.72	29.94	760.58	570.49	31.41	835.77	62.77	1.47	75.19	12.36	4.91	9.89

续表

时间	2020 年			2021 年			增长量			增长率（%）		
地区	原油（亿吨）	天然气（万亿立方米）	油气合计（亿吨油当量）	原油（亿吨）	天然气（万亿立方米）	油气合计（亿吨油当量）	原油（亿吨）	天然气（万亿立方米）	油气合计（亿吨油当量）	原油	天然气	油气合计
美洲地区	236.21	24.9	446.49	199.55	11.06	292.92	−36.66	−13.84	−153.57	−15.52	−55.58	−34.39
中亚—俄罗斯地区	127.46	25.16	339.82	141.99	26.39	364.81	14.53	1.23	24.99	11.40	4.93	7.36
总计	931.37	92.24	1710.29	972.7	81.54	1661.21	41.33	−10.7	−49.08	4.44	−11.59	−2.87

从油气经济和技术剩余可采储量的对比来看，陆上常规油气经济剩余可采储量637.63 亿吨油当量，是陆上常规油气技术剩余可采储量的 66.79%；海域油气经济剩余可采储量 341.11 亿吨油当量，是海域油气技术剩余可采储量的 72.18%；非常规油气经济剩余可采储量 200.19 亿吨油当量，是非常规油气技术剩余可采储量的 85.56%（图 2–185、图 2–186）。

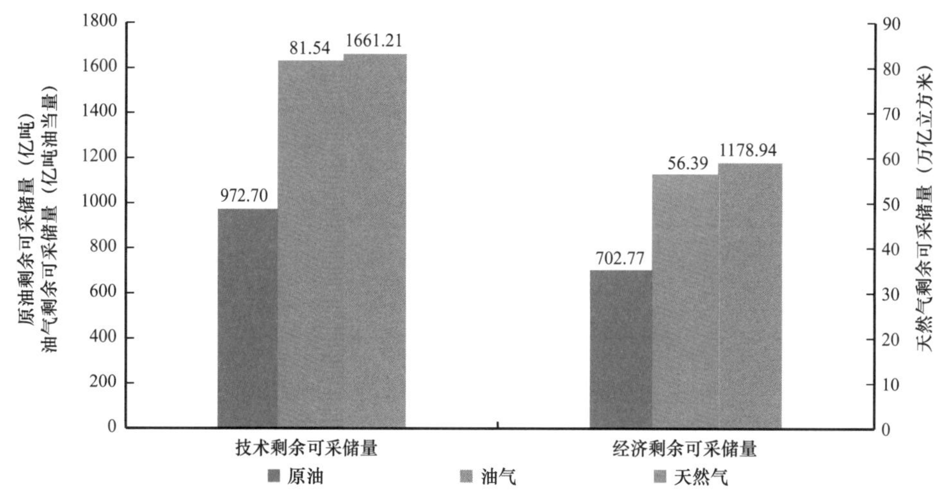

图 2–185　主力油气田剩余可采储量分类

陆上常规原油经济剩余可采储量为 421.03 亿吨，是陆上常规原油技术剩余可采储量的 71.48%；陆上常规天然气经济剩余可采储量为 25.65 万亿立方米，是陆上常规天然气技术剩余可采储量的 59.24%。非常规原油经济剩余可采储量为 108.69 亿吨，是非常规原油技术剩余可采储量的 77.83%；非常规天然气经济剩余可采储量为 10.84 万亿立方米，是非常规天然气技术剩余可采储量的 97.05%。海域原油经济剩余可采储量为 173.05 亿吨，是海域原油技术剩余可采储量的 70.9%；海域天然气经济剩余可采储量为 19.9 万亿立方米，是海域天然气技术剩余可采储量的 73.54%（图 2–187、图 2–188、图 2–189）。

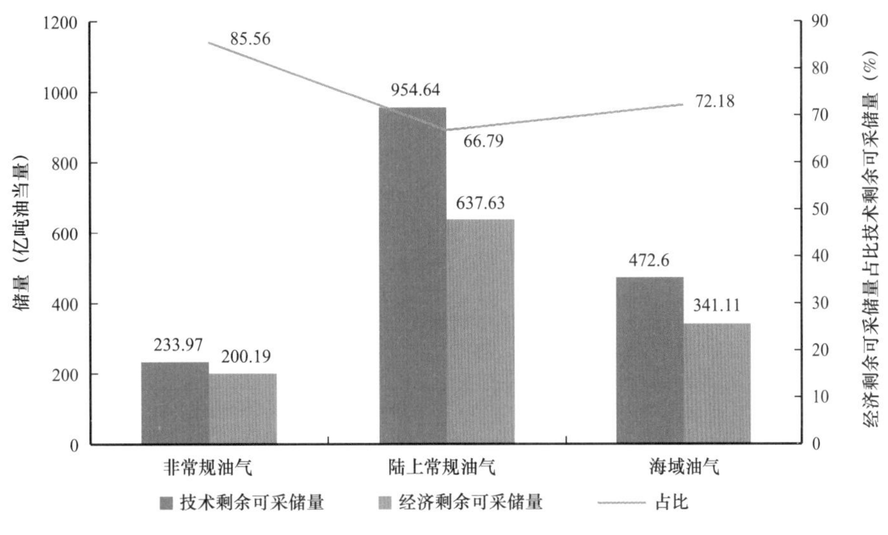

图 2-186　主力油气田不同类型剩余可采储量分类

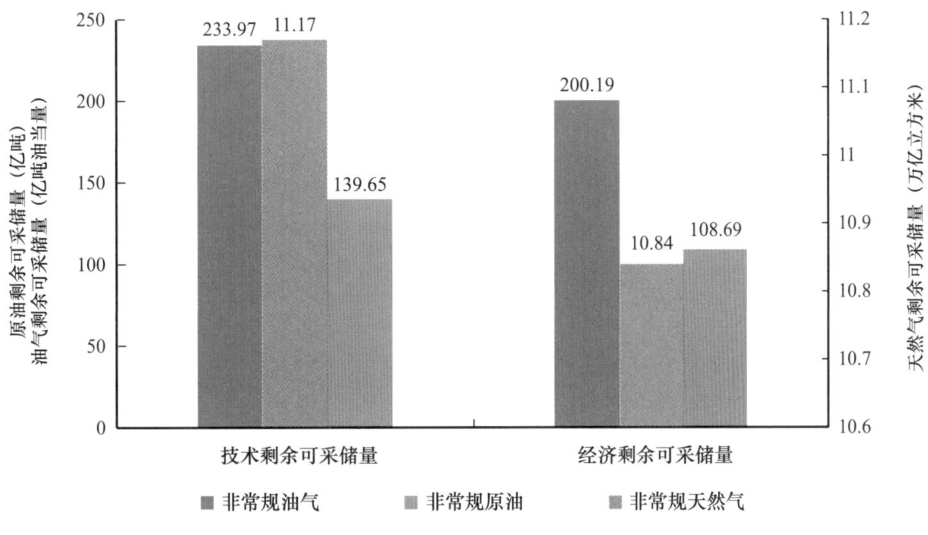

图 2-187　主力油气田非常规剩余可采储量分类

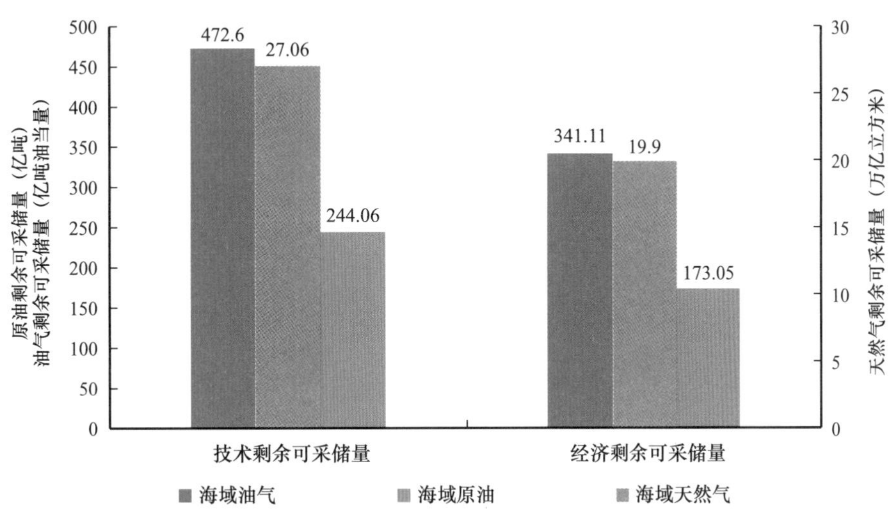

图 2-188　主力油气田海域剩余可采储量分类

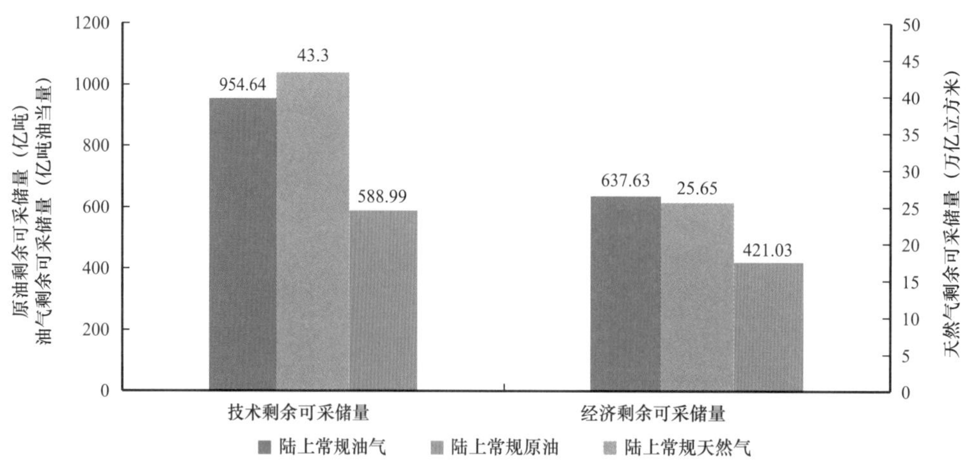

图 2-189　主力油气田陆上常规剩余可采储量分类

全球主力油气田油气技术剩余可采储量与储采比均呈现先上升后下降趋势，开采速度呈现下降后上升趋势。与 2017 年相比，2021 年主力油气田油气技术剩余可采储量增长 503.19 亿吨油当量，储采比增长了 9.47，可采储量开采速度下降 0.5%，技术剩余可采储量开采速度下降 1.08%。2019 年油气技术剩余可采储量、储采比增幅均最大，开采速度下降最快；原因是美洲地区油气技术剩余可采储量增长较多，增长了 341.98 亿吨油当量；其中增长最多的国家是美国，增长了 298.08 亿吨油当量（图 2-190、图 2-191）。

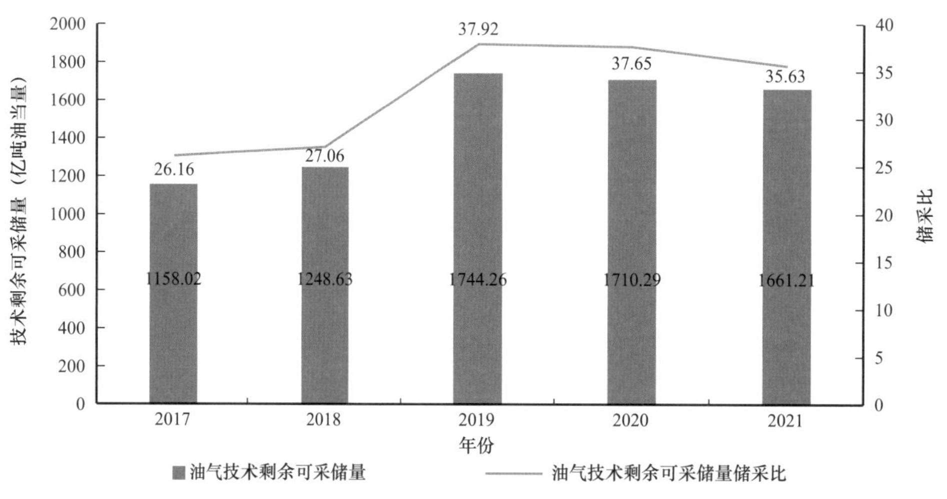

图 2-190　全球主力油气田油气技术剩余可采储量与储采比变化

全球主力油气田原油技术剩余可采储量与储采比均呈上升趋势，开采速度呈下降趋势。五年来，原油技术剩余可采储量年均增速 11.73%，储采比年均增速 12.22%。2019 年原油技术剩余可采储量、储采比上升幅度最大，开采速度下降最快；原因是美洲地区原油技术剩余可采储量增长较多，增长了 158 亿吨；其中增长最多的国家是美国，增长了 115.97 亿吨（图 2-192、图 2-193）。

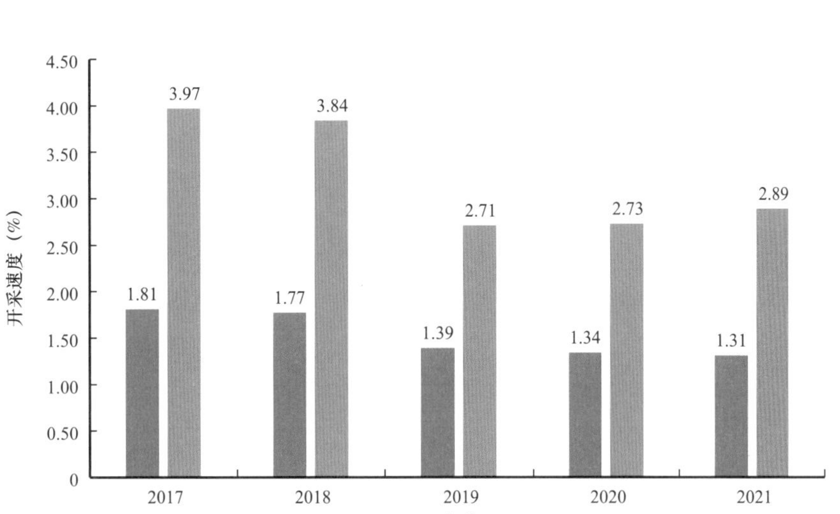

图 2-191　全球主力油气田油气开采速度变化

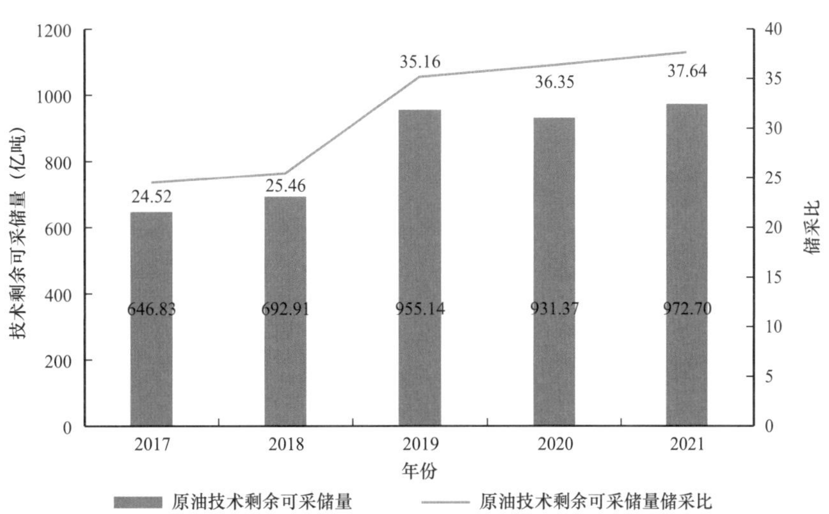

图 2-192　全球主力油气田原油技术剩余可采储量与储采比变化

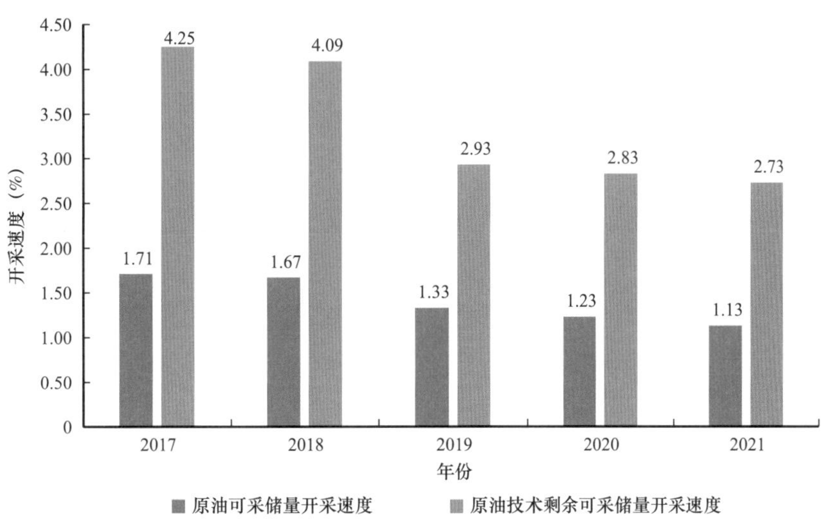

图 2-193　全球主力油气田原油开采速度变化

全球主力油气田天然气技术剩余可采储量与储采比均呈现先上升后下降趋势，开采速度呈现下降后上升趋势。近五年来，天然气储量年均增速 9.45%，储采比年均增速 5.16%。2019 年天然气技术剩余可采储量、储采比上升幅度最大，开采速度下降最快；原因是美洲地区天然气技术剩余可采储量增长最多，增长了 21.79 万亿立方米；其中增长最多的国家是美国，增长了 21.57 万亿立方米（图 2–194、图 2–195）。

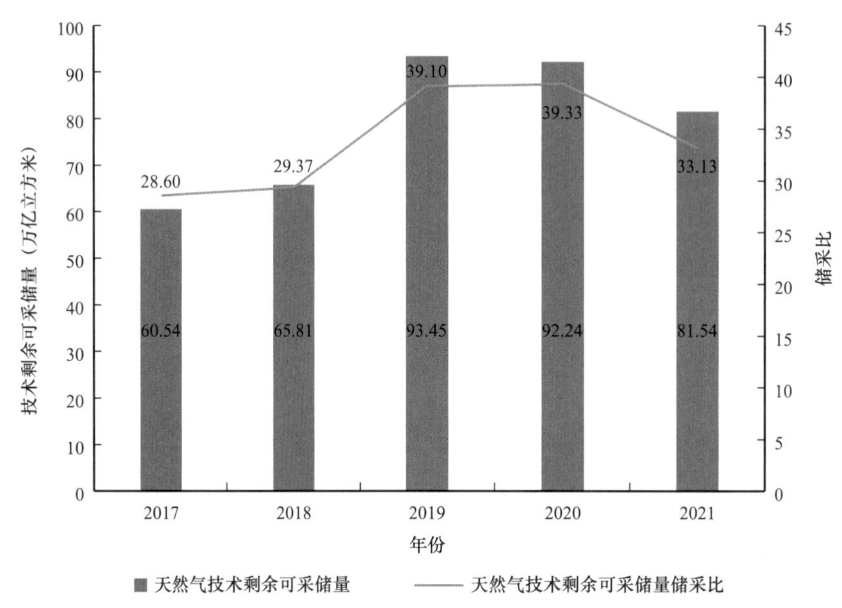

图 2–194　全球主力油气田天然气技术剩余可采储量与储采比变化

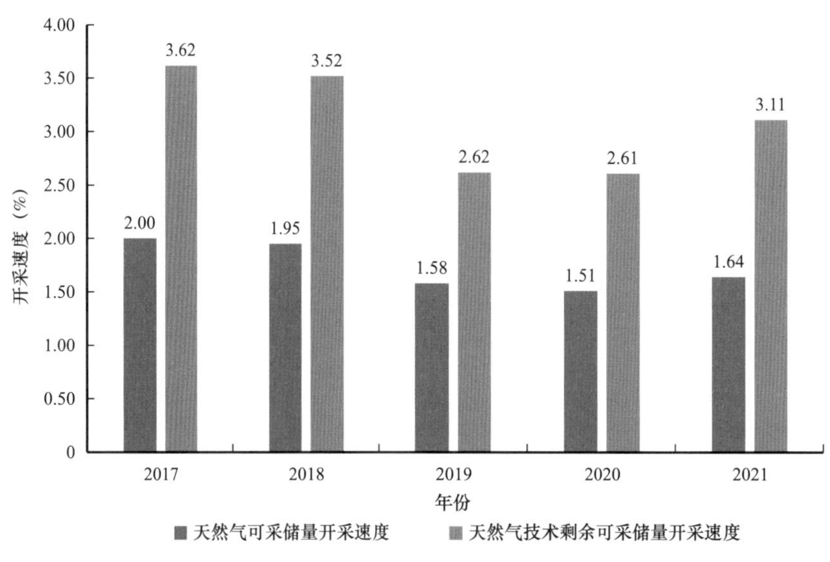

图 2–195　全球主力油气田天然气开采速度变化

按照不同类型来看，全球非常规类型主力油气田油气技术剩余可采储量、储采比均呈先上升后下降趋势，开采速度呈上升后下降趋势。与 2017 年相比，2021 年非常规类型主力油气田油气技术剩余可采储量增长 188.07 亿吨油当量，储采比增长 21.04，可采储量开采速度下降 5.25%，技术剩余可采储量开采速度下降 10.01%。2019 年油气技术剩余可采储量、储采比增幅均最大，开采速度下降最快；原因是美洲地区油气技术剩余可采储量增多，增长了 317.84 亿吨油当量；其中增长最多的国家是美国，增长了 279.02 亿吨油当量（图 2–196、图 2–197）。

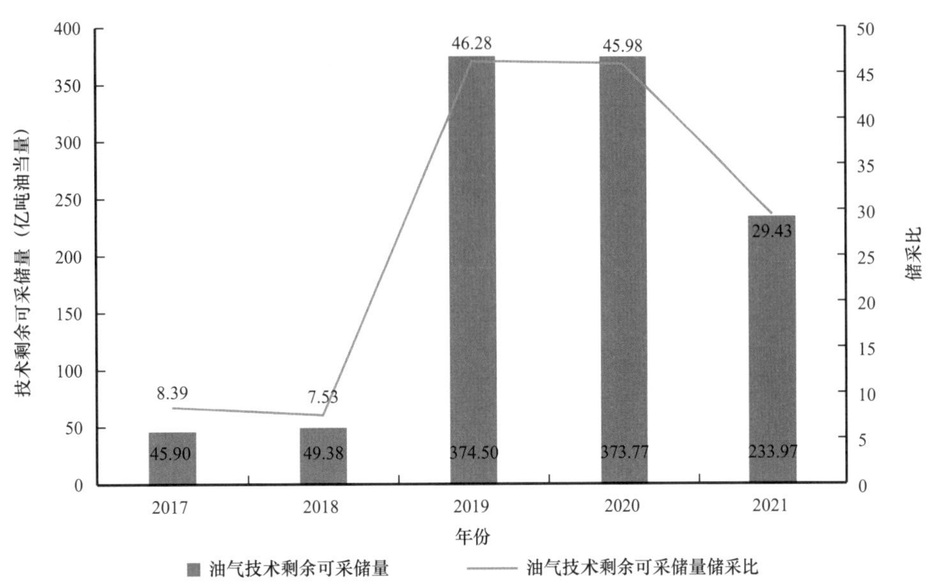

图 2–196　全球非常规主力油气田油气技术剩余可采储量与储采比变化

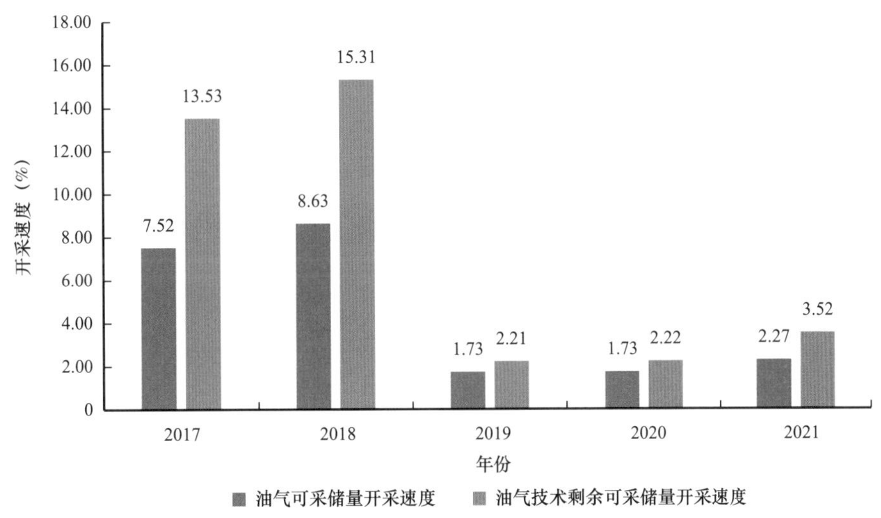

图 2–197　全球非常规主力油气田油气开采速度变化

全球陆上常规油气技术剩余可采储量、储采比均呈上升趋势，开采速度呈下降趋势。与 2017 年相比，2021 年陆上常规油气技术剩余可采储量增长 243.56 亿吨油当量，储采比增长 10.33，可采储量开采速度下降 0.51%，技术剩余可采储量开采速度下降 1.05%（图 2–198、图 2–199）。

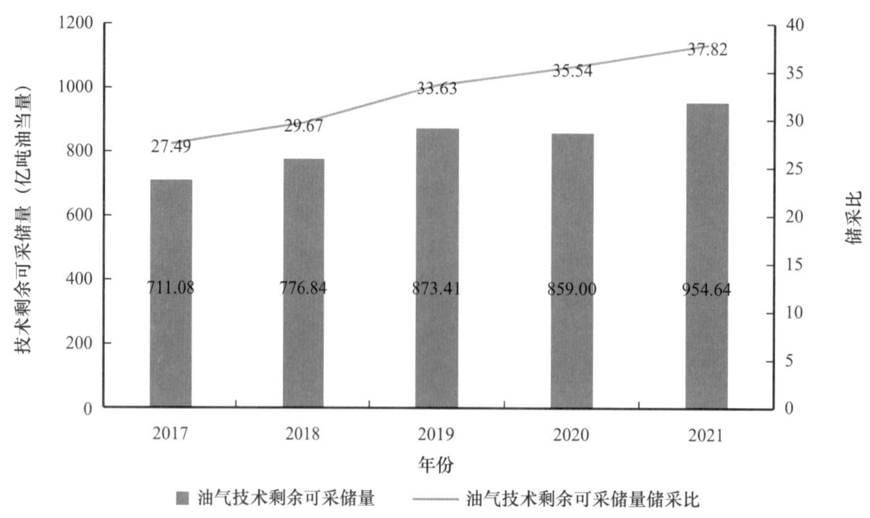

图 2-198　全球陆上常规主力油气田油气技术剩余可采储量与储采比变化

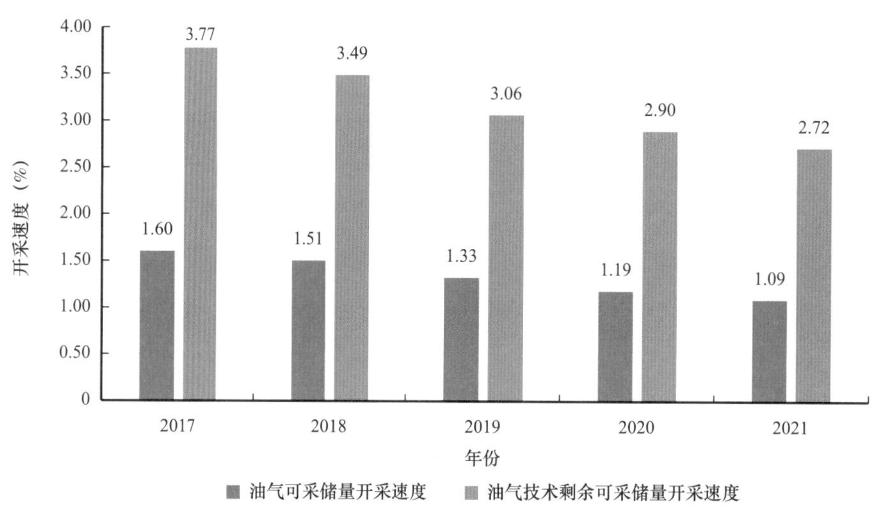

图 2-199　全球陆上常规主力油气田油气开采速度变化

全球海域油气技术剩余可采储量、储采比均呈先上升后下降趋势，开采速度呈先下降后上升趋势。与 2017 年相比，2021 年海域油气技术剩余可采储量增长 71.57 亿吨油当量，储采比增长 3.8，可采储量开采速度下降 0.19%，技术剩余可采储量开采速度下降 0.35%。2019 年油气技术剩余可采储量、储采比增幅均最大，开采速度下降最快；原因是中东地区油气储量增多，增长了 48.12 亿吨油当量，其中增长最多的国家是沙特阿拉伯，增长了 31.59 亿吨油当量（图 2-200、图 2-201）。

从不同类型来看，陆上常规油气技术剩余可采储量增长 95.64 亿吨油当量，增幅最大，为 11.13%；海域油气技术剩余可采储量下降 4.92 亿吨油当量，较 2020 年下降 1.03%；非常规油气技术剩余可采储量下降 139.8 亿吨油当量，下降幅度为 37.4%（表 2-40）。

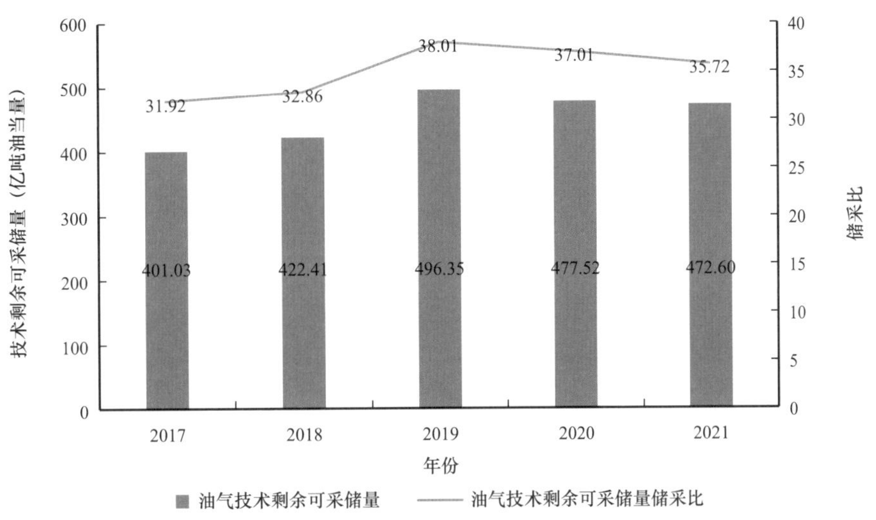

图 2-200 全球海域主力油气田油气技术剩余可采储量与储采比变化

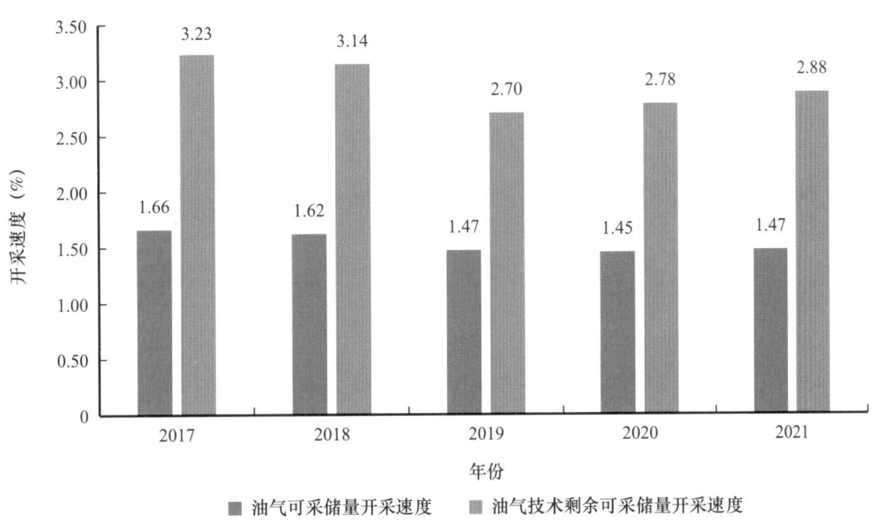

图 2-201 全球海域主力油气田油气开采速度变化

表 2-40 不同类型主力油气田油气技术剩余可采储量变化表

时间	2020年			2021年			增长量			增长率(%)		
	原油（亿吨）	天然气（万亿立方米）	油气合计（亿吨油当量）	原油（亿吨）	天然气（万亿立方米）	油气合计（亿吨油当量）	原油（亿吨）	天然气（万亿立方米）	油气合计（亿吨油当量）	原油	天然气	油气合计
陆上常规油气	507.47	41.63	859	588.99	43.3	954.64	81.52	1.67	95.64	16.06	4.01	11.13
海域油气	250.05	26.94	477.52	244.06	27.06	472.6	-5.99	0.12	-4.92	-2.4	0.45	-1.03
非常规油气	173.85	23.67	373.77	139.65	11.18	233.97	-34.2	-12.49	-139.8	-19.67	-52.77	-37.4
合计	931.37	92.24	1710.29	972.7	81.54	1661.21	41.33	-10.7	-49.08	4.44	-11.6	-2.87

陆上常规油气技术剩余可采储量为954.64亿吨油当量，中东地区陆上常规油气技术剩余可采储量居首位，为483.73亿吨油当量，较2020年增长79.88亿吨油当量，增量最大；美洲地区下降量最多，为16.87亿吨油当量。俄罗斯陆上常规油气技术剩余可采储量居首位，为259.07亿吨油当量，占陆上常规油气储量的27.14%（图2-202、图2-203、图2-204）。

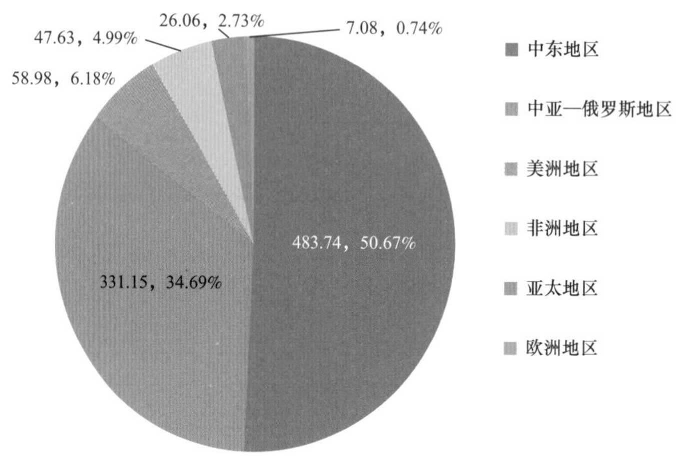

图2-202　陆上常规油气田油气技术剩余可采储量分布（亿吨油当量）

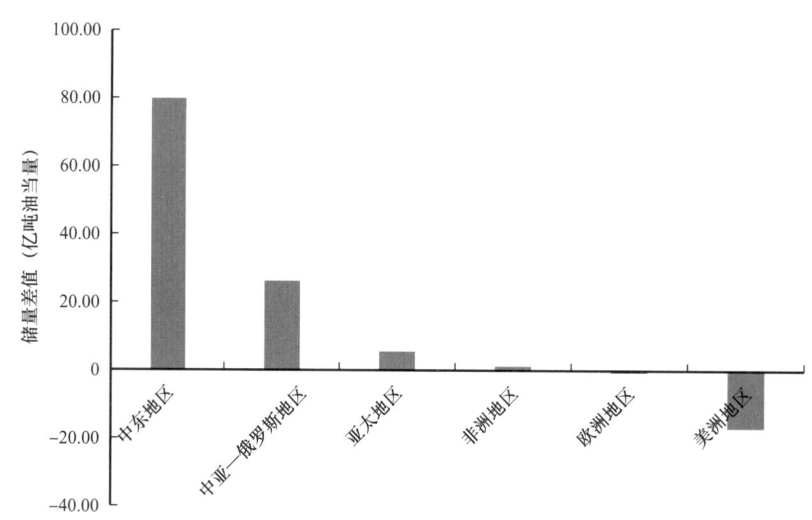

图2-203　陆上常规油气田油气技术剩余可采储量变化图

2021年，海域油气田油气技术剩余可采储量472.60亿吨油当量，中东地区浅水油气技术剩余可采储量348.25亿吨油当量，占比73.69%，居首位。与2020年相比，全球海域油气技术剩余可采储量下降4.92亿吨油当量；其中，中东地区下降最多，为4.56亿吨油当量，占总下降量的92.68%。海域油气田油气技术剩余可采储量前十大国家储量占比91.07%，其中沙特阿拉伯油气技术剩余可采储量居首位（图2-205、图2-206、图2-207）。

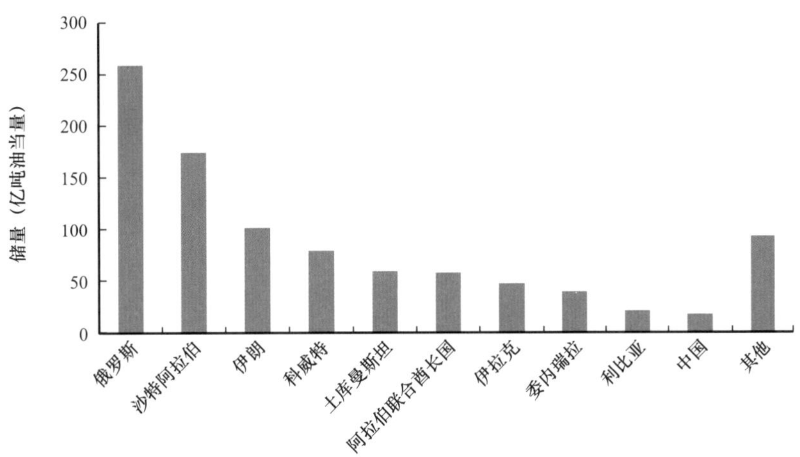

图 2-204　陆上常规油气田油气技术剩余可采储量前十大国家

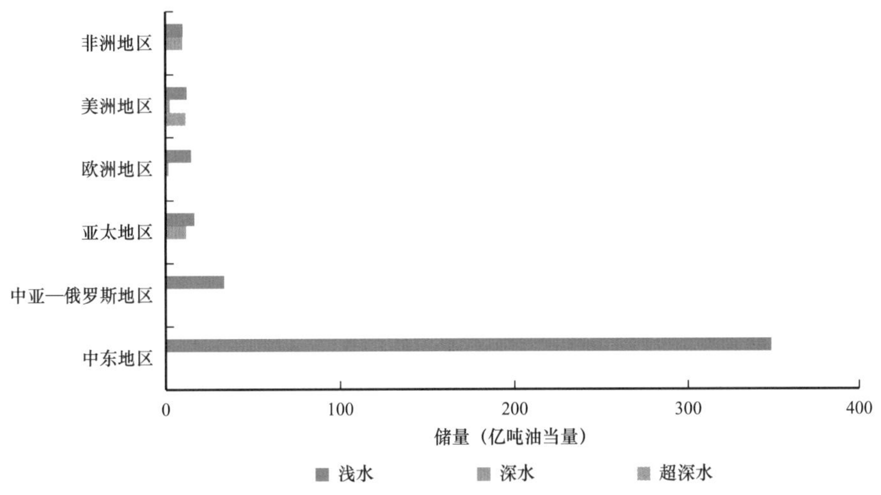

图 2-205　海域油气田油气技术剩余可采储量分布

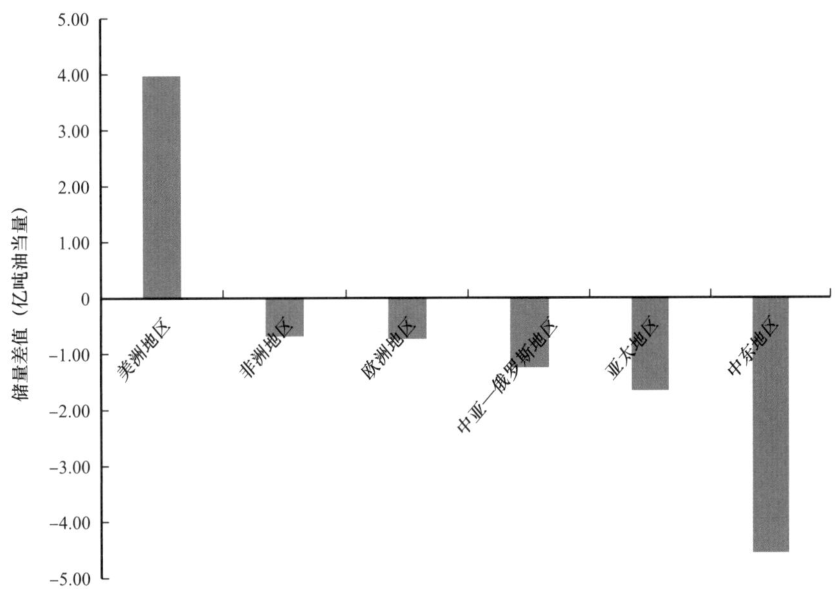

图 2-206　海域油气田油气技术剩余可采储量变化图

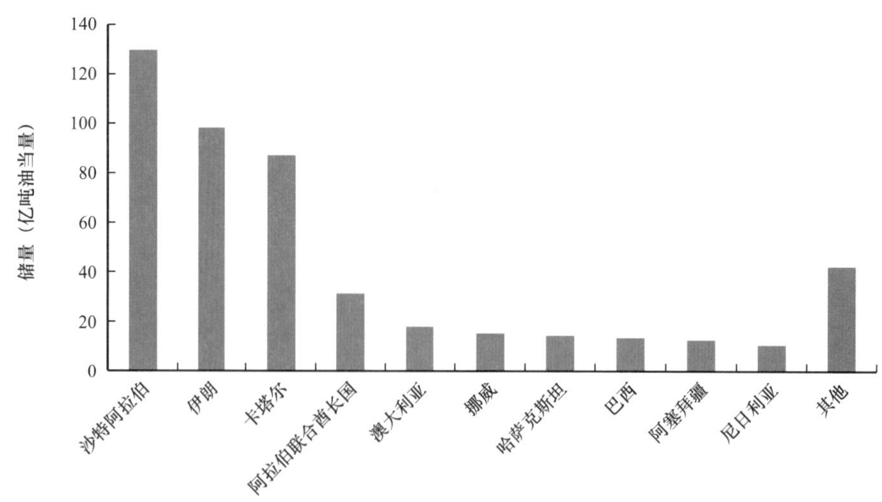

图 2-207 海域油气田油气技术剩余可采储量前十大国家

2021 年，非常规油气技术剩余可采储量为 233.97 亿吨油当量，美洲地区为 207.56 亿吨油当量，占比 88.71%，主要油气类型为致密油、页岩气。

与 2020 年相比，2021 年下降 139.80 亿吨油当量，其中美洲地区下降 140.67 亿吨油当量，下降最多；前十大国家油气储量占比 99.82%，其中美国为 155.26 亿吨油当量，居首位（图 2-208、图 2-209、图 2-210）。

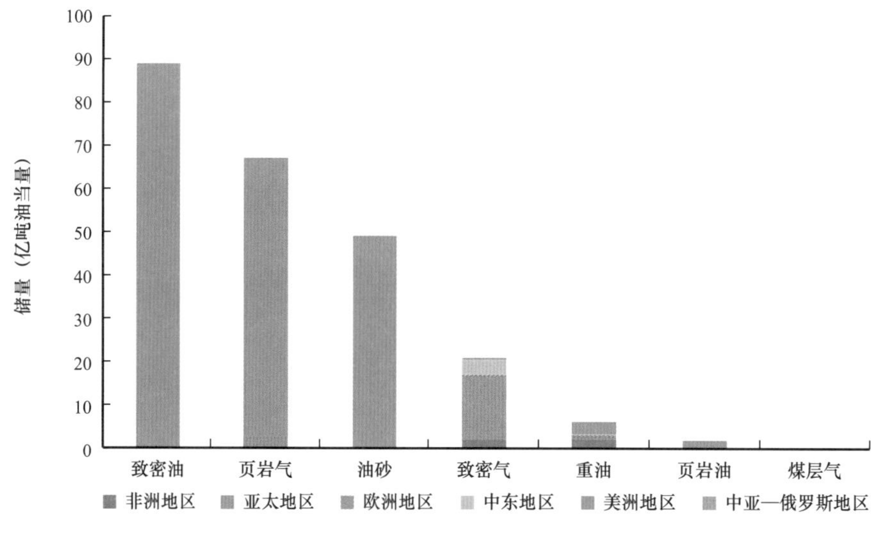

图 2-208 非常规油气田油气技术剩余可采储量分布

3. 主力油气田产量特征

2002—2021 年，全球主力油气田天然气产量整体呈现增长趋势，2020 年略微下降，2021 年恢复增长趋势。2021 年天然气产量为 25378.37 亿立方米，与 2020 年相比，增加了 746.42 亿立方米；原油产量呈现周期性波动，在 2018 年产量最大，为 28.88 亿吨；2021 年全球主力油气田原油产量为 26.55 亿吨，与 2020 年相比，增加了 0.12 亿吨。从地区来看，2021年中东地区原油产量最大，为12.34亿吨；中亚—俄罗斯地区天然气产量最大，为7632.19亿立方米（图2-211、图2-212、表2-41）。

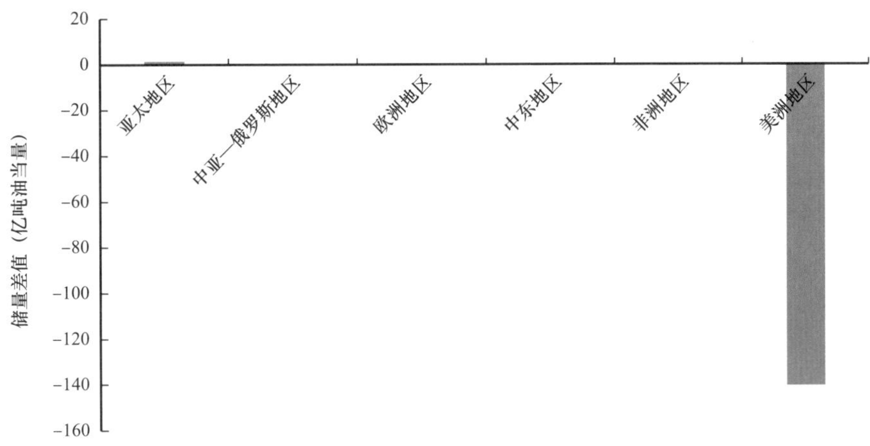

图2-209　非常规油气田油气技术剩余可采储量变化图

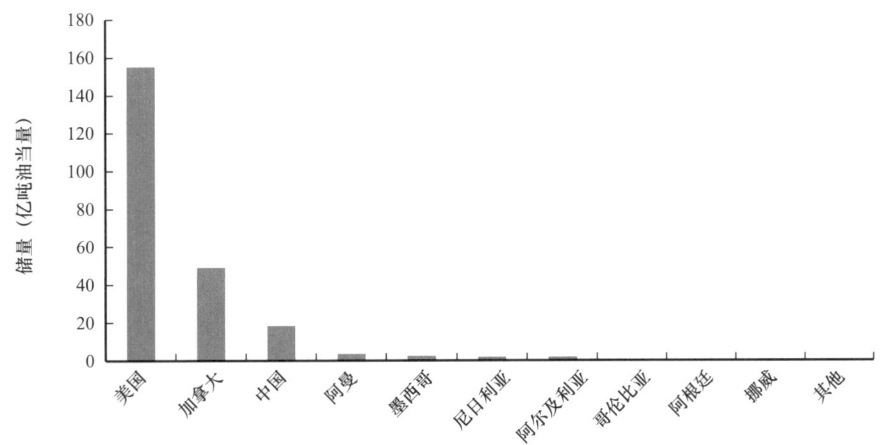

图2-210　非常规油气田油气技术剩余可采储量前十大国家

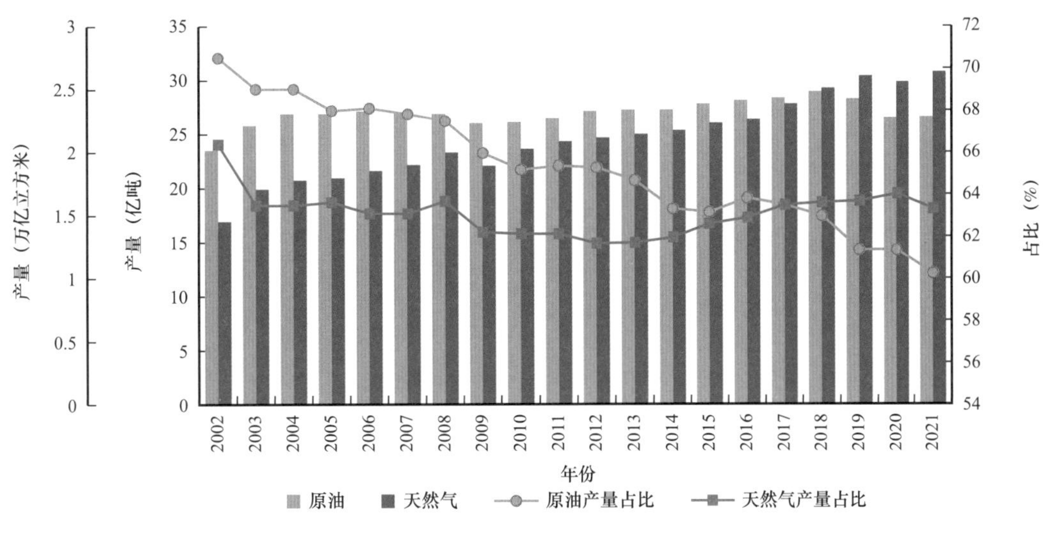

图2-211　历年主力油气田产量变化图

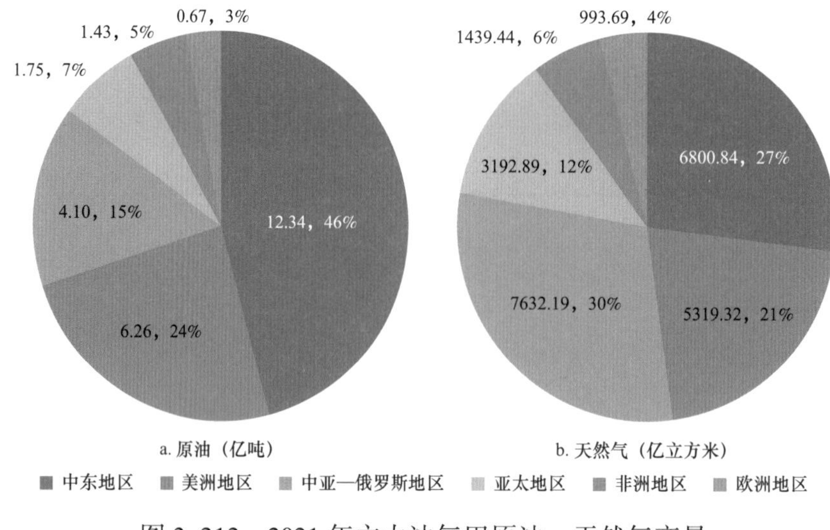

图 2-212　2021 年主力油气田原油、天然气产量

2021 年全球主力油气田原油产量 26.55 亿吨，天然气 25378.37 亿立方米，油气合计 47.97 亿吨油当量。主力油气田原油产量占全球的 60.25%，天然气产量占全球的 63.31%，油气产量占全球的 61.56%（表 2-41）。2021 年全球主力油气田油气总产量增加了 0.74 亿吨油当量，原油总产量增加了 0.12 亿吨，天然气总产量增加了 746.42 亿立方米。美洲地区是原油、天然气、油气产量降低最多的地区，降幅分别为 4.86%、4.55%、4.78%；非洲地区油气产量增长 0.42 亿吨油当量，增幅 18.92%，居首位；非洲地区原油增长 0.3 亿吨，增幅 26.55%。中亚—俄罗斯地区是天然气增长最多的地区，增长 580.91 亿立方米，增幅为 8.24%。

表 2-41　全球主力油气田不同地区油气产量现状

六大地区	2021 年产量			主力油气类型（产量占比）
	原油（亿吨）	天然气（亿立方米）	油气合计（亿吨油当量）	
非洲地区	1.43	1439.44	2.64	陆上常规原油（35.23%）陆上常规天然气（26.89%）海域原油（17.76%）
亚太地区	1.75	3192.89	4.45	海域天然气（29.28%）陆上常规原油（22.47%）陆上常规天然气（18.88%）
欧洲地区	0.67	993.69	1.51	海域原油（41.88%）海域天然气（41.57%）
中东地区	12.34	6800.84	18.08	陆上常规原油（49.12%）海域天然气（20.28%）海域原油（18.99%）
美洲地区	6.26	5319.32	10.75	非常规原油（36.0%）非常规天然气（31.22%）
中亚—俄罗斯地区	4.1	7632.19	10.54	陆上常规天然气（57.21%）陆上常规原油（32.83%）
合计	26.55	25378.37	47.97	陆上常规天然气（48.99%）陆上常规原油（32.02%）

全球主力油气田油气产量在2019年达峰，达峰产量为49.44亿吨油当量；全球主力油气田原油产量在2018年达峰，达峰产量为28.88亿吨；全球主力油气田天然气产量在2021年持续增加，2021年产量为25378.37亿立方米（图2-213、图2-214、图2-215）。

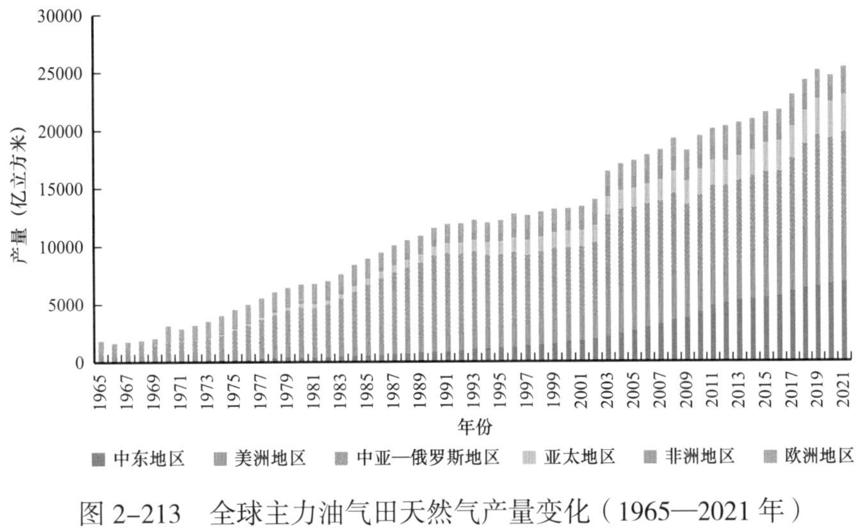

图2-213 全球主力油气田天然气产量变化（1965—2021年）

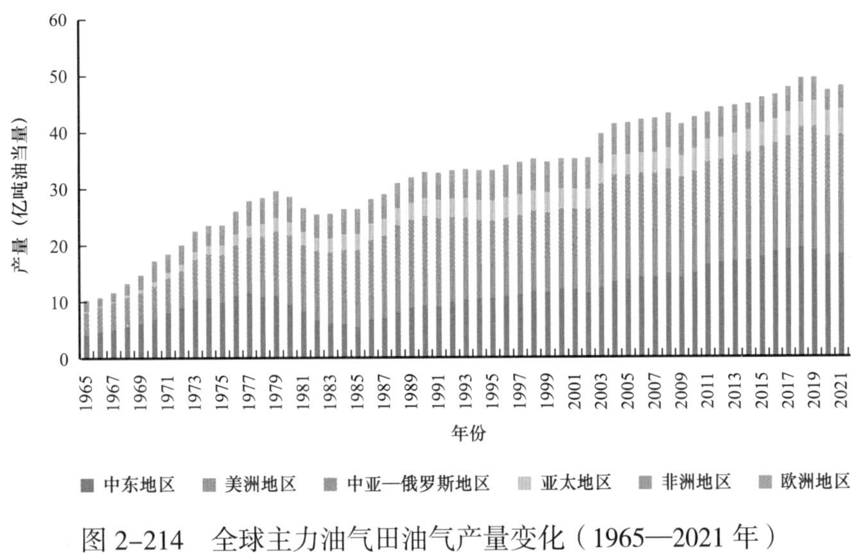

图2-214 全球主力油气田油气产量变化（1965—2021年）

2021年全球主力油气田油气产量略有增长，其中陆上常规油气为主要增长点。陆上常规原油增长了0.38亿吨，增长率为2.54%；陆上常规天然气增长了546.28亿立方米，增长率为4.56%。海域天然气增长233.70亿立方米，较2020年增长了3.02%。非常规油气下降幅度为2.32%；其中非常规原油下降0.17亿吨，下降幅度为3.79%（表2-42）。

主力油气田的陆上常规油气产量在2018年达到峰值，为27.82亿吨油当量。2021年，陆上常规油气产量为25.93亿吨油当量，其中中东地区产量占比最大，为10.83亿吨油当量，占陆上常规油气产量的41.77%；与2020年相比，中亚—俄罗斯地区产量增长最多，为0.57亿吨油当量（图2-216、图2-217、图2-218）。

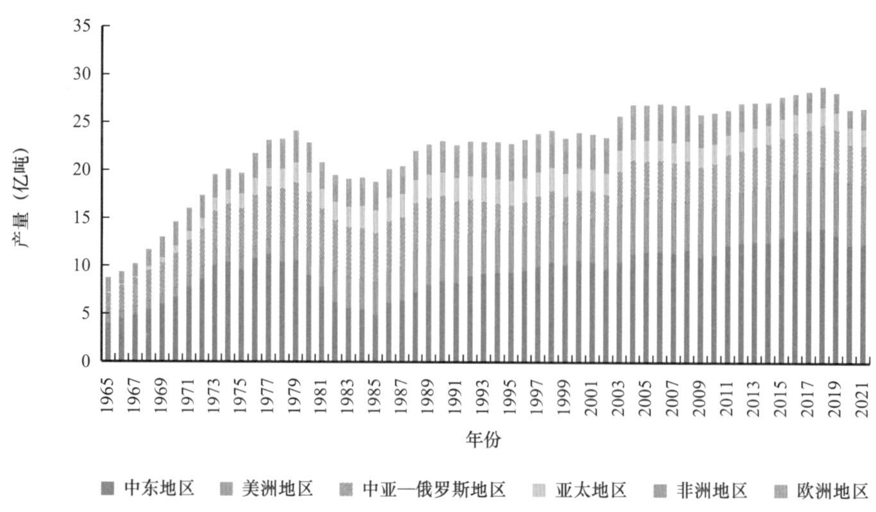

图 2-215　全球主力油气田原油产量变化（1965—2021 年）

表 2-42　全球主力油气田不同类型油气产量特征表

类型	2020 年			2021 年			增长量			增长率（%）		
	原油（亿吨）	天然气（亿立方米）	油气合计（亿吨油当量）	原油（亿吨）	天然气（亿立方米）	油气合计（亿吨油当量）	原油（亿吨）	天然气（亿立方米）	油气合计（亿吨油当量）	原油	天然气	油气合计
陆上常规油气	14.99	11974.66	25.11	15.37	12520.94	25.93	0.38	546.28	0.82	2.54	4.56	3.27
海域油气	6.96	7738.68	13.49	6.87	7972.38	13.61	−0.09	233.7	0.12	−1.29	3.02	0.89
非常规油气	4.48	4918.61	8.63	4.31	4885.05	8.43	−0.17	−33.56	−0.2	−3.79	−0.68	−2.32
合计	26.43	24631.95	47.23	26.55	25378.37	47.97	0.12	746.42	0.74	0.45	3.03	1.57

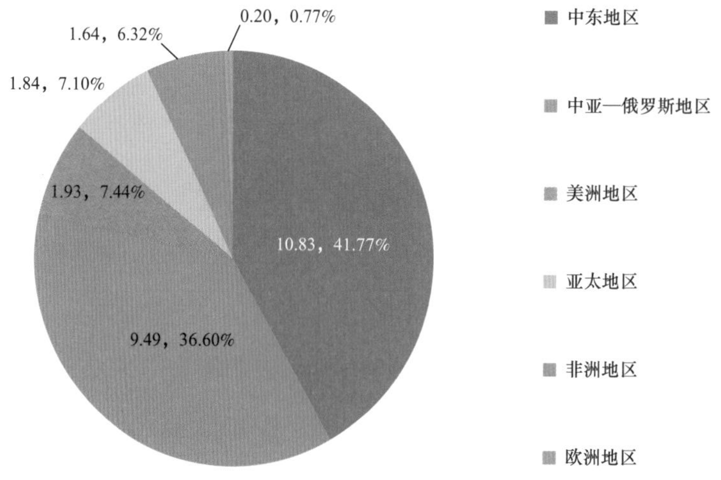

图 2-216　2021 年陆上常规油气产量（亿吨油当量）

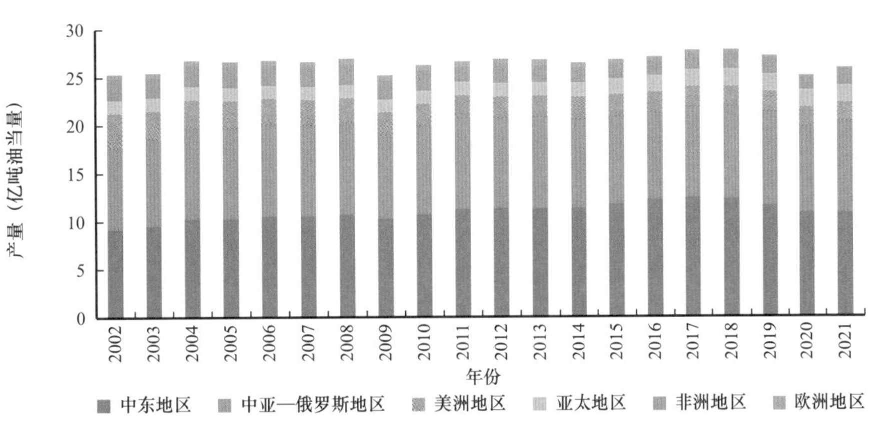

图 2-217　陆上常规油气六大区历年产量变化图

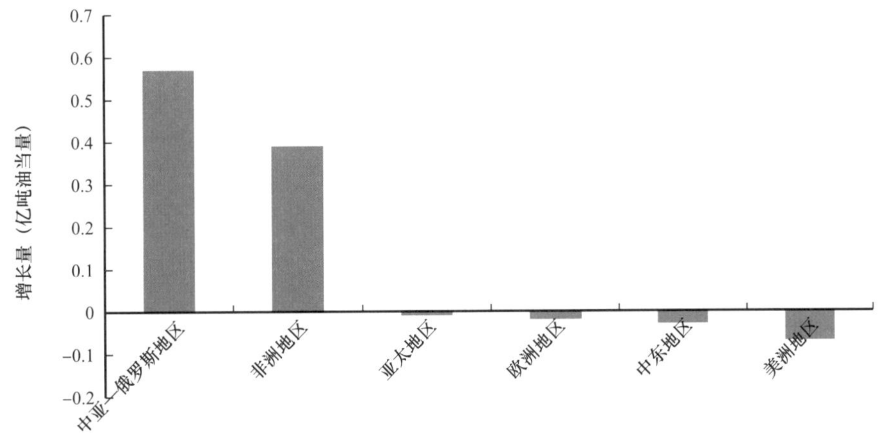

图 2-218　陆上常规油气六大区产量变化图

陆上常规原油产量在 1979 年达到峰值，为 19.76 亿吨。2021 年，陆上常规原油产量 15.37 亿吨，其中中东地区陆上常规原油产量最多，为 8.89 亿吨，占总产量的 57.84%；与 2020 年相比，2021 年陆上常规原油产量增长 0.38 亿吨，增长 2.54%（图 2-219、图 2-220、图 2-221）。

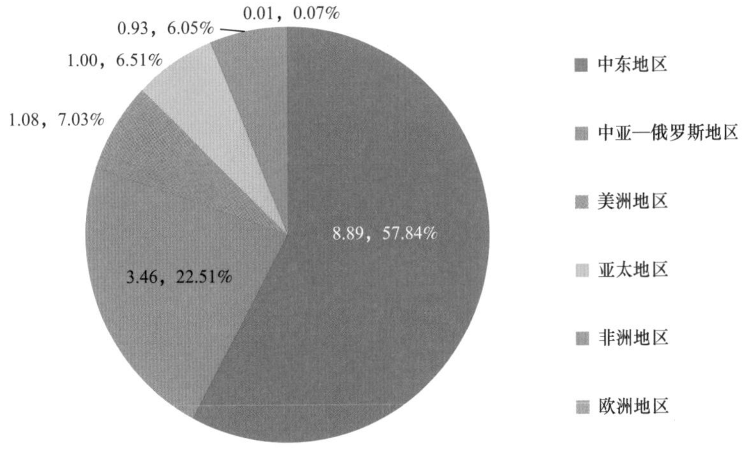

图 2-219　2021 年陆上常规油气原油产量（亿吨）

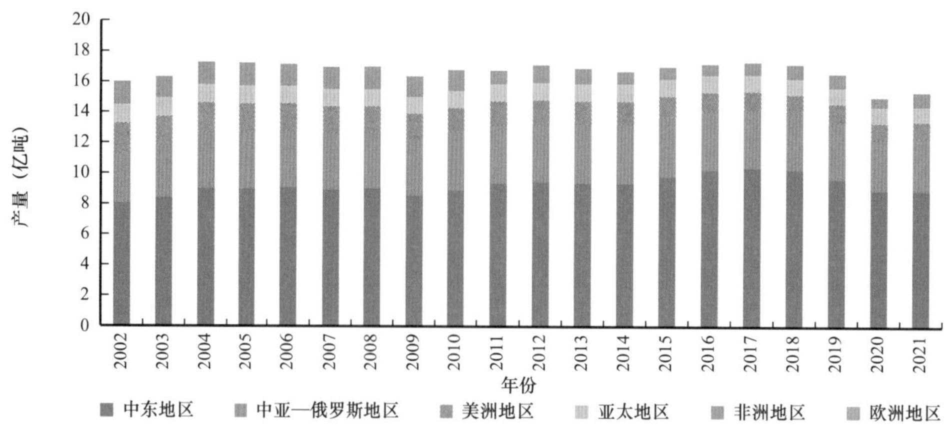

图 2-220　陆上常规油气六大区历年原油产量变化图

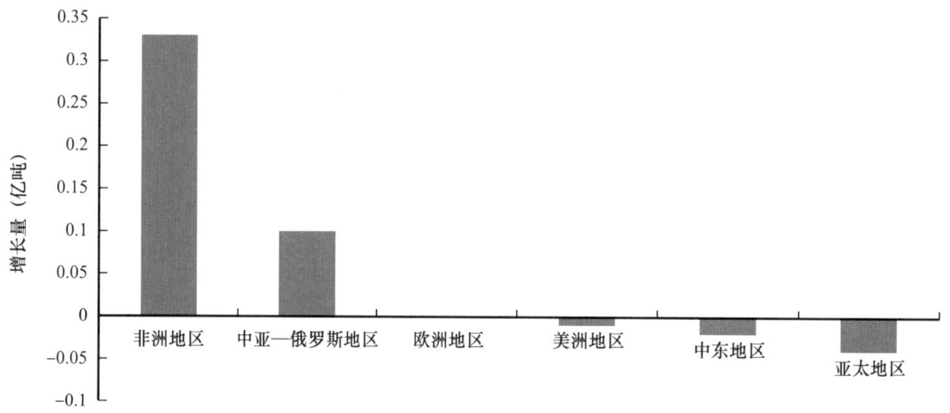

图 2-221　陆上常规油气六大区原油变化图

主力油气田的陆上常规天然气产量在 2018 年达到峰值，为 12594.86 亿立方米。2021 年，陆上常规天然气产量为 12520.94 亿立方米，较 2020 年增长 546.28 亿立方米；中亚—俄罗斯地区产量占比最大，为 7133.65 亿立方米，占陆上常规天然气产量的 56.97%（图 2-222、图 2-223、图 2-224）。

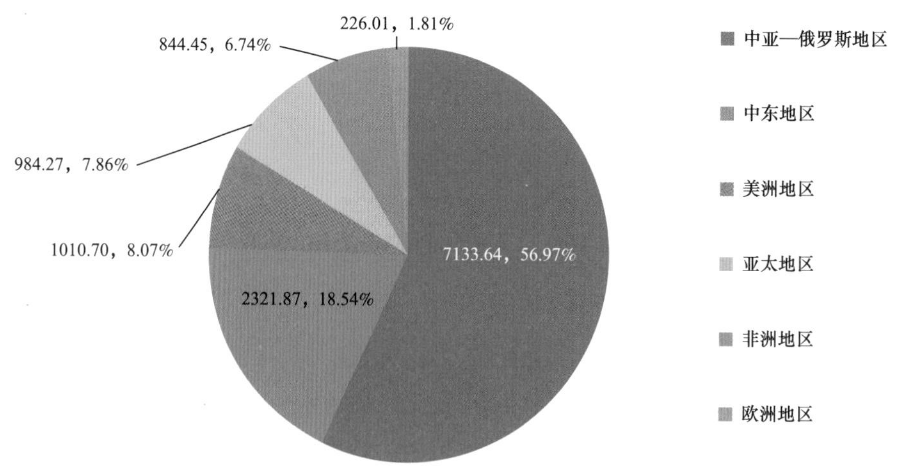

图 2-222　2021 年陆上常规油气天然气产量（亿立方米）

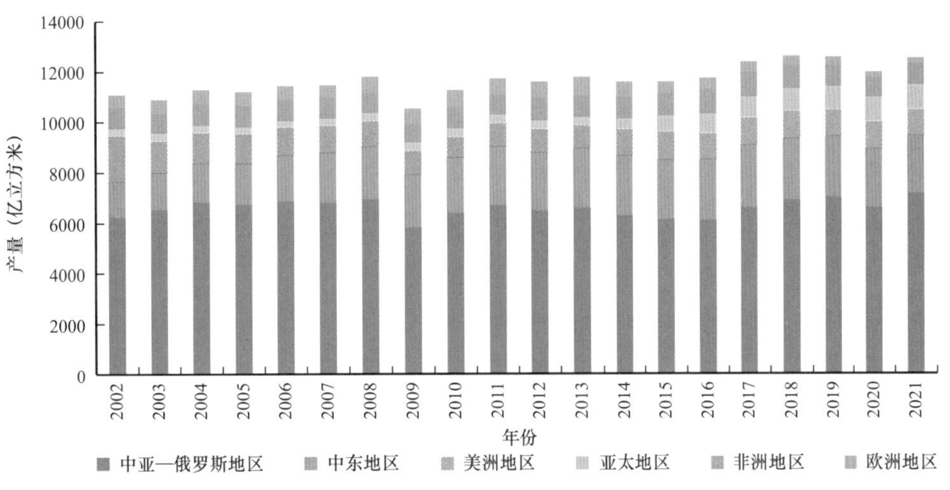

图 2-223　陆上常规油气六大区历年天然气产量变化图

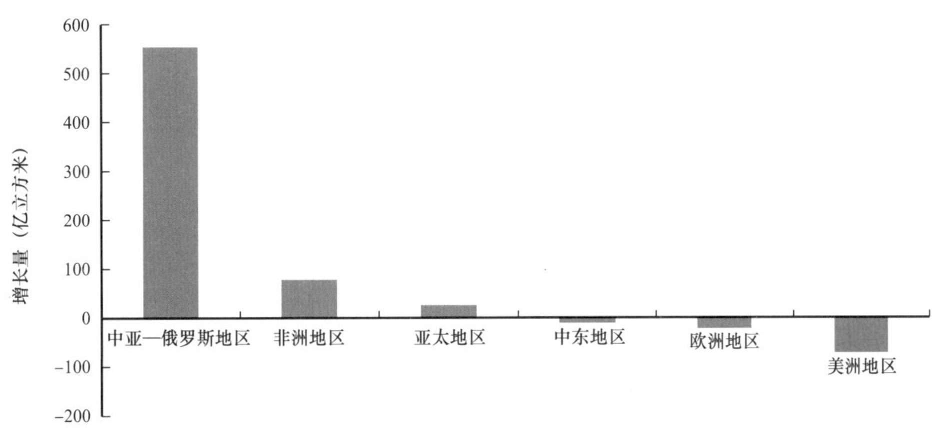

图 2-224　陆上常规油气六大区天然气产量变化图

主力油气田海域油气产量在 2019 年达到峰值，为 13.62 亿吨油当量。2021 年海域油气产量为 13.61 亿吨油当量，其中浅水油气产量最多，为 11.63 亿吨油当量，占海域油气产量的 85.45%（图 2-225、图 2-226、图 2-227）。

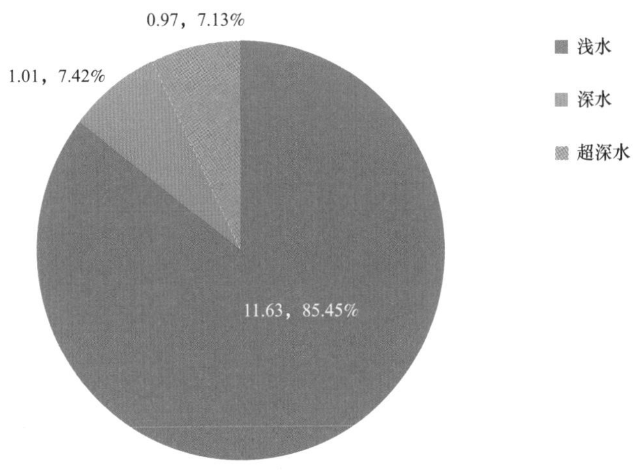

图 2-225　2021 年海域油气产量（亿吨油当量）

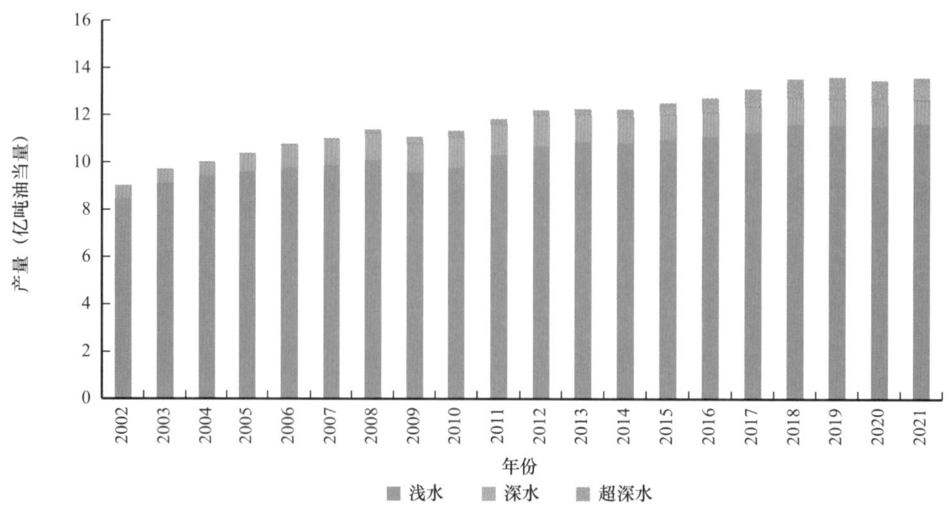

图 2-226 历年海域油气产量变化图

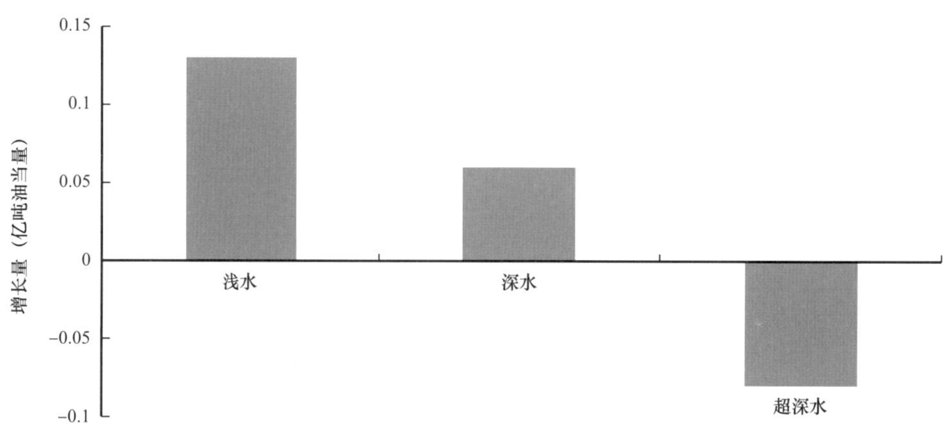

图 2-227 海域油气产量变化图

主力油气田海域原油产量在 2006 年达到峰值，为 7.60 亿吨。2021 年海域原油产量为 6.87 亿吨，较 2020 年下降 0.09 亿吨，下降幅度为 0.29%（图 2-228、图 2-229、图 2-230）。

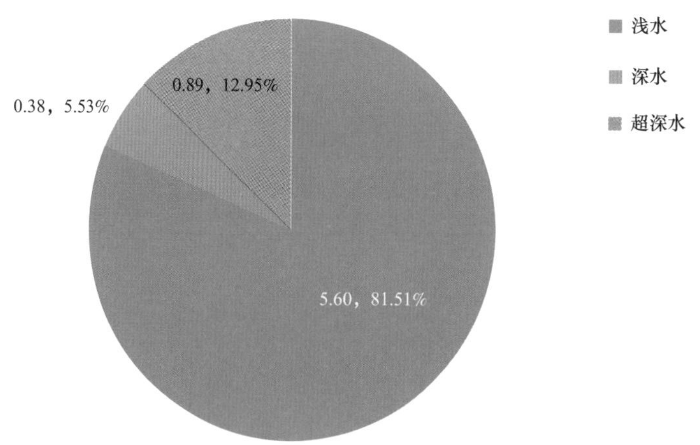

图 2-228 2021 年海域油气原油产量（亿吨）

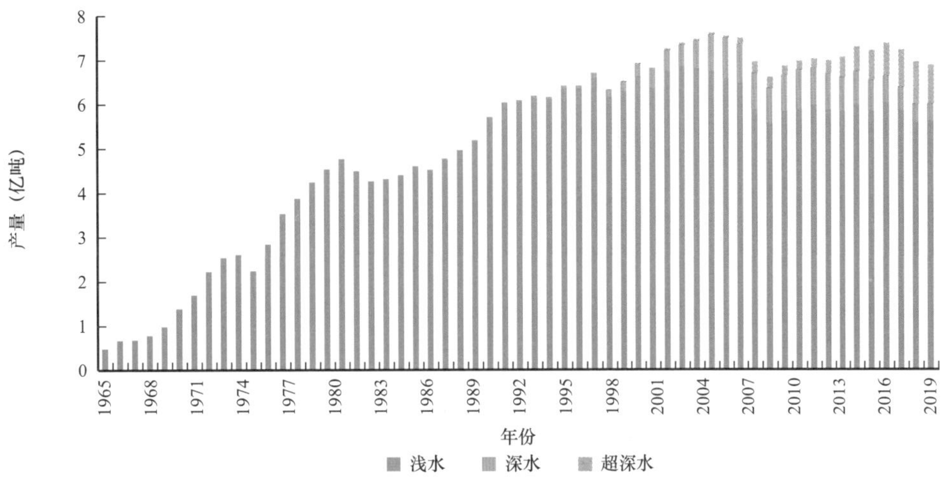

图 2-229　历年海域油气原油产量变化图

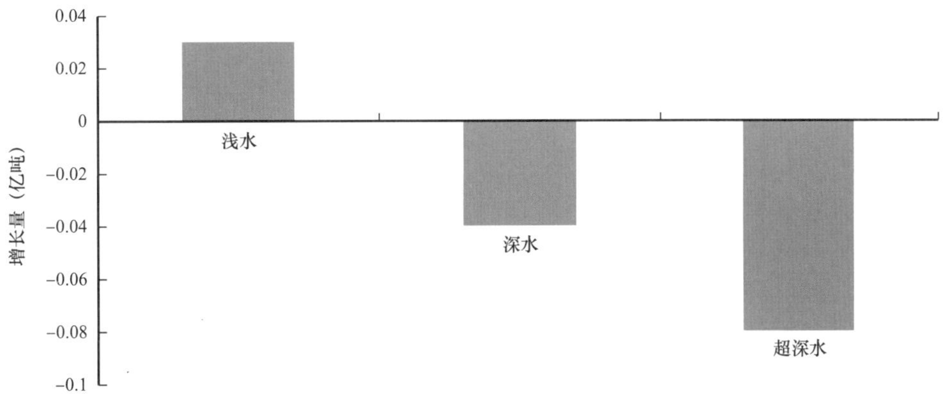

图 2-230　海域油气原油产量变化图

主力油气田海域天然气产量在 2021 年达到峰值，为 7972.38 亿立方米。2021 年海域天然气产量为 7972.83 亿立方米，较 2020 年增加 233.70 亿立方米，增长幅度为 3.02%（图 2-231、图 2-232、图 2-233）。

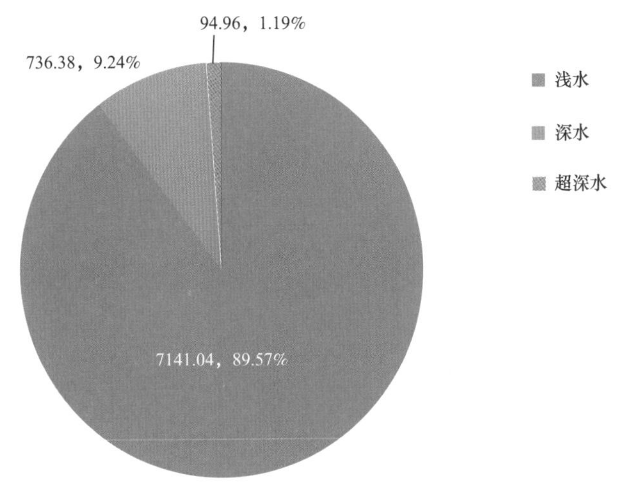

图 2-231　2021 年海域油气天然气产量（亿立方米）

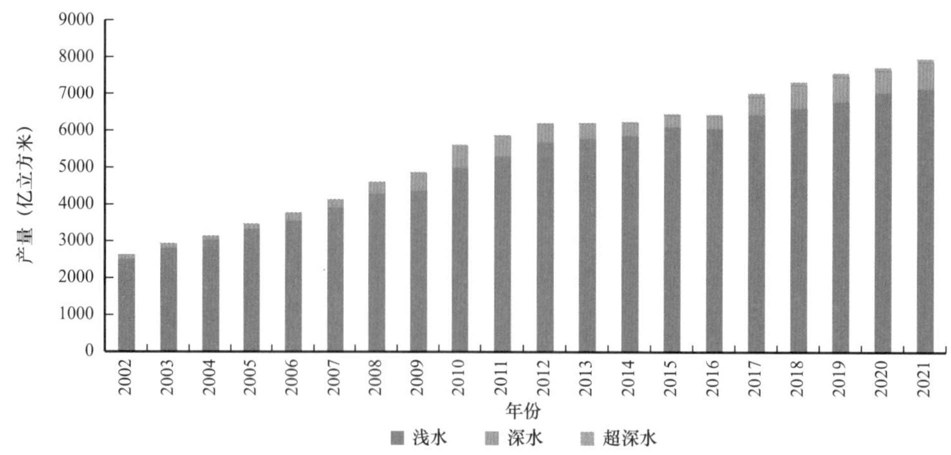

图 2-232　历年海域油气天然气产量变化图

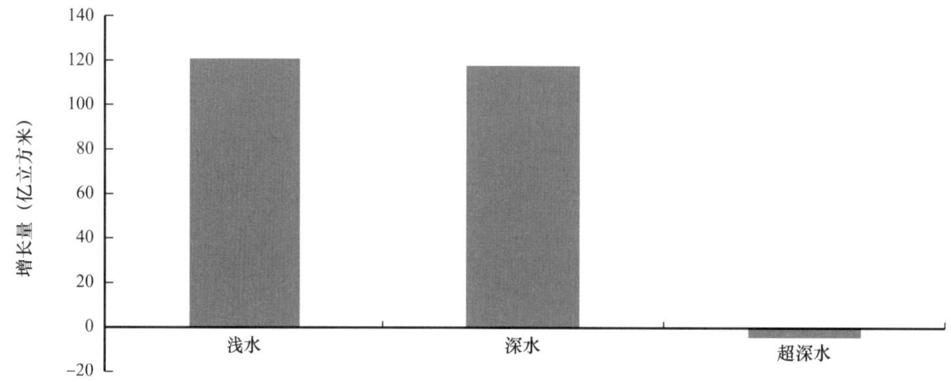

图 2-233　海域油气天然气产量变化图

主力油气田非常规油气产量在 2019 年达到峰值，为 8.64 亿吨油当量。2021 年非常规油气产量为 8.43 亿吨油当量，其中页岩油气产量最多，为 3.48 亿吨油当量，占非常规总产量的 41.28%；2021 年非常规油气产量较 2020 年下降 0.20 亿吨油当量，下降幅度为 2.32%（图 2-234、图 2-235、图 2-236）。

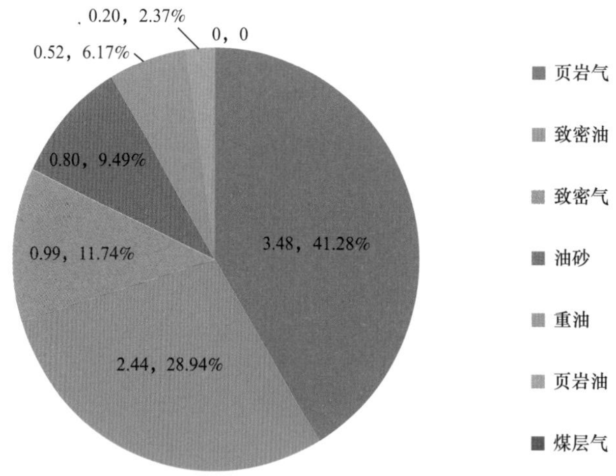

图 2-234　2021 年非常规油气产量（亿吨油当量）

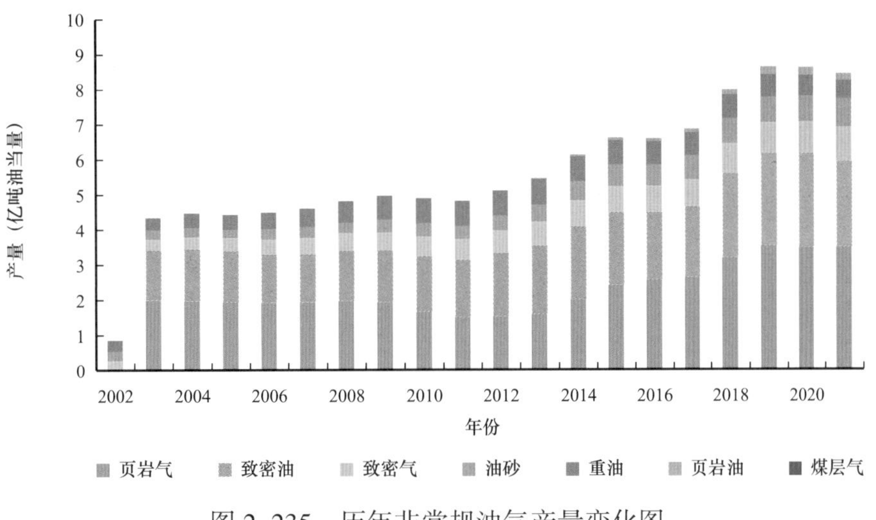

图 2-235 历年非常规油气产量变化图

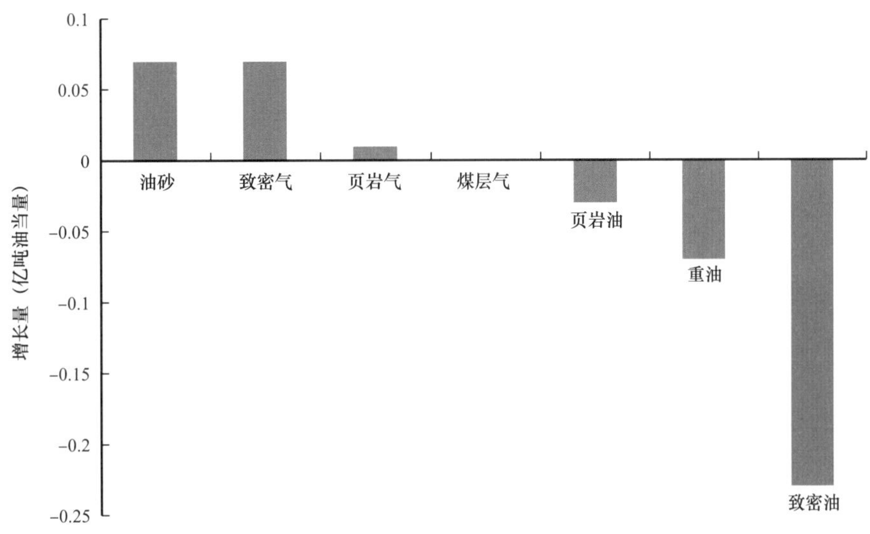

图 2-236 非常规油气田油气产量变化图

主力油气田非常规原油产量在2020年达到峰值，为4.48亿吨。2021年非常规原油产量为4.31亿吨，其中致密油产量最多，为1.84亿吨，占总产量的42.69%；2021年非常规原油产量较2020年下降0.17亿吨，下降幅度为3.79%（图2-237、图2-238、图2-239）。

主力油气田非常规天然气产量在2019年达到峰值，为4964.28亿立方米。2021年非常规天然气产量为4885.05亿立方米，较2020年下降33.56亿立方米，下降幅度为0.68%（图2-240、图2-241、图2-242）。

4. 主力油气田合同模式与作业模式研究

合同模式为矿税制的主力油气田最多，个数为263个，数量占比75.36%；其次是产品分成模式的油气田，个数为64个，数量占比18.34%。矿税制合同模式的陆上常规主

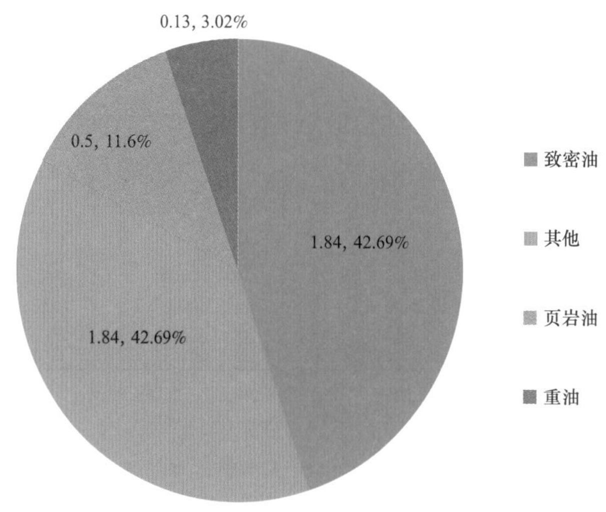

图 2-237　2021 年非常规油气原油产量（亿吨）

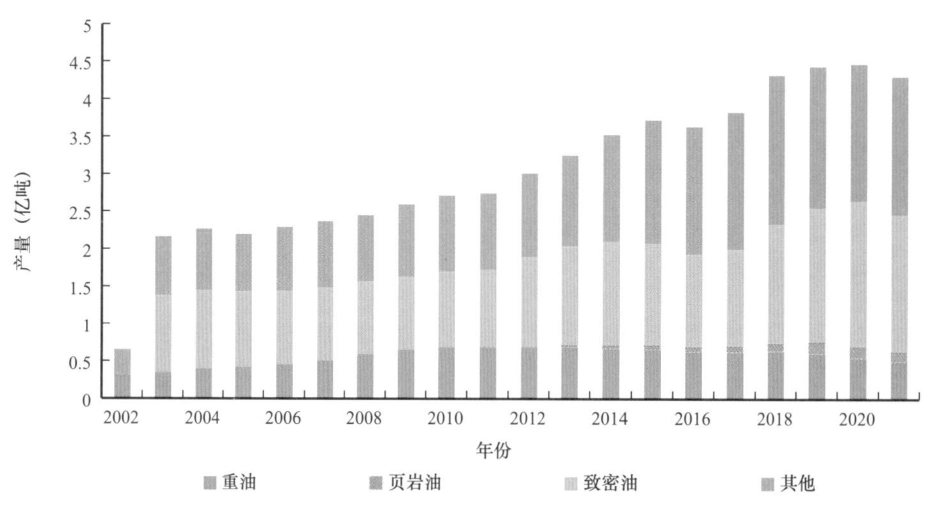

图 2-238　历年非常规油气原油产量变化图

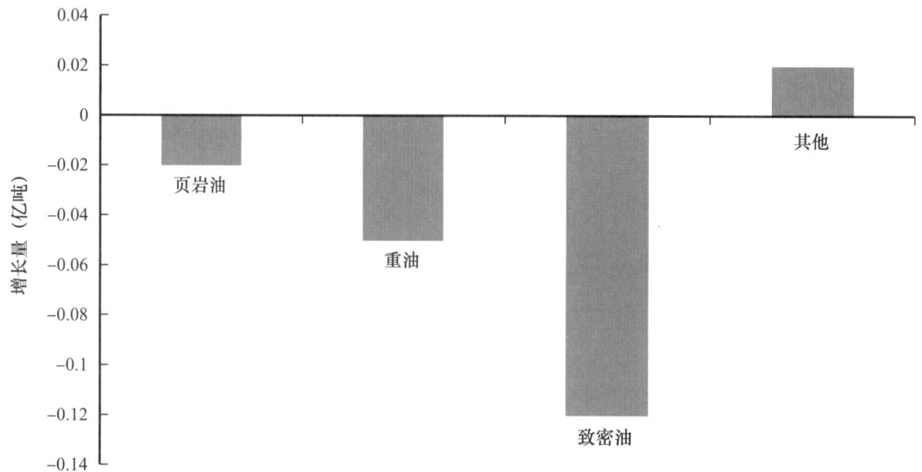

图 2-239　非常规油气原油增量变化图

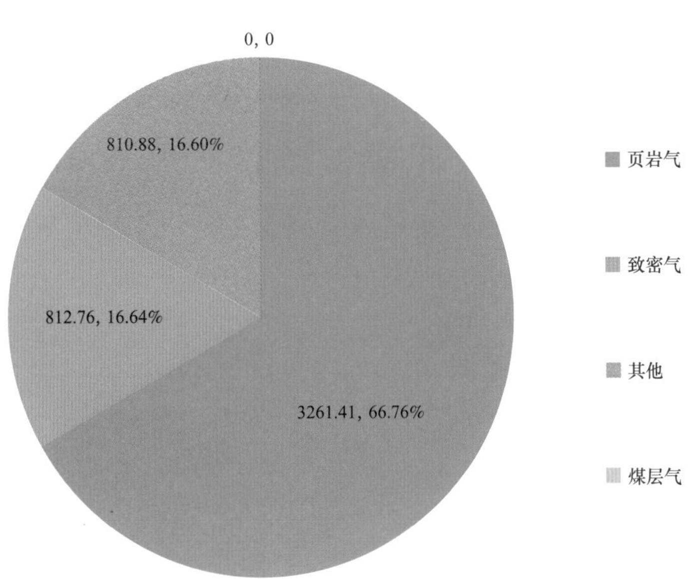

图 2-240　2021 年非常规油气天然气产量（亿立方米）

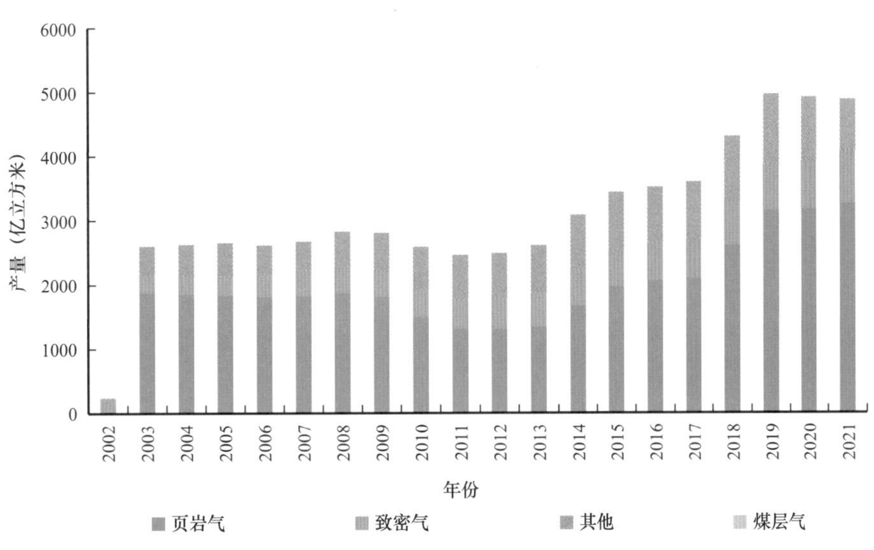

图 2-241　历年非常规油气天然气产量变化图

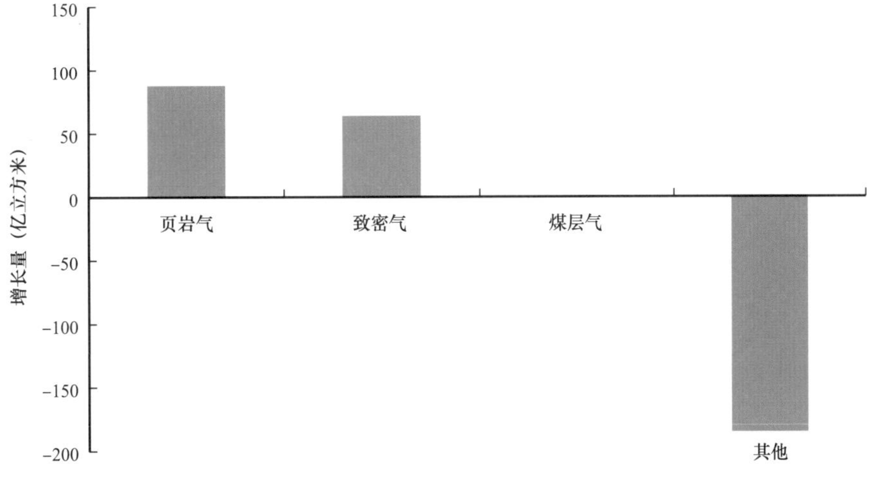

图 2-242　非常规油气天然气增量变化图

力油气田居首位，数量为 144 个，占矿税制油气田总数的 54.75%；矿税制合同模式的海域主力油气田 79 个，占比总数的 30.04%。南帕斯气田、鲁迈拉油田、北方气田均具有多个区块且各区块合同模式不同，其中南帕斯气田区块的矿税制和服务合同基本各占一半；鲁迈拉油田合同模式为服务合同；北方气田矿税制和产品分成合同模式基本各占一半（图 2-243、图 2-244）。

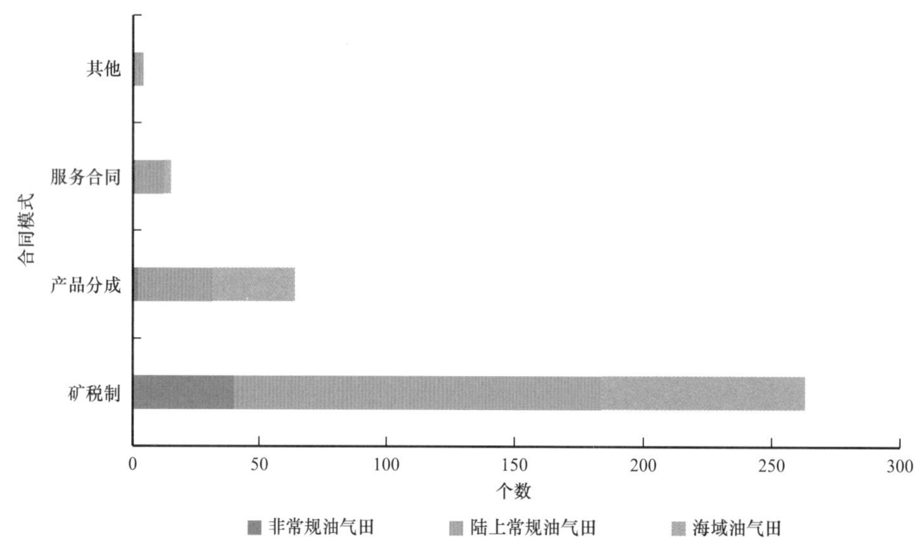

图 2-243　不同类型主力油气田合同模式个数

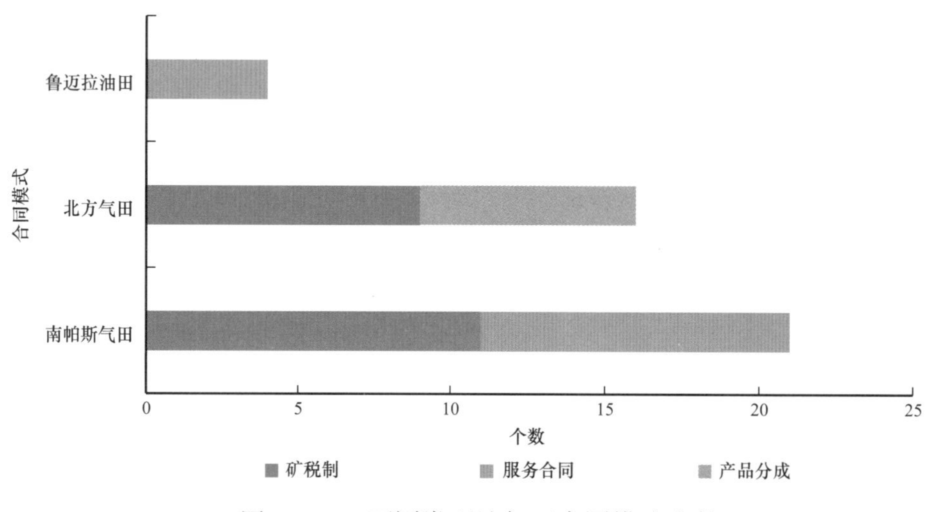

图 2-244　不同类型油气田合同模式个数

主力油气田中，有国际石油公司参与的共 59 个，其中海域油气田最多，数量为 41 个，除服务合同模式外，合同模式为矿税制和产品分成模式的油气田个数以 2∶1 分布，矿税制模式的主力油气田主要集中于海域浅水油气，数量为 22 个。合同模式为矿税制的油气田数量最多，为 38 个，占由国际石油公司参与的主力油气田个数的 64.41%（图 2-245、图 2-246）。

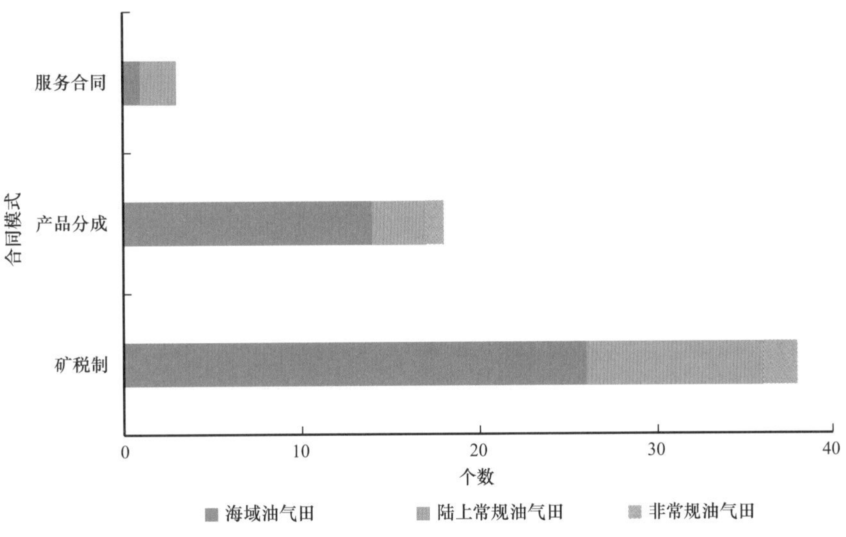

图 2-245　不同类型油气田国际石油公司参与合同模式

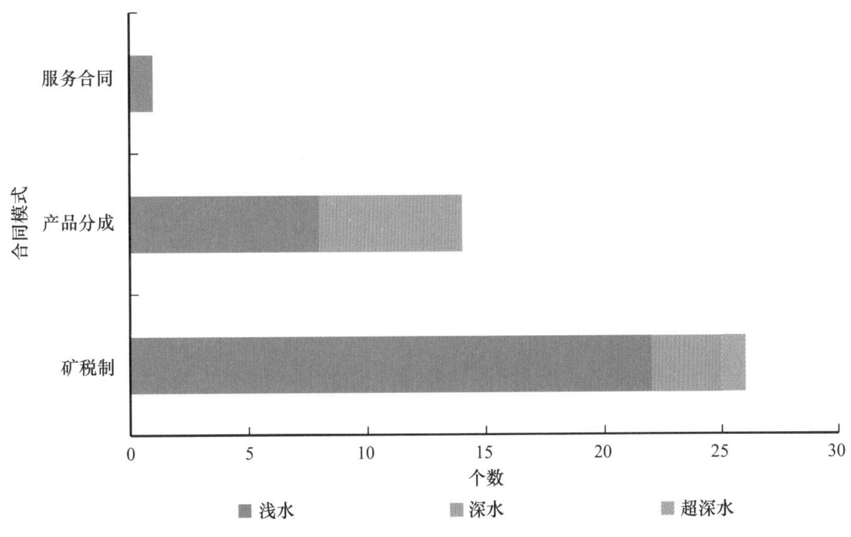

图 2-246　国际石油公司参与的海域油气田合同模式

全球矿税制合同模式的主力油气田技术剩余可采储量1339.56亿吨油当量，占全球油气技术剩余可储量的80.64%。其中，矿税制合同模式油气田中，陆上常规油气技术剩余可采储量最多，为749.21亿吨油当量，占全球陆上常规油气技术剩余可采储量的78.48%，占全球油气技术剩余可采储量的45.10%；矿税制合同模式油气田中，海域油气技术剩余可采储量为316.74亿吨油当量，占全球海域油气技术剩余可采储量的67.02%，占全球油气技术剩余可采储量的19.07%；矿税制合同模式油气田中，非常规油气技术剩余可采储量为228.61亿吨油当量，占全球非常规油气技术剩余可采储量的97.71%，占全球油气技术剩余可采储量的13.76%（表2-43、表2-44）。

表 2-43　三种合同模式下不同类型剩余可采储量(亿吨油当量)

合同模式	陆上常规油气		海域油气		非常规油气	
	经济	技术	经济	技术	经济	技术
矿税制	552.86	794.21	250.14	316.74	195.85	228.61
产品分成	45.44	95.03	80.72	97.96	4.34	5.36
服务合同	37.6	63.68	10.25	57.9	0	0
其他	1.72	1.72	0	0	0	0
总计	637.62	954.64	341.11	472.6	200.19	233.97

表 2-44　三种合同模式下全球剩余可采储量

合同模式	原油(亿吨)		天然气(亿立方米)		油气合计(亿吨油当量)	
	经济	技术	经济	技术	经济	技术
矿税制	630.68	853.61	43.6	57.55	998.85	1339.56
产品分成	33.55	51.8	11.48	17.36	130.5	198.35
服务合同	37.03	65.78	1.28	6.61	47.86	121.58
其他	1.51	1.51	0.03	0.02	1.73	1.72
总计	702.77	972.7	56.39	81.54	1178.94	1661.21

近二十年，矿税制合同模式油气田产量占主力油气田产量的比例维持在 80%，产品分成合同模式油气田产量占主力油气田产量的比例维持在 10%。2021 年矿税制油气田产量 39.70 亿吨油当量，占 2021 年主力油气田产量的比例为 82.76%，继续维持在 80% 以上（图 2-247、图 2-248）。

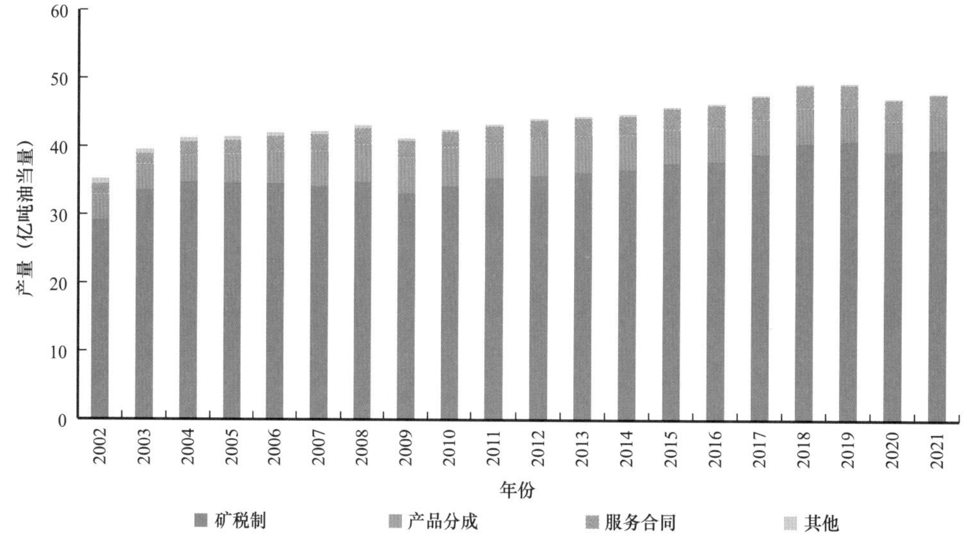

图 2-247　不同合同模式下产量变化图

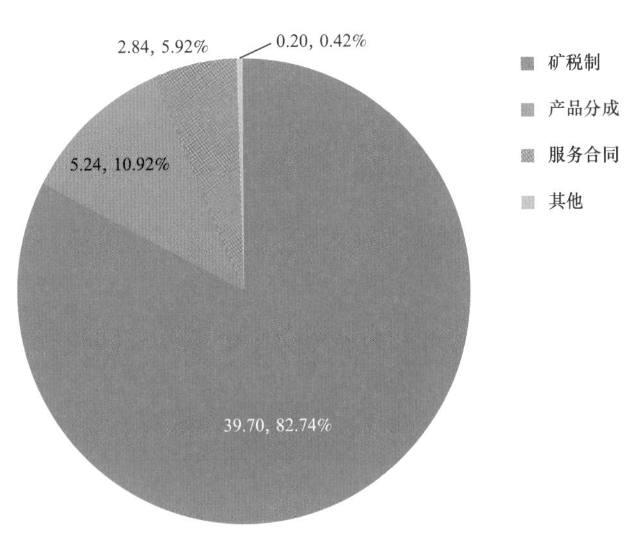

图 2–248　2021 年不同合同模式下产量（亿吨油当量）

全球主力油气田作业模式可分为独立作业与联合作业，其中独立作业油气田数量为 248 个，联合作业油气田数量为 101 个。独立作业模式中，陆上常规油气田数量最多（173 个），油气技术剩余可储量为 797.04 亿吨油当量；非常规油气田数量最少（31 个），油气技术剩余可采储量为 101.36 亿吨油当量；联合作业模式中，陆上常规油气田和海域油气田以 1∶1 分布（图 2–249、图 2–250）。

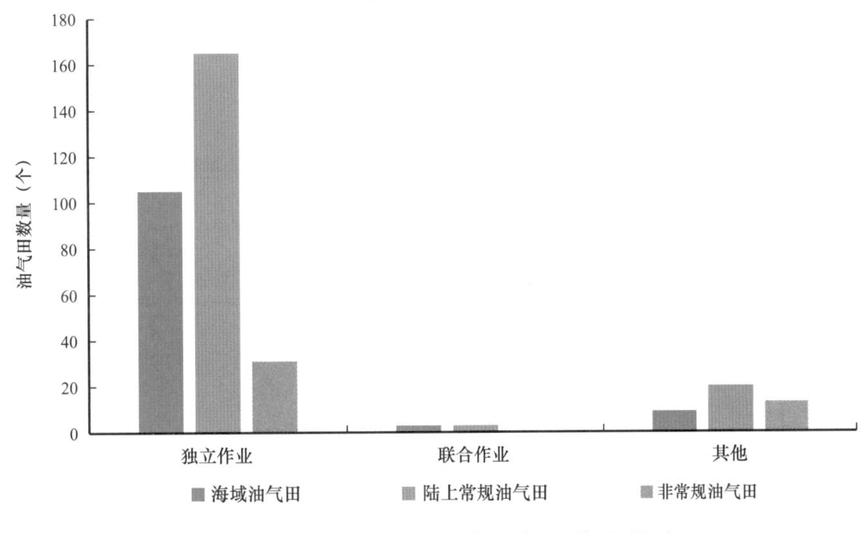

图 2–249　不同类型主力油气田作业模式

独立作业的海域油气田中，浅水油气田最多，数量占比为 82.57%，其中欧洲地区有 22 个，亚太和中东地区为 19 个；联合作业的海域油气田仅有 3 个，均为浅水油气田，位于中东地区。非常规油气田多为独立作业模式，其中页岩油气田数量占比 25.81%，大多位于美国；致密气和油砂占 22.58%，多位于加拿大（图 2–251、图 2–252）。

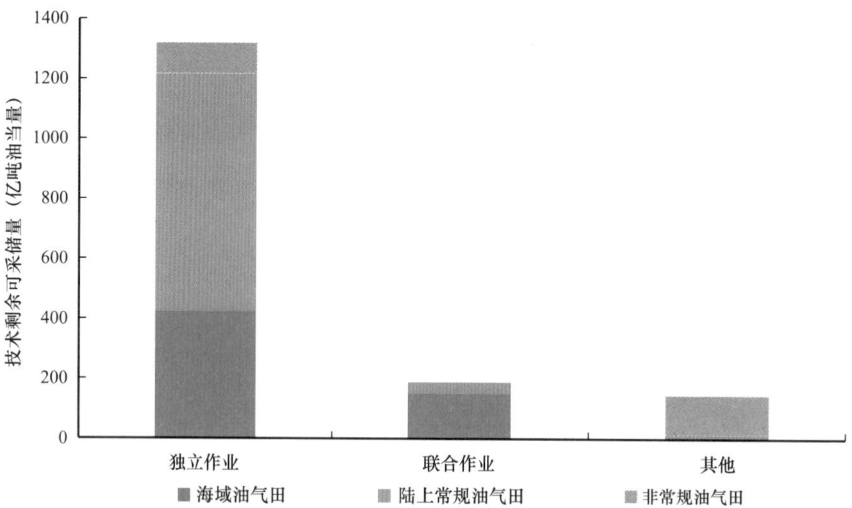

图 2-250　不同类型主力油气田作业模式储量变化

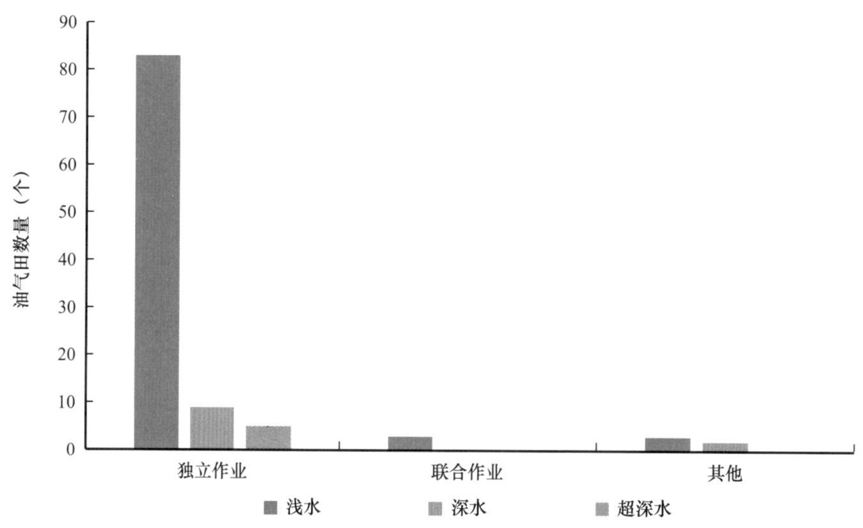

图 2-251　海域主力油气田作业模式

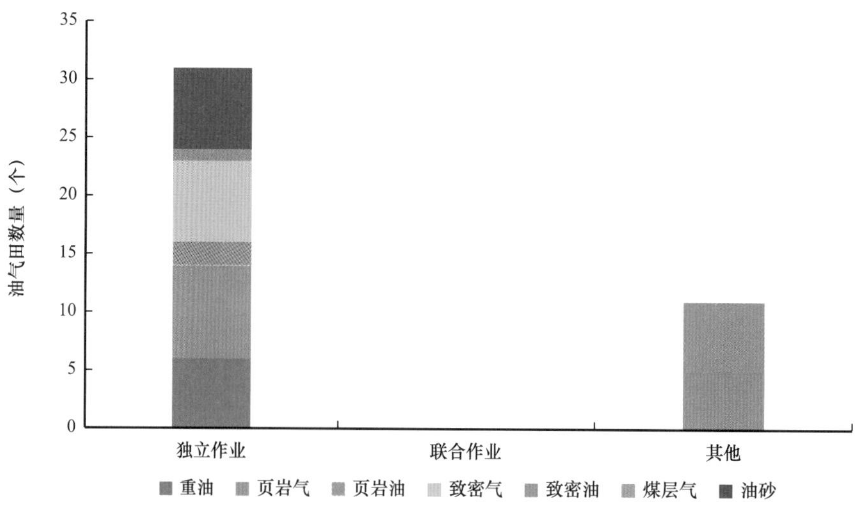

图 2-252　非常规主力油气田作业模式

248 个主力油田中独立作业油田占比为 91.94%，油气技术剩余可采储量为 946.11 亿吨油当量；联合作业的主力油田有 2 个，均位于中东地区，油气技术剩余可采储量为 22.28 亿吨油当量。101 个主力气田中独立作业气田占比为 85.15%，油气技术剩余可采储量为 372.96 亿吨油当量；联合作业的主力气田有 3 个，分别是北方气田、南帕斯气田、卡拉恰干纳克气田，油气技术剩余可采储量为 173.37 亿吨油当量（图 2–253、图 2–254）。

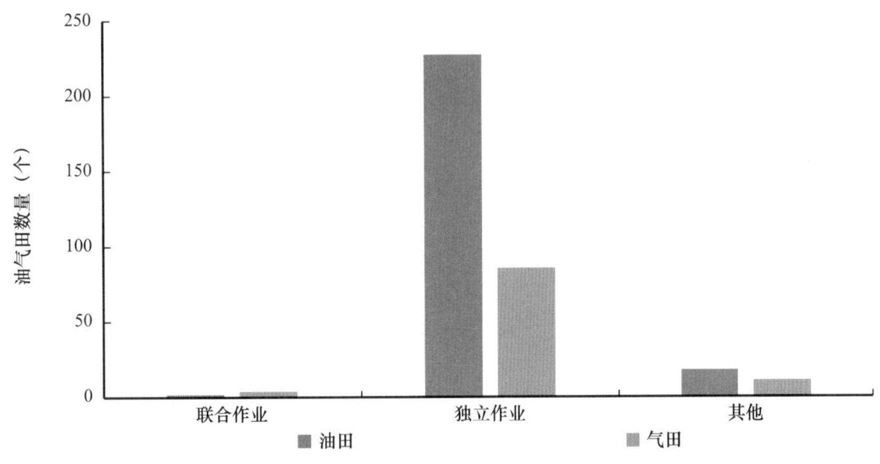

图 2–253　主力油田、气田作业模式

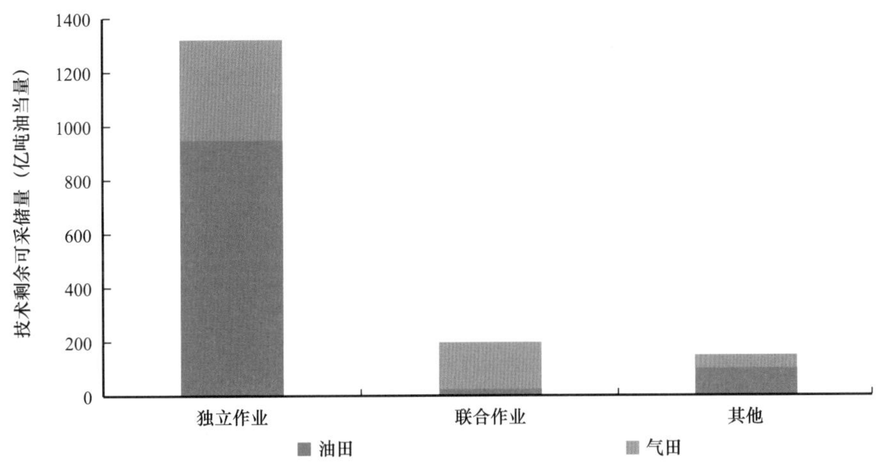

图 2–254　主力油田、气田不同作业模式储量变化

国际石油公司参与的主力油气田有 59 个，多为独立作业，联合作业均为气田，分别是卡拉恰干纳克气田（埃尼石油和壳牌合作）、北方气田、南帕斯气田。独立作业的油气田中，海域油气田数量最多为 39 个，几乎半数位于挪威，海域浅水独立作业油气田有 29 个，深水油气田有 9 个，超深水油气田有 1 个（由碧辟作业）；非常规油气田，最少仅 3 个，分别位于挪威、阿曼、美国，由艾奎诺、碧辟、壳牌作业（图 2–255、图 2–256）。

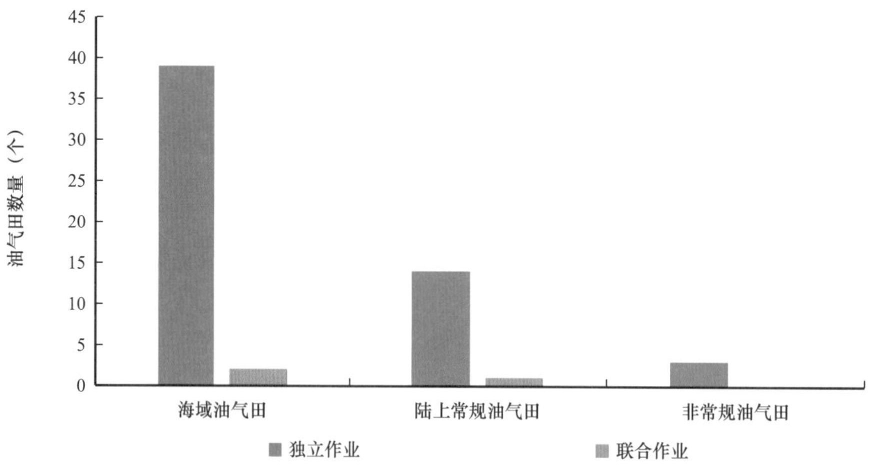

图 2–255　国际石油公司作业不同类型主力油气田

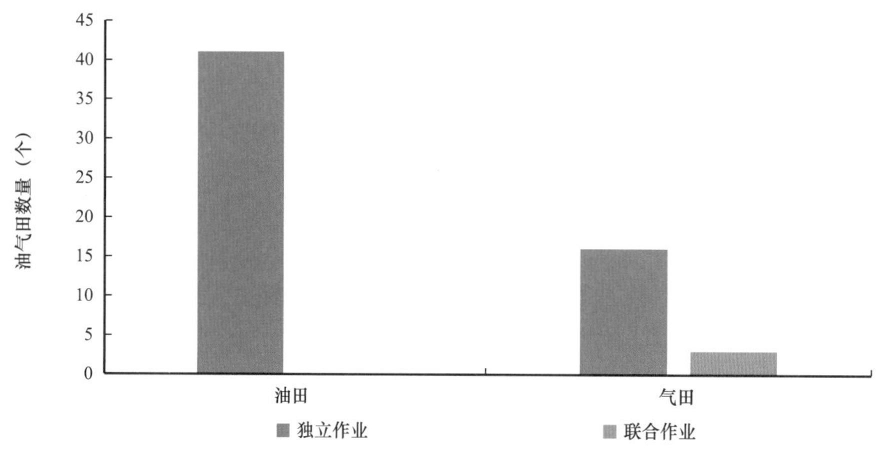

图 2–256　国际石油公司作业主力油田、气田

独立石油公司作业的油气田数量最多，合计产量为 31.68 亿吨油当量；国家石油公司和国际石油公司作业油气田数量不相上下，产量分别为 4.79 亿吨油当量，5.07 亿吨油当量。独立石油公司作业油气田有 194 个，陆上常规油气田数量占比 62.44%；国家石油公司作业油气田有 64 个，陆上常规油气田数量占比 54.69%；国际石油公司作业油气田有 60 个，海域数量占比 69.49%，主要是浅水油气田（图 2–257、图 2–258）。

5. 主力油气田不同岩性研究

截至 2021 年底，从不同类型、不同岩性储量分布来看，砂岩油气技术剩余可采储量为 1496.67 亿吨油当量，占比 45.77%，居首位；其次是碳酸盐岩，油气技术剩余可采储量为 1120.93 亿吨油当量，占比 34.28%。砂岩油气在六大区都有分布，其中在美洲地区分布最多，技术剩余可采储量为 510.99 亿吨油当量；碳酸盐岩油气主要分布在中东地区，为 797.05 亿吨油当量；页岩油气主要分布于美洲地区，为 541.27 亿吨油当量（图 2–259、图 2–260）。

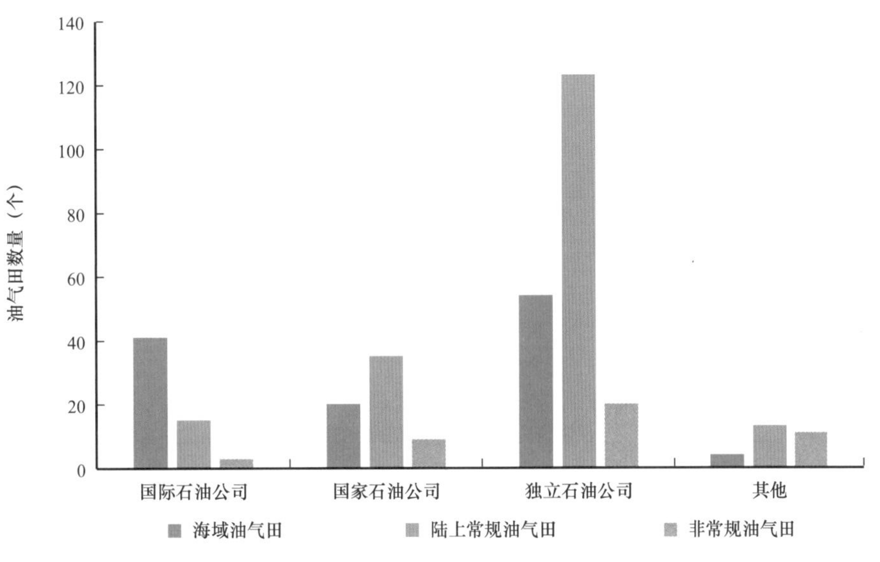

图 2–257　不同类型主力油气田作业公司数量

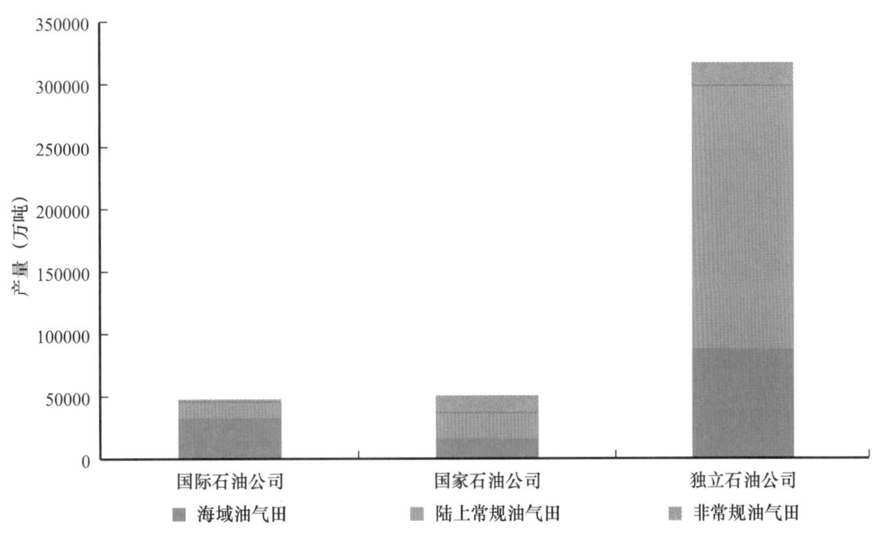

图 2–258　不同类型主力油气田作业公司产量

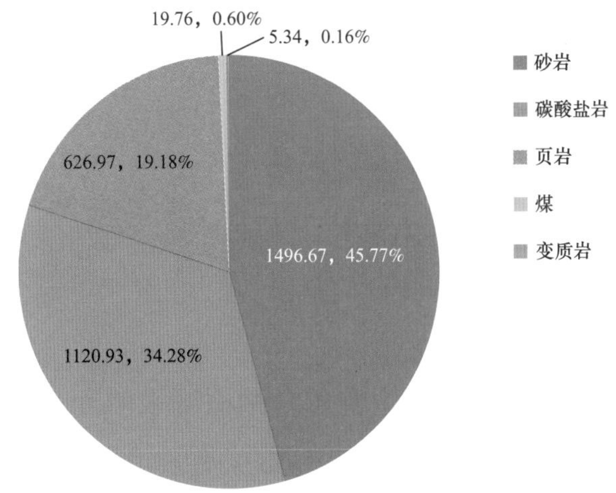

图 2–259　2021 年不同岩性油气技术剩余可采储量特征（亿吨油当量）（数据来源：睿咨得数据库）

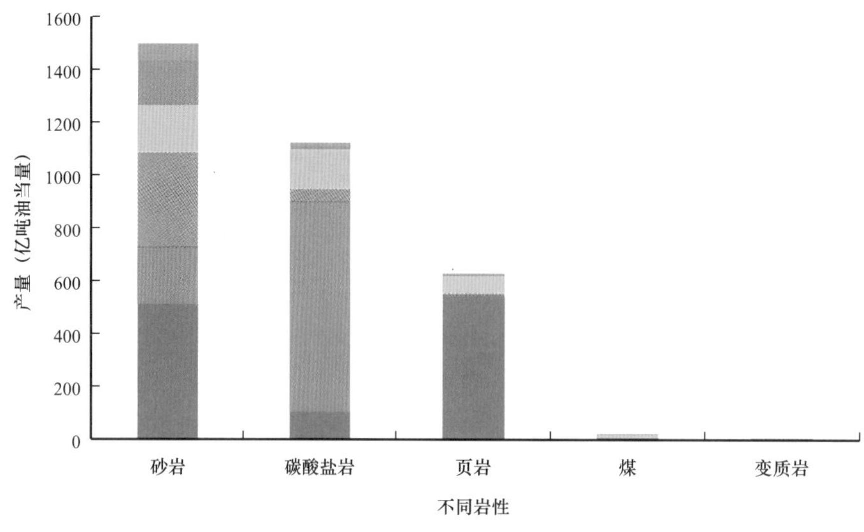

图 2-260　2021 年六大区不同岩性储量（数据来源：睿咨得数据库）

截至 2021 年底，从不同岩性产量分布来看，砂岩油气产量居首位，为 36.79 亿吨油当量，占不同岩性总产量的 48.48%；其次是碳酸盐岩，为 23.10 亿吨油当量，占不同岩性总产量的 30.44%。从地区分布来看，砂岩油气在中亚—俄罗斯地区产量最大，为 9.82 亿吨油当量；其次是美洲地区，为 9.70 亿吨油当量；碳酸盐岩油气在中东地区产量最大，为 14.99 亿吨油当量；页岩油气在美洲地区产量最大，为 13.69 亿吨油当量（图 2-261、图 2-262）。

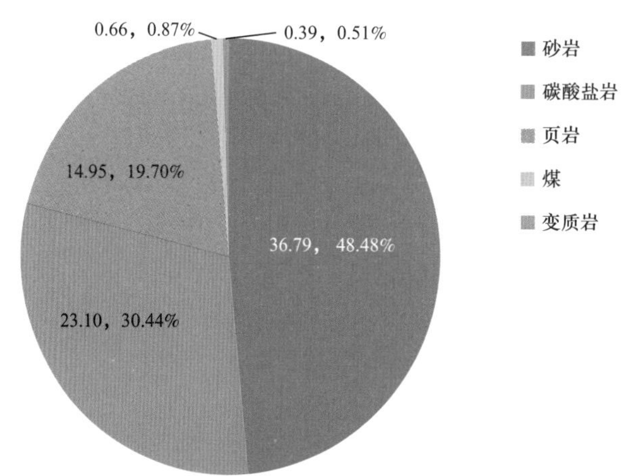

图 2-261　2021 年不同岩性油气产量特征（亿吨油当量）（数据来源：睿咨得数据库）

6. 前十大油气田与国家概述

主力油气田的前十大油气田中，大布尔甘油田开采时间最早，其初产年份为 1946 年。萨莫特洛尔油田主要控股者为碧辟（19.75%）、卡塔尔投资局（18.93%）、俄罗斯石油天然气公司（44.1%）（表 2-45、表 2-46）。

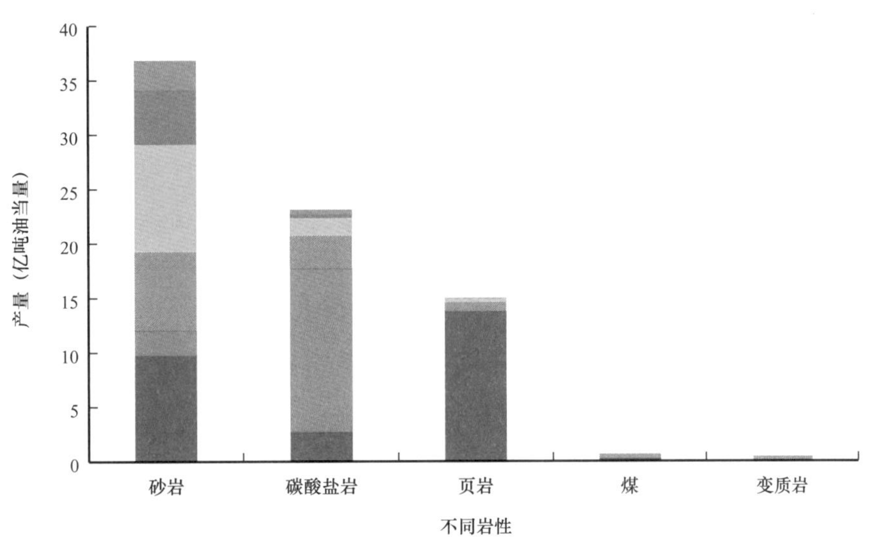

图 2–262　2021 年六大区不同岩性产量（数据来源：睿咨得数据库）

表 2–45　达峰产量前十大油气田概况表

油气田	国家	作业者	合同者	初产年份
加瓦尔油田	沙特阿拉伯	沙特阿美	沙特阿美	1951
乌连戈伊气田	俄罗斯	俄罗斯天然气工业股份公司	俄罗斯天然气工业股份公司	1978
大布尔甘油田	科威特	科威特国家石油公司	科威特国家石油公司	1946
亚姆堡气田	俄罗斯	俄罗斯天然气工业股份公司	俄罗斯天然气工业股份公司	1983
萨莫特洛尔油田	俄罗斯	萨莫特洛尔公司	碧辟（19.75%）卡塔尔投资局（18.93%）俄罗斯石油天然气公司（44.1%）	1969
坎塔雷尔油田	墨西哥	墨西哥国家石油公司	墨西哥国家石油公司	1979
南俄罗斯油田	俄罗斯	—	—	1965
南帕斯气田	伊朗	帕斯石油天然气公司	伊朗国家石油公司	2002
北方气田	卡塔尔	卡塔尔液化气公司	卡塔尔液化气公司	1996
鲁迈拉油田	伊拉克	巴士拉能源公司	碧辟（47.63%）中国石油（38.78%）	1954

前十大油气田可采储量占主力油气田可采储量的 20.78%，累计产量占主力油气田累计产量的 21.42%，技术剩余可采储量占主力油气田技术剩余可采储量的 20.02%。南帕斯气田技术剩余可采储量最大，为 85.42 亿吨油当量；加瓦尔油田可采储量和累计产量最大，为 177.26 亿吨油当量和 120.58 亿吨油当量；大布尔甘油田储采比最大，为 65.84，采出程度为 48.96%（表 2–47）。

表 2–46　北方气田股权概况表

油气田	合同者
苏拉特天然气项目一期	埃克森美孚（100%）
苏拉特天然气项目二期	埃克森美孚（80%）卡塔尔能源公司（20%）
巴尔赞气田	埃克森美孚（7%）卡塔尔能源公司（93%）
海豚能源项目	穆巴达拉投资公司（51%）美国西方石油公司（24.5%）道达尔能源（24.5%）
卡塔尔珍珠天然气制合成油项目	壳牌（100%）
卡塔尔液化天然气二期项目	埃克森美孚（24.15%）卡塔尔能源公司（67.5%）道达尔能源（8.35%）
卡塔尔液化天然气三期项目	卡塔尔能源公司（68.5%）美国康菲石油公司（30%）
卡塔尔液化天然气四期项目	卡塔尔能源公司（70%）壳牌（30%）
卡塔尔天然气项目	卡塔尔能源公司（65%）道达尔能源（20%）埃克森美孚（10%）
拉斯拉凡天然气一期项目	卡塔尔能源公司（63%）埃克森美孚（25%）韩国国家天然气公司（3%）
拉斯拉凡天然气二期项目	卡塔尔能源公司（68.33%）埃克森美孚（30%）中国油气勘探局（1.67%）
拉斯拉凡天然气三期项目	埃克森美孚（30%）卡塔尔能源公司（70%）
卡塔尔 NFE 项目	卡塔尔能源公司（100%）
卡塔尔 NFS 项目	卡塔尔能源公司（100%）

表 2–47　前十大油气田 2021 年储量特征

油气田	技术剩余可采储量（亿吨油当量）	可采储量（亿吨油当量）	累计产量（亿吨油当量）	采出程度（%）	储采比	技术剩余可采储量开采速度（%）	可采储量开采速度（%）
南帕斯气田	85.42	104.67	19.26	18.4	39.33	2.61	2.13
北方气田	84.52	110.25	25.73	23.34	41.78	2.45	1.88
加瓦尔油田	56.69	177.26	120.58	68.02	31.77	3.25	1.04
大布尔甘油田	42.88	84.01	41.13	48.96	65.84	1.54	0.79
乌连戈伊气田	20.48	83.26	62.78	75.4	27.6	3.76	0.92
鲁迈拉油田	18.17	45.31	27.14	59.9	27.59	3.76	1.51
亚姆堡气田	15.93	52.29	36.37	69.55	29.61	3.5	1.06
萨莫特洛尔油田	7.37	35.67	28.3	79.34	38.04	2.7	0.56
南俄罗斯油田	0.71	52.11	51.4	98.64	17.5	6.06	0.08
坎塔雷尔油田	0.47	14.99	14.52	96.86	7.49	15.4	0.48
其他	1328.57	2895.98	1567.38	54.12	35.2	2.92	1.34
合计	1661.21	3655.8	1994.59	54.56	35.63	2.89	1.31

前十大油气田在2021年的总产量占主力油气田总产量的19.01%，其中占比最大的是南帕斯气田。历史峰值产量最大的是加瓦尔油田，在1980年达峰，达峰产量为2.85亿吨油当量（图2–263、图2–264）。

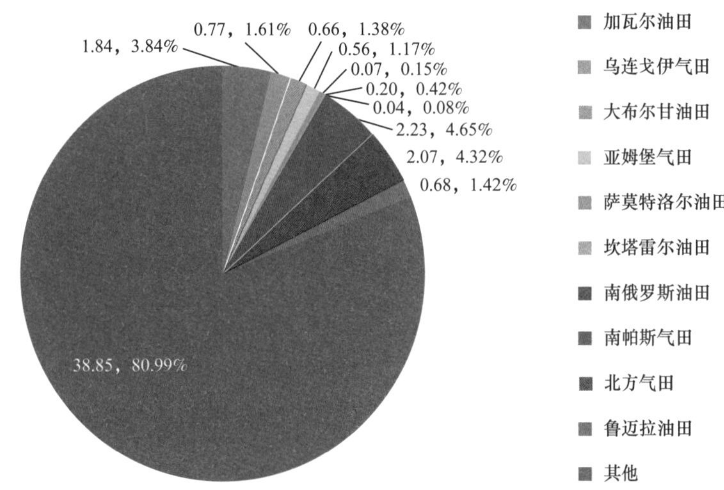

图2–263　前十大油气田2021年产量占比（亿吨油当量）

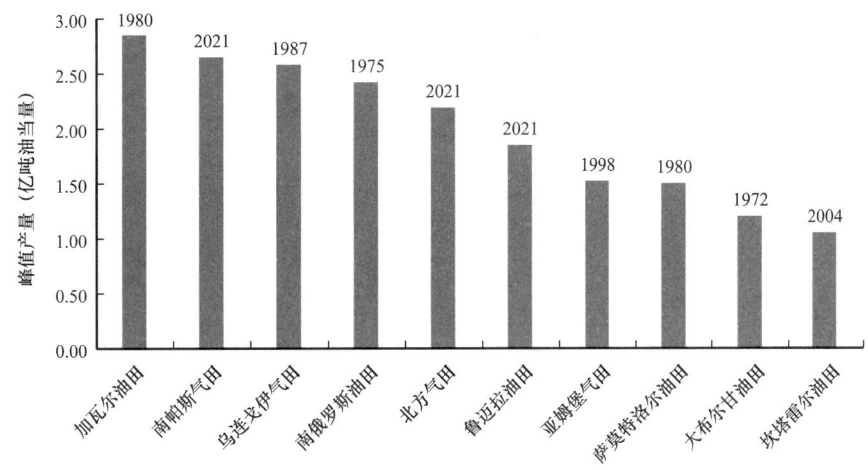

图2–264　前十大油气田峰值产量及达峰年份

前十大油田中，初产年份最早的油田是大布尔甘油田（1946年），由科威特国家石油公司作业控股（表2–48）。

前十大油田可采储量占主力油田的25.09%，累计产量占主力油田的25.97%，技术剩余可采储量占主力油田的23.76%。

截至2021年底，采出程度最大的是南俄罗斯油田（98.41%），储采比最大的是萨法尼亚油田（149.92），技术剩余可采储量采油速度最大的是坎塔雷尔油田（16.59%），可采储量采油速度最大的是阿布扎比陆上油田（2.00%）（表2–49）。

表 2–48　前十大油田概况表

油田	国家	作业者	合同者	初产年份
阿布扎比陆上油田	阿拉伯联合酋长国	阿布扎比陆上石油公司	阿布扎比国家石油公司（60%） 碧辟（10%）道达尔能源（10%）	1963
坎塔雷尔油田	墨西哥	墨西哥国家石油公司	墨西哥国家石油公司	1979
大布尔甘油田	科威特	科威特石油公司	科威特国家石油公司	1946
普拉德霍贝油田	美国	希尔科普能源公司	康菲（36.08%）埃克森美孚（36.4%） 希尔科普能源公司（26.36%）	1977
罗马什金油田	俄罗斯	鞑靼石油	塔特尼夫特石油公司	1948
萨法尼亚油田	沙特阿拉伯	沙特阿美	沙特阿美	1957
萨莫特洛尔油田	俄罗斯	萨莫特洛尔公司	碧辟（19.75%）卡塔尔投资局（18.93%） 俄罗斯石油天然气公司（44.1%）	1969
南俄罗斯油田	俄罗斯	—	—	1965
加瓦尔油田	沙特阿拉伯	沙特阿美	沙特阿美	1951
鲁迈拉油田	伊拉克	巴士拉能源公司	碧辟（47.63%） 中国石油（38.78%）	1954

表 2–49　前十大油田 2021 年储量特征

油田	技术剩余可采储量（亿吨）	可采储量（亿吨）	累计产量（亿吨）	采出程度（%）	储采比	技术剩余可采储量开采速度（%）	可采储量开采速度（%）
加瓦尔油田	54.33	170.52	116.19	68.14	31.77	3.25	1.04
萨法尼亚油田	44.25	74.74	30.5	40.81	149.92	0.67	0.4
大布尔甘油田	40.92	80.63	39.7	49.24	67.79	1.5	0.76
阿布扎比陆上油田	33.02	38.7	5.68	14.68	43.67	2.34	2
鲁迈拉油田	18.17	44.84	26.67	59.48	27.59	3.76	1.52
萨莫特洛尔油田	6.32	32.15	25.83	80.34	43.01	2.38	0.47
罗马什金油田	5.62	26.94	21.32	79.14	48.27	2.12	0.44
普拉德霍贝油田	1.25	18.6	17.35	93.28	12.97	8.36	0.56
南俄罗斯油田	0.67	42.04	41.37	98.41	17.89	5.92	0.09
坎塔雷尔油田	0.26	13.91	13.65	98.13	7.03	16.59	0.31
其他	657.21	1621.39	964.18	59.47	35.11	2.93	1.19
合计	862.02	2164.46	1302.44	60.17	37.13	2.77	1.1

2021 年前十大油田原油产量占主力油田产量的 19.24%，占比最大的是加瓦尔油田。峰值产量最大的是加瓦尔油田，在 1980 年达峰，产量是 2.85 亿吨（图 2-265、图 2-266）。

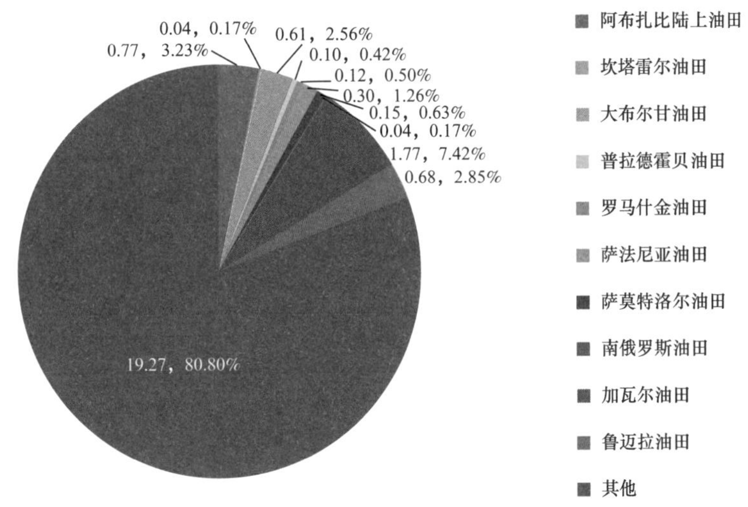

图 2-265　前十大油田原油 2021 年产量变化占比

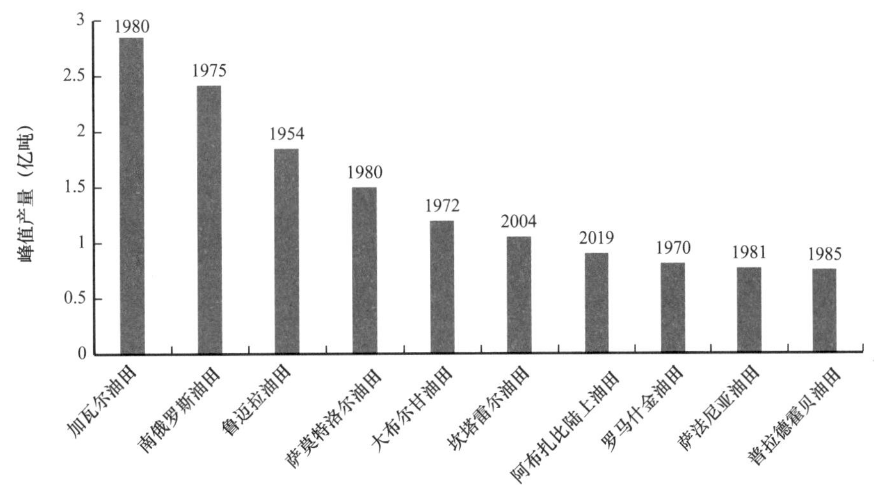

图 2-266　前十大油田原油峰值产量及达峰年份

全球峰值产量前十大主力气田中初产年份最早的是拉克地区气田，在 1950 年初产，由地质石油公司控股（表 2-50）。

前十大气田技术剩余可采储量占主要气田的 41.27%；可采储量占主要气田的 42.62%；累计产量占主要气田的 44.49%。

截至 2021 年底，采出程度最高的是拉克地区气田（100%），储采比最大为亚姆堡气田（214.78）；技术剩余可采储量采气速度最大是多比卡诺亚布尔斯克气田（56.56%）；可采储量采气速度最大为拉克地区气田（27.9%）（表 2-51）。

表 2–50　前十大气田概况表

气田	国家	作业者	合同者	初产年份
鲍瓦年科气田	俄罗斯	俄罗斯天然气工业股份公司	俄罗斯天然气工业股份公司	2012
多比卡诺亚布尔斯克气田	俄罗斯	俄罗斯天然气工业股份公司	俄罗斯天然气工业股份公司	1978
格罗宁根气田	荷兰	荷兰 NAM 石油公司（壳牌与埃克森美孚的合资企业）	荷兰能源公司（40%）埃克森美孚（30%）壳牌（30%）	1963
哈西鲁迈勒油气田	阿尔及利亚	阿尔及利亚国家石油公司	阿尔及利亚国家石油公司	1961
拉克地区气田	法国	地质石油公司	地质石油公司	1950
奥伦堡斯科耶（主）气田	俄罗斯	俄罗斯天然气工业股份公司	俄罗斯天然气工业股份公司	1974
亚姆堡气田	俄罗斯	俄罗斯天然气工业股份公司	俄罗斯天然气工业股份公司	1983
扎波利亚尔气田	俄罗斯	俄罗斯天然气工业股份公司	俄罗斯天然气工业股份公司	2001
北方气田	卡塔尔	卡塔尔液化气公司	卡塔尔液化气公司	1996
南帕斯气田	伊朗	帕斯石油天然气公司	伊朗国家石油公司	2002

表 2–51　前十大气田天然气 2021 年储量特征

气田	技术剩余可采储量（万亿立方米）	可采储量（万亿立方米）	累计产量（万亿立方米）	采出程度（%）	储采比	技术剩余可采储量开采速度（%）	可采储量开采速度（%）
北方气田	8.5	10.88	2.38	21.86	45.06	2.27	1.77
南帕斯气田	8	9.72	1.72	17.7	41.37	2.48	2.04
鲍瓦年科气田	2.15	2.83	0.68	24.03	12.76	8.5	6.46
亚姆堡气田	1.81	6.07	4.26	70.18	214.78	0.47	0.14
扎波利亚尔气田	1.11	2.97	1.86	62.63	27.89	3.72	1.39
哈西鲁迈勒油气田	0.77	2.94	2.17	73.81	8.46	13.41	3.51
格罗宁根气田	0.61	2.94	2.33	79.25	10.79	10.21	2.12
奥伦堡斯科耶（主）气田	0.37	1.59	1.21	76.1	28.35	3.66	0.85
多比卡诺亚布尔斯克气田	0.35	1.89	1.55	82.01	2.77	56.56	10.47
拉克地区气田	0	0.32	0.32	100	1	0	27.9
其他	33.7	56.7	23.1	40.64	1.06	1574.32	934.45
合计	57.37	98.85	41.58	42.01	1.11	926.45	537.28

前十大气田天然气 2021 年产量占主力气田的 55.96%，南帕斯气田峰值产量最大，在 2021 年达峰，产量是 2289.03 亿立方米（图 2–267、图 2–268）。

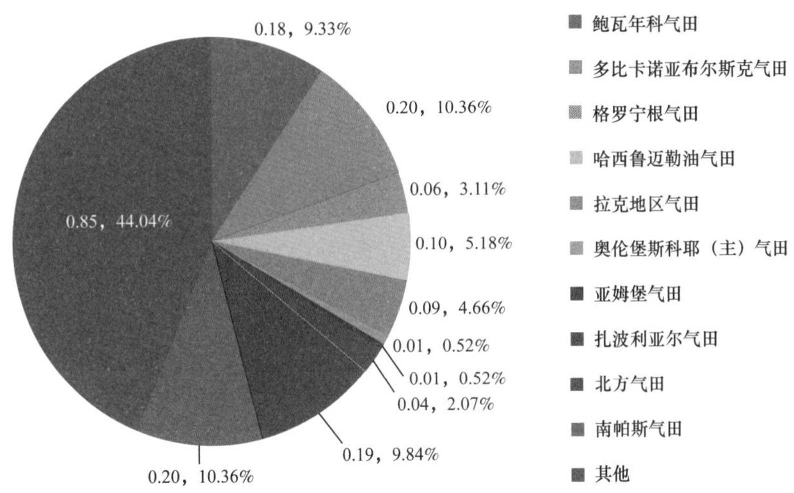

图 2–267　前十大气田天然气 2021 年产量变化占比（万亿立方米）

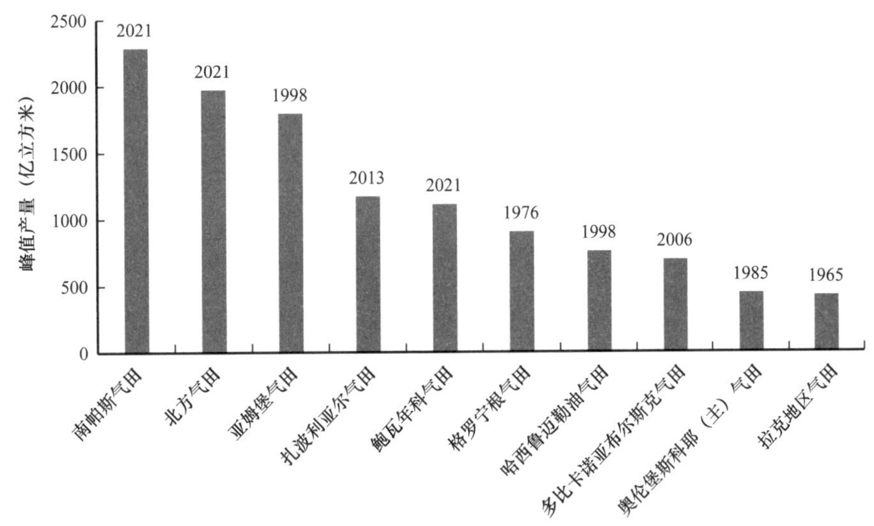

图 2–268　前十大气田天然气峰值产量及达峰年份

从全球主力油气田产量分布最多的 10 个国家来看，中东地区有 6 个、美洲地区有 2 个、中亚—俄罗斯地区与亚太地区均有 1 个。2021 年，前十大国家主力油气田个数占主力油气田总数的 49.28%；俄罗斯数量最多，为 47 个，占前十大国家的 27.33%；参股公司个数占主力油气田总数的 39.38%，数量最多的国家是俄罗斯，有 98 个公司参股，占前十大国家的 28.57%；产量占主力油气田的 76%，其中产量最大的国家是俄罗斯，为 8.56 亿吨油当量，占前十大国家的 23.48%（表 2–52）。

主力油气田产量最多的前十大国家中，碧辟持股 27 个油气田，其在俄罗斯持股的油气田最多，为 19 个；雪佛龙持股 5 个油气田，其在美国持股油气田最多，为 3 个；

埃克森美孚持股 11 个油气田，其在加拿大持股油气田最多，为 4 个；壳牌持股 8 个油气田，其在伊拉克持股油气田最多，为 3 个；道达尔能源持股 19 个油气田，其在俄罗斯和阿拉伯联合酋长国持股油气田最多，为 6 个；埃尼石油持股 9 个油气田，其在俄罗斯持股油气田最多，为 5 个；艾奎诺持股 3 个油气田，分别在伊朗、加拿大和伊拉克；中国石化持股 6 个油气田，海外持股 2 个；中国石油持股 33 个油气田，海外持股 11 个；中国海油持股 6 个油气田，均为海外持股（表 2–53）。

表 2–52　前十大国家油气 2021 概况

国家	地区	主力油气田个数	参股公司个数	产量（亿吨油当量）	初产年份
俄罗斯	中亚—俄罗斯	47	98	8.56	1936
美国	美洲	31	20	7.01	1977
沙特阿拉伯	中东	18	1	6.02	1946
伊朗	中东	15	10	3.6	1912
卡塔尔	中东	5	33	2.37	1949
阿拉伯联合酋长国	中东	9	64	2.19	1962
中国	亚太	15	16	2	1907
加拿大	美洲	14	73	1.69	1967
伊拉克	中东	14	26	1.67	1934
科威特	中东	4	2	1.35	1946
其他	—	177	528	11.51	—
合计	—	349	871	47.97	—

表 2–53　主要石油公司持股油气田数量

国家	碧辟	雪佛龙	埃克森美孚	壳牌	道达尔能源	埃尼石油	艾奎诺	中国石化	中国石油	中国海油
俄罗斯	19	0	1	1	6	5	0	0	1	0
美国	3	3	3	1	0	0	0	0	0	0
沙特阿拉伯	0	0	0	0	0	0	0	0	0	0
伊朗	0	0	0	1	1	1	1	0	1	0
卡塔尔	1	1	0	1	4	0	0	0	0	0
阿拉伯联合酋长国	3	0	2	1	6	2	0	0	3	2

续表

国家	碧辟	雪佛龙	埃克森美孚	壳牌	道达尔能源	埃尼石油	艾奎诺	中国石化	中国石油	中国海油
中国	0	0	0	0	0	0	0	4	22	0
加拿大	0	1	4	0	0	0	1	2	3	4
伊拉克	1	0	1	3	2	1	1	0	3	0
科威特	0	0	0	0	0	0	0	0	0	0

油气技术剩余可采储量最多的前十大国家，其油气技术剩余可采储量占主力油气田的 80.77%，可采储量占 73.05%，累计产量占 66.62%。油气技术剩余可采储量最大的是沙特阿拉伯（304.46 亿吨油当量），可采储量最大和累计产量最大的是俄罗斯，分别为 698.92 亿吨油当量和 433.15 亿吨油当量。

截至 2021 年底，采出程度最高的是中国（64%），储采比最大的是科威特（61.37），可采储量开采速度最大的是美国（2.50%），技术剩余可采储量开采速度最大的是中国（5.47%）（表 2–54）。

表 2–54　2021 年油气产量前十大国家储量特征

国家	技术剩余可采储量（亿吨油当量）	可采储量（亿吨油当量）	累计产量（亿吨油当量）	采出程度（%）	储采比	可采储量开采速度（%）	技术剩余可采储量开采速度（%）
沙特阿拉伯	304.46	558.31	253.85	45.47	51.56	1.08	1.98
俄罗斯	265.77	698.92	433.15	61.97	32.05	1.22	3.22
伊朗	200.72	343.25	142.54	41.53	56.79	1.05	1.79
美国	163.52	280.97	117.45	41.8	24.32	2.5	4.29
卡塔尔	90.18	131.73	41.55	31.54	39.06	1.8	2.63
阿拉伯联合酋长国	89.57	155.89	66.32	42.54	41.94	1.4	2.44
科威特	81.59	145.04	63.45	43.75	61.37	0.93	1.66
加拿大	61.49	150.49	88.99	59.13	37.4	1.12	2.75
伊拉克	47.91	104.4	56.49	54.11	29.67	1.6	3.49
中国	36.61	101.67	65.07	64	19.28	1.97	5.47
其他	319.39	985.13	665.73	67.58	28.74	1.17	3.6
合计	1661.21	3655.8	1994.59	54.56	35.63	1.31	2.89

截至2021年底，主力油气田产量最多的前十大国家，其产量占主力油气田的76%，俄罗斯产量最多，为8.56亿吨油当量。前十大国家油气产量达峰年份多数集中在2021年（图2–269、图2–270）。

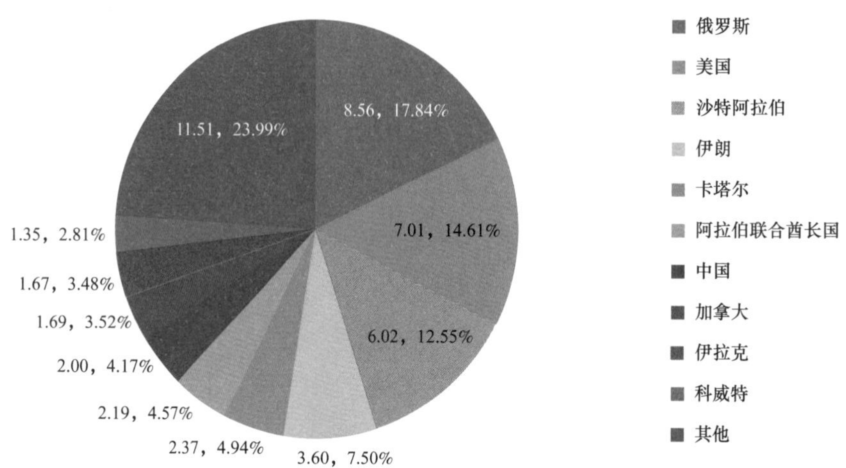

图2–269　前十大国家油气2021年产量变化占比（亿吨油当量）

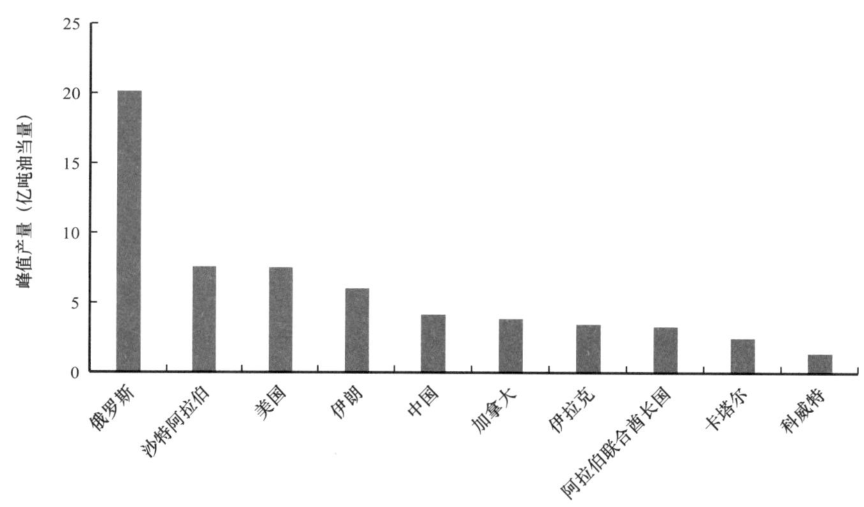

图2–270　前十大国家油气峰值产量

三、全球主力油气田开发阶段与股权构成现状

1. 主力油气田开发阶段分析

截至2021年，349个主力油气田中，有3个油气田已经弃置停产，分别在2019年（1个）、2020年（2个）弃置停产。在拥有投资决策年的74个主力油气田中，在2000—2021年投入生产的油气田数量为62个，在2000年以前投入生产的油气田数量为12个。近五年内（2017—2021年）达峰的油气田个数为45个，2021年达峰的油气田个数为19个，主力油气田的未来开发潜力巨大（表2–55）。

表 2-55　主力油气田不同生命周期个数

时间	发现年(个)	投资决策年(个)	开始生产年(个)	达峰时间(个)	弃置时间(个)
2000 年之前	55	12	4	0	0
2000—2021 年	19	62	70	74	3
合计	74	74	74	74	3

截至 2021 年，在拥有投资决策年的 74 个主力油气田中，气田的开发周期略大于油田，气田的开发周期集中在 18.25～46.25 年之间，油田的开发周期集中在 11～42 年之间。各个阶段中，勘探评价的周期最长，产能建设周期相对最短（图 2-271、图 2-272）。

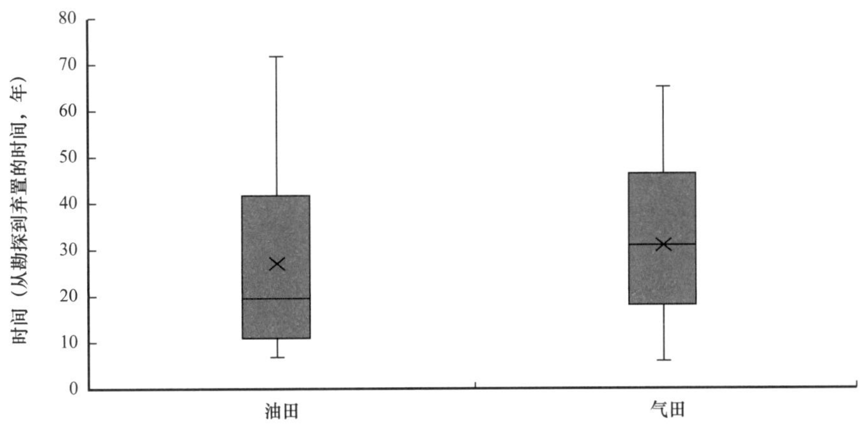

图 2-271　主力油气田全生命周期特征

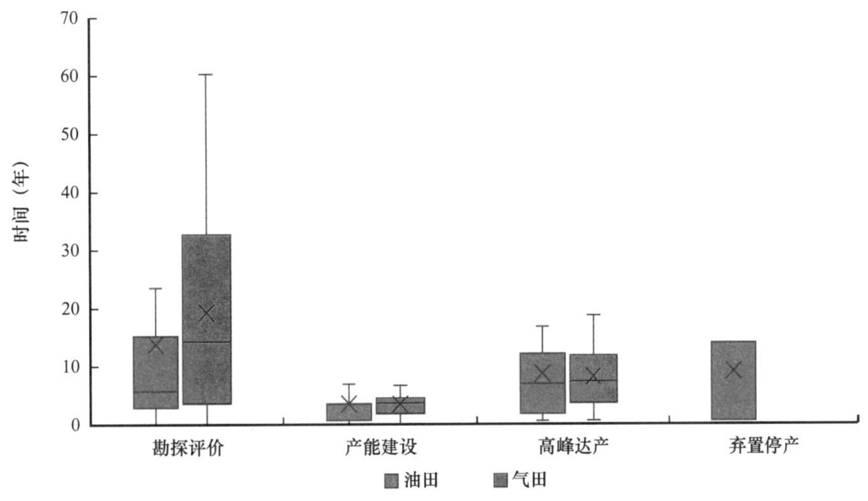

图 2-272　主力油气田各开发阶段特征

对于勘探评价阶段，非常规油田勘探评价周期较长，海域油田、非常规气田勘探评价周期较短。对于产能建设阶段，各油气田基本一致，基本在 3～5 年之间。对于高峰达产阶段，海域油气高峰达产周期相对较短，基本为 2～10 年。截至 2021 年，气田暂无弃置（图 2-273、表 2-56）。

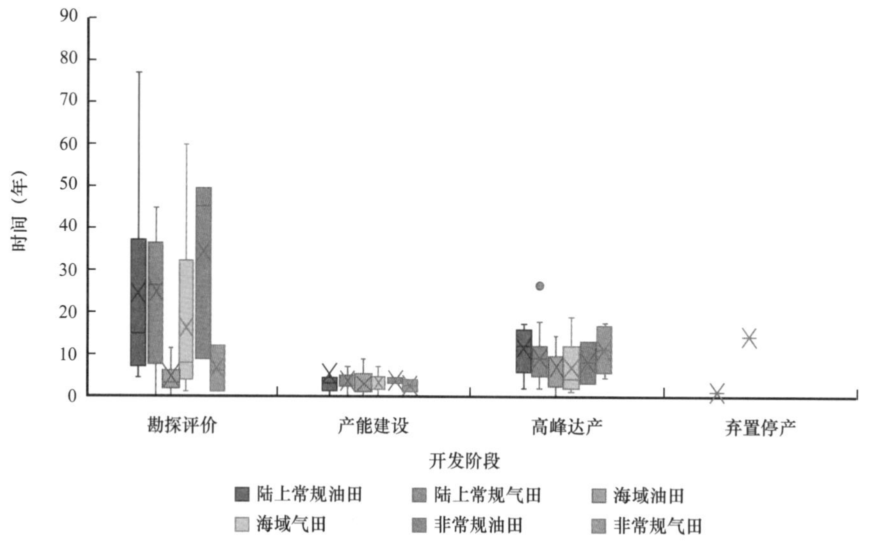

图 2–273　主力油气田开发阶段特征

表 2–56　主力油气田各开发阶段周期

油气田类别	开发阶段周期(年)			
	勘探评价	产能建设	高峰达产	弃置停产
陆上常规油田	7～37	1～4.55	6～16	1
陆上常规气田	8～36.5	2.5～5	4.5～12	—
海域油田	2～6	1.25～3.6	2.5～9.25	14
海域气田	4～32	3.46～5	2～12	—
非常规油田	9～49	3～3.33	3～13	—
非常规气田	1～11.75	1～4	5.25～16.5	—
合计油田	3～13.82	1～3.88	2～12.25	1～14
合计气田	4～32.75	3.5～4.75	4～12	—

主力油气田采出程度在 0～20% 之间时，储采比集中在 25.16～59.56 之间，均值为 55.96；采油速度集中在 1.22%～3.07% 之间，均值为 2.31%。主力油气田采出程度在 20%～60% 之间时，储采比集中在 18.81～52.03 之间，均值为 51.54；采油速度集中在 1.08%～3.32% 之间，均值为 2.32%。主力油气田采出程度在 60%～80% 之间时，储采比集中在 12.42～49.18 之间，均值为 37.08；采油速度集中在 0.61%～2.54% 之间，均值为 2.31%。主力油气田采出程度在 80%～100% 之间时，储采比集中在 0～12.62 之间，均值为 7.93；采油速度集中在 0～1.16% 之间，均值为 1.01%（图 2–274、图 2–275）。

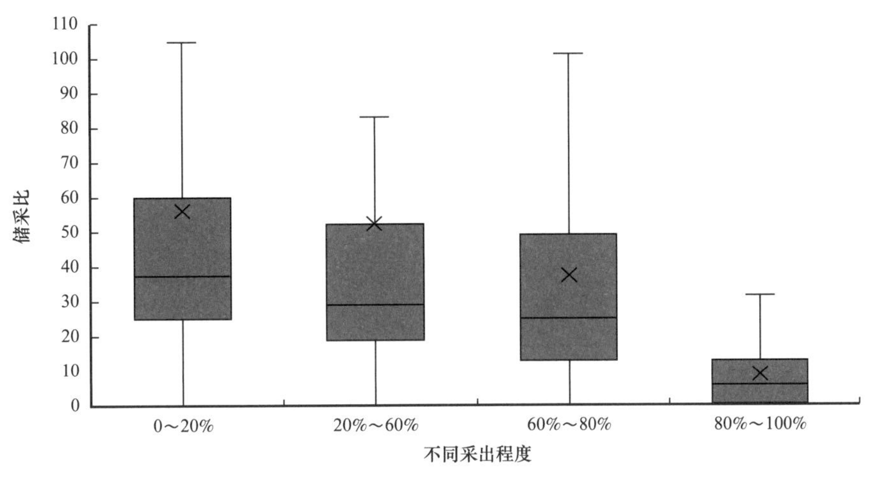

图 2–274　2021 年全球主力油气田不同采出程度储采比

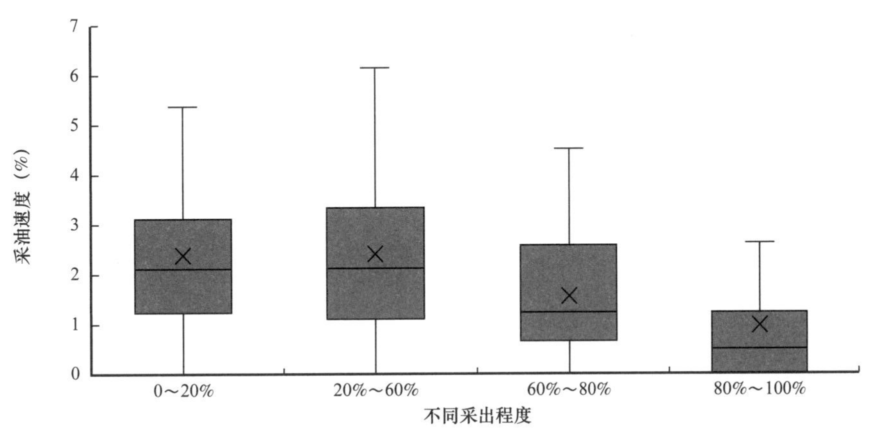

图 2–275　2021 年全球主力油气田不同采出程度采油速度

2. 主力油气田股权构成

前十大油气技术剩余可采储量主力油气田有 4 个在俄罗斯，大部分由俄罗斯天然气工业股份有限公司持股。除南俄罗斯油田和萨莫特洛尔油田外，其余油气田近二十年持股份额不变（表 2–57）。

表 2–57　2021 年前十大主力油气田持股比例份额

油气田	国家	作业者	主要持股者
南帕斯气田	伊朗	帕斯石油天然气公司	伊朗国家石油公司（100%）
北方气田	卡塔尔	卡塔尔液化气公司	卡塔尔能源公司
加瓦尔油田	沙特阿拉伯	沙特阿美	沙特阿美（100%）
乌连戈伊气田	俄罗斯	俄罗斯天然气工业股份公司	俄罗斯天然气工业股份公司（100%）
鲁迈拉油田	伊拉克	巴士拉能源公司	碧辟（47.63%）中国石油（38.78%）
大布尔甘油田	科威特	科威特石油公司	科威特国家石油公司（100%）

续表

油气田	国家	作业者	主要持股者
亚姆堡气田	俄罗斯	俄罗斯天然气工业股份公司	俄罗斯天然气工业股份公司（100%）
萨莫特洛尔油田	俄罗斯	萨莫特洛尔公司	俄罗斯石油天然气公司（44.1%） 卡塔尔投资局（18.93%）碧辟（19.75%）
坎塔雷尔油田	墨西哥	墨西哥国家石油公司	墨西哥国家石油公司（100%）
南俄罗斯油田	俄罗斯	—	—

1965—2021年，始终由一个公司持股100%不变的油气田共有46个。伊朗国家石油公司持股100%的油气田数量为12个，居首位。近20年间，公司持股100%不变的油气田数量为103个。沙特阿美持股100%的油气田数量居首位，为16个（图2-276、图2-277）。

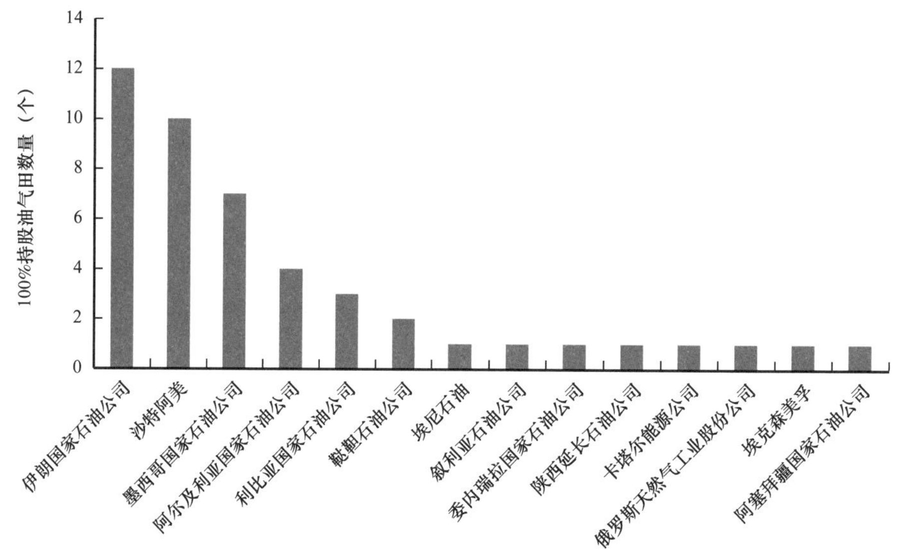

图2-276　1965—2021年100%持股油气田数量前十大公司

北方气田由15个小区块构成。其一是苏拉特天然气项目，一期于2000年签署开发合同，由埃克森美孚持股（100%）。

苏拉特天然气项目二期于2006年签署开发合同，由埃克森美孚（80%）、卡塔尔能源公司（20%）持股。

巴尔赞气田于2007年签署开发协议，由卡塔尔能源公司（90%）与埃克森美孚（10%）参与；在2011年敲定合资协议，卡塔尔能源公司权益增加至93%，埃克森美孚变为7%。

北方气田NFA项目于1991年开始生产，2021年合同到期，卡塔尔能源公司是唯一参与者。

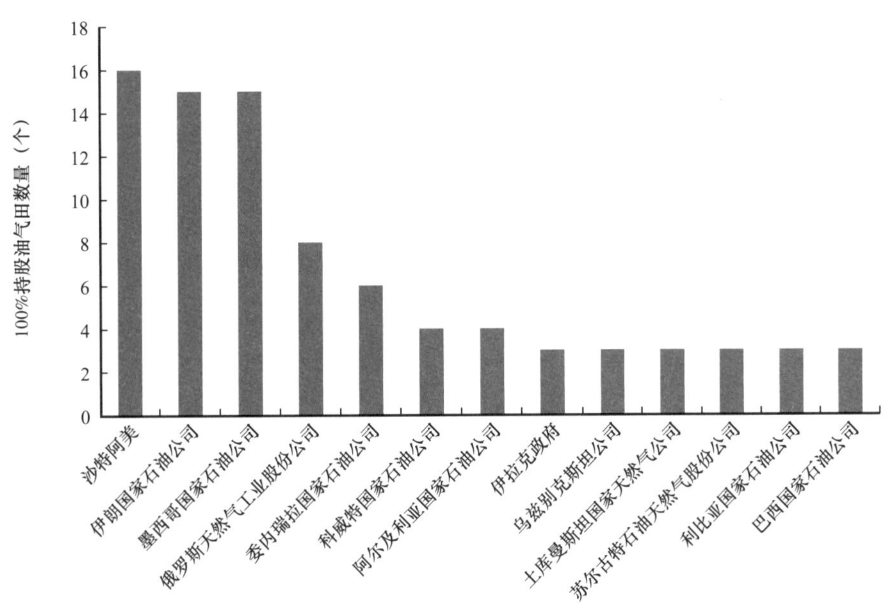

图 2-277 2000—2021 年 100% 持股油气田数量前十大公司

卡塔尔珍珠天然气制合成油项目于 2004 年签署开发合同，壳牌是唯一参与者，拥有 100% 权益。

卡塔尔天然气项目于 1991 年签署开发项目，参与者有卡塔尔能源公司（65%）、道达尔能源（20%）、日本丸红股份有限公司（2.5%）、三井物产公司（2.5%），碧辟以财团合作的方式持股 10%；1992 年，埃克森美孚持股 10%，碧辟退出，该持股比例一直维持到 2021 年合同到期；到期后，预计该项目会由卡塔尔能源公司 100% 持股。

卡塔尔天然气二期项目于 2002 年签署开发合同，参与者为卡塔尔能源公司（70%）和埃克森美孚（30%）；2006 年道达尔能源收购了 8.35% 的股权，剩余股权由卡塔尔能源公司（67.5%）和埃克森美孚（24.15%）持有。

卡塔尔天然气三期项目于 2013 年签署开发合同，参与者为卡塔尔能源公司（70%）和康菲（30%）；2005 年三井物产公司收购了卡塔尔能源公司 1.5% 的股份，持股比例变为卡塔尔能源公司（68.5%）、康菲（30%）。

卡塔尔天然气四期项目于 2005 年签署开发合同，参与者为卡塔尔能源公司（70%）和壳牌（30%），合同持续到 2036 年。

卡塔尔 NFE 项目与卡塔尔 NFS 项目均由卡塔尔能源公司持股，持股 100%。

萨莫特洛尔油田位于俄罗斯，作业者为萨莫特洛尔公司，近二十年共 8 个油公司参与控股。2004 年，萨莫特洛尔油田由碧辟（47.5%）、AAR 财团（47.5%）、私人投资者公司（5%）合作开发。2013 年，俄罗斯石油天然气公司从 AAR 和碧辟手中收购油田 64.54% 的股份，2014 年俄罗斯石油天然气公司收购私人投资者公司股份。此后

俄罗斯石油天然气公司成为萨莫特洛尔油田的主力股东（持股 50% 左右）（图 2-278、图 2-279）。

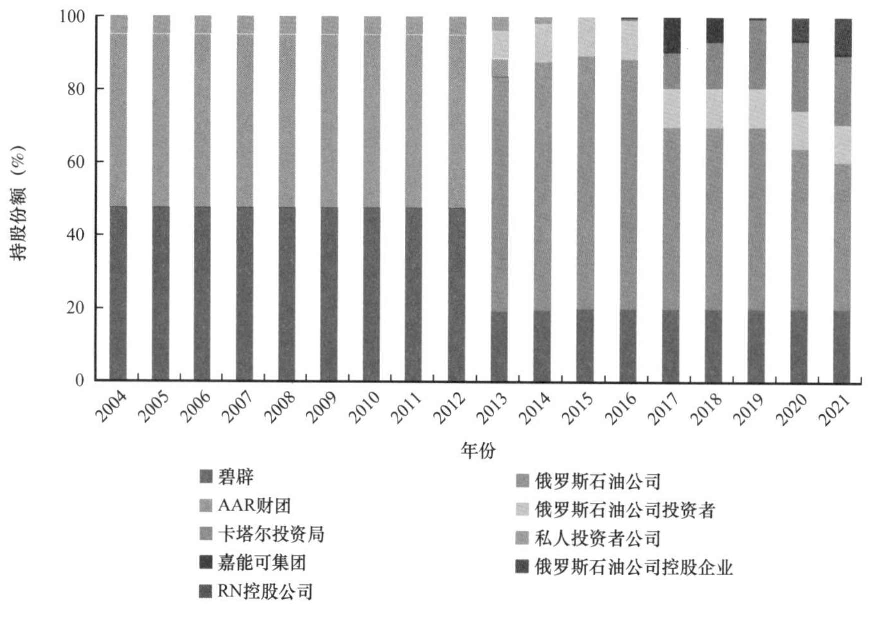

图 2-278　萨莫特洛尔油田持股变化

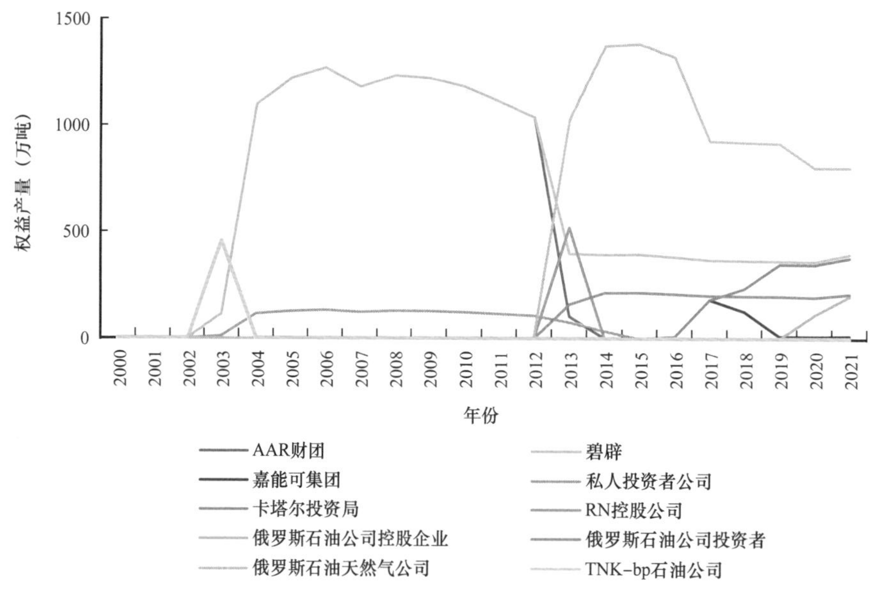

图 2-279　萨莫特洛尔油田权益产量变化

鲁迈拉油田在 2009 年由碧辟和中国石油合资合作进入，合同期限为 20 年，到期后可选择延期 5 年，其中碧辟持股 1.56%，中国石油持股 1.79%，此后碧辟和中国石油持股份额开始陆续增长。2014 年 8 月，伊拉克政府与碧辟、中国石油双方就合同条款的变更达成协议，此后政府股权从 25% 减少到 6%，碧辟的股权增加至 47.63%，中国石油股权由 34.72% 增加到 46.37%，合同期限延长了五年，至 2034 年（图 2-280、图 2-281）。

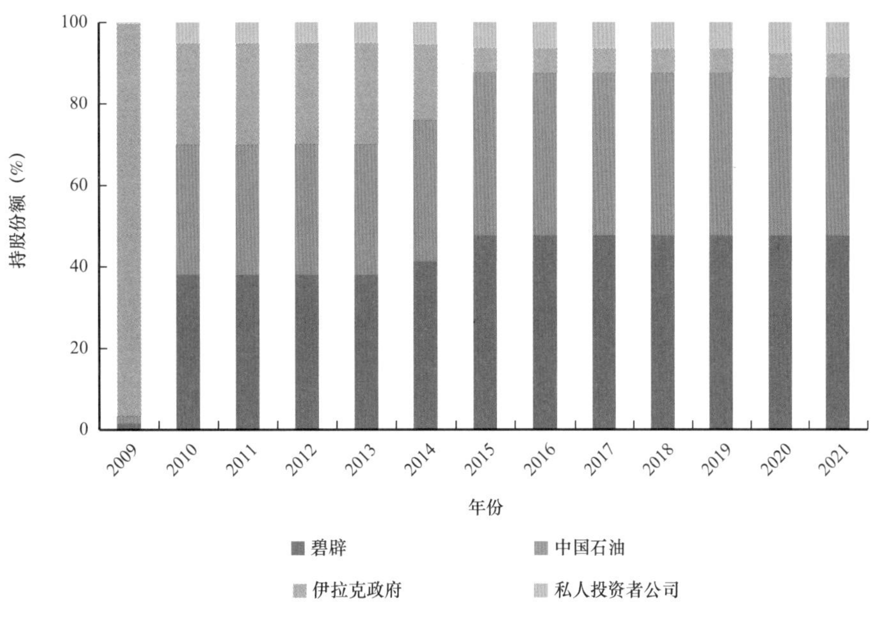

图 2-280 鲁迈拉油田持股变化

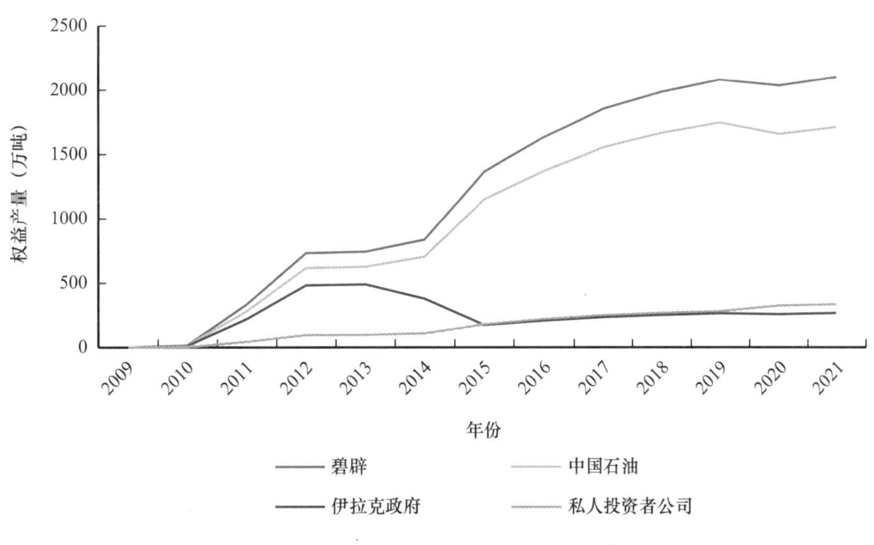

图 2-281 鲁迈拉油田权益产量变化

尤甘斯克油田位于俄罗斯，作业者是尤科斯石油公司，二十年共 8 个油公司参与控股。1991 年，尤科斯石油公司成为一家独立的国有企业，随后被纳入 1992 年开始的私有化进程，并于 1993 年注册，1994 年确立了其在该油田的 100% 控股权直到 2004 年。2004 年，俄罗斯石油天然气公司以 94 亿美元收购了尤甘斯克公司的控股权，控股权于 2005 年正式转让，俄罗斯石油天然气公司与俄罗斯国家石油公司进行资产整合，随后俄罗斯石油天然气公司控股 58.63%，俄罗斯国家石油公司持股 41.37%。2013 年开始，俄罗斯石油天然气公司股份被稀释，碧辟进入尤甘斯克油田控股，2017 年，俄罗斯石油天然气公司股份进一步稀释，之后稳定在 50%（图 2-282、图 2-283）。

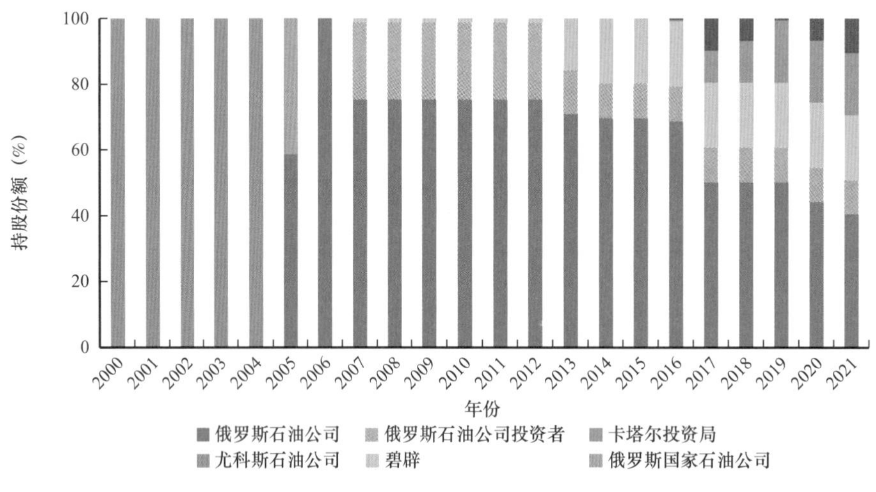

图 2-282 尤甘斯克油田持股变化

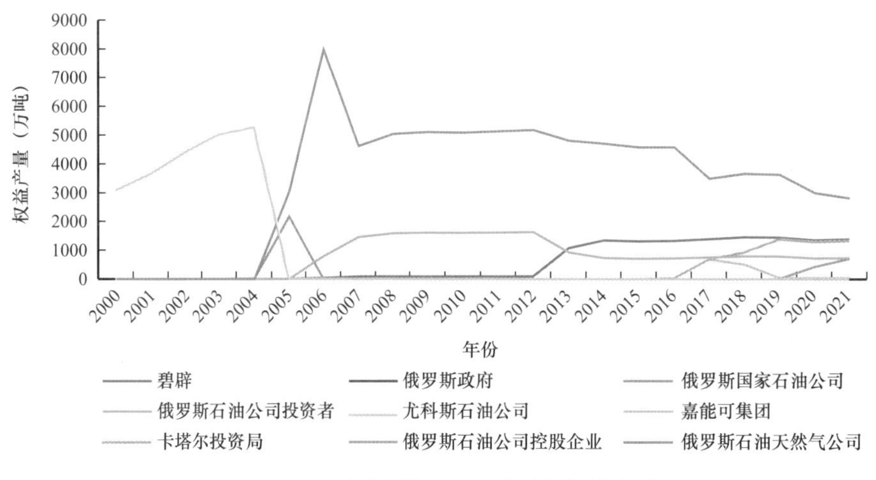

图 2-283 尤甘斯克油田权益产量变化

阿布扎比陆上油田位于阿拉伯联合酋长国，作业者是阿布扎比陆上石油公司，近些年共 7 个油公司参与控股。2015 年起，阿布扎比陆上石油公司拥有该油田的特许经营权 40 年，持股 60%。2015 年，道达尔能源、碧辟、中国石油、日本帝石公司、华信能源公司、GS 能源依次获得 10%、10%、8%、5%、4%、3% 的股份。2018 年，华信能源公司破产，由振华石油收购了其在该项目全部的股权（4%）（图 2-284、图 2-285）。

卢拉—伊拉希马油田位于巴西，作业者为巴西国家石油公司，二十年共 10 个油公司参与控股。2000 年，卢拉—伊拉希马油田 BM-S-11 区块被授予由巴西国家石油公司（65%）、英国天然气集团（25%）和高浦能源公司（10%）组成的财团共同开发。2011 年，中国石化以 37.4 亿美元收购了高浦能源在巴西的全资子公司 30% 的股份，获得该油田 3% 的权益。2016 年壳牌完成对英国天然气集团的收购后，获得两处巴西深水盐下区块权益，分别是卢拉—伊拉希马油田 BM-S-11 区块 25% 的权益和 Sapinhoa 油田 BM-S-9 区块 30% 的权益（图 2-286、图 2-287）。

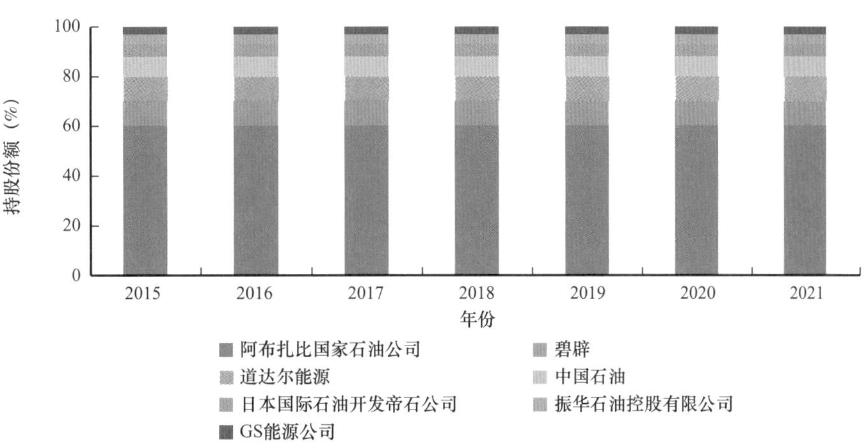

图 2-284　阿布扎比陆上油田持股变化

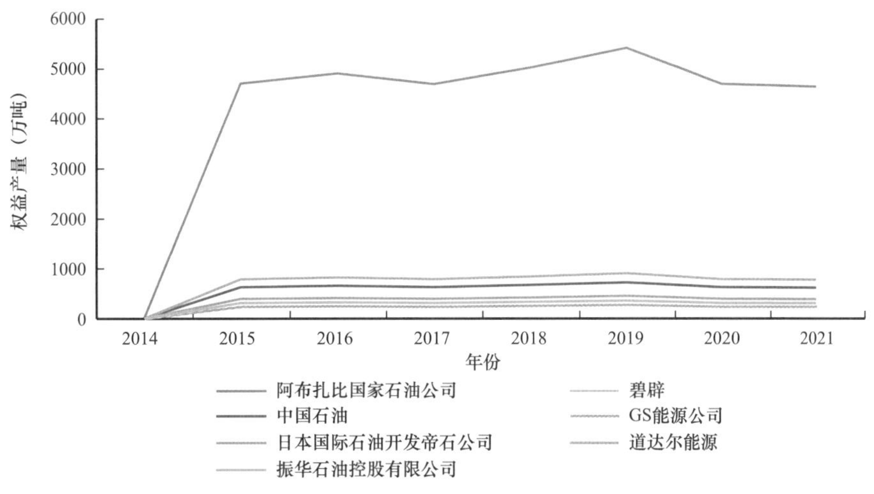

图 2-285　阿布扎比陆上油田权益产量变化

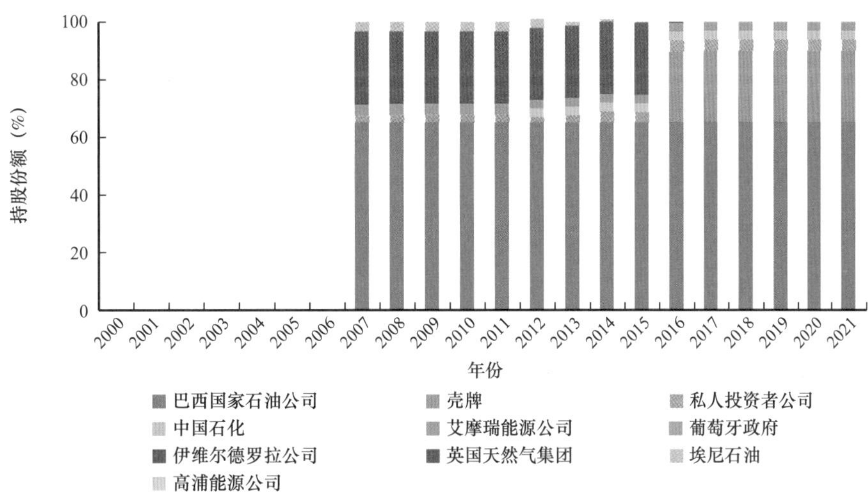

图 2-286　卢拉—伊拉希马油田持股变化

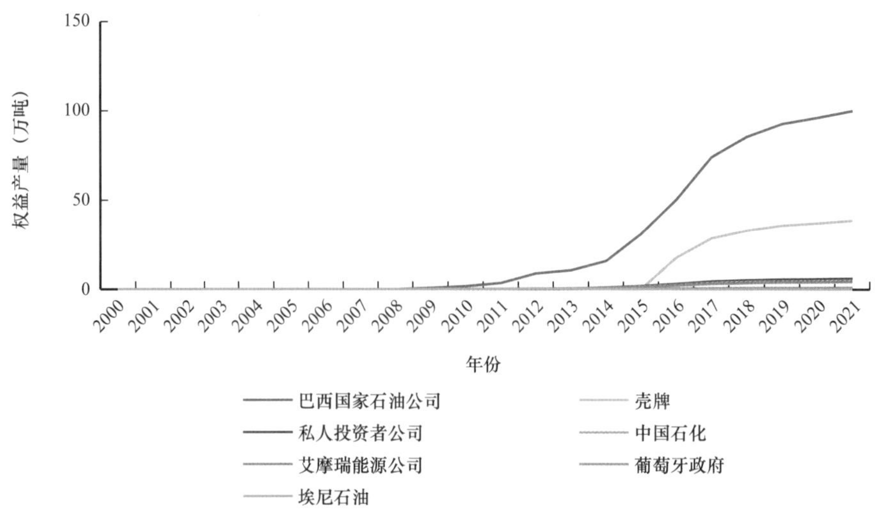

图 2–287　卢拉—伊拉希马油田权益产量变化

田吉兹油田位于哈萨克斯坦，作业者为田吉兹—雪佛龙合资公司，二十年共 10 个油公司参与控股。2001 年，雪佛龙以 4.5 亿美元从哈萨克石油公司购买了该油田 5% 的权益。2001 年，哈萨克斯坦政府终止了哈萨克石油公司 20% 权益的管理，并将所有权陆续转让哈萨克斯坦国家石油和天然气公司。2009 年，碧辟将其权益出售给卢克石油公司，卢克拥有了该油田 5% 的正式股份。2009 年以来，该油田权益比例一直稳定，股权分布为雪佛龙 50%、埃克森美孚 25%、哈萨克斯坦国家油气公司 20% 和卢克石油公司 5%（图 2–288、图 2–289）。

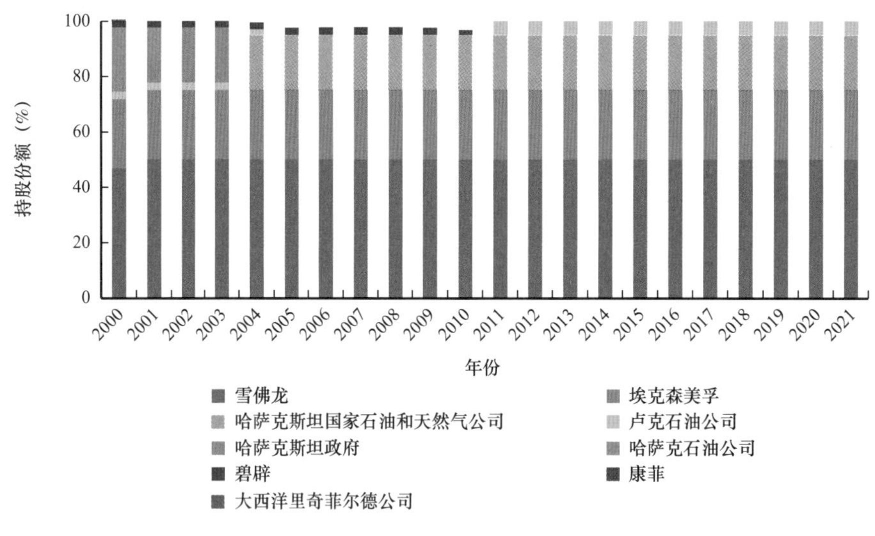

图 2–288　田吉兹油田持股变化

上扎库姆油田位于阿拉伯联合酋长国，作业者为阿布扎比海洋作业公司，二十年共 4 个油公司参与控股。自上扎库姆油田开发以来，阿布扎比国家石油公司（88%）和日本石油开发公司（12%）共同参与持股。2006 年，埃克森美孚在 2001 年开始招标后获得了上扎库姆项目 28% 的股权，阿布扎比国际石油公司份额减少到 60%，日本国际石油开发帝石公司的权益保持在 12%（图 2–290、图 2–291）。

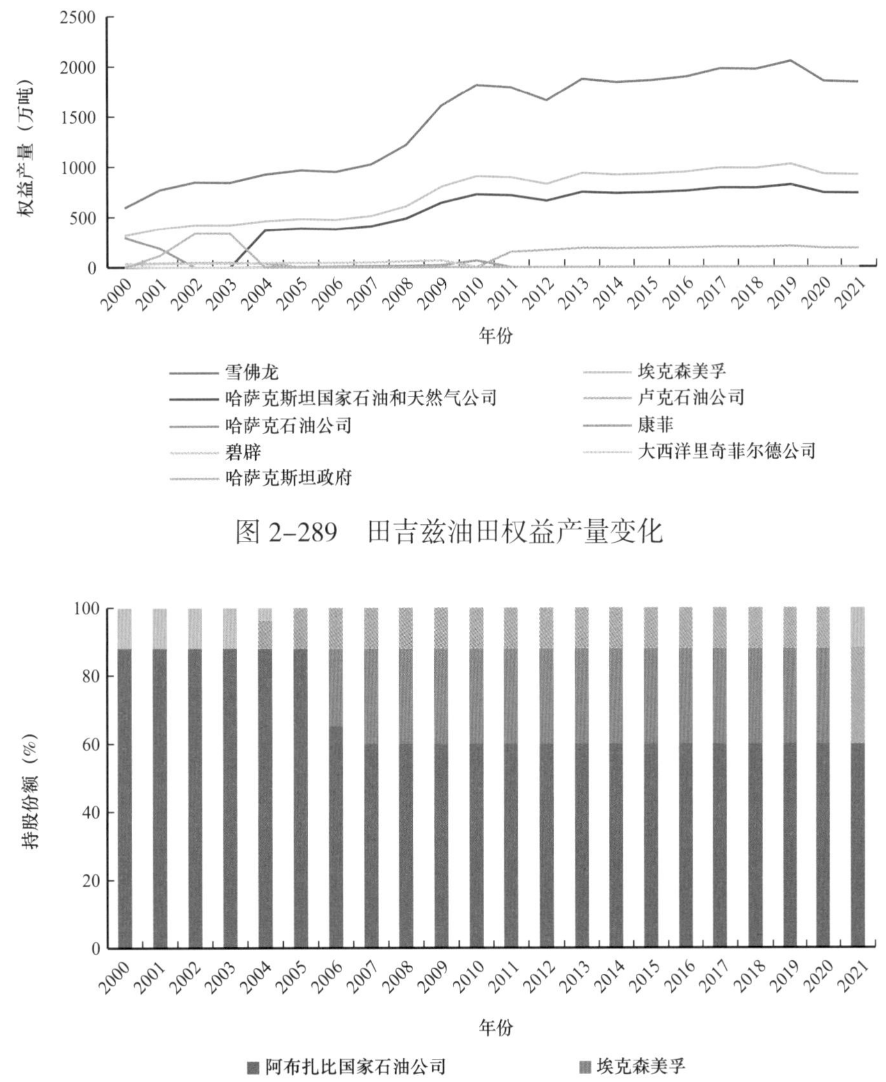

图 2–289　田吉兹油田权益产量变化

图 2–290　上扎库姆油田持股变化

下扎库姆油田位于阿拉伯联合酋长国，作业者阿布扎比海洋作业公司，二十年共 10 个油公司参与控股。阿布扎比国家石油公司特许权于 2018 年 3 月到期，持股者增至 9 个，阿布扎比国家石油公司持股比例仍居首位（60%），中国石油也参与了持股（6%）。中国海油于 2020 年 7 月购买中国石油股份进入持股（4%）。

从资产报告来看，阿布扎比国家石油公司（ADNOC）持股 60%，日本国际石油开发帝石公司持股 10%，中国石油持股 6%，印度石油天然气公司持股 4%，巴拉特石油公司持股 3%，埃尼石油持股 5%，道达尔能源持股 5%，中国海油持股 4%，印度石油公司持股 3%（图 2–292、图 2–293）。

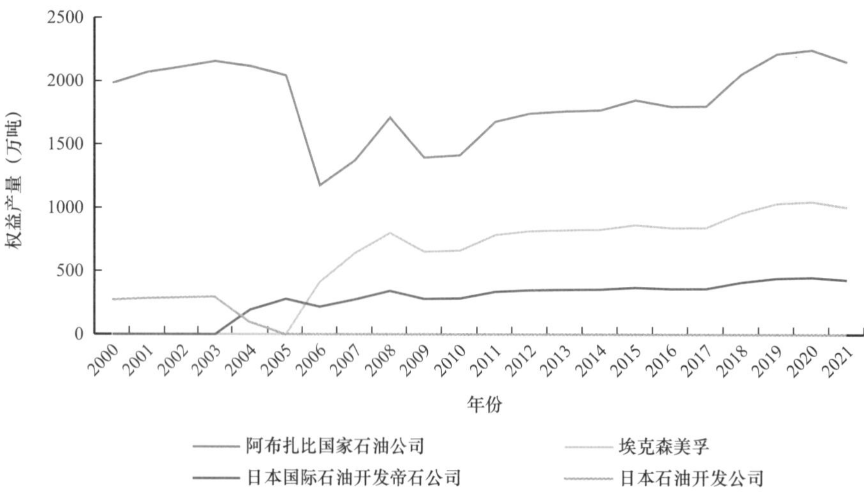

图 2-291　上扎库姆油田权益产量变化

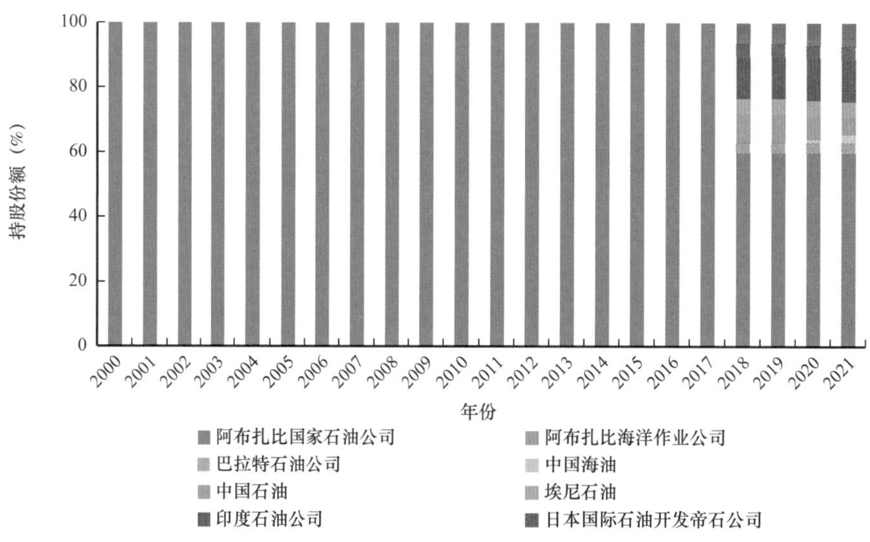

图 2-292　下扎库姆油田持股变化

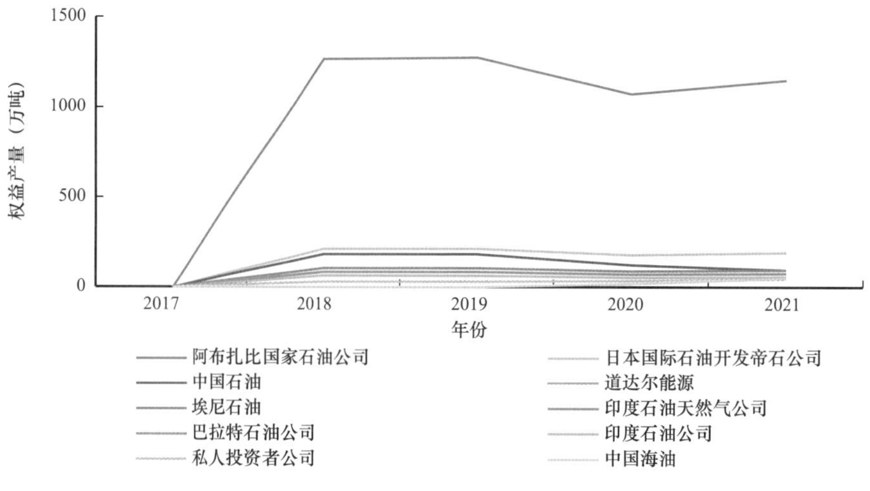

图 2-293　下扎库姆油田权益产量变化

卡沙甘油田位于哈萨克斯坦，作业者为北里海作业公司，二十年共18个油公司参与控股。1993年，哈萨克斯坦KCSJSC与埃尼石油、英国天然气公司、碧辟、艾奎诺、埃克森美孚、壳牌、道达尔能源共七家签署共同开发卡沙甘的协议，此后在不断的股权变更下，埃尼石油、埃克森美孚、壳牌和道达尔能源成为四大利益相关者。

1998年，KCSJSC将其股权出售给日本国际石油开发帝石公司和康菲，每家公司以2.5亿美元的价格购买了各自7.142%的权益。

2002年，道达尔能源收购碧辟和艾奎诺的股权（6.53%）。

2003年，英国天然气公司宣布退出。2005年，将一半权益（8.33%）出售给了初始开采协议中的合作伙伴，另一半权益（8.33%）出售给哈萨克斯坦国家石油天然气公司，至此，完成了资产剥离。

2008年，日本国际石油开发帝石公司将其一半的权益出售给日本石油天然气和金属矿物资源机构（3.78%）。

2013年，中国石油通过哈萨克斯坦国家石油天然气公司以51.41亿美元收购了康菲8.33%的股权，权益由CNPC Kashagan和另一家中国国有实体CNIC（国新国际投资有限公司）共同持有。

2015年，NC KMG将KMG Kashagan的一半（8.44%）转让给了萨姆鲁克—卡泽纳公司。这笔47亿美元的交易是一项战略举措，旨在拆分NC KMG与KMG Kashagan相关的22亿美元债务。NC KMG保留以同等条件回购8.44%KMG Kashagan权益的选择权。行使这项权利的截止日期目前是2022年。2020年，壳牌、道达尔能源、埃尼石油、埃克森美孚、哈萨克斯坦国家石油天然气公司、中国石油、日本国际石油开发帝石公司为卡沙甘油田的主力股份持有者，四大国际石油公司持股均为16.81%，其他依次为16.88%、8.33%、7.55%。

初始开采协议中的合作伙伴指的是埃尼石油、埃克森美孚、壳牌、道达尔能源、日本国际石油开发帝石公司和康菲。原资产报告中是pre-empting partners，即先占，是指具有先买权的，此处指的是英国天然气公司将一半权益（8.33%）分别出售给了1993年共同签署协议中的合作方。

2013年7月2日，哈萨克斯坦国家石油天然气公司（KMG）将8.33%的权益转让给中国石油，10月31日完成交割。

2014年8月29日，中国石油将3.332%股权转让给国新国际。

目前项目股权比例为：埃尼石油、壳牌、埃克森美孚、道达尔能源分别持股

16.81%，哈萨克斯坦国家石油天然气公司持股 16.88%（其母公司萨姆鲁克—卡泽纳公司持有其中的一半），日本国际石油开发帝石公司（INPEX）持股 7.56%，CNPCK 持股 8.33%（中国石油持股 4.998%，国新国际持股 3.332%）（图 2–294、图 2–295）。

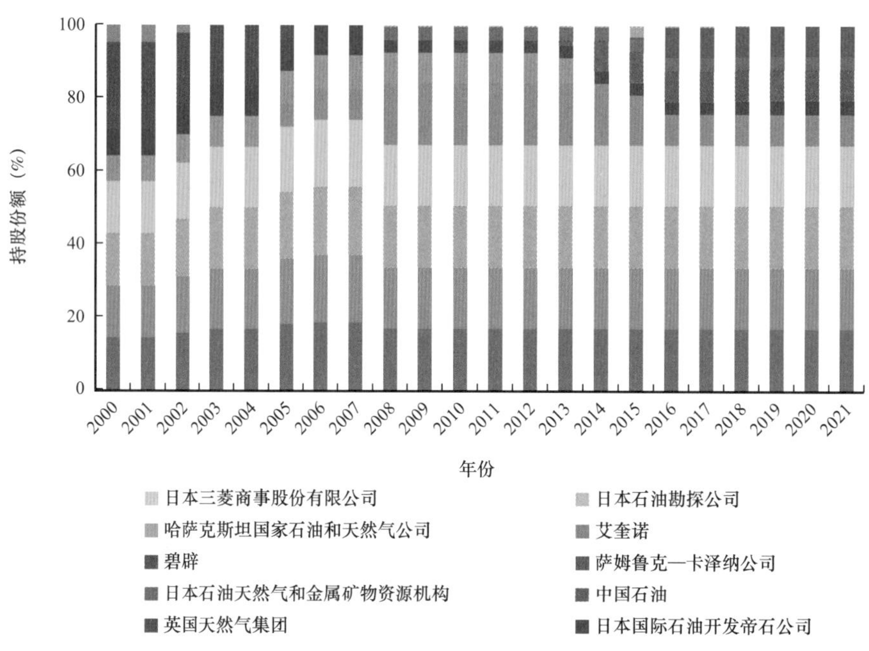

图 2–294　卡沙甘油田持股变化

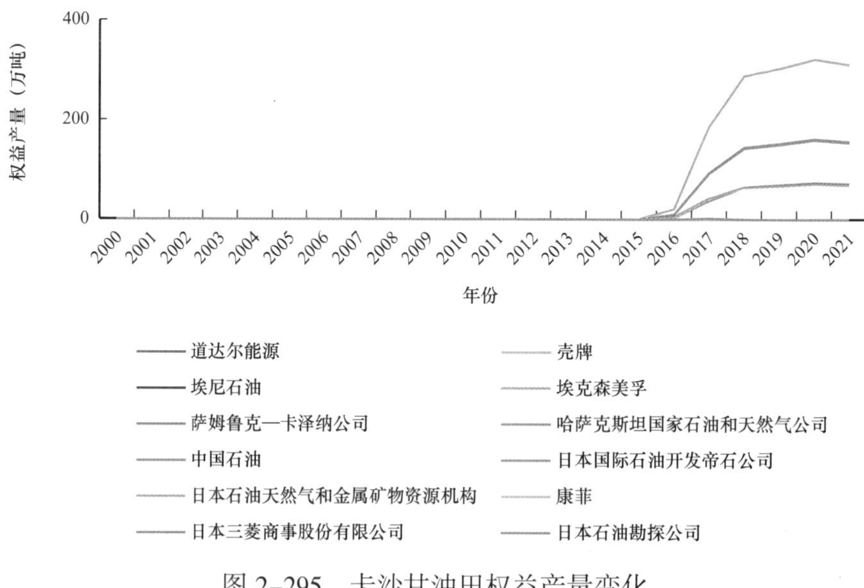

图 2–295　卡沙甘油田权益产量变化

布劳斯气田位于澳大利亚，作业者伍德赛德石油公司，二十年共 9 个油公司参与控股。2012 年，壳牌以 4.5 亿美元的价格收购了雪佛龙 14.75% 的权益。

2012 年，中国石油以 16 亿美元收购必和必拓公司 10.51% 的股权，该交易于 2013 年 6 月完成。2020 年，伍德赛德石油公司、壳牌、碧辟、中国石油、三井物产、日本

三菱商事股份有限公司和私人投资者公司依次持股 30.6%、27%、17.33%、8.92%、7.2%、7.2%、1.75%（图 2-296、图 2-297）。

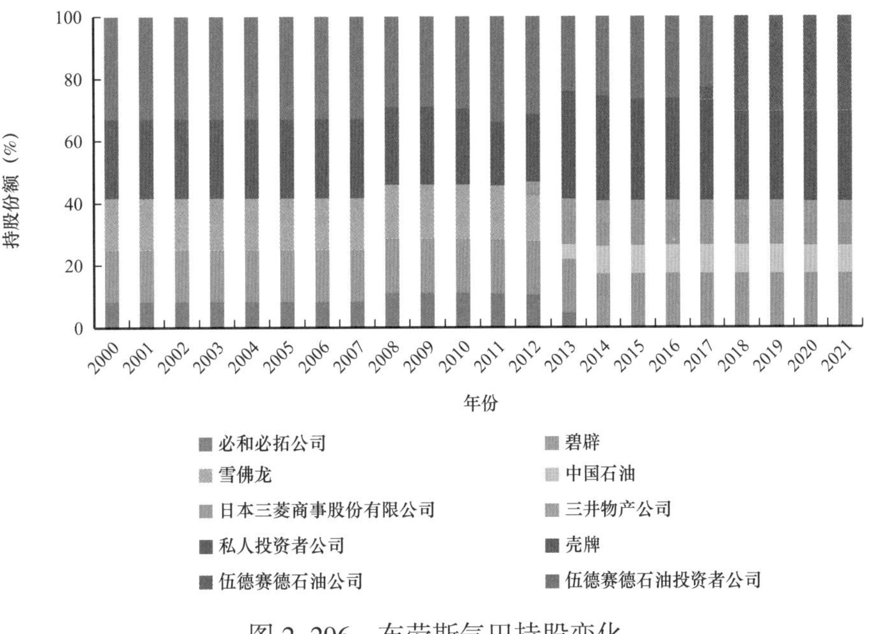

图 2-296 布劳斯气田持股变化

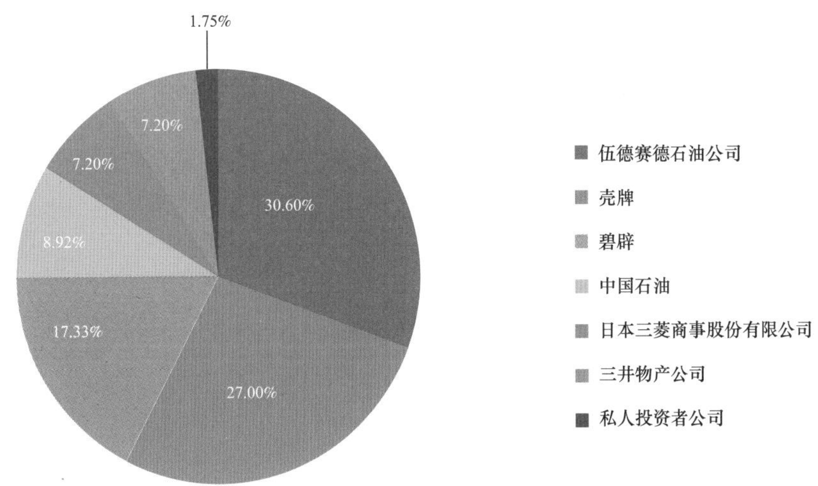

图 2-297 2021 年布劳斯气田持股占比

布兹奥斯油田股权构成：布兹奥斯油田位于巴西，作业者为巴西国家石油公司，二十年共 5 个油公司参与控股。2010 年 9 月，巴西国家石油公司根据权利转让协议从巴西政府购买了该油田的开采权。2013 年，巴西石油与天然气管理公司从巴西国家石油公司接手该油田的开采权。2019 年 11 月，中国石油和中国海油中标布兹奥斯油田开采权，此后在 2020 年分别获得 5% 的股权（中国海油的权益和私人投资者共同持有），另外 90% 的股权重回巴西国家石油公司手中（图 2-298、图 2-299）。

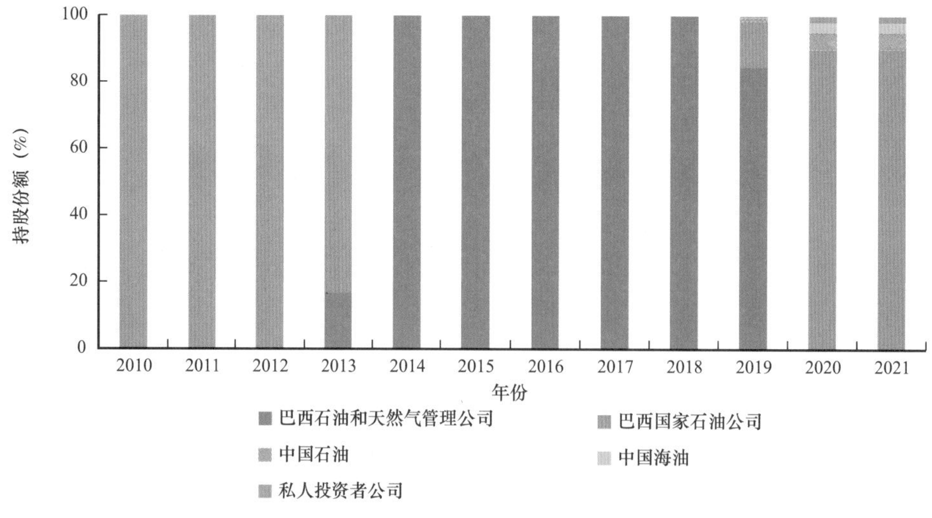

图 2-298　布兹奥斯油田持股变化

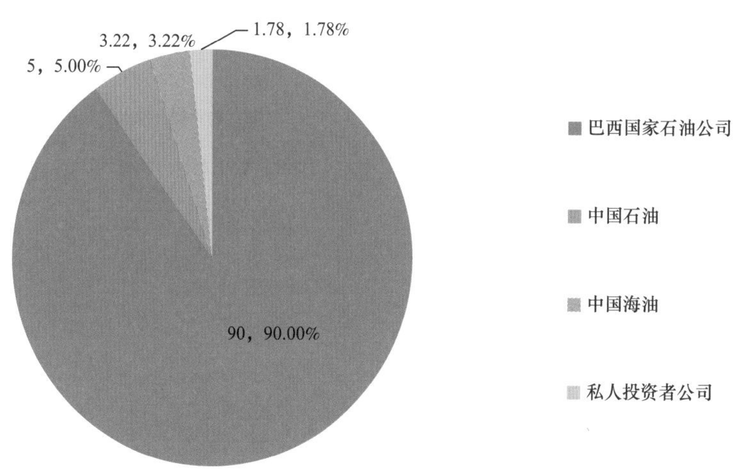

图 2-299　2021 年布兹奥斯油田持股占比

四、典型油气田公司参股比例变化研究

全球主力油气田有 349 个，其中海域油气田为 117 个，陆上常规油气田为 190 个，非常规油气田为 42 个（图 2-300）。

国际石油公司作业的主力油气田有 59 个，其中海域油气田数量占比 69%；国家石油公司作业的主力油气田有 64 个，其中陆上常规油气田数量占比 55%；独立石油公司作业的主力油气田有 197 个，其中陆上常规油气田数量占比 62%。

国际石油公司（IOC）和国家石油公司（NOC）作业者项目持股比例均值均高于非作业者项目。国际石油公司作业者项目持股均比为 48.52%，持股数量为 59 个；国家石油公司作业者项目持股均比为 72.14%，持股数量为 35 个（图 2-301、图 2-302）。

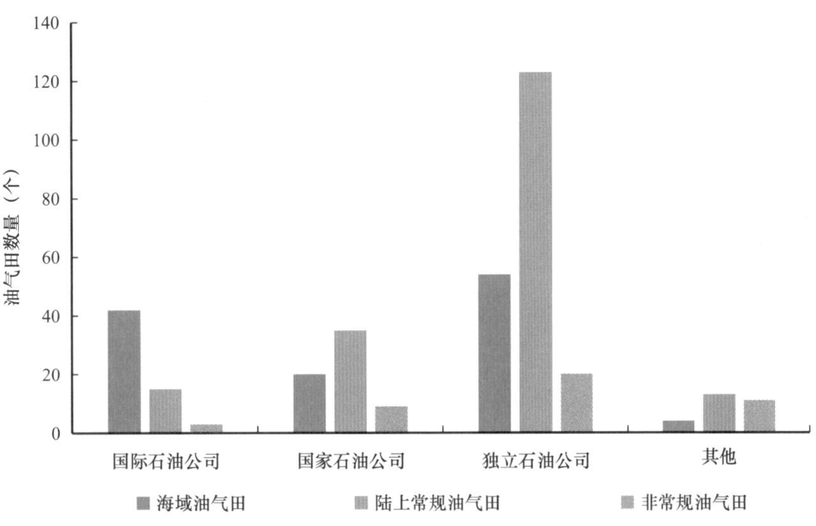

图 2-300 不同类型主力油气田作业公司

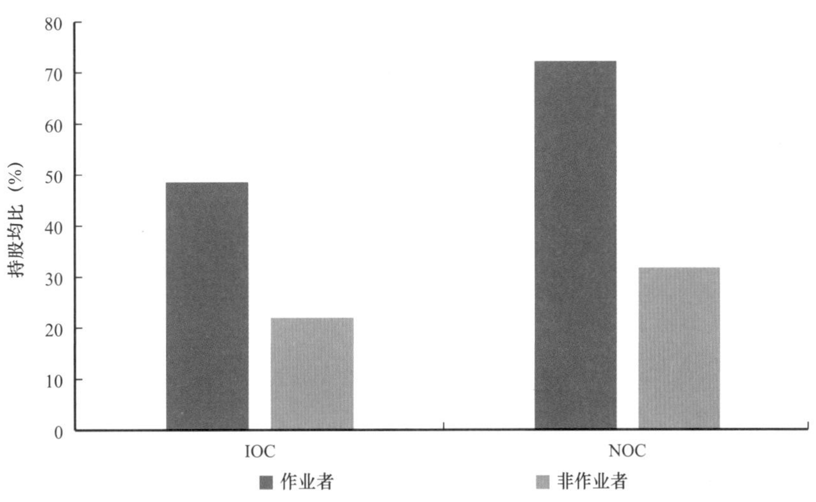

图 2-301 IOC 和 NOC 作业者及非作业者持股比例

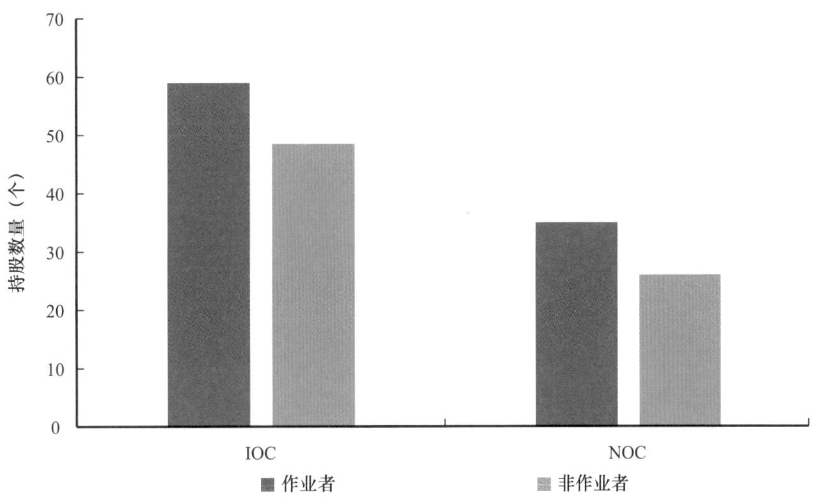

图 2-302 IOC 和 NOC 作业者及非作业者持股数量

从具体的国际石油公司和国家石油公司来看，国际石油公司和国家石油公司作业者项目持股比例高于非作业者项目。国际石油公司作业项目持股比均在 38% 以上；非作业项目持股比在 20% 左右波动；国家石油公司作业项目持股比均在 75% 以上，多为 100% 持股；非作业项目两极分化（图 2–303、图 2–304）。

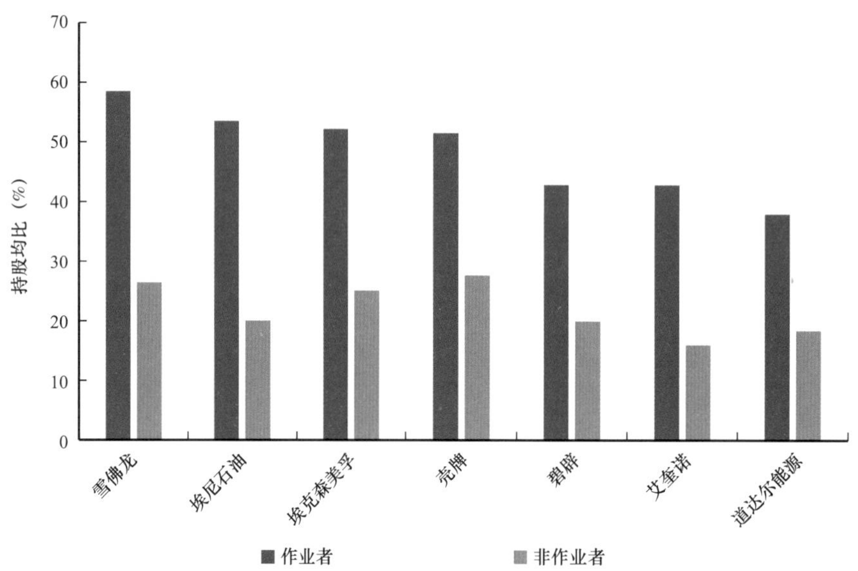

图 2–303　IOC 作业者及非作业者持股比例

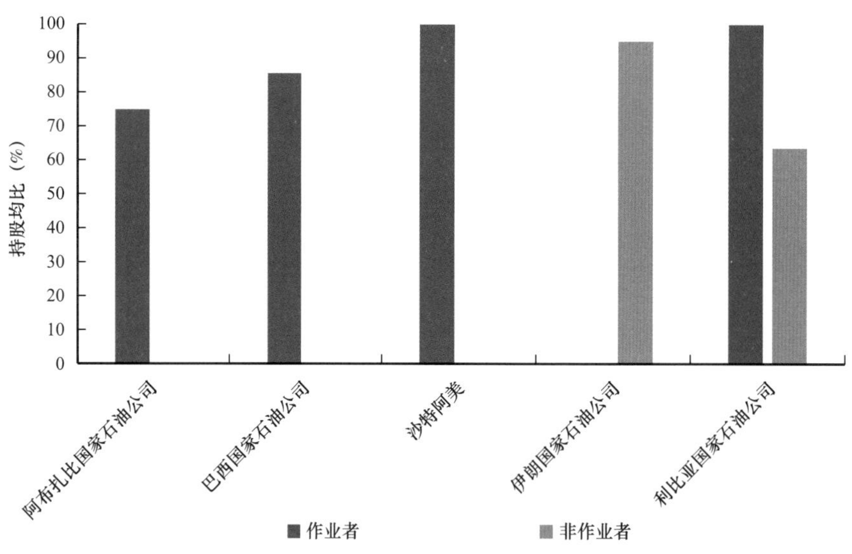

图 2–304　NOC 作业者及非作业者持股比例

国际石油公司主力油气田公司参股比例变化：自 2000 年以来，国际公司持股油气田个数整体呈上升趋势。碧辟持股油气田个数上升最多，为 11 个；其权益产量增长最多，为 631.34 万吨；埃尼石油权益产量增长最少，为 99.86 万吨；埃克森美孚权益产量最高（图 2–305、图 2–306）。

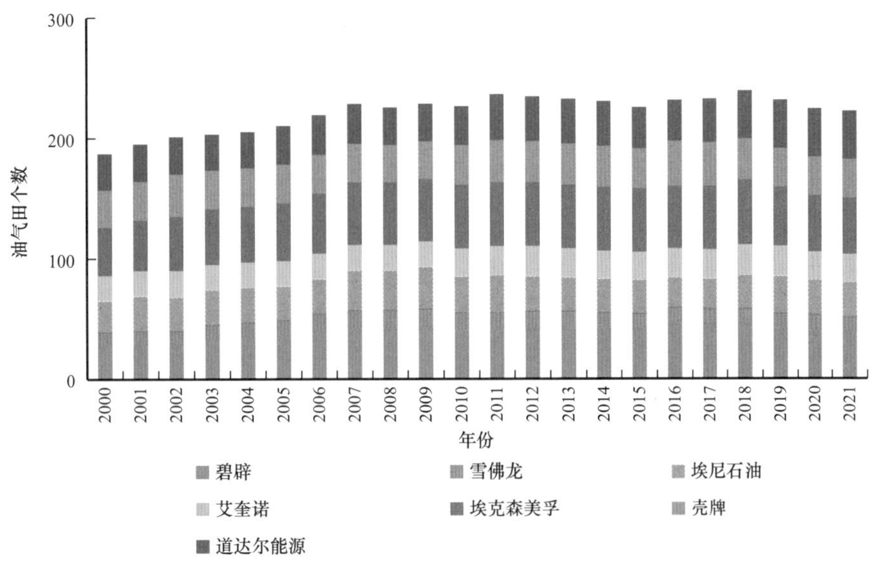

图 2-305 国际石油公司持股油气田个数变化

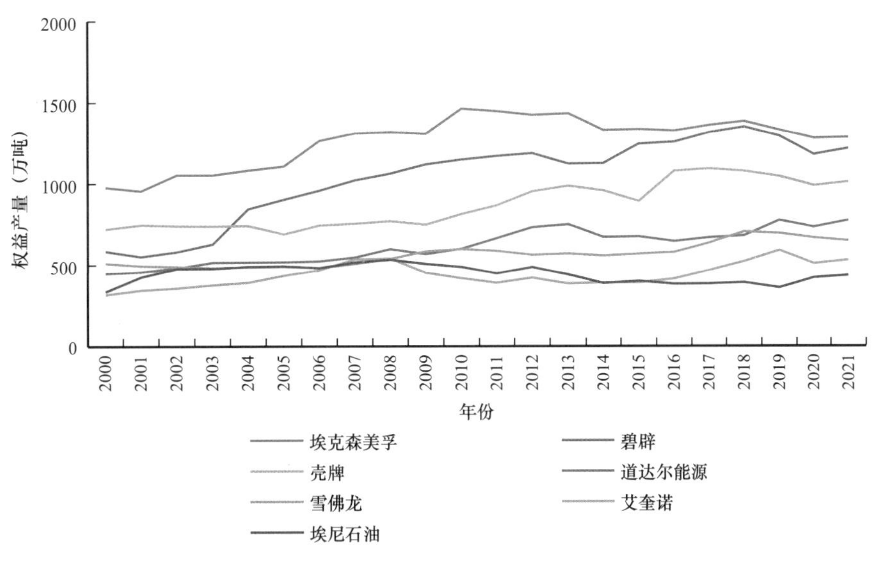

图 2-306 国际石油公司权益产量变化

辛克鲁德油砂项目位于加拿大，主力由加拿大油砂信托公司、埃克森美孚、加拿大森科能源公司、中国石化、中国海油控股。勘探评价期由多家公司持股，股份保持不变；产能建设期股权开始变化，加拿大油砂信托公司逐步购入了艾伯塔能源公司（13.75%）、恩卡纳公司（12.84%）、塔利斯曼能源公司（1.25%）全部股份。

高峰达产后期，股权趋于稳定，中国石化、中国海油开始参股，持股比例变化为埃克森美孚（17.4%）、加拿大森科能源公司（58.74%）、私人投资者公司（10.17%）、中国石化（9.03%）、中国海油（4.66%）。除加拿大森科能源公司，各公司权益产量呈波动下降趋势（图 2-307、图 2-308）。

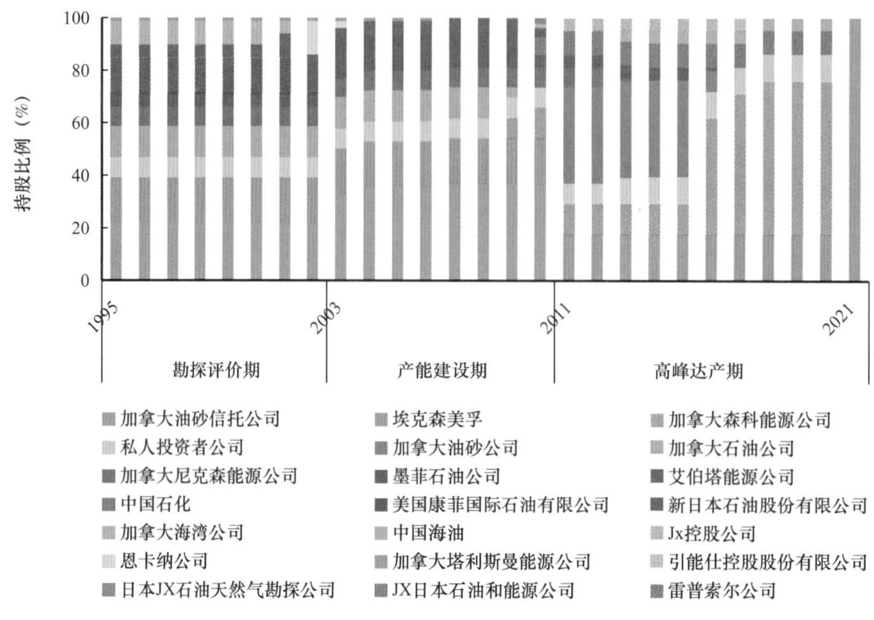

图 2–307　辛克鲁德油砂项目持股公司历年股份变化

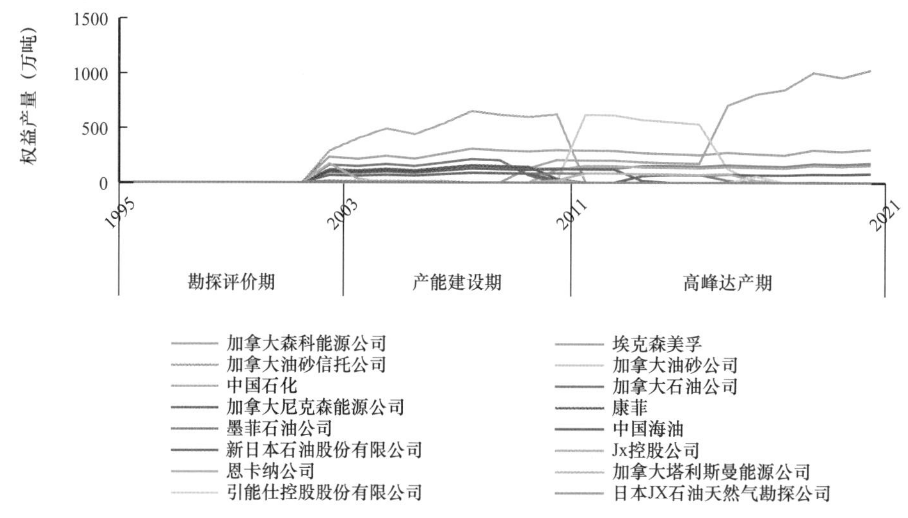

图 2–308　辛克鲁德油砂项目持股公司权益产量变化

沃瓦塔气田位于印度尼西亚，由碧辟、日本石油天然气和金属矿物资源机构、日本三菱商事股份有限公司、中国海油持股；勘探评价初期由 6 家公司同时持股，大西洋里奇菲尔德公司持股最多（48%），2000 年，碧辟收购该公司全部股份；2003 年持股的所有公司均释放了股份，2004 年，中国海油收购其中 9.82% 的股份；产能建设期、高峰达产期持股基本稳定，碧辟以 40.22% 的股份居首位。

各公司权益产量在高峰达产期呈先上升后平稳的趋势，其中，碧辟权益产量一直居首位（图 2–309、图 2–310）。

澳大利亚高庚项目位于澳大利亚，主力由雪佛龙、埃克森美孚、壳牌、大阪煤气公司、东京燃气公司、日本中部电力公司、东京电力公司控股。

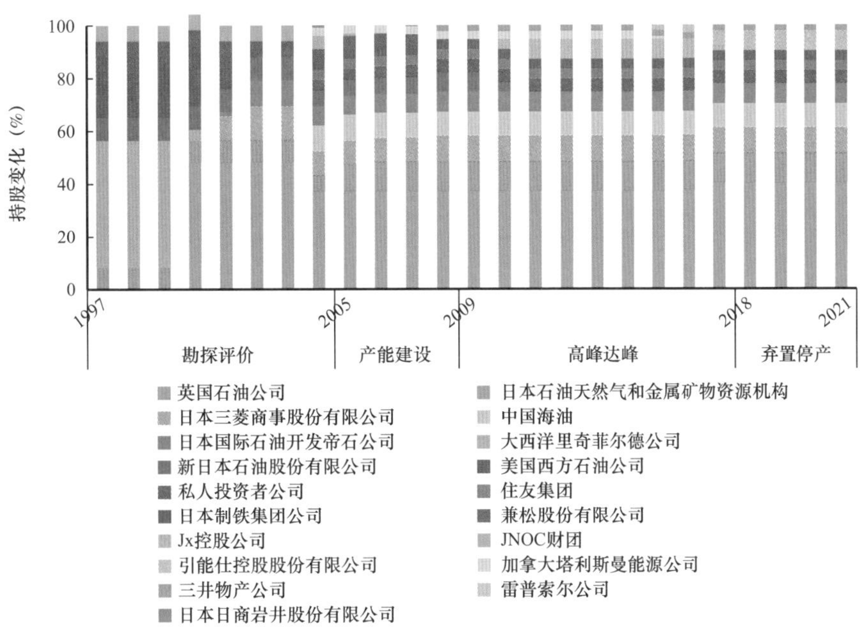

图 2-309　沃瓦塔气田持股公司历年股份变化

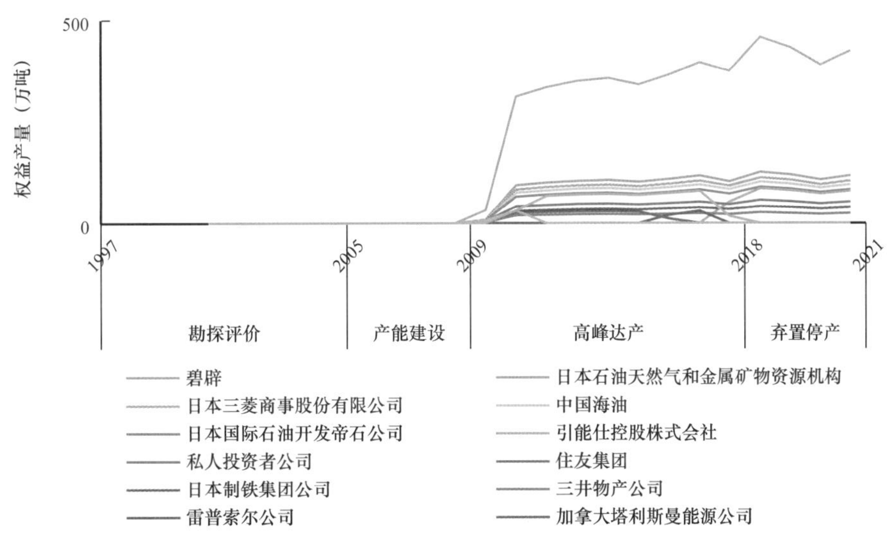

图 2-310　沃瓦塔气田持股公司权益产量变化

勘探评价期：2005 年，雪佛龙、壳牌和埃克森美孚达成统一协议集中开发，其中雪佛龙持股 50%，埃克森美孚和壳牌各持股 25%。2008 年 11 月，中国石油与壳牌签署了未来 20 年每年购买 200 万吨高庚项目液化天然气的协议。2009 年，雪佛龙与大阪煤气公司、东京燃气公司和日本中部电力公司签署了为期 25 年的液化天然气销售协议，这些公司分别购买了雪佛龙在该项目中的 1.25%、1.00% 和 0.42% 的股权。同年，中国石油与埃克森美孚签订了协议，埃克森美孚每年将向中国石油供应大约 225 万吨的液化天然气，该购销协议期限长达 20 年，协议交易量高达 4500 万吨。通过本次协议，中国石油成为高庚项目的最大买家。

产能建设期、高峰达产期持股基本稳定，雪佛龙持股 47.33%，埃克森美孚持股 25%，壳牌持股 25%（图 2-311、图 2-312）。

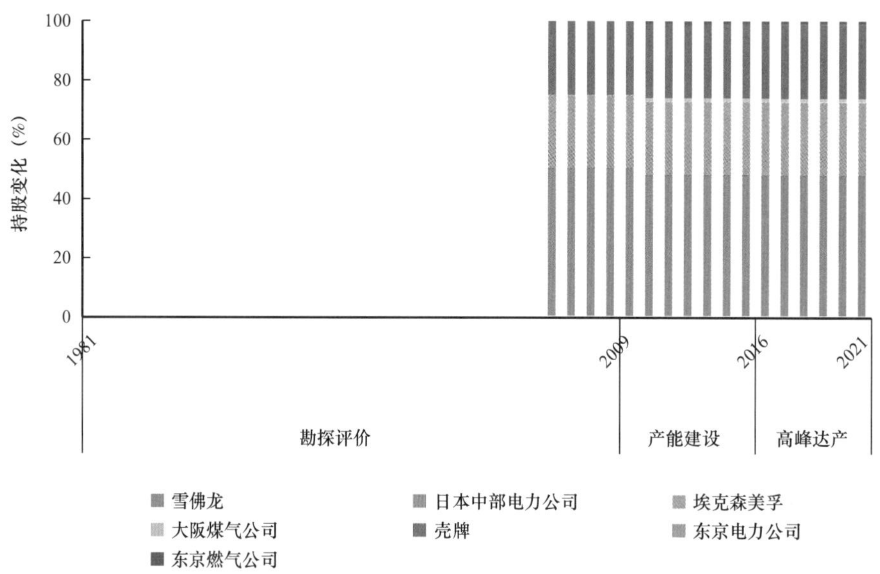

图 2-311　澳大利亚高庚项目持股公司历年股份变化

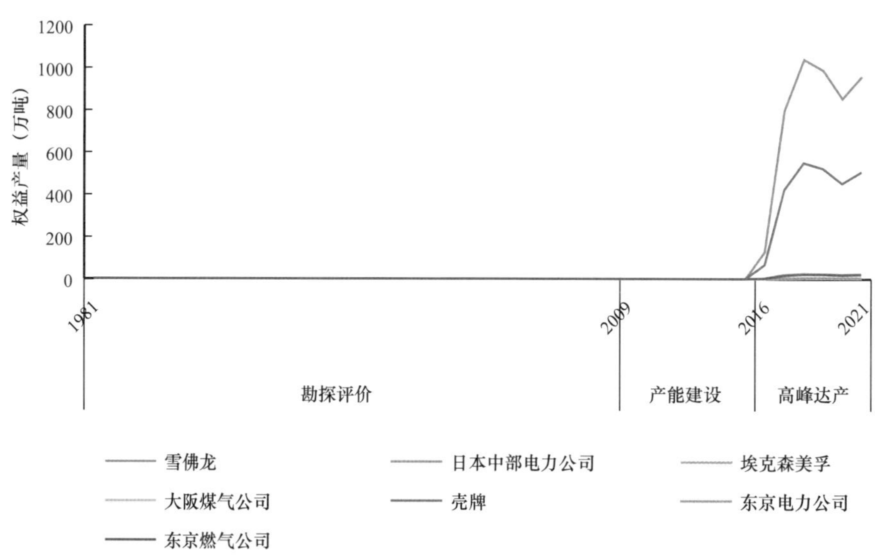

图 2-312　澳大利亚高庚项目持股公司权益产量变化

斯诺尔油田位于挪威，主力由挪威国家发展类金融机构、艾奎诺、埃克森美孚、道达尔能源、德国 DEA 石油公司控股。勘探评价期多公司参股，持股比例保持不变；产能建设初期股权开始变化，Saga 石油公司、德国石油供应公司、赫斯公司、合资企业（伊朗—挪威—英国）释放股比，德国 DEA 石油公司、费巴石油股份公司、普罗伊萨格公司、莱茵集团油气公司等公司买入股份；高峰达产末期，埃尼石油进入，购入点资源公司 0.38% 的股份和埃克森美孚 12.53% 的股份。各公司权益产量呈先上升后下降趋势，且大多数公司在产能建设末期权益产量达到峰值（图 2–313、图 2–314）。

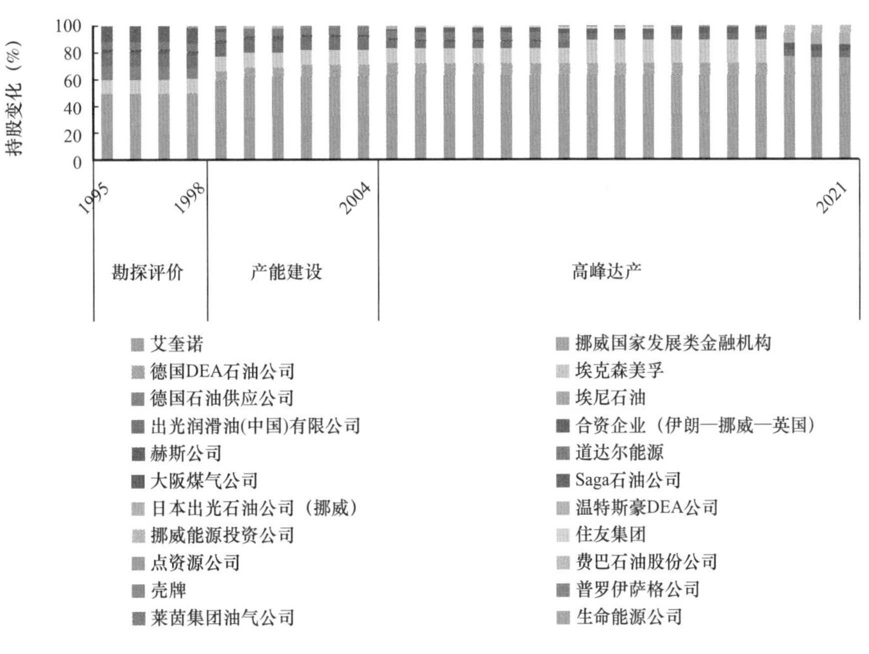

图 2–313　斯诺尔油田持股公司历年股份变化

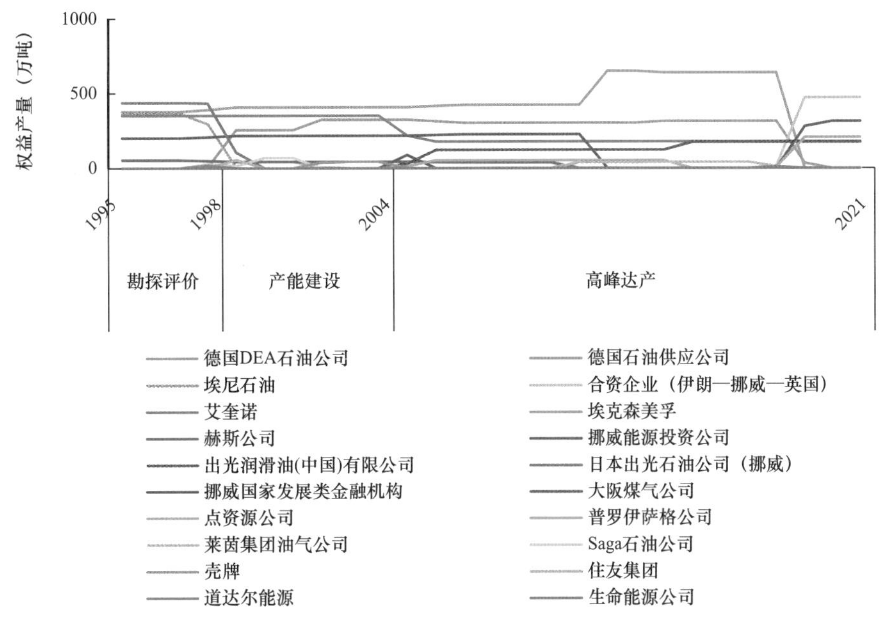

图 2–314　斯诺尔油田持股公司权益产量变化

万科尔油田位于俄罗斯，主力由俄罗斯石油天然气公司、碧辟、俄罗斯石油公司投资者、印度石油天然气公司控股。勘探评价期万科尔石油公司（58.63%）和俄罗斯国家石油公司（41.37%）共同持股。产能建设期初期股权开始变更，2005 年，俄罗斯石油天然气公司购入万科尔全部股份；2006 年，俄罗斯国家石油公司释放股比，由俄罗斯石油天然气公司（26.98%）、俄罗斯石油公司投资者（13.82%）、碧辟（0.57%）买入；2008 年，私人投资者进入，购买了俄罗斯石油天然气公司、碧辟共 6.04% 的股份。高峰达产期股权发生两次大变更，2013 年，俄罗斯石油天然气公司、俄罗斯石油公司投资者共出售 13.63% 的股权给碧辟；2017 年，俄罗斯石油天然气公司出售了将近一半（14.54%）的股份给印度石油天然气公司，此后持股基本不变。

各公司权益产量呈先上升后下降的趋势，高峰达产期达到权益产量峰值（图 2–315、图 2–316）。

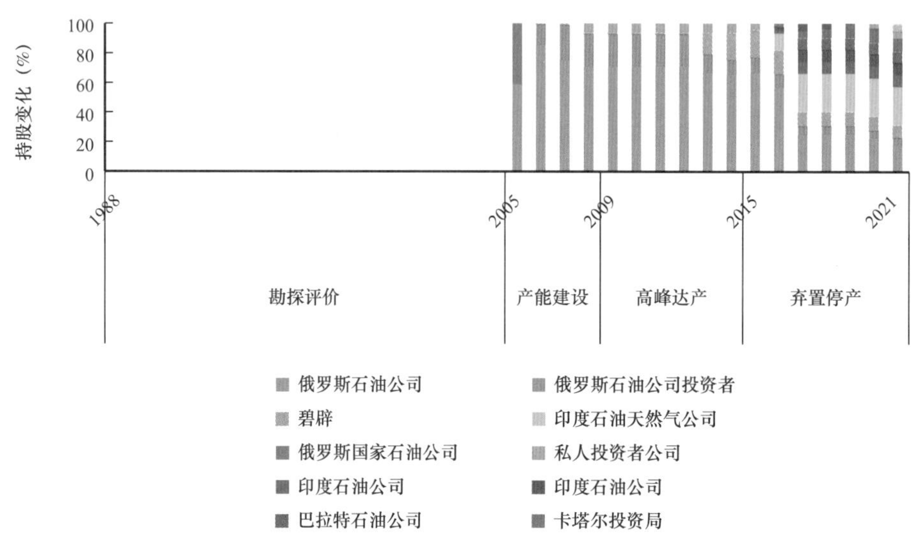

图 2–315　万科尔油田持股公司历年股份变化

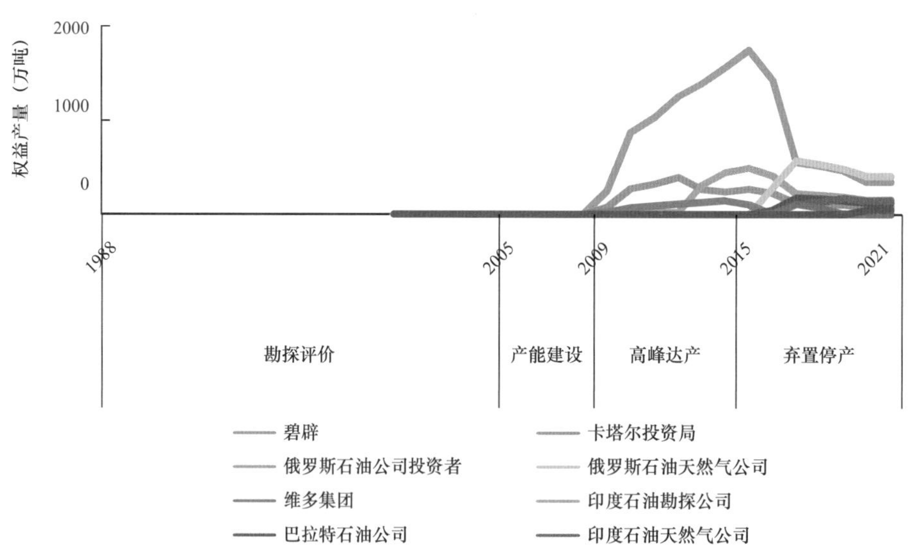

图 2–316　万科尔油田持股公司权益产量变化

特罗尔气田位于挪威，主力由挪威国家发展类金融机构、艾奎诺、壳牌、道达尔能源、康菲控股。

从勘探评价期到高峰达产初期股权基本稳定，股权占比为挪威国家发展类金融机构 62.93%、艾奎诺 19.57%、壳牌 8.1%、道达尔能源 3.7%、康菲 1.62%。

高峰达产期后期艾奎诺收购了挪威国家发展类金融机构 6.93% 的股权，其余公司股权不变。

各公司权益产量在高峰达产初期呈上升趋势，随后权益产量小幅度波动（图 2–317、图 2–318）。

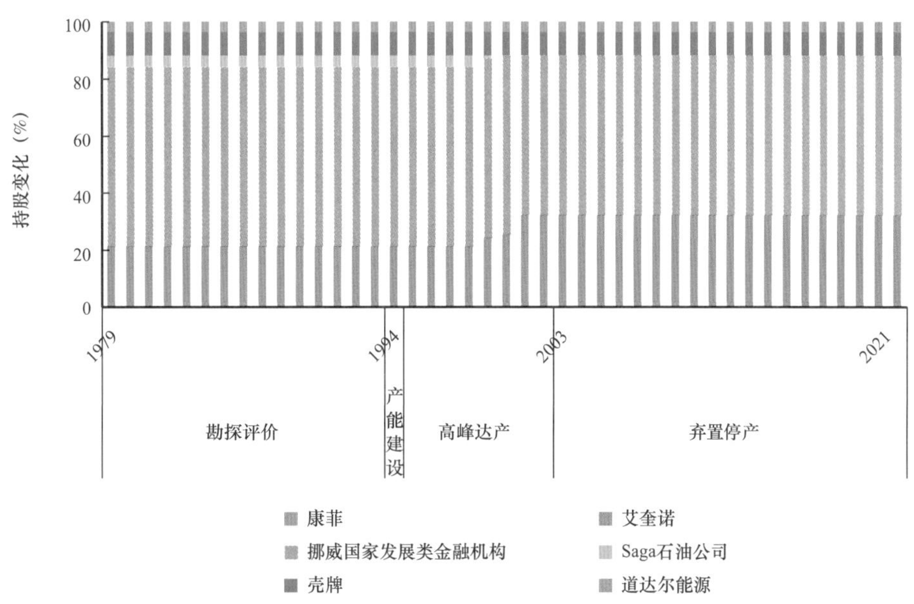

图 2–317 特罗尔气田持股公司历年股份变化

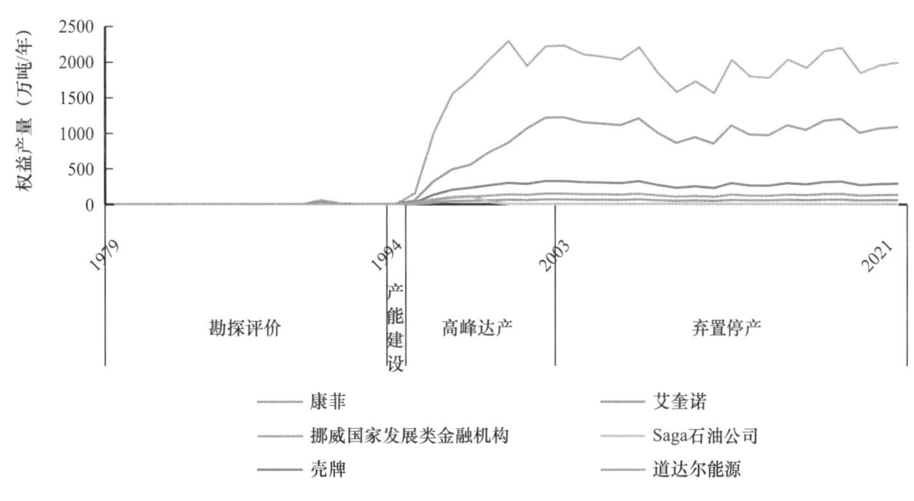

图 2–318 特罗尔气田持股公司权益产量变化

印度 KG D6 区块位于印度，主力由信实集团、尼科资源公司、碧辟控股。

从 2002 年的勘探评价期到高峰达产中期（2010 年），持股比例保持不变，依次为信实集团（90%）、尼科资源公司（10%）；

2011 年，信实集团股权开始被稀释，碧辟买入 10.19% 股份，持续到 2019 年股比保持不变；

2020 年，尼科资源公司释放股比，该气田由信实集团（66.67%）、碧辟（33.33%）控股。

高峰达产前期信实集团、尼科资源公司权益产量保持上升，2011 年达到峰值，该年碧辟买入股份，随后信实集团、尼科资源公司权益产量持续下降。2020 年信实集团、碧辟权益产量分别为 3.65 万吨和 6.94 万吨（图 2-319、图 2-320）。

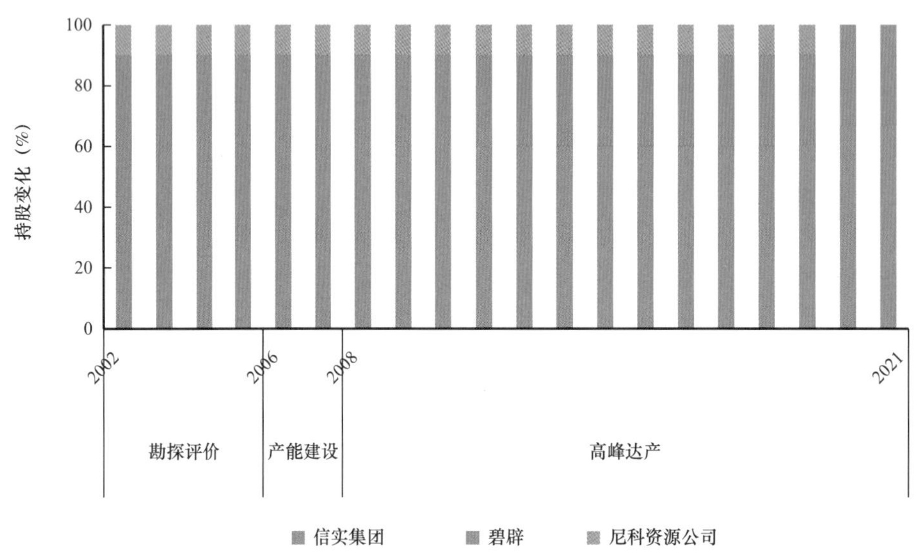

图 2-319　印度 KG D6 区块持股公司历年股份变化

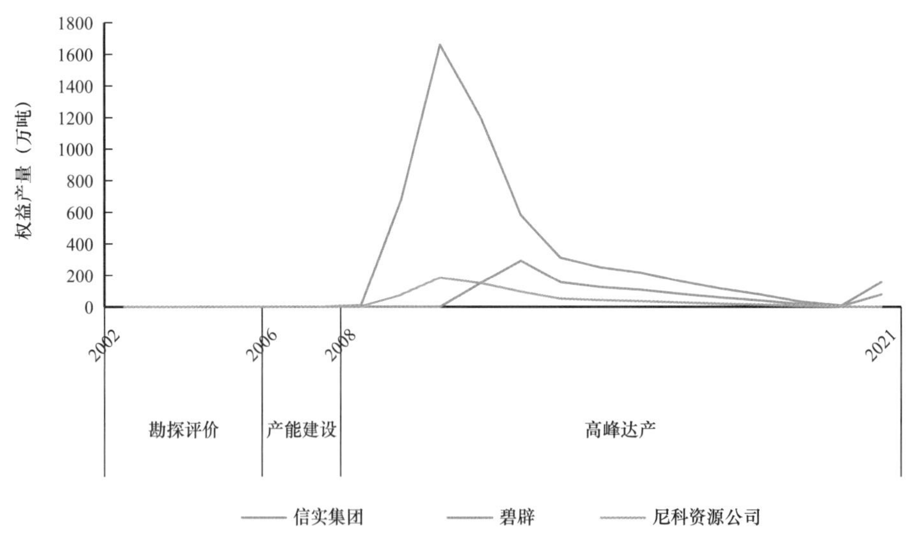

图 2-320　印度 KG D6 区块持股公司权益产量变化

哈赞气田位于阿曼，主力由阿曼政府、壳牌、道达尔能源、葡萄牙石油天然气公司、碧辟、阿曼石油公司等公司控股。从 2001 年勘探评价期到 2006 年，持股比例保持不变，依次为阿曼政府（60%）、壳牌（34%）、道达尔能源（4%）、葡萄牙石油天然气公司（2%）；2007年到产能建设初期，碧辟持股逐渐达到100%；产能建设期碧辟出售给阿曼石油公司34.52%的股份；高峰达产中后期阿曼石油公司出售10%股份给马来西亚国家石油公司，此后股权保持不变。碧辟和阿曼石油公司的权益产量在2018年开始下降（图2-321、图2-322）。

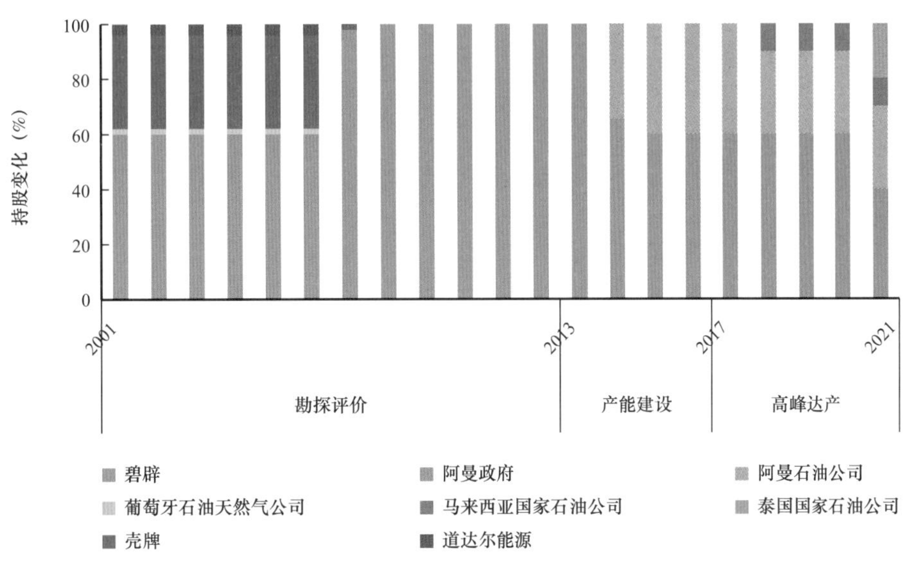

图2-321 哈赞气田持股公司历年股份变化

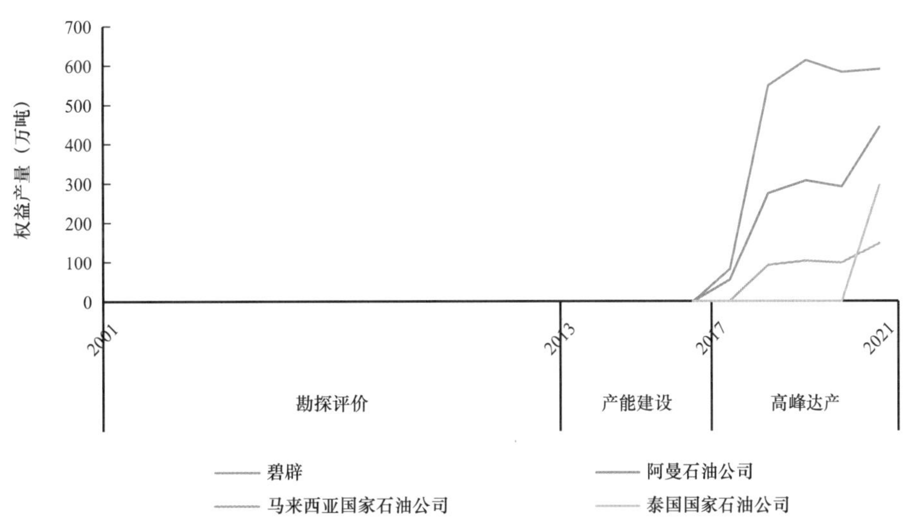

图2-322 哈赞气田持股公司权益产量变化

列多沃气田位于俄罗斯，主力由TNK-bp石油公司、AAR财团、碧辟、私人投资者公司、RN控股公司、俄罗斯石油公司投资者、俄罗斯石油天然气公司等控股。

从勘探评价期到2002年产能建设期，由TNK-bp石油公司百分百持股；高峰达产初期，TNK-bp石油公司释放股份，股权变化为AAR财团（47.5%）、碧辟（47.5%）、私

人投资者公司（5%）；高峰达产中后期，AAR 财团和碧辟逐步稀释股比，到 2020 年底，俄罗斯石油天然气公司成为主力的股东（图 2-323、图 2-324）。

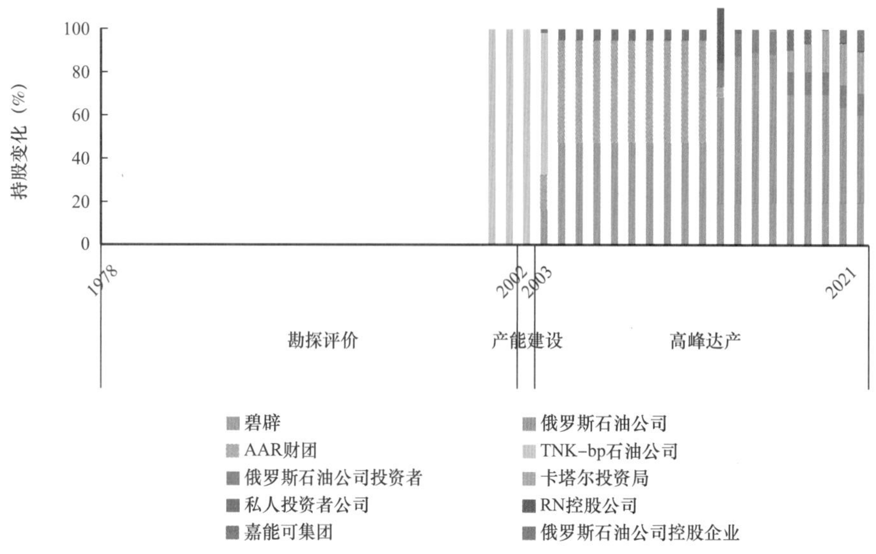

图 2-323　列多沃气田持股公司历年股份变化

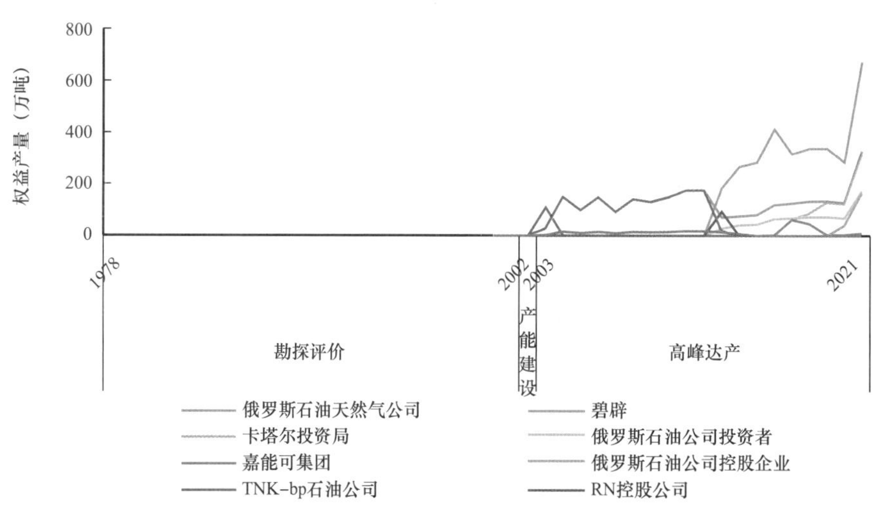

图 2-324　列多沃气田持股公司权益产量变化

奥尔门兰格气田位于挪威，主力由挪威国家发展类金融机构、艾奎诺、壳牌、碧辟、埃克森美孚、奥斯特德公司等控股。从 1997 年到产能建设初期（2005 年），持股比例保持不变；产能建设末期奥斯特德公司收购碧辟的全部股份（10.34%）；高峰达产末期股权发生变更，奥斯特德公司、埃克森美孚股权被英力士公司、埃尼石油、挪威能源投资公司买入。

各公司权益产量呈先上升后下降趋势，在高峰达产期达到权益产量峰值（图 2-325、图 2-326）。

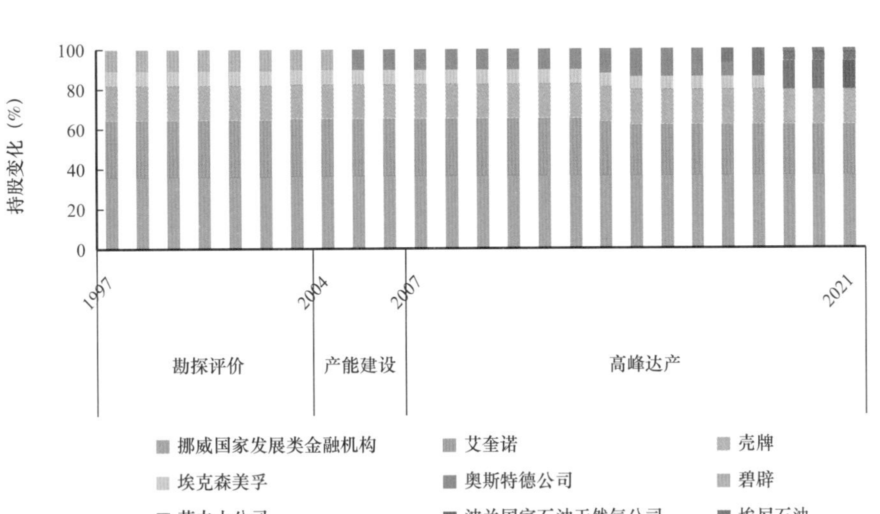

图 2–325　奥门兰格气田持股公司历年股份变化

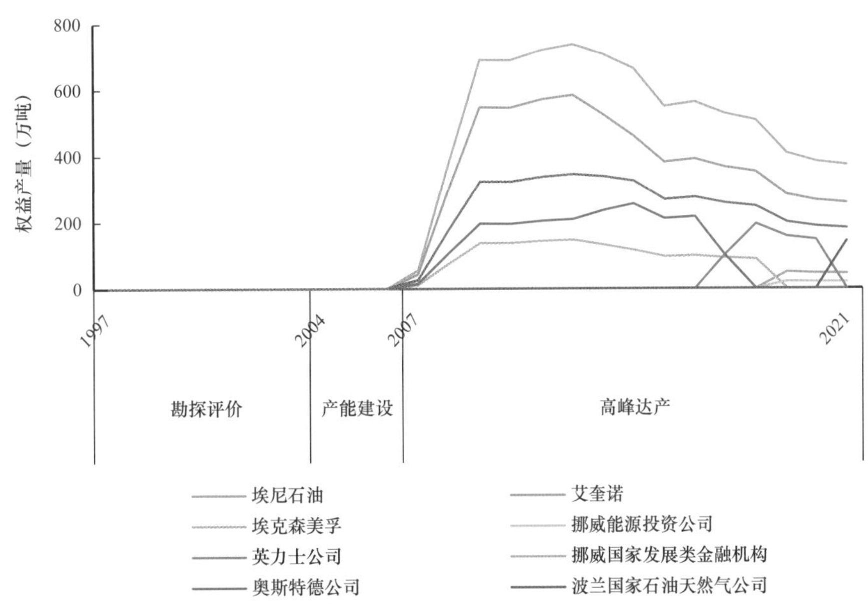

图 2–326　奥门兰格气田持股公司权益产量变化

惠特斯通 LNG 项目位于澳大利亚，由雪佛龙、APA 公司、科威特国家石油公司、日本九州电力公司、壳牌、日本石油天然气和金属矿物资源机构、日本三菱商事股份有限公司、PE 惠斯通公司等公司持股。2001 年勘探评价期—2008 年由雪佛龙 100% 持股；勘探评价后期雪佛龙逐渐释放股权；产能建设中期股权进一步变更，雪佛龙持股比例变为 64.14% 之后保持不变；高峰达产初期开始各公司权益产量呈上升趋势，雪佛龙权益产量最多（图 2–327、图 2–328）。

西尼罗河三角洲油田位于埃及，主力由碧辟、温特斯豪 DEA 公司控股。从 2002 年产能建设期到高峰达产中期（2015 年），持股比例保持不变，依次为碧辟（60%）、德国 DEA 石油公司（40%）；2015 年，Raven 被合并，使得碧辟和德国 DEA 石油公

司股权分别变化为 65% 和 35%，随后德国 DEA 石油公司将一半的股份转让给了碧辟；2018 年 9 月，温特斯豪公司和德国 DEA 石油公司合并，该交易于 2019 年 5 月 1 日完成，新公司温特斯豪 DEA 公司承担两家公司各自的所有权权益（图 2–329、图 2–330）。

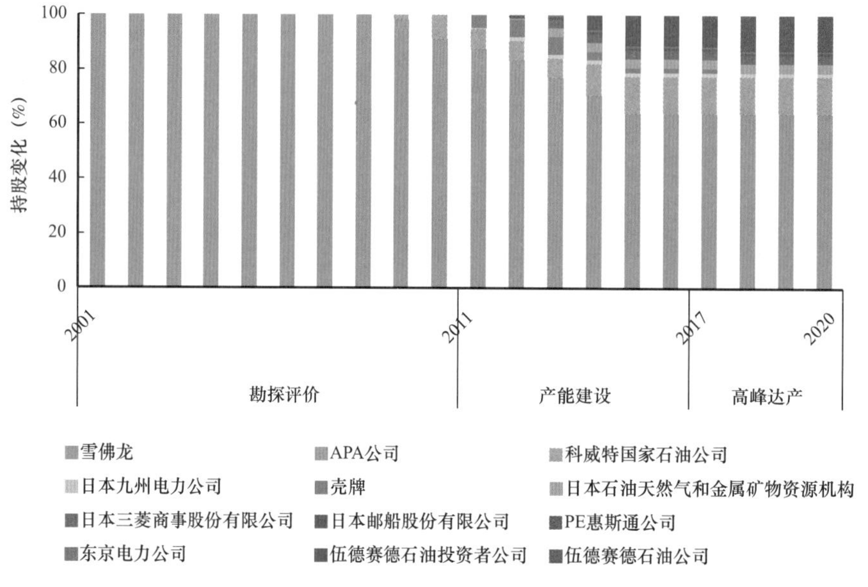

图 2–327 惠特斯通 LNG 项目持股公司历年股份变化

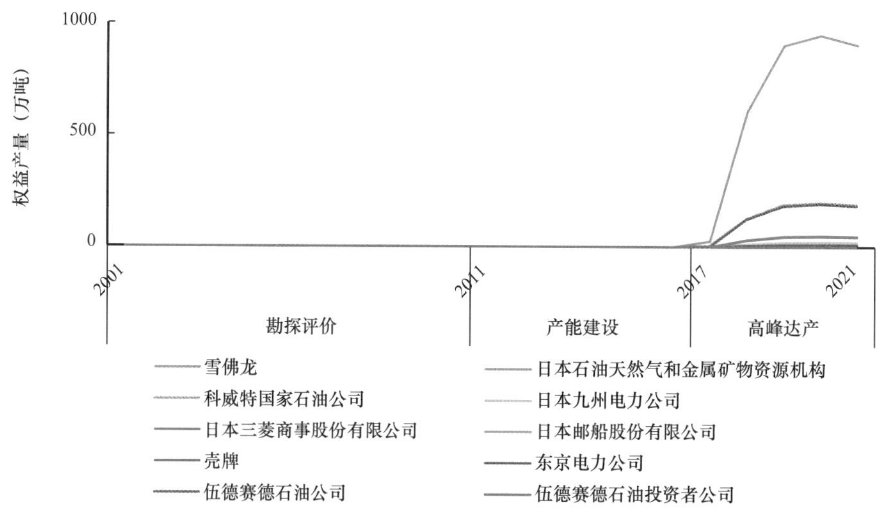

图 2–328 惠特斯通 LNG 项目持股公司权益产量变化

达莉亚卡梅利亚 17 区位于安哥拉，主力由碧辟、艾奎诺、埃克森美孚、安哥拉国家石油公司、道达尔能源控股。截至目前，该油田持股比例基本保持不变，依次为碧辟（16.67%）、艾奎诺（23.33%）、埃克森美孚（20%）、道达尔能源（40%）；2019 年 12 月，达莉亚卡梅利亚 17 区的开发许可证被延长至 2045 年，安哥拉国家石油公司进入市场，购入 5% 的股份（图 2–331、图 2–332）。

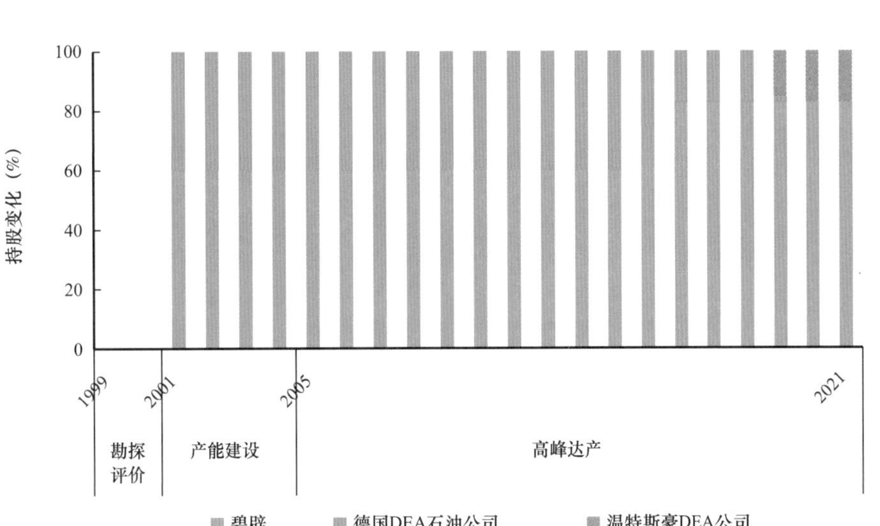

图 2-329　西尼罗河三角洲油田持股公司历年股份变化

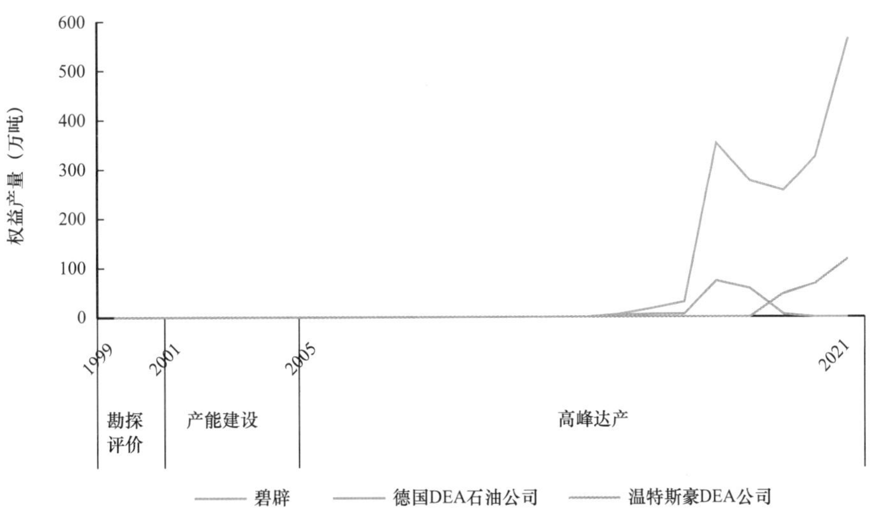

图 2-330　西尼罗河三角洲油田持股公司权益产量变化

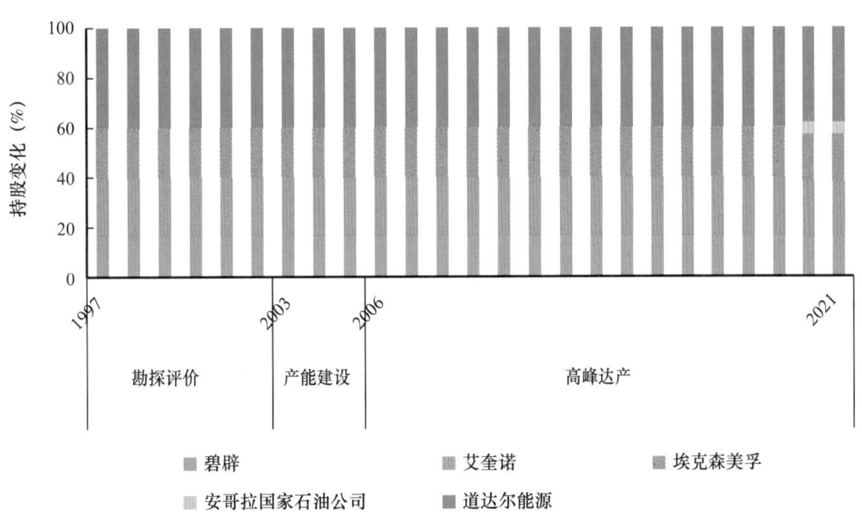

图 2-331　达莉亚卡梅利亚 17 区持股公司历年股份变化

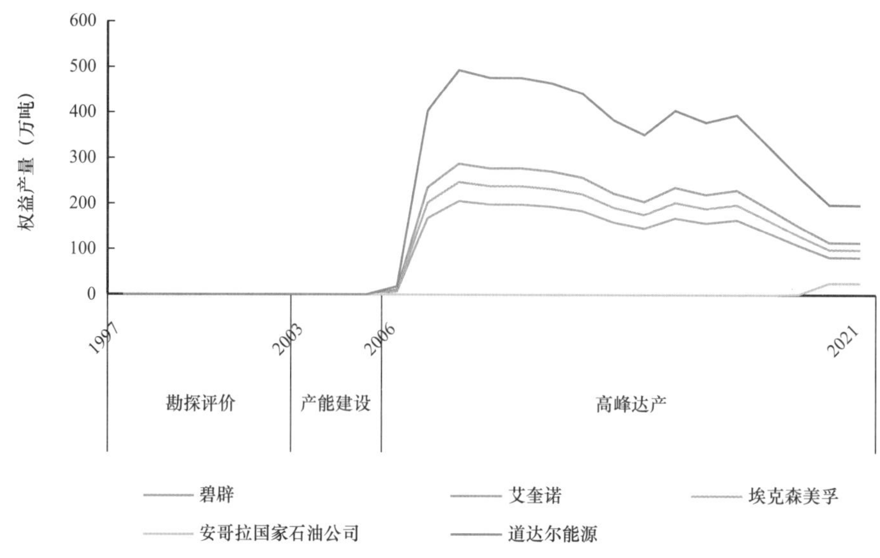

图 2-332　达莉亚卡梅利亚 17 区持股公司权益产量变化

尼日利亚 133 区位于尼日利亚，由碧辟、埃克森美孚、壳牌持股。1999 年在勘探评价中期，碧辟释放股份，持股比例变化为埃克森美孚（56.25%）、壳牌（43.75%），此后持股比例保持不变；尼日利亚其余油气区块情况与 133 区大体相同。权益产量整体上呈先上升后下降的趋势（图 2-333、图 2-334）。

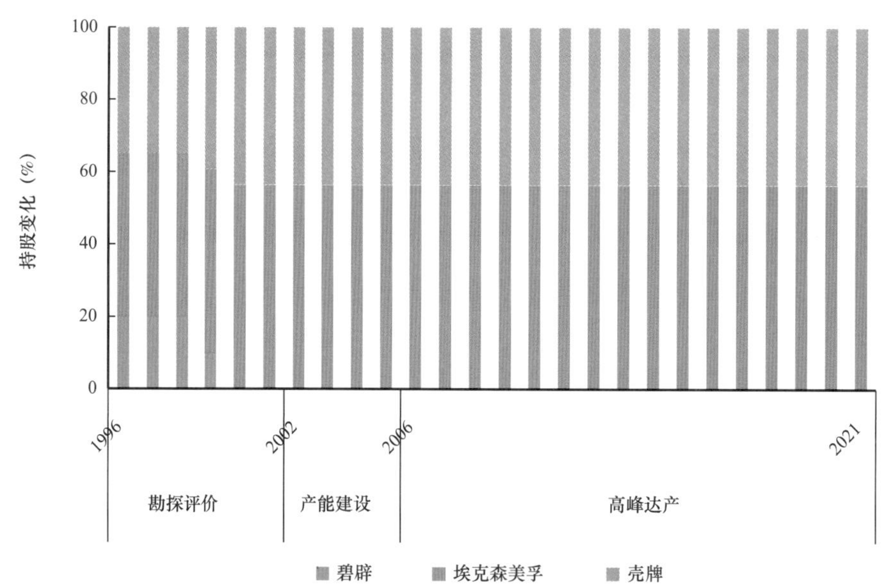

图 2-333　尼日利亚 133 区持股公司历年股份变化

勘探评价期和高峰达产期持续时间最长，产能建设期时间较短。勘探评价初期持股比例稳定，在取得重要发现后权益产量大幅增加，招标各国公司开采，列多沃气田和澳大利亚高庚项目的勘探评价期较长，为 25 年左右。产能建设期股权开始变更，持股比例趋于稳定，油气田建设期大多在 5 年左右。高峰达产期股权发生稀释，各公司权益产量达到峰值，哈赞气田、惠特斯通 LNG 项目、澳大利亚高庚项目达产期较短，为 5 年左右（图 2–335）。

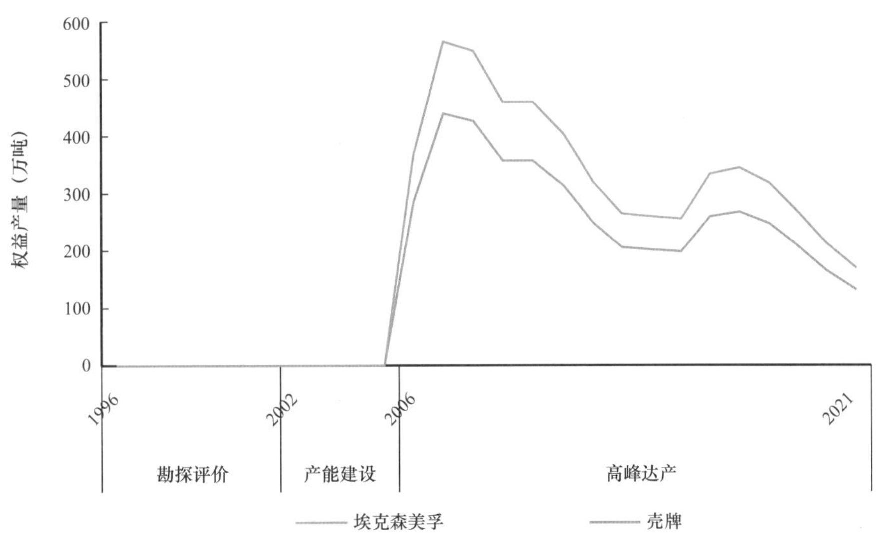

图 2–334　尼日利亚 133 区持股公司权益产量变化

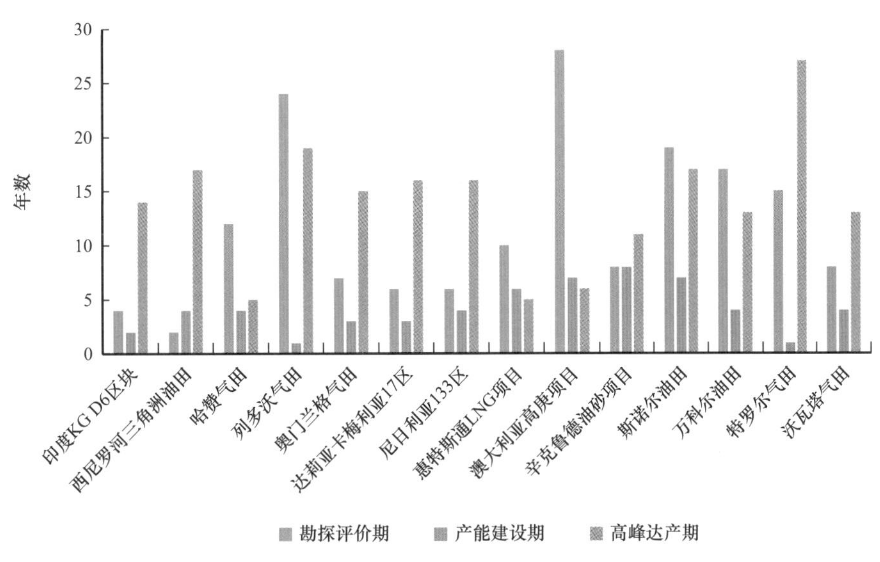

图 2–335　油气田不同开发阶段时间变化

五、全球主力油气田开发特征

1. 陆上常规原油是主体，也是利润的主要来源

全球主力油气田油气技术剩余可采储量 1661.21 亿吨油当量，其中原油 972.7 亿吨，天然气 81.54 万亿立方米；陆上油气技术剩余可采储量 957.62 亿吨油当量，占比 57.65%，海域油气 703.59 亿吨油当量，占比 42.35%；常规油气技术剩余可采储量 1427.24 亿吨油当量，占比 85.92%，非常规油气 233.97 亿吨油当量，占比 14.08%（图 2–336）。

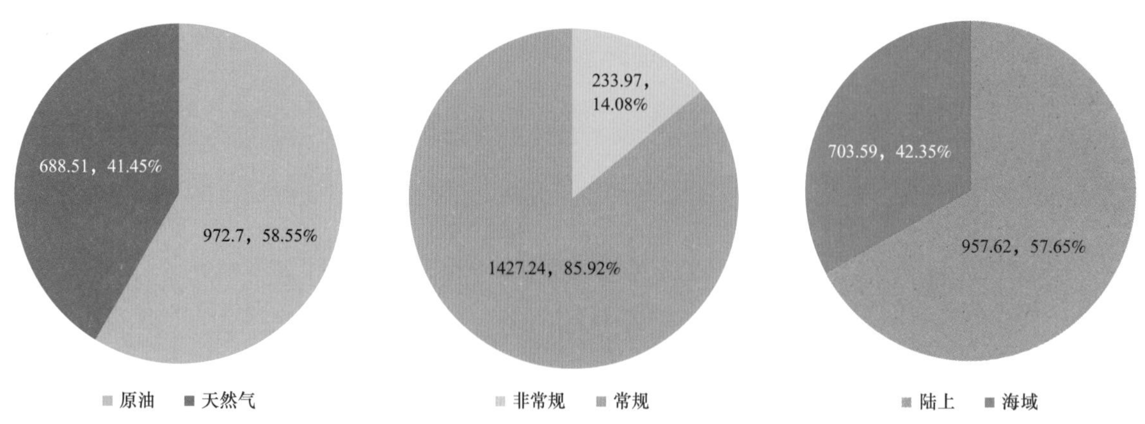

图 2-336　不同类型油气田技术剩余可采储量（亿吨油当量）

按照不同岩性区分，原油的技术剩余可采储量可划分为三类，其中砂岩 846.94 亿吨，占 46.28%；碳酸盐岩 729.32 亿吨，占 39.85%；页岩 251.47 亿吨，占 13.74%。天然气的储量划分三类，砂岩 82.59 万亿立方米，占 46.28%；碳酸盐岩 53.24 万亿立方米，占 29.18%；页岩 44.2 万亿立方米，占 24.23%（图 2-337）。

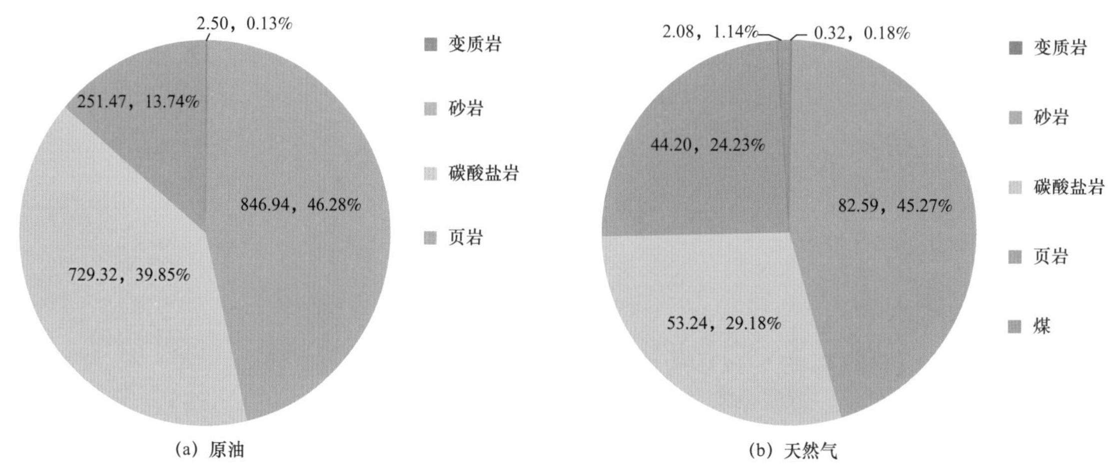

图 2-337　不同岩性原油和天然气技术剩余可采储量（数据来源：睿咨得数据库）

内部收益率是使净现金流量的净现值之和等于零时的折现率。反映了项目的获利能力，在不需要确定基准折现率的情况下就能计算出来，这是内部收益率指标的一大优点。内部收益率不受外部参数的影响，完全取决于项目自身的现金流。

全球主力油气田中，陆上常规类型主力油气田与海域类型主力油田的 IRR 较高，均值为 24.80%～33.18%（图 2-338）；非常规油气与海域气田的 IRR 较低，均值为 18.22%～22.52%。非常规类型的油气田中，主力页岩油气田 IRR 均值最高，为 42.44%；油砂最低，为 13.39%（图 2-339）。

海域类型主力油气田中，深水油气田 IRR 均值最高，为 26.34%；浅水为 19.52%；超深水最低，为 19.15%（图 2-340）。

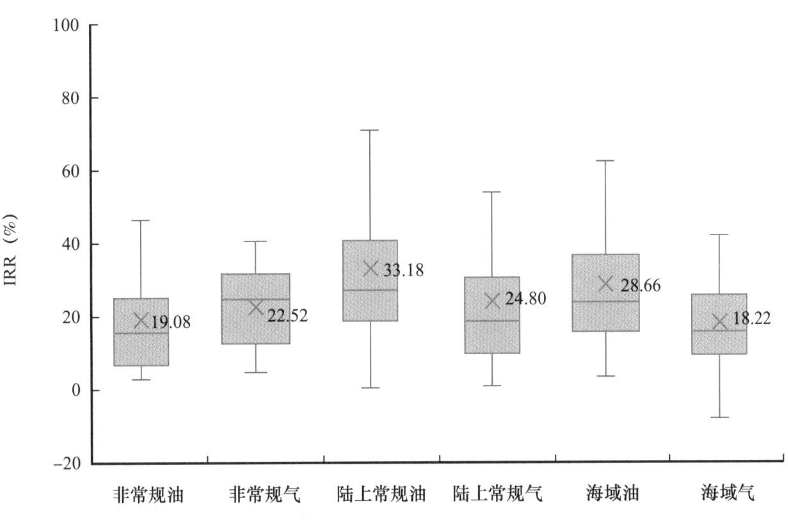

图 2-338　不同类型主力油气田内部收益率

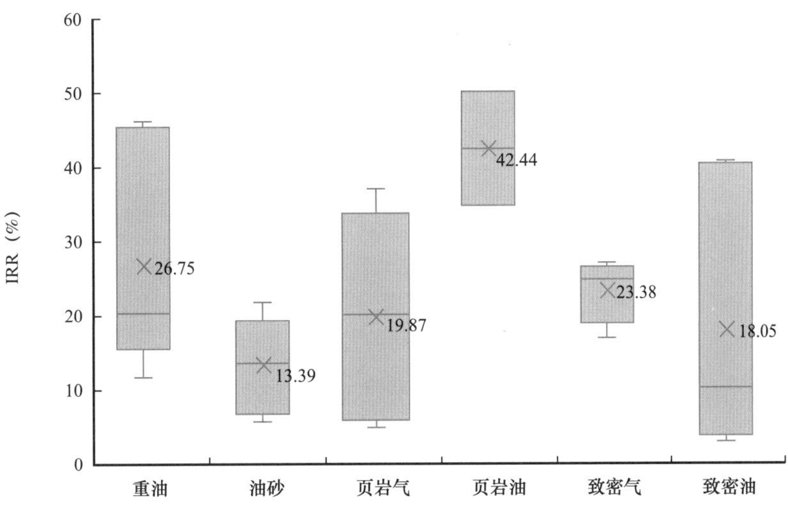

图 2-339　非常规主力油气田内部收益率

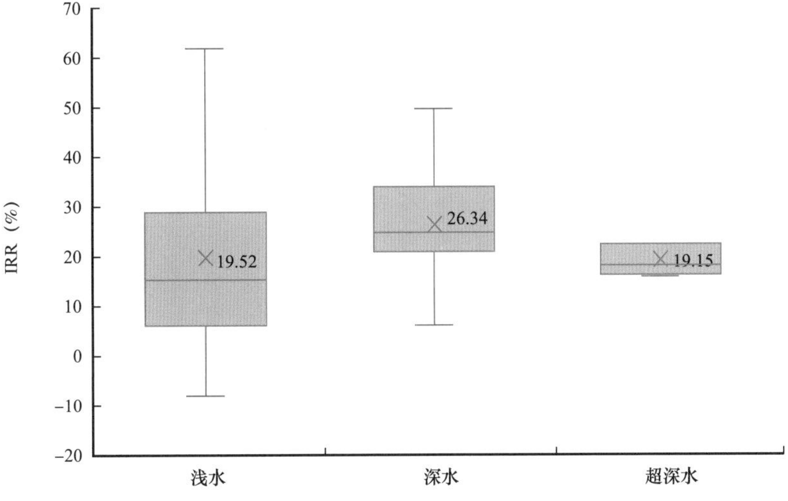

图 2-340　海域主力油气田内部收益率

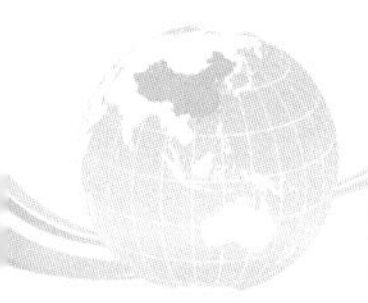

2. 中东浅水天然气和美洲页岩气是近 20 年产量主要增长极

2002 年至今，主力油田的原油产量在 25 亿吨上下波动，占全球原油产量的比例持续走低，目前为 60%；主力气田的天然气产量从 13967 亿立方米增加到 25378 亿立方米，增加 81.7%，占全球天然气产量的比例由 67.2% 降低到 63.5%（图 2–341）。

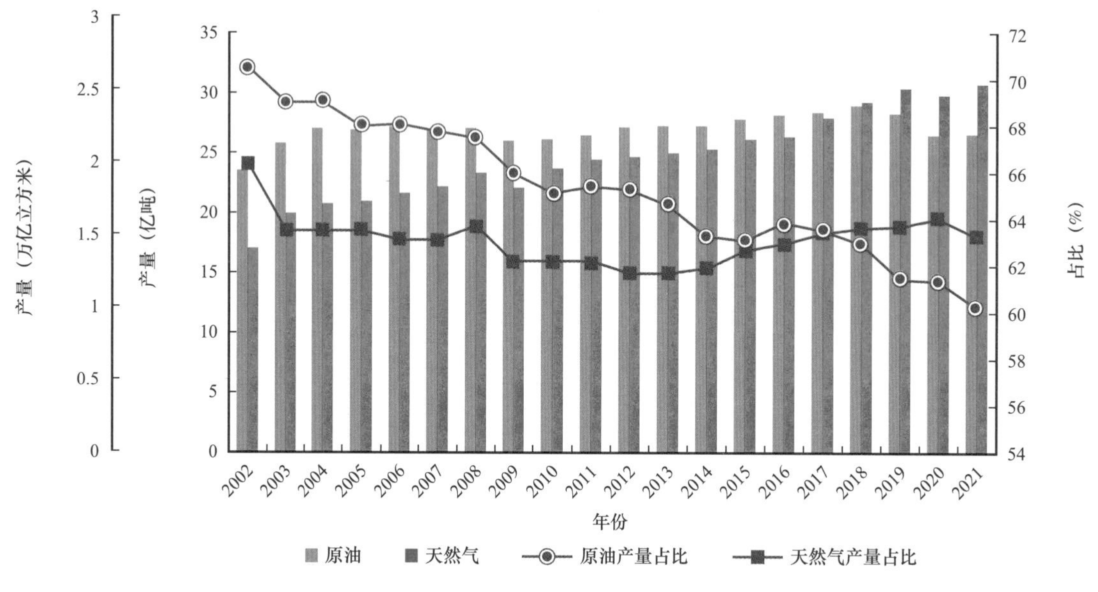

图 2–341　2002—2021 年主力油气田油气产量变化

中东地区浅水天然气和美洲页岩气是主力油气田天然气增加的主要部分，分别从 434 亿立方米增加到 4338 亿立方米和从 0 增加到 3139 亿立方米，合计增加 7043 亿立方米，占主力油气田天然气增量的 62%（图 2–342）。

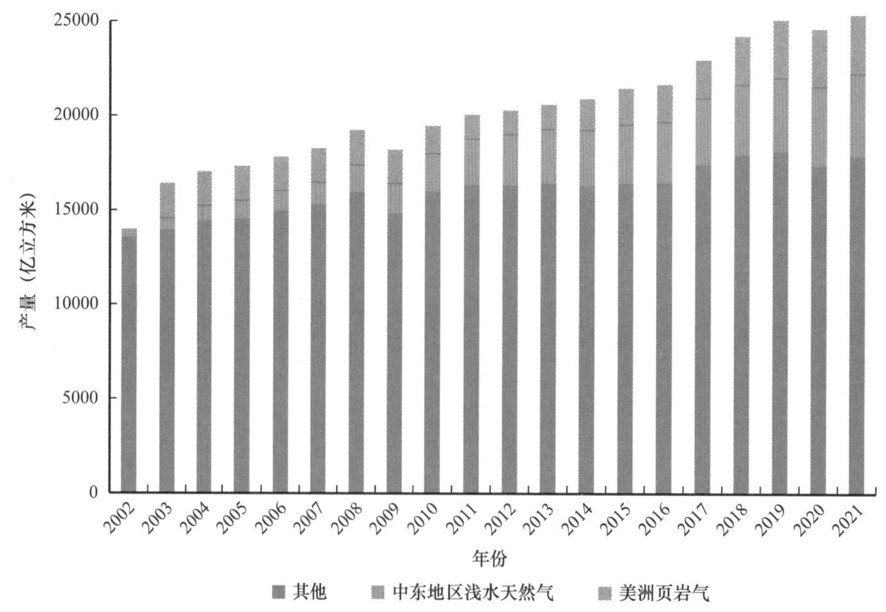

图 2–342　2002—2021 年主力油气田天然气产量构成变化

3. 矿税制合同与独立作业是主力油气田的主要运营模式

在全球 349 个主力油气田中，矿税制合同模式 263 个，产品分成合同模式 64 个，服务合同模式的油气田个数 15 个；矿税制合同模式占比 75.36%，构成主力油气田的主要合同模式（表 2–58）。矿税制合同模式的主力油气田技术剩余可采储量 1339.56 亿吨油当量，占比 80.64%；产品分成技术剩余可采储量 198.35 亿吨油当量，占比 11.94%；服务合同 121.58 亿吨油当量，占比 7.32%（图 2–343）。

表 2–58　不同类型合同模式在全球分布(个数)

合同模式	全球	中东地区	中亚—俄罗斯地区	美洲地区	亚太地区	非洲地区	欧洲地区
矿税制	263	53	57	77	27	15	34
产品分成	64	5	9	1	19	30	0
服务合同	15	15	0	0	0	0	0
其他	7	4	0	3	0	0	0

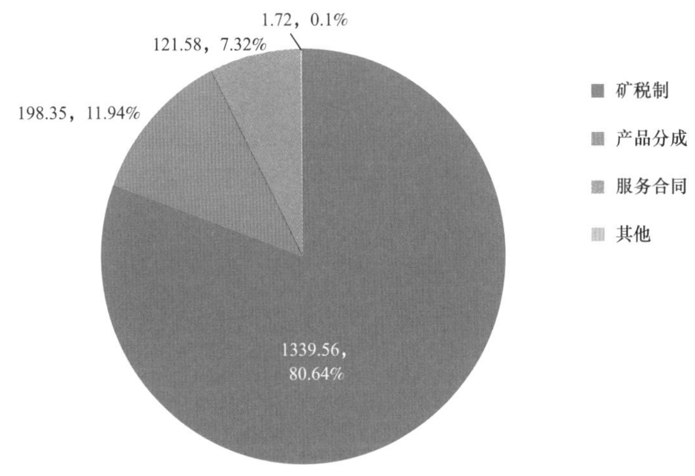

图 2–343　不同类型合同模式技术剩余可采储量分布（亿吨油当量）

国际石油公司持有的油气田中，艾奎诺和雪佛龙的原油矿税制合同占绝大比例，均超过 80%；碧辟、壳牌和埃克森美孚的矿税制合同占比在 50% 上下；埃尼石油和道达尔能源的矿税制合同占比较低，低于 40%（图 2–344）。

国际石油公司持有的油气田中，艾奎诺、雪佛龙和埃克森美孚的天然气矿税制合同占据绝大比例，均超过 80%；道达尔能源、壳牌的矿税制合同占比在 60% 左右；碧辟和埃尼石油的矿税制合同占比较低，低于 40%（图 2–345）。

全球 349 个主力油气田，其中独立作业 301 个、联合作业 5 个，其他油气田作业模式未知。独立作业主力油气田规模大，技术剩余可采储量为 1321 亿吨油当量，占比 80%；产量为 36 亿吨油当量，占比 76%（图 2–346）。

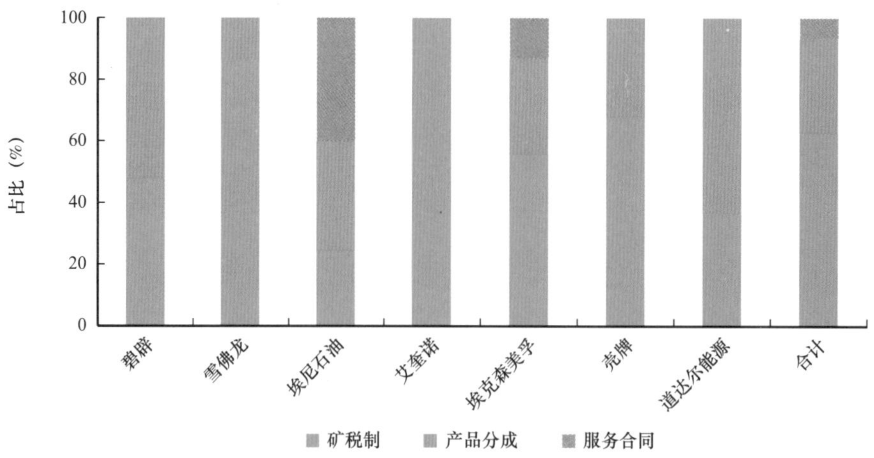

图 2–344　国际石油公司不同合同模式的原油产量占比

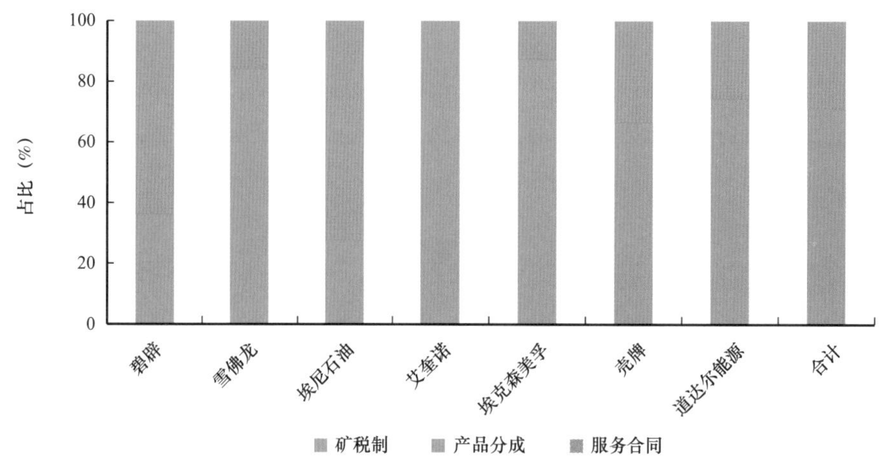

图 2–345　国际石油公司不同合同模式的天然气产量占比

联合作业集中在单个体量巨大的油气田：个数占比 1.43%，但技术剩余可采储量占比 12%，产量占比 11%。重点资源国侧重独立作业模式，数量排名前 20 国家合计 246 个主力油气田，占比 70%（图 2–347）。

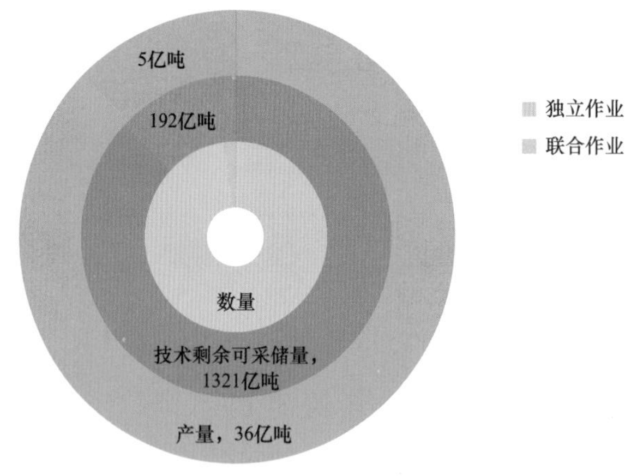

图 2–346　主力油气田不同作业模式

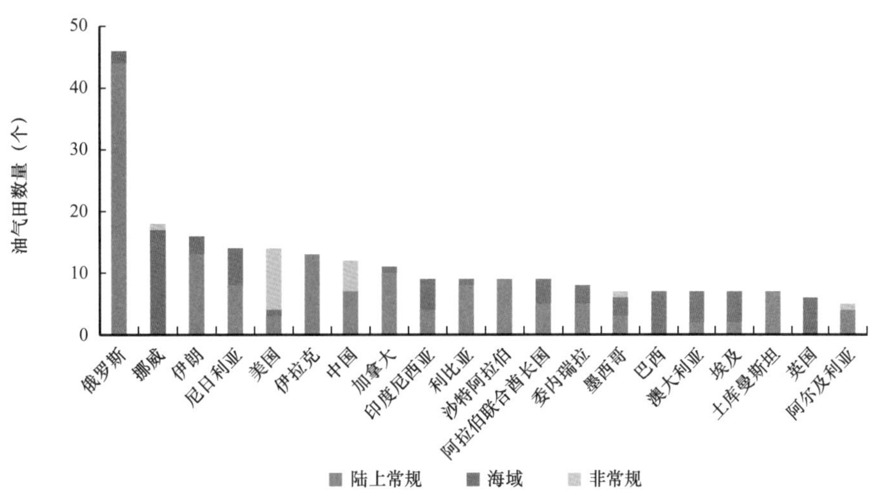

图 2-347 独立作业主力油气田前二十大国家

4. 国际石油公司参与方式和不同阶段持股比例差异化明显

国际石油公司对于作业者和非作业者项目具有明显的持股策略差异：对于作业者项目持股比例普遍在 40% 以上，对于非作业者项目其持股比例均在 30% 以下（图 2-348）。

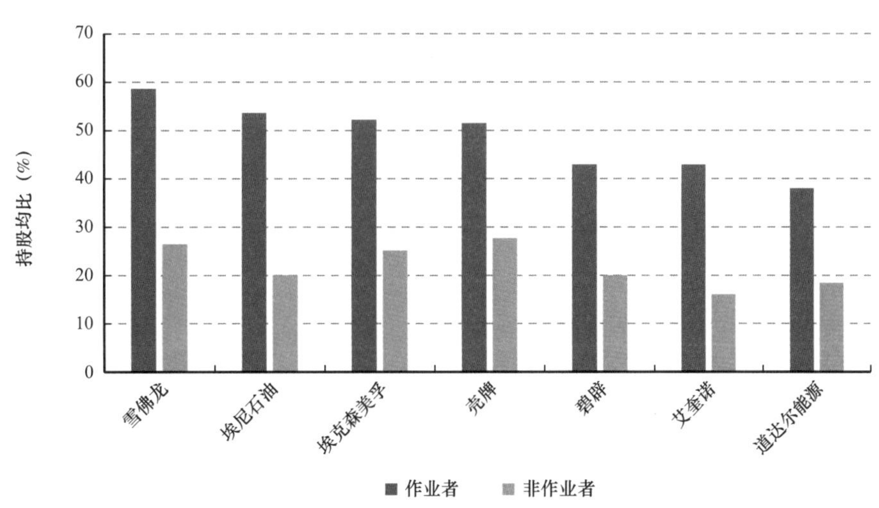

图 2-348 IOC 作业者及非作业者持股比例

国际石油公司对于不同开发阶段的项目持股策略差异明显：IOC 对于不同开发阶段的项目其持股比例均值 70%，其中开发初期和开发末期最高，接近 80%；开发中期持股比例最低为 60%（图 2-349）。

5. IOC 和 NOC 对于作业者和非作业者项目持股比例差异巨大

以卡沙甘油田为例来说明国际石油公司持股比例的变化，绿色框表示资源国法律法规调整，红色框表示卡沙甘油田重大事件和国际石油公司自身相关战略调整，黑色框表示卡沙甘油田各国际石油公司的股权调整。

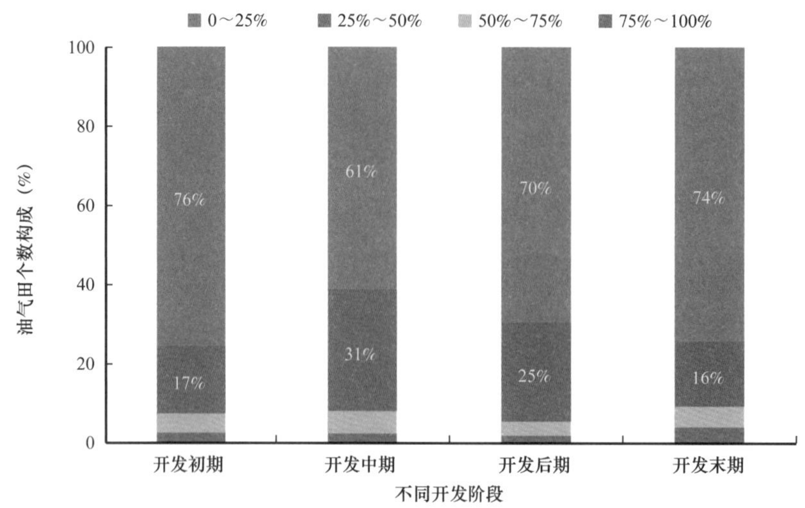

图 2-349 IOC 对不同开发阶段油气田的持股策略

纵观卡沙甘油田的股权变更，可以得出两点初步结论：（1）2013 年 7 月康菲退出该项目是在油价处于历史高位时进行操作的。（2）2013 年 9 月项目酸气管线发生泄漏以后，叠加 2014 年后的低油价周期，国际石油公司对该项目持股比例变化趋于稳定，显示出股权操作空间极小。

国际石油公司在勘探发现阶段凭借技术与资金优势积极并购开发难度较大的巨型油气田，同时战略转移、油价变化、资源国税法调整和油田本身重大事故在建产和商务运作阶段均会影响国际石油公司持股策略（图 2-350）。

6. 不同开发阶段储采比分布宽泛，油气开采速度差异分明

全球主力油气田的储采比均随着采出程度的增大而降低，油田储采比在不同开发阶段均高于气田储采比。

在不同的采出程度阶段，原油的开发初期、中期和后期，储采比变化范围大，维持在 5～90 之间；进入开发末期，储采比变化范围迅速缩小，维持在 20 以下；天然气开发初期和中期，储采比变化范围较大，维持在 10～80 之间；进入开发后期，储采比变化范围急剧缩小，基本维持在 20 以下（图 2-351、图 2-352）。

全球主力油田的采油速度随着采出程度的增大而逐渐减小，主力气田采气速度保持稳定，采气速度大于采油速度。

主力油田采油速度的分布整体呈现“纺锤形”，开发中期和后期，采油速度变化范围较宽；开发初期和末期，采油速度的变化范围较窄。主力气田采气速度的分布整体呈现“空竹形”，两头宽、中间窄，开发初期和末期，采气速度的变化范围较宽；开发中期和后期，采气速度变化范围急剧变窄（图 2-353、图 2-354）。

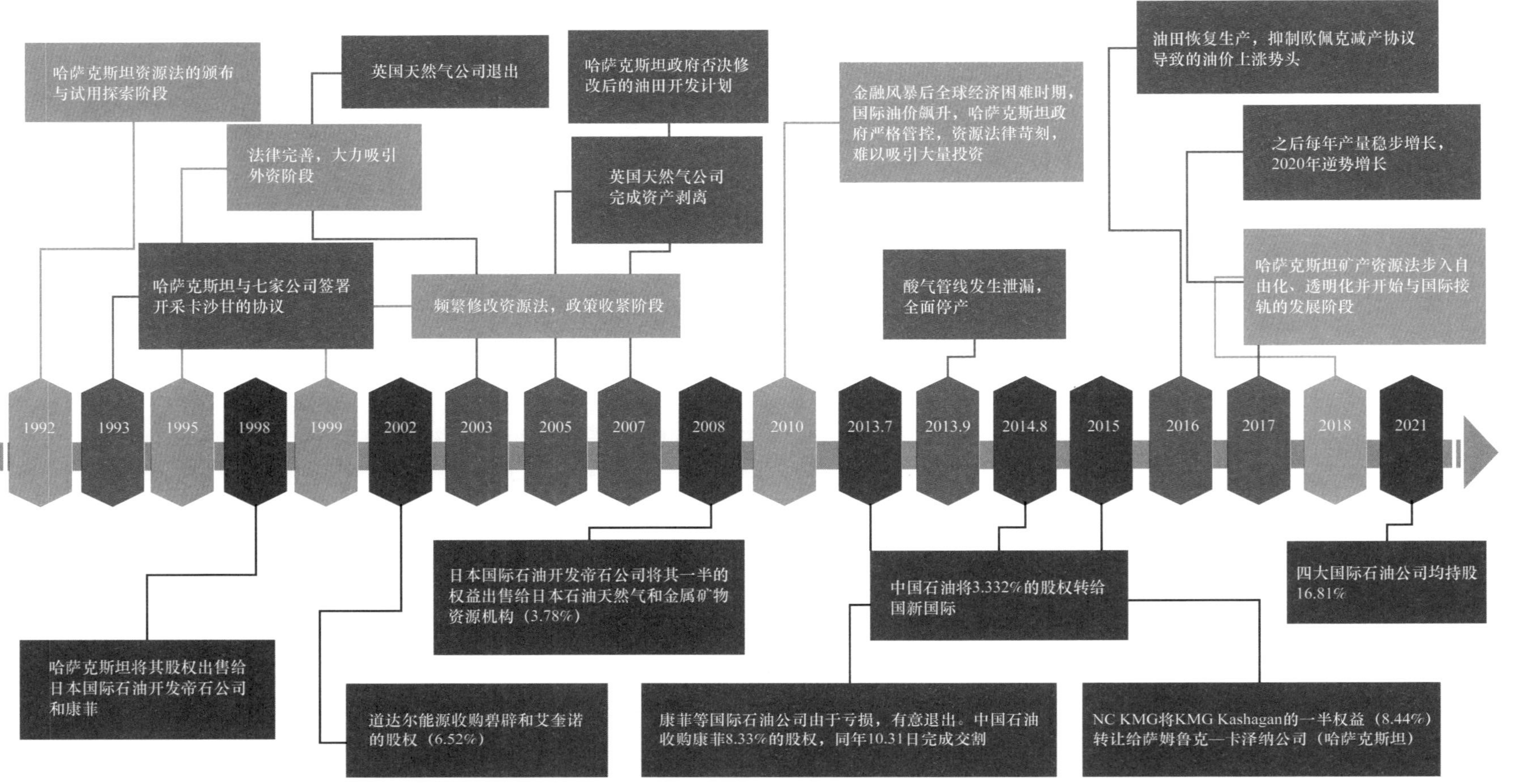

图 2-350　哈萨克斯坦卡沙甘油田持股变化

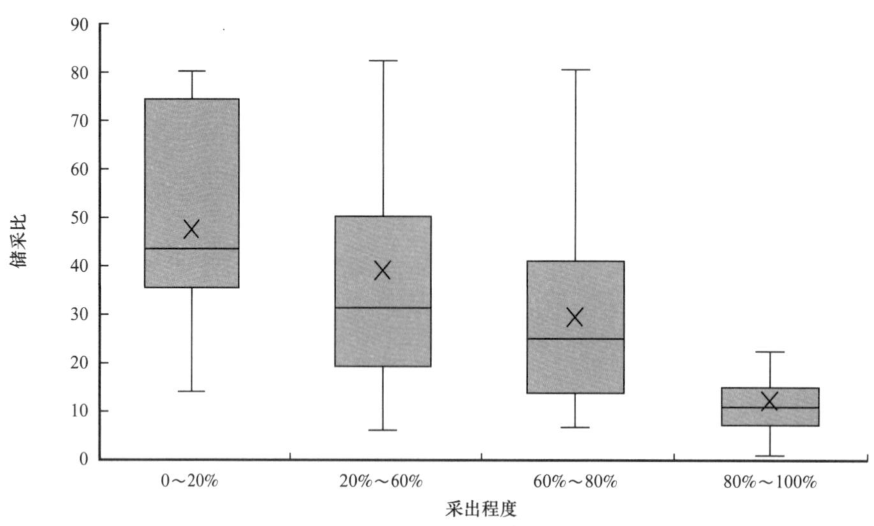

图 2-351　2021 年全球主力油田储采比

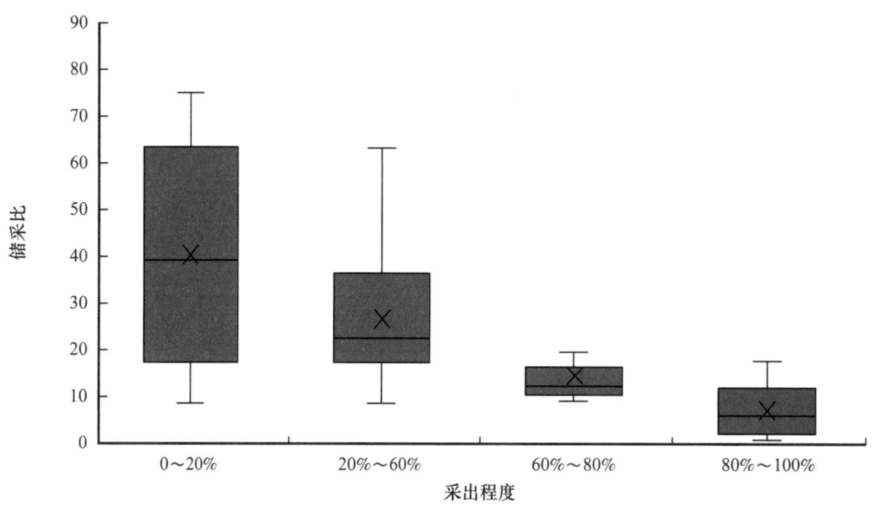

图 2-352　2021 年全球主力气田储采比

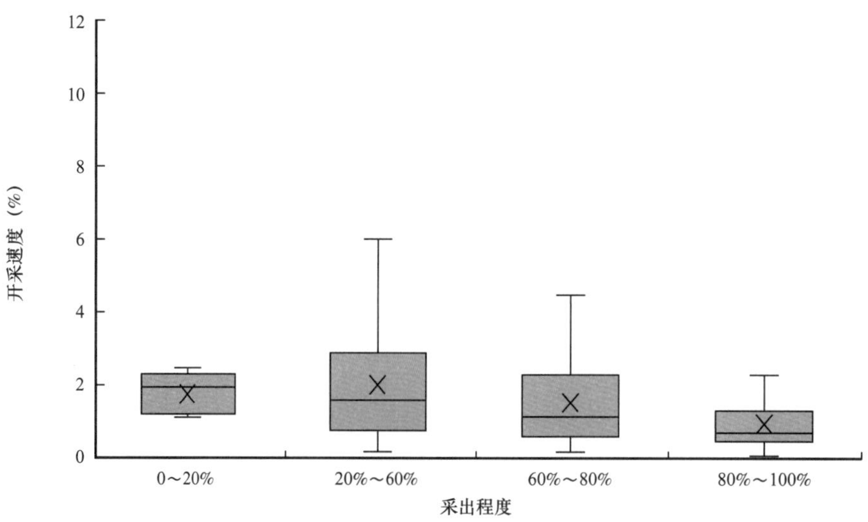

图 2-353　2021 年全球主力油田采油速度

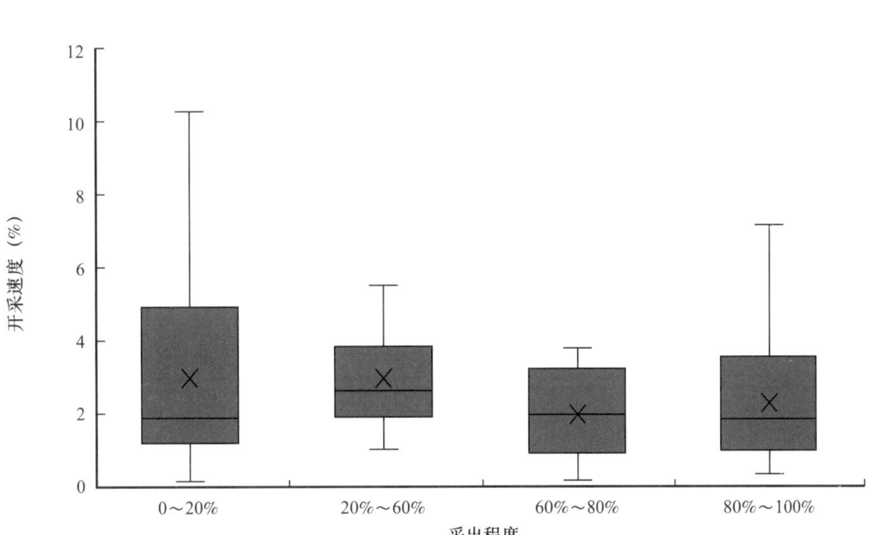

图 2-354　2021 年全球主力气田采气速度

7. 重大事件影响原油供需关系，科技进步缩短勘探开发周期

主力油气田建产具有规律性，选择合适的开发阶段和介入时机十分重要。勘探评价期：即从勘探发现到投资决策，陆上常规油气田平均为 24～25 年，海域油田平均为 15 年，海域气田平均为 4 年，非常规油田平均为 34 年，非常规气田平均为 6 年；产能建设期：即从 FID 至油气首次生产时间，陆上常规油气田平均为 2.7～3.7 年，海域油气田平均为 4 年，非常规油气田平均为 2～3 年；产量达峰期：即从油气首次开始生产到高峰达产的时间，陆上常规油田平均为 31 年，陆上常规气田平均为 16 年，海域油气田平均为 13 年，非常规油气田平均为 22～25 年（图 2-355）。

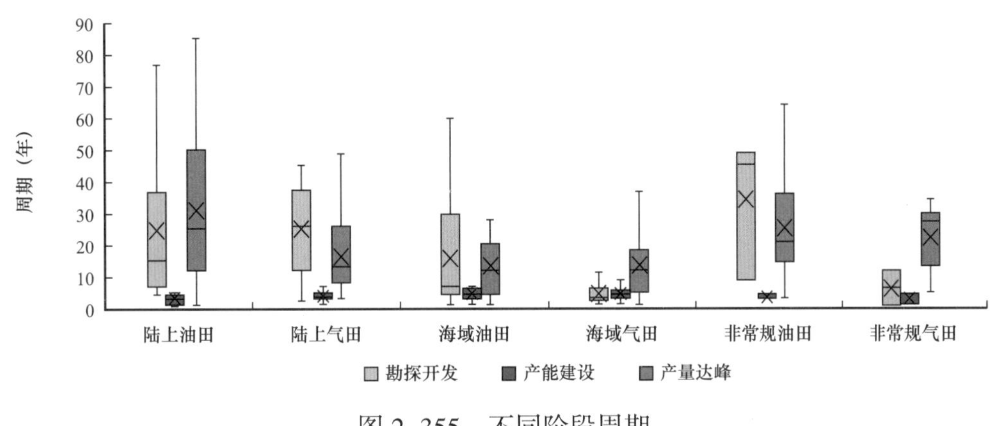

图 2-355　不同阶段周期

全球原油供需划分为三个阶段：1980 年前，供大于求；1980—2000 年，供需基本平衡；2000 年后，供大于求。

周期性变化受供需基本面影响：1980 年前，周期长；1980—2000 年，周期有缩短趋势；2000 年后，周期进一步缩短（图 2-356、表 2-59）。

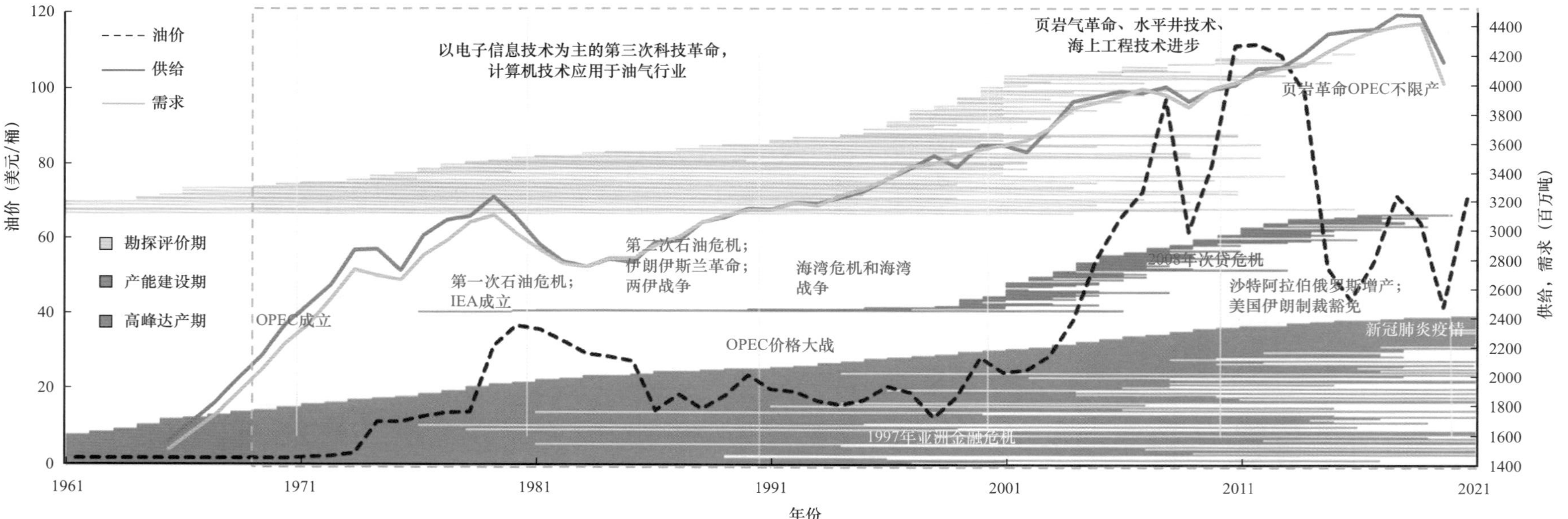

图 2-356　油价与供需变化曲线

表 2-59　不同开发阶段周期

	勘探评价期			产能建设期			高峰达产期		
时间	1960—1980 年	1980—2000 年	2000—2020 年	1960—1980 年	1980—2000 年	2000—2020 年	1960—1980 年	1980—2000 年	2000—2020 年
平均值(年)	30.77	9.34	4.05	10.33	5.67	3.44	26.59	16.85	10.65

8. 勘探区块和开发区块备受青睐，建产区块占比少

国际石油公司在所拥有的资产中是高持股比时，热衷于争当作业者与勘探区块。持股比例集中在 75%～100% 之间时，区块个数为 1468 个（勘探区块占比 68.26%）；占作业者总区块的 43.55%。

国际石油公司低持股比时（0～25%）多为参与者，倾向于开发区块；持股比例集中在 0～25% 之间时，区块个数为 1476 个（开发区块占比 48.23%，雪佛龙除外），占参与者总区块的 51.59%。国家石油公司持股比例集中在 25%～50% 之间时，区块个数为 1338 个（勘探区块占比 59.57%），占参与者总区块的 46.77%（图 2-357、图 2-358）。

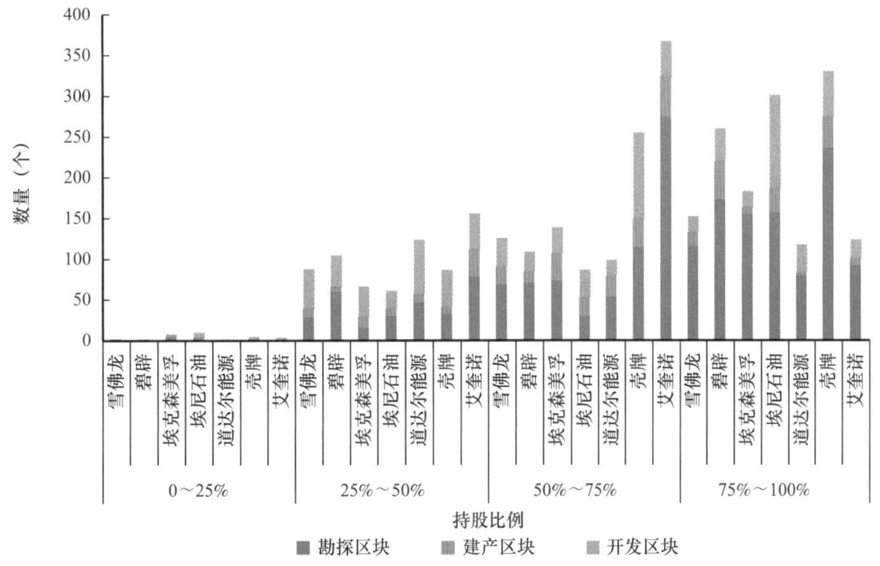

图 2-357　国际石油公司股权比例作业者区块数量

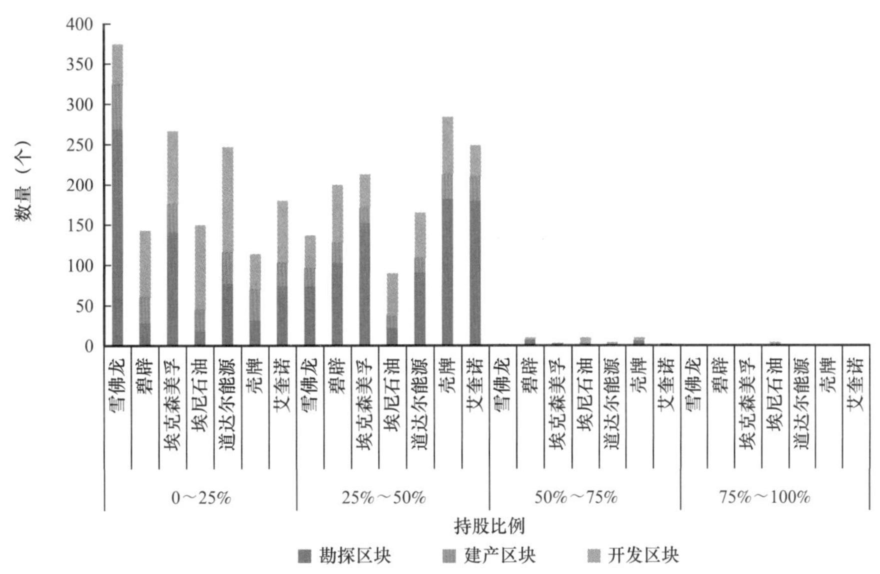

图 2-358　国际石油公司股权比例参与者区块数量

9. 国际石油公司均拥有核心产区，核心资产产量贡献明显

碧辟油气产量分布于阿塞拜疆、阿曼、印度尼西亚、美国，占阿塞拜疆油气产量的 84.29%；埃克森美孚油气主要产区为伊拉克、俄罗斯、巴布亚新几内亚等；埃尼石油的核心产区有 4 个，分别是埃及、伊拉克、尼日利亚、意大利；雪佛龙的主要产区是澳大利亚，油气产量占比为 32.68%；壳牌的核心产区为尼日利亚、卡塔尔、澳大利亚等国；艾奎诺的核心产区为挪威，油气产量占比 84.55%；道达尔能源的主要产区是安哥拉（图 2-359 至图 2-364）。

中国的石油公司应加强对市场形势的跟踪，及时调整勘探策略，适度加大勘探投资，建立自己的核心产区，重视合作伙伴选取和勘探风险分摊，建立灵活的资产进出机制。

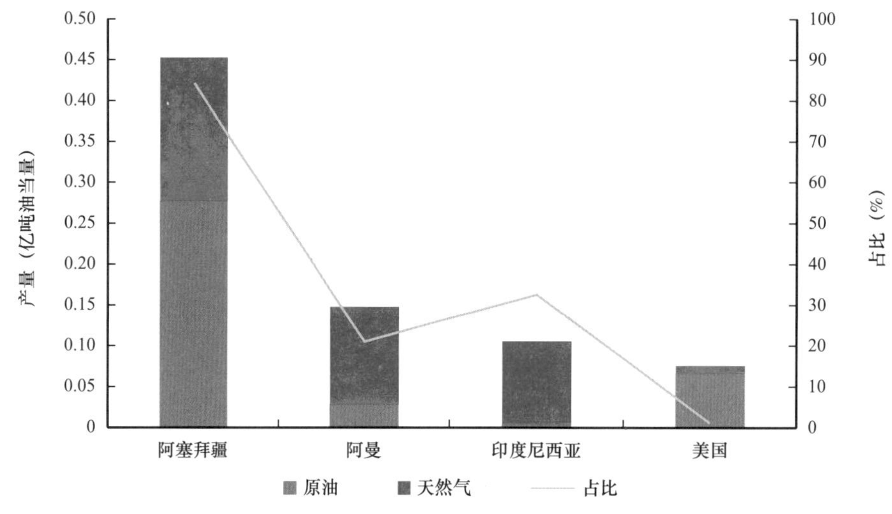

图 2-359　碧辟产量分布图（2021 年）

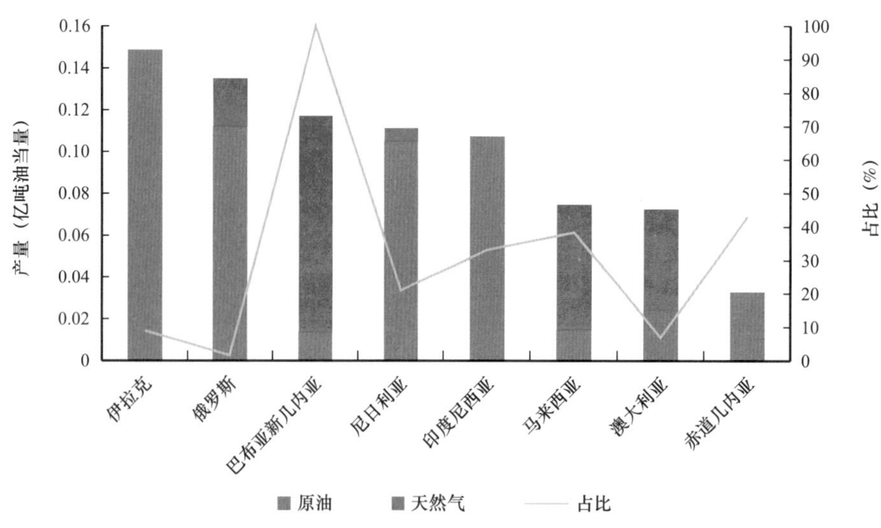

图 2-360　埃克森美孚产量分布图（2021 年）

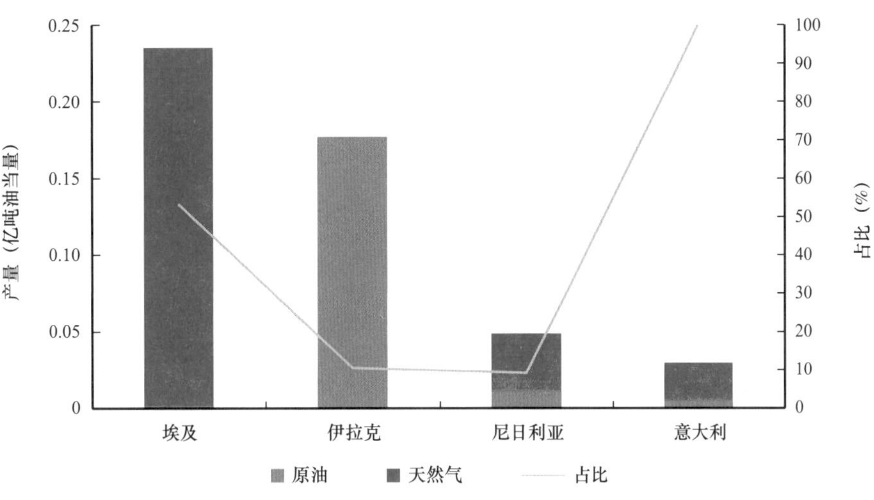

图 2-361 埃尼石油产量分布图（2021 年）

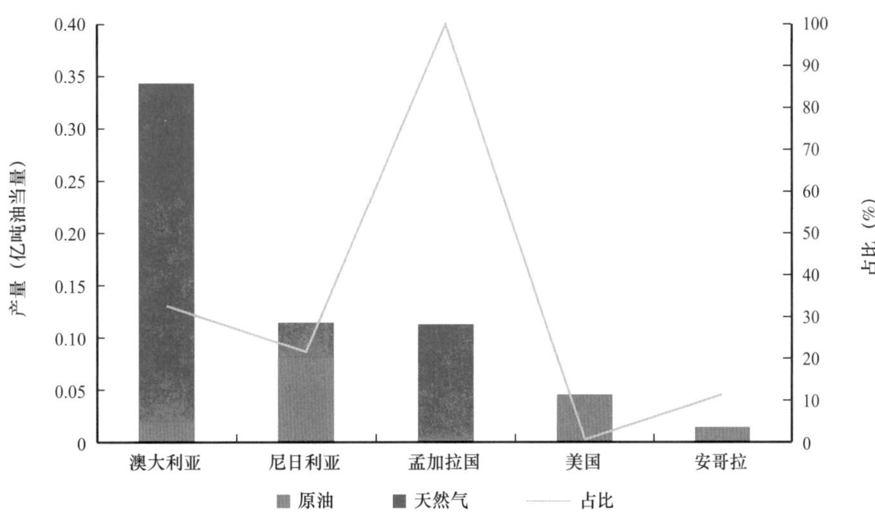

图 2-362 雪佛龙产量分布图（2021 年）

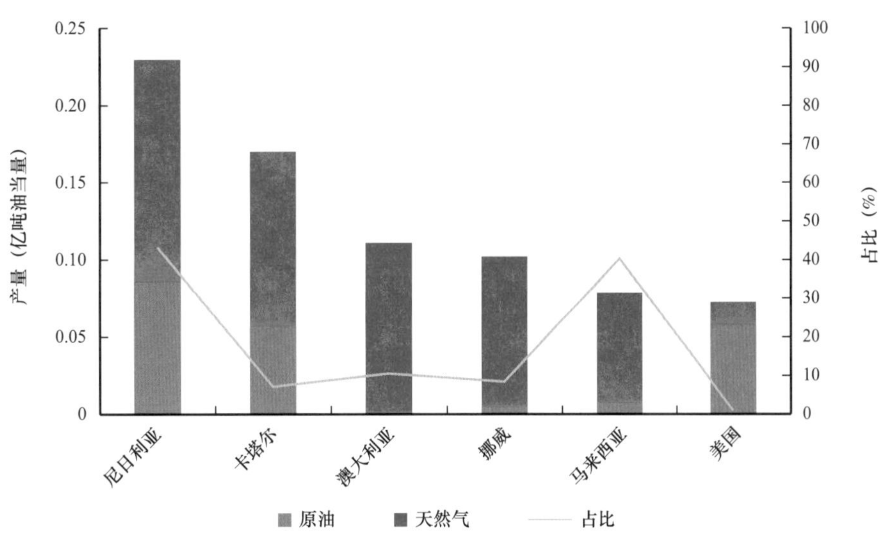

图 2-363 壳牌产量分布图（2021 年）

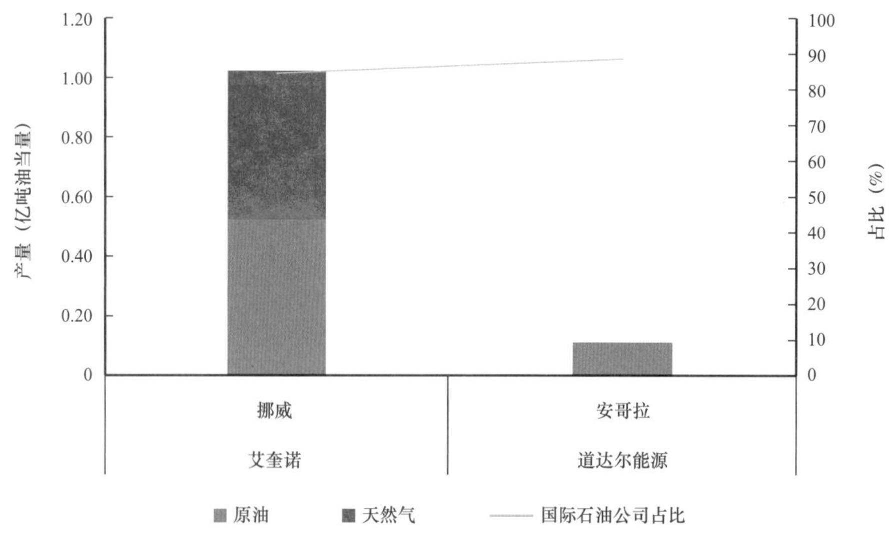

图 2-364　道达尔能源 + 艾奎诺产量分布图（2021 年）

第四节　认识与启示

全球油气资源开发潜力巨大，油气在能源结构中的地位仍难以被快速替代，中国石油公司“走出去、走进去、走上去”前景依然广阔。超前研判复杂多变的宏观政治经济局势，运用危与机的辩证关系客观评价危地不往、乱地不去，有效规避项目运营的潜在风险；坚持陆上常规油气开发的主体地位和技术优势，高度重视海洋弃置义务，稳妥从浅水走向深水—超深水；顺应低碳化能源转型的趋势，实现天然气资产从一体化向全业务链发展的转变；研究国际石油公司在资产结构优化过程中的持股策略和决策依据，吸取经验和教训，确保做出最优的资产投资和出售决策，打造并巩固自身的核心产区和稳定保供基地，是中国石油公司开展境外油气合作、保障国家油气安全的前提和基础。

一、高度重视海洋弃置义务，确保海域油气实现高质量长期效益发展

陆上常规和浅水油气是全球油气产量贡献的主体。截至 20 世纪末，陆上常规和浅水原油在全球原油产量中占比为 93.8%；陆上常规和浅水天然气在全球天然气产量中占比为 96%，产量长期保持油稳气升；2000 年以后，随着美国“页岩革命”实现能源独立，开发领域呈现多样性，超长水平段水平井、大规模体积压裂、工厂化作业及海洋工程等技术与装备的广泛应用，页岩油气、致密油气、深水—超深水油气得以快速发展。过去 20 年，致密油、超深水原油、页岩油的复合增长率分别为 27.52%、23.9%、

22.88%；页岩气、超深水天然气、致密气的复合增长率分别为27.5%、14.62%、11.99%。截至2021年，在全球原油产量构成中，陆上常规原油占比为49.33%，海域原油占比为27.14%，非常规原油占比为23.53%；在全球天然气产量构成中，陆上常规天然气占比为42.86%，海域天然气占比为30.16%，非常规天然气占比为26.98%。

海域油气弃置费用预计将呈现快速增长。早期投产的海域油气田相继进入开发尾声，"十四五"后，重点资源国海域油气田弃置费用将进入快速增长阶段，由2022年65亿美元攀升至2035年173亿美元。石油公司需高度重视海洋弃置义务，石油公司资产弃置代价大，面临弃置成本风险高；在新项目评价、项目可行性研究、运营与管理、合资合作过程中应充分考虑弃置义务和弃置成本（图2-365至图2-369）。

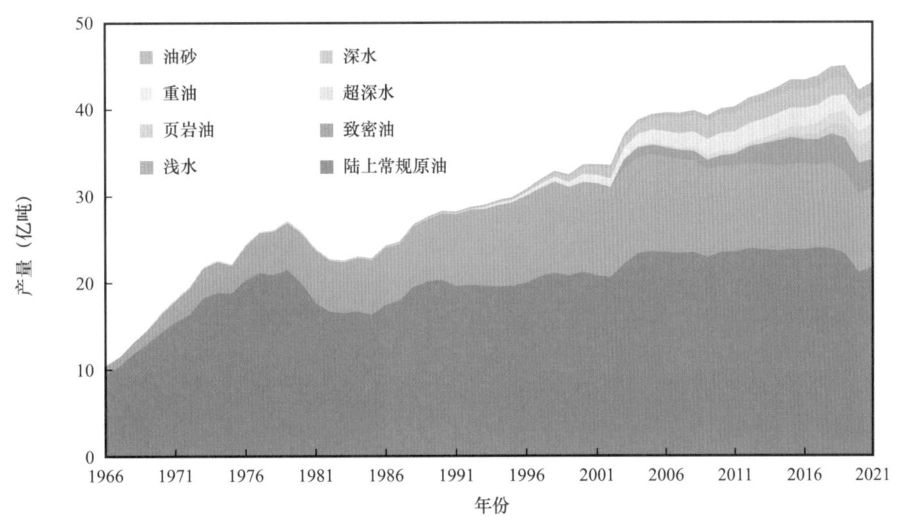

图2-365 全球原油年产量剖面图

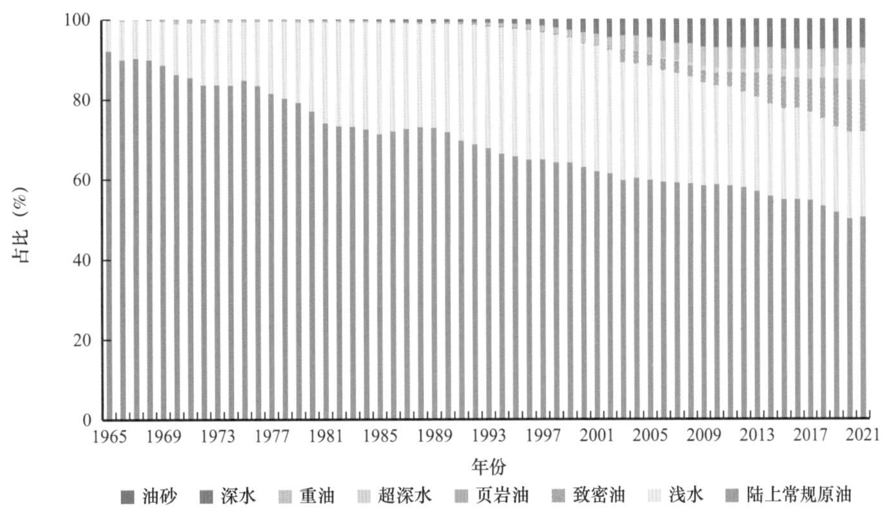

图2-366 全球原油年产量构成比例图

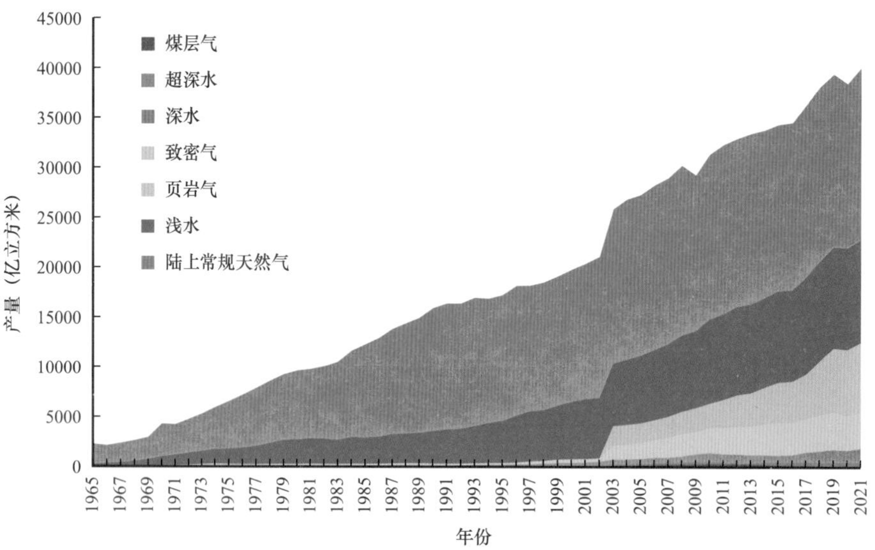

图 2-367　全球天然气年产量剖面图

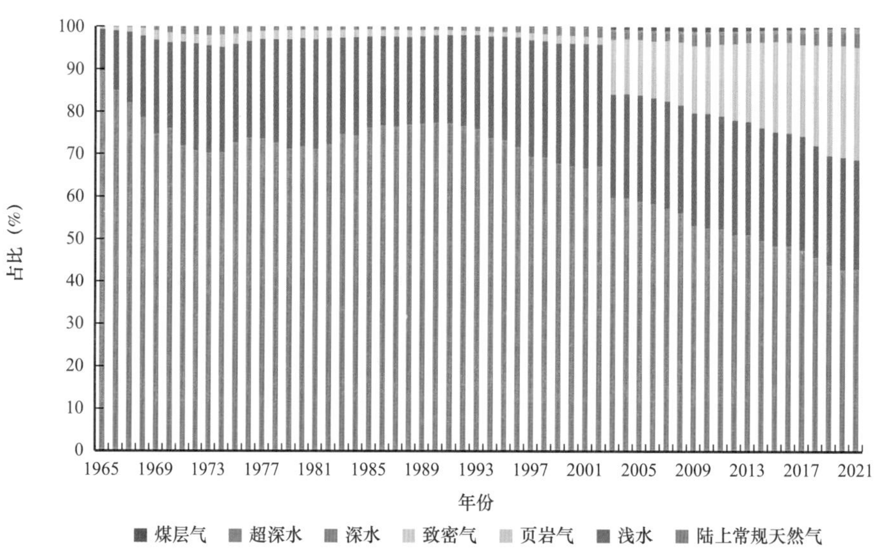

图 2-368　全球天然气年产量构成比例图

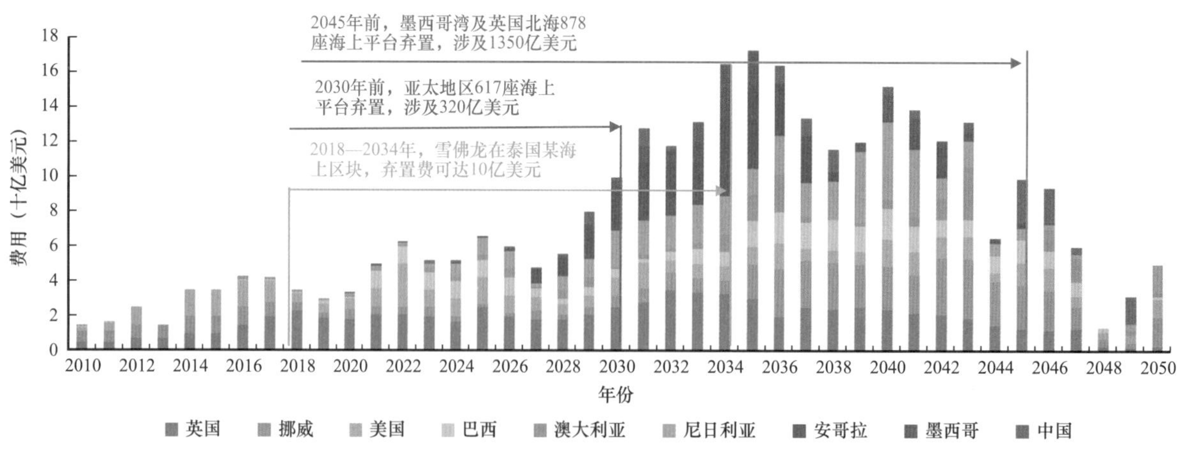

图 2-369　全球海域油气田弃置费用预测

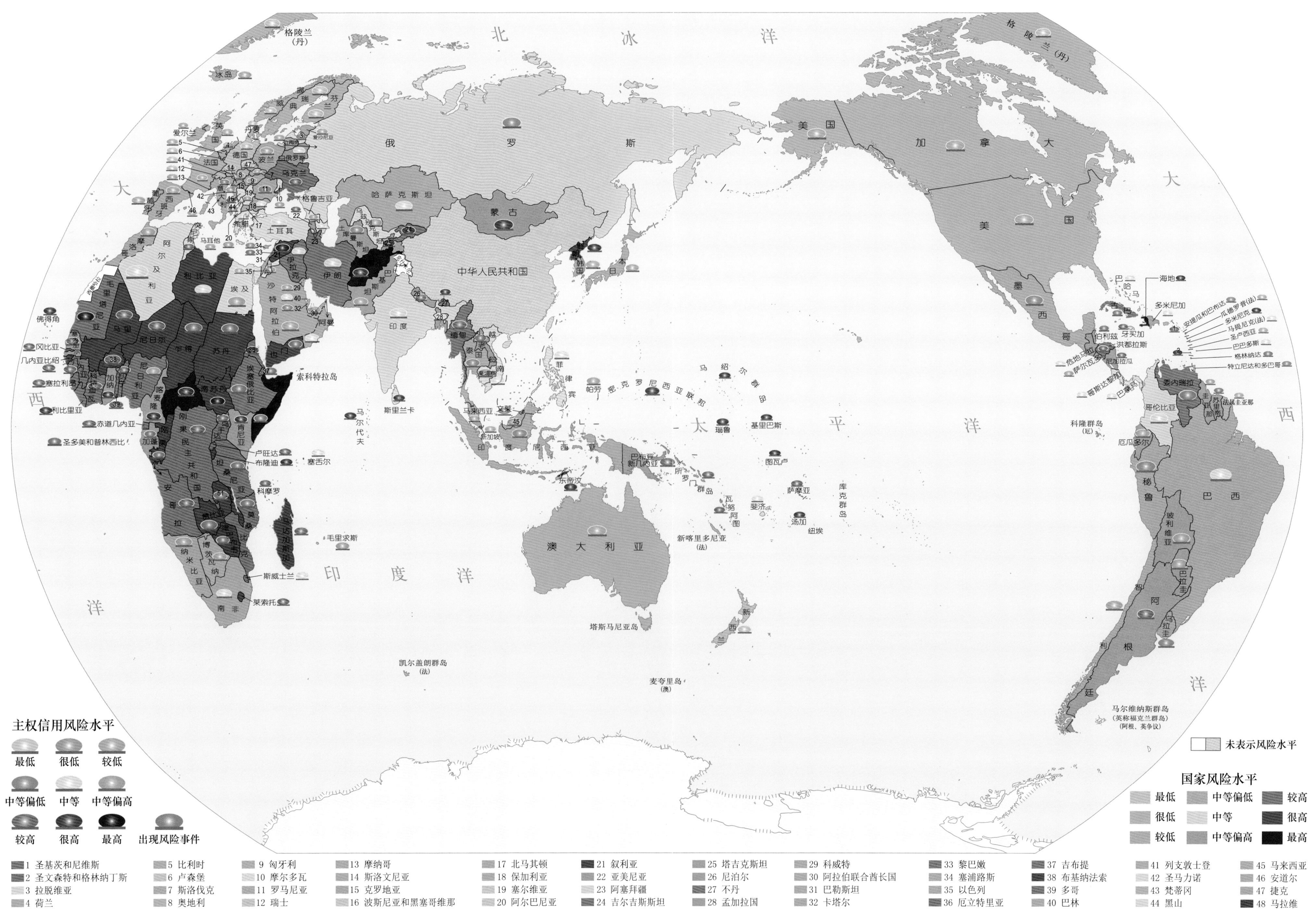

图 2-370　2021 年全球风险地图（数据来源：中国出口信用保险公司）

二、坚持危地不往乱地不去，加强油气资产集中度，建立稳定保供基地

借鉴IHS Markit、惠誉评级两大商业数据库，中国社会科学院、世界银行、国际SOS及化险咨询等风险评价研究成果，充分考虑全球地缘政治、社会经济安全、油气财税法规、油气合同条款、勘探开发技术适配性、能源转型低碳减排等方面的风险因素，辩证地看待“危”与“机”的关系，研判国际石油公司在风险地区的经营策略，实施利益捆绑机制，共同应对境外油气合作的不确定性。通过多维度风险定量化表征、国别安全风险评级与甄别，建立起具有指导性、可操作性的安全预警机制，优选出境外油气合作投资优选国家清单，力争实现居安思危、危中求机、化危为机的动态化区域布局，最大限度地规避油气投资的高风险（图2–370、图2–371）。

国际石油公司油气资产相对集中，油气业务发展继续呈现“归核化”。国际石油公司持续进行资产优化，在资产交易中处于净卖家地位，追求更多现金流、更高投资回报、聚焦核心资产，剥离与公司发展最具优势的业务关联较小、碳排放高、短期现金贡献能力不足、投资回报低的资产。全球7大国际石油公司（碧辟、雪佛龙、埃尼石油、艾奎诺、埃克森美孚、壳牌、道达尔能源）在各自排名前5位的油气资源国，其油气权益产量占比接近或超过50%，且核心资源国产量占比呈现增长趋势。国际石油公司均拥有2～6个核心产区，核心产区油气均超过或接近1000万吨油当量，且有进一步聚集趋势，归核化趋势愈发明显（图2–372至图2–376）。

三、立足天然气多情景需求，实现一体化协同向全业务链发展的转变

天然气未来发展趋势将比煤炭、石油更具弹性，预计在能源转型中将发挥重要作用，在未来10～15年天然气需求将大幅增长。在基准情景下，天然气需求将持续增长至2050年，至2035年，天然气年均增长率为1.3%；至2050年，天然气年均增长率0.87%。在快速转型情景下，天然气需求预计在2025—2030年将达到峰值期，年均增长率为0.9%。未来LNG市场供需平衡取决于新的规划项目能否顺利投产，2021年全球FID的LNG规模近3100万吨/年，受疫情及投资等因素影响，FID规模比此前预计缩小约500万吨；受双碳政策及2021年LNG高价刺激，预计2022—2023年新增FID同比2020年预测分别增长1100万吨和2000万吨。2025年，全球天然气（包括管道气和LNG）总共消费量为9.28万亿立方米，在基准情景下的消费量为5万亿立方米，在快速转型情景下的天然气消费量为2.6万亿立方米，在净零情景下的消费量为1.68万亿立方米（图2–377）。

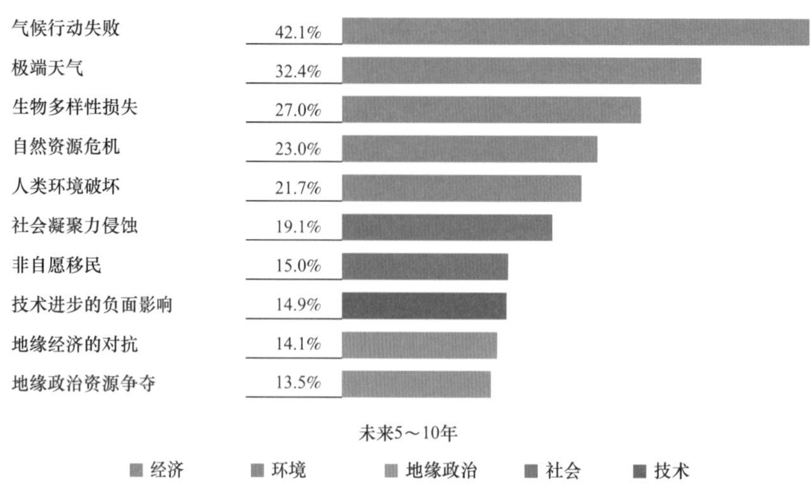

图 2-371　全球风险地平线（数据来源：World Economic Forum）

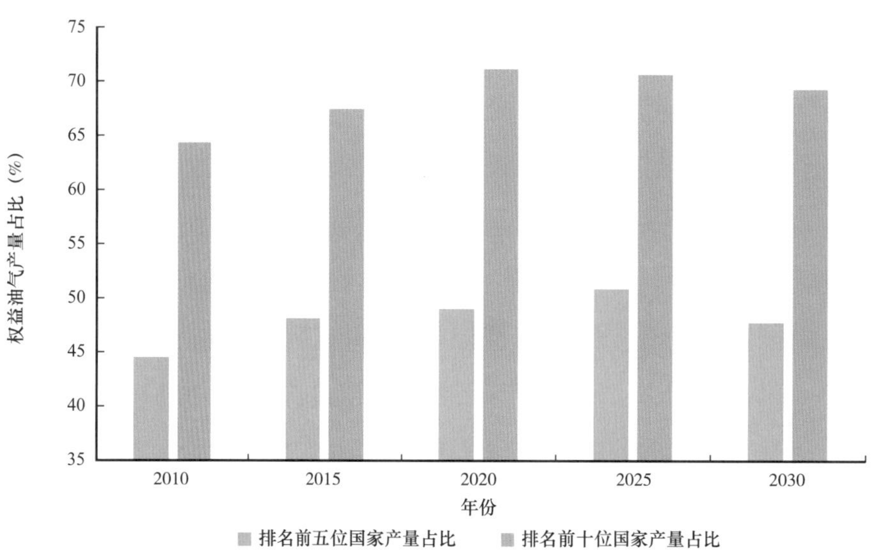

图 2-372　主要国际石油公司国家产量集中度占比

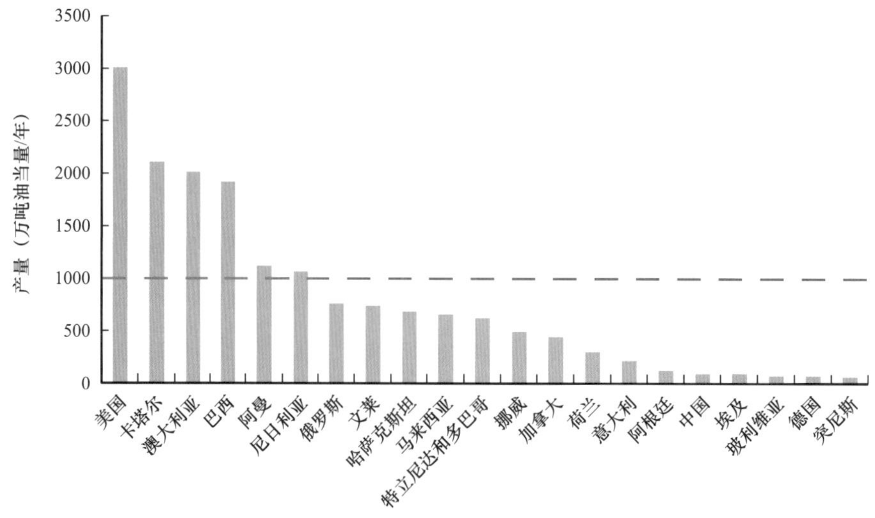

图 2-373　壳牌在各资源国产量分布图

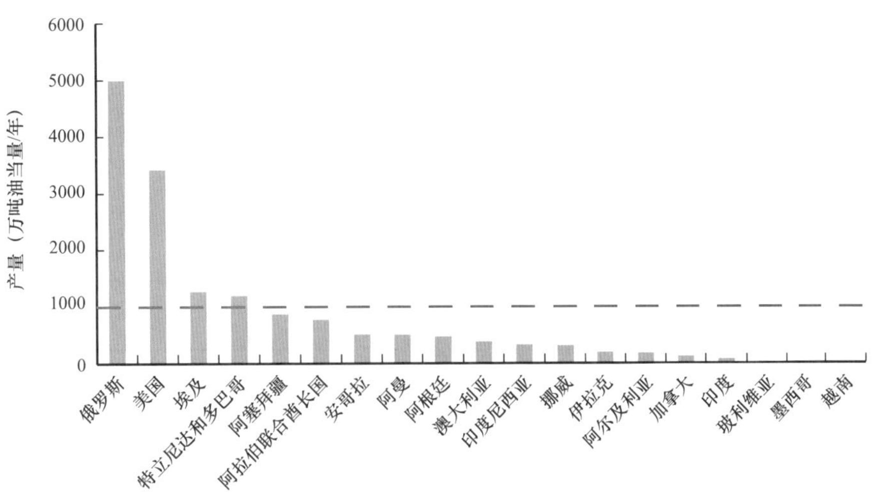

图 2–374　碧辟在各资源国产量分布图

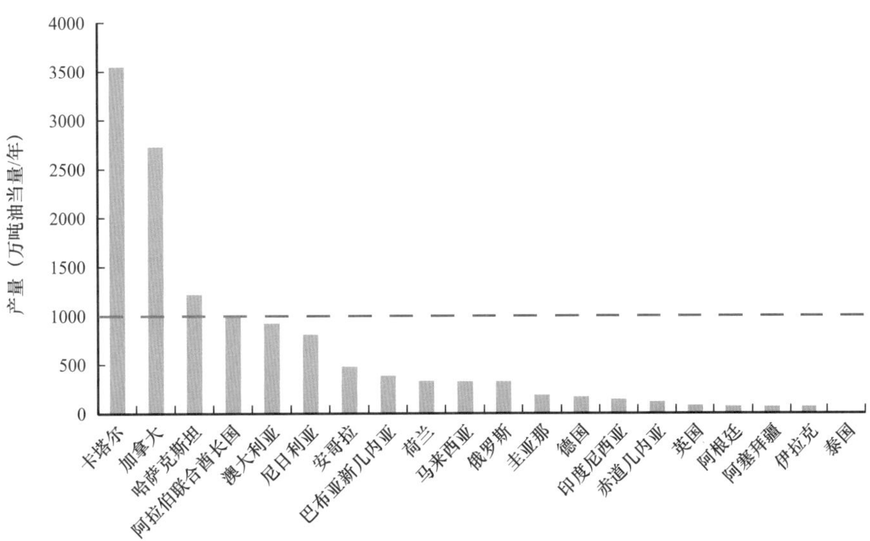

图 2–375　埃克森美孚在各资源国产量分布图

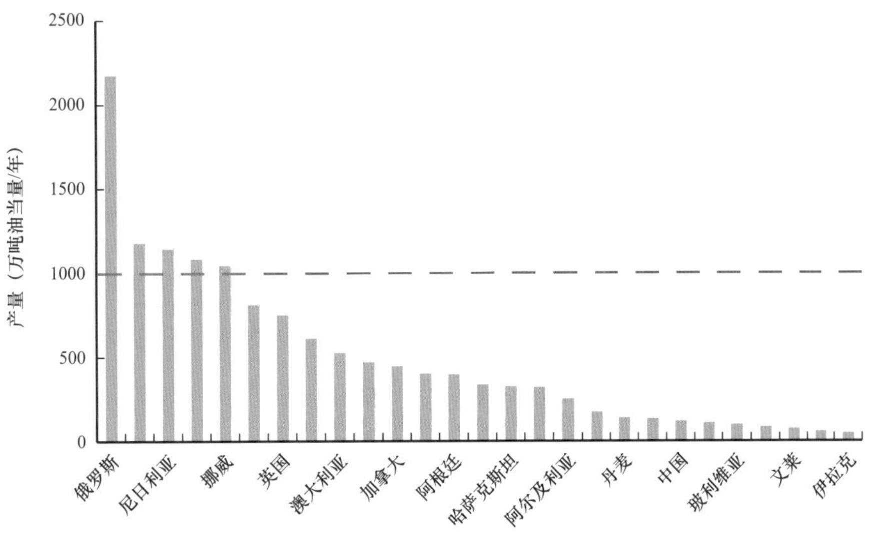

图 2–376　道达尔能源在各资源国产量分布图

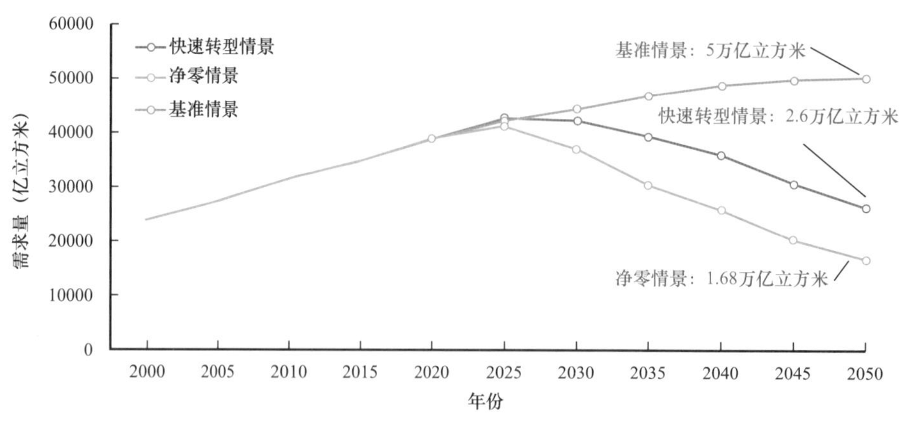

图 2-377　不同情景下全球天然气需求预测

立足于天然气多情景需求，天然气业务将实现从上下游一体化向勘探、开发、生产、管道/液化、处理、加工、运输、销售、合同、商务全产业链发展的转变，实现全业务链整体效益的最大化，达到低碳化能源转型、社会民生保障供给和石油公司盈利的共赢局面（图 2-378）。

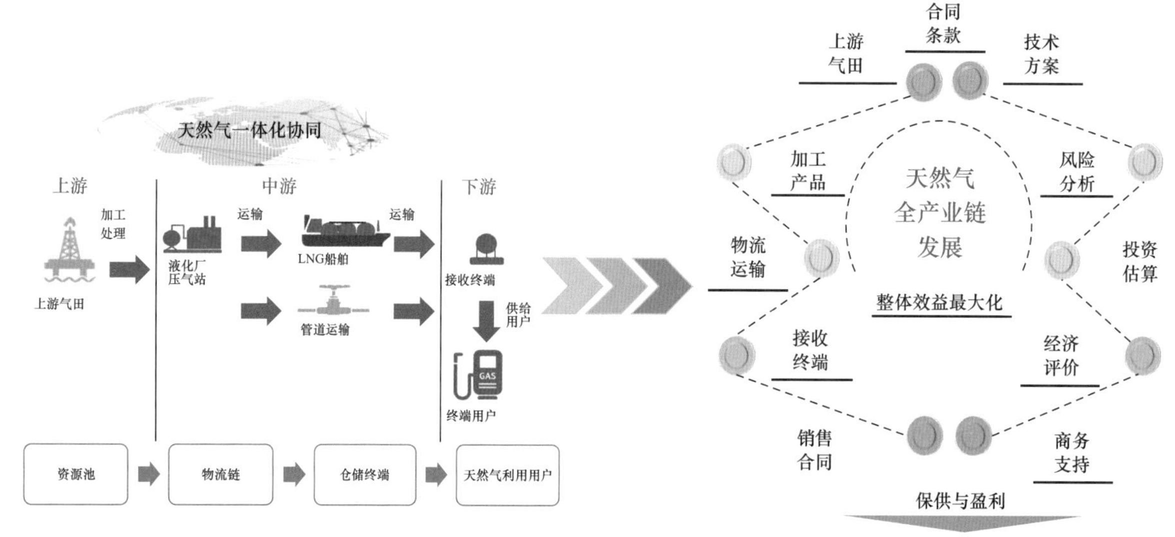

图 2-378　天然气业务流程图

四、加大优质规模资产获取，注重不同阶段项目持股比例的持续优化

国家石油公司与国际石油公司在不同勘探开发阶段的股权占比上呈现“此消彼长”的态势。从勘探评价到开发建产阶段，国家石油公司持股比例增加，而国际石油公司持股比例则减少；从开发建产到投产生产阶段，国家石油公司持股比例减少，而国际石油公司持股比例则增加。但是不论如何变化，国家石油公司在主力大油气田开发上始终牢牢控股。

国家石油公司在本土与海外不同阶段的持股比例均高于国际石油公司，在勘探评价阶段的资产由于小投资、高回报的特点，更受国家石油公司的青睐。两类公司针对本土油气资产的开发建产动力更强，对于海外油气资产经营策略更为谨慎（图 2–379、图 2–380）。

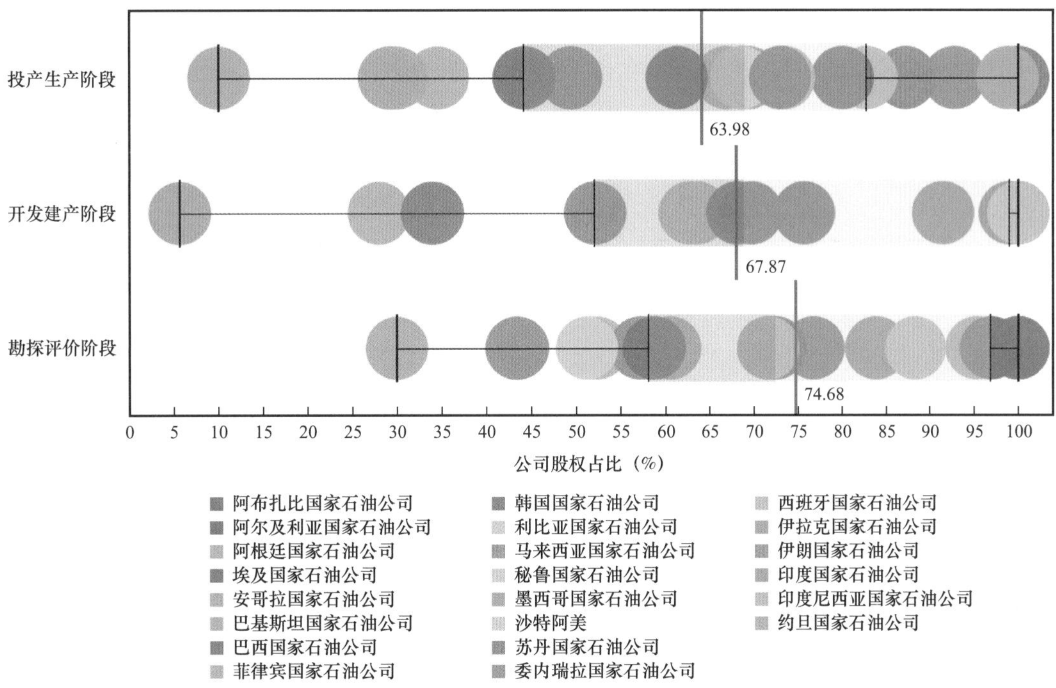

图 2–379 国家石油公司油气资产不同阶段持股比例盒须图

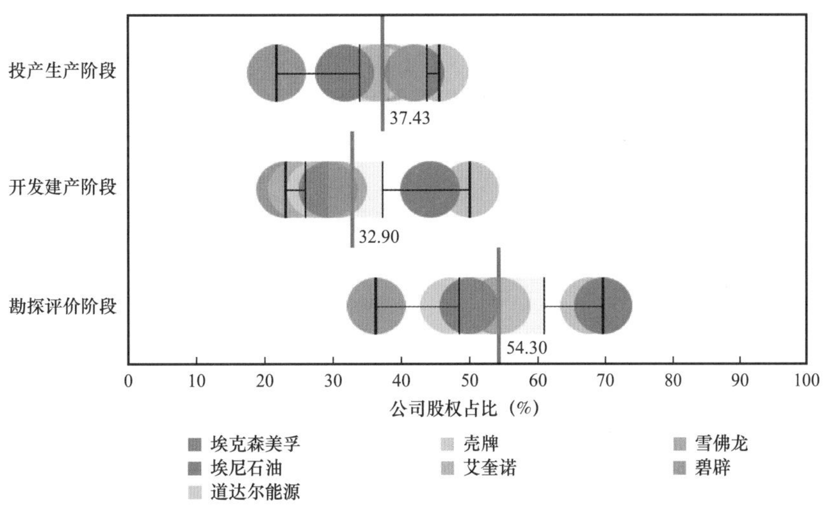

图 2–380 国际石油公司油气资产不同阶段持股比例盒须图

国际石油公司本土持股的油气资产在勘探评价阶段持股比例均值为 61.29%，在开发建产阶段持股比例均值为 48.01%，在投产生产阶段持股比例均值为 41.92%；在海外持股的油气资产在勘探评价阶段持股比例均值为 47.01%，在开发建产阶段持股比例均值为31.33%，在投产生产阶段持股比例均值为31.24%。国际石油公司在不同开发阶段的本土油气资产持股比例均高于海外油气资产持股10～17个百分点。

国家石油公司本土持股的油气资产在勘探评价阶段持股比例均值为76.69%，在开发建产阶段持股比例均值为69.20%，在投产生产阶段持股比例均值为65.72%；在海外持股的油气资产在勘探评价阶段持股比例均值为57.11%，在开发建产阶段持股比例均值为44.42%，在投产生产阶段持股比例均值为43.76%。国家石油公司在本土不同阶段均持有高股比，海外与本土资产股比差值大于20个百分点（图2–381至图2–384）。

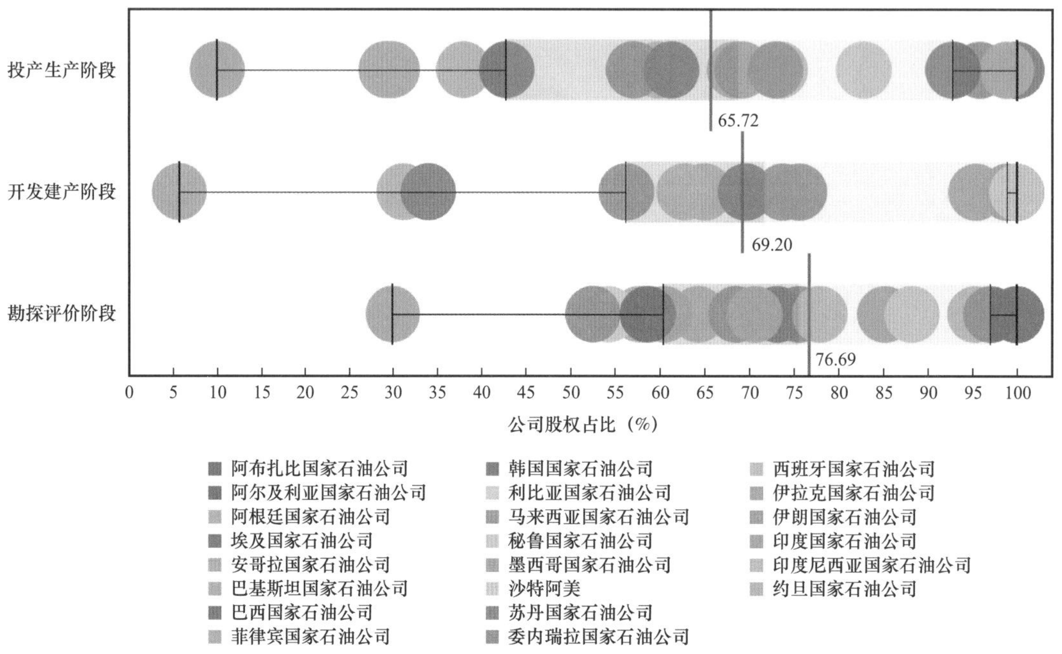

图2–381 国家石油公司本土油气资产不同阶段持股比例盒须图

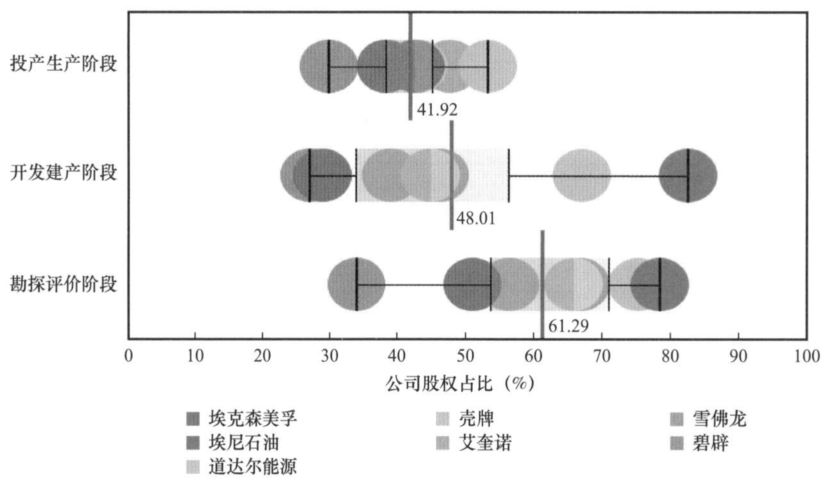

图2–382 国际石油公司本土油气资产不同阶段持股比例盒须图

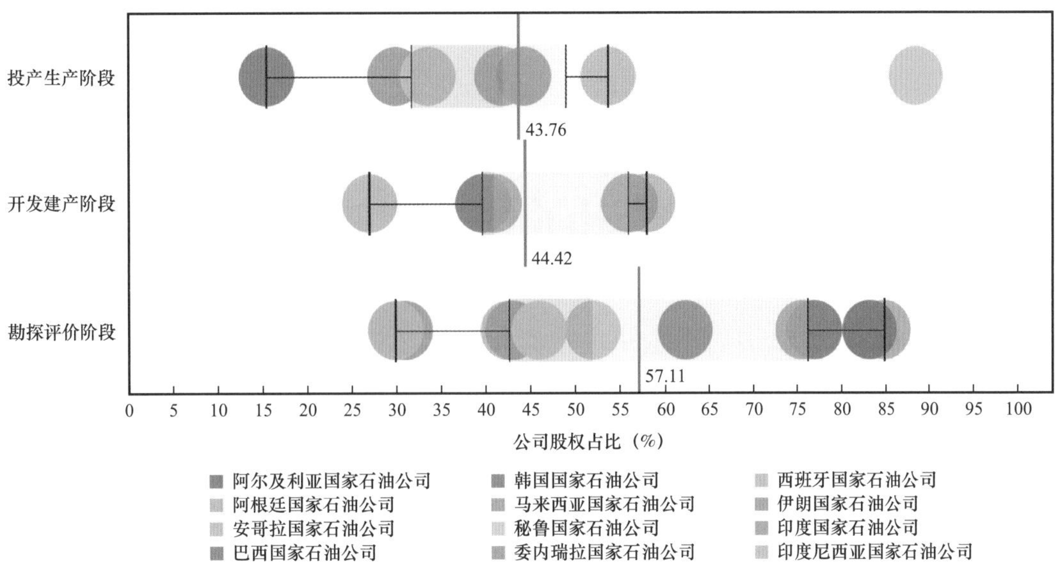

图 2-383　国家石油公司海外油气资产不同阶段持股比例盒须图

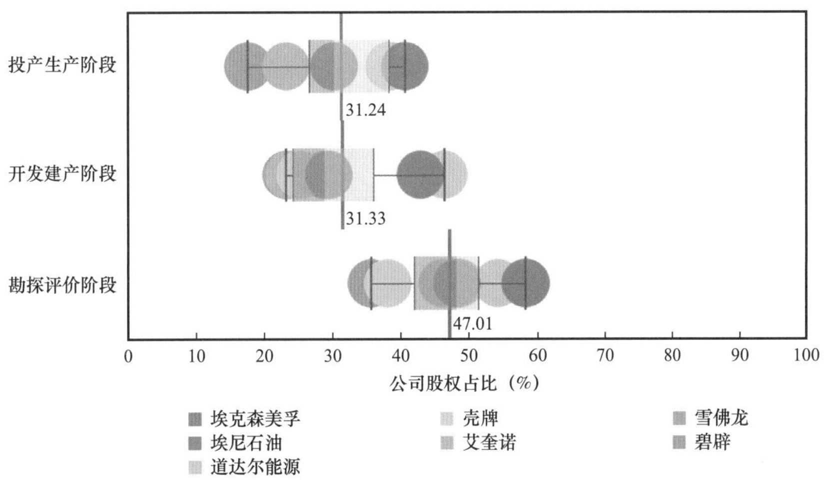

图 2-384　国际石油公司海外油气资产不同阶段持股比例盒须图

第三章　全球石油公司业务发展动向与策略

2021 年，新冠肺炎疫情的影响仍在继续，但世界已逐步对疫情转入适应状态，油气需求也逐步回升。中长期来看，全球正逐渐步入后疫情时代，未来经济增速预期放缓，油气需求面临长期萎缩风险。从供给侧来看，2021 年受地缘政治博弈、去碳化步伐过快等综合影响，油气市场供给增幅不及需求增长，致使全球原油价格大幅上涨，天然气价格也创历史新高。这使得世界各国意识到能源转型过程中传统能源供应的重要性，而 2022 年初爆发的俄乌冲突更加强化了这一点。在此背景下，油气行业开始在追求能源安全和实现低碳转型之间寻求平衡。

本章选取埃克森美孚（ExxonMobil）、碧辟（bp）、壳牌（Shell）、道达尔能源（Total Energies）、雪佛龙（Chevron）、艾奎诺（Equinor）、埃尼石油（Eni）等 7 家国际石油公司，俄罗斯国家石油（Rosneft）、沙特阿拉伯国家石油（Saudi Aramco）、巴西国家石油（Petrobras）、马来西亚国家石油（Petronas）等 4 家国家石油公司，以及康菲（ConocoPhillips）、赫斯（Hess）、森科（Suncor）等 8 家独立石油公司作为研究对象，从战略动向、勘探开发业务以及资产组合与优化等方面开展深入研究。

第一节　石油公司基本动态分析

一、石油公司业绩超预期复苏，油气行业持续审慎发展

2021 年，伴随着社会对新冠肺炎疫情的适应性提升，部分国家疫情管控措施逐步放开，世界石油市场迎来复苏，石油需求增长超过 550 万桶 / 天，达到 9700 万桶 / 天左右；与此同时，原油生产也逐步回升，但受到地缘冲突、能源转型等因素影响，产量回升速度较为缓慢，较 2020 年仅增加 170 万桶 / 天左右，达到 9500 万桶 / 天左右。受供需形势影响，2021 年国际原油价格摆脱前一年的低迷状况，开始持续回升。以布伦特原油价格为例，其月度现货价格从 2020 年 12 月的 49.9 美元 / 桶，稳步增加至 2021 年 10 月的 83.5 美元 / 桶，2021 年 11 月和 12 月原油价格略有下降，至 2021 年 12 月达到 74.2 美元 / 桶。2021 年全年布伦特和 WTI 原油现货平均价格为 70.9 美元 / 桶和

67.9 美元 / 桶，较 2020 年分别增加 69.0% 和 73.4%，IHS 预计 2022 年全年布伦特油价可能保持在 100 美元 / 桶以上（图 3–1）。与原油价格波动类似，2021 年全球各地天然气价格也普涨，特别是欧洲和亚太地区的 LNG 价格，以荷兰 TTF 价格为例，2020 年 12 月价格为 5.7 美元 / 百万英制热单位，而到 2021 年 12 月暴增至 36.6 美元 / 百万英制热单位，同比增长 542.1%。预计 2022 年天然气价格仍在高位运行（图 3–2）。受油气市场需求快速回升、油气价格大幅增长的影响，油气公司经营业绩显著提升，甚至超过 2019 年疫情前水平（图 3–3）。尽管如此，新冠肺炎疫情的不确定性仍然存在，在全球应对气候变化的去碳化趋势下，石油公司仍然需要坚持审慎发展之路，抱定油气主业不放松，稳步推进低碳可再生能源的发展。

图 3–1　2010 年以来布伦特原油现货价格走势及未来预测

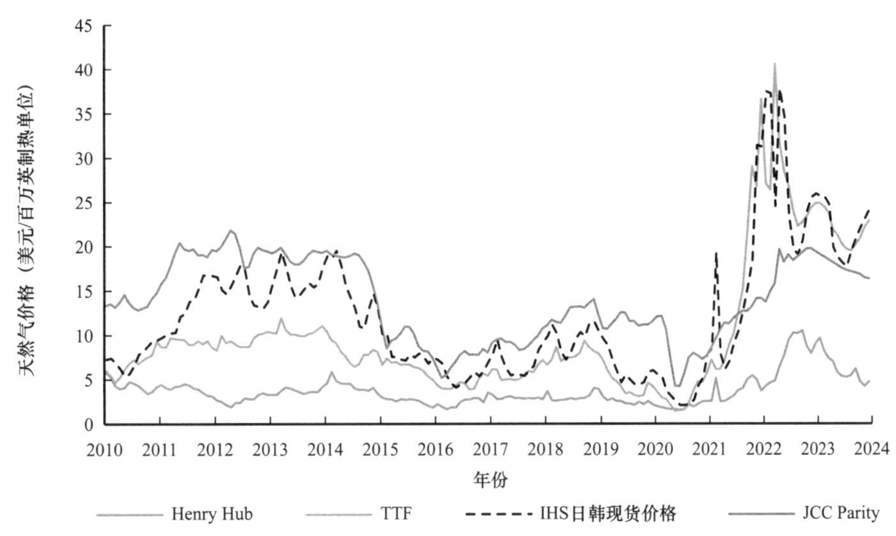

图 3–2　2010 年以来天然气价格走势及未来预测

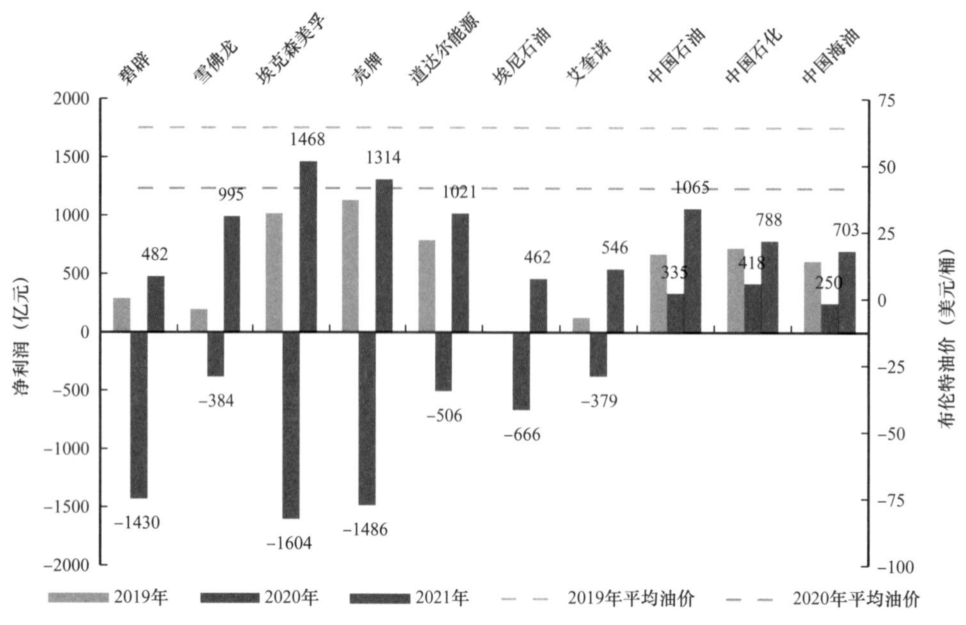

图 3-3　2019—2021 年国际石油公司和国内三大石油公司净利润情况

二、国际石油公司发股息去负债，投资水平低迷

在国际油气价格大幅上涨、油气需求回升等因素的助推下，七大国际石油公司的经营状况得到显著改善，但是再投资水平仍然低迷。2021 年碧辟、雪佛龙、埃尼石油、艾奎诺、埃克森美孚、壳牌、道达尔能源的资本支出分别为 128 亿美元、117 亿美元、69 亿美元、82 亿美元、166 亿美元、197 亿美元、166 亿美元，平均为 132 亿美元，较 2020 年下降 6 亿美元，创近十年来最低水平（图 3-4）。导致七大国际石油公司资本支

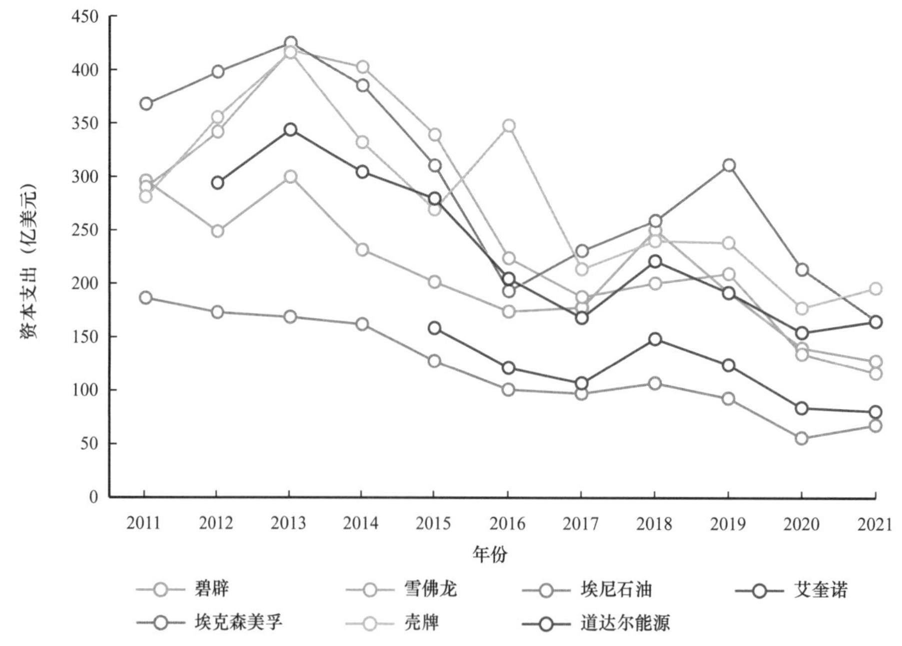

图 3-4　2011—2021 年七大国际石油公司资本支出

出下降的主要原因，是公司将经营所获得的自有现金流优先用于偿还债务和发放股息。2020 年新冠肺炎疫情导致的需求锐减和价格暴跌的背景下，七大国际石油公司为了维持其生存，债务规模持续扩大，而对股东的派息等也受到显著影响。因此，在获得现金流后，公司优先将资金用于发股息和去负债。以碧辟、雪佛龙、埃尼石油、埃克森美孚、壳牌、道达尔能源六大国际石油公司为例，2021 年经营现金流中，用于偿还债务和发放股息的比例分别达到 34.9% 和 28.6%，二者合计占到 63.5%，剩余的资金才用于勘探开发投资（图 3–5）。

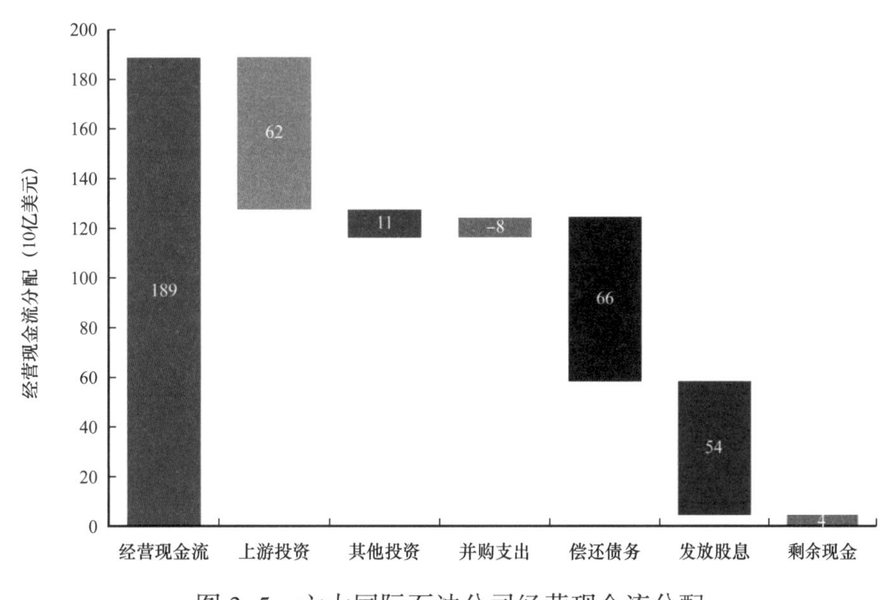

图 3–5 六大国际石油公司经营现金流分配

包括碧辟、雪佛龙、埃尼石油、埃克森美孚、壳牌、道达尔能源

三、储量低油价减记高油价转回，储量替换率大幅改善

2021 年，除雪佛龙产量略有增长外，其他国际石油公司产量均呈现缓慢下降趋势，剩余油气可采储量则略有回升。碧辟、雪佛龙、埃尼石油、艾奎诺、埃克森美孚、壳牌、道达尔能源七大国际石油公司油气产量分别为 1.69 亿吨油当量、1.58 亿吨油当量、0.81 亿吨油当量、0.99 亿吨油当量、1.90 亿吨油当量、1.65 亿吨油当量、1.38 亿吨油当量，平均为 1.43 亿吨油当量，同比下降 1.7%（图 3–6）。在剩余可采储量方面，碧辟、雪佛龙、埃尼石油、艾奎诺、埃克森美孚、壳牌、道达尔能源七大国际石油公司 2021 年分别为 23.41 亿吨油当量、15.77 亿吨油当量、8.74 亿吨油当量、7.25 亿吨油当量、25.95 亿吨油当量、12.89 亿吨油当量、15.99 亿吨油当量，平均为 15.71 亿吨油当量，较 2020 年增长 2.9%（图 3–7）。支撑这一增长的主要原因是埃克森美孚剩余可采储量的大幅增长。产量的缓慢下降和剩余可采储量的上升使得七大国际石油公司的储采比由 2020 年平均 10.2 增加至 2021 年的 11.3。同时，储量替换率大幅增长，平均为

119.28%，显著高于 2020 年的 –42.56%（图 3–8），其中，埃克森美孚的储量替换率增长幅度最大，从 2020 年的 –410.88% 增长到 2021 年的 338.68%。2022 年国际石油公司的油气储量和产量将呈现分化趋势，预计碧辟、壳牌的产量将继续下降，而雪佛龙等公司则维持增长。

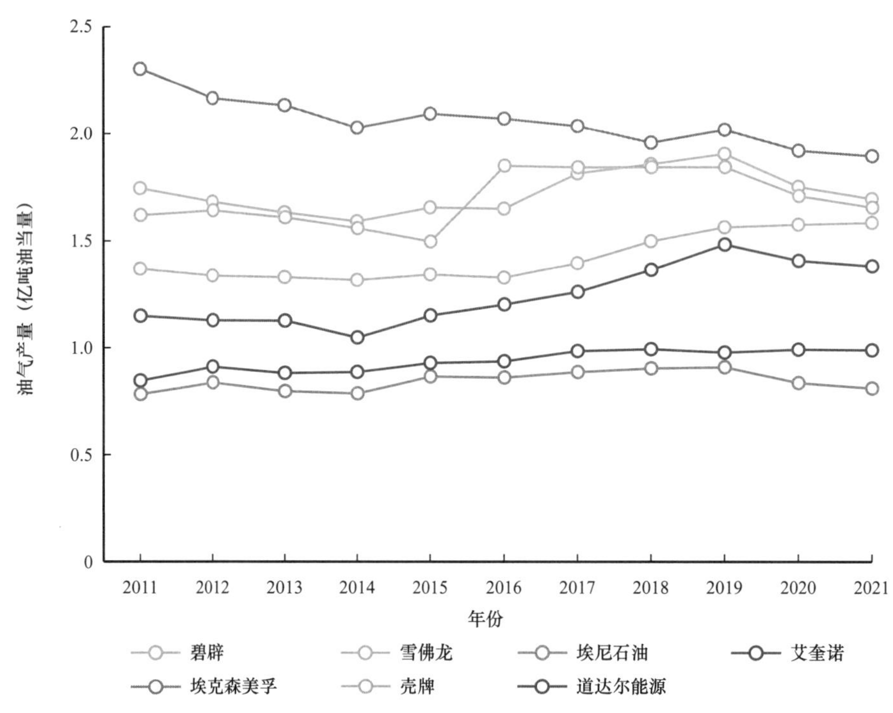

图 3–6　2011—2021 年七大国际石油公司产量

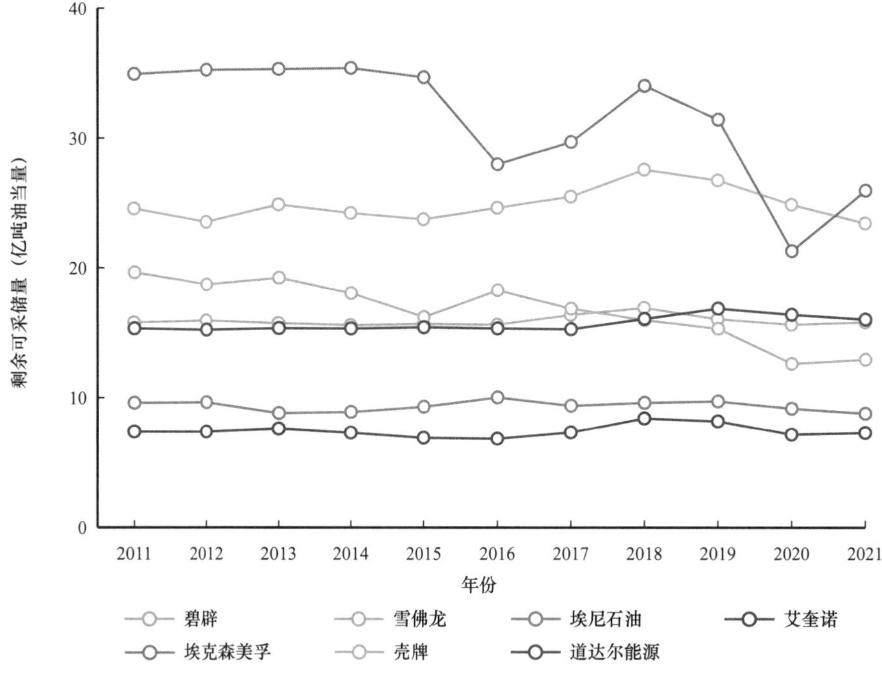

图 3–7　2011—2021 年七大国际石油公司剩余可采储量变化

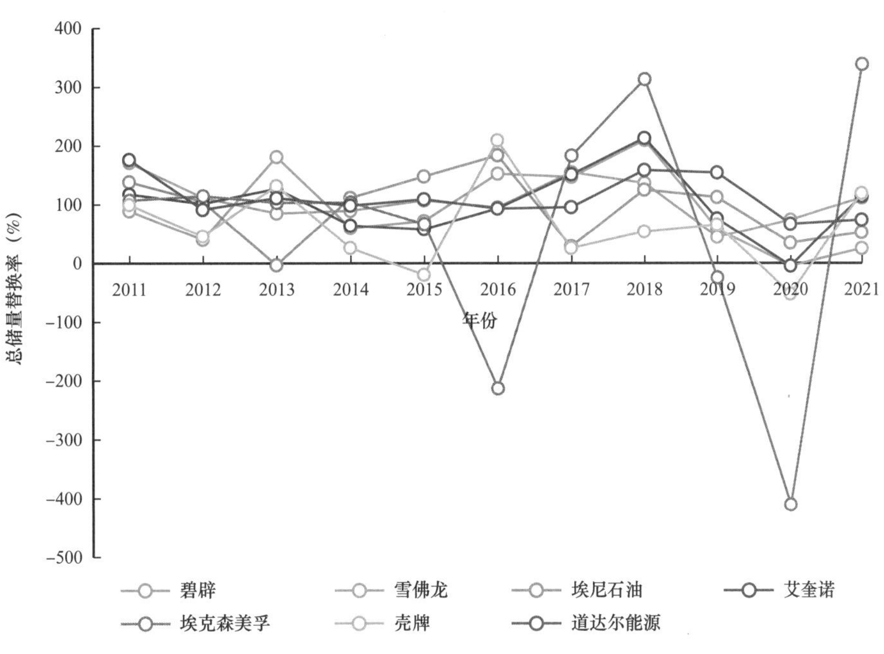

图 3-8 2011—2021 年七大国际石油公司储量替换率

四、储量未动用比例下降，产量增长路径更具特色

2017—2021 年间七大国际石油公司的平均剩余可采储量为 16.84 亿吨油当量，与 2012—2016 年间 17.61 亿吨油当量的平均值相差较小，但是从剩余可采储量的结构来看，未动用部分的比例除艾奎诺和埃克森美孚略有上升外，其余公司均呈现较大幅度的下降（图 3-9）。综合来看，2017—2021 年七大国际石油公司剩余可采储量中的未动

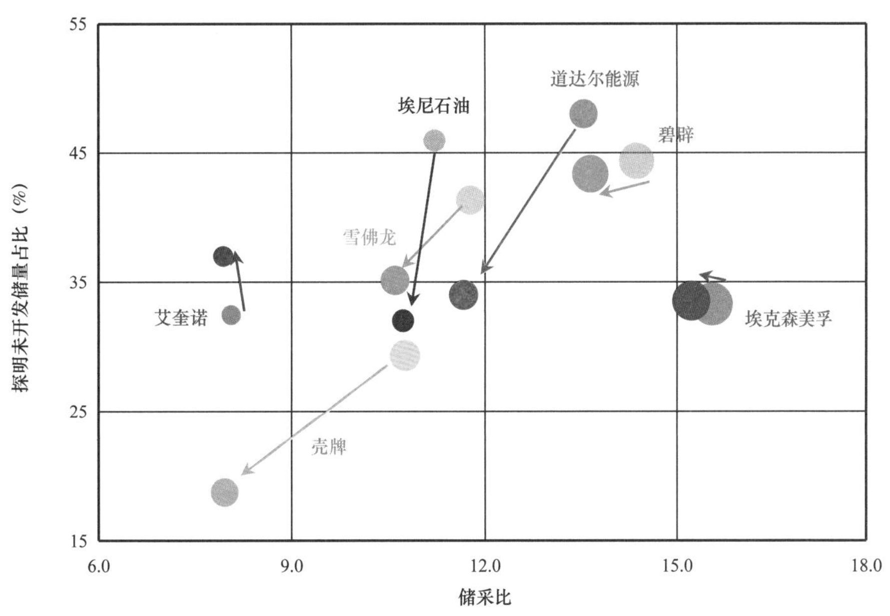

图 3-9 七大国际石油公司 2017—2021 年储量结构较 2012—2016 年变化

图中箭头表示由 2012—2016 年指向 2017—2021 年

用部分的比例平均为 33%，而在 2012—2016 年这一比例平均为 39%。从平均储采比的变化来看，五年平均储采比由 2012—2016 年的 12.2 下降至 2017—2021 年的 11.1。储量结构变化的同时，国际石油公司的产量结构也发生了重要的变化，特点明显。对比 2012—2016 年和 2017—2021 年两个时间段的产量结构，除道达尔能源外，其余六大国际石油公司来自常规陆上和浅水的产量贡献均呈现下降趋势，而来自深水、非常规、LNG 等的产量贡献持续增加（图 3-10）。不同公司的产量增长来源也有差异，欧洲石油巨头的产量主要来源于深水和 LNG，而美国石油巨头的产量主要来源于非常规和 LNG。

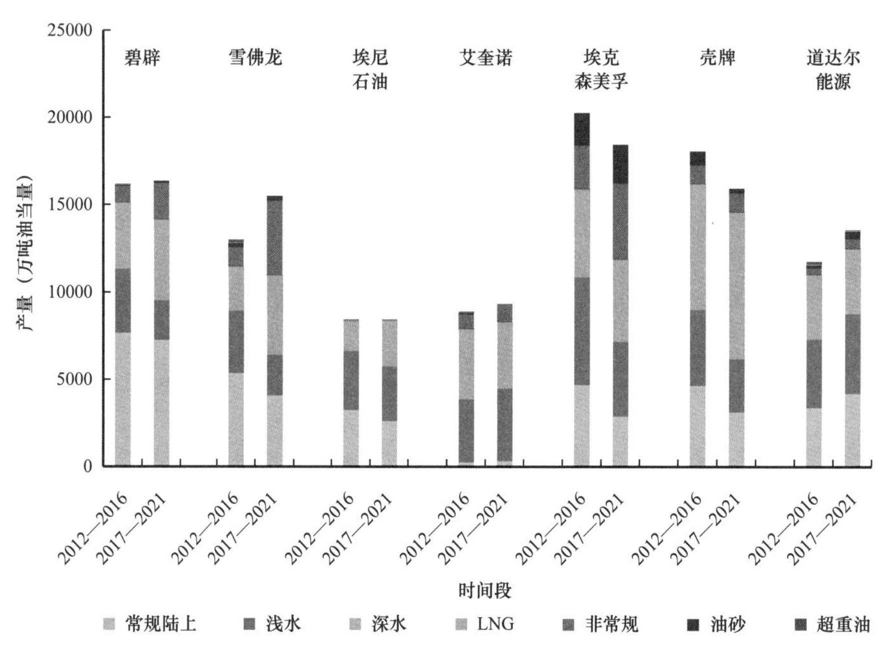

图 3-10　七大国际石油公司 2017—2021 年与 2012—2016 年产量结构对比

五、上游支出水平仍然偏低，生产成本开始反弹

2021 年七大国际石油公司上游经营业绩开始回升，但是上游油气支出继续保持下降趋势，生产成本开始小幅反弹。上游经营业绩平均为 127 亿美元，实现扭亏为盈，较 2020 年大增约 220 亿美元。埃克森美孚和雪佛龙上游经营业绩最高，均在 170 亿美元左右（图 3-11）。七大国际石油公司上游油气支出平均为 93 亿美元，较 2020 年下降约 46 亿美元，创近十年来最低水平（图 3-12）。在上游油气支出中，七大国际石油公司用于油气并购的支出合计 21. 4 亿美元。在油气开采成本方面，2021 年生产成本平均为 8.11 美元 / 桶油当量，较 2020 年提高约 0.42 美元 / 桶油当量（图 3-13）。2022 年受高油价的影响，七大国际石油公司的上游油气支出和生产成本将有所回升，上游经营业绩也将继续保持高位水平。

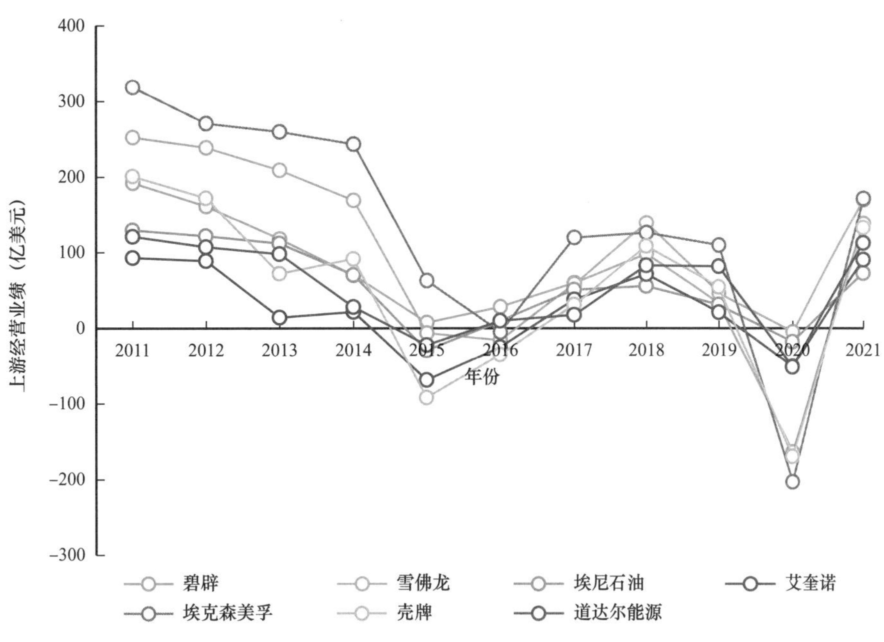

图 3-11　2011—2021 年七大国际石油公司上游经营业绩

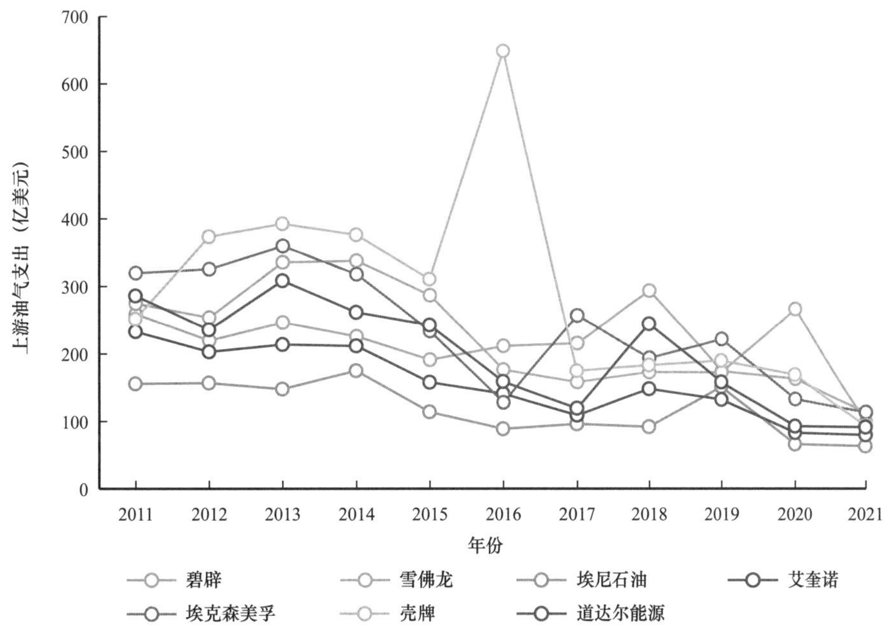

图 3-12　2011—2021 年七大国际石油公司上游油气支出

六、资产负债率稳中有降，资本回报率大幅回升

2021 年碧辟、雪佛龙、埃尼石油、艾奎诺、埃克森美孚、壳牌、道达尔能源七大国际石油公司的资产负债率分别为 68.5%、41.6%、67.5%、73.5%、48.2%、55.8%、60.8%，平均为 59.4%，与 2020 年的平均 59.8% 相比略有下降，但总体上仍处于近十年较高水平（图 3-14）。受油气价格大幅增长影响，2021 年经营现金流较 2020 年大幅提升 115%（图 3-15），碧辟、雪佛龙、埃尼石油、艾奎诺、埃克森美孚、壳牌、道达

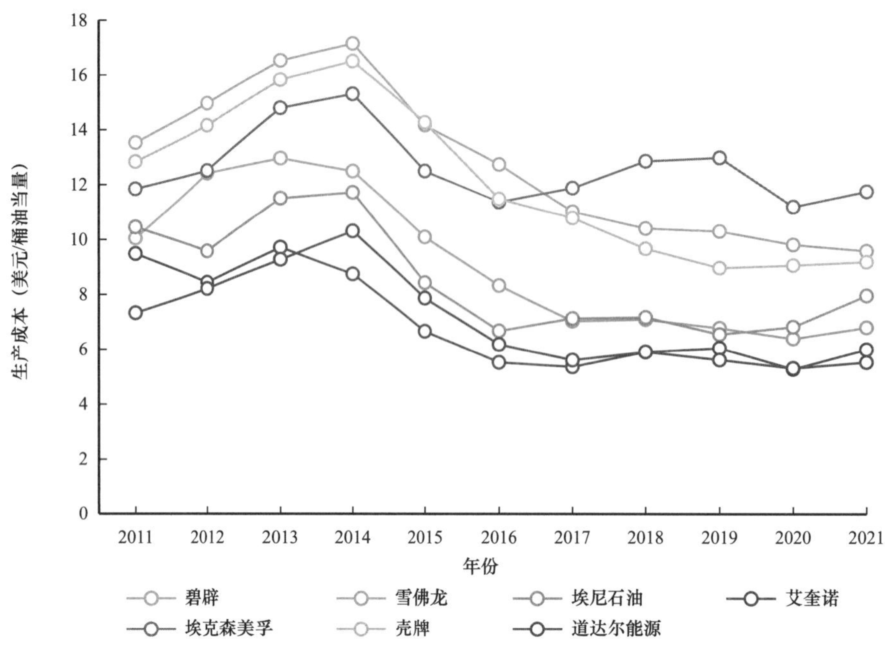

图 3-13　2011—2021 年七大国际石油公司桶油生产成本

尔能源分别为 236 亿美元、292 亿美元、148 亿美元、288 亿美元、481 亿美元、451 亿美元、304 亿美元，平均为 314 亿美元。同企业经营现金流类似，七大国际石油公司的资本回报率也均出现大幅回升，平均资本回报率由 2020 年的 -6.7% 上升至 2021 年的 9.2%，超越了疫情前的 2019 年水平（图 3-16）。2022 年在油价高位运行的预期下，公司经营现金流、资本回报率有望继续保持高位水平，资产负债率在收益增加、企业偿债能力提升等情况下有望稳中有降。

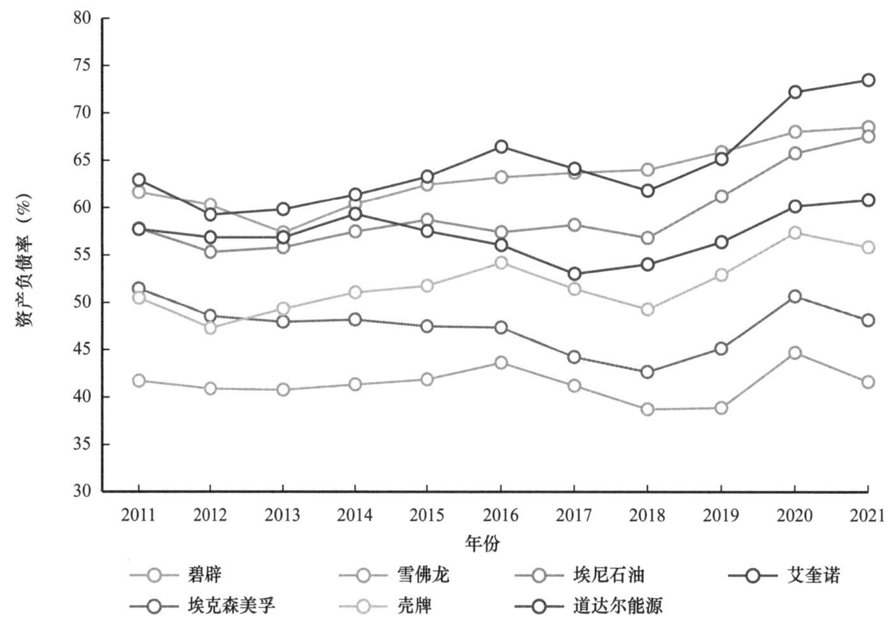

图 3-14　2011—2021 年七大国际石油公司资产负债率

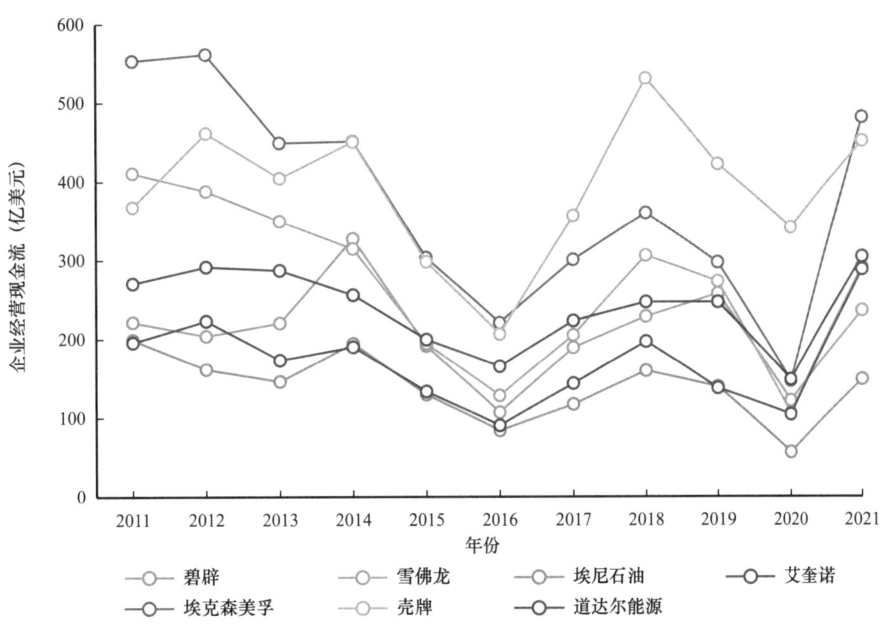

图 3-15　2011—2021 年七大国际石油公司经营现金流

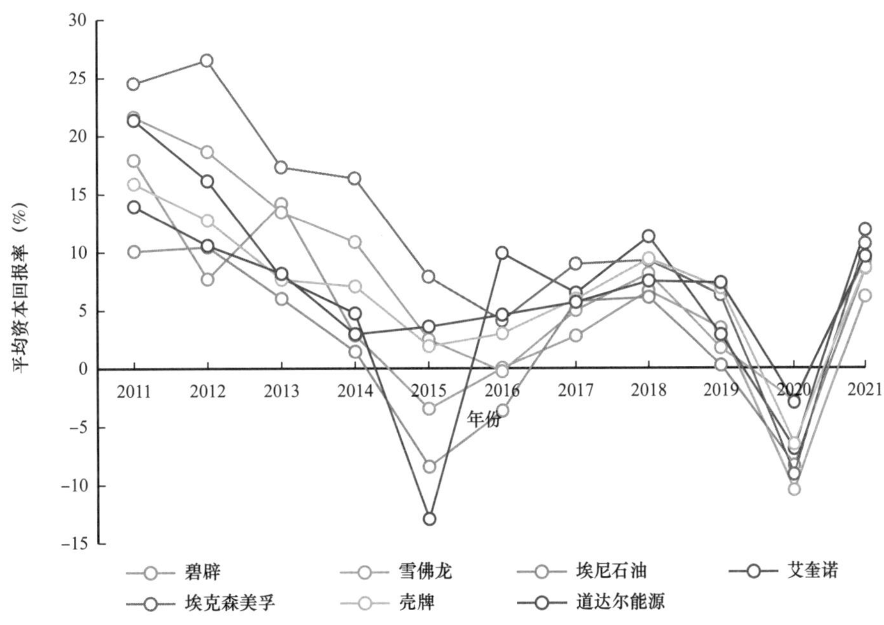

图 3-16　2011—2021 年七大国际石油公司平均资本回报率

第二节　石油公司发展战略动向

一、国际石油公司上游投资水平仍然偏低，更加聚焦核心地区核心资产

七大国际石油公司的上游投资在 2010 年后经历了三个阶段的变化（图 3-17）：一是 2010—2014 年持续增长阶段，这与当时的高位油价和市场需求相对旺盛有关；二是

2015—2019 年短期下降阶段，这与 2014 年下半年开始的低油价和需求滑坡有关；三是 2020 年后低位水平运行阶段，这与新冠肺炎疫情、全球加速应对气候变化带来的长期需求潜力下降以及油公司低碳转型发展有关，预计未来这一趋势将更加明显，传统上游业务投资水平偏低或将成为新常态。在上游投资规模降低的同时，国际石油公司也在不断优化上游业务结构。雪佛龙更加关注非常规油气和 LNG 业务，在区域布局上，持续巩固美国和墨西哥湾资产的核心地位；埃克森美孚则更加关注致密油、深水和 LNG 业务，不断强化二叠盆地、圭亚那、巴西、莫桑比克和巴布亚新几内亚的核心资产地位；碧辟关注常规、深水、LNG 和非常规油气，不断强化核心资产的地位，短期内强调核心资产的快速产出，中长期向“净零计划”和降低油气产量 40% 的目标迈进；壳牌关注深水和天然气一体化，以深水和 LNG 大型开发项目为主，持续提升资产组合创效能力；道达尔能源上游关注常规和 LNG，常规油气产量占到总产量的 91%，且重点放在阿拉伯联合酋长国、巴西、莫桑比克、乌干达等；埃尼石油油气产量几乎 100% 来自常规，天然气产量比例快速提升，预计 2050 年达到 85%，2060 年占 60%；艾奎诺则更加关注非常规和深水业务，不断提升海外资产占比，重点是美国、墨西哥、巴西、加拿大等国家。国际石油公司在优化和调整上游业务的同时，不断收缩上游业务布局，聚焦核心国家。艾奎诺经营重心已经由 2017 年的 30 个国家收缩至 2021 年的 15 个，勘探重心也由 2017 年的 30 个国家降至 2021 年的 10 个；壳牌投资向 8 个核心国家 / 地区倾斜；碧辟 2022—2030 年 80% 支出将集中在 6 个地区。据统计，2021 年七大国际石油公司前五大产量来源国的产量占总产量的比例平均为 68%（图 3-18）。

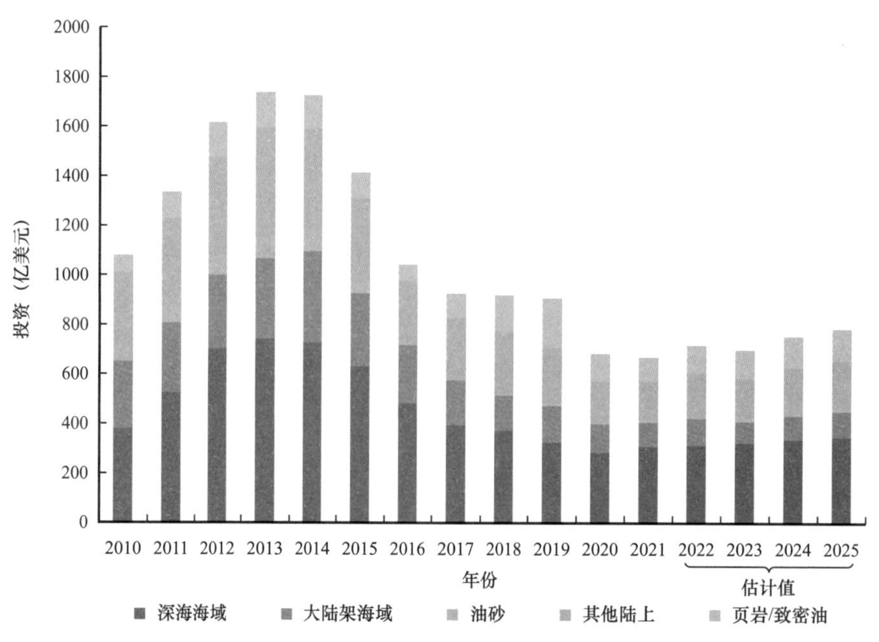

图 3-17　2010—2025 年七大国际石油公司投资总额及其结构

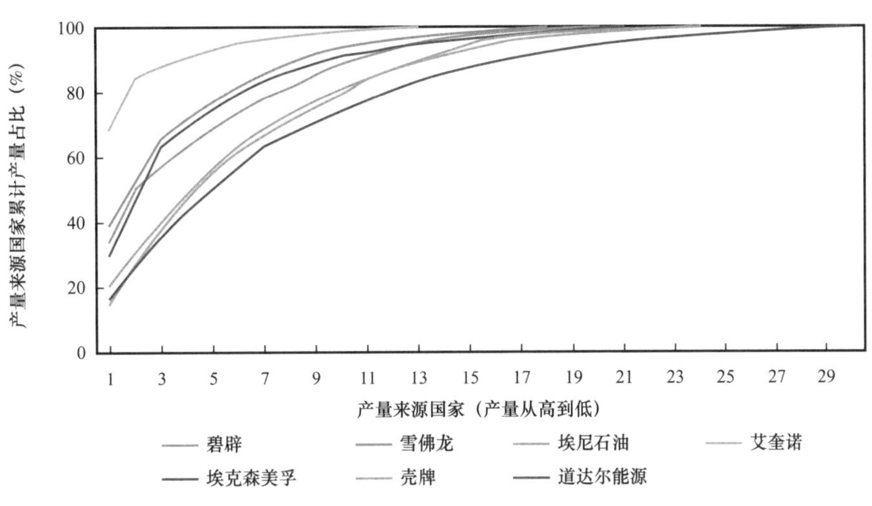

图 3-18 2021 年七大国际石油公司产量国家分布情况

二、国际石油公司低碳投资持续加大，聚焦有韧性和可持续性的资产组合

尽管国际石油公司近年来在传统油气上游业务的投资水平处于较低水平，但是受各国碳中和目标和能源转型政策的影响，国际石油公司从长期发展的角度，持续加大了对低碳业务的投资。据统计，2019 年七大国际石油公司的低碳新能源业务投资总额不到 20 亿美元，占总投资的比例不到 2%，而到 2021 年，低碳新能源业务投资已经超过 100 亿美元，占总投资的比例也超过 12%。预计未来投资规模和占总投资的比例仍将保持稳步增长（图 3-19）。从各公司发布的未来投资计划看，碧辟 2022—2025 年计划投资规模为 140 亿～160 亿美元，其中，传统油气领域为 90 亿～100 亿美元，低碳电力与能源、便利零售及移动出行等低碳业务领域的投资达到 50 亿～70 亿美元，快速接近传统油气投资水平；道达尔能源 2022—2025 年计划投资规模为 130 亿～150 亿美

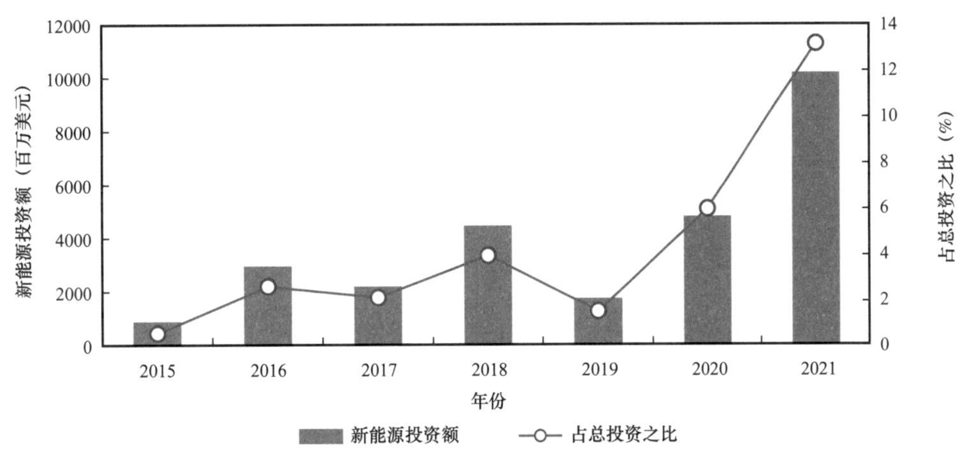

图 3-19 七大国际石油公司低碳新能源投资及占总投资的比重

元，其中 LNG、新能源及电力等领域投资达到 65 亿美元左右，几乎占到总投资规模的一半；艾奎诺更是计划在 2021—2026 年将可再生能源的投资规模提升至 230 亿美元；埃克森美孚计划在 2022—2027 年投资约 150 亿美元用于减碳业务；壳牌也计划每年投资 20 亿～30 亿美元于新能源相关业务。

在加大低碳业务投资的同时，国际石油公司面向净零排放目标，多措并举，构建有韧性和可持续性的资产组合。具体做法如下：国际石油公司着力通过做强 CCS（碳捕获与封存）、碳汇、减少火炬燃烧等业务或举措来实现含碳业务的“自我降碳”；各公司还着力通过扩大油气业务中相对清洁的天然气和 LNG 业务来实现含碳业务的“结构降碳”，例如，碧辟计划到 2025 年天然气生产占比超过 60%，2030 年 LNG 销售规模达到 3000 万吨 / 年；国际石油公司还通过构建多样化的新能源业务组合来提升低碳环境下的生存和发展能力，如雪佛龙大力布局可再生燃料和氢能业务，壳牌推广充电桩和氢能等业务，埃克森美孚关注生物质燃料，道达尔能源聚焦光伏充电桩等。

三、国际石油公司非常规业务受转型战略影响较大，欧美公司出现分化

尽管国际石油公司均已认同气候变化并采取多方举措来助推公司低碳转型，但由于不同公司减碳强度、减碳时间周期、减碳策略等的不同，导致其对于未来油气业务的发展以及油气业务中常规业务与非常规业务的态度存在较大差异，生产策略出现分化。总体来看，欧洲国际石油公司除道达尔能源未来油气产量预计持续增长至 2027 年左右后才开始下降外，其余欧洲国际石油公司油气产量增长空间极小，且多数呈现稳步下降趋势（图 3–20）。而北美国际石油公司则不同，其油气产量仍在未来拥有较大增长空间和增长周期，特别是埃克森美孚计划在 2030 年前持续扩大生产规模。在油气业务结构方面，欧洲国际石油公司均纷纷调减其含碳较高的非常规油气业务，通过出售等措施来降低这些业务的战略核心地位，例如，2021 年壳牌以 95 亿美元向康菲出售其二叠盆地资产，该资产在年初曾被公司认为是 9 大核心资产之一；而北美国际石油公司未来仍将大力发展致密油等非常规油气业务，以埃克森美孚为例，2021 年非常规油气产量已经占到其总产量的 32%，预计到 2029 年这一比例将进一步提升至 42%（图 3–20）。这种分化与其采取的减碳措施也是对应的，欧洲国际石油公司通过降低油气业务占比，大力发展可再生能源等方式来减碳，北美国际石油公司则更加强调通过负碳技术来降低碳排放，保证实现较高水平的油气产量。

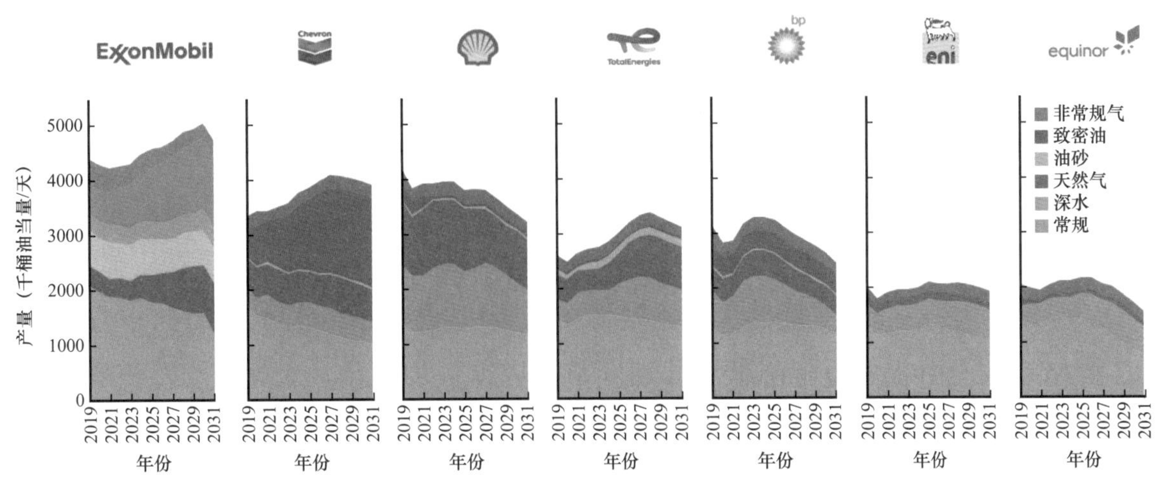

图 3-20　2019—2031 年七大国际石油公司油气资产产量预测

四、国际石油公司打造上游韧性资产组合，新项目开发经济效益指标进一步提升

近十年来，国际油价的波动频率和波动幅度显著增加，这对国际石油公司的生产运营产生了非常大的影响。面对不确定的环境，能够使得公司持续生存和发展的核心能力是具有韧性的资产组合。上游业务是国际石油公司的核心业务，是构建韧性资产组合的关键。为此，国际石油公司一是在全球范围内寻求最优质的项目，对项目进行优中选优，聚焦成本低、效益好的项目。例如，壳牌将新项目的内部收益率设定在 20%～25% 之间。二是继续大力推进降低成本、削减资本支出、严控操作费用、提高技术效率等举措来控制项目勘探开发的盈亏平衡价格。例如，埃克森美孚 2022—2027 年的新项目盈亏平衡油价设定为 35 美元 / 桶；雪佛龙、道达尔能源、壳牌、碧辟、埃尼石油也将未来新项目的盈亏平衡油价分别降低至 40 美元 / 桶、30 美元 / 桶、30 美元 / 桶、40 美元 / 桶、28 美元 / 桶。三是在新项目的投资开发过程中，同时考虑温室气体排放的因素。通过上述多方面举措，预期国际石油公司上游资产组合韧性将得到进一步提升。

五、国际石油公司持续推进 LNG 做大天然气价值链，LNG 长贸协议受青睐

在应对气候变化，推进能源转型和公司转型的过程中，天然气和 LNG 得到了国际石油公司的进一步重视，其战略地位也得到了持续强化和提升。一是国际石油公司纷纷提出雄心勃勃的产量目标，埃尼石油在其战略中提出，天然气产量占比在 2030 年提高至 60%，2050 年提高至 85%；碧辟提出天然气是业务转型发展第一重点，2025 年天

然气将占油气业务总量的 60% 以上；壳牌预计 2030 年，天然气占油气总产量的 55%；道达尔能源计划 2035 年天然气产量提高至 60%。二是在提升产量的同时，瞄准更具灵活性和市场价值更大的 LNG 业务，大力提升 LNG 产量在天然气中的比例，其中壳牌、埃克森美孚、雪佛龙、道达尔能源表现得更为明显，预计到 2030 年，这四家公司的 LNG 产量占天然气总产量的比重达到 25%～35%。三是积极巩固上游气源，做大下游业务，构建天然气 /LNG 产业链，谋求资源价值最大化。在 2018—2020 年间，低迷的 LNG 价格导致上游投资逐年降低，天然气市场变得更加紧张，天然气交易持续增长，且长期协议意愿变得更为强烈。2021 年，天然气交易进一步增加，交易额占油气总交易额的比重由 2020 年的 44% 增加至 2021 年的 56%，而原油的比重则下降至 30%。天然气长期协议的平均合同时间也从 2020 年的 13 年增加到 2021 年的 15.4 年（按规模加权平均计算）。在巩固气源的同时，国际石油公司纷纷提升 LNG 液化能力、LNG 船运能力，扩大 LNG 销量，推进天然气发电和天然气液化等，构建全产业链综合发展模式（表 3–1）。

表 3–1　2021 年天然气一体化产业链主要数据情况

公司名称	天然气产量（亿立方米）	LNG 液化能力（万吨 / 年）	LNG 船运力（万立方米）	LNG 销售量（亿立方米）	天然气发电（吉瓦）	GTL（桶 / 天）
碧辟	840	1322	305.3	248	—	—
雪佛龙	799	1780	96.2		—	33000
埃克森美孚	833	2165	34.4		—	—
壳牌	940	4281	944.9	860	4.53	150584
道达尔能源	741	1830	22.8	579	3.6（2020 年）	—
埃尼石油	526	372	—	109	—	—

六、国际石油公司从上下游一体化向业务链一体化转变

一体化是平抑市场波动，提升公司经营韧性的重要举措，国际石油公司通常都是一体化的大石油公司。以往的一体化主要是从产业链上下游关联的角度进行，也称为上下游一体化，是将油气上游生产、中游运输、下游炼化销售及终端用户关联起来推进。这种一体化对于石油公司的生存和发展起到了很好的支撑作用。但是近年来，随着国际油气市场需求的变动，竞争激烈程度的增加，消费者需求品质的提升等综合影响，一体化的内涵也逐渐发生转变，由原有的上下游一体化，逐步发展演变为以业务链为主体的业务一体化。与前者相比，业务链一体化优势主要体现在：一是更加关注

具体业务，关注每一条业务链上的价值创造，这就使得即使是产业链上的同一环节内部，也可以有自己的业务链一体化；二是将传统油气业务与下游终端的多样化需求充分融合，如绿电业务等。由此可见，业务链一体化更加关注客户需求，具备更为广泛的范畴以及更为细致的价值划分。以壳牌的天然气一体化价值链为例，其在传统上下游一体化的基础上，将上游业务进行拆分，聚焦 LNG 业务链，内容包括 LNG 液化、装运贸易、再气化、终端销售等；也可以将下游业务拆分，聚焦天然气化工业务链，内容包括天然气生产、运输和终端高附加值化工品生产（图 3–21）。当然，从更为广泛的业务角度，国际石油公司也注重培养传统油气业务之外的业务链，如绿电业务链，内容包括可再生能源发电、分布式发电、储能、电力基础设施（充电桩）、终端使用和服务等。

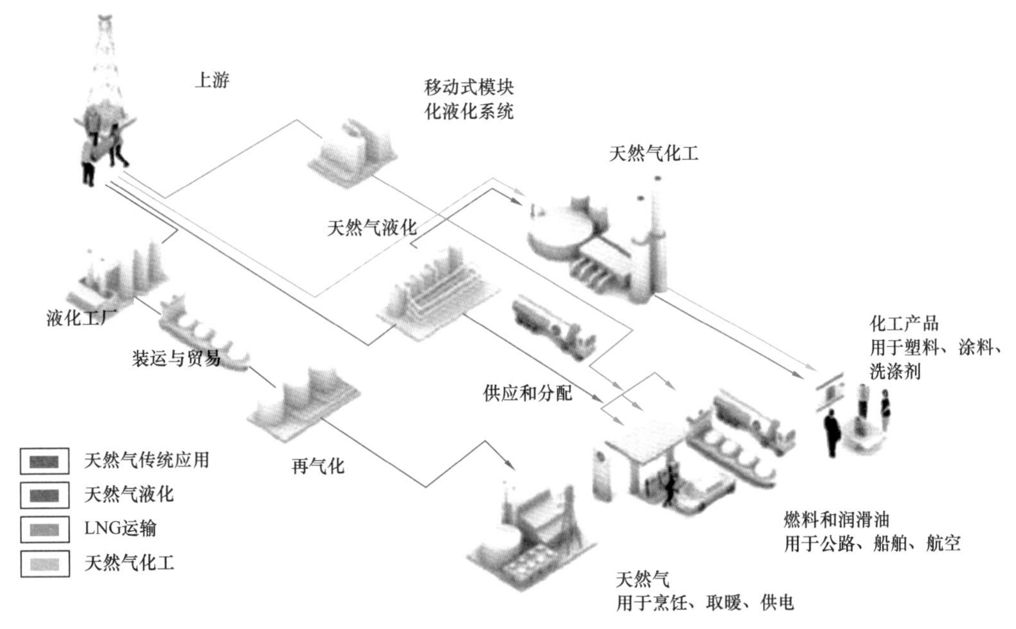

图 3–21 壳牌天然气一体化价值链

七、国家石油公司推进低碳转型，促进国内一体化融合发展

不断增加的全球气候减排压力和社会环境的变化不仅助推国际石油公司高度关注碳减排问题和公司低碳转型，而且也对国家石油公司产生了重要影响。近两年来，国家石油公司也开始提出自己的碳减排或碳中和目标。例如，巴西国家石油公司已经于 2017 年碳排放达峰；而马来西亚国家石油公司、中国石油、中国石化、中国海油、印尼国家石油公司设定的碳达峰时间分别为 2024 年、2025 年、2025 年、2030 年、2030 年；其余大量国家石油公司虽然还没有设定碳达峰等目标，但均已开始考虑碳减排及其影响。从减排路径来看，国家石油公司最为关注的是通过大力发展天

然气和扩大CCUS（碳捕获、利用与封存）来实现低碳发展。具体而言，在CCUS方面，马来西亚国家石油公司、巴西国家石油公司、阿布扎比国家石油公司、卡塔尔石油公司以及国内的三大石油公司均提出了CCUS发展规划。例如，阿布扎比国家石油公司2021年宣布将持续扩大CCUS项目规模，旨在到2030年将CCUS产能扩大至少5倍。在天然气方面，国家石油公司纷纷制订天然气产量占比提升目标，其中提升目标最大的主要来自国内三大石油公司。在推动能源低碳转型的过程中，国家石油公司也采取多种措施来更好更大地发挥传统油气业务的价值。一方面，持续整合提升油气业务链，推动国内一体化融合发展，以沙特阿美为例，依托人才、科技和资产组合，大力做优上游、整合下游、拓展低碳和推广本土化，据此打造更具营利性的上游业务、更具风险抵抗力的下游、更具可持续性的公司经营、更具增长性的公司发展空间。另一方面，为了最大化传统油气业务价值，在能源转型的大背景下，国家石油公司也加快了本土油气资源的开发进程与力度，以巴西国家石油公司为例，2021年到2022年7月，公司已对外转让4个区块，涵盖海上和陆上，总面积超过1万平方千米。

八、独立石油公司由规模扩张转向减债审慎发展，再投资下降

相较于国际石油公司和国家石油公司，独立石油公司的发展受国际油气市场价格和环境的影响最大。2021年随着油气价格的大幅回升，独立石油公司的经营现金流和经营效益显著提升，加拿大自然资源、康菲、依欧格、赫斯、马拉松石油、西方石油、森科、塔洛、伍德赛德九家独立石油公司经营现金流全部回升，平均达到75.24亿美元，显著高于2020年的27.92亿美元，增幅达到169.5%（图3-22）。其中，康菲回升幅度最大，经营现金流也最大，接近170亿美元；加拿大自然资源、西方石油、森科、依欧格四家公司的经营现金流也平均在100亿美元。尽管独立石油公司的经营现金流得到显著改善，但其上游油气支出增幅则要小很多，2021年九家独立石油公司上游油气支出平均为66.16亿美元（图3-23）。康菲是唯一一家大幅增加其上游油气支出的公司，从2020年的51.92亿美元增加到2021年的328.87亿美元，其余八家独立石油公司的上游油气支出平均仅为28.63亿美元，仅比2020年增长35.9%。这种缓慢增长的油气支出体现出独立石油公司在市场环境不确定性背景下更为审慎的投资策略。在审慎投资的背后，是独立石油公司发展策略的变化，在市场前景非常明朗的情况下，独立石油公司往往通过大力举债来扩大公司生产而获利，但在整个市场环境发生重大变化且不确定性增加的背景下，审慎发展成为其重要选择。

以北美非常规企业为代表的独立石油公司开始专注于创造利润而非规模扩张，同时支付股息稳定投资者信心，减少债务来提高公司市场表现，而对各类投资业务表现出更为审慎的态度。据统计，39 家独立石油公司投资活动净现金流占公司经营活动净现金流的比例自 2015 年后总体上呈现下降趋势，至 2021 年已下降至 38% 的历史低点（图 3–24）。

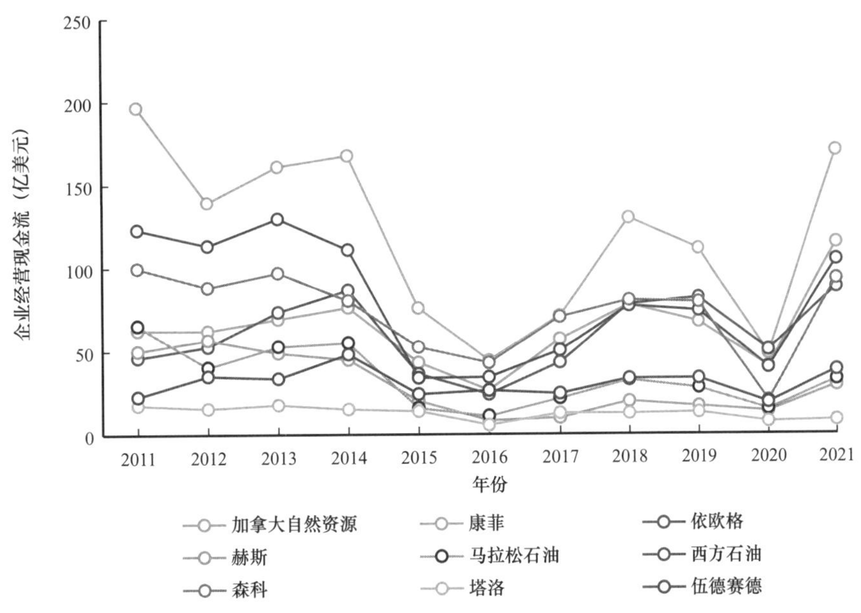

图 3–22　2011—2021 年九大独立石油公司经营现金流

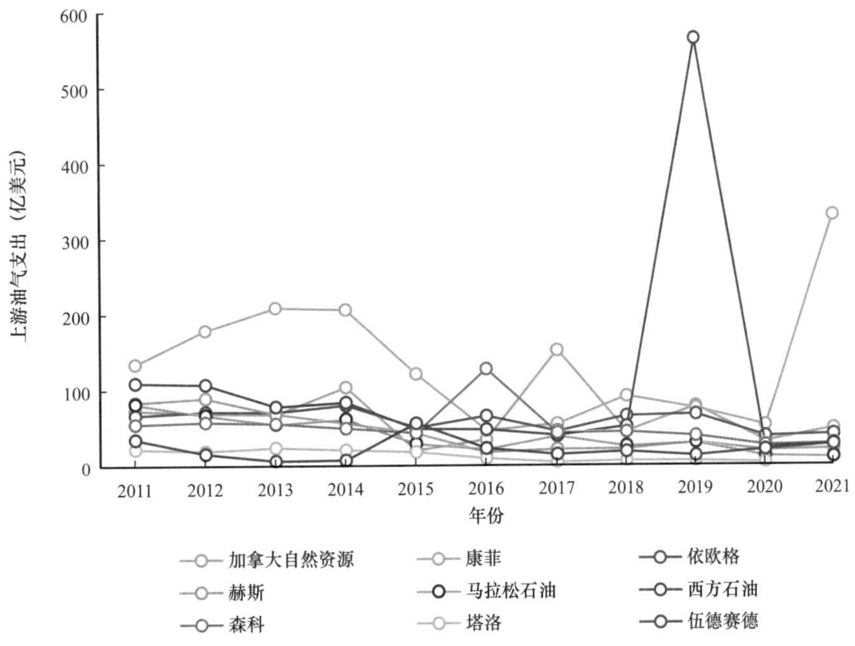

图 3–23　2011—2021 年九大独立石油公司上游油气支出

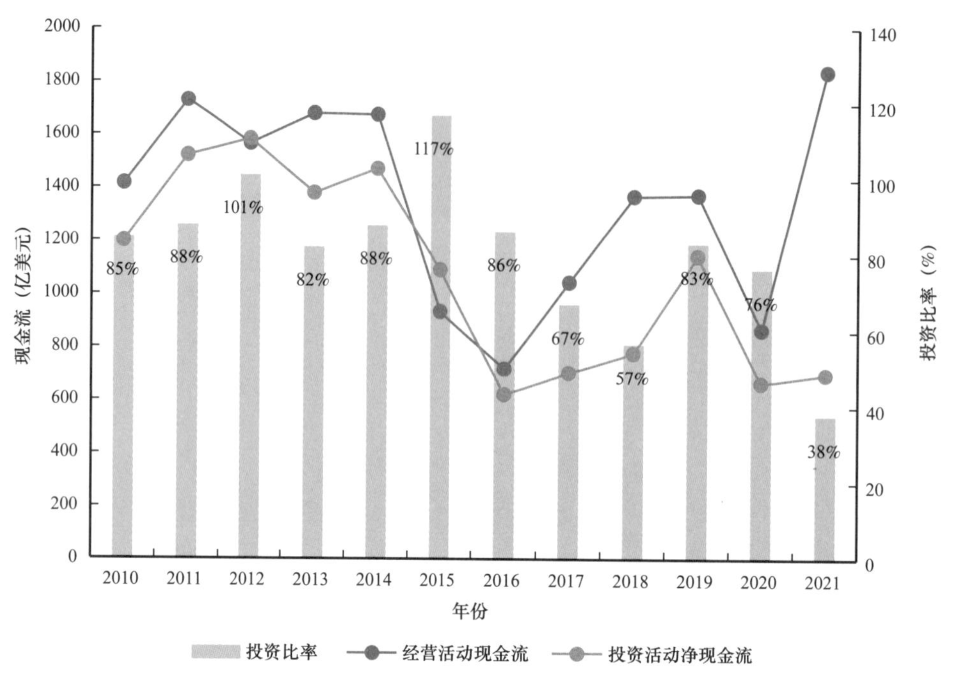

图 3-24　2010—2021 年 39 家独立石油公司现金流量

第三节　石油公司并购特点与分析

一、并购因素——并购活动受国际油价影响，上游驱动影响因素复杂

国际石油公司的并购交易总体上受到国际油气市场价格的显著影响，从规律来看，并购交易略滞后于油价变化周期（图 3-25）。从并购驱动因素来看，2015 年及以前基本是自身资产动态优化调整和资产效益最大化，一般表现为有买有卖，且买入规模相对较大，特别是油价低迷时期，一些公司的优质资产迫于生存压力而在市场

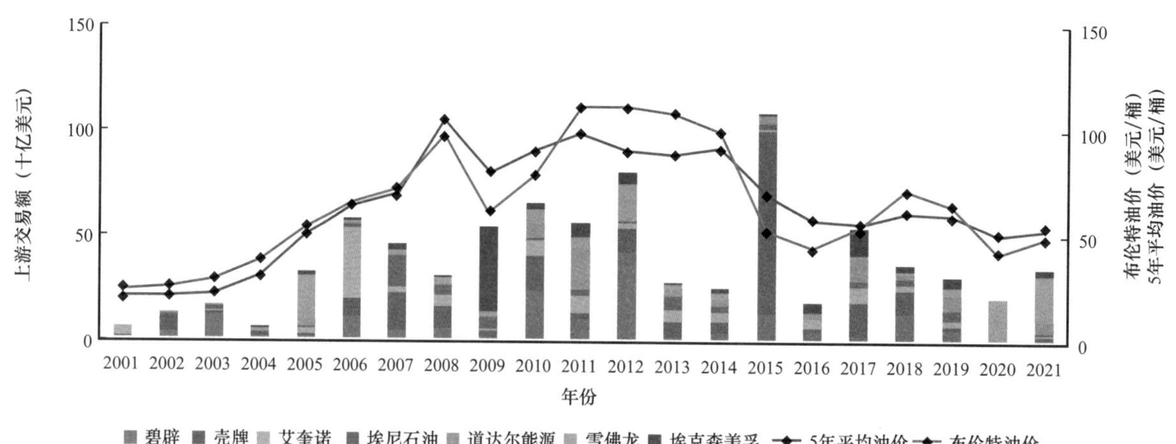

图 3-25　2001—2021 年国际石油公司交易金额情况

上被资金实力雄厚的国际大石油公司收购。2015 年之后，各国应对气候变化加速，投资者要求也发生变化，国际石油公司的生存和发展环境发生重大变化，并购交易更多是服从其未来战略调整，而非完全出于资产收益最大化，致使有些营利性较强的资产也被出售，表现为买入规模较之前下降，通过这种策略，实现核心资产的聚焦和强化。

二、并购规模——油气并购金额进入平台期，交易数量处于相对低谷

从较长时间跨度来看，国际油气并购交易总体上呈现周期性变化，1995—2002 年、2002—2008 年和 2008—2016 年就分属三个波动周期。2016 年之后国际油气市场发展的外部环境发生显著性变化，即需求和供给都受到外部环境的严重影响，如气候变化压力及各国相应政策等。在这种情况下，油气市场的周期性交易波动转入 1000 亿～1500 亿美元交易额的平台期，交易数量步入低谷（图 3-26）。进一步分析并购类型可以发现，高油价时资产并购交易较多，低油价时公司并购较多，近三年公司交易价值占比超过 60%。预计未来深度能源转型、投资压力、新冠肺炎疫情以及俄乌冲突都会影响甚至重塑行业上游市场，进而对并购交易产生影响。

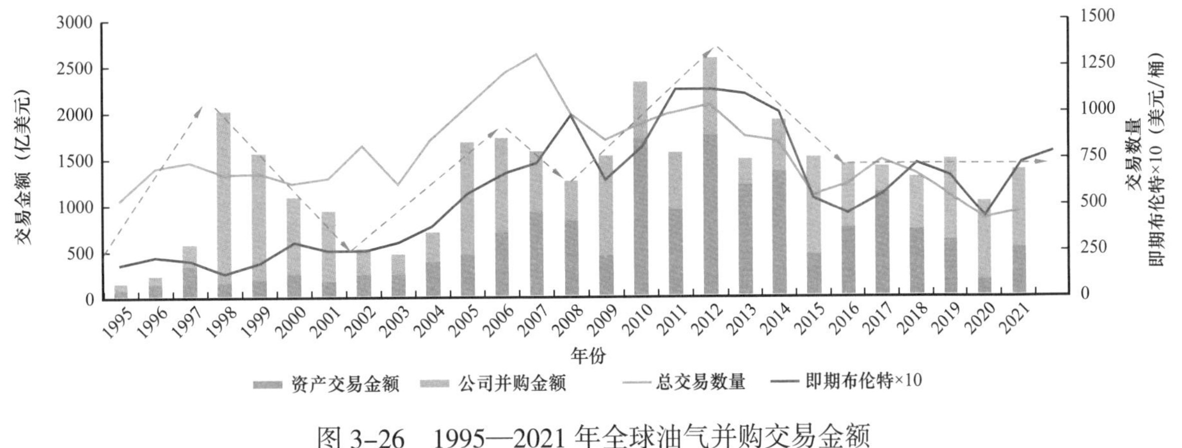

图 3-26　1995—2021 年全球油气并购交易金额

三、并购对象——并购交易对象由常规资产主导转向非常规资产主导

从油气并购交易的对象来看，2008 年以前并购交易的对象主要为常规资产，具体以陆上常规为主，海上浅水资产为辅。2008—2013 年为过渡转换期，此时常规资产和非常规资产比重相当。2013 年之后，油气并购交易对象主要为非常规资产，以致密油、页岩气等非常规资产为主，并购交易类型也更为多元（图 3-27）。以 2021 年壳牌出售二叠盆地资产为例，在全球和各国应对气候变化加速的背景下，身处气候应对前沿的欧洲地区，壳牌不得不提高其碳减排目标，将 2030 年碳排放量较 2019 年降低 20% 的

初始设定提高到 45%，且从排放涵盖的范畴来看，已经拓展到了“范围 3”[1]，即包括产品使用阶段的排放。尽管壳牌二叠盆地资产在上游生产端的排放还可控制，但产品使用阶段的排放极大，是上游生产阶段的 65 倍。基于此，壳牌以 95 亿美元将其二叠盆地非常规资产出售给康菲，正式退出二叠盆地。于接手方康菲而言，其身处北美，面临的环境政策压力小，拥有更先进的钻井开发技术，且该资产具有较大的协同运营效应，是其敢于收购的重要原因。

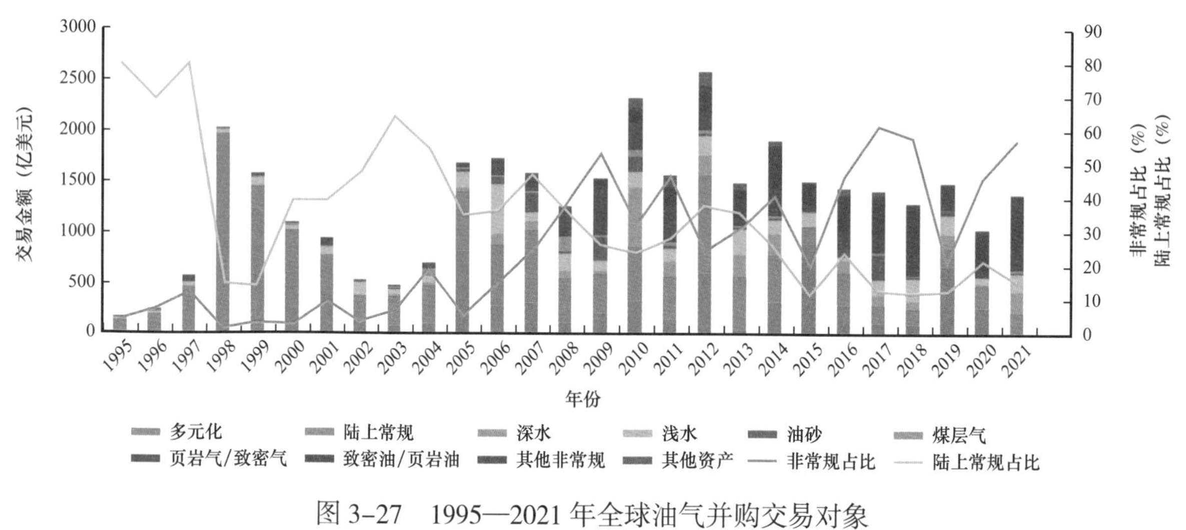

图 3-27　1995—2021 年全球油气并购交易对象

第四节　对中国石油公司的启示和建议

一、获取海外优质资源仍是保障能源安全的重要方式

2008 年金融危机以来，特别是 2014 年之后，世界石油需求增速显著下滑，而石油供应能力在美国页岩革命的带动下总体上呈现持续增长，从而出现了较长时间的供过于求的状况。其他化石能源也呈现出类似的形势。但是快速的去碳化致使传统化石能源供应能力受到较大影响，在此背景下，短期的需求增加就可能导致十分严重的供不应求情况。2021 年世界多地出现供应短缺和价格暴涨，2022 年初俄乌冲突爆发又引发新一轮供应短缺担忧、价格上涨等，这些都在提示世界关注能源转型过程中的传统化石能源供应短缺风险，能源安全再次成为各国的战略重心。对于油气而言，国内多数研究认为，即使是在碳中和情境下，油气在我国一次能源消费结构中仍占据着重要的位置，到 2060 年，比例也在 10%～25% 之间（图 3-28）。基于这些预测以及国内有限

[1] 范围 1 是指来自公司所拥有和控制的资源的直接排放；范围 2 是公司由购买的能源（如电力、蒸汽、加热或冷却等）所产生的间接排放；范围 3 包括上述两个范围外的其他所有排放。

的油气资源供应能力，我国仍然需要进口大量的油气，到 2060 年油气对外依存度仍将达到 32 % 和 24%。这要求中国石油公司继续做强做优传统油气业务，在加强国内油气开发的同时，积极推进海外优质油气资源的有效获取，保障国家能源安全。

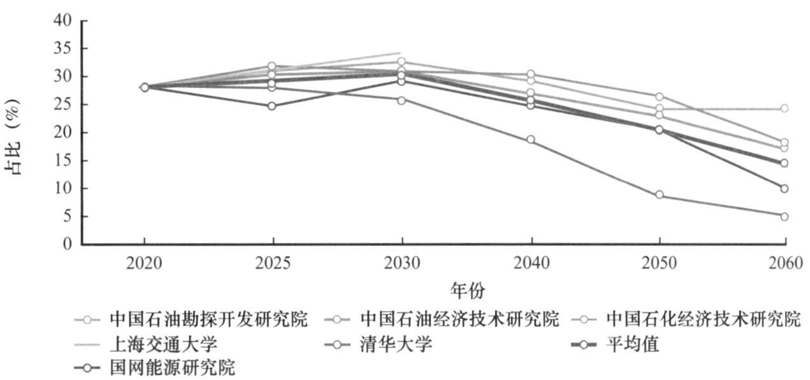

图 3-28　碳中和情景下油气在我国一次能源消费结构中占比

二、持续关注多变形势下的油气发展机遇

为战略转型，国际石油公司的油气交易已经出现了明显的战略收缩和资产聚焦。近年来部分资产即使仍具有较好的盈利能力，仍然属于其资产剥离的范围。埃克森美孚拟剥离的北得克萨斯州天然气资产、黑海深海天然气项目、乍得和喀麦隆深水油田股份、阿肯色州费耶特维尔页岩资产，埃尼石油计划剥离的 Vaar Energi 部分股权等。中国石油公司应当密切关注国际石油公司在转型背景下剥离的资产，把握时机优化自身资产组合。除正常的能源转型下的资产剥离外，2022 年初发生的俄乌战争也促使多家石油公司纷纷表态退出俄罗斯油气业务，如碧辟、道达尔能源、壳牌、艾奎诺等国际石油公司参与的俄罗斯哈拉布尔项目、亚马尔 LNG 项目、萨哈林 -2 LNG 项目等资产，以及 OMV、Wintershall Dea 等公司运营的南路斯克耶、乌连戈伊气田等资产都面临退出风险，这为中俄油气合作提供了新的战略机遇。

三、低碳转型大势不变，加强油气业务与新能源协调发展

尽管近期的俄乌冲突以及能源危机将推动各国重新重视能源安全，但不可否认的是，这种对于能源安全的重新认识并不会在整体上改变低碳转型的发展趋势，而是提示各国在低碳转型的过程中，要处理好新旧能源的平稳转换，保证有序推进。从石油公司层面来看，新冠肺炎疫情的持续等外部事件也都没有影响公司推进低碳转型的步伐，即使是对于减碳和新能源业务态度一直较为消极的美国大石油公司，也在 2021 年发生了态度上的转变，包括埃克森美孚在内都提出了 2050 年前实现净零排放的减排承诺。中国石油公司应当坚定低碳转型战略，更加关注新旧能源业务的协调性。从国

际经验来看，石油公司实现传统油气和新能源业务的协调有序发展，一是通过降油提气来减碳和推动低碳转型，二是通过收并购来选择性进入新能源业务，三是通过发展 CCUS 技术来降低传统油气业务碳排放，四是通过剥离高碳资产来降低整个公司的碳排放。中国石油公司积极顺应国家“双碳”目标，提出了自身的碳减排或碳中和目标，在当前形势下，应当坚持发展新能源业务的决心不动摇，同时也要注重传统油气业务和新能源业务的协调发展。

四、加强油价周期综合研究，积极获取并优化海外资产组合

原油价格是影响油气市场和行业发展的重要因素。回顾国际石油市场，可以发现油价、产量、投资都具有一定的周期性波动规律，且通常有油价周期领先投资周期、投资周期领先产量周期、产量周期作用油价周期的基本规律。例如在油价低位周期时石油公司通常会降低投资支出，而在油价高位周期时则选择增加投资支出，而投资支出若有发现，则从发现到获得最终投资决策需要平均 3～4 年的时间，再到最终投产则还需要平均 3～4 年的时间。国际石油公司非常关注油价的周期性波动及不同周期间的相互关系，在不同的周期内采取不同的策略。例如在高油价时期处置边际资产，在低油价期间出手获取海外优质资产等。中国石油公司应持续强化对油价周期的综合研判，建立起资产动态剥离与并购的意识，利用油价等的波动规律反向拓展业务，通过重大并购和剥离事件，持续优化资产组合，推动公司发展壮大。

五、强化风险管理意识，利用商务手段保驾护航

当前的油气市场受到复杂多变因素的影响，未来充满不确定性，如何更好地生存和发展，需要石油公司不断强化风险管理意识。全球应对气候变化的压力已经传递到了资本市场，与环境和社会责任相关的 ESG（环境、社会和公司治理）指标对公司经营的影响日益增加。及早关注 ESG 风险，提升 ESG 管控水平，并且在资产收并购中将 ESG 纳入评价，对于石油公司推进风险管理具有重要意义。进一步，国际石油公司还纷纷未雨绸缪，积极利用各种商务手段来降低风险发生时对公司经营的影响，也是助力公司发展的重要手段。国际石油公司最主要的商务手段是借助金融市场，即期权、期货、互换等多种金融工具，构建套期保值组合，锁定油气价格波动风险，在一定程度上提升公司对油价波动风险的应对能力。例如，碧辟、壳牌两家公司的衍生品资产规模已经高达 120 亿美元，而道达尔能源则更是高达 220 亿美元以上。对于独立石油公司而言，其在资本市场上对冲原油的比例很高，部分公司接近 50%。基于此，建议

中国石油公司也能不断强化风险管理意识，在ESG风险管控和套期保值等方面强化研究与行动，有效对冲潜在市场价格波动风险。

第五节 七大国际石油公司上游动向

一、埃克森美孚公司

ExxonMobil

埃克森美孚公司是全球最大的石油天然气生产商之一。公司成立于1882年，总部设在美国得克萨斯州。截至2021年底，公司拥有员工6.30万人，业务涵盖上游、下游、化工、天然气发电等，其中上游油气业务分布在全球39个国家。

2021年 PIW全球最大50家石油公司排名	2021年 公司营业收入/净利润	2021年 公司总资产
第4位	2856/236亿美元	3389亿美元

2021年 公司剩余油气可采储量合计	2021年 公司油气产量当量合计	2021年 公司勘探投资合计
25.95亿吨油当量	1.95亿吨油当量	12.41亿美元

1. 战略动向

埃克森美孚公司（以下简称“埃克森美孚”）致力于成为世界一流的石油和石化公司，并一直以大型投资组合、稳健的财务表现著称。近年来，公司一方面利用资产负债的优势推进逆周期投资以获取显著的价值，另一方面平衡稳定长周期的资产与短周期且价格敏感的非常规资产，为其提供现金流和持续的增长潜力。在坚信能源需求长期仍会增长的背景下，公司积极打造技术、规模、一体化、运营、员工等方面的竞争优势，坚持价值投资和严谨投资，持续推进优势投资和优质资产组合。埃克森美孚建立了灵活的投资组合，可以在石油、天然气和产品业务等传统部门与新的低排放机会之间调整投资，与能源转型的步伐和规模保持一致，在广泛的情景中创造长期价值。2022年第一季度末，公司进一步实施了一系列的组织变革，以进一步利用公司的规模和一体化优势，提高运营效率和更好地服务客户。公司将下游和化学业务合并为单一的产品解决方案业务，专注于开发高价值产品，提高投资组合价值，并在可持续性方面领先。由于这些变化，公司主要业务组织调整为三个：上游、产品解决方案和低碳解决方案。

在全球能源转型加速背景下，埃克森美孚作为传统能源公司的代表，一直以来坚持以碳捕获与存储技术为主的二氧化碳减排方案，拒绝考虑配置多元化和涉足新增长

领域。但在股东压力下，公司在 2021 年 12 月发布了新的 2030 年减排计划：与 2016 年相比，全公司的排放强度减少 20%～30%；上游排放强度减少 40%～50%；全公司的甲烷强度减少 70%～80%；全公司的碳排放强度减少 60%～70%。2022 年 1 月，埃克森美孚承诺将在 2050 年实现全球业务排放量净零（范围 1 和范围 2）。为实现这一目标，公司在 2022—2027 年资本计划中承诺，至 2027 年将在绿色低碳领域投资 150 亿美元，重点发展 CCS 技术等。

上游方面，埃克森美孚优化组织结构，通过推进降本增效实现现有资产价值最大化，剥离非核心资产优化资产组合，加强行业领先的勘探技术研发，应用先进技术提高生产效率等举措，将上游打造为公司盈利增长的最主要来源。在此战略下，埃克森美孚形成非常规、深水、LNG、重油、常规五大业务，构建技术、工程、钻井、数字化全球共享支持功能，充分利用非常规、深水、LNG 领域的增长机会，继续推进二叠盆地、圭亚那、巴西、巴布亚新几内亚 LNG 和莫桑比克 LNG 五大工程，成效十分显著。在上游投资中，投资重点为最高回报、最低成本的项目机会，低于成本 40 美元 / 桶的开发项目，90% 的上游投资在国际油价 35 美元 / 桶以下时能够产生 10% 以上的回报。

埃克森美孚近年可采储量变化情况见表 3-2。

表 3-2　埃克森美孚可采储量变化情况

储量类型	2017 年	2018 年	2019 年	2020 年	2021 年
储量修正（百万吨油当量）	129.57	402.29	−227.87	−876.47	500.01
扩边和发现（百万吨油当量）	135.85	231.72	207.95	64.33	177.96
提高采收率（百万吨油当量）	1.14	5.04	—	—	0.28
购买（百万吨油当量）	129.97	3.83	6.46	—	0.91
出售（百万吨油当量）	−12.13	−10.85	−37.61	−2.36	−18.67
生产（百万吨油当量）	−209.86	−201.93	−207.69	−198.12	−195.02
储量变动（百万吨油当量）	174.53	430.10	−258.77	−1012.62	465.48
总储量替换率（%）	183.17	313.00	−24.59	−411.11	338.68

数据来源：埃克森美孚年报。

近两年，埃克森美孚对一些核心、长期资产的投资，保持了较高的资本支出水平，并优先保持优势项目投资以获取现金流。2021 年，公司资本和勘探费用支出 166 亿美元，较 2020 年的 214 亿美元大幅下降 22.4%。其中，上游全年支出 122.5 亿美元，同比下降 15.1%；下游支出 21.0 亿美元，同比大幅下降 50.4%；化工板块支出 22.4 亿美元，同比下降 17.4%。平均资本回报率方面，较 2020 年均大幅改善，上游为 10.1%、下游为 6.7%、化工为 23.6%，公司平均为 10.9%，远高于 2020 年 –9.3% 的水平。从趋势看，埃克森美孚未来几年资本和勘探费用支出保持审慎。在 2022 年股东大会中，公司预计 2022 年资本支出在 210 亿～240 亿美元之间，2023—2027 年平均在 200 亿～250 亿美元之间；上游资本支出优先考虑低成本、低排放项目，70% 的上游投资集中于圭亚那、二叠盆地、巴西和 LNG 资产，其中二叠盆地 2027 年支出较 2021 年提高 50%。与此同时，埃克森美孚进一步推进结构化降本增效，提出 2023 年较 2019 年操作费用支出由 440 亿美元降至 380 亿美元，并在 2023—2027 年维持这一规模。

2022 年第一季度，受益于油价大幅提高，埃克森美孚净利润 54.80 亿美元，其中上游 44.88 亿美元；资本和勘探费用支出 49.04 亿美元，其中上游 38.79 亿美元；石油产量 31.6 万吨 / 天，同比增加 0.4%；天然气产量 2.39 亿立方米 / 天，同比下降 3.0%；总负债 475 亿美元，较 2021 年一季度的 633 亿美元大幅下降。

2. 勘探

埃克森美孚在全球寻找低成本的油气项目，一直是油气行业中最活跃的勘探参与者之一，尤其专注于深水项目。近年来，埃克森美孚勘探业务成果显著，取得一系列发现，并快速制订开发计划，2017—2021 年总权益商业扩边和发现储量超过 8.0 亿吨油当量。2021 年，公司勘探继续聚焦深水，在圭亚那再次获得 6 个油气发现。自 2015 年 Liza–1 发现以来，公司在圭亚那油气发现持续突破，2017 年获得 4 个油气发现，2018 年获得 5 个油气发现，2019 年获得 5 个油气发现，2020 年获得 4 个油气发现，2021 年 4 月 Uaru–2 井发现 36.7 米油层，6 月 Longtail–3 井发现 70 米油层，7 月 Whiptail–1 井发现 75 米油层，9 月 Pinktail 井发现 67 米油层，10 月 Cataback–1 井发现 74 米油层，使得 Stabroek 区块累计发现达到 23 个，可采资源量超过 14.0 亿吨油当量。截至 2022 年 6 月，公司在圭亚那再次获得 5 个油气发现，将可采资源量提高至超过 15.4 亿吨油当量。

2021 年，公司勘探支出合计 12.41 亿美元，较 2020 年增加 0.12 亿美元（图 3–29）；净权益探井数量出现下降，全年完成净权益探井 10 口，其中干井 4 口，净权益探井成功率 60.0%；扩边和发现新增油气可采储量 1.78 亿吨油当量，主要集中在美国和圭亚那等。2021 年，公司大幅减少了在非洲和大洋洲的权益未开发面积；截至

2021 年底，公司权益未开发面积 19.0 万平方千米，主要集中在除美国外其他美洲地区（38.9%）和非洲地区（32.7%）。

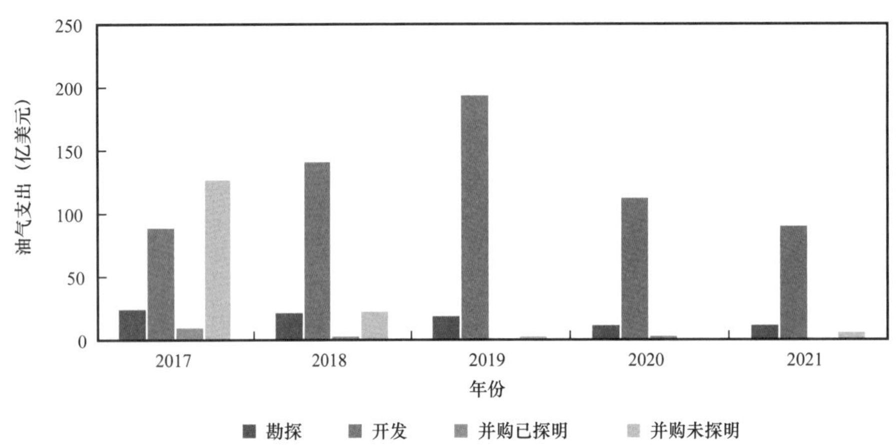

图 3-29　埃克森美孚 2017—2021 年油气支出

数据来源：埃克森美孚年报

3. 开发

在开发方面，埃克森美孚涉及深水、非常规、重油、LNG、常规油气等多个领域，近年来重点推进二叠盆地、圭亚那、巴西、巴布亚新几内亚 LNG 和莫桑比克 LNG 五项重点工程。圭亚那 Stabroek 区块勘探持续释放潜力，可采资源量已超过 15.4 亿吨油当量，计划建设浮式生产储油卸油装置（FPSO）数量由 3 座增加至 6 座。Liza 1 期已经达到设计产量，Liza 2 期于 2022 年 2 月投产，Payara 已通过最终投资决策并预计 2024 年投产，Yellowtail 已提交开发方案并预计 2025 年投产，Uaru 预计 2026 年投产，最终 2027 年实现 6 座 FPSO 投产，总产能将超过 15 万吨油当量 / 天。二叠盆地得益于创新开发方案，开发效果远超预期，但受新冠肺炎疫情下资本支出削减影响，公司曾大幅下调二叠盆地产量目标：2020 年投资者关系日预计 2021 年产量达到 8.4 万吨油当量 / 天，2024 年提高至 14 万吨油当量 / 天；在 2021 年投资者报告中，则指出预计 2021 年产量 5.6 万吨油当量 / 天，2025 年产量接近 10 万吨油当量 / 天，大幅低于先前预期。在 2022 年投资者关系日中，公司再次加大二叠盆地开发力度，2022—2027 年投资规模要较 2021 年提升 50%，2022 年产量目标 7.7 万吨油当量 / 天，2027 年提高至 11.2 万吨油当量 / 天。LNG 方面，预计莫桑比克 Coral FLNG 2022 年 9 月投产，仍在等待 Rovuma 最终投资决策，Golden Pass 预计 2024 年投产，最终计划 2027 年总供应能力达到 2700 万吨油当量 / 年，经营现金流超过 70 亿美元。

2021 年，埃克森美孚开发支出 92.57 亿美元，较 2020 年减少 22.68 亿美元，其中美国削减24.50亿美元，其他美洲地区增加5.60亿美元（图3–29）。公司全年完成净权益开发井491口，较2020年继续下降，净权益开发井成功率超过99%；实现石油产量1.16亿吨，主要来自美国（31.5%）、亚洲（30.4%）、加拿大/南美（24.5%）、非洲（10.8），其中加拿大主要为油砂和合成油；天然气产量951亿立方米，主要来自亚洲（40.6%）、美国（32.0%）、大洋洲（15.0%）（图3–30）。从总产量看，2021年较2020年降低约300万吨油当量，降幅2.0%。目前，其全球的油气产量仍以陆地和浅水常规资产为主，占比约39%，非常规已经提高至25.6%，LNG、油砂、深水资产分别占16.6%、11.4%、7.6%。

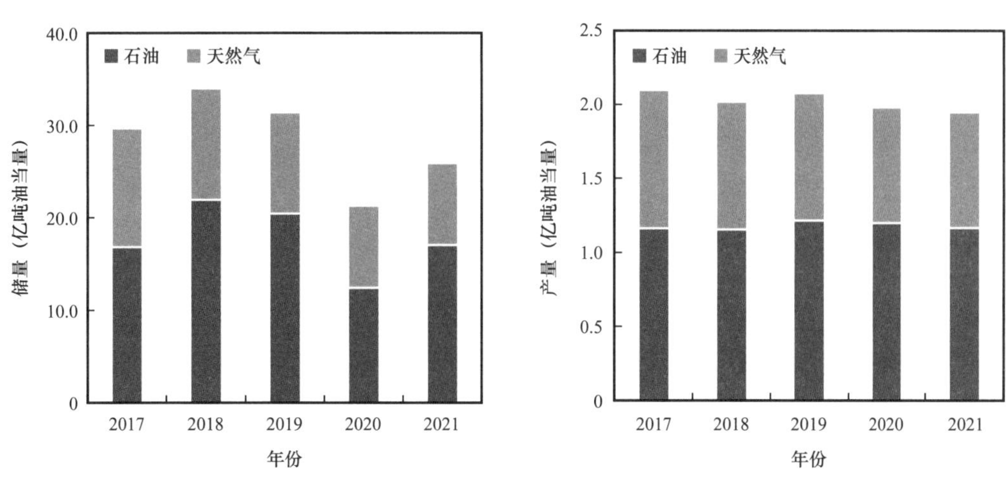

图3–30　埃克森美孚2017—2021年油气储量与产量

数据来源：埃克森美孚年报

截至2021年底，埃克森美孚已开发剩余油气可采储量17.13亿吨油当量、未开发油气可采储量8.82亿吨油当量，主要分布在亚洲、美国、加拿大/南美洲等。2021年，在油价提升带动下，公司大量储量资产再次转回，全球修正储量5.0亿吨油当量，主要来自加拿大油砂、美国天然气等资产；扩边和发现新增可采储量1.78亿吨油当量。埃克森美孚总储量替换率338.7%。公司储采比回升至13.3。

4. 资产组合与优化

埃克森美孚在全球39个国家从事上游业务，核心区域及资产类型包括美国非常规资产、加拿大油砂资产、尼日利亚海上资产、安哥拉深水资产、卡塔尔LNG资产、澳大利亚LNG资产；聚焦区域及资产类型包括圭亚那深水资产、巴西深水资产及阿根廷非常规资产、哈萨克斯坦卡沙甘项目、巴布亚新几内亚LNG资产、莫桑比克LNG等；新的风险区及资产类型包括埃及海上、哥伦比亚等。同时，埃克森美孚正在逐步退出北海、马来西亚、墨西哥、越南等国家和地区。近年来，埃克森美孚大力发展美国二叠盆地非常规油气资产、圭亚那和巴西深水资产及莫桑比克等地的 LNG 资产，其中非常规油气资产增速非常快，目前占比已提高至 25.6 %，但预计 2025 年占比将下降至 19.6%；浅水资产将由目前占比 23.8% 降低至 21.5% 左右；深水产量也会进一步增加，占比将提高至 11.9% 左右。

在转型压力下，埃克森美孚加大非核心资产剥离力度，提出 2019—2021 年出售近 150 亿美元资产，目前已全部完成。2019 年，公司以 45 亿美元剥离挪威油气上游资产，全年共剥离 50 亿美元资产，合计出售储量 3766 万吨油当量，约 70% 集中在欧洲；2020 年出售储量大幅下降至 236 万吨油当量；2021 年再次提高至 1867 万吨油当量，剥离资产近 15 亿美元。此外，公司 2021 年并购探明储量支出 1.42 亿美元、并购未探明储量支出 6.68 亿美元，合计较 2020 年增加 3.18 亿美元（图 3–29）。

受俄乌冲突的影响，埃克森美孚在 2022 年 3 月 1 日宣布退出在俄罗斯萨哈林 –1 号项目的运营，并不再在俄罗斯进行新的投资，而年报显示公司在俄罗斯的油气资产估值超过 40 亿美元。未来，埃克森美孚新增产量越来越多地依赖于公司的五大工程，近期增长主要来自圭亚那资产和二叠盆地。公司预计 2027 年产量规模达到 2.09 亿吨油当量，较 2022 年增加 0.14 亿吨油当量，其中超过 50% 的增长来自以二叠盆地、圭亚那等核心资产。

二、碧辟公司

碧辟公司是全球最大的石油天然气生产商之一。公司最初成立于1908年，1954年改名为碧辟公司，总部设在英国伦敦。截至2021年底，公司拥有员工6.59万人，业务涵盖上游、下游、能源贸易等，遍及全球65个国家和地区。

2021年 PIW全球最大50家石油公司排名	2021年 公司营业收入/净利润	2021年 公司总资产
第5位	1642/85亿美元	2873亿美元
2021年 公司剩余油气可采储量合计	**2021年 公司油气产量当量合计**	**2021年 公司勘探投资合计**
23.42亿吨油当量	1.70亿吨油当量	8.70亿美元

1. 战略动向

碧辟公司（以下简称“碧辟”）在能源转型变革期，积极调整战略，从专注于生产资源的国际石油公司转变为专注于为客户提供解决方案的综合能源公司。新战略下，碧辟重点聚焦三个领域：具有韧性和针对性的油气、便利零售和移动出行，以及低碳能源。在具有韧性和针对性的油气领域，公司计划提高资本和成本生产率，降低排放，完成正在进行的一系列重大项目，降低资本密集度，并继续保持高水平的投资组合，使勘探和炼油成本显著降低，且更具竞争力。在便利零售和移动出行领域，公司将大规模增加电动汽车充电桩数量，由目前的13100个增至10万个以上，并扩大在成长型市场的份额和油品销售。在低碳能源方面，公司将持续扩大可再生能源和生物质能源领域规模，在氢能及碳捕获、利用与封存（CCUS）领域寻求早期市场地位，同时为客户提供天然气产品组合，以作为低碳能源的补充。在三个重点领域的基础上，碧辟同时提出最大化利用三个差异化来源以放大价值，包括集成能源系统，与国家、城市和行业合作，以及数字化和创新。

碧辟认为，能源行业正在不断变革，石油、天然气、可再生能源变得越来越丰富和低成本，世界也在向低碳化发展。在提出2050年或更早实现净零碳排放的目标后，公司从根本上进行组织重组，设立生产与运营、客户与产品、天然气与低碳能源、创新与工程四个业务部门，可持续发展与战略、地区事务与城市低碳、贸易与运输三个集成部门，以及财务部、法务部、人才与文化部和企业传播与政府事务部四个核心支持部门。同时，公司引入了新的财务框架，规定了在资本配置上的优先事项，包括去杠杆化并保持良好的投资级信用评级；大规模投资能源转型；投资具有韧性的油气资产，最大化其价值和现金流等。通过重塑，碧辟致力于建立一个更加敏捷、创新和高效的公司。2021年1月，公司启用了新的部门框架，包括天然气与低碳能源、石油生产与运营、客户与产品、其他业务与公司等。

在上游领域，碧辟继续坚持严格的安全和运营标准，持续降低碳排放水平，并推动上游和下游资产组合更加聚焦。墨西哥湾事件以来，公司以安全为核心价值，将安全放在第一位，致力于构建更强大、更安全的碧辟。围绕深水、大油田、天然气产业链，碧辟通过并购不断进行资产组合优化，2016年以来上游购买与出售的净额高居同行首位。基于此，碧辟形成了良好的项目接替，建立了稳健、具有增长潜力的资产组合，实现了较2016年新项目新增产能达到12.6万吨油当量/天的目标。但是，由于突如其来的新冠肺炎疫情以及持续扩大的能源转型压力，碧辟投资计划和生产计划出现重大调整。为聚焦资产，公司加大非核心资产剥离力度，上游油气产量到2030年降低40%至7500万吨油当量左右（不含俄罗斯国家石油公司部分），生产成本降至6美元/桶油当量左右，并不在新的国家开展勘探。

碧辟近年可采储量变化情况见表3–3。

表 3–3　碧辟可采储量变化情况

储量类型	2017 年	2018 年	2019 年	2020 年	2021 年
储量修正（百万吨油当量）	128.38	59.29	9.52	59.83	19.69
扩边和发现（百万吨油当量）	105.47	89.27	77.89	60.29	50.28
提高采收率（百万吨油当量）	32.13	42.33	43.98	18.25	13.84
购买（百万吨油当量）	30.47	237.77	2.29	132.21	1.89
出售（百万吨油当量）	−24.29	−31.80	−20.56	−279.16	−57.91
生产（百万吨油当量）	−185.64	−189.86	−194.86	−178.69	−169.68
储量变动（百万吨油当量）	86.52	206.99	−81.74	−187.27	−141.89
总储量替换率（%）	146.61	209.02	58.05	−4.81	16.38

数据来源：碧辟年报。

近两年，碧辟能源转型的步伐越来越快。2020 年 2 月，公司提出到 2050 年或更早实现集团的净零目标，并包括经营净零碳排放、油气生产净零碳排放、碳强度减半、减少甲烷等十个子目标。在此目标下，碧辟加大了低碳领域的投资力度，构建了五个转型增长引擎——生物质能源、便利零售、电动车充电、可再生能源和氢能。受净零进展的激励，碧辟进一步加速其净零进程，计划 2030 年运营所产生的碳排放比 2019 年减少 50%，而此前是 30%～35%；计划 2050 年实现公司销售产品生命周期净零排放，此前是 2050 年销售产品总碳强度比 2019 年降低 50%。根据新的目标，碧辟计划至 2030 年，生物质能源日产量从 2.6 万桶提高至少 10 万桶；可再生能源发电装机容量从 2020 年的 4.4 吉瓦增长到约 50 吉瓦；转型增长业务的资本支出占比提高至 50% 左右，五个增长引擎产生近 90 亿～100 亿美元的收益。

投资方面，公司将年度资本支出（包括非有机投资在内）保持在 140 亿～160 亿美元之间；并在净债务减少至 350 亿美元之前，将其保持在 130 亿～150 亿美元的较低水平；油气相关的资本支出由 2019 年的 130 亿美元左右降至 2025 年的 90 亿美元左右；每年在低碳领域的投资从 5 亿美元增加到 50 亿美元左右，到 2025 年增加到 30 亿～40 亿美元（发电、充电桩、生物质能源、氢能、CCUS 等）。产量方面，2030 年降至 7500 万吨油当量（不含俄罗斯国家石油公司部分），较 2019 年降低 40%。资产组合方面，碧辟资产剥离力度进一步加大，提出 2020 年下半年到 2025 年资产剥离 250 亿美元。预计 2022 年，公司资本支出 140 亿～150 亿美元，剥离资产 20 亿～30 亿美元。

2022 年第一季度，碧辟资本支出 29 亿美元，资产处置近 12 亿美元；不含俄罗斯国家石油公司部分的石油产量为 14.97 万吨 / 天，同比下降 3.6%；不含俄罗斯国家石油公司部分的天然气产量为 1.94 亿立方米 / 天，同比提升 6.5%；净债务由 2021 年一季度的 333 亿美元进一步降低至 275 亿美元，并宣布 25 亿美元的回购。尽管在油价提升带动下，碧辟销售收入大幅提升，但由于公司决定退出俄罗斯国家石油公司 19.75% 的股权及其他在俄业务，一季度产生资产减值近 260 亿美元，导致当季股东净利润跌至 -203.8 亿美元。

2. 勘探

勘探是碧辟储量增长的重要来源，近五年扩边和发现储量均超过 5000 万吨油当量，但总体呈下降趋势。在能源转型压力下，碧辟勘探业务受到严重影响，公司提出不在新的国家开展勘探业务，未来勘探重点将聚焦已有生产区域的周边勘探，以获得更短周期、更低成本和更快回报的开发机会；总的勘探资本支出也将大幅削减，长期将降至每年 3.5 亿～4 亿美元。低油价以来，碧辟主动削减勘探支出，2013—2016 年连续四年降低，2017 年曾反弹至 19.41 亿美元，2018 年又回落至 15.97 亿美元，2021 年勘探支出 8.70 亿美元，较 2020 年大幅减少 4.98 亿美元（图 3-31），并且是自 2004 年以来首次跌破 10 亿美元。2021 年，公司获得了三个油气发现：美国墨西哥湾 Puma West 石油发现、俄罗斯 Verknekubinskiy 天然气发现和阿塞拜疆—格鲁吉亚—土耳其 Asiman 天然气发现。在区块获取方面，碧辟在美国墨西哥湾、挪威等国竞得多个区块。

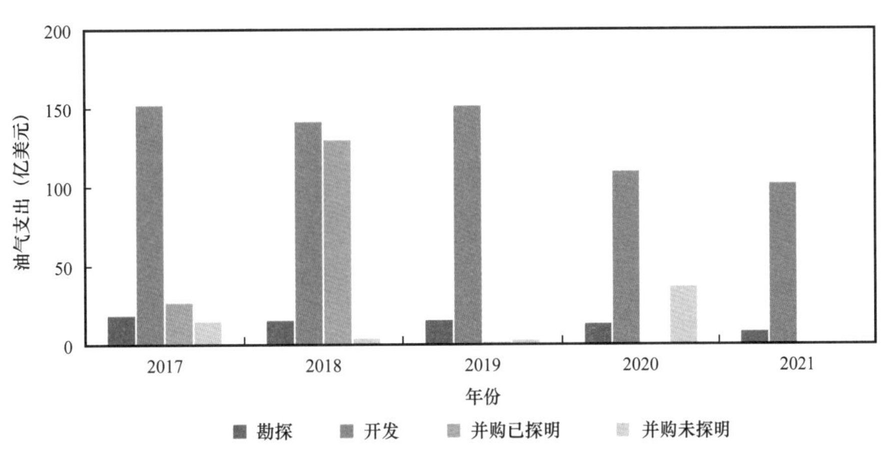

图 3-31　碧辟 2017—2021 年油气支出

数据来源：碧辟年报

2021 年碧辟完成净权益探井 22.9 口，较 2020 年增加 3.7 口，增量主要在南美和俄罗斯；净权益探井成功率由 89.6% 下降至 88.2%；实现扩边和发现新增油气可采储量 0.50 亿吨油当量，主要来自俄罗斯（73.2%）。截至 2021 年底，碧辟权益未开发面积 55.0 万平方千米，主要分布在俄罗斯（67.2%）、非洲（13.0%）等国家和地区。

3. 开发

碧辟上游业务继续扩大天然气和优质油田开发业务，包括投资大型气田、核心盆地建设高质量石油项目、在新筛选的盆地中寻求新的机会等。2021年，公司共有7个重要项目投产，其中4个石油项目，包括安哥拉17区块Zinia 2期、18区块Platina项目，美国墨西哥湾Manuel和Thunder Horse南部扩建2期项目；3个天然气项目，包括特立尼达和多巴哥大的Matapal水下气田项目、埃及西尼罗河三角洲Raven三期、印度海上KG D6区块气田开发项目。自2016年以来共有35个重要项目投产，实现了公司在2016年提出的至2021年新项目新增产能达到12.6万吨油当量/天的目标，同时总的经费也低于预算的15%。

2021年，碧辟开发支出102.42亿美元，较2020年减少7.99亿美元，较2019年大幅下降32.6%（图3-31）；公司全年完成净权益开发井504.8口，较2020年增加69.3口，其中俄罗斯增加86.1口，美国继续下降3.1口；净权益开发井成功率近99%；实现石油产量1.00亿吨，主要来自俄罗斯（45.6%）、美国（19.1%）、亚洲（除俄罗斯外，16.3%）、非洲（6.4%），较2019年减少7.3%；天然气产量850亿立方米，主要集中在南美洲（19.5%）、俄罗斯（18.0%）、非洲（17.8%）、美国（15.1%），较2020年继续下降2.0%（图3-32）。从产量的资产类型看，以俄罗斯等为代表的陆上常规资产占比最高，接近44.2%；其次是深水资产，约21.9%；非常规资产目前占12.8%左右，但受退出俄罗斯资产影响，预计2025年各类资产将会发生显著变化，陆上常规、深水、非常规资产产量占比分别为13.9%、31.1%、21.0%。

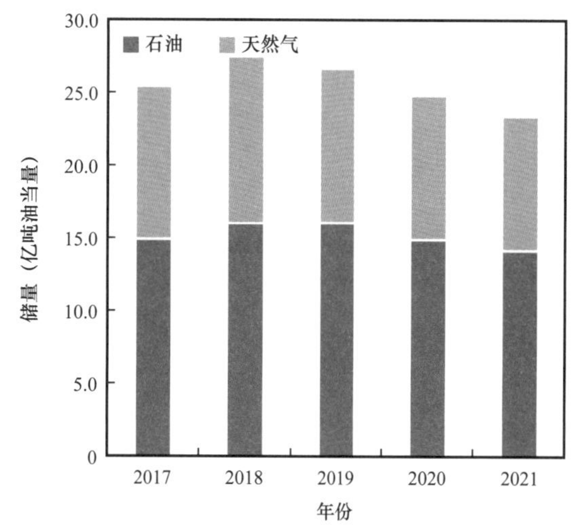

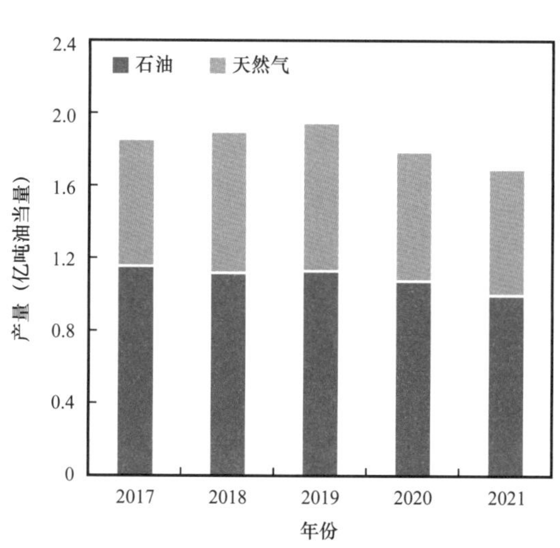

图3-32　碧辟2017—2021年油气储量与产量

数据来源：碧辟年报

截至 2021 年底，碧辟已开发剩余油气可采储量 13.45 亿吨油当量、未开发油气可采储量 9.97 亿吨油当量，主要分布在俄罗斯（52.8%）、美国（15.5%）等。2021 年，碧辟出售储量 5791 万吨油当量，总储量替换率 16.38%，储采比为 13.80。

4. 资产组合与优化

碧辟在 30 多个国家从事油气上游业务，核心区域及资产类型包括俄罗斯陆上资产、美国墨西哥湾深水资产和非常规资产、特立尼达和多巴哥 LNG、安哥拉深水资产、澳大利亚 LNG、英国 / 挪威北海海上资产；聚焦区域及资产类型包括阿根廷页岩、印度尼西亚 LNG、埃及尼罗河三角洲海上资产、阿曼 Khazzan—Makarem、阿布扎比 ADCO、阿塞拜疆沙赫德尼兹项目、印度深水天然气等；新的风险区及资产类型则包括巴西深水、墨西哥海上、毛里塔尼亚 / 塞内加尔深水 LNG 等。公司并购美国陆上资产后，非常规成为未来产量增长的主要来源，预计 2025 年产量提高至 7.2 万吨油当量 / 天；深水和 LNG 业务对产量增长也有重要的贡献，2025 年产量较 2021 年分别增长 0.6 万吨油当量 / 天和 2.0 万吨 / 天。受俄乌冲突影响，2022 年 2 月 27 日，碧辟董事会宣布将退出其在俄罗斯国家石油公司 19.75% 的股权，并逐步退出其在俄罗斯的其他业务。

并购和资产剥离是碧辟最大的特色之一。2018 年，碧辟斥资 105 亿美元购买必和必拓美国陆上资产，成为 2018 年全球最大的资产并购；2019 年，公司启动 100 亿美元的资产出售计划，并提出至 2021 年完成 150 亿美元目标。2020 年，公司进一步提高资产出售规模，提出 2020 年下半年至 2025 年期间出售 250 亿美元的资产。2021 年 2 月，公司以 26 亿美元的价格向泰国国家石油公司 PTT 出售阿曼天然气区块 20% 的股份；2021 年 4 月，以约 7 亿美元的价格将其在美国运输和交付子公司中 49% 的股份出售给投资公司 Sixth Street；2021 年 11 月，以 2.73 亿美元出售了 Aker bp 2.1% 的权益，同时 Aker bp 宣布收购 Lundin Energy 的油气业务，预计碧辟在新公司中的权益为 15.9%；2022 年 3 月，碧辟与埃尼石油达成协议，将合并在安哥拉的油气业务，成立 Azule 能源公司，双方各持股 50%；2022 年 6 月，以 8.91 亿美元向 Cenovus Energy 出售艾伯塔 Sunrise 50% 股权。并购方面，2021 年碧辟并购探明储量支出 0.81 亿美元、并购未探明储量支出 0.93 亿美元（图 3-31）；全年购买油气储量 189 万吨油当量，同时公司出售油气储量合计 5791 万吨油当量。

近年来，碧辟成立天然气与低碳能源业务部，通过发展天然气和回归新能源，积极推进低碳战略。2017 年来，碧辟共有超过 12 个天然气项目投产，2019 年天然气产

量较 2016 年产量提升超过 27%，但在疫情、资产出售等影响下，2020 年、2021 年天然气产量连续下降。在此导向下，碧辟产量中天然气的占比正在逐渐升高，2021 年为 41.2%，预计 2025 年天然气占比将提高至 51.3%，同时公司计划 2035 年前将天然气产量占比提高到 60% 以上。在发展过程中，碧辟重视 LNG 业务，LNG 组合规模不断扩大，2021 年为 1800 万吨 / 年，2025 年提高至 2500 万吨 / 年，2030 年提高至 3000 万吨 / 年。

除天然气外，碧辟继续拓展新能源业务，目前已经形成风能、太阳能、生物质燃料发电、生物质燃料等多个新能源业务组合。在净零碳目标指引下，碧辟计划到 2025 年低碳领域投入达到 30 亿～40 亿美元，2030 年达到 50 亿美元，目标是到 2030 年可再生发电能力达到 50 吉瓦。太阳能方面，公司持股 50% 的 Lightsource bp，业务范围已从 5 个国家拓展到 14 个国家，自 2017 年以来实现 53 个项目通过最终投资决策；2021 年 7 月从 7X Energy 购买了装机规模达 9 吉瓦的光伏项目。风电方面，2021 年 1 月，公司与艾奎诺达成合作协议，双方各持股 50% 开发 Empire 和 Beacon 两个风电项目，装机规模分别为 2 吉瓦和 2.4 吉瓦，总投资规模接近 11 亿美元；2021 年 2 月，公司和合作伙伴 EnBW 中标英国海上风电项目，权益装机规模 1.5 吉瓦；2022 年 2 月，公司和合作伙伴 EnBW 中标苏格兰东海岸海上风电项目租赁权，权益装机规模 1.45 吉瓦。截至 2022 年 3 月，公司已建成可再生能源权益装机规模 1.9 吉瓦，通过最终投资决策 4.4 吉瓦，计划建设的可再生能源权益装机规模达到 23.1 吉瓦。

三、荷兰皇家壳牌公司

荷兰皇家壳牌公司是全球最大的石油天然气生产商之一。公司成立于1907年，总部设在英国伦敦。截至2021年底，公司拥有员工8.20万人，业务划分为上游、天然气与新能源、下游、工程与技术四个板块，遍及全球70多个国家。

2021年 PIW全球最大50家石油公司排名	2021年 公司营业收入/净利润	2021年 公司总资产
第7位	2727/206亿美元	4044亿美元
2021年 公司剩余油气可采储量合计	**2021年 公司油气产量当量合计**	**2021年 公司勘探投资合计**
12.89亿吨油当量	1.69亿吨油当量	18.73亿美元

1. 战略动向

荷兰皇家壳牌公司（以下简称“壳牌”）是一家综合性能源企业，致力于提供更多、更清洁的能源来帮助满足世界不断增加的能源需求，战略上则是通过在全球能源体系发生变化时提供石油、天然气及低碳能源，巩固企业作为领先能源公司的地位。

公司认为，未来几年石油和天然气等能源需求还会增长，同时技术变化和应对气候变化的需要会导致能源向低碳、多源转型。2021 年 2 月，壳牌正式发布以“绝对净零”碳排放目标为导向的“赋能进步”低碳发展战略，涵盖四个子目标：努力为股东、客户等利益相关方创造更大价值，加速推动公司向净零碳排放能源产品和服务供应商转型，通过公司产品为人类社会提供动力，通过保护环境、减少浪费等实现尊重自然。2021 年 11 月，公司宣布将取消双重股权结构，整合为单一的股份系列，并将总部从荷兰海牙迁往英国伦敦，同时改名为壳牌有限公司。

在“赋能进步”战略下，壳牌将业务进一步整合划分为增长支柱、转型支柱、上游支柱。增长支柱主要面向未来，包括市场营销、可再生及能源解决方案，为客户提供符合差异化市场需求的产品和服务，打造匹配客户低碳能源需求的强大供应链；转型支柱主要涵盖天然气一体化业务、化工和油品业务，属于资本密集型但能长期创造现金流；上游支柱包括目前的上游油气业务，具有较高的波动性以及增长弹性，公司将着力打造更加精简、更具弹性、更具竞争力的油气上游板块，为公司股东分红和转型发展提供资本支撑。通过对投资组合进行动态的调整，持续提供世界所需能源的同时，积极增加清洁能源的投资，并保持财务纪律，使公司能够保持强大和灵活性，把握能源转型中的机遇。

壳牌近年可采储量变化情况见表 3–4。

表 3–4　壳牌可采储量变化情况

储量类型	2017 年	2018 年	2019 年	2020 年	2021 年
储量修正（百万吨油当量）	130.90	53.71	106.54	–92.05	170.01
扩边和发现（百万吨油当量）	97.67	68.20	38.48	12.23	59.31
提高采收率（百万吨油当量）	13.93	5.90	1.21	—	4.41
购买（百万吨油当量）	99.70	0.75	0.82	1.26	0.02
出售（百万吨油当量）	–293.91	–25.81	–22.12	–14.12	–32.06
生产（百万吨油当量）	–190.28	–190.82	–191.01	–177.31	–169.26
储量变动（百万吨油当量）	–141.98	–88.06	–66.08	–269.99	32.43
总储量替换率（%）	25.38	53.85	65.40	–52.27	119.16

数据来源：壳牌年报。

相较于 2020 年提出的“2050 净零碳排放”战略，壳牌在“赋能进步”战略下转型步伐再次加快，排放目标进一步拓展到涵盖公司自身生产运营业务及售出所有能源产品产生的碳排放量的“绝对净零”排放目标。考虑到 2021 年能源转型取得的进展，壳

牌再次提高了净零排放进程的目标。相较于 2016 年，公司 2021 年范围 1 和范围 2 运营碳排放已下降 18%，进一步提出到 2030 年下降 50% 的目标；消除常规排放时间节点由 2030 年提前至 2025 年；2021 年碳排放强度下降 2.5%，2024 年下降 9%～12%，2030 年下降 20%。

在新战略指导下，壳牌投资计划和财务框架也发生显著变化。具体来看，2021 年总的现金资本支出 196.98 亿美元，其中转型支柱占比 24%、增长支柱占比 44%、上游支柱占比 32%，预计 2025 年以后，转型支柱、增长支柱、上游支柱的占比分别为 45%～50%、30%～35%、20%；总的运营费用支出 350 亿美元，其中转型支柱占比 28%、增长支柱占比 40%、上游支柱占比 32%，预计 2025 年以后，转型支柱、增长支柱、上游支柱的占比分别为 45%～50%、35%～40%、20%～25%。在新的财务框架下，公司优先保证短期的资本支出及正常的股息支出，其次是削减债务提高信用等级，再次是额外的股东回报，最后是资本支出增长。根据计划，2022 年现金资本支出 230 亿美元左右，其中市场营销 50 亿～60 亿美元、可再生及能源解决方案 30 亿美元、天然气一体化 40 亿～50 亿美元、化工业务 40 亿～50 亿美元、上游业务 80 亿美元。

2021 年，经营活动现金流 451.04 亿美元，投资活动现金流 -47.61 亿美元，全年净利润 206.30 亿美元；总负债 890.86 亿美元，较 2020 年减少 189.28 亿美元；净债务 525.56 亿美元，较 2020 年减少 228.33 亿美元；平均资本回报率为 8.8%。2022 年一季度，资本支出 50.64 亿美元，净利润 73.19 亿美元，自由现金流 105.42 亿美元；一季度石油产量 21.32 万吨 / 天，天然气产量 2.29 亿立方米 / 天，液化天然气产量 800 万吨，销售量 1829 万吨；第一季度末，公司净债务进一步下降至 484.89 亿美元，杠杆率达到 21.3%。

2. 勘探

并购英国天然气集团公司后，壳牌的勘探业务发生了重大调整，大幅削减勘探支出，同时逐步退出高风险、长周期的前沿盆地，更多投向核心地带。新战略下，公司勘探将重点聚焦深水和大西洋边缘盆地，年度支出预算 15 亿美元，提出 80% 的勘探支出用于核心地区，70% 以上的支出用于深水勘探，并且 2025 年以后不再进入新的前沿勘探。在储采比不断下滑的压力下，壳牌勘探投入保持远超其他同类公司的力度，以期通过勘探提高资源储备。2016—2021 年，壳牌年均勘探投入 29.49 亿美元，而同期碧辟、埃克森美孚、道达尔能源等均不超过 19 亿美元。

2021 年，公司在美国墨西哥湾和文莱获得了一些发现，并继续增加在英国、美国墨西哥湾、巴西和马来西亚的勘探资产。具体来看，2021 年在美国墨西哥湾第 256 次拍卖中获得了 19 个区块，同时退出了 22 个区块；2021 年 8 月，获准购买位于墨西哥海上 Perdido 地区一个勘探区块 30% 权益；2021 年 6 月，获得巴西坎波斯盆地一个区块 100% 权益，10 月在巴西第 17 轮招标中获得 5 个勘探区块；2021 年 7 月，在马来西亚签署海上 Sarawak 区块勘探生产分成合同，壳牌占 85% 权益；2021 年，在英国第 32 轮海上招标中获得多个区块。同时，壳牌适当布局前沿勘探，2021 年 1 月在阿根廷获得一个海上区块 30% 权益；3 月，将纳米比亚一个勘探区块权益由 90% 降至 45% ；8 月，进入南非两个前沿深水区块，各占 50% 权益，同时从 Kosmos 购买了南非一个区块额外 45% 的权益；12 月，获得苏里南一个浅水区块 20% 的权益。

2021 年壳牌勘探支出合计 18.73 亿美元，较 2020 年减少 5.42 亿美元，这也是壳牌自 2006 年以来勘探支出首次低于 20 亿美元（图 3-33）；全年完成净权益探井 91 口，总量较 2020 年的 201 口大幅下降，主要原因在于美国探井数量由 138 口下降至 42 口；净权益探井成功率由 46.8% 大幅下降至 14.3%，美国和加拿大干井数量分别为 39 口和 15 口；实现扩边和发现新增油气可采储量 5931 万吨油当量，主要集中在巴西和美国。截至 2021 年底，壳牌权益未开发面积 32.4 万平方千米，主要分布在非洲、亚洲、南美洲等地区。

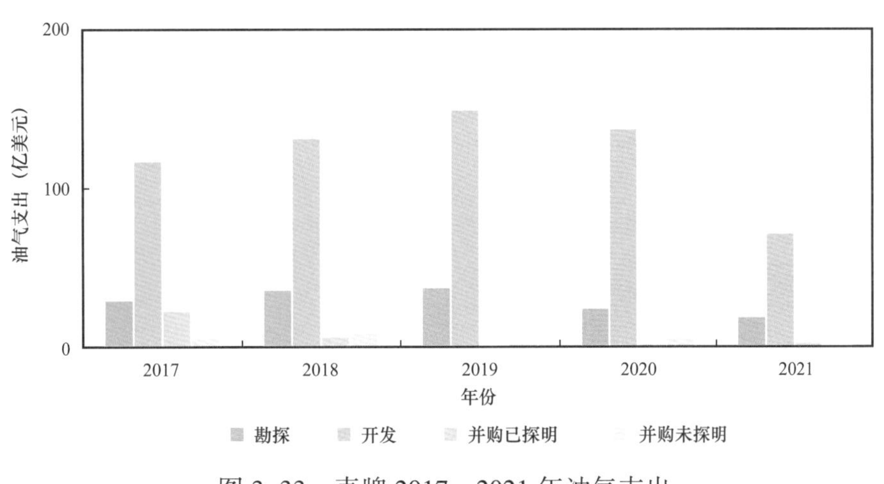

图 3-33　壳牌 2017—2021 年油气支出

数据来源：壳牌年报

3. 开发

新战略下，壳牌上游油气开发进入新的阶段。公司认为，其石油年产量已于 2019 年达峰，并计划至 2030 年以年均 1%～2% 的速度递减（包括撤资），届时天然气产量

占比将达到 55% 以上；2025 年以后，公司将不再参与任何边际油气田开发。2021 年，壳牌开发支出 71.13 亿美元，支出总额较 2020 年大幅减少 65.96 亿美元（图 3–33）。公司通过了 3 个项目的最终投资决策，包括巴西 Mero 4 期 FPSO 建造、马来西亚 Timi 天然气项目、美国墨西哥湾 Whale 深水项目；同时，特立尼达和多巴哥 5C 区块开始投产。天然气一体化部门，公司预计 2022—2023 年间将有 4 个在建项目投产，包括澳大利亚 Arrow—Surat Gas、特立尼达和多巴哥 Colibri 等；2024 年后 3 个项目投产，包括加拿大 LNG 第 1 和 2 列装置、尼日利亚 NLNG 第 7 列装置等。传统上游部门，公司预计 2022—2023 年间将有 7 个在建项目投产，包括巴西 Mero 1 项目、巴西 Mero 2 项目、美国 Vito 项目等；2024 年后 4 个在建项目投产，包括巴西 Mero 3 项目、美国 Whale 项目等；此外，有 11 个项目正在等待最终投资决策。

壳牌 2021 年完成净权益开发井 312 口，较 2020 年减少 25 口，其中美国减少 54 口、亚洲增加 49 口；净权益开发井成功率接近 100%；实现石油产量 0.89 亿吨，主要分布在亚洲（32.6%）、美国（24.9%）、南美洲（20.7%）；天然气产量 975 亿立方米，主要来自亚洲（37.8%）、大洋洲（20.0%）和欧洲（12.5%）（图 3–34）。从不同资产类型看，深水资产占比 31.5%，LNG 占比 21.3%，浅水占比 19.0%。2025 年，LNG 占比有望提高至 23.8%。

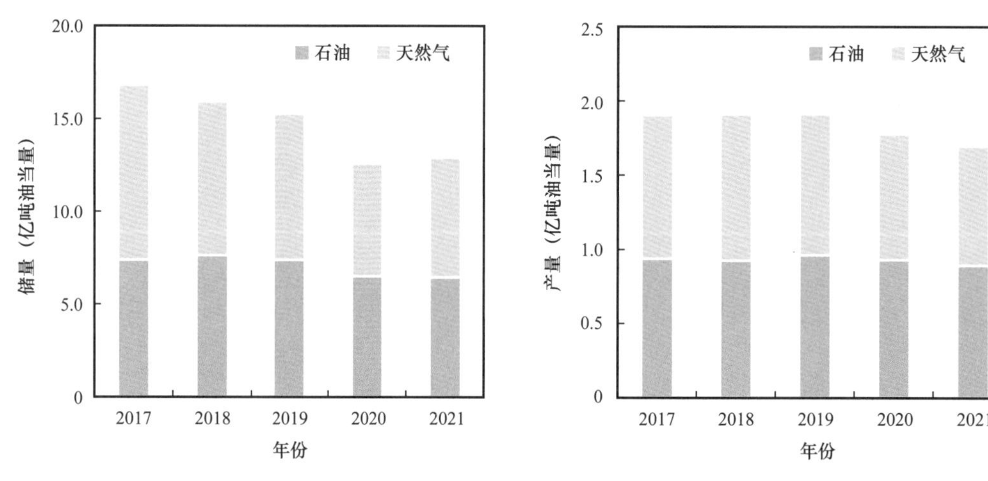

图 3–34　壳牌 2017—2021 年油气储量与产量

数据来源：壳牌年报

截至 2021 年底，壳牌已开发剩余油气可采储量 10.38 亿吨油当量、未开发油气可采储量 2.51 亿吨油当量，主要分布在亚洲（42.7%）、南美洲（15.5%）、大洋洲（10.6%）等。2021 年，壳牌储量修正、扩边和发现、提高采收率油气可采储量合计 2.34 亿吨油当量，净出售储量近 3206 万吨油当量，考虑产量后总储量增加 3243 万吨油当量，总储量替换率 119.16%，近五年首次超过 100%；年末公司储采比提高至 7.6。

4. 资产组合与优化

壳牌在全球28个国家从事油气勘探活动，油气生产活动分布在27个国家。在新战略下，壳牌划定了未来勘探开发的8个核心，包括：美国墨西哥湾、巴西、尼日利亚、英国、哈萨克斯坦、阿曼、马来西亚、文莱，未来超过80%的上游投资将集中于这8个核心。深水方面，核心区域位于巴西和美国墨西哥湾，并广泛参与大西洋边缘盆地的新兴和前沿领域；页岩资产主要位于加拿大和阿根廷，包括加拿大Groundbirch、Gold Creek等资产；常规油气资产核心产区主要位于英国、尼日利亚、哈萨克斯坦、阿曼、马来西亚、文莱等国。值得注意的是，壳牌在2021年3月战略报告中将美国二叠盆地资产作为公司的9个核心之一，却在9月以95亿美元出售给康菲。2021年，壳牌并购探明储量支出2.48亿美元、并购未探明储量支出1.04亿美元（图3–33）；全年购买油气储量2万吨油当量，出售储量合计3206万吨油当量。

在并购英国天然气集团公司以来，壳牌制订了多个资产剥离计划，如2016—2018年300亿美元剥离计划、2019—2020年100亿美元剥离计划。在新的战略下，壳牌制订了每年剥离40亿美元的计划。2019年，壳牌资产剥离创造收入约78.71亿美元，2020年降至40.10亿美元，2021年大幅提高至151.13亿美元。2021年剥离的典型资产包括：1月，以5.33亿美元出售了尼日利亚OML 17项目30%的权益；2月，以7.08亿美元出售位于加拿大艾伯塔省的Duvernay页岩油资产；3月，以6.46亿美元出售位于埃及西部沙漠地区的部分陆上资产；5月，以4.60亿美元出售位于菲律宾的Mallampaya资产45%的权益；9月，以95亿美元出售美国二叠盆地资产；10月，以4300万美元出售尼日利亚OML 22的权益；12月，以3.30亿美元出售英国Cambo项目。2022年2月，受俄乌冲突影响，公司宣布退出俄罗斯业务，包括萨哈林–2项目27.5%的权益、北溪2管道项目权益等。

壳牌继续致力于实现净碳足迹目标，即到2050年将销售的能源产品的温室气体排放强度降低50%左右，天然气一体化及新能源业务成为公司实现这一目标的重要抓手。2021年，公司LNG产量3100万吨，销售量6420万吨，销售目的地国家达到37个，并计划至2025年再开拓700万吨/年的新市场。新能源方面，2021年5月，公司占50%权益的Atlantic Shores海上风电公司获准向美国新泽西州提供1.5吉瓦风电；2021年12月，收购美国大型光伏和储能开发商Savion LLC公司；2022年1月，中标英国浮式海上风电项目，装机规模5吉瓦；2022年2月，公司占50%权益的Atlantic Shores海上风电公司成为美国纽约Bight海上风电拍卖的赢家。

四、道达尔能源公司

道达尔能源公司是全球最大的石油天然气生产商之一。公司成立于1924年，总部设在法国巴黎。截至2021年底，公司拥有员工近10.13万人，业务涵盖勘探与生产、天然气可再生与发电、炼油与化工、销售与服务等，遍及全球130多个国家。

2021年 PIW全球最大50家石油公司排名	2021年 公司营业收入/净利润	2021年 公司总资产
第9位	2057/164亿美元	2935亿美元

2021年 公司剩余油气可采储量合计	2021年 公司油气产量当量合计	2021年 公司勘探投资合计
15.99亿吨油当量	1.38亿吨油当量	11.28亿美元

1. 战略动向

面对能源行业挑战，道达尔能源公司（以下简称“道达尔能源”）希望未来 20 年成为一个有责任的能源巨头，为尽可能多的人提供更实惠、更易获得、更清洁的能源。在雄心勃勃的能源转型和气候目标下，道达尔能源于 2021 年 5 月 28 日正式通过更名决议，“道达尔（Total）”更名为“道达尔能源（TotalEnergies）”，新名称和全新品牌标识体现了道达尔能源进行战略转型的决心，公司要成为一家多元化的能源公司，致力于生产和提供可负担、更可靠和更清洁的能源。基于此，公司提出至 2030 年，能源产品销售较 2019 年提升 15%，其中石油产品占比将由 2019 年的 55% 降至 30%，天然气占比由 40% 提高至 50%，电力占比由 5% 提高至 15%，生物质能源、氢能等占比 5%；至 2050 年，石油、天然气等占比降至 25%，生物质能源、氢能等占比提高至 25%，可再生能源及电力占比提高至 50%。

为兼顾环境和经济效益，道达尔能源率先将气候因素纳入集团整体发展战略，并通过全线拓展天然气业务、扩展低碳电力产业链、降低石油产品碳排放以及发展碳中和技术四大举措来驱动公司的战略发展，目标是在 2050 年前实现净零排放。天然气业务方面，提出 2025 年 LNG 销售目标为 5000 万吨 / 年，2020—2030 年间 LNG 销售量实现翻倍，2030 年 LNG 产量至 4000 万吨左右。低碳电力产业链方面，道达尔能源提出未来十年投入超过 600 亿美元，2025 年新能源发电规模增加至 35 吉瓦，2030 年大幅提高至 100 吉瓦；电动车充电桩由 2020 年的 21000 个增加至 2025 年的 15 万个；2025 年发电量达到 50 太瓦 · 时，2030 年达到 120 太瓦 · 时。石油产品方面，公司聚焦更具韧性的资产，即盈亏平衡点低、50 美元 / 桶油价下回报超过 15% 的资产，并追求价值胜过规模。能源转型新动能方面，生物质燃料产能由 2020 年的 30 万吨 / 年提高至

2025年的200万吨/年，2030年进一步提高至500万吨/年；生物质天然气至2030年达到5太瓦·时/年。

道达尔能源近年可采储量变化情况见表3-5。

表3-5 道达尔能源可采储量变化情况

储量类型	2017年	2018年	2019年	2020年	2021年
储量修正（百万吨油当量）	77.82	86.03	80.13	49.16	25.81
扩边和发现（百万吨油当量）	49.07	82.62	87.20	19.34	82.53
提高采收率（百万吨油当量）	—	—	—	—	—
购买（百万吨油当量）	5.88	79.17	61.58	28.70	6.86
出售（百万吨油当量）	−13.42	−31.92	−0.56	−3.06	−13.14
生产（百万吨油当量）	−125.46	−136.27	−148.26	−140.98	−137.90
储量变动（百万吨油当量）	−6.11	79.64	80.08	−46.83	−35.84
总储量替换率（%）	95.13	158.44	154.01	66.78	74.01

数据来源：道达尔能源年报。

在油气行业，道达尔能源充分发挥7种优势，包括深水、LNG、石油化工、零售及润滑油等核心业务优势，以及撒哈拉以南非洲市场领导者、中东北非重要合作伙伴、北海第二大作业者等三大区域优势。为了获得资源，道达尔能源积极做出改变，实行伙伴战略，在资源丰富、资本密集的项目中主动成为非作业者，并由此获得了多个长期增长的机会，如加拿大油砂、澳大利亚LNG等。同时，公司在低油价周期下积极作为，一方面不断提升效率和数字化水平，另一方面逆周期购入大量资产，优化资产组合。天然气、可再生及电力业务方面，2018—2021年四年净并购金额分别为17.01亿美元、39.21亿美元、21.83亿美元、11.65亿美元；勘探生产业务方面，2018—2020年三年净并购金额分别为21.62亿美元、0.14亿美元、5.44亿美元，2021年净卖出1.67亿美元；炼油与化工业务方面，近三年均为净卖出资产。

在多个公司下调增速甚至下调产量的背景下，道达尔能源仍提出2021—2026年平均产量年增速3%、LNG产量年增速6%的目标，2020—2025年LNG产量增长40%，2025年产量达到1.7亿吨左右。投资方面，受新冠肺炎疫情和低油价影响，公司投资计划持续缩减，预计2022—2025年在130亿～160亿美元之间，其中石油业务保持在50%左右，LNG与天然气占比20%，可再生与电力占比25%，生物质能源等占比5%。此外，道达尔能源继续执行严格的投资分配策略，第一是保证资本投资；第二是股息；第三是资产负债表，保持杠杆率小于20%；第四是股票回购，在杠杆率小于20%下灵

活进行。

2022 年一季度资本支出 29.03 亿美元，包括净收购支出 9.22 亿美元，净利润 49.44 亿美元；一季度石油产量 21.38 万吨 / 天，同比增长 1%，天然气产量 2.03 亿立方米 / 天，同比降低 3%，LNG 销售量 1330 万吨，大幅增长 34%；第一季度末，公司净债务 170.53 亿美元，杠杆率降低至 12.5%。

2. 勘探

受低油价影响，道达尔能源减少了勘探支出，同时积极实施伙伴战略获得勘探面积，但在撒哈拉以南非洲和亚洲的前沿勘探地区，仍坚持担任作业者。2019 年 9 月，公司计划每年支出 12 亿美元左右，参与探井 25 口左右；2020 年 9 月，提出勘探投资降至 10 亿美元 / 年；2022 年 3 月，提出勘探投资下降至 5 亿美元 / 年左右。同时，在勘探支出分配上，道达尔能源将 50% 用于已有发现的新兴盆地、35% 用于成熟盆地、15% 用于高潜力的前沿盆地。2021 年，道达尔能源全年总勘探支出 11.28 亿美元，较 2020 年减少 0.33 亿美元，勘探支出主要集中在巴西、苏里南、安哥拉、圭亚那等国家（图 3–35）；完成净权益探井 7.9 口，较 2020 年增加 2.2 口，净权益探井成功率为 51.8%。2021 年，公司获得重要发现的井主要包括：苏里南 58 区块两口井——Sapakara South 评价井和 Krabdagu–1 探井，公司权益 50%；阿拉伯联合酋长国位于 Ruwais 区块 1 的 DE–09 探井，公司权益 40%；挪威 6407/1 许可 Tyrihans Nord 探井，公司权益 23%；纳米比亚 Venus 构造探井，公司权益 40%。

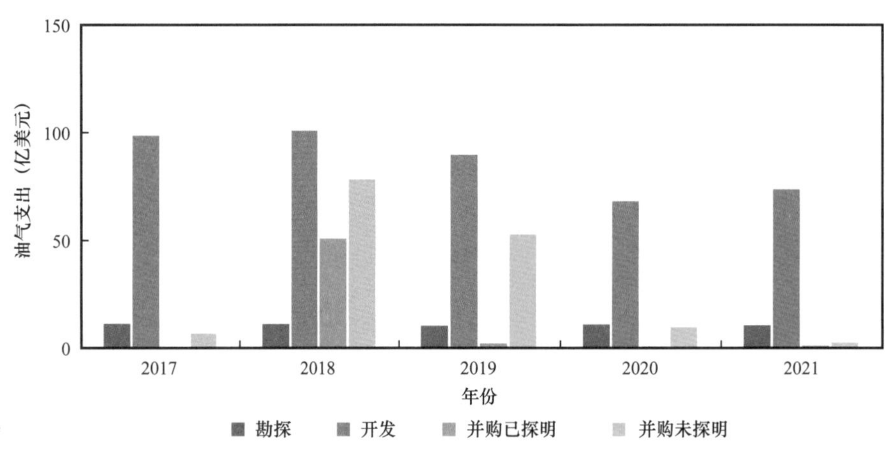

图 3–35　道达尔能源 2016—2021 年油气支出

数据来源：道达尔能源年报

2021 年，公司实现扩边和发现新增油气可采储量 0.83 亿吨油当量，主要来自撒哈拉以南的非洲地区和俄罗斯。截至 2021 年底，道达尔能源净权益未开发面积 40.5 万平方千米，主要分布在非洲（44.7%，不含北非）、亚太（19.9%）等地区。

3. 开发

根据公司投资计划，道达尔能源上游领域投资活动将集中到乌干达 Lake Alber 开发项目，以及已经通过最终投资决策的在建项目，包括美国 Anchor 项目，巴西 Mero 1、Mero 2、Mero 3 项目，挪威 Johan Sverdrup 2 项目，丹麦 Tyra 再开发项目，阿塞拜疆 Absheron 项目；另外，公司有超过 10 亿美元投资于位于安哥拉、尼日利亚和美国的短周期开发项目。2021 年，道达尔能源开发支出 74.44 亿美元，较 2020 年增加 5.50 亿美元（图 3–35）。道达尔能源 2021 年完成净权益开发井 352.7 口，较 2020 年大幅减少 112.2 口，其中美洲地区减少 133 口；净权益开发井成功率近 99%。

2021 年，受欧佩克 + 联盟配额变更、资产出售的影响，以及油田 3% 的自然递减和维护造成的 3% 产量减少，加上近年来挪威 Johan Sverdrup、巴西 Iara、俄罗斯 North Russkoye 等项目的投产和扩建工程，道达尔能源产量较 2020 年降低 2%；实现石油产量 0.77 亿吨油当量，其中中东北非占比 34.4%、非洲（不包括北非）占比 26.7%、欧洲及中亚占比 19.9%；实现天然气产量 744 亿立方米，其中欧洲及中亚占比 48.0%（俄罗斯占比 31.5%）、亚太占比 15.9%、美洲占比 15.1%；合计生产 1.38 亿吨油当量（图 3–36）。从资产类型看，浅水是第一大资产类型，占比 33.6%，其次是陆上常规，占比 30.8%，深水资产占比 15.5%，LNG 资产占比提高至 12.4%；与其他公司大力发展非常规不同，道达尔能源非常规资产占比较小，仅 4.2% 左右。

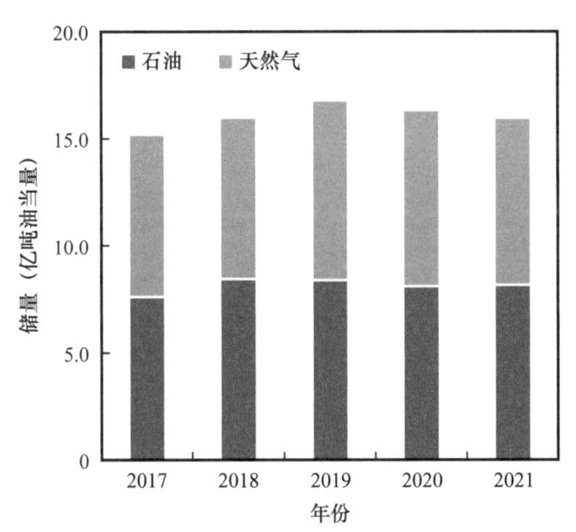

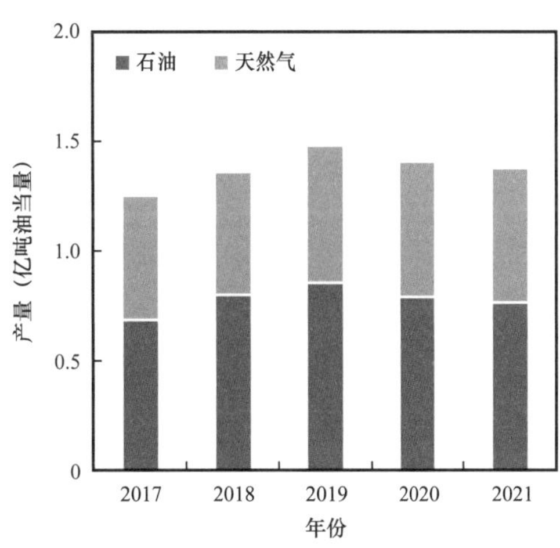

图 3–36 道达尔能源 2017—2021 年油气储量与产量

数据来源：道达尔能源年报

截至 2021 年底，道达尔能源已开发剩余油气可采储量 10.60 亿吨油当量、未开发油气可采储量 5.39 亿吨油当量，主要分布在中东北非（28.9%）、俄罗斯（19.8%）、美洲（13.7%）等。同年，道达尔能源通过修正、扩边和发现、提高采收率、购买与出售等渠道获得可采储量 1.02 亿吨油当量，总储量替换率 74.01%，储采比为 11.59（表 3–5）。

4. 资产组合与优化

道达尔能源上游核心区域及资产类型包括尼日利亚海上油气资产、安哥拉深水资产、卡塔尔天然气资产、阿拉伯联合酋长国陆上及海上资产；聚焦区域及资产类型包括美国墨西哥湾海上及陆上页岩气资产、巴西深水资产、阿根廷天然气资产、乌干达陆上资产、澳大利亚 LNG 资产、哈萨克斯坦卡沙甘项目、俄罗斯诺瓦泰克公司 18.9% 权益及亚马尔 LNG、肯尼亚陆上资产、莫桑比克 LNG、苏里南勘探资产等；新的风险区位于墨西哥、保加利亚、纳米比亚等国家；正在退出位于挪威大陆架海上、哥伦比亚、东南亚的成熟资产等。2021 年，道达尔能源并购探明储量支出 1.93 亿美元、并购未探明储量支出 3.32 亿美元（图 3–35），全年购买储量 686 万吨油当量，出售储量合计 1314 万吨油当量。

道达尔能源采取积极的资产管理策略，在低油价下积极逆周期操作，相继获取卡塔尔埃尔沙辛（Al–Shaheen）、阿布扎比乌姆沙依夫和纳斯尔（Umm Shaif/Nasr）、原阿纳达科莫桑比克 LNG 项目等大型油气田部分权益，以及对马士基石油等公司的并购。2021 年，公司总购买费用接近 33 亿美元。具体购买获得包括：2021 年 2 月，购买西方石油公司位于巴西的 BM–C–30 和 BM–C–32 勘探区块的权益；7 月，购买雷普索尔公司位于阿尔及利亚的 Tin Fouyé Tabankort II 天然气资产；11 月，购买赫斯公司位于利比亚的部分资产；同时，购买了拥有俄罗斯两个在建 LNG 运输终端的 Arctic Transshipment 公司 10% 的权益。此外，公司也在剥离非核心资产，2019 年出售资产 19.39 亿美元，2020 年出售资产 15.39 亿美元，2021 年出售资产 27 亿美元，主要包括英国北海的非核心资产、尼日利亚 OML 17 区块 10% 的权益等。根据公司计划，2020—2025 年每年保持 10 亿～20 亿美元的净收购。

2017 年，道达尔能源专门成立了天然气、可再生及发电业务部，充分挖掘天然气、可再生能源等在电力价值链中的价值。投资方面，公司保证 2019—2020 年 LNG 和低碳发电领域的资本投资不少于总投资的 30%，尽管在新冠肺炎疫情下大幅削减投资，但仍维持低碳发电业务 15 亿～20 亿美元的投资目标。LNG 方面，道达尔能源自主开发和收购相结合，LNG 液化能力和销售能力快速增长。近年来，俄罗斯亚马尔 LNG、澳大利亚 Lchthys LNG 等项目顺利投产和增产，以及收购阿纳达科莫桑比克 LNG 项目等，2021 年 LNG 权益产量 1740 万吨，销售量 4200 万吨；预计 2025 年液化产能将达到 3000 万吨 / 年，销售能力达到 5000 万吨 / 年。2022 年 6 月，道达尔能源获得卡塔尔北方气田东部扩建项目 6.25% 的权益，该项目 4 条装置设计产能 3200 万吨 / 年。下一步，公司 LNG 将重点投资俄罗斯北极 –2 项目、莫桑比克 LNG 项目，以及通过最终投资决策的在建项目，包括尼日利亚 LNG 项目第 7 列装置、墨西哥 ECA 项目。

低碳电力产业链方面，道达尔能源正在通过数个并购和权益投资，加速跟进电力增长速度，2021 年可再生能源及电力业务完成投资超过 30 亿美元。2021 年，公司天然气和电力用户已经达到 880 万户；公司依托 Total Solar Int.（100% 权益）、Total Quadran（100% 权益）、Total Eren（30% 权益）、Total Solar DG（100% 权益）、Adani Green Energy Ltd（20% 权益）、Offshore Wind（100% 权益）六个实体，2021 年总装机规模达到 10.3 吉瓦，其中太阳能 8.0 吉瓦、陆上风电 2.0 吉瓦；在建规模 6.5 吉瓦，并有 26.2 吉瓦位于 2025 年前的开发序列；公司计划 2025 年总装机规模达到 35 吉瓦，2030 年达到 100 吉瓦。Total Solar Int. 作为道达尔能源的全资子公司，业务拓展至中东、日本、南非、智利、印度和西班牙。2021 年 1 月，道达尔能源宣布购买 Adani 集团旗下 Adani 绿色能源公司（AGEL）20% 的权益，该项交易加上 2020 年达成的购买 AGEL 一个 2.35 吉瓦太阳能项目 50% 权益的交易，合计 25 亿美元；宣布与美国 174 Power Global 公司共建 12 座工业规模的太阳能储能工程，合计 1.6 吉瓦；2 月，从美国可再生能源企业 SunChase Power 购买位于得克萨斯州的太阳能资产，规模合计 2.2 吉瓦；4 月，购买拥有中国台湾海上风电 640 兆瓦装机规模的 Yunlin Holding 公司 23% 的权益；11 月，Total Eren 从 Risen Energy 公司购买柬埔寨 Battambang 太阳能项目，装机规模 73.9 兆瓦。

五、雪佛龙公司

雪佛龙公司是全球最大的一体化能源企业之一。公司成立于1879年，总部设在美国圣拉蒙市。截至2021年底，公司拥有员工约3.75万人，业务涵盖勘探与生产、炼化、运输、发电、贸易、销售等，其中勘探与生产业务集中在美国、安哥拉、澳大利亚等22个国家。

2021年 PIW全球最大50家石油公司排名	2021年 公司营业收入/净利润	2021年 公司总资产
第10位	1625/157亿美元	2395亿美元

2021年 公司剩余油气可采储量合计	2021年 公司油气产量当量合计	2021年 公司勘探投资合计
15.77亿吨油当量	1.58亿吨油当量	6.82亿美元

1. 战略动向

雪佛龙公司（以下简称“雪佛龙”）致力于以其优秀的员工、伙伴关系和业绩而成为最受尊崇的全球能源公司，目标是在任何商业环境中都能提供行业领先的业绩和优秀的股东价值。企业层面战略包括投资于人才、卓越的执行、实现盈利增长、利用技术和专业能力提升业绩等。在业务方面，上游战略概括为实现核心业务领域的利润增长，并

不断开发优质项目，具体策略包括保持世界级的卓越运营、高质量投资组合及有效分配资本、引领行业选择和执行重大资本项目等；下游和化工产品战略为提高各个价值链之间的收益，并开展定向投资，在回报方面争取领先整个行业；天然气和中游战略为提供运营、商业和技术方面的专业知识，提高上游以及下游和化工产品方面的业绩。在此指导下，公司建立了具有优势的资产组合，具备多元、可持续和长周期、低成本、高利润率、低风险和升级机会等多个特征。雪佛龙页岩气和致密油、常规、深水、重油和 LNG 资产均有涉及，并重点关注以美国为主的非常规和美国墨西哥湾、巴西等深水项目。

相比于碧辟、壳牌、道达尔能源等公司的能源转型目标，雪佛龙在气候目标、转型步伐上略显滞后。为加速低碳能源发展，公司成立新能源事业部，负责可再生燃料、氢能、碳捕获和存储等业务。2021 年 10 月，公司制订了新的净零碳计划和温室气体强度目标，到 2050 年上游业务范围 1 和范围 2 排放实现净零，2028 年碳排放强度较 2016 年下降 35%。在低碳发展路径上，雪佛龙主要通过降低碳排放强度、增加可再生能源、投资突破性技术三个方面应对气候变化。公司提出，2021—2028 年向碳减排活动投资 20 亿美元，向低碳领域投资 80 亿美元；至 2028 年，通过减少燃放排放、降低甲烷排放、碳捕获和存储、能源效率提升等，实现二氧化碳减排 3000 万吨 / 年；相较于 2016 年，2028 年石油生产的净温室气体排放强度减少 40%，天然气生产的净温室气体排放强度减少 26%，甲烷的排放强度减少 53%，燃放排放强度减少 66%，2030 年实现零燃放排放。在低碳业务方面，2030 年可再生燃料产能 10 万桶 / 天，氢能产能 15 万吨 / 年，碳捕获和抵销 2500 万吨 / 年。此外，雪佛龙广泛投资于可以在全球范围内提供更清洁能源的突破性技术，创立 3 亿美元的未来能源基金 2 期。

雪佛龙近年可采储量变化情况见表 3–6。

表 3–6　雪佛龙可采储量变化情况

储量类型	2017 年	2018 年	2019 年	2020 年	2021 年
储量修正（百万吨油当量）	108.01	79.26	−28.19	−94.92	62.98
扩边和发现（百万吨油当量）	114.29	121.05	108.36	34.51	113.03
提高采收率（百万吨油当量）	2.87	1.52	0.98	0.28	1.26
购买（百万吨油当量）	6.60	10.38	4.20	236.76	6.07
出售（百万吨油当量）	−16.26	−8.21	−16.17	−60.13	−6.72
生产（百万吨油当量）	−139.44	−149.68	−156.29	−158.01	−158.36
储量变动（百万吨油当量）	76.07	54.32	−87.10	−41.51	18.25
总储量替换率（%）	154.55	136.29	44.27	73.73	111.52

数据来源：雪佛龙年报。

雪佛龙通过增加产量、回报驱动的资本分配、高质量的资产组合等不断降低成本结构，并结合不同策略，比如低油价周期下灵活的资本支出、低成本的供应、竞争力的股息增长等，保障整个油价周期下股东的回报。近年来，雪佛龙积极削减资本支出，2021 年资本和勘探支出 117.20 亿美元，同比下降 13.2%，较 2015 年的 340 亿美元降低近 223 亿美元；上游资本和勘探支出 96.14 亿美元，占比 82.0%；控本增效，成本降低幅度领先同行，生产成本降低至 9.90 美元 / 桶油当量，操作费用支出维持在 250 亿美元左右；调整资本支出结构，向短周期项目倾斜，降低绿地投资的优先级别，预计 2025 年勘探和生产投资中，超过 80% 投资于短周期资产。2022 年，公司计划不含收并购的资本及勘探费用支出 150 亿美元，其中上游部门 125 亿美元，包括 80 亿美元用于现有在产项目（二叠盆地非常规 30 亿美元、其他页岩资产 15 亿美元），30 亿美元用于上游重大资本项目，15 亿美元用于勘探、早期开发项目、中游活动和碳减排活动；预计 2022—2026 年在 150 亿～170 亿美元 / 年之间。

尽管支出大幅缩减，但雪佛龙的产量并没有降低，随着 LNG 项目相继投产及公司非常规的上产，公司预计 2022—2026 年年均产量增速 3%，2026 年产量较 2021 年产量提高 16% 以上；作为产量增长的核心，预计二叠盆地 2025 年产量突破 14 万吨油当量 / 天。同时，公司提高盈利预期，计划 2026 年资本回报率在 60 美元 / 桶情境下提高至 12% 以上。

2021 年，公司归属于股东净利润 156.25 亿美元；净债务 256.94 亿美元，较 2020 年的 386.88 亿美元下降 33.6%；净债务比率 15.6%，平均资本回报率 9.4%。2022 年一季度，公司资本支出 28 亿美元，净利润 64 亿美元，平均资本回报率 14.7%；石油产量 24.30 万吨 / 天，较 2020 年一季度下降 5%，其中二叠盆地 9.69 万吨 / 天，较 2020 年一季度提高 26%；天然气产量 2.25 亿立方米 / 天，同比增长 2.3%；一季度末公司净债务 176.29 亿美元，净债务比率 10.8%。

2. 勘探

受低油价的影响，雪佛龙收缩了其勘探领域，常规勘探区域主要包括美国墨西哥湾深水、巴西、东地中海、西非、澳大利亚西部，非常规勘探区域则收缩至美国和阿根廷两个国家；主要勘探资产包括巴西 S-M-764、S-M-766 等 11 个勘探区块，加拿大 EL1145 等 4 个勘探区块，埃及区块 1、North Sidi Barrani 等区块，墨西哥区块 3、区块 22、区块 20、区块 21、区块 23 等 5 个区块，苏里南区块 42 和区块 5，尼日利亚 OML 140 等 4 个区块。2021 年，雪佛龙重点在美国墨西哥湾、澳大利亚、阿根廷等开展探

井和评价工作；在美国墨西哥湾参与 4 口深水探井，成功获取了 10 个勘探区块；在巴西开钻 1 口探井；在澳大利亚获得了 4 个 100% 权益的勘探许可和 2 个 50% 权益的勘探许可。

2021 年，雪佛龙总勘探支出 6.82 亿美元，较 2020 年减少 1.91 亿美元，主要分布在美国等美洲国家（图 3–37）；完成净权益探井 4 口，较 2020 年减少 5 口，全部位于美国；实现扩边和发现新增可采储量 1.13 亿吨油当量，包括 7826 万吨石油和 421 亿立方米天然气。其中，96% 的新增石油储量和 94% 的新增天然气储量来自美国，包括米德兰（Midland）盆地、特拉华（Delaware）盆地和美国墨西哥湾。截至 2021 年底，雪佛龙净权益未开发面积 13.13 万平方千米，主要分布在美洲（45.3%）、亚洲（19.7%）、大洋洲（19.4%）等地区。

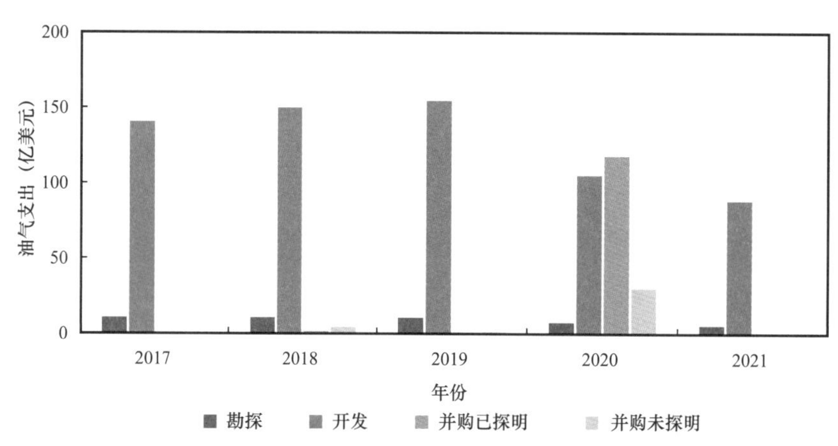

图 3–37　雪佛龙 2017—2021 年油气支出

数据来源：雪佛龙年报

3. 开发

雪佛龙主要的生产区域包括美国、哈萨克斯坦、尼日利亚、泰国、印度尼西亚、孟加拉国、安哥拉、澳大利亚和加拿大，非常规作业区域主要在美国、加拿大和阿根廷。从总资源量（6P）上看，截至 2020 年底共 840 亿桶油当量，其中约 45% 分布在美国，10% 位于澳大利亚，9% 位于哈萨克斯坦，7% 位于尼日利亚，同时石油占比 64%、天然气占比 36%。2021 年，雪佛龙开发支出 89.67 亿美元，较 2020 年减少 16.84 亿美元，近年来首次跌破 100 亿美元（图 3–37）；公司达成多个项目最终投资决策，包括安哥拉 Sanha Lean Gas Connection 项目、美国 Whale 项目、澳大利亚 Jansz–lo 项目等。雪佛龙全年继续进行多个项目的建设及扩建工作，预计 2022—2023 年投产的项目有哈萨克斯坦 TCO 项目、澳大利亚 Gorgon 项目 2 期、美国 Mad Dog 2 期、美国 St. Malo 4 期等项目；预计 2024 年以后投产的项目有澳大利亚 Jansz–lo 项目、尼日利亚 Bonga

SW/Aparo 项目、美国 Anchor 项目、美国 Whale 项目。这些项目将为雪佛龙产量增长提供强劲的动力。

2021 年，雪佛龙完成净权益开发井 423 口，较 2020 年的 683 口大幅减少 260 口，其中美国减少 220 口、亚洲减少 61 口，增量主要在其他美洲地区；净权益开发井成功率超过 99%；实现石油产量 0.93 亿吨，主要来自美国（47.3%）、哈萨克斯坦（21.6%）、加拿大（7.5%）；天然气产量 797 亿立方米，较 2020 年增长 5.5%，主要分布在澳大利亚（34.2%）、美国（21.9%）和泰国（9.5%）（图 3–38）。从产量的资产类型看，雪佛龙非常规产量占比 27.5%，深水占比 15.6%，LNG 占比 14.0%，陆上常规资产以及浅水常规资产合计占比 41%；未来增长潜力主要在非常规，预计 2025 年非常规产量增长至 19.8 万吨油当量 / 天，产量占比提高至 38.7%。

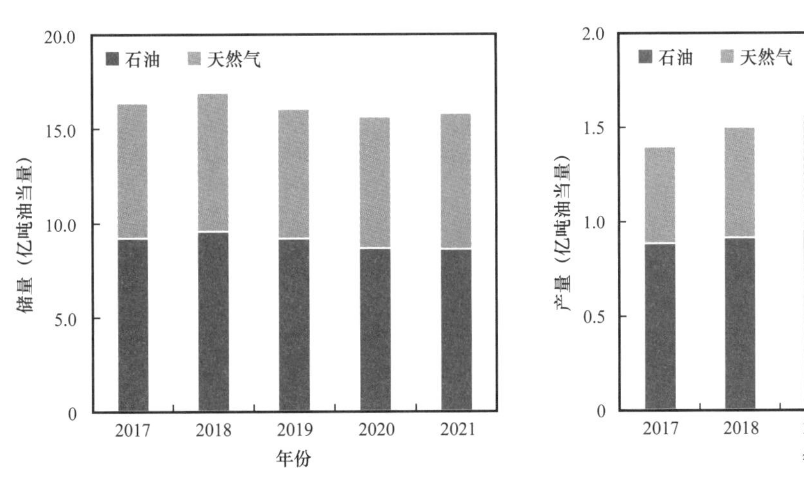

图 3–38 雪佛龙 2017—2021 年油气储量与产量

数据来源：雪佛龙年报

截至 2021 年底，雪佛龙已开发剩余油气可采储量 10.37 亿吨油当量、未开发油气可采储量 5.40 亿吨油当量，主要分布在美国（34.2%）、哈萨克斯坦 TCO（14.4%）、亚洲（13.9%）等。2021 年，雪佛龙通过修正、扩边和发现、提高采收率、购买与出售等获得储量 1.77 亿吨油当量，总储量替换率 111.52%，年末储采比为 9.98（表 3–6）。

4. 资产组合与优化

雪佛龙上游油气业务目前主要集中在 22 个国家，其核心区域及资产类型包括美国大量的非常规资产，澳大利亚高更和惠斯通 LNG 等资产，安哥拉海上资产，尼日利亚陆上及海上资产，哈萨克斯坦田吉兹、卡沙甘等油田；聚焦区域及资产类型包括加拿大浅水、油砂等资产，阿根廷常规及页岩资产，以色列深水天然气资产；新的风险区及资产类型则包括墨西哥深水区块、巴西坎波斯盆地深水资产、苏里南深水区块、塞

浦路斯深水区块、埃及深水区块和新西兰深水区块；正在或即将退出的区域包括印度尼西亚海上资产、丹麦资产、缅甸资产，及英国除 Clair 油田外的其他北海资产。近年来，雪佛龙在全球的作业区域持续收缩，大幅减少了加拿大、缅甸、澳大利亚等国家的作业面积，同时利比里亚、毛里塔尼亚、摩洛哥、新西兰、丹麦、挪威、罗马尼亚等国作业面积变为零。未来四年，公司预计三分之二的支出将投资于六大核心资产，包括美国丹佛—祖尔斯堡盆地、二叠盆地、墨西哥湾，东地中海，哈萨克斯坦 TCO 项目及澳大利亚 LNG 项目。

在收购阿纳达科石油公司失败之后，2020 年公司以 149 亿美元巨资购入美国诺贝尔能源公司，为雪佛龙提供了来自东地中海地区的巨大天然气产量增长潜力。2021 年，公司并购活动大幅减弱，并购探明储量支出 1.66 亿美元；并购未探明储量支出 0.29 亿美元（图 3–37）。2021 年，雪佛龙共出售石油储量 574 万吨，其中 560 万吨位于美国；出售天然气储量 11.9 亿立方米，其中美国 8. 2 亿立方米。出售活动包括以 1.77 亿美元向 MTI Energy 公司出售巴西 Papa–Terra 油田 37.5% 权益，以 0.85 亿美元向 FireBird Energy 公司出售部分米德兰盆地资产。

近年来，雪佛龙在退出其他国家的同时，不断强化以美国二叠盆地为代表的美洲非常规油气业务，其也是公司未来产量增长的最大动力。作为二叠盆地最大的生产商之一，雪佛龙在该区域拥有近 8903 平方千米非常规作业面积。2020 年，受公司推迟短周期投资、大幅度削减上游非常规领域投资支出影响，二叠盆地削减投资超过 20 亿美元；2021 年，雪佛龙强调在二叠盆地灵活的资本投资，计划每年实施资本投资 40 亿美元，将产量提升至 16.8 万～21.0 万吨油当量 / 天；预期 2026 年创造自由现金流超过 40 亿美元，资本回报率在 30% 以上。此外，雪佛龙在其他国家非常规领域也有较大发展，如阿根廷洛马坎帕纳（Loma Campana）和加拿大都沃内（Duvernay）等地区。通过推广井工厂模式，非常规资产单位开发成本大幅下降，美国丹佛—祖尔斯堡盆地单位开发成本目标低于 8 美元 / 桶油当量，阿根廷巴卡穆埃尔塔地区单位开发成本目标低于 7 美元 / 桶油当量。

在深水领域，雪佛龙也在不断补充其在深水领域的资产储备，同时推动一批深水项目建产，如美国的 Mad Dog 2、Anchor、Whale 等项目。近年来，公司在墨西哥湾连续获得多个区块，如 2020 年通过投标与购买获取 23 个勘探区块、2021 年获得 10 个勘探区块，预计 2026 年墨西哥湾产量提高至 4.2 万吨油当量 / 天；收购诺贝尔能源公司后，雪佛龙获得了壳牌在地中海的两个深水区块（North Cleopatra 和 North Marina）27% 的权益，正在进行地震勘探；在澳大利亚，公司也新增 6 个勘探许可。LNG 业务方面，公司位于澳大利亚的高更和惠斯通 LNG 项目已经顺利投产，高更 2 期也正在进行，同时将在安哥拉、以色列等国家寻求扩大 LNG 业务。

在新能源领域，雪佛龙 2022 年 2 月以 24.23 亿美元收购了美国可再生能源集团（Renewable Energy Group），以帮助其在 2030 年将可再生燃料生产能力提高至 10 万桶 / 天，成为可再生燃料领域的领导者。

六、艾奎诺公司

艾奎诺公司是国际化程度较高的国家石油公司之一，2019年公司名称变更为equinor。公司最初成立于1972年，总部设在挪威斯塔万格市。截至2021年底，公司拥有员工21126人，业务涵盖石油勘探与生产、天然气、新能源、装备、贸易等，遍及全球30个国家和地区。

2021年 PIW全球最大50家石油公司排名	2021年 公司营业收入/净利润	2021年 公司总资产
第28位	909/-86亿美元	1471亿美元
2021年 公司剩余油气可采储量合计	**2021年 公司油气产量当量合计**	**2021年 公司勘探投资合计**
7.50亿吨油当量	0.99亿吨油当量	10.26亿美元

1. 战略动向

艾奎诺公司（以下简称“艾奎诺”）致力于在低碳环境下创造长期价值，近年来持续关注和优化油气业务，加速向油气以外的可再生能源领域拓展，大力开发各类低碳解决方案，努力成长为一家引领能源转型的综合能源公司。面对地缘政治变化、市场周期性波动、成本结构变化、低碳转型等挑战，艾奎诺始终坚持“安全、高价值、低碳”的战略，努力构建更灵活、多元和选择丰富的资产组合。艾奎诺的最新战略是在优化其石油和天然气投资组合的同时，通过追求可再生能源的高价值增长和低碳解决方案的新市场机会，创造作为能源转型领导者的价值。

2021 年，面对需求的增长和油价的回升，公司资本支出开始增加，公司全年不含收购的资本支出约 81 亿美元，较 2020 年增加 3 亿美元，平均资本回报率为 22.7%，是 2020 年的 12.6 倍。进一步，公司持续优化油气项目组合，继续加大对低成本油气资产的开发投资，2021 年位于挪威北海的 Troll 气田第三阶段正式投入运营，该气田所产天然气的平均盈亏平衡价格低于 10 美元 / 桶油当量。艾奎诺预计 2022—2023 年除收购外年均资本支出将增加至 100 亿美元，2024—2025 年除收购外年均资本支出将增加至 120 亿美元，2022 年产量复合增长率预计比 2021 年高 2% 左右。

艾奎诺近年可采储量变化情况见表3–7。

表3–7 艾奎诺可采储量变化情况

储量类型	2017年	2018年	2019年	2020年	2021年
储量修正（百万吨油当量）	84.7	67.1	45.8	–23.9	83.4
扩边和发现（百万吨油当量）	61.7	118.7	35.4	18.3	42.8
提高采收率（百万吨油当量）	—	—	—	—	—
购买（百万吨油当量）	7.0	27.4	10.1	0.8	—
出售（百万吨油当量）	–5.3	–0.3	–17.5	—	–13.4
生产（百万吨油当量）	–98.7	–99.8	–97.7	–99.4	–99.4
储量变动（百万吨油当量）	49.4	113.1	–23.9	–104.2	13.4
总储量替换率（%）	150	213	76	–5	114

数据来源：艾奎诺年报。

2. 勘探

勘探是艾奎诺储量增长最主要的方式，公司也努力在勘探前沿阶段尽早进入。近年来，艾奎诺在巴西、挪威、英国、美国等国家积极担任作业者，同时以非作业者身份参与阿尔及利亚、安哥拉、阿根廷等国家的勘探活动。2015年以后，公司的勘探投资规模有所下降，为了保障油气发现与资源价值，公司逐步开始聚焦具有高价值潜力的优先勘探区域，而逐步降低或退出其他勘探区域。2021年在挪威本土，艾奎诺和合作伙伴一起完钻18口探井，共获得8个商业发现；在其他国家合计完钻3口探井。

2021年艾奎诺勘探支出合计10.26亿美元，其中，50.8%集中在挪威、6.0%用于除挪威以外的欧亚大陆、13.5%用于美国、29.2%用于美国以外的美洲地区、0.5%用于非洲地区，总额较2020年下降3.46亿美元，降幅25.2%（图3–39）。公司全年完成

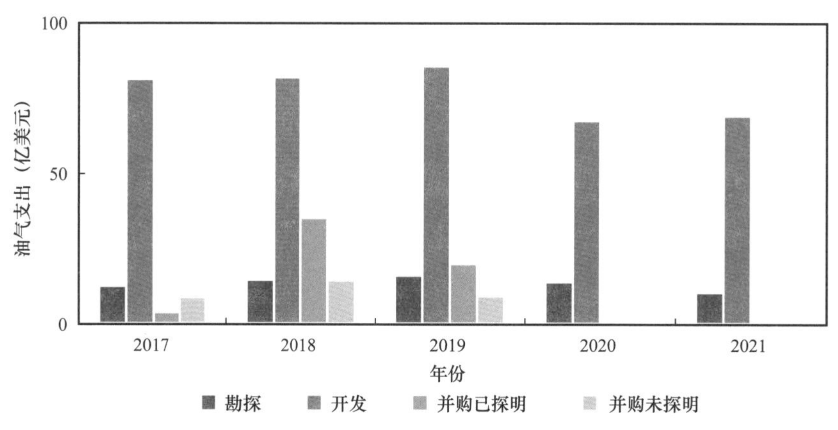

图3–39 艾奎诺2017—2021年油气支出

数据来源：艾奎诺年报

净权益探井 8.5 口，同比下降 39.3%，其中 3.5 口权益井获得发现，净权益探井成功率为 41.2%；实现扩边和发现新增可采储量 0.43 亿吨油当量，主要来自巴西 Bacalhau 油气田的发现、美国和阿根廷陆上及挪威和英国在产油田的扩边发现。至 2021 年底，艾奎诺权益未开发面积 13.6 万平方千米，主要分布在美洲（44.4%）、非洲（6.3%）、挪威以外的欧亚大陆（29.2%）和挪威（20.1%）。

3. 开发

除挪威本土外，艾奎诺还在阿尔及利亚、安哥拉、阿塞拜疆、巴西、加拿大、爱尔兰、利比亚、尼日利亚、俄罗斯、英国、美国和委内瑞拉等 12 个国家拥有油气产量。艾奎诺在挪威本土的产量来自 43 个作业者油田、9 个非作业者油田。

2021 年艾奎诺开发支出共 68.92 亿美元，同比增加 1.63 亿美元，增幅 2.42%（图 3–39）；全年完成净权益开发井 95.6 口，同比下降 11.6%，净权益开发井成功率超过 81%；实现石油产量 0.50 亿吨，其中挪威占比 65.7%、美国占比 13.1%、美国以外的其他地区占比 21.2%；天然气产量 0.49 亿吨油当量，主要来自挪威（75.7%）和美国（20.4%）（图 3–40）。全年平均油气生产成本为 6 美元 / 桶油当量。

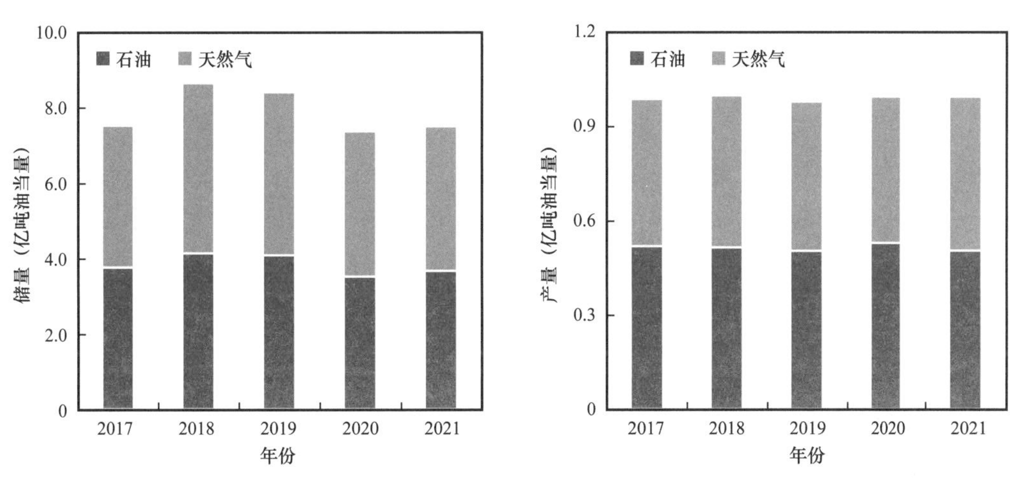

图 3–40　艾奎诺 2017—2021 年油气储量与产量

数据来源：艾奎诺年报

至 2021 年底，艾奎诺剩余油气可采储量 7.50 亿吨油当量，其中已开发剩余油气可采储量 5.35 亿吨油当量、未开发油气可采储量 2.15 亿吨油当量。艾奎诺的剩余油气可采储量主要分布在挪威（70.6%）、美国（12.3%）等国家。2021 年艾奎诺通过修正、扩边和新发现、提高采收率、购买与出售等渠道获得可采储量 1.13 亿吨油当量，总储量替换率 114%，同年末储采比为 7.57（表 3–7）。

4. 资产组合与优化

艾奎诺核心资产包括挪威大陆架、巴伦支海和安哥拉深水资产；聚焦区域及资产类型包括美国陆上页岩油气、巴西坎波斯盆地佩雷格里诺（Peregrino）重油、龙卡多尔（Roncador）深水、英国北海以及阿塞拜疆浅水等油气资产。受新冠肺炎疫情持续影响，2021 年艾奎诺并购探明储量支出仅 0.08 亿美元、并购未探明储量支出 0.37 亿美元，并购支出合计同比下降 59%（图 3-39）；全年没有购买储量。

近年来，艾奎诺一方面持续优化其海外油气资产组合，另一方面持续推进对低碳新能源领域的投资与项目获取。在海外油气方面，2021 年公司从澳大利亚、爱尔兰、哈萨克斯坦、墨西哥、尼加拉瓜和南非撤资，正在剥离 Bakken 和 Austin Chalk（美国陆上）、Terra Nova（加拿大）和 Bajo del Toro Este / Aguila Mora Noreste（阿根廷陆上）的资产，计划退出俄罗斯区块，决定投资巴西海岸附近运营的 Bacalhau 油田第一阶段。在新能源发展方面，2021 年 1 月出售 Empire Wind 和 Beacon Wind 资产 50% 的非经营性权益；2 月与埃尼石油完成交易，出售英国 Dogger Bank 风电场 A 和 B 资产 10% 的股权，收益为 2.8 亿美元；5 月完成了从私募股权公司 Enterprise Investors 收购波兰陆上可再生能源开发商 Wento 100% 股份的交易，收购 Łeba 港的一个场地并成为第一个与合资伙伴 Polenergia 在波兰海上风电维护港的开发商；7 月与 RES 和 Green Giraffe 合作在法国开发浮动海上风电；11 月宣布与埃尼石油达成协议，出售英国 Dogger Bank Wind Farm C 项目 10% 的权益。目前在建的最大新能源项目是巨型风电场 Dogger Bank，全面开发的容量约为 3.6 吉瓦，约占英国总电力需求的 5%。

七、埃尼石油公司

埃尼石油公司是国际化程度较高的国家石油公司之一。公司成立于1953年，总部设在意大利罗马。截至2021年底，公司拥有员工约32689人，业务涵盖石油勘探与生产、天然气与发电、炼化与营销、贸易等，遍及全球80多个国家和地区。

2021年 PIW全球最大50家石油公司排名	2021年 公司营业收入/净利润	2021年 公司总资产
第23位	906/-69亿美元	1630亿美元
2021年 公司剩余油气可采储量合计	**2021年 公司油气产量当量合计**	**2021年 公司勘探投资合计**
8.74亿吨油当量	0.81亿吨油当量	8.3亿美元

1. 战略动向

面对世界能源转型趋势，埃尼石油公司（以下简称“埃尼石油”）将公司业务发展建立在推进环境和社会可持续发展原则之下，以联合国提出的 17 项可持续发展目标为重要参考，致力于将公司打造为一个全产业链价值创造的能源公司。为此，公司不仅聚焦上游油气勘探开发，还关注下游发电、传统炼油化工和新型生物质加工等。近年来，公司还持续推进其业务链条向终端消费者的延伸，销售包括油气产品、电力产品与服务等在内的一系列商品，并通过循环经济生产模式、发展可再生能源、投资自然和人工碳汇项目等来降低所提供商品的碳强度。为了提升公司的价值创造能力，公司重点实施了三类举措：一是追求最佳经营表现，在勘探开发领域始终保持灵活性和运营的韧性，聚焦常规资产、低盈亏平衡资产并快速开发等；二是推进碳中性运营，通过发展可再生能源、投资碳汇项目、提高运营效能等降低产品生命周期碳足迹，在 2050 年前实现运营的碳中性；三是在资产所在国建立广泛的联盟发展模式，实现共赢发展。

埃尼石油近年可采储量变化情况见表 3–8。

表 3–8　埃尼石油可采储量变化情况

储量类型	2017 年	2018 年	2019 年	2020 年	2021 年
储量修正（百万吨油当量）	25.4	62.4	65.1	21.7	32.2
扩边和发现（百万吨油当量）	63.2	22.7	13.9	7.0	9.0
提高采收率（百万吨油当量）	2.8	1.8	0	0.1	1.7
购买（百万吨油当量）	0.3	96.3	28.9	0	0.1
出售（百万吨油当量）	–66.7	–70.8	–6.6	0	–0.6
生产（百万吨油当量）	–88.3	–90.0	–90.2	–83.5	–80.7
储量变动（百万吨油当量）	–63.4	22.4	11.0	–54.8	–38.4
总储量替换率（%）	28.2	124.9	112.2	34.4	52.5

数据来源：埃尼石油年报。

2021 年随着宏观经济逐渐好转、原油价格强势回升和全球需求复苏，埃尼石油不断强化公司财务和资本弹性。2021 年，埃尼石油资本支出约为 48 亿欧元（约 56.8 亿美元），在接下来的四年中，埃尼石油预计资本投资和资本支出为 281 亿欧元（约 332.4 亿美元）。通过公司的努力，埃尼石油 2021 年调整后的现金流约 95.2 亿美元，从而有效地支撑了公司约 68.6 亿美元的有机资本支出。在碳减排方面，公司 2021 年上游温室气体排放强度指数和上游甲烷逃逸性排放量仍较 2014 年分别下降 25% 和 92%。

2. 勘探

埃尼石油非常重视自主勘探活动，并以其独有的“双勘探模式”[1]著称，曾连续四年被提名为石油行业最佳勘探公司。近年来，埃尼石油相继取得多个重大的发现。过去十年间，年均扩边和新发现油气可采储量 0.31 亿吨油当量，使得勘探成为公司增长的核心业务。随着宏观经济环境逐渐改善，2021 年埃尼石油勘探支出合计 8.34 亿美元，较 2020 年增加 2.3 亿美元，增幅 38%（图 3–41）。公司全年完成净权益探井 14.4 口，较 2020 年增加 4.6 口，净权益探井成功率为 48.6%；实现扩边和发现可采储量 0.09 亿吨油当量。至 2021 年底，埃尼石油净权益未开发面积为 30.78 万平方千米，主要分布在亚洲（48.9%）、非洲（37.5%）等国家和地区。

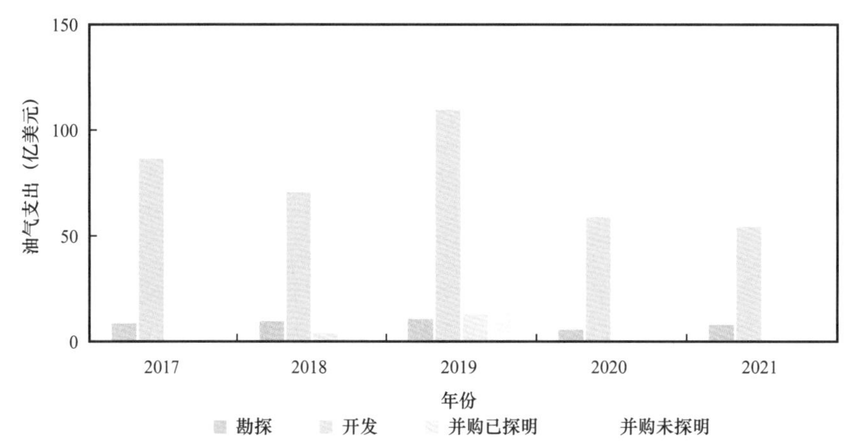

图 3–41　埃尼石油 2017—2021 年油气支出

数据来源：埃尼石油年报

3. 开发

缩短勘探发现的投产周期成为埃尼石油除双勘探模式外的另一重要举措。石油行业从勘探发现到投产周期平均为 6.8 年，而埃尼石油从勘探发现到投产的时间仅为 3.6 年。2021 年埃尼石油的开发支出为 54.75 亿美元，较 2020 年减少 4.61 亿美元，降幅 7.8%，为近五年来最低水平（图 3–41）。公司全年完成净权益开发井 47.7 口，较 2020 年减少 9.7 口，净权益开发井成功率达到 98.3%。2021 年公司全年实现油气产量 0.81 亿吨油当量，较 2020 年下降 0.03 亿吨油当量，其中石油产量 0.42 亿吨，天然气产量 0.39 亿吨油当量（图 3–42），油气产量主要来自埃及（21.4%）、撒哈拉以南的非洲（17.3%）、北非（15.4%）。

---

❶ 双勘探模式：在一个勘探区块争取较大权益（通常 80% ～100%，最少也要保证 60% ～65%）；获得发现后出售部分权益获取现金流，剩余权益以作业者身份进行开发，出售权益获得的现金流可为未来发展提供投资。

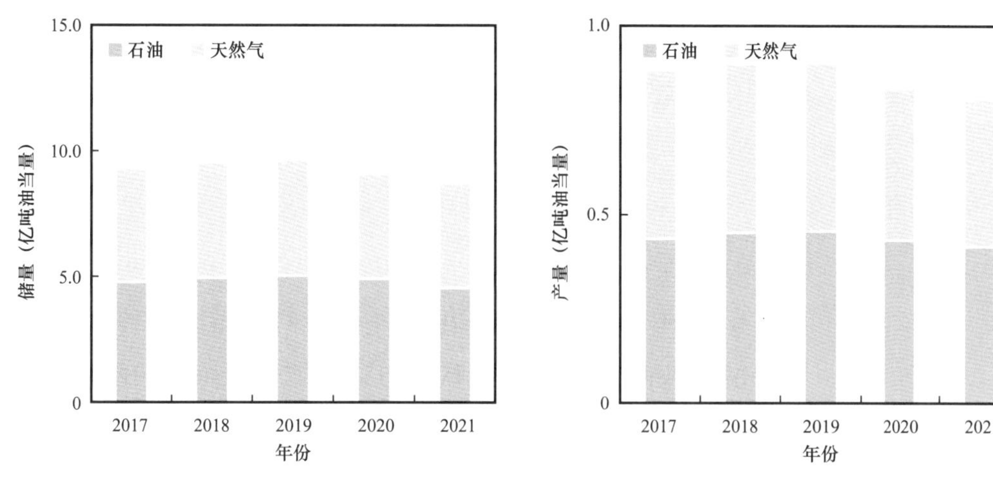

图 3-42　埃尼石油 2017—2021 年油气储量与产量

数据来源：埃尼石油年报

至 2021 年底，埃尼石油剩余油气可采储量 8.74 亿吨油当量，其中，已开发剩余油气可采储量 6.08 亿吨油当量、未开发油气可采储量 2.66 亿吨油当量。在总的剩余油气可采储量当中，石油剩余可采储量 4.57 亿吨，占总剩余可采储量的 52.2%，天然气剩余可采储量 4.17 亿吨油当量，占总剩余可采储量的 47.8%。2020 年通过修正、扩边和发现、提高采收率、购买与出售储量合计 0.424 亿吨油当量，总储量替换率 52.5%，储采比为 10.8（表 3-8）。

4. 资产组合与优化

埃尼石油上游业务遍及全球 42 个国家，核心资产集中在尼日利亚陆上及尼日尔三角洲海上、安哥拉常规及深水、刚果（布）常规及深水、埃及陆上及海上、利比亚陆上及海上、意大利陆上及海上；聚焦区域及资产类型包括美国墨西哥湾浅水及深水、得克萨斯州陆上、挪威的挪威海和北海及巴伦支海、委内瑞拉陆上重油、阿尔及利亚陆上、加纳海上、莫桑比克海上、伊拉克陆上油田、哈萨克斯坦卡沙甘项目、印度尼西亚陆上及海上等资产；新的风险区包括加拿大、墨西哥浅水区块、格陵兰前沿深水勘探区块和缅甸海上区块等。

自主勘探一直是埃尼石油资源获取的主要渠道，但自 2018 年开始公司也尝试通过购买油气资产来扩充自身的资源基础，在 2018 年和 2019 年公司共投资 35 亿美元用于购买阿布扎比下扎库姆油田、乌姆沙依夫和纳斯尔油田、北海和莫桑比克的部分海上项目权益等。2020 年以来受不利的外部环境影响，公司暂停了油气资产购买，重新回归自主勘探之路。2022 年 1 月埃尼石油在埃及获得 5 个勘探许可证等。埃尼石油在通过自主勘探强化对核心资产构建外，也积极剥离非核心资产，如 2022 年 3 月埃尼石油与全球领先的投资公司 Sixth Street 达成协议，将 EniPower 49% 的少数股权出售给 Sixth Street 等。与此同时，公司还大力提升对低碳资产项目的介入力度，这些低碳项目包括以 LNG 为代表的天然气业务、碳捕获与封存业务、各类可再生能源业务、电力基础设施业务等，例如 2021 年 7 月签署了从 Azora Capital 收购西班牙 9 个可再生能源项目组合的协议，总容量为 1.2 吉瓦；2021 年 11 月与 Equinor 和 SSE Renewables 签署协议，收购 1.2 吉瓦 Dogger Bank C 项目 20% 的股权；2022 年 1 月收购希腊公司 Solar Konzept Greek，为可再生能源组合的进一步发展奠定基础；2022 年 2 月公司从 BayWa r.e. 收购可再生能源产能组合，与 Edison 和 Ansaldo Energia 签署协议，旨在启动通过水电解生产绿色氢气或使用天然气捕获产生的二氧化碳的蓝色氢气的可行性研究等。

第六节　国家石油公司上游动向

一、俄罗斯国家石油公司

俄罗斯国家石油公司是俄罗斯最大的石油公司，成立于1995年，总部设在俄罗斯首都莫斯科。截至2021年底，公司拥有员工约36万人，业务涵盖油气勘探、开采和成品油销售等石油天然气产业链的各个环节，主要分布在俄罗斯境内和全球23个国家或地区。

2021年 PIW全球最大50家石油公司排名	2021年 公司营业收入/净利润	2021年 公司总资产
第6位	1191/138亿美元	2237亿美元
2021年 公司剩余油气可采储量合计	**2021年 公司油气产量当量合计**	**2021年 公司勘探投资合计**
55.75亿吨油当量	2.28亿吨油当量	8.56亿美元

1. 战略动向

俄罗斯国家石油公司（以下简称“俄罗斯国油”）成立于 1995 年，最初是由俄罗斯联邦政府成立的国有企业。2000 年，俄罗斯国油取得东西伯利亚矿权，此后规模迅速扩大。2012 年 10 月 22 日，俄罗斯国油宣布，与碧辟和俄罗斯私人财团 AAR 达成协议，从两个大股东手中各购买其所持的秋明—碧辟（TNK—bp）50% 股权。截至目前，俄罗斯国油已成为俄罗斯最大的石油公司，在全球石油行业中的排名也常年稳居前十，其业务遍布全球 23 个国家或地区，以及俄罗斯本土的 78 个油气资源富集区域，在国内拥有子公司 40 余家。

2021年全球石油市场强劲复苏，国际油价大幅上涨，俄罗斯国油的经营业绩也随之水涨船高，全年营业收入1190.8亿美元，同比增长约50%，净利润137.6亿美元，同比增长5倍，总资产达到2236.8亿美元，油气产量、单位生产率、资本回报率、财务杠杆率等核心KPI指标任务均超额完成。但是在市场环境大幅改善的同时，由于俄罗斯与乌克兰之间爆发大规模军事冲突，欧美启动了多轮对俄罗斯的制裁，俄罗斯国油的政治和经营环境迅速恶化，国际石油公司和油服企业纷纷宣布退出俄罗斯业务。面对复杂多变的经营环境，以及能源行业的清洁低碳浪潮，俄罗斯国油重新调整其中长期发展战略，确立了提高生产经营效率、保持运营方面的领先地位、降低碳足迹三大重点，在未来10年内继续成为行业领先的能源生产商和供应商。具体而言，在生产经营方面，一是保持在单位生产成本方面的全球领先地位，二是实现增产3.3亿桶油当量的目标，三是将天然气在油气总产量中所占比重提高到25%；在财务方面，继续提高分红和股东回报；在碳减排方面，俄罗斯国油确立了四个阶段性目标，一是到2025年将温室气体排放量削减5%，二是到2030年将上游温室气体排放量控制在20千克二氧化碳当量/桶油当量以内，将甲烷排放强度控制在2%以内，并杜绝伴生气的常规燃除，三是到2035年将温室气体排放量削减25%以上，四是到2050年全面实现范围1和范围2的碳中和，这比俄罗斯政府宣布的“2060碳中和”目标提前了10年。此外，俄罗斯国油还明确表示，将尽快落实循环经济原则，加强对生物多样性的保护，实现零死亡和零事故目标，确保退役油田的固废处理和土壤修复全面完成，在东西伯利亚、远东和伏尔加等重点运营地区持续开展大规模的社会项目，提供高质量的现代医疗、教育、体育、福利和公用事业服务。

俄罗斯国油近年可采储量变化情况见表3–9。

表3–9 俄罗斯国油可采储量变化情况

储量类型	2017年	2018年	2019年	2020年	2021年
储量修正（百万吨油当量）	127.26	165.62	118.58	192.64	–27.16
扩边和发现（百万吨油当量）	146.44	180.46	216.44	141.40	143.22
提高采收率（百万吨油当量）	0.14	0.14	0.14	0.42	—
购买（百万吨油当量）	65.80	—	0.42	13.58	—
出售（百万吨油当量）	—	—	—	–615.44	–82.32
生产（百万吨油当量）	–260.68	–265.44	–267.40	–241.50	–228.20
储量变动（百万吨油当量）	78.96	80.78	68.18	–508.90	–194.46
总储量替换率（%）	130	130	125	–111	15

数据来源：俄罗斯国油年报。

尽管存在诸多问题和困难，俄罗斯国油仍提高了对核心业务的资源投放，2021 年资本支出达到 10490 亿卢布（约 142.6 亿美元），比 2020 年的 7850 亿卢布（约 108.7 亿美元）增加 30% 以上，主要用于加速释放新项目生产潜力，对炼厂进行升级改造和扩能，以及节能环保等方面。其中约 98% 的资金投放在俄罗斯，约 91% 的资金用于支持勘探和生产活动。上游资本支出总额为 9560 亿卢布（约 129.9 亿美元），主要用于成熟油气田维护和新油气田项目开发，其中陆上和海上成熟油田的资本投资超过 5200 亿卢布（约 70.7 亿美元），占公司资本支出的 50%，新石油和天然气项目资本投资合计超过 4070 亿卢布（约 55.3 亿美元），占比超过 35%。在投资者回报方面，俄罗斯国油宣布 2021 年发放股息 41.66 卢布 / 股（约 0.6 美元 / 股），股息总额 4415 亿卢布（约 60 亿美元）。

2. 勘探

俄罗斯国油的勘探区块主要分布于北极大陆架西部、东西伯利亚 / 远东地区和西西伯利亚地区。截至 2021 年底，拥有勘探许可证上千份，剩余油气可采储量为 55.75 亿吨油当量，比 2020 年减少 3.4%，其中剩余石油可采储量 34.58 亿吨，剩余天然气可采储量 21.17 亿吨油当量，已开发剩余油气可采储量 27.46 亿吨油当量，同比减少 4.3%，有效发现成本平均仅为 1.45 美元 / 桶，位居全球前列。从油气储量的分布情况来看，西西伯利亚地区占比最大，其次是伏尔加—乌拉尔地区和东西伯利亚地区。

2021 年尽管全球油气市场表现强劲，但俄罗斯国油的勘探支出反而降至 8.56 亿美元，同比减少 31.3%（图 3–43）。由于资金有限，且欧美对俄罗斯持续施加制裁，公司的勘探活动将更加聚焦泰米尔、沃斯托克等本土核心区域，并努力提高本土企业的技术研发能力和装备制造能力，降低对外国供应商的依赖程度。2021 年公司全年扩边和

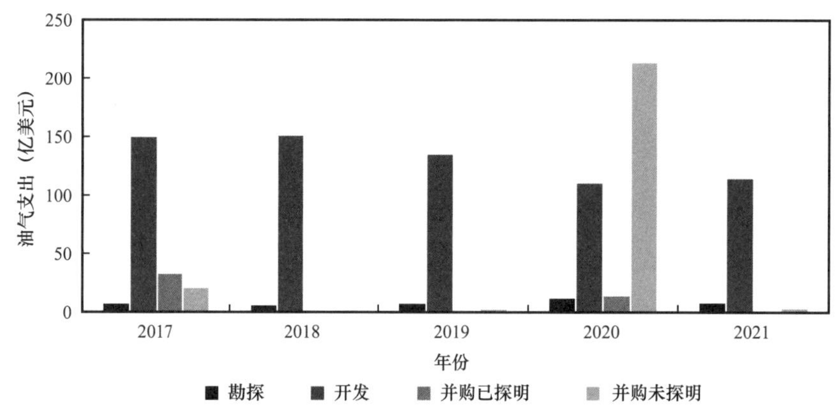

图 3–43　俄罗斯国油 2017—2021 年油气支出

数据来源：俄罗斯国油年报

新发现储量 143.22 百万吨油当量，向下修正储量 27.16 百万吨油当量。2021 年一季度，公司在东西伯利亚地区的克拉斯诺亚尔斯克边缘地带采集了约 500 平方千米的三维地震数据；预计 2022 年底前，在沃斯托克项目所覆盖的区块范围内，再额外采集约 7000 平方千米的三维地震资料，并完成 250 口勘探井。2021 年 11 月俄罗斯国油旗下合资企业 Ermak Neftegaz LLC 通过在泰米尔半岛 Verkhnekubinskoye 钻探的 1 号探井，发现了一个新的凝析油田，估计储量为 3840 亿立方米。

3. 开发

新冠肺炎疫情暴发以来，俄罗斯作为欧佩克 + 的核心成员，一直承担着减产义务。面对充满挑战的市场环境，俄罗斯国油凭借较低的生产成本和出色的运营能力，成功地渡过了难关，在市场逐渐复苏的过程中，保持合理的油气生产水平，开发支出达到 114.99 亿美元，同比增加 3.5%。2021 年公司的油气产量为 2.28 亿吨油当量，同比下降 5.5%，储采比为 24.4，石油产量 1.92 亿吨，同比下降 6.1%，主要是由于成熟油田产量的衰减，以及部分非核心资产的剥离（图 3–44）。为了提高生产效率，降低政府限产指令对经营活动的影响，俄罗斯国油采取了单井限流、间歇性作业、重复压裂技术推广和多样化的油井干预措施，根据产量配额的变化，灵活调整生产决策。得益于上游资产组合的提质增效，2021 年俄罗斯国油的单位油气生产运营支出降至 196 卢布 / 桶油当量（约 2.66 美元 / 桶油当量），比 2020 年小幅下降。

为了如期实现“2050 碳中和”目标，俄罗斯国油计划到 2025 年将天然气在油气总产量中的份额提高到 25%，公司还计划到 2030 年实现油气年产量 3.3 亿吨油当量，新增的产量将主要来自沃斯托克石油项目以及其他地区的新开发油气田。

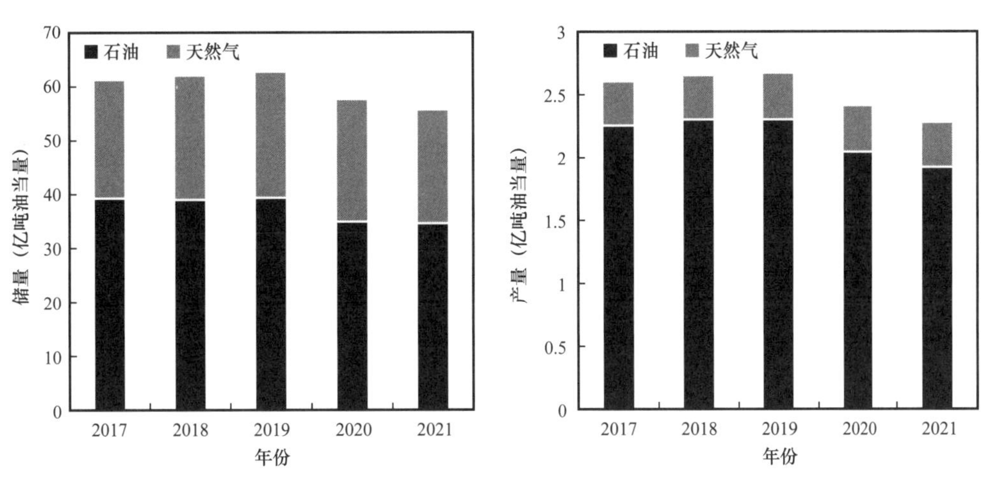

图 3–44　俄罗斯国油 2017—2021 年油气储量与产量

数据来源：俄罗斯国油年报

4. 资产组合与优化

俄罗斯国油的上游资产可以划分为俄罗斯本土和海外两部分。其中，本土资产主要包含东 / 西西伯利亚、伏尔加—乌拉尔地区、提曼—佩霍拉等主要业务区域的众多油气勘探开发项目；海外资产主要分布于南美、东北非、中东和亚太地区，包括埃及佐尔气田（与埃尼石油合作开发，俄罗斯国油持股 30%），巴西亚马逊州勘探许可权益，伊拉克南部 12 号区块萨尔曼油田，库尔德地区贝吉尔（Bejil）勘探生产项目，莫桑比克 A5-B、Z5-C、Z5-D 海上区块联合勘探项目（持股 20%），缅甸 EP-4 区块勘探项目（持股 90%）和越南 06.1 海上气田等。面临化石能源行业发展前景空前的不确定性，俄罗斯国油保持着较好的战略定力，将内部挖潜与利润创造相结合，以价值导向引领资产经营，并择机寻找新的业务增长机会。2021 年公司上游并购支出为 3.81 亿美元，全部用于并购未探明储量资产。

近年来，俄罗斯国内油气产量增速逐渐放缓，多座在产主力油田即将步入生命周期尾声。为了充分利用北极航线优势、培育新的油气供应增长点、扩大欧洲和亚洲油气市场份额，在俄罗斯政府的支持下，俄罗斯国油将大量资金投入西伯利亚泰米尔半岛的沃斯托克综合石油项目，从油气勘探、油田开发、储运设施和出口能力建设、工业配套规划等环节全面发力，其目标是到 2030 年前后，将该地区打造为俄罗斯新的油气供应枢纽。为了实现这一目标，俄罗斯国油大幅提高周边油气区块的勘探力度，并择机收购整合该区域的上游资产，寻找新的合作伙伴，以实现油气资源和各类基础设施的区域内协同效应。

沃斯托克石油项目的资产以 Vankor 和 Payakha 油田群为基础，估计总资源量超过 60 亿吨，且原油含硫量仅 0.01%～0.04%，对于亚太等主要石油消费地区的炼厂有着较强的吸引力。俄罗斯国油计划到 2024 年，通过该项目向全球供应原油 5000 万吨，2030 年前后实现满负荷生产，峰值原油年产量约 1 亿吨，而且即使在 35～40 美元 / 桶的油价环境下，仍然具备盈利能力。由于沃斯托克项目的开发成本巨大，俄罗斯国油一直在为该项目寻找外国合作伙伴。2020 年 12 月大宗商品贸易巨头托克公司宣布，已收购该项目 10% 的股份。2021 年 6 月俄罗斯国油与大宗商品贸易商维托公司牵头组建的财团达成协议，向后者出让沃斯托克石油项目 5% 的权益。

俄乌冲突与欧美对俄罗斯的制裁措施，对俄罗斯国油的资产组合产生了显著的负面影响。2022 年 2 月，碧辟宣布将出售其持有的俄罗斯国油 19.75% 股份，首席执行官伯纳德 · 鲁尼和前执行官鲍勃 · 达德利也将从俄罗斯国油的董事会辞职。若欧美与俄罗斯的关系长期恶化，导致技术和资金短缺的状况加剧，俄罗斯国油在北极的部分油气勘探开发项目可能面临延期或取消。

二、沙特阿拉伯国家石油公司

沙特阿拉伯国家石油公司是有着80多年历史的一体化国家石油公司，成立于1933年，总部位于沙特阿拉伯达兰，业务涵盖油气勘探开发、炼油和石化产品生产、石油化工产品销售、国际贸易等领域，截至2021年底，公司拥有员工68493人，业务主要覆盖美洲、亚洲和欧洲等地区。

2021年 PIW全球最大50家石油公司排名	第1位
2021年 公司营业收入	4005亿美元
2021年 公司总资产	5767亿美元
2021年 公司剩余油气可采储量合计	355亿吨油当量
2021年 公司油气产量当量合计	6.31亿吨油当量
2021年 公司净利润	1100亿美元

1. 战略动向

沙特阿拉伯国家石油公司（以下简称“沙特阿美”）的历史可以追溯到1933年，当时沙特阿拉伯政府与加利福尼亚州标准石油公司签署了石油特许权协议，创建了加利福尼亚州阿拉伯标准石油公司（CASOC），开始在沙特阿拉伯境内进行石油勘探活动。1938年达曼7号探井获得石油发现，次年开始石油出口，从而拉开了沙特阿拉伯石油工业的序幕。1944年CASOC改名为阿拉伯美国石油公司，此后新泽西州的标准石油公司（后来的埃克森石油公司）以及索科尼石油公司（后来的美孚石油公司）相继购买了阿拉伯美国石油公司30%和10%的股份，帮助其打开新的市场渠道。1973—1980年沙特阿拉伯的油气工业和基础设施快速发展，沙特阿拉伯政府也逐渐将其在本国的原油特许权和基础设施权益份额提高到100%。1988年沙特阿美正式成立，随后的10年间不断将其业务向炼油、化工和销售等下游价值链环节延伸，成长为拥有完备上、中、下游资产的一体化石油巨头。2019年沙特阿美完成首次公开募股，正式成为一家上市公司，并在伦敦证券交易所（LSE）发行上市了总金额120亿美元的高级无担保票据。2020年沙特阿美宣布收购沙特阿拉伯基础工业公司（SABIC）70%的股权，从而成为全球主要的石化生产商之一。

2021年，全球石油需求稳健复苏、供应趋紧，国际油价强劲上涨，沙特阿美经营业绩大幅增长，其中营业收入达到4005亿美元，同比提高74.2%；净利润1100亿美元，同比增长124.4%。随着外部经营环境的好转，沙特阿美迎来了业务扩张和低碳转

型的新一轮黄金期，在继续聚焦主业、为股东创造长期价值的同时，公司积极拥抱低碳业务，加速向清洁能源过渡。具体而言，一是把握上游产品价格上涨和下游业务利润率改善的盈利窗口期，高效运营油气资产、推动业务规模扩张和多样化发展；二是坚持高额股东回报，全年发放现金股息 750 亿美元，并计划向股东以 10∶1 的比例进行配股；三是进一步拓宽融资渠道，面向全球投资者发行了价值 60 亿美元的国际债券；四是深度参与由沙特阿拉伯政府发起的共享合作项目，围绕“IKTVA”计划开展多种形式的公司合作，培育本土供应链体系，降低设备和原材料采购成本，加强能源供应稳定性，并寻求产生积极的社会和经济影响；五是积极响应本国政府的绿色倡议，承诺到 2050 年实现公司全资运营资产的温室气体（范围 1 和范围 2）净零排放，助力沙特阿拉伯兑现 2060 年净零排放承诺。在低碳业务方面，沙特阿美重点布局氢能、可再生能源发电、碳减排等领域，一方面在油气生产环节使用先进的减排技术和严格的现场管理；另一方面大力发展循环碳经济，推广以碳减排、回收、再利用和空气净化为核心的“4R”低碳业务框架。2021 年，沙特阿美发布了公司的首份独立可持续发展报告，其中披露的碳强度数据为 11.2 千克二氧化碳当量 / 桶油当量，处于全球油气行业领先水平。此外，沙特阿美继续加大科技创新领域的投资力度，2021 年在美国获得专利合计 864 项，并推出了世界上顶级的超级计算机“达玛姆 –7 号”。

2021 年，沙特阿美资本支出总额为 319 亿美元，略低于 350 亿美元的预算额度，同比增长 18%，主要用于提高石油和天然气产量，以及支持新井的钻探开发活动。根据最新的投资计划，沙特阿美 2022 年资本支出预算额度为 400 亿～500 亿美元。通过一系列的降本增效举措，全年节约资本和运营支出高达数十亿美元，并努力将杠杆率保持在 5%～15% 的长期目标范围内。截至 2021 年底，其资产负债率仅 14.2%，比 2020 年减少了 8.8 个百分点，为全球业内最低，平均资本回报率（ROACE）24.4%，为全球业内最高，自由现金流达到 1070 亿美元。

得益于油价的大幅上涨，以及欧佩克 + 的有序控产策略，沙特阿美 2022 年一季度营业收入达到 1103.5 亿美元，同比增长 72%，净利润达到 394.7 亿美元，同比增长 82%，季度股息继续维持在 188 亿美元。

2. 勘探

作为沙特阿拉伯本土油气资源的实际管理者，丰富的常规油气储量一直是沙特阿美最宝贵的资产。近年来，沙特阿美的勘探业务以增加石油和非伴生气储量为主要目标，大部分勘探活动集中于东部省份新兴潜力盆地的优质区块。此外，公司近年来提高了加瓦尔南部和阿拉伯湾的油藏中的非伴生气资源勘探力度。在邻近成熟油田和基础设施的区块，如鲁巴勒塔里、萨姆曼等，沙特阿美一直保持着较高的勘探成功率，这使得公司能够以较低的成本，获得可供开采的油气资源。在非常规油气勘探方面，沙特阿美继续以满足本国天然气需求、替代发电领域的原油消耗为目标，专注于贾弗拉、南加瓦尔等区块。

2021 年，沙特阿美共发现 3 个常规气田和 2 个非常规气田。根据 2017 年 12 月 24 日起生效的新版特许经营条例，沙特阿美勘探、开发和生产国家油气资源的特许权利期限被限定为 40 年，而如果沙特阿美满足一定的运营要求，则可以获得部分油气资源的 20 年延长期。按以上条例核算，截至 2021 年底，由沙特阿美负责运营和开发的本土剩余油气可采储量为 355 亿吨油当量，其中原油、凝析油和天然气液可采储量合计 310.9 亿吨，天然气可采储量 44.1 亿吨油当量（图 3–45）。

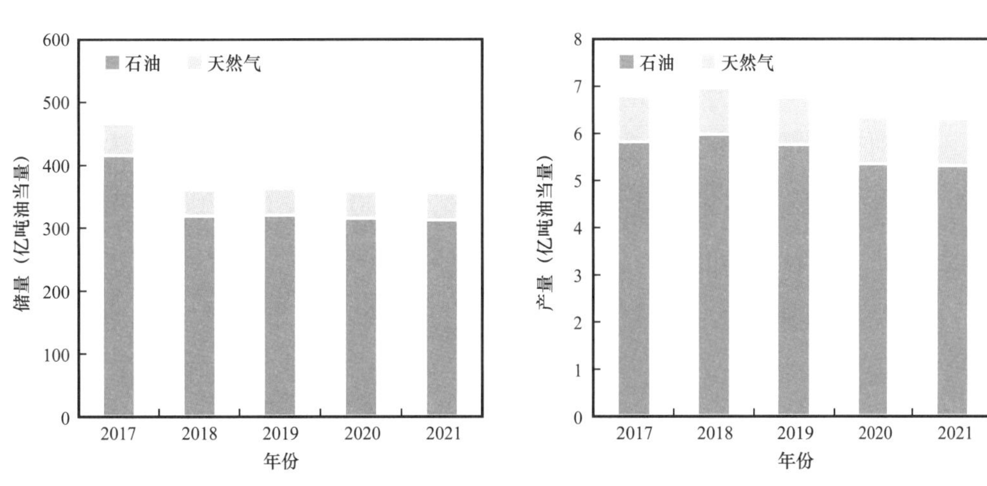

图 3–45　沙特阿美 2017—2021 年油气储量与产量

数据来源：沙特阿美年报

3. 开发

尽管 2021 年油价大幅上涨，上游利润表现强劲，但是由于沙特阿拉伯在欧佩克 + 减产联盟中的核心地位，沙特阿美必须严格遵守产量配额，保持适当的闲置产能，并在必要时发挥超额减产的作用，因此公司主要是通过有节制地开发低成本的新油气藏，抵消枯竭油田的产量衰减，以维持整体产量的稳定。沙特阿美的本土上游资产以陆上和近海资源为主，位置较为集中，主要分布于中部和东部省份，如全球最大的常规陆上油田加瓦尔（Ghawar），以及最大的海上常规油田萨法尼亚（Safaniyah）等。由于大型基础设施和储运网络具有良好的协同效应和规模优势，沙特阿美在生产成本方面长期继续保持全球领先地位，2021 年平均上游开采成本仅为 3 美元 / 桶油当量。

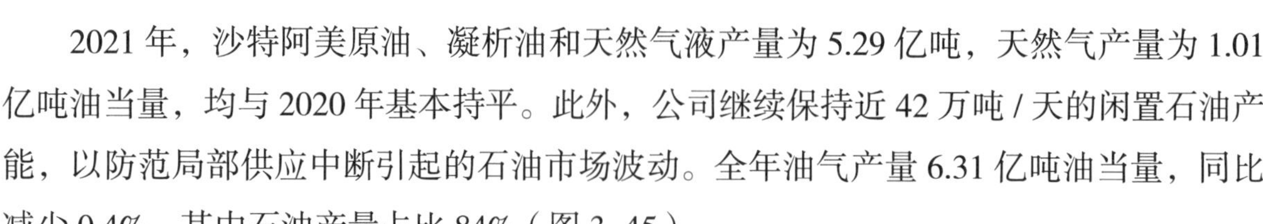

2021 年，沙特阿美原油、凝析油和天然气液产量为 5.29 亿吨，天然气产量为 1.01 亿吨油当量，均与 2020 年基本持平。此外，公司继续保持近 42 万吨 / 天的闲置石油产能，以防范局部供应中断引起的石油市场波动。全年油气产量 6.31 亿吨油当量，同比减少 0.4%，其中石油产量占比 84%（图 3–45）。

为了响应沙特阿拉伯政府提出的要求，在 2027 年以前将石油的最大可持续产能从当前的 1200 万桶 / 天（约 170 万吨 / 天）增加到 1300 万桶 / 天（约 180 万吨 / 天）以上，公司继续有序推进产能扩张计划，马扬（Marjan）、贝里（Berri）等海上油田的扩建工作已经进入工程设计和材料采购阶段，预计在 2025 年前合计增加 55 万桶 / 天（约 7.9 万吨 / 天）的产能。艾因达尔（Ain Dar）和法兹兰（Fazran）增产项目也进入完井后期阶段。达曼（Dammam）开发项目 1 期工作已经启动，预计 2024 年、2026 年分别新增产能 2.5 万桶 / 天（约 0.4 万吨 / 天）和 5 万桶 / 天（约 0.7 万吨 / 天）。天然气方面，沙特阿美于 2021 年正式启动了总价值约 100 亿美元的贾弗拉非常规气田的开发项目。Hawiyah 天然气扩产项目及配套的 Unayzah 储气设施预计也将于 2022 年建成投产。作为沙特阿拉伯境内最大的非伴生气田，贾弗拉气田的估计储量为 5.7 万亿立方米，预计产量于 2025 年达到 570 万立方米 / 天，2030 年突破 5700 万立方米 / 天。上述新增产能将助力沙特阿拉伯在 2030 年以前成为世界领先的天然气生产国。此外，沙特阿美还在研究如何利用其天然气原料进行蓝氢和液氨生产，为其低碳业务提供资源保障。

4. 资产组合与优化

沙特阿美的上游资产主要分为本土油气区块和中立区域两个部分，本土油气区块大部分产量和储量集中在沙特阿拉伯中、东部省份，其中包括全球迄今发现的最大陆上常规油田加瓦尔，以及最大的海上常规油田萨法尼亚。在与科威特合作开发的中立区域，沙特阿美旗下的海湾运营公司与科威特国家石油公司旗下的科威特海湾石油公司各占 50% 权益，且以浅水油气资产为主。依托公司丰富的上游油气产能和全球化布局战略，沙特阿美不断收购或投资开发炼油、化工、贸易、发电项目，逐渐形成了上下游协同互补的资产组合，为其原油资源提供稳定的出路保障。截至 2021 年底，沙特阿美在全球控股或持股的炼油能力合计已达 680 万桶 / 天（约 3.4 亿吨 / 年），其中 43% 的自产原油在公司旗下的炼厂进行加工，份额比 2020 年进一步提高了 4 个百分点。

近年来，在聚焦核心资产的同时，沙特阿美也开始效仿国际石油巨头，通过资产

组合优化，将其资本优先配置到高增长、高回报资产。在海外业务方面，沙特阿美以重点地区的营销业务为主要着力点，维持美国、欧元区、日韩等发达国家和地区的市场份额，挖掘中国、印度和东南亚等新兴经济体的市场潜力，通过提高产量和投资基础设施，扩大其国内外天然气业务规模，以满足发电、海水淡化、石化生产和其他工业领域对低成本清洁能源不断增长的需求。

2021 年，沙特阿美针对其基础设施类资产进行了大规模的股权出让。2021 年 6 月和 2022 年 2 月，沙特阿美分别以 124 亿美元和 155 亿美元的价格，将其石油、天然气管道子公司 49% 的股份出售给由 EIG、贝莱德牵头组建的两家国际财团。2022 年 2 月，沙特阿拉伯政府将其在沙特阿美的 4% 股份转让给沙特阿拉伯公共投资基金（PIF）。下游资产方面，2021 年沙特阿美继续以规模扩张为主线，一是产能为 40 万桶 / 天的吉赞（Jazan）炼厂成功投产；二是与道达尔能源在沙特阿拉伯境内合资运营的第一座阿美（Aramco）品牌加油站开业；三是推出了奥丽金（Orizon）品牌的车用润滑油。此外，完成对沙特阿拉伯基础工业公司的收购以后，沙特阿美重新调整了石化产品的销售业务架构，以发挥沙特阿拉伯基础工业公司与沙特阿美贸易子公司的协同效应。在可再生能源领域，2021 年沙特阿美完成了其有史以来的第一笔重大投资，收购了装机容量 1.5 吉瓦的苏代尔太阳能发电厂 30% 股份，预计该电厂将于 2022 年下半年开始投入运营。

三、巴西国家石油公司

巴西国家石油公司是全球最大的石油天然气生产商之一，也是南美洲市值最大的企业。公司成立于1953年，总部位于巴西里约热内卢。截至2021年底，公司拥有员工4.6万人，业务涵盖油气勘探、开发、炼化和贸易等业务，其核心资产主要位于巴西海上油气盆地，在深水和超深水勘探开发领域处于世界领先水平。

2021年 PIW全球最大50家石油公司排名	2021年 公司营业收入/净利润	2021年 公司总资产
第17位	840/199.9亿美元	1744亿美元
2021年 公司剩余油气可采储量合计	**2021年 公司油气产量当量合计**	**2021年 公司勘探投资合计**
13.83亿吨油当量	1.25亿吨油当量	6.87亿美元

1. 战略动向

巴西国家石油公司是南美洲最大的油气生产商，运营着巴西国内的绝大部分核心油气资产。自从 1971 年在坎波斯盆地开发第一口海上油井以来，超过 50 年的发展历

程中，巴西国家石油公司积累了丰富的深水勘探开发经验，并依靠油气区块和基础设施的规模优势，不断降低勘探开发成本。近年来，巴西国家石油公司立足本土市场，努力向下游延伸，通过强化国内东南部深水油田和炼厂的协同效应，以及参股石化产品生产企业，逐渐形成了一体化的油气产业链和产品销售网络，其业务主要划分为勘探开发、炼化销售和气电三大部门，分布于巴西本土和阿根廷、玻利维亚、哥伦比亚、美国、荷兰、新加坡等其他六个国家。2021 年，全球油气行业强劲复苏，巴西国家石油公司营业收入达到 839.7 亿美元，同比增加 56.4%，净利润增至 199.9 亿美元，同比增长 20 倍，但是受困于管理层更迭和国内政局动荡，公司总资产不升反降，缩水至 1743.5 亿美元，同比减少 8.2%。

为了抓住高油价窗口期的宝贵机遇，让公司重新进入良性发展轨道，巴西国家石油公司制订了全新的 2022—2026 年发展战略规划，确立四大战略目标：一是提高信息透明度，加强对低碳作业等可持续发展议题的关注；二是聚焦深水和超深水油气资产，实现投资组合价值的最大化；三是通过流程优化和产品创新，增加炼油业务附加值；四是加强商业活动、物流供应链与上游业务的协同。与此同时，公司将未来 5 年的计划投资规模扩大了 24%，旨在加速挖掘资源潜力，更快地实现巴西本土油气资源的货币化。

2022—2026 年，公司的资本支出计划额度为 680 亿美元，比上期（2021—2025 年）战略规划方案高出 24%，其中 84% 的资金（约 570 亿美元）将分配给勘探和生产部门，并重点投放于深水和超深水油气勘探开发项目。此外，为践行低碳和可持续发展承诺，公司计划投资约 28 亿美元，用于碳减排项目、生物质燃料生产和相关技术研发活动。

秉承积极主动的投资组合管理原则，公司预计未来 5 年内剥离资金规模 150 亿～250 亿美元的非核心资产，以提高资本回报率、经营效率和现金流稳定性，并将业务集中于更具潜力的核心资产。2021 年第三季度，公司提前完成了削减债务总额至 600 亿美元的目标，并计划将债务总额长期控制在 650 亿美元以下。

巴西国家石油公司近年可采储量变化情况见表 3–10。

表 3–10　巴西国家石油公司可采储量变化情况

储量类型	2017 年	2018 年	2019 年	2020 年	2021 年
储量修正（百万吨油当量）	93.84	66.25	132.12	31.32	275.66
扩边和发现（百万吨油当量）	11.55	48.10	3.58	5.71	0.14
提高采收率（百万吨油当量）	34.54	36.23	—	—	—

续表

储量类型	2017 年	2018 年	2019 年	2020 年	2021 年
购买（百万吨油当量）	—	1.27	—	—	—
出售（百万吨油当量）	—	−51.48	−10.12	−16.35	−1.54
生产（百万吨油当量）	−128.77	−120.76	−127.79	−129.15	−125.44
储量变动（百万吨油当量）	11.16	−20.39	−2.21	−108.47	148.82
总储量替换率（%）	109	83	98	16	219

数据来源：巴西国家石油公司年报。

尽管巴西国家石油公司不断根据内外部环境灵活调整发展战略，但是由于高层人事频繁动荡，公司的未来仍然充满变数。2021 年初，因坚持提高柴油等交通燃料价格，巴西国家石油公司首席执行官罗伯特·卡斯特罗·布兰科（Roberto Castello Branco）被巴西总统博索纳罗解雇，继任者是缺乏油气行业经验的前国防部长若阿金·席尔瓦·卢纳（Joaquim Silva e Luna）。2022 年股东大会前夕，被提名为新任首席执行官的阿德里亚诺·佩雷斯（Adriano Pires）以“避免潜在利益冲突”为由，主动宣布拒绝了这一任命。而几乎与此同时，鲁道夫·兰迪姆（Rodolfo Landim）也宣布拒绝担任巴西国家石油公司的主席。最终，曾在巴西矿业和能源部主管石油、天然气和生物质燃料工作，并于 2020 年 5 月起担任巴西石油和天然气管理公司的董事会主席何塞·莫洛·科利奥临危受命执掌巴西国家石油公司。短短几年内，多次因国内成品油定价政策等争议问题而走马换帅，给巴西国家石油公司的发展前景增添了大量的不确定性。由于在可再生能源等新的业务领域缺乏核心竞争力，巴西国家石油公司预计将继续聚焦深水油气勘探开发主业，更多地以脱碳技术来应对外部投资者的清洁低碳诉求。

2022 年一季度，巴西国家石油公司营业收入 271.9 亿美元，同比增长 73.2%，净利润 86.1 亿美元（其中包括出售公司资产获得的 18 亿美元），同比增长 4680.6%。此外，公司的债务降至 585.5 亿美元，比 2021 年同期低 17.5%。

2. 勘探

巴西国家石油公司的勘探业务侧重于本土深水和超深水区块，其高分辨率三维图像的构建和节点类型地震数据量的储备都居于世界先进水平。近年来，公司主要通过与国际知名的勘探开发企业开展广泛的合作，以合资公司的形式运营重点项目。根据最新修订的“PROD1000”勘探开发战略，公司通过勘探和油藏开发一体化、项目设计标准化、流程优化和并行化、高效招投标以及 FPSO 的快速建造部署，努力缩短项目时间，实现降本增效的目标。

巴西国家石油公司的大部分现有探明储量分布于本土东南部的坎波斯和桑托斯海上油气盆地，这些区域未来也将是公司新增油气探明储量的主要来源地。此外，巴西国家石油公司还在本国的其他17个盆地拥有勘探面积，其中增长潜力最大的主要是赤道边缘和巴西的东部区块。境外勘探方面，巴西国家石油公司的业务主要分布于南北美洲的其他国家，但自从2012年以来，公司一直在优化投资组合、收缩国际勘探业务，目前的海外勘探资产主要是哥伦比亚的泰罗纳（Tayrona）海上区块（作业者权益44.44%），以及维拉利卡·诺特（Villarica Norte）陆上区块（作业者权益50%）。截至2021年底，巴西国家石油公司拥有勘探区块73个，比2020年减少13个，担任作业者的区块有33个，比2020年减少26个，持有100%工作权益的区块为31个，比2020年增加4个。全年来看，巴西国家石油公司的勘探活动仍然集中于巴西本土东南部的盐下区块，在桑托斯盆地贝齐奥斯油田的阿拉姆区块，以及坎波斯盆地的C-M-411、C-M-346和ES-M-669区块均获得油气发现，进一步证实了该区域的巨大油气资源潜力。此外，公司通过参与区块勘探权招标或行使优先购买权，获得了阿塔普、赛皮亚海上油田剩余量的勘探和生产权。其中，阿塔普油田的剩余产量权益份额为52.5%（壳牌持股25%，道达尔能源持股22.5%），赛皮亚油田的剩余产量权益份额为30%（道达尔能源持股28%，马来西亚国家石油公司和卡塔尔国家石油公司分别持股21%）。

2021年，巴西国家石油公司勘探支出合计6.87亿美元，主要用于钻井、地震勘查和收购区块，较2020年减少1.28亿美元（图3-46）；权益勘探面积4.32万平方千米，同比减少0.55万平方千米；完成勘探井9口，数量同比持平。

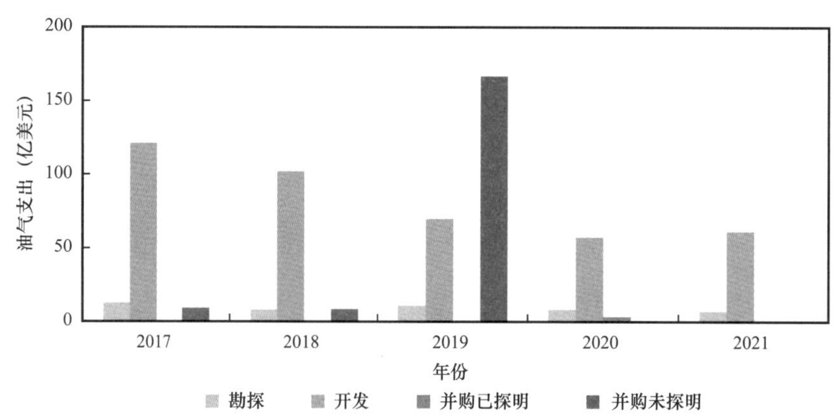

图3-46 巴西国家石油公司2017—2021年油气支出

数据来源：巴西国家石油公司年报

3. 开发

深水和超深水油气田的开发，是巴西国家石油公司价值增长的核心环节，这部分

资产，如桑托斯盆地的卢拉油田和布兹奥斯油田、坎波斯盆地的马林油田等，油气产量合计占到2021年公司总产量的92%，公司目前正在开发的主要项目包括梅罗（持股40%，合作伙伴为壳牌、道达尔能源、中国石油、中国海油）、波比加、苏卢鲁和西安塔普（持股42.5%，合作伙伴为壳牌、道达尔能源、葡萄牙石油公司）等油田。2021年，公司继续实施钻井效率提升计划，布兹奥斯油田的平均钻井施工成本比计划实施前（2018年）下降了32%，通过加强基础设施的检查和维护工作，将生产过程中的产量损失减少了35%，单位开采成本压低至6.6美元/桶油当量，比2020年下降了3%。钻井平台方面，公司于2021年完成了盐下区块新一代FPSO的高产能设计工作，将单个生产平台的石油产能提高到22.5万桶/天（约3.2万吨/天），天然气处理能力提高到423万立方英尺/天（约12万立方米/天）。

2019年以来，巴西国家石油公司在桑托斯盆地的盐下区块不断部署新的生产平台，以降低该盆地的产量衰减速度。2021年，巴西国家石油公司的在产平台共63座，包括自有海上平台41座，租赁海上平台16座。其中，卡里奥卡FPSO开始在赛皮亚油田进行生产作业，阿塔普油田的P-70平台在2020年投产后，仅用不到13个月的时间就达到了16.1万桶/天（约2.3万吨/天）的满负荷产量。此外，公司在布兹奥斯油田的P-76平台和图皮油田的P-69平台都获得了天然气产出，在改善油藏管理的同时创造了更大的价值。海外业务方面，油气产量主要来自阿根廷、玻利维亚、美国墨西哥湾等国家和地区，2021年油气产量合计约210万吨油当量，主要来自阿根廷里奥纽昆油田，玻利维亚圣阿尔贝托、圣安东尼奥油田，以及美国墨西哥湾奇努克、圣马洛和达尔马提亚油田。

2021年，巴西国家石油公司油气产量合计1.25亿吨油当量，其中石油产量1.09亿吨，天然气产量0.17亿吨油当量，油气总产量同比减少2.9%，但已超额完成了2021年的产量目标（图3-47）。得益于生产效率的提升和新钻井平台的部署，盐下区块的石油产量同比增长5%，占到公司石油总产量的73%，比2020年提高了5个百分点。相比之下，浅水油田和陆上油田因投资不足和自然衰减，产量分别下降了71.9%和15.2%。

2021年，巴西国家石油公司开发投资61.2亿美元，同比增长6.8%，但仍然远低于过去10年的平均水平（135.6亿美元）。根据公司的计划，2022年开发投资计划增至110亿美元，梅罗油田瓜纳巴拉FPSO的部署将成为重点工作，该装置的石油和天然气产能分别达到18万桶/天（约2.5万吨/天）和4.238亿立方英尺/天（约1200万立方米/天）。未来5年内，公司计划安装15座新的海上生产平台。

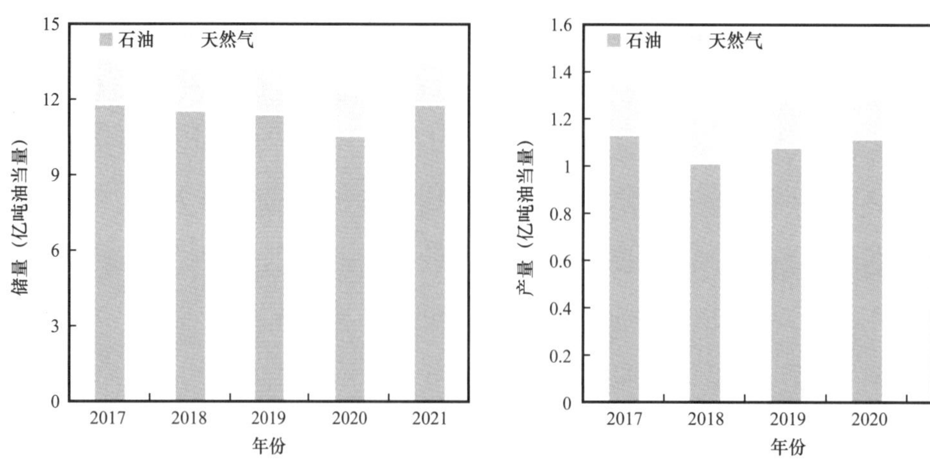

图 3–47　巴西国家石油公司 2017—2021 年油气储量与产量

数据来源：巴西国家石油公司年报

截至 2021 年底，公司剩余油气可采储量为 13.83 亿吨油当量，同比增加 12.0%，其中石油可采储量 11.81 亿吨，天然气可采储量 2.02 亿吨油当量，分别比 2020 年增加 11.7% 和 14.2%（图 3–47）。公司 2021 年储量替换率大幅回升至 219%，为近年来的最高水平，储采比降至 11.1。

4. 资产组合与优化

巴西国家石油公司的核心资产是本土东南部的盐下油田，油气产量和现金流主要来自坎波斯、桑托斯等盆地的盐下油田，其深水和超深水项目中产出的低硫轻质原油日益得到全球客户的青睐。海外上游资产主要分布于阿根廷、玻利维亚、哥伦比亚、美国等 4 个美洲国家，例如持股 33.6% 的阿根廷里奥纽昆油田，持股 35% 的玻利维亚圣阿尔贝托油田和圣安东尼奥油田，以及持股 50% 的哥伦比亚北维拉里卡陆上勘探区块、持股 44.44% 的泰罗纳海上勘探区块。为了将资金集中于核心资产，保持在行业内的竞争优势，公司近年来积极剥离陆上、浅水油田等非核心资产，项目数量降幅高达 90%，2021 年无任何并购投资支出。与此同时，公司将 67% 的资本支出投放于勘探开发环节，特别是重点盐下项目。

2021 年 2 月，巴西国家石油公司出售了乌拉圭子公司的股份，从而退出了该国的油气分销业务。2021 年 7 月，公司出售了韦帕尔能源公司的剩余权益，并以 1.06 亿美元的价格，将坎波斯盆地帕帕—泰拉油田的全部股份出售给巴西 3R 石油公司；2022 年 1 月，公司又以 13.85 亿美元的价格，将北里奥格兰德州波蒂瓜尔盆地的 22 个陆上和浅水在产油田特许权及其相关基础设施 100% 权益出售给 3R 石油公司；2022 年 2 月，公司以 3 亿美元的价格向澳大利亚起源能源公司出售了阿拉戈斯油田群的全部股份，

并以4.78亿美元的价格向西克雷斯特私募股权公司出售了圣埃斯皮里图州四个陆上在产油田的全部权益。2022年3月，公司以21.2亿美元的价格，向中国海油转让了桑托斯盆地布兹奥斯油田的5%权益。

四、马来西亚国家石油公司

马来西亚国家石油公司是马来西亚政府全资控股的国家石油公司，成立于1974年，总部设立在马来西亚吉隆坡。截至2021年底，公司共有员工约4.8万人，业务涵盖油气上游勘探开发、中游管道运输、下游炼化销售等全产业链，同时涉及船舶、汽车工程及产业投资等。除马来西亚本土外，马来西亚国家石油公司还在全球23个国家开展油气的上下游业务，逐渐从单纯地管理马来西亚国家石油资源发展为一家综合的石油和天然气公司。

2021年 PIW全球最大50家石油公司排名	2021年 公司营业收入	2021年 公司净利润
第22位	598.94亿美元	117.4亿美元

2021年 公司总资产	2021年 剩余油气可采储量合计	2021年 公司油气产量当量合计
1533.83亿美元	6.64亿吨油当量	0.80亿吨油当量

数据来源：剩余油气可采储量数据来自美国石油情报周刊。

1. 战略动向

马来西亚国家石油公司（以下简称“马来西亚国油”）是一家由马来西亚政府全资控股的综合大型国家石油公司，其愿景是成为一个面向未来可持续的不断进取的能源和解决方案提供商。面对近年来国际石油市场形势的变化，公司在战略和战术层面都进行了一系列调整，以最小化外部环境对公司业务发展的影响。近年来，公司更加关注可持续发展，为此提出了四大支撑举措：一是强化持续的价值创造，公司通过负责任的投资来驱动长期的业务价值增长；二是关注环境保护，通过提供一系列的低碳能源解决方案和低碳技术以最小化公司经营对环境的影响；三是聚焦广泛的社会责任和同盟关系，通过保护和不断提升雇员、合作伙伴以及所在社区的权益，与所在地区建立起良好的社会同盟关系；四是持续提升公司治理水平，通过建立强力有效的公司治理机制和基于商业伦理的经营模式来提升公司治理水平。在关注可持续发展方面的重要表现之一，就是公司提出了2050年净零排放目标，成为东南亚第一个提出净零排放的石油公司。

受2021年市场需求增加和油价上涨影响，马来西亚国油经营业绩显著提升，总体回升到疫情前水平。具体而言，2021年来自经营活动的现金流达到189.8亿美元，较

2020 年增加 92.8 亿美元，增幅高达 95.7%；2021 年营业收入为 598.9 亿美元，较 2020 年增加 172.9 亿美元，增幅 40.6%；2021 年税后净利润达到 117.4 亿美元，实现了扭亏为盈，相比 2020 年增加 167.4 亿美元。

2. 勘探

马来西亚国油将勘探业务的增长视为保证公司长期增长的重要引擎，其上游核心业务主要是区块收购、盆地资源评价、勘探钻井等。近 5 年马来西亚国油的资本支出平均约 100 亿美元 / 年。但自 2019 年以来，受市场需求和价格的不确定性影响，资本支出持续下降。2021 年马来西亚国油的资本支出仅为 73.64 亿美元，较 2020 年减少 5.8 亿美元，降幅 7.3%，为近 5 年来最低水平。尽管投资规模出现大幅下降，但是国内外投资占比并没有发生变化，国际业务投资和本土投资总体上比较均衡。从投资结构来看，上游资本支出一直占据着重要的位置，长期保持在总资本支出的 40% 以上，2021 年这一比例达到 48%。2021 年马来西亚国油共获得 8 个勘探发现。

3. 开发

在油气开发方面，马来西亚国油坚持稳定的生产策略，支撑公司的长期发展战略。2021 年马来西亚国油有 21 个项目实现了首油，较 2020 年增加 4 个。经过多年不懈的努力，马来西亚国油的油气产量保持了相对稳定的趋势。2021 年公司全年实现产量 0.80 亿吨油当量。从产出构成来看，马来西亚国油仍以天然气为主，2021 年天然气产量达到 0.53 亿吨油当量，占总产量的 66.3%；石油产量为 0.27 亿吨，占总产量的 33.7%（图 3–48）。为了持续推进产出增长战略，2021 年马来西亚国油批准了 22 个项目的最终投资决策，较 2020 年增加 9 个。

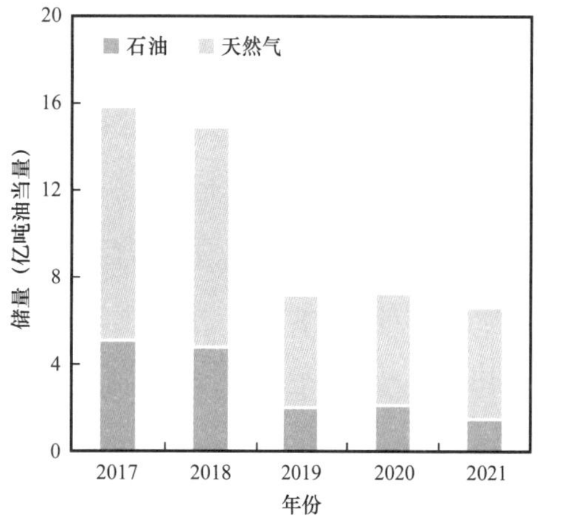

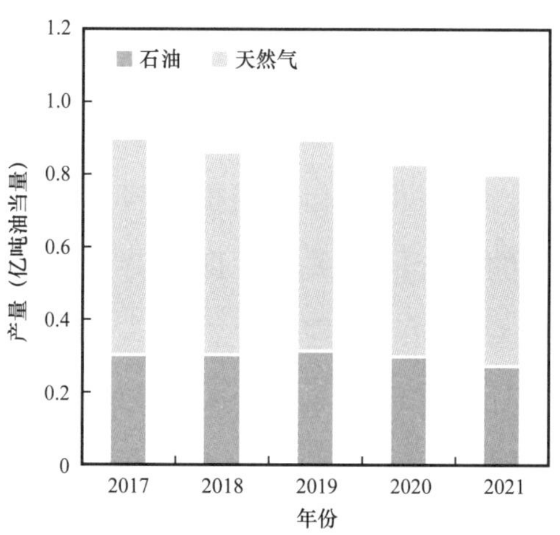

图 3–48　马来西亚国油 2017—2021 年油气储量与产量

数据来源：马来西亚国油年报、美国石油情报周刊

至 2021 年底，马来西亚国油剩余油气可采储量 6.64 亿吨油当量；从资源种类来看，石油剩余可采储量 1.5 亿吨，占总剩余可采储量的 22.6%；天然气剩余可采储量 5.15 亿吨油当量，占总剩余可采储量的 77.4%（图 3–48）。2021 年公司储采比为 8.3。

4. 资产组合与优化

马来西亚国油上游业务涉及全球 20 多个国家，主要集中在亚太和非洲地区。近年来，马来西亚国油不断推行上游油气资产国际化以及上下游全产业链资产优化战略。在上游资产国际化方面，马来西亚国油持续实行海外资产并购行动，2019 年获得了 10 个国际海上项目区块，其中 5 个位于巴西、2 个位于埃及、2 个位于加蓬、1 个位于印度尼西亚；2020 年和 2021 年，虽然公司资本投资总额大幅下降，但仍然保持了对海外业务的投资比例。在上下游全产业链优化方面，公司每年都有相当一部分资金投入下游、天然气和新能源等业务中。到 2021 年，下游和其他业务的资本支出占到总资本支出的 52%，连续两年超过上游投资。而从收入贡献的角度看，2021 年公司下游和其他业务收入占总收入的比重也已超过 30%。通过上述资产组合与优化，公司致力于寻求可持续的、价值驱动的增长战略。

第七节　独立石油公司上游动向

一、加拿大自然资源公司

加拿大自然资源公司是加拿大最大的独立原油及天然气勘探和生产商之一。公司成立于1973年，总部设在加拿大的卡尔加里。截至2021年底，公司拥有员工9735人，业务主要为油气勘探与开发，分布在加拿大、英国北海、非洲海域等。

2021年 公司营业收入	2021年 公司净利润	2021年 公司总资产
262.1亿美元	61.2亿美元	611.7亿美元
2021年 公司剩余油气可采储量合计	**2021年 公司油气产量当量合计**	**2021年 公司勘探投资合计**
15.0亿吨油当量	0.63亿吨油当量	0.1亿美元

1. 战略动向

加拿大自然资源公司是一家拥有安全、高效、环境友好运营和多样化、均衡油气资产的价值驱动型独立油气公司。强大的、多样化的油气资产是保持公司竞争力的重

要基石。加拿大自然资源公司油气资产涵盖了轻质油、中质油、重油、油砂、合成油、液化天然气、天然气等。其多样化的、均衡的资产配置使得在面对石油价格波动周期时，能够更灵活地进行资产组合的优化。近年来，受国际油价波动的影响，加拿大自然资源公司在进一步推进资产多样化战略、确保公司生产安全和生产行为符合环境标准的同时，强化了低风险资产构建战略、高效运营战略、成本控制与优化战略、外部收购与内部勘探开发平衡战略等。这些战略措施不仅提升了公司资产聚焦度，降低了运营成本，而且还提高了公司的现金流平衡能力。2021 年面对市场需求的增加和油价的大幅上涨，加拿大自然资源公司一方面大幅提高资本支出，公司资本支出较 2020 年增加 53%；另一方面维持低成本运行，以油砂合成油为例，2021 年该类原油成本为 20.91 美元 / 桶，与 2020 年的 20.46 美元 / 桶相当。在外部环境改善和公司持续的降本增效举措下，2021 年加拿大自然资源公司扭转了 2020 年净收益为负的局面，全年净收益为 61.2 亿美元。

加拿大自然资源公司近年可采储量变化情况见表 3-11。

表 3-11　加拿大自然资源公司可采储量变化情况

储量类型	2017 年	2018 年	2019 年	2020 年	2021 年
储量修正（百万吨油当量）	87.5	29.3	-7.1	12.9	70.3
扩边和发现（百万吨油当量）	22.3	164.9	68.9	119.4	40.6
提高采收率（百万吨油当量）	0.3	0.6	33.3	10.2	2.9
购买（百万吨油当量）	345.4	4.2	115.2	72.9	48.3
出售（百万吨油当量）	—	-0.7	—	-0.1	—
生产（百万吨油当量）	-49.1	-55.2	-56.1	-59.6	-63.1
储量变动（百万吨油当量）	406.3	143.1	154.1	155.7	99.0
总储量替换率（%）	927	359	375	361.0	256.8

数据来源：加拿大自然资源公司年报。

2. 勘探

加拿大自然资源公司作为一家以油气勘探开发为主业的公司，勘探投资与发现是保证公司长期增长战略的核心。但随着国际石油市场价格的波动，其勘探投资也随之调整。与此同时，公司也在推行外部收购与内部自主勘探发现的平衡策略。2017—2018 年公司勘探支出有所上涨，2018—2021 年勘探支出快速下降。2021 年，加拿大自然资源公司将更多资金用于收购 Storm Resources Limited 能源公司天然气资产，而相应减少了风险较高的自主勘探，致使勘探支出显著下降。进入 2021 年后，受地缘政治和市场不确定性影响，公司勘探支出进一步大幅度减少 64.3%，仅为 0.1 亿美元（图 3–49）。公司 2021 年完成净权益探井 21 口，显著高于 2020 年的 1.7 口，勘探成功率 100%，勘探区域主要集中在加拿大本土；实现扩边和发现储量 0.406 亿吨油当量。

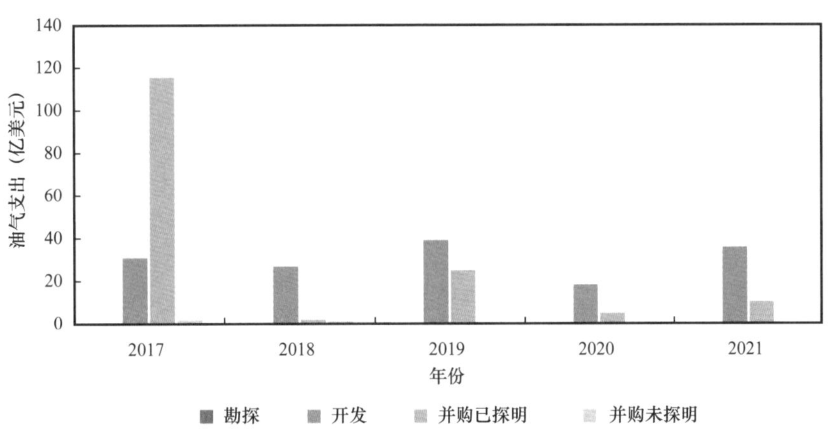

图 3–49　加拿大自然资源公司 2017—2021 年油气支出

数据来源：加拿大自然资源公司年报

至 2021 年底，加拿大自然资源公司净权益未开发面积 7.78 万平方千米，其中加拿大 7.40 万平方千米（占 95.1%，主要分布在加拿大北部平原、大不列颠哥伦比亚省东北部、南部平原和艾伯塔省西北部），南非、加蓬、北海、美国等国家及地区合计 0.38 万平方千米（占 4.9%）。

3. 开发

2021 年加拿大自然资源公司开发投资大幅上涨到 36.36 亿美元，较 2020 增加 92.3%，基本恢复至疫情前的 2019 年水平（图 3–49）。公司 2021 年完成净权益开发井 571.3 口（含测试和服务井数 392.9 口，实际开发井 178.4 口），其中 98.97% 的开发井位于加拿大油气区块，剔除测试和服务井后的净权益开发井成功率为 99%；全年实现油气产量 0.63 亿吨油当量，其中石油 0.49 亿吨，天然气 0.14 亿吨油当量（图 3–50）。从产量的来源地区来看，北美地区为 0.47 亿吨油当量（占比 74.6%），北海地区和非洲海域地区产量相当，共计 0.16 亿吨油当量（占比 25.4%）。

至 2021 年底，加拿大自然资源公司剩余油气可采储量 15.0 亿吨油当量，较 2020 年增长 0.2 亿吨油当量。从剩余可采储量的油气类型来看，石油剩余可采储量 12.4 亿吨；天然气剩余可采储量 2.6 亿吨油当量；从剩余可采储量的开发状况来看，已开发剩余油气可采储量 10.6 亿吨油当量，未开发油气可采储量 4.4 亿吨油当量；从剩余可采储量的地域分布来看，主要分布在北美地区（占总量的 98.6%）。公司 2021 年储量修正、扩边和发现、提高采收率、购买与出售储量合计 1.62 亿吨油当量，导致这一储量

增加的主要原因是储量修正和购买等（表 3-11）。在扣除了公司 2021 年产量后，2021 年全年净储量增长为 0.99 亿吨油当量，储量替换率为 256.8%，储采比为 23.8。

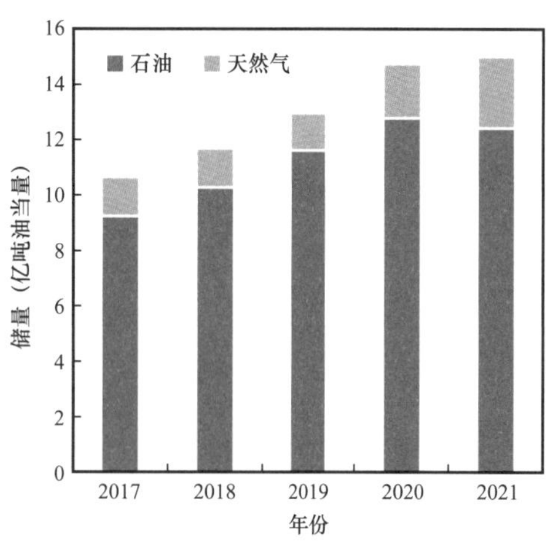

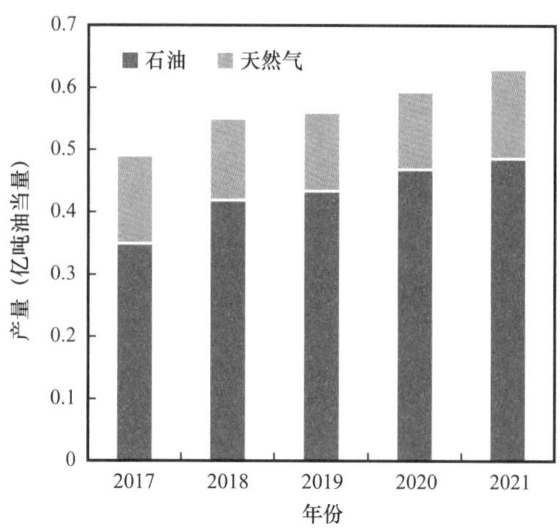

图 3-50　加拿大自然资源公司 2017—2021 年油气储量与产量

数据来源：加拿大自然资源公司年报

4. 资产组合与优化

加拿大自然资源公司的资产位于北美、北海和非洲西部海域三个区域，但核心资产是在北美地区，占到公司总资产的 90% 以上。加拿大自然资源公司长期推行资产增长、多样化及均衡发展策略，并在这一过程中聚焦长周期低递减资产。2020 年，加拿大自然资源公司以 1.11 亿美元的总价完成了对 Painted Pony 能源公司的收购。2021 年，公司完成了对 Storm Resources Limited 能源公司所有已发行和流通普通股的收购，总现金对价约为 7.71 亿美元。这些收购将进一步强化公司对加拿大本土油气资源的控制，并支撑公司油气产出的持续增长。

二、美国康菲石油公司

美国康菲石油公司是全球最大的独立油气勘探开发公司，总部设在美国得克萨斯州休斯敦市。截至2021年底，公司拥有员工9900人，核心业务包括石油、天然气、油砂、LNG、NGL的生产、运输和销售，经营活动覆盖美国、挪威、加拿大、澳大利亚、印度尼西亚、马来西亚、利比亚、中国、卡塔尔等国家和地区。2021年，康菲先后完成了两笔重大收购：一是康休资源公司，二是壳牌的特拉华盆地资产。

2021年 PIW全球最大50家石油公司排名	2021年 公司营业收入/净利润	2021年 公司总资产
第33位	483.5/80.8亿美元	906.6亿美元
2021年 公司剩余油气可采储量合计	2021年 公司油气产量当量合计	2021年 公司勘探投资合计
8.54亿吨油当量	0.83亿吨油当量	10.58亿美元

1. 战略动向

康菲石油公司（以下简称“康菲”）于2001年11月16日在美国特拉华州（Delaware）注册成立，由康菲石油公司（Conoco Inc.）和菲利普斯石油公司（Phillips Petroleum Company）合并而成（2002年8月30日正式合并完成）。2012年4月，康菲将下游业务分拆为独立上市能源公司菲利普斯66（Phillips 66），开始专注于上游勘探开发业务。2021年1月15日，公司完成了对康休资源公司（Concho Resources Inc.）的并购交易，从而获得了该公司位于新墨西哥州和西得克萨斯州的二叠盆地资产；2021年12月1日，康菲完成了对壳牌特拉华盆地资产的收购，获得了该公司位于得克萨斯州的22.5万英亩（约910.5平方千米）权益面积。通过上述两笔交易，康菲进一步贯彻了以多样化、低成本为导向的上游资产组合优化战略。截至目前，公司已经拥有了以二叠盆地区块为核心的北美非常规油气资产，遍布北美、欧洲和亚洲的常规油气、液化天然气资产，以及加拿大油砂资产，业务足迹遍布美国、挪威、加拿大、澳大利亚、印度尼西亚、马来西亚、利比亚、中国和卡塔尔等全球多个国家，涵盖原油、液化天然气、沥青和天然气的勘探、生产、储运、销售等多个环节。

2021年，全球经济低位反弹、国际油价强劲复苏，康菲经营业绩全面回暖。截至2021年底，康菲总资产为906.6亿美元，同比增加44.8%；全年营业收入483.49亿美元，同比增加151.1%；净利润80.79亿美元，同比扭亏为盈，经营活动净现金流170亿美元，主要财务指标均创下近年来最好水平。在外部环境大幅改善的情况下，康菲继续保持审慎的投资决策原则和严格的财务纪律，并加大了股东回报力度。2021年全年，公司向股东提供了合计价值约60亿美元的资本回报，其中普通股股息24亿美元，股票回购额度36亿美元，并通过自然到期和提前偿债相结合的方式，在过去5年内累计削减债务50亿美元。此外，公司宣布将2022年资本支出预算设置为75亿美元，主要用于勘探评估活动、开发项目钻井和基础设施维护等，预期回报股东的资金总额则增加到80亿美元。

为响应全球低碳号召，康菲在2021年作出了更加积极的应对气候变化的承诺，确立了在2050年实现范围1和范围2净零碳排放的目标，并强调将通过降低碳排放强度和积极倡导碳价格机制，来减少范围3的碳排放。为此，康菲将重点布局风电、CCUS和氢能等业务领域，通过技术研发和项目试点，努力确保到2025年前后杜绝常规燃除，并使甲烷排放强度比2019年降低10%；到2030年将运营和净权益运营资产的温室气体排放强度在2016年的基础上降低40%～50%，这一降幅比2021年的承诺目标增加了5%。此外，公司宣布2022年将投入约2亿美元，专门用于推进公司全球业务

的能源转型。

康菲近年可采储量变化情况见表 3–12。

表 3–12　康菲可采储量变化情况

储量类型	2017 年	2018 年	2019 年	2020 年	2021 年
储量修正（百万吨油当量）	66.62	7.00	14.70	–95.90	78.82
扩边和发现（百万吨油当量）	77.49	66.36	67.90	44.52	77.84
提高采收率（百万吨油当量）	0.84	0.28	0.98	0.42	0.14
购买（百万吨油当量）	—	40.60	0.28	4.06	163.66
出售（百万吨油当量）	–266.54	–15.12	–12.32	–5.04	–7.56
生产（百万吨油当量）	–72.47	–67.90	–68.86	–57.59	–83.02
储量变动（百万吨油当量）	–194.06	31.22	2.68	–109.53	229.88
总储量替换率（%）	–168	146	104	–90	377

数据来源：康菲年报。

2022 年一季度，得益于油价的继续上涨，康菲录得单季净利润 57.6 亿美元，同比增长 486.46%，营业收入为 192.91 亿美元，同比上涨 82.7%。

2. 勘探

康菲的勘探活动主要集中于非常规油气区块，业务遍及北美、亚太、欧洲和北非等地。受疫情和低油价的影响，康菲的多个重点区块勘探工作曾在 2020 年被迫中止，但随着市场环境的改善，2021 年以来，公司陆续恢复了本土和海外勘探项目的作业。在美国本土区块，公司重点对蒙特尼地区的权益面积进行了评估。海外业务方面，公司重新调整了勘探计划，一方面在亚太地区提高了勘探强度，例如在中国渤海蓬莱油田 11/05 区 0035757 完成两口评估井，在马来西亚获得沙巴州海域的 SB405 海上区块经营权和 85% 工作权益，计划在 2022 年启动该地区的三维地震勘测工作，此外，马来西亚沙捞越海岸的勘探井钻探计划也安排在 2022 年进行；另一方面，公司继续有序退出非核心区域的勘探业务，正式宣布放弃印度尼西亚中加里曼丹地区的夸拉库伦区块产量分成合同权益，从而结束了在该区块为期 6 年的勘探活动。

拜登政府上台执政以来，美国各级政府不同程度地收紧了勘探活动的环保审批，其中阿拉斯加地区首当其冲。2021 年 8 月，阿拉斯加联邦法院撤销了对康菲柳树项目的批准，导致该项目的进展暂时受阻。但康菲仍坚持在该地区进行地震勘查和评估工作，以寻找新的潜在勘探机会。

2021 年，康菲勘探投资合计 10.6 亿美元，较 2020 年增加 29.5%（图 3–51）。全年完成净权益探井103口，同比增加66口，其中加拿大12口，亚太和中东地区3口，净权益探井成功率为99.0%；实现扩边和发现新增可采储量0.78亿吨油当量，同比增加0.33亿吨油当量。截至2021年底，康菲权益未开发面积2184.1万英亩（约8.8万平方千米），其中阿拉斯加132.9万英亩（约0.5万平方千米），美国本土956.2万英亩（约3.9万平方千米），加拿大194.8万英亩（约0.8万平方千米），亚太和中东地区778.6万英亩（约3.2万平方千米），其余分布在欧洲、非洲和其他地区。

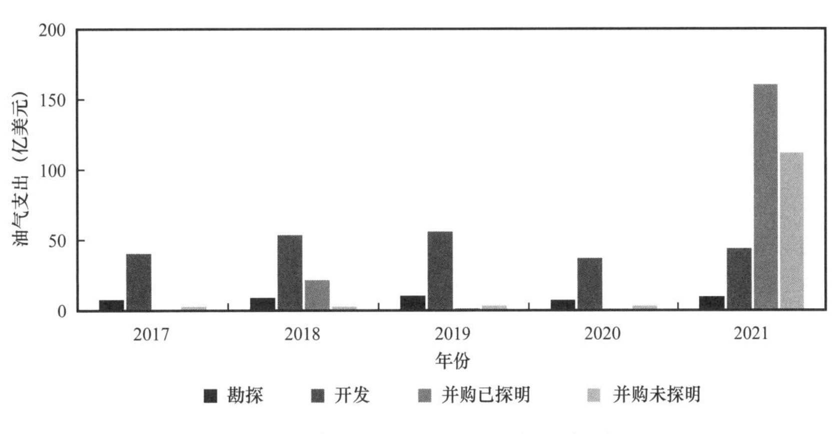

图3-51　康菲2017—2021年油气支出

数据来源：康菲年报

3. 开发

康菲的开发业务以低成本、高增长潜力的美国陆上页岩油气资源为核心，辅以加拿大油砂、北海油气和亚太海上资源。其中，美国本土区块仍是康菲最大的细分市场，其石油和天然气产量占公司总产量的比重分别达到55%和64%。2021年，康菲继续以陆上低成本非常规油气资产的开发为工作重点，在出售了部分非核心资产权益后，特拉华、米德兰、鹰滩和巴肯地区的钻井压裂作业和油气产量仍实现了同比增长。公司全年开发支出44.6亿美元，较2020年增加17.9%，完成净权益开发井401口，同比增加133口，净权益开发井成功率达到100%，实现原油、凝析油和沥青产量0.53亿吨，天然气产量0.30亿吨油当量，油气总产量同比增加37.3%，主要是由于收购康休资源公司后的产量并表，以及美国本土、阿拉斯加、加拿大、挪威、马来西亚等区域的增产（图3-52）。

作为美国阿拉斯加地区最大的原油生产商，康菲在停钻18个月后，于2021年9月全面恢复了该地区的钻井作业，先后于普拉德霍湾常规油田、库帕鲁克油田和西北坡地区完成了合计16口作业井的钻探工作。2021年底，公司在库帕鲁克油田的布鲁克远景区域完成了初步测试，计划于2022年进行试井，以确认其产能潜力。

加拿大油砂业务方面，公司开始在艾伯塔省新建的重油稀释回收装置中加工苏尔蒙特（Surmont）储层产出的混合沥青，盘活重质原油产品并创造了额外的市场价值。

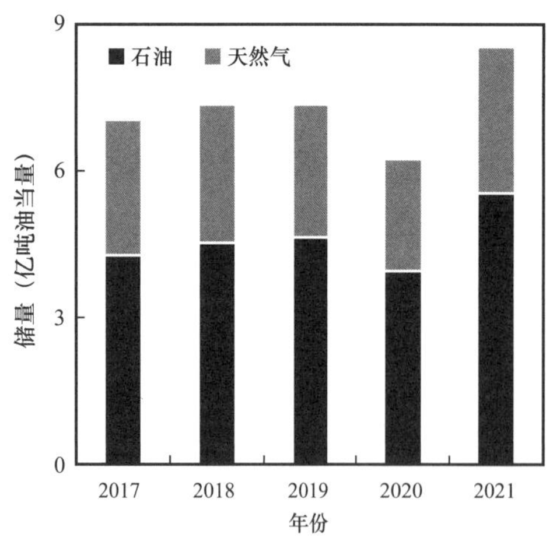

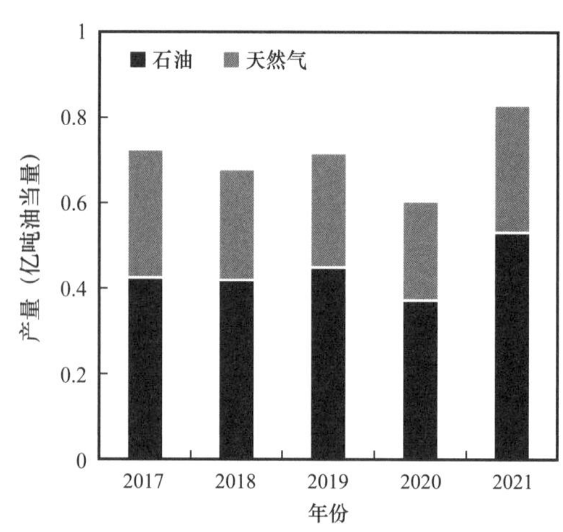

图 3-52　康菲 2017—2021 年油气储量与产量

数据来源：康菲年报

海外业务方面，受哥伦比亚政府的水力压裂禁令所限，公司在玛格达莱纳盆地中部的 VMM-2 和 VMM-3 区块生产活动被迫停止，但其他国家的经营状况均有不同程度的改善。位于挪威北海的托尔 II（Tor II）项目在 2021 年 5 月全面完工并投产；卡塔尔 QG3 气田开发项目继续有序推进；利比亚瓦哈（Waha）油田的开工率比 2020 年同期有大幅改善，原油产量增至 4 万桶 / 天；通过行使优先购买权，将澳大利亚 APLNG 的持股份额提升到 47.5%，2022 年该项目分红有望超过 20 亿美元。此外，公司持股 35% 的马来西亚马利凯油田二期开发项目于 2021 年 2 月建成投产，全年实现原油产量 1.3 万桶 / 天，持股 21% 的马来西亚 SNP 油田二期开发项目于 2021 年 11 月建成并产出首批原油。

公司主要通过三种途径增加探明储量：一是并购油气田资产；二是应用新技术和工艺来提高现有油田的采收率；三是对潜力区块的勘探开发。截至 2021 年底，康菲权益已开发面积 401.3 万英亩（约 1.6 万平方千米），其中美国本土和阿拉斯加合计 301.7 万英亩（约 1.2 万平方千米），占比高达 75.2%，已开发剩余油气可采储量 6.51 亿吨油当量，未开发油气可采储量 2.03 亿吨油当量。公司全年储量修正、扩边和发现、提高采收率、购买与出售储量合计增加 3.13 亿吨油当量，储量替换率为 377%，储采比为 10.29，同比小幅下降 4.6%（表 3-12）。

4. 资产组合与优化

康菲以美国本土资产为立身之本，截至 2021 年底，在该区域拥有 1080 万英亩（4.4 万平方千米）的陆上常规和非常规区块，其核心资产分布于二叠盆地、墨西哥湾和落基山脉三大油气主产区，具有低成本、短周期的优势。2021 年，美国本土的项目为康菲贡献了 55% 的石油产量和 64% 的天然气产量，分别比 2020 年提高了 15 个百分

点和 20 个百分点。在美国阿拉斯加地区，公司的主要资产包括普拉德霍湾油田、帕鲁克油田、西北坡高山油田以及配套的生产、加工和储运设施。在加拿大，公司主要从事艾伯塔省的苏尔蒙特储层油砂开发业务和不列颠哥伦比亚省蒙特尼非常规资源开发业务。海外资产主要分布于挪威北海海域、卡塔尔、利比亚、马来西亚、中国等国家和地区。2021 年，康菲积极进行资产组合优化，全年并购探明储量投资 161 亿美元，并购未探明储量投资 112.7 亿美元，均为公司有史以来的年度最高水平，购买储量 1.64 亿吨油当量，出售储量 756 万吨油当量。

2021 年 1 月，康菲以 131 亿美元的全股票交易，正式完成了对康休资源公司的收购，进一步扩大了特拉华州和米德兰盆地的资产规模。2021 年下半年，公司以 2.5 亿美元的价格出售了在美国本土的部分非核心资产权益。2021 年 9 月，康菲完成了对阿根廷剩余资产的剥离，正式宣布全面退出阿根廷业务。2021 年 12 月，康菲以 87 亿美元的全现金交易收购了壳牌在美国特拉华盆地的所有资产，增加了 22.5 万英亩（约 910.5 平方千米）的得克萨斯州区块面积，以及 17.5 万桶油当量 / 天（约 2.5 万吨 / 天）的非常规油气产量，并以 13.6 亿美元的价格，将位于印度尼西亚南苏门答腊岛的 9 座在产油气田和亚洲管道公司（Transasia）35% 的股份出售给印度尼西亚德克能源国际公司（Medco Energi）。2022 年 2 月，康菲通过其澳大利亚子公司，以 16.5 亿美元的价格从澳大利亚起点能源手中收购了澳大利亚太平洋液化天然气（APLNG）项目额外 10% 的股权，将公司在该项目的权益份额提高到了 47.5%。

康菲计划在 2023 年底前，通过出售非核心资产，回收资金 40 亿～50 亿美元，其中二叠盆地计划出售的资产价值约 20 亿美元。剥离资产所获得的收益将率先用于回馈股东和削减债务。

三、美国依欧格资源公司

美国依欧格资源公司是全球最大的独立石油天然气勘探与生产公司之一。公司成立于1985年，总部设在美国特拉华州。截至2021年底，公司拥有员工约2800人，业务涵盖石油与天然气勘探、开发、生产与销售等，遍及美国、特立尼达和多巴哥、中国、阿曼等国家和地区。

2021年 PIW全球最大50家石油公司排名	2021年 公司营业收入/净利润	2021年 公司总资产
第40位	186.42/46.64亿美元	382.36亿美元
2021年 公司剩余油气可采储量合计	**2021年 公司油气产量当量合计**	**2021年 公司勘探投资合计**
5.25亿吨油当量	0.43亿吨油当量	3.54亿美元

1. 战略动向

美国依欧格资源公司（以下简称“依欧格”）致力于成为油气勘探与生产领域的领先者，其核心理念是通过控制操作成本、降低资本成本和提高采收率，实现投资回报最大化。根据其战略部署，每一项钻井作业都要经过严格的预期回报率评估，保证在维持合理负债水平的前提下，尽量优化支出结构，实现产量的长期增长，提升桶油现金流贡献。依欧格专注于创新和先进技术的使用，如三维地震和微地震、油藏开发模拟、改进水平井钻完井等；适当地使用先进技术，降低油气勘探、开发的风险和成本；高效、安全的运营和强有力的环境管理，也是依欧格战略的重要组成部分。

2021 年，得益于国际油价高企，依欧格创造了辉煌的业绩，公司给股东的现金回报达到了创纪录的 27 亿美元，股息翻番至 3 美元 / 股，净利润达到 47 亿美元，投资资本回报率达到 21%；尽管面临通胀压力，但是依欧格仍将单井成本下降了 7%。依欧格在碳排放方面投入了相当大的努力，宣布到 2040 年实现碳中和，到 2025 年消除常规火炬燃烧，降低温室气体和甲烷的排放。依欧格相信，在长期的全球能源供应中，石油和天然气将是不可或缺的组成部分；不管是从资本还是从碳排放角度看，石油和天然气都是具有竞争力的能源。

2022 年，国际石油市场的供给和需求基本面正在改善，同时也保持了大幅波动。依欧格全年预计产量为 4386 万～4771 万吨油当量，预计投资为 43 亿～47 亿美元。不管在哪种情景下，依欧格始终聚焦于在行业周期中创造价值，关注投资回报、自由现金流、投资约束、可持续发展和企业文化，成为成本最低、回报最高、排放最低的能源供应商之一。

依欧格近年可采储量变化情况见表 3–13。

表 3–13　依欧格可采储量变化情况

储量类型	2017 年	2018 年	2019 年	2020 年	2021 年
储量修正（百万吨油当量）	28.28	–0.66	–8.40	–51.39	–15.96
扩边和发现（百万吨油当量）	58.91	93.77	105.00	79.02	133.28
提高采收率（百万吨油当量）	—	—	—	—	—
购买（百万吨油当量）	0.33	1.63	2.35	1.46	1.26
出售（百万吨油当量）	–2.90	–1.51	–0.64	–4.31	–1.54
生产（百万吨油当量）	–31.42	–37.10	–42.14	–40.05	–43.26
储量变动（百万吨油当量）	53.21	56.12	56.17	–15.28	73.78
总储量替换率（%）	269	251	233	62	271

数据来源：依欧格年报。

2. 勘探

依欧格的勘探开发活动主要集中在美国、特立尼达和多巴哥等国家和地区。2021年依欧格勘探投资合计3.54亿美元，较2020年增加0.58亿美元，同比增长19.6%（图3–53）。2021年全年完成权益探井15口，成功11口，权益探井成功率为73.3%；其中12口探井位于美国，3口探井位于阿曼。

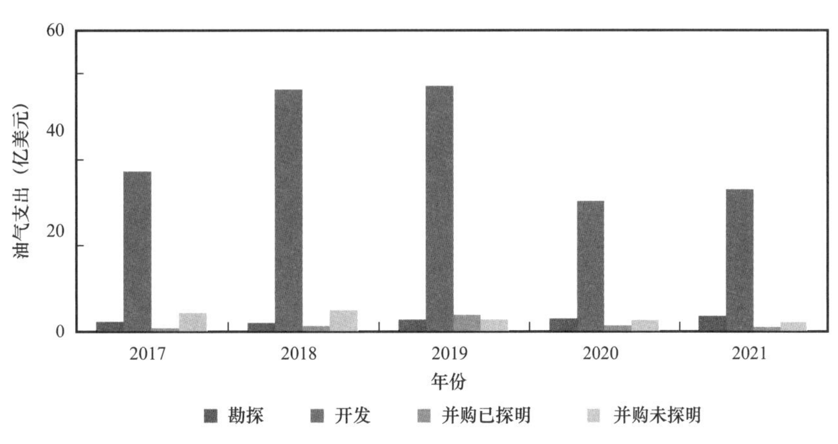

图3–53　依欧格2017—2021年油气支出

数据来源：依欧格年报

2021年依欧格通过扩边和新发现获得可采储量约13328万吨油当量，包括美国二叠盆地的13076万吨油当量，特立尼达和多巴哥的252万吨油当量。新增可采储量中约53%为原油、凝析油和天然气凝析液，47%为天然气。2021年依欧格储量替换率为271%，储采比为12.11。

至2021年底，依欧格剩余油气可采储量为5.25亿吨油当量，较2020年增加16%，包括石油3.33亿吨、天然气1.92亿吨油当量（图3–54）；美国占98.6%，特立尼达和多巴哥占1.4%。美国的净权益储量大多位于成熟油田区块，油田生命周期长，生产设施较为完善，其中石油占64%、天然气占36%。

至2021年底，依欧格净权益未开发面积为3.06万平方千米，与2020年相比减少0.96万平方千米，降幅近24%。其中，美国为7531.9平方千米（占24.6%），阿曼为1.85万平方千米（占60.5%），澳大利亚为4077.1平方千米（占13.3%），特立尼达和多巴哥为505.1平方千米（占1.6%）。

3. 开发

2021年依欧格开发投资33.0亿美元，较2020年增加2.78亿美元（图3–53），涨幅为9.2%。2021年全年完成净权益开发井504口，同比下降约7%。开发井全部位于美国，成功率为99.2%。

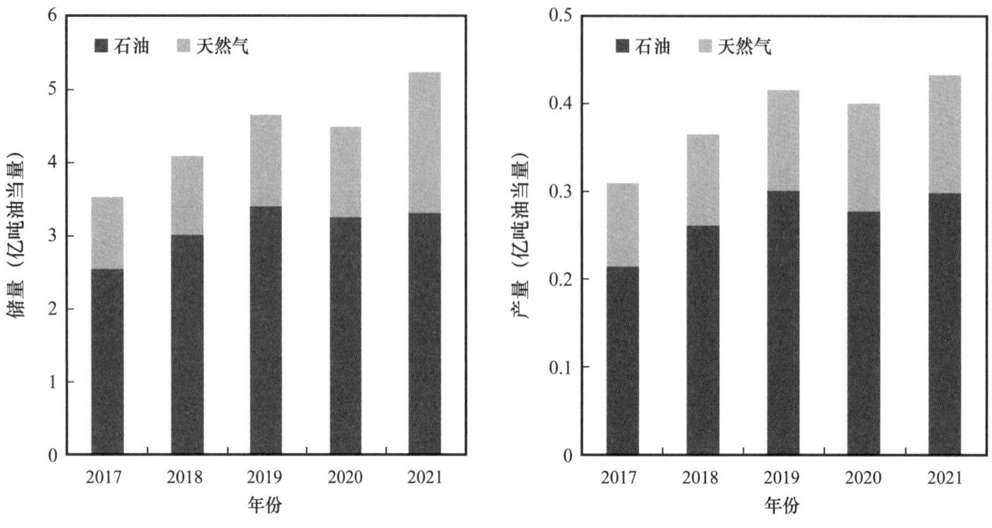

图3-54　依欧格2017—2021年油气储量与产量

数据来源：依欧格年报

至2021年底，依欧格累计拥有净权益生产井9280口，其中美国9252口，占99.7%。2021年依欧格的油气产量为4326万吨油当量，同比增加8.0%。石油产量为3010万吨，占69.6%，同比增加7.7%，产量均在美国；天然气产量为1316万吨油当量，占30.4%（图3-54），同比增加9.1%，其中美国产量增加9.5%、特立尼达和多巴哥产量增加21.2%、其他国家（中国和加拿大）产量大幅减少四分之三。美国的产量为4130万吨油当量，占95.5%，主要产区在特拉华盆地、鹰滩等；特立尼达和多巴哥的产量为196万吨油当量，占4.5%。

4. 资产组合与优化

依欧格的资产主要分布在美国、特立尼达和多巴哥、阿曼。2021年，依欧格在美国购买9500万美元的资产；第二季度，依欧格出售了其在中国四川盆地的业务，目前在中国已经没有任何业务或资产。通过处置在中国和新墨西哥西北大陆架的资产，依欧格获得收入2.31亿美元，确认净收益700万美元。2021年第四季度，依欧格签署了一份买卖协议，出售美国落基山脉地区的资产。2021年12月31日，依欧格待售资产的账面价值和相关的资产报废义务分别为9900万美元、1.05亿美元。可以看出，依欧格的石油和天然气资产布局将进一步归核化发展。

四、美国赫斯公司

美国赫斯公司是一家全球领先的独立能源公司。公司成立于1933年，总部设在美国纽约。截至2021年底，公司拥有员工1545人，业务涵盖石油勘探与开发、炼油运输与销售、天然气与发电等，业务遍及美国、圭亚那、马来西亚、泰国、丹麦和利比亚等。

2021年 公司营业收入	2021年 公司净利润	2021年 公司总资产
74.73亿美元	8.90亿美元	205.15亿美元
2021年 公司剩余油气可采储量合计	**2021年 公司油气产量当量合计**	**2021年 公司勘探投资合计**
1.83亿吨油当量	0.17亿吨油当量	3.68亿美元

1. 战略动向

美国赫斯公司（以下简称“赫斯”）的宗旨是成为世界上最值得信赖的能源合作伙伴。通过保护员工的健康和安全、保护环境、推进公司经营区块所在社区的可持续发展，赫斯致力于成为最高标准的企业公民。赫斯的长期战略是持续提供高回报的资源增长、低成本的能源供应和行业领先的现金流增长。赫斯的资产主要集中在美国巴肯、墨西哥湾深水、东南亚和圭亚那等，差异化的资产组合将实现价值创造，产生持续的现金流，给股东带来现金回报。赫斯所推崇的六项核心价值，即正直、人才、表现、价值创造、社会责任和独立精神，将帮助其实现上述目标。

2021 年，赫斯成功实施公司战略，取得优异的业绩。由于国际油价的大幅上涨，赫斯的净利润达到 8.9 亿美元，与 2020 年的 –28.39 亿美元相比，同比大幅增加 131.3%；营运现金流达到 30 亿美元，同比增加三分之二；单位发现和开发成本约为 5.25 美元 / 桶油当量。赫斯支持《巴黎协定》，积极应对气候变化，承诺继续减少碳足迹。赫斯宣布了新的五年温室气体减排目标，即到 2025 年，范围 1 和范围 2 的温室气体排放强度和甲烷排放强度较 2017 年下降约 50%，并消除常规的燃除。

2022 年，赫斯坚持将资金分配给最好的项目，获得最好的回报。全年资本和勘探预算将达到 26 亿美元，其中大约 80% 分配给圭亚那和巴肯。2022 年 2 月起，赫斯在圭亚那参股的第二个海上开发项目 Liza 二期投产，产能预计将在年内达到约 22 万桶油当量 / 天。预计到 2026 年，赫斯的现金成本将从 2021 年起以 25% 的复合速率下降至 9 美元 / 桶油当量；资产的盈亏平衡油价降至 45 美元 / 桶；布伦特油价 65 美元 / 桶下，现金流将实现 25% 的复合增长。

赫斯近年可采储量变化情况见表 3–14。

表 3–14　赫斯可采储量变化情况

储量类型	2017 年	2018 年	2019 年	2020 年	2021 年
储量修正（百万吨油当量）	14.84	–5.74	–27.58	–3.5	7.42
扩边和发现（百万吨油当量）	40.74	29.82	31.92	19.88	41.30
提高采收率（百万吨油当量）	—	—	—	—	—
购买（百万吨油当量）	—	0.56	—	—	—
出售（百万吨油当量）	–33.46	–4.90	—	–2.8	–12.74
生产（百万吨油当量）	–15.68	–14.14	–15.92	–17.36	–16.52
储量变动（百万吨油当量）	6.44	5.60	–11.58	–3.78	19.46
总储量替换率（%）	141	140	27	78	218

数据来源：赫斯年报。

2. 勘探

2021 年赫斯勘探投资合计 3.68 亿美元，与 2020 年相比增加 0.61 亿美元，涨幅近 20%（图 3–55）。公司 2021 年全年完成权益探井 3 口，均位于圭亚那，全部获得储量发现。2021 年公司扩边及新发现可采储量 4130 万吨油当量，其中，美国 3934 万吨油当量，圭亚那 126 万吨油当量，马来西亚 / 泰国联合区 56 万吨油当量，其他地区 14 万吨油当量。在扩边及新发现可采储量中，82.7% 为石油，主要来自美国和圭亚那；17.3% 为天然气，主要来自美国和马来西亚。

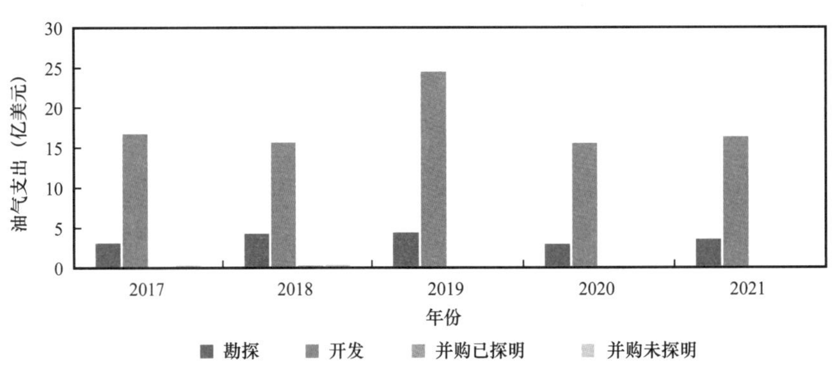

图 3–55　赫斯 2017—2021 年油气支出

数据来源：赫斯年报

至 2021 年底，赫斯净权益未开发面积为 2.43 万平方千米，与 2020 年相比减少 0.034 万平方千米，降幅为 1.38%。美国为 0.11 万平方千米（占 4.5%），圭亚那为 1.06 万平方千米（占 43.6%），马来西亚—泰国联合区为 0.04 万平方千米（占 1.6%），利比

亚为 0.11 万平方千米（占 4.5%），加拿大为 0.52 万平方千米（占 21.4%），苏里南为 0.59 万平方千米（占 24.3%）。

3. 开发

2021 年赫斯开发投资 16.45 亿美元，较 2020 年增加 0.78 亿美元，涨幅为 5.0%（图 3-55）。公司 2021 年完成净权益开发井 54 口，比 2020 年减少 47 口，降幅 46.5%。开发井全部获得成功，其中，48 口位于美国、3 口位于圭亚那、2 口位于马来西亚—泰国联合区、1 口位于利比亚。2021 年全年实现油气产量 1652 万吨油当量，较 2020 年降低 84 万吨油当量，降幅 4.8%（图 3-56）。石油产量 1106 万吨，占 66.9%；天然气产量 546 万吨油当量，占 33.1%。美国本土产量达到 1050 万吨油当量，占 63.5%，较 2020 年下降 238 万吨，降幅 18.5%。

至 2021 年底，赫斯剩余油气可采储量为 1.83 亿吨油当量，较 2020 年增加 0.19 亿吨油当量，涨幅 11.9%，包括石油 1.46 亿吨、天然气 3752 万吨油当量；已开发剩余油气可采储量 1.08 亿吨油当量，未开发油气可采储量 7560 万吨油当量；美国占 67.8%，圭亚那占 16.3%，马来西亚—泰国联合区占 7.1%，其他地区占 8.9%。2021 年公司储量替换率为 218%，储采比为 11.1。

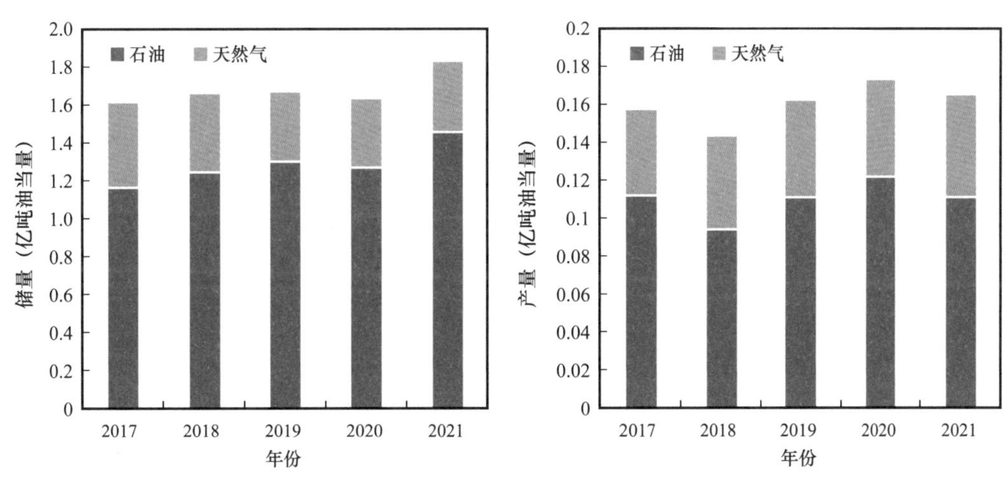

图 3-56　赫斯 2017—2021 年油气储量与产量

数据来源：赫斯年报

4. 资产组合与优化

赫斯的业务涉及全球近十个国家，但其核心资产主要分布在美国的巴肯页岩区块。近年来公司的资产组合与优化策略思路明确，即提升高回报，出售成熟高成本或低回报资产。公司在 2018 年出售了高成本的尤蒂卡页岩资产，2020 年出售了位于墨西哥湾深水区 Shenzi 油田 28% 的权益，2021 年出售了位于丹麦的资产股份，以及美国巴肯的

Little Knife 和 Murphy Creek 地区的非战略性勘探权益，并将回收资金重新投资于圭亚那和美国巴肯区块。

五、美国西方石油公司

美国西方石油公司成立于1920年，总部设在美国休斯敦。截至2021年底，公司拥有员工11678人，业务涵盖石油、天然气、化工品和电力等领域，美国油气资产主要位于新墨西哥州、得克萨斯州、科罗拉多州和墨西哥湾，国际油气资产则分布于阿曼、阿拉伯联合酋长国和阿尔及利亚等国家。2019年8月，完成了对阿纳达科石油公司的收购，2021年12月，收购先锋自然资源公司油气资产，美国本土顶级独立油气生产商的地位得到了进一步的巩固。

2021年 PIW全球最大50家石油公司排名	2021年 公司营业收入/净利润	2021年 公司总资产
第36位	259.6/27.9亿美元	750.4亿美元
2021年 公司剩余油气可采储量合计	**2021年 公司油气产量当量合计**	**2021年 公司勘探投资合计**
4.92亿吨油当量	0.60亿吨油当量	2.90亿美元

1. 战略动向

美国西方石油公司（以下简称“西方石油”）长期致力于提高资产质量、增强组织管理能力和技术创新能力，优先将资本用于高增长项目，以低碳、安全、可持续发展为前提，最大限度地提高资本效率、创造现金流，实现股东回报的最大化。其美国本土业务主要分布于得克萨斯州、新墨西哥州、科罗拉多州和墨西哥湾海域，国际业务主要分布于阿曼、阿拉伯联合酋长国和阿尔及利亚等中东和北非国家。公司的发展战略主要包括四个方面：一是重点开发核心运营区域的常规和非常规油气资源，提高生产运营效率，打造高回报率资产组合，维持合理产量和充裕的自由现金流；二是在具备竞争优势的区域进行战略性的资产收购，并依靠丰富的运营经验和技术挖掘资源潜力；三是打造高水平的上游作业团队，为全球范围内的油气勘探开发项目提供优质服务；四是通过实施创新的碳捕获和储存方案，降低碳足迹、减少温室气体排放，为油气行业脱碳作出积极贡献。

在疫情影响减轻、油价强劲反弹的背景下，2021 年西方石油经营业绩全面回暖，营业收入达到 259.6 亿美元，同比增长 45.7%，净利润 27.9 亿美元，结束了连续两年亏损的状态，全年净现金流达到 39.7 亿美元，同比增加 179%，资本支出 24 亿美元，主要投放于二叠盆地、DJ 盆地、墨西哥湾和阿曼等国家或地区。在不增加资本预算的前提下，超额实现产量目标，化工业务利润创近 30 年来最好水平，惠誉、穆迪、标普等权威评级机构的信用评级普遍上调。随着经营状况的好转，公司开始更加积极地回馈股东和削减债务。2022年2月，公司董事会决定，将股票回购计划总金额从2019年确定的10亿美元提高到15亿美元。由于进行了大量的资产收购，西方石油近年来债务规模持续走高，截至2021年底，公司未偿还债务总额已达到68亿美元，其中仅2021年四季度就因为收购二叠盆地资产而增加债务21亿美元，为此，公司在并购优质资产的同时，持续剥离非核心资产，并将回笼的资金优先用于股东回报和偿还到期债务。

西方石油近年可采储量变化情况见表3–15。

表3–15　西方石油可采储量变化情况

储量类型	2017年	2018年	2019年	2020年	2021年
储量修正（百万吨油当量）	21.09	7.79	–29.12	–67.76	116.06
扩边和发现（百万吨油当量）	0.77	0.93	8.82	3.08	20.30
提高采收率（百万吨油当量）	28.09	41.14	41.02	26.60	2.80
购买（百万吨油当量）	13.91	7.63	196.70	0.56	6.16
出售（百万吨油当量）	–6.21	–2.43	–4.06	–33.74	–1.54
生产（百万吨油当量）	–30.71	–33.65	–52.08	–67.76	–59.64
储量变动（百万吨油当量）	26.95	21.42	161.28	–139.02	84.14
总储量替换率（%）	188	164	410	–105	241

数据来源：西方石油年报。

近年来，美国各级政府普遍加强了对化石能源温室气体排放量的监管，为降低上游勘探开发业务所面临的潜在环境风险，西方石油作为第一家承诺到2040年实现范围1和范围2净零排放的美国大型石油公司（力争2035年前实现），率先组建低碳能源业务部门，将碳管理相关的工作纳入其业务主线，积极开展碳减排服务和可再生能源发电项目试点，2022年计划投资3亿美元用于减碳技术研发和低碳商业模式开发，投资8300万美元用于对其现有油气和化工业务的温室气体减排，力争在低碳油气产品供应和碳减排服务方面占据领先地位。

2021年一季度，西方石油公司录得净利润46.76亿美元，同比扭亏为盈，且创下历史同期新高，营业收入83.49亿美元，同比增长57.7%，期末自由现金流33亿美元，同样创下历史新高。

2. 勘探

西方石油上游板块的本土业务主要分布在二叠盆地，国际业务分布于哥伦比亚、阿曼、卡塔尔和阿拉伯联合酋长国等国家。2015年以来，公司专注于已探明储量的开发和油气生产活动，勘探支出持续低迷，2021年勘探支出合计2.90亿美元，虽然较

2020 年增加 36.8%，但仍然仅为开发支出的十分之一左右（图 3–57）。在投入有限的情况下，西方石油深耕核心勘探区域，绝大部分勘探资金都投放到了二叠盆地和墨西哥湾，在上述两大区域实现扩边和新发现可采储量合计 1.3 亿桶油当量（约 1820 万吨油当量）。海外勘探活动主要集中于阿拉伯联合酋长国的 3 号和 5 号陆上区块。

截至 2021 年底，西方石油剩余油气开采储量 4.92 亿吨油当量，同比增加 20.7%，其中石油可采储量 3.55 亿吨，天然气可采储量 1.37 亿吨油当量。全年完成净权益勘探井 17 口，比 2020 年增加 5 口。从分布来看，美国 10 口，海外地区 7 口，净权益探井成功率为 64.7%。截至 2021 年底，西方石油权益未开发面积 1249.1 万英亩（约 5.1 万平方千米），其中美国本土 544.5 万英亩（约 2.2 万平方千米），占比 43.6%，海外地区 704.6 万英亩（约 2.9 万平方千米），占比 56.4%。

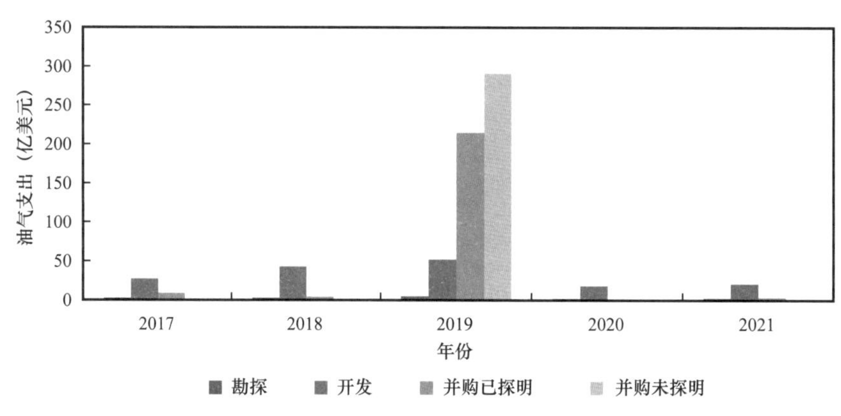

图 3–57　西方石油 2017—2021 年油气支出

数据来源：西方石油年报

3. 开发

西方石油重点开发已知储量区域，如二叠盆地、DJ 盆地、墨西哥湾、阿拉伯联合酋长国、阿曼和阿尔及利亚等，低成本挖潜成熟油田，规模化开发新油田，通过提高核心资产的资本投入强度、优化油井设计流程、最大限度地降低开发成本、提高作业效率，进而增加上游资产的全周期价值。

2021 年，西方石油开发支出 21.2 亿美元，同比增长 15.2%，但仍远低于 2019 年 52.2 亿美元的水平。公司全年完成净权益开发井 339 口，同比增加 11 口，净权益开发井成功率高达 99.7%，其中美国本土 297 口，中东 / 非洲合计 42 口，生产活动继续向美国本土集中。公司全年实现原油、凝析油和天然气液产量 4400 万吨，天然气产量 1500 万吨油当量（图 3–58），油气产量主要来自美国本土（76.8%）和中东 / 非洲地区（18.6%）。

二叠盆地的非常规油气开发项目是西方石油的核心开发业务，具有投资回报周期短、利润率高的优势，也是公司经营现金流的主要来源。2021 年，西方石油在该区域

的资本支出达到 11 亿美元，2022 年的计划支出更是提高到了 17 亿～19 亿美元，几乎是其全球资本预算的一半。除了本土陆上非常规区块以外，西方石油还是墨西哥湾深水区块的第四大油气生产商，截至 2021 年底，在该区域运营深水平台 10 座，拥有 17 座活跃油田和 180 个区块的工作权益。2021 年三季度，飓风“艾达”侵袭美国墨西哥湾并造成了巨大的破坏，西方石油在墨西哥湾的业务同样受到了负面影响，在飓风登陆期间，因安全停产和撤离员工，造成了约 250 万桶油当量（约 35 万吨油当量）的产量损失。但从全年来看，凭借在墨西哥湾超过 3 亿美元的投资，西方石油通过钻井作业和海底基础设施扩建等工作，仍成功地将该区域的权益产量增加到 14.4 万桶油当量 / 天（约 2 万吨油当量 / 天）。2022 年，公司计划将墨西哥湾的资本支出预算提高到 5 亿美元，以寻求更多的规模扩张机会。海外业务方面，通过对部分常规油田进行二次、三次驱油，增加了约 2000 万桶油当量（约 280 万吨油当量）的探明储量。此外，近年来西方石油持续增加对俄克拉何马州和巴肯地区天然气开发项目的资源倾斜，再加上年内收购的二叠盆地和粉河盆地产量贡献，使天然气产量在总产量中所占的比例稳定在 25% 以上。

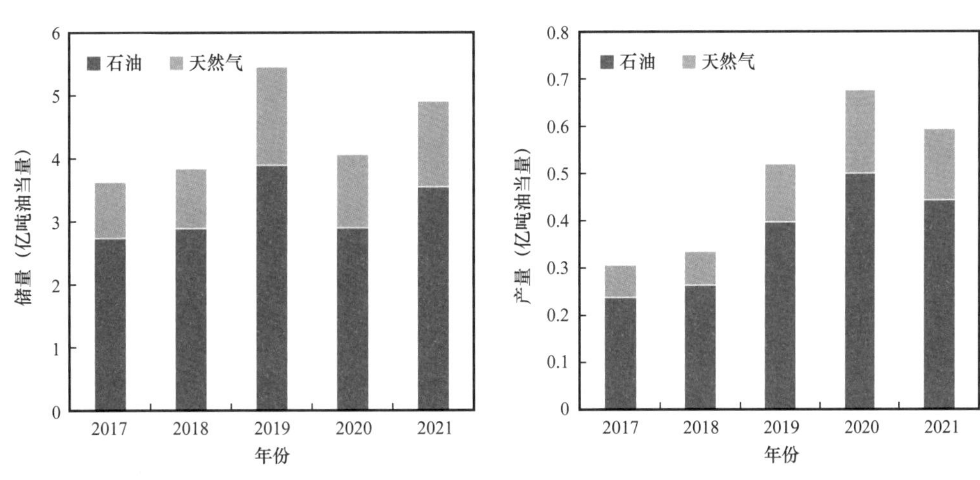

图 3-58　西方石油 2017—2021 年油气储量与产量

数据来源：西方石油年报

2021 年，西方石油向上修正储量 1.16 亿吨油当量，扩边和新发现可采储量约 2030 万吨油当量，通过提高采收率增储 280 万吨油当量，购买储量 616 万吨油当量，出售储量 154 万吨油当量，储量替换率回升至 241%，已开发剩余油气可采储量 2.71 亿吨油当量，未开发油气开采储量 2.20 亿吨油当量。从储量分布来看，美国本土 3.64 亿吨油当量，占总储量的比重提高到 74%，核心地位得到了进一步的巩固，海外地区 1.28 亿吨油当量；储采比为 8.26，同比回升 37.4%。

4. 资产组合与优化

西方石油长期致力于构建短、中、长周期互补以及投资回报率可观、具备充足开

发潜力的油气资产组合，上游资产由国内、国际两个部分组成。其中，国内资产以得克萨斯州、新墨西哥州和科罗拉多州的陆上非常规油气区块为主，还包括墨西哥湾海上的部分油气项目，在不断巩固北达科他州和蒙大拿州巴肯区块最大生产商地位的同时，公司通过收购其他非常规油气主产区的优质资产、剥离二叠盆地的非战略性资产，进一步优化美国本土的资产组合。

2021 年 3 月和 11 月，西方石油分别以 2.07 亿美元和 2.47 亿美元的价格，收购了粉河盆地共计 20.2 万英亩的未开发权益面积和部分油气生产设施。2021 年 12 月，西方石油以 30.6 亿美元的价格，从先锋资源公司手中收购了 JAG 能源公司（Jagged Peak Energy LLC）100% 的权益，以及二叠盆地得克萨斯州权益面积 9.2 万英亩（约 370 平方千米）的油气资产。海外资产方面，西方石油继续推进阿纳达科非洲资产的剥离，于 2021 年 10 月将加纳海上塔诺盆地的朱比利油田和 TEN 油田权益份额出售给塔洛石油公司，从而彻底退出了加纳业务。

除了传统油气资产以外，西方石油也在更加积极地追逐碳中和时代风口，加速布局低碳项目。公司计划投资 10 亿美元，于 2022 年下半年开始在二叠盆地建设一座直接空气捕获（DAC）工厂，用于捕获空气中的二氧化碳，预计 2024 年正式投入使用。西方石油还计划在 2022 年投入 2.75 亿美元，打造三座碳封存中心，于 2025 年前后投入使用，到 2035 年再开发 69 座较小规模的 DAC 设施。通过碳捕获业务获得的碳积分，也将成为西方石油宝贵的低碳资产。2022 年 3 月，西方石油与法国空中客车公司达成协议，将在未来 4 年内向其出售总计 40 万吨的减碳积分。此外，西方石油还与韩国 SK 国际贸易公司签订了一项为期 5 年的预售协议，每年将向其提供 20 万桶（约 2.8 万吨）的碳中和原油产品。

六、加拿大森科能源公司

加拿大森科能源公司是加拿大最大的独立石油天然气勘探与生产公司之一。公司成立于1917年，总部设在加拿大卡尔加里。截至2021年底，公司拥有员工16922人，业务涵盖勘探与生产、供应与贸易、炼化、风电、生物质燃料等，主要分布在加拿大本土。

2021年 公司营业收入	2021年 公司净利润	2021年 公司总资产
309.1亿美元	32.54亿美元	661.5亿美元
2021年 公司剩余油气可采储量合计	**2021年 公司油气产量当量合计**	**2021年 公司勘探投资合计**
5.94亿吨油当量	0.37亿吨油当量	0.4亿美元

1. 战略动向

加拿大森科能源公司（以下简称“森科”）的愿景是成为值得信赖的高价值自然资源管理者，致力于促进经济发展、提升社会福利以及改善环境，其使命是为更好的世界而创造能源。2021 年面对市场需求的增加和油价的大幅上涨，森科多措并举提升公司的生存和运营能力：一是重启股票回购；二是削减净债务，以有史以来最高的年速度削减债务，净债务减少 37 亿美元至 161 亿美元，回到了 2019 年的净债务水平；三是推进持续降本计划；四是更新了以股东回报和温室气体减排为重点的战略，公司宣布到 2050 年实现温室气体净零排放；五是裁员和下游重整，森科宣布将在 2022 年中期之前裁员 10%～15%，并通过下游业务部门重整来提高效率、降低成本。在上述努力下森科全年净利润转亏为盈，额度为 32.54 亿美元。

森科近年可采储量变化情况见表 3–16。

表 3–16 森科可采储量变化情况

储量类型	2017 年	2018 年	2019 年	2020 年	2021 年
储量修正（百万吨油当量）	5.9	10.9	10.9	–12.3	–19.6
扩边和提高采收率（百万吨油当量）	1.1	0.7	27.7	43.4	0.7
新发现（百万吨油当量）	—	—	—	—	—
购买（百万吨油当量）	5.6	14.0	—	—	0.7
出售（百万吨油当量）	—	—	—	—	–0.8
生产（百万吨油当量）	–36	–38	–40.5	–35.4	–37
储量变动（百万吨油当量）	–23	–13	–1.8	–4.3	–56
总储量替换率（%）	35	67	96	88	–52

数据来源：森科年报。

进入 2022 年，森科将继续关注安全、卓越运营、成本下降和股东回报增加，构建更具韧性的经营模式。伴随着市场需求的持续增长，森科预期将进一步提高上游产量，在 2021 年基础提高约 5%。森科计划投资 47 亿加元（约 37.1 亿美元）用于传统能源和新能源业务方面的投资。

2. 勘探

石油市场波动对森科的勘探投资有着重要的影响，2017—2019 年随着国际油价的波动走高，森科不断扩大投资规模。2020 年初随着全球新冠肺炎疫情的暴发和持续发酵，公司的勘探投资也随之缩减，2020 年森科的勘探投资为 2.83 亿美元。2021 年全年勘探投资进一步下降到 0.4 亿美元，比 2020 年减少 2.43 亿美元，创近五年新低（图 3–59）。2021 年森科完成净权益探井 2 口（服务和测试井 2 口，无纯风险勘探井），成功 2 口，净权益探井成功率为 100%，探井分布于加拿大本土油砂区块，该区块探井占总探井的比例为 100%。

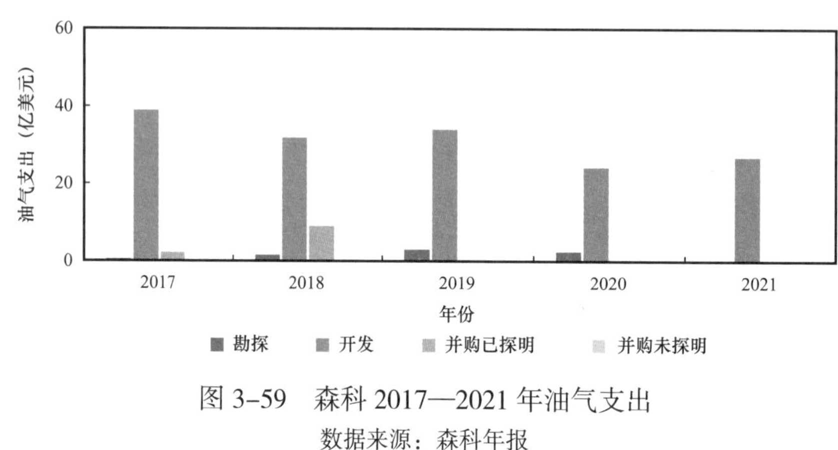

图 3–59　森科 2017—2021 年油气支出

数据来源：森科年报

至 2021 年底，公司净权益未开发面积 5.2 万平方千米，其中加拿大 3.22 万平方千米（占 61.9%）、利比亚 1.42 万平方千米（占 27.3%）、叙利亚 0.35 万平方千米（占 6.7%）、挪威 0.05 万平方千米（占 1.0%）、英国 0.16 万平方千米（占 3%）。

3. 开发

随着经济快速复苏，2021 年森科开发投资 27.26 亿美元，较 2020 年增加 2.65 亿美元，增幅为 10.79%（图 3–59）。受疫情持续发酵和能源市场供需波动的影响，全年完成净权益开发井 308.6 口（其中服务和测试井 265 口，风险开发井 43.6 口，后者比 2020 年增加了 20.5 口），与 2020 年相比减少 186.1 口。在净权益开发井中，99% 位于加拿大油砂区块，加拿大常规油气区块和国际区块占比仅 1%，这充分体现出了公司以油砂为主的资产构成。森科 2021 年实现油气产量 0.37 亿吨油当量，与 2020 年相比增加 0.02 亿吨油当量（图 3–60）。产量的增加也与经济复苏有很大关系。从产量构成来看，几乎所有的产量均来自石油（比例接近 100%），天然气产量极少。从产量的地理分布来看，加拿大本土产量达 0.35 亿吨油当量，占 95%；英国和挪威及其他国际地区产量仅为 0.02 亿吨油当量，占 5%；从产量的类别构成来看，油砂沥青产量为 0.33 亿吨油当量，占 89.2%，其他常规石油和天然气产量为 0.04 亿吨油当量，占 10.8%。

至 2021 年底，森科剩余油气可采储量 5.94 亿吨油当量。从储量类型来看，几乎全部为石油，天然气极少；从储量的开发状况来看，已开发剩余可采储量占 64.4%，未开发可采储量占 35.6%。2021 年森科储量净减少 0.56 亿吨油当量，储量替换率 –52%，储采比 16.1。

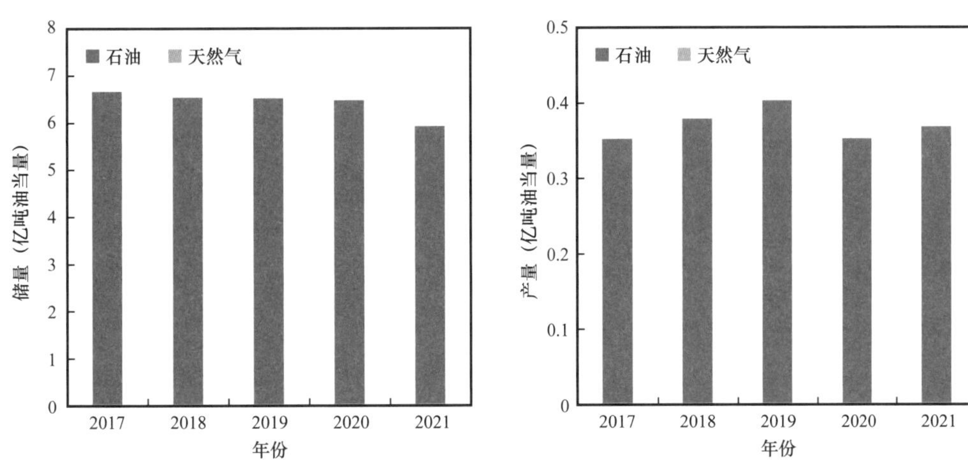

图 3–60　森科 2017—2021 年油气储量与产量

数据来源：森科年报

4. 资产组合与优化

森科的业务遍布加拿大、美国、英国、挪威、利比亚、叙利亚等国家和地区，但其核心资产仍是位于加拿大本土的油砂资产。对于核心资产，森科实行的是强化战略，即不断增加对该类资产的占有和能力建设。例如 2021 年森科与 8 个土著社区一起宣布成立 Astisiy，收购了 Northern Courier Pipeline 15% 的股权；得益于 In Situ 资产表现，2021 年森科的油砂总产量为 64.42 万桶 / 天，成为公司历史上油砂产量第二高的一年。对于非核心资产，森科近年来采取了以创造价值为导向的灵活处置策略。例如森科在 2021 年完成其在金鹰地区（Golden Eagle Area Development）开发项目中 26.69% 的工作权益出售，总收益为 2.5 亿美元。这种灵活的市场操作将有助于森科在非核心资产方面保有较高的资本回报与盈利率。2021 年，在全球能源转型加速推进的形势下，森科开始加大可再生能源领域投资，以此来表明公司参与能源转型的意向，包括利用在低碳电力、可再生燃料方面的现有专业知识扩展清洁氢生产。如在艾伯塔省南部建造一个 200 兆瓦的风力发电项目，该项目目前正在建设中，预计将于 2022 年底竣工并投入运营。

七、英国塔洛石油公司

英国塔洛石油公司(Tullow Oil)成立于1985年，总部坐落于英国伦敦，在伦敦、爱尔兰和加纳上市，是非洲领先的独立石油勘探开发企业。截至2021年底，公司拥有员工353人，业务涵盖勘探、开发与生产等领域，上游资产主要分布在加纳、肯尼亚、加蓬、圭亚那、阿根廷等非洲和拉丁美洲的发展中国家。

2021年 公司营业收入	2021年 公司净利润	2021年 公司总资产
12.73亿美元	-0.81亿美元	49.69亿美元
2021年 公司剩余油气可采储量合计	**2021年 公司油气产量当量合计**	**2021年 公司勘探投资合计**
0.32亿吨油当量	316万吨油当量	0.58亿美元

1. 战略动向

英国塔洛石油公司（以下简称“塔洛”）是一家总部位于英国的独立油气勘探开发企业，其在产油田主要分布于加纳、科特迪瓦和加蓬等西非国家，勘探开发业务主要集中于肯尼亚、圭亚那和阿根廷等非洲、南美国家。2022 年 1 月，曾担任塔洛非执行董事的帕修马·恩赫莱科（Phuthuma Nhleko）接替多罗西·汤普森（Dorothy Thompson）成为公司新任主席，拥有丰富私募股权投资经验的拉胡尔·迪尔（Rahul Dhir）则继续担任公司的 CEO。在新一届高管的带领下，塔洛决策层重新审视了公司的现状和面临的主要问题，决定从油气业务和公司治理两方面入手，制订有针对性的长期发展战略，努力改善塔洛的经营状况和市场形象，推动公司业务回归正轨，重新确立在非洲油气行业的领导者地位。其主要举措包括六个方面：一是聚焦非洲油气资源的开发和生产，带动资源国经济的发展和民众生活水平的提升；二是以加纳朱比勒油田、TEN 油田和加蓬、科特迪瓦非经营性资产为核心，通过加大已发现资源的开发力度、优先开展近场勘探活动、寻求资产并购机会等方式，拓展业务空间；三是坚持审慎的财务纪律，严控业务成本、提高资本效率、出售非核心资产，保持资产负债表的稳健；四是实现运营资产的降本增效，提高生产作业可靠性的同时，将环境影响降至最低；五是维护与东道国政府的良好政企关系，通过油气项目合作，支持新兴石油出口国的经济发展；六是正式作出 2030 年实现范围 1 和范围 2 净零排放的承诺，并全面评估其业务的碳排放规模，针对不同地区资产的特点，量身定制减排方案。

塔洛近年可采储量变化情况见表 3–17。

表 3–17 塔洛可采储量变化情况

储量类型	2017 年	2018 年	2019 年	2020 年	2021 年
储量修正（百万吨油当量）	0.78	2.51	–0.77	6.24	1.04
扩边和发现（百万吨油当量）	—	—	—	—	—
提高采收率（百万吨油当量）	—	—	—	—	—
购买（百万吨油当量）	—	—	—	—	—
出售（百万吨油当量）	—	–0.25	—	—	–2.04
生产（百万吨油当量）	–4.47	–4.16	–4.33	–3.84	–3.16
储量变动（百万吨油当量）	–3.69	–1.89	–5.11	2.41	–4.17
总储量替换率（%）	17	55	–18	163	–32

数据来源：塔洛年报。

尽管全球油气行业在 2021 年迎来了强劲复苏，但塔洛的业绩复苏进程仍然远远落后于大部分国际石油巨头和独立石油公司。2021 年，公司营业收入降至 12.73 亿美元，同比下降 8.8%，全年净亏损 0.81 亿美元，总资产也进一步萎缩至 49.69 亿美元，自由现金流 2.45 亿美元，比 2020 年同期减少 43.3%。因为油价几乎全年单边上涨，衍生品套保操作后实现油价仅 62.7 美元 / 桶，比对冲前低 10.8%。面对短期困境，公司主要通过削减支出和出售资产等途径来进行自救，一是资本支出降至 2.63 亿美元，同比减少 8.7%；二是管理费用同比减少 25%；三是通过压缩加纳项目的运营成本和维护支出，将运营成本从 2020 年的 3.32 亿美元削减至 2.69 亿美元；四是出售非核心资产权益份额，获得了 1.33 亿美元的回报。此外，公司于 2021 年 5 月通过发行 18 亿美元的 5 年期高级担保票据和 5 亿美元的循环信贷安排，实现了债务的再融资，有效缓解了债务到期压力，将债务总额降至 21 亿美元。

2022 年，塔洛的资本支出计划额度为 3.5 亿美元，其中 2.7 亿美元将用于加纳业务，3000 万美元用于西非的非运营资产开发，500 万美元用于肯尼亚项目，4500 万美元用于勘探相关支出。假设 2022 年平均油价为 75 美元 / 桶，则公司的 2022 年基本运营现金流为 7.5 亿美元，自由现金流为 1 亿美元。

2. 勘探

塔洛的勘探业务主要分布于肯尼亚、加纳、科特迪瓦、圭亚那和阿根廷等非洲、南美洲国家。近年来，公司除了在新兴油气盆地进行有选择的勘探活动以外，更加重视探索已开发油田的周边地带，特别是利用现有基础设施进行核心区域的外延式勘

探，以提高上游业务的协同效应，并充分挖掘核心资产的价值潜力。2021 年，公司先后退出了 11 个非核心勘探区块，具体而言，一是全面退出牙买加和科摩罗群岛勘探许可区域；二是大幅减少秘鲁的勘探投入；三是剥离苏里南和秘鲁的所有勘探许可权益；四是剥离纳米比亚的 PEL 90 许可证，从而将勘探活动高度聚焦南美和西非的海上区域。

横跨加纳和科特迪瓦的塔诺盆地因为靠近 TEN 油田而成为勘探重点。此外，公司在加蓬的希姆巴和查塔姆巴（Tchatamba）南部勘探许可区也划定了多个远景区域，其中查塔姆巴油田的一口探井获得油气发现，计划在 2022 年进行试生产。在科特迪瓦，公司已退出所有陆上区块，但仍保留与 TEN 油田相邻的 CI-524 海上区块 90% 权益，截至 2021 年底，塔洛及其合资伙伴 PetroCi 公司已进入该区块勘探的第二阶段，并通过对三维地震数据的再处理，确定了额外的远景资源，计划在 2024 年 8 月以前，择机启动钻探工作。在圭亚那和阿根廷新兴盆地，塔洛在积极寻找战略合作伙伴、分散投资风险的同时，继续坚持资源挖潜，先后完成了苏里南海上 47 号区块格里亚茨博格—沃尔兹博格（Goliathberg—Voltzberg）北部的勘探井，以及阿根廷 MLO114 和 MLO119 许可证区域的多客户三维地震勘测，预计 2022 年的重点工作是圭亚那卡努库（Kanuku）区块的勘探井钻探，以及阿根廷 MLO 122 区块的地震数据采集。

受财务状况和经营战略的影响，2021 年塔洛的勘探支出连续第二年大幅缩水，降至 5800 万美元，同比减少 28.4%（图 3-61），远低于过去 5 年的平均水平（1.29 亿美元）。向上修正储量仅 104 万吨油当量，全年储量替换率也跌至 -32%，为 2015 年以来的最低水平。2022 年，塔洛将继续收缩勘探活动，其全年勘探支出预算仅为 4500 万美元，比 2021 年减少 22.4%。

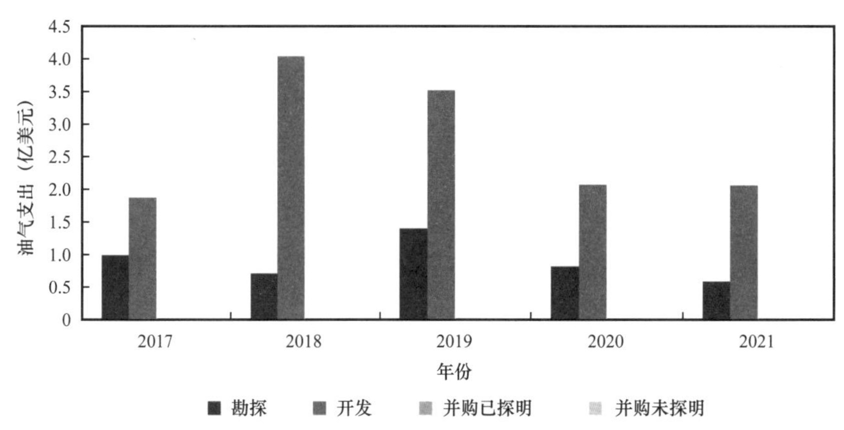

图 3-61　塔洛 2017—2021 年油气支出

数据来源：塔洛年报

3. 开发

对油气储量的选择性开发和在产项目的精耕细作，是塔洛维持低成本运营和稳定现金流水平的关键。近年来，公司更加注重开发项目资本效率的提升，将劳动力和资金集中投放于肯尼亚项目、加纳的朱比勒油田东南部开发项目和 TEN 油田周边地区。为了提高运营水平，塔洛对其项目进行了大规模的管理流程优化和工程技术改造，如简化油井设计和施工流程、提高钻井可靠性、节约供应链成本等。对于在产油田，公司基于长期积累的油藏和生产数据，针对储层质量和资源分布情况进行了优化，专注于单井产量最高的区域，并改进注水系统和其他生产模块，以提高基础设施的协同效应。

加纳的钻探计划是塔洛上游战略的核心，也是加纳价值挖潜计划的最重要一环。2021 年，公司在加纳成功完钻 4 口井，其中 1 口位于 TEN 油田，另外 3 口位于朱比勒油田。目前公司正在与加纳项目的合作伙伴深度接洽，并考虑从 2023 年开始扩大钻探规模。在其他业务区域，公司也取得了一定的成绩，例如在肯尼亚，通过重新调整开发计划，盘活了存量资产并大幅削减项目成本，公司计划在 2022 年引入新的战略合作伙伴，出让项目的部分股权，以匹配公司当前的上游发展战略和财务状况。加蓬的希姆巴扩建项目进展顺利，Sim-03 号加密井于 2021 年 9 月完工投产，配套输油管道投入使用，预计 2022 年权益产量同比增长 40%。

挖掘资源潜力的同时，塔洛也在有序退出部分油田资产，其中英国资产的退出工作将在 2022 年全面结束；毛里塔尼亚欣盖提（Chinguetti）油田的海底基础设施清理工程预计 2022 年底完成，班达（Banda）和迪乌夫（Tiof）油田的退出工作预计将于 2022 年四季度开始；加纳在产油田和部分非经营性资产的退出准备工作已于 2022 年启动，相关工作将在 2022 年产生约 1.2 亿美元的支出。

2021 年，塔洛的开发投资降至 2.05 亿美元，较 2020 年减少 0.5%，占公司上游总投资的 77.9%（图 3-61），全年油气产量仅 316 万吨油当量，同比减少 17.7%（图 3-62）。

截至 2021 年底，塔洛剩余油气可采储量为 0.32 亿吨油当量，同比减少 11.1%，其中石油可采储量占比 89.5%，储采比为 10.24，创 2017 年以来最高水平。2022 年，塔洛石油将继续加大对主要项目的开发力度，开发支出预算上调至 3.05 亿美元，比 2021 年高 48.8%，大部分资金将用于在朱比勒油田钻探 3 口新井，以及朱比勒油田东部地区基础设施的建设。综合考虑新井投产、主要项目停工检修、成熟油田衰减和资产剥离的影响，公司将 2022 年的权益产量目标设定为 280 万～310 万吨油当量，略低于 2021 年的水平。

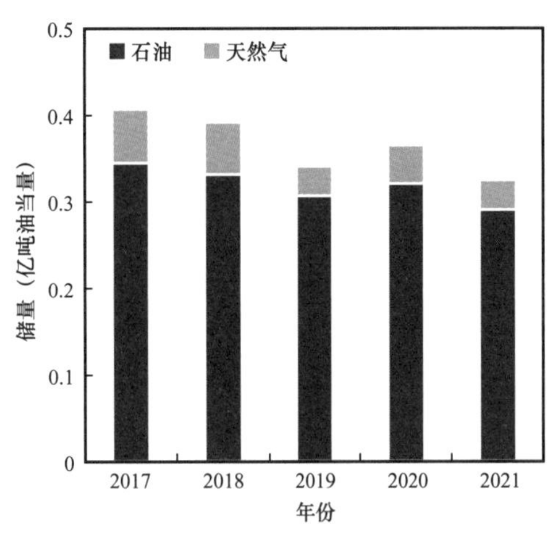

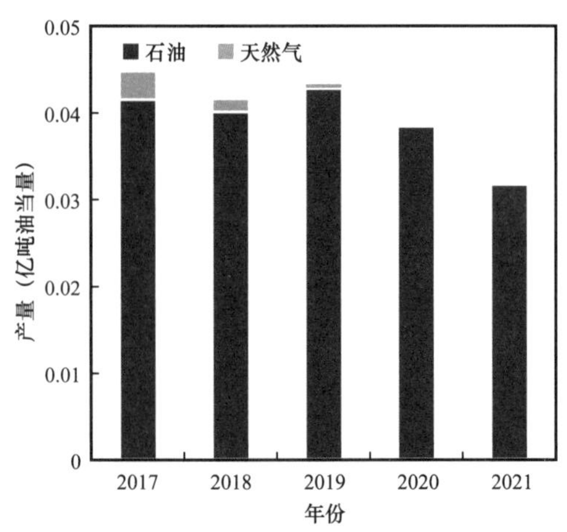

图 3-62　塔洛 2017—2021 年油气储量与产量

数据来源：塔洛年报

4. 资产组合与优化

塔洛的资产主要分布在加纳、肯尼亚、加蓬等非洲国家，以及阿根廷、圭亚那等南美洲国家。其中，油气勘探项目主要分布于圭亚那、阿根廷和秘鲁等南美洲国家的海上油气潜力区块，开发项目主要分布于东非地区，油气生产项目主要分布于西非地区。近年来，塔洛为了缓解债务压力、优化配置资源，一直积极剥离非核心资产。2021 年 2 月，公司宣布以 1.8 亿美元的价格（包括合计 1.4 亿美元的现金，以及与资产表现和未来油价挂钩的共计 4000 万美元或有付款），将其在赤道几内亚的全部资产权益份额和在加蓬的杜萨福—马林许可证权益出售给帕诺罗能源公司（Panoro Energy），交易资产包含约 6000 桶油当量 / 天（约 857 吨油当量 / 天）的油气产能，以及约 2000 万桶油当量（286 万吨油当量）的 2P 油气可采储量。2020 年 11 月，塔洛完成了将乌干达全部资产和作业权出售给道达尔能源的交易，根据协议条款，2022 年 2 月乌干达阿尔伯特湖开发项目完成最终投资决策后，塔洛如期获得了道达尔能源额外支付的 7500 万美元现金。

2022 年 3 月，塔洛在西方石油公司与科斯莫斯（Kosmos）能源公司的资产交易中行使优先购买权，以 1.18 亿美元的现金对价，收购了西方石油公司在加纳朱比勒油田和 TEN 油田的权益份额，从而将这两座油田的持股比例分别提高到 38.9% 和 54.8%。

完成以上交易以后，塔洛将更加专注于西非地区投资回报率更高的项目，在削减债务、降低资本支出规模、收窄政策风险敞口的同时，保留价值增长机会和非洲、南美新兴油气区块的勘探潜力。

八、澳大利亚伍德赛德石油公司

澳大利亚伍德赛德石油公司是澳大利亚LNG产业的领军者，成立于1954年，总部设在澳大利亚珀斯。截至2021年底，公司拥有员工3684人，业务涵盖油气勘探开发、LNG生产与出口等，资产主要分布在西澳大利亚、塞内加尔等国家或地区，其LNG供应量占全球总量的5%。2021年11月，公司正式签署了与必和必拓集团石油业务的合并协议，已于2022年6月7日完成合并交易。

2021年公司营业收入	2021年公司净利润	2021年公司总资产
69.62亿美元	20.36亿美元	264.74亿美元

2021年公司剩余油气可采储量合计	2021年公司油气产量当量合计	2021年公司勘探投资合计
2.23亿吨油当量	0.13亿吨油当量	4.60亿美元

1. 战略动向

澳大利亚伍德赛德石油公司（以下简称“伍德赛德”）是澳大利亚液化天然气（LNG）行业的领军者和世界领先的液化天然气供应商，以LNG产销为核心业务，2021年LNG供应量占全球总量的5%，其业务主要分布在西澳大利亚、塞内加尔等亚太、非洲国家。2021年，伍德赛德营业收入增至69.62亿美元，同比提升93.4%，净利润20.36亿美元，同比扭亏为盈，两项指标均创2014年以来新高。伴随经营状况的大幅改善，伍德赛德继续坚持以液化天然气的生产和销售业务为核心，深度整合运营、开发和钻探能力，拥抱能源转型浪潮，对旗下资产和主要项目进行持续的优化，打造低成本、低碳排放强度、高投资回报率的投资组合。一是收购必和必拓集团的石油业务，扩大上游资产规模和多样性；二是完成了对冥王星二期项目49%权益份额的出让；三是完成了斯卡伯勒项目和冥王星扩能项目的最终投资决策；四是宣布全面退出缅甸业务，剥离加拿大基提马特LNG项目权益；五是继续按计划推进塞内加尔桑格马尔油田、冥王星–KGP互联管道等核心项目钻探和基础设施建设工作。为了拓宽LNG销售渠道，公司努力提高营销、贸易和航运等业务环节的协同效应，挖掘亚太和其他LNG主要消费市场的新客户群体。与此同时，公司积极应对气候变化，承诺以2016—2020年的平均水平为基准，到2025年将范围1和范围2的温室气体排放量减少15%，到2030年减少30%，到2050年或更早的时间实现净零排放。为了兑现净零承诺，公司加大了新能源开发力度，并将氢气产业链作为突破口，在澳大利亚本土市场推进H2Perth、H2TAS等氢能和液氨生产项目，在美国俄克拉何马州试水H2OK氢能项目。

伍德赛德近年可采储量变化情况见表3–18。

表 3-18　伍德赛德可采储量变化情况

储量类型	2017 年	2018 年	2019 年	2020 年	2021 年
储量修正（百万吨油当量）	2.73	-0.37	6.67	-14.24	0.18
扩边和发现（百万吨油当量）	—	—	—	—	0.28
提高采收率（百万吨油当量）	—	—	—	—	133.20
购买（百万吨油当量）	—	—	—	6.61	2.24
出售（百万吨油当量）	—	—	—	—	—
生产（百万吨油当量）	-11.87	-12.54	-12.36	-14.27	-13.01
储量变动（百万吨油当量）	-9.14	-12.90	-5.69	-21.90	122.89
总储量替换率（%）	23	-3	54	-53	1045

数据来源：伍德赛德年报。

2021 年，伍德赛德继续坚持严谨审慎的财务纪律，确保财务风险可控，资产负债表整体保持稳健，资本支出 27.27 亿美元，同比增长 35.5%，年底流动资金达到 61.25 亿美元，全年产生运营现金流 37.92 亿美元，比 2020 年增长 1.1 倍，期末债务总额控制在 54.46 亿美元，资产负债率降至 21.9%，比 2020 年下降 2.5 个百分点。此外，公司加大了股东回报力度，全年股息发放额度同比增加 255%，达到 135 美分 / 股，全年支付股息额度达到 10.18 亿美元。

2022 年，公司资本支出预算为 38 亿～42 亿美元，比 2021 年大幅提高，主要用于斯卡伯勒、冥王星二期、桑格马尔等重点项目的开发，以及新能源项目和部分区域的勘探活动。

2. 勘探

伍德赛德将勘探业务视为扩充投资组合的重要途径，重点关注靠近现有基础设施、商业化路径明确的勘探机会。2021 年，公司的勘探投资合计 4.6 亿美元，比 2020 年增加 29.6%（图 3-63），向上修正储量 18 万吨油当量，勘探活动进一步向西澳大利亚地区收缩。其中，公司提交的 WA-49-L 区块宝石树（Gemtree）项目勘探计划通过环评审批，计划于 2023 年启动钻探工作；参与竞标的 WA-550-P 区块勘探许可证成功中标。此外，公司于 2021 年四季度全面整合四维地震勘测数据和油井动态数据，完成了对冥王星项目周边区域和朱利玛尔—布鲁内罗（Julimar—Brunello）油田的储量评估。海外业务方面，一是在韩国海上 8 号区块和 6-1N 区块进行了总面积约 2575 平方千米的三维地震勘测工作；二是确定了塞内加尔 SNE 北部 2 号探井的井位，计划于 2022 年下半年开始钻探；三是出于规避政治风险的考虑，全面退出缅甸 A-7 区块的勘探开发活动和其他油气业务。

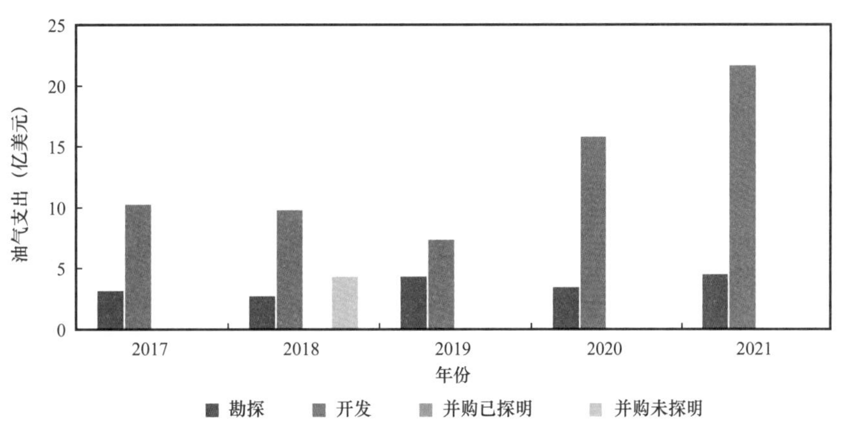

图 3-63　伍德赛德 2017—2021 年油气支出
数据来源：伍德赛德年报

3. 开发

伍德赛德在西澳大利亚地区拥有超过 30 年的项目开发经验，其石油类资产以奥哈、Ngujima-Yen 两座浮式石油生产储卸装置（FPSO）为主，运营中的 LNG 资产主要是西北大陆架、冥王星、惠斯通等天然气液化项目。2021 年以来，国际油气价格大幅上涨，全球天然气供应侧的竞争环境明显改善，伴随外部市场形势的好转，伍德赛德加速推动重点项目落地，于 2021 年正式完成了对斯卡伯勒和冥王星二期项目的最终投资决策，北美和澳大利亚的氢能、液氨项目建设用地陆续到位，塞内加尔的桑格马尔油田建设工作也取得了实质性成效，完成了第一口油井的钻探工作，海上平台的部署工作如期推进，预计 2023 年正式投产。根据此前制订的运营转型计划，伍德赛德努力精简流程，缩短项目开发周期，提高常规技术操作的自动化程度和维护计划的执行效率，西北大陆架卡拉塔天然气加工厂、古德温 -A 生产平台的检修工作相继顺利完成。尽管高通胀、新冠肺炎疫情和地缘政治冲突对全球供应链造成了巨大的负面影响，但伍德赛德的单位生产成本总体控制在 5.3 美元 / 桶油当量，仅比 2021 年增加 10.4%，基本保持稳定。在开发项目的配套基础设施建设方面，用于连接冥王星天然气液化装置和卡拉塔天然气加工厂的冥王星 -KGP 互联管道已经建设完成，已于 2022 年一季度投入使用。届时，卡拉塔天然气加工厂将可以利用闲置产能处理第三方天然气资源。

在碳减排方面，伍德赛德也保持了高度的关注和投入，对于冥王星 LNG 项目，公司启动了针对性的温室气体减排计划，通过引入新的甲烷捕获装置和压缩循环技术，实现二氧化碳减排2400吨/年。对于西北大陆架项目，公司为卡拉塔天然气加工厂配备了先进的过程控制技术和高效燃气轮机，可实现二氧化碳减排5.5万～15万桶/年。

2021年，伍德赛德开发支出21.78亿美元，比2020年提高36.9%，全年油气产量为0.13亿吨油当量，比2020年减少7.4%，其中天然气产量0.11亿吨油当量，比2020年减少4.9%，石油产量231万吨，比2020年减少17.5%（图3-64）。截至2021年底，公司剩余油气可采储量2.23亿吨油当量，比2020年增加122.9%，其中石油剩余可采储量0.24亿吨，同比增加3.3%，天然气剩余可采储量1.99亿吨油当量，同比增加159.5%；已开发剩余油气可采储量0.57亿吨油当量，未开发油气可采储量1.66亿吨油当量，储量替换率1045%，储采比17.15，均为近10年来最高水平（图3-64）。

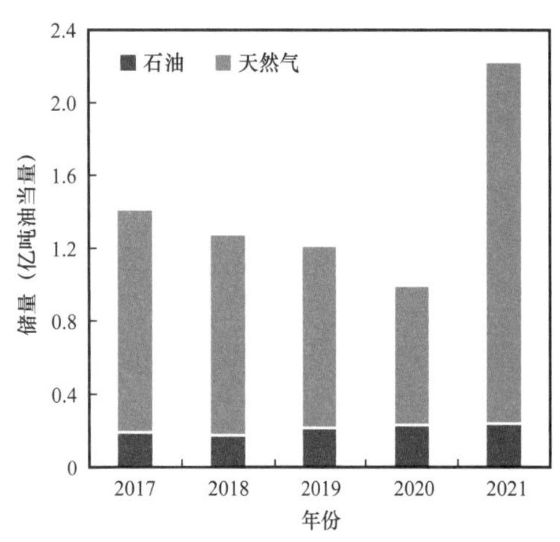

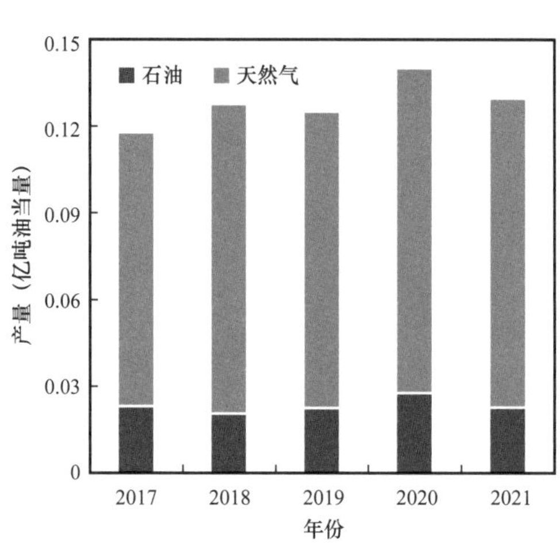

图3-64　伍德赛德2017—2021年油气储量与产量

数据来源：伍德赛德年报

4. 资产组合与优化

伍德赛德的资产分布于澳大利亚、塞内加尔和北美地区，本土资产主要包括澳大利亚西部的冥王星LNG项目（作业者权益90%）、西北大陆架项目（作业者权益16.67%）、惠斯通LNG项目（非作业者权益13%）、朱利玛尔—布鲁内罗（Julimar—Brunello）项目（作业者权益65%）、奥哈FPSO（作业者权益60%）、Ngujima-Yen FPSO（作业者权益33.33%）等，海外资产主要包括桑格马尔油田开发项目（作业者权益68.33%）和东帝汶的朝阳LNG项目（33.44%权益份额）等。在最新的战略框架下，公司将旗下资产划分为海上石油、天然气管道和LNG，以及新能源等三个大类。其中，海上石油业务以创造高额回报为目标，聚焦回报周期短、变现能力强的高质量标的，所产生的现金流主要用于支持公司的多元化增长战略；天然气管道和LNG业务以产能挖潜和稳健回报为目标，通过基础设施的开发和利用，实现天然气资源的长期货币化，并为未来的氢能业务奠定良好基础；新能源业务聚焦氢能、液氨和 CCUS 等领域，优先投资于新兴市场的低成本、低风险、低碳排放项目。以上三大类资产在兼顾短期经营效益的同时，严格遵守公司的“2050 净零排放”承诺，实现经济利益与低碳价值的高度统一。

2021 年 5 月，伍德赛德宣布出售加拿大不列颠哥伦比亚省基提马特 LNG 项目的 50% 非作业者权益；2021 年 11 月，公司与必和必拓集团达成协议，将收购必和必拓的石油业务，并于 2022 年二季度正式完成交易；2022 年 1 月，伍德赛德宣布向全球基础设施合作伙伴（GIP）出售冥王星二期项目 49% 的非作业者权益；此外，公司还在继续为桑格马尔油田和冥王星二期项目等优质资产寻找合作企业，希望通过出让部分权益的方式，吸引实力雄厚的上游企业或 LNG 采购商参与项目的开发和运营。

参考文献

戴厚良，苏义脑，刘吉臻，等 . 2022. 碳中和目标下我国能源发展战略思考［J］. 石油科技论坛，41（1）：1-8.

窦立荣，2019. 埃克森美孚公司大举进入巴西深水领域［J］. 世界石油工业，26（3）：71-73.

窦立荣，汪望泉，肖伟，等 . 2020. 中国石油跨国油气勘探开发进展及建议［J］. 石油科技论坛，39（2）：21-30.

窦立荣，温志新，王建君，2022. 2021 年世界油气勘探形势分析与思考［J］. 石油勘探与开发，http：//www. cpedm. com/CN/10. 11698/PED. 20220160.

窦立荣，肖伟，刘贵洲，2020. 抓住低油价机遇积极获取优质油气资产［J］. 世界石油工业，27（5）：52-60.

窦立荣，袁圣强，刘小兵，2022. 中国油公司海外油气勘探进展和发展对策［J］. 中国石油勘探，27（2）：1-10.

杜廷召，刘欣，叶昆，等，2022. 对“双碳”目标下石油公司发展氢能的思考和建议［J］. 国际石油经济，30（2）：33-38.

杜祥琬，2022. 全球迈向“双碳”之路径与能源革命［J］. 石油科技论坛，41（1）：3-4.

范旭强，陈建荣，吴谋远，等，2021. 油气田企业新能源产业发展现状及合作融资模式探析［J］. 国际石油经济，29（10）：7-18.

冯贺，徐金忠，安雨康，等，2021. 2021 年上半年海外油气投资环境风险回顾与展望［J］. 国际石油经济，29（8）：64-70.

韩立群，2021. 当前全球能源危机的主要特点及影响因素分析［J］. 国际石油经济，29（11）：9-15.

侯明扬，2022. 2021 年全球油气资源并购市场特点及前景展望［J］. 国际石油经济，30（3）：20-27.

黄浩凯，2022. 2021 年全球液化天然气市场特点及发展趋势［J］. 国际石油经济，30（4）：79-91.

匡立春，邹才能，黄维和，等，2022. 碳达峰碳中和愿景下中国能源需求预测与转型发展趋势［J］. 石油科技论坛，41（1）：9-17.

李建青，姜学峰，苏义脑，等，2022.“双碳”目标下重点行业减排路径模拟及对策研究［J］. 石油科技论坛，41（1）：29-37.

李婉君，张运东，郭艳青，等，2021. 欧洲主要石油公司碳排放交易管理策略及启示［J］. 国际石油经济，29（11）：34-42.

李伟，王宇纯，2022. 全球碳中和液化天然气贸易发展趋势及影响［J］. 国际石油经济，30（3）：72-79.

刘贵洲，窦立荣，2019. 国际大石油公司发展 LNG 业务的启示［J］. 国际石油经济，27（8）：43-48.

刘贵洲，窦立荣，黄永章，等，2021. 氢能利用的瓶颈分析与前景展望［J］. 天然气与石油，39（3）：1-9.

刘合年，史卜庆，薛良清，等，2020. 中国石油海外“十三五”油气勘探重大成果与前景展望［J］. 中国石油勘探，25（4）：1-10.

刘键烨，刘博峰，赵永博，等，2021. 基于效用理论的海外油气项目投资组合优化方法研究［J］. 国际石油经济，29（11）：64-74.

刘小兵，窦立荣，万仑坤，等，2022. 全球深水油气勘探开发业务发展及启示［J］. 天然气与石油，40（4）：75-83.

吕建中，郭晓霞，杨金华，2015. 深水油气勘探开发技术发展现状与趋势［J］. 石油钻采工艺，37（1）：13-18.

陆如泉，耿长波，王天娇，等，2016. 埃尼油气自主勘探战略探析［J］. 国际石油经济，24（7）：21-26.

马新华，胡勇，何润民，2019. 天然气产业一体化发展模式研究与实践［J］. 技术经济，38（9）：65-72.

穆龙新，陈亚强，许安著，等，2020. 中国石油海外油气田开发技术进展与发展方向［J］. 石油勘探与开发，47（1）：120-128.

穆龙新，计智锋，2019. 中国石油海外油气勘探理论和技术进展与发展方向［J］. 石油勘探与开发，46（6）：1027-1036.

戚永颖，2022. 国内外石油公司深度调整业务结构，继续加快能源转型步伐［J］. 国际石油经济，30（1）：35-37.

乔英俊，黄海霞，姜玲玲，2022. 发达国家碳中和主要行动及对我国的启示［J］. 石油科技论坛，41（1）：38-49.

任重远，梁萌，廖华，2022. 能源国际合作进展评价体系构建及实证研究［J］. 国际石油经济，30（3）：80-88.

尚凡杰，姜彬，房磊，等，2018. 巴西盐下深水油田开发风险应对与启示［J］. 石油科技论坛，37（2）：42-50.

申延平，文雅萍，苏国辉，等，2022. 美国海域油气区块租赁规划和管理及其对中国的启示［J］. 国际石油经济，30（2）：51-56.

史卜庆，郜峰，余岭，等，2021. 国际大石油公司技术支持体系特点及启示［J］. 石油科技论坛，40（4）：25-31.

史卜庆，王兆明，万仑坤，等，2021. 2020 年全球油气勘探形势及 2021 年展望［J］. 国际石油经济，29（3）：39-44.

司进，张运东，刘朝辉，等，2021. 国外大石油公司碳中和战略路径与行动方案［J］. 国际石油经济，29（7）：28-35.

孙和风，姜雪，2021. 国际石油公司低碳业务并购特征与发展趋势［J］. 国际石油经济，29（7）：36-44.

田成坤，王守全，陈明卓，等，2022. 新形势下国有油气企业高质量发展评价指标体系构建［J］. 国际石油经济，30（2）：91-97.

童晓光，张光亚，王兆明，等，2018. 全球油气资源潜力与分布［J］. 石油勘探与开发，45（4）：727–736.

万仑坤，计智锋，刘小兵，等，2020. 油气甜点在哪里［J］. 中国石油石化，24（21）：44–45.

王建君，张宁宁，王青，等，2018. 全球石油公司勘探开发业务发展动向与策略［J］. 石油科技论坛，19（6）：54–65.

王陆新，潘继平，杨丽丽，2020. 全球深水油气勘探开发现状与前景展望［J］. 石油科技论坛，39（2）：31–37.

王陆新，王越，王永臻，2022. 碳达峰碳中和背景下我国能源发展多情景研究［J］. 石油科技论坛，41（1）：78–86.

王鹏，陈捷，2022. 期权在原油贸易中的应用及其风险与对策［J］. 国际石油经济，30（2）：98–105.

王兆明，温志新，贺正军，等，2022. 全球近 10 年油气勘探新进展特点与启示［J］. 中国石油勘探，27（2）：27–37.

温志新，王兆明，刘小兵，2021. 国际大石油公司十年来海外勘探业务发展的启示［N］. 中国石油报，2021–11–09（6）.

谢玉洪，2018. 中国海洋石油总公司油气勘探新进展及展望［J］. 中国石油勘探，23（1）：26–35.

余岭，李春烁，唐旭伟，等，2022. 国外石油公司能源转型的主要特点及其启示［J］. 国际石油经济，30（3）：44–51.

张功成，屈红军，张凤廉，等，2019. 全球深水油气重大新发现及启示［J］. 石油学报，40（1）：1–34+55.

张功成，屈红军，赵冲，等，2017. 全球深水油气勘探 40 年大发现及未来勘探前景［J］. 天然气地球科学，28（10）：1447–1477.

张宁宁，王建良，刘明明，等，2021. 碳中和目标下欧美国际石油公司低碳转型差异性原因探讨及启示［J］. 中国矿业，30（9）：8–15.

张宁宁，王青，王建君，等，2019. 全球主要石油公司发展策略及启示［J］. 石油科技论坛，38（6）：48–55.

赵旭，2021. 全球 LNG 贸易资源供应新趋势及中国能源企业 LNG 业务发展建议［J］. 国际石油经济，29（10）：82–89.

中国石油勘探开发研究院（RIPED），2021. 全球油气勘探开发形势及油公司动态（2021 年）［M］. 北京：石油工业出版社.

周佩庆，林益楷，2021. 壳牌“赋能进步”转型战略分析及其启示［J］. 国际石油经济，29（4）：67–73.

朱子涵，2021. 国际油气公司甲烷减排及控制目标比较［J］. 国际石油经济，29（4）：12–20.

邹才能，2021. 油气大势与双碳目标［J］. 石油科技论坛，40（6）：64–66.

邹才能，何东博，贾成业，等，2021. 世界能源转型内涵、路径及其对碳中和的意义［J］. 石油学报，42（2）：233–247.

邹才能，薛华庆，熊波，2021."碳中和"的内涵、创新与愿景［J］.天然气工业，1-12.

BP. Annual Report [EB/OL]. https://www.bp.com/en/global/corporate/investors/results-and-reporting/annual-report.html.

BP，2022. BP Statistical Review of World Energy 2022 [R].

BP，2022. Energy Outlook (2022 edition)[R].

Chevron. Annual Report [EB/OL]. https://www.chevron.com/annual-report.

CNRL. Annual Documents [EB/OL]. https://www.cnrl.com/investor-information/annual-documents#2021.

ConocoPhillips. Annual Report [EB/OL]. https://www.conocophillips.com/company-reports-resources/annual-report/.

ENI. Results and Reports [EB/OL]. https://www.eni.com/en-IT/investors/financial-results-and-reports.html.

EOG. Annual Reports & Proxy Materials [EB/OL]. https://investors.eogresources.com/Annual-Reports/default.aspx.

Equinor. Annual Report [EB/OL]. https://www.equinor.com/investors/annual-reports.

ExxonMobil. SEC Filings [EB/OL]. http://ir.exxonmobil.com/phoenix.zhtml?c=115024&p=irol-sec.

Hess. Annual Report [EB/OL]. https://investors.hess.com/Annual-Reports?c=101801&p=irol-reportsAnnual.

IEA，2021. World Energy Outlook 2021 [R]. Paris: International Energy Agency.

IHS Markit，2022-5-5. IHS Edin [DB/OL]. https://ihsmarkit.com/index.html.

Occidental. Annual Report (Form 10K) and Proxy Statement [EB/OL]. https://www.oxy.com/investors/Reports/Pages/Annual-Report-and-Proxy.aspx.

Petrobras. Integrated Report [EB/OL]. https://www.investidorpetrobras.com.br/en/results-and-notices/annual-reports/.

Petronas. Integrated Report 2021 Reports [EB/OL]. https://www.petronas.com/media/reports?category=annual%20reports.

Rosneft. Annual Reports [EB/OL]. https://www.rosneft.com/Investors/Reports_and_presentations/Annual_reports/.

Saudi Aramco. Reports & presentations [EB/OL]. https://www.saudiaramco.com/en/investors/investors/reports-and-presentations.

Shell. Annual Reports and Publications [EB/OL]. https://reports.shell.com/annual-report/2021/.

Shell，2022. LNG Outlook 2022 [R].

Suncor. Annual Disclosure [EB/OL]. https://www.suncor.com/en-ca/investors/financial-reports/annual-disclosure.

TotalEnergies. Results [EB/OL]. https://totalenergies.com/investors/publications-and-regulated-information/reports-and-publications#annualReports.

Tullow. Results, reports and presentations [EB/OL] . https : //www. tullowoil. com/investors/results-reports-and-presentations/.

Vernikovsky, V. & Shemin, Georgy & Deev, et al. , 2018. Geodynamics and Oil and Gas Potential of the Yenisei-Khatanga Basin (Polar Siberia) [R] . Minerals. 8. 10. 3390/min8110510.

Westwood Global Energy Group, 2022-5-6. Westwood Wildcat [DB/OL] . https : //www. westwoodenergy. com/.

Wood Mackenzie , 2022-7-5. Upstream Data Tool [DB/OL] . https : //www. woodmac. com.

Woodside. Reports & Investor Briefings [EB/OL] . https : //www. woodside. com/investors/reports-investor-briefings.

附　　录

单位换算

1mile（英里）=1.609km（千米）

1m（米）=3.281ft（英尺）=1.094yd（码）

$1km^2$（平方千米）=100ha（公顷）=247.1acre（英亩）=$0.386mile^2$（平方英里）

$1\times10^{12}ft^3$（万亿立方英尺）=$283.17\times10^8m^3$（亿立方米）

$1m^3$（立方米）=1000L（升）=$35.315ft^3$（立方英尺）=6.29bbl（桶）

1bbl（桶）=0.14t（吨）(原油，全球平均)

$1\times10^{12}ft^3/d$(万亿立方英尺/天)=$283.17\times10^8m^3/d$(亿立方米/天)=$10.336\times10^{12}m^3/a$(万亿立方米/年)

1bbl/d（桶/天）=50t/a（吨/年）(原油，全球平均)

1t（吨）=7.3bbl（桶）(原油，全球平均)

1bbl 原油 = $5800ft^3$ 天然气（按平均热值计算）

1bbl 原油 = 5.8×10^6Btu（英热单位）

1D（达西） = 1000mD（毫达西）=$1\mu m^2$（平方微米）

$1cm^2$（平方厘米） = 9.81×10^7D

$1ft^3/bbl$（立方英尺/桶）=$0.2067m^3/t$（立方米/吨）(气油比)

1°F/100ft = 1.8℃/100m(地温梯度)

1t（吨）=1000kg（千克）=2205 lb（磅）=1.102sh.ton（短吨）=0.984long ton（长吨）

API 度 = 141.5/相对密度 −131.5（相对密度取 15.5℃时的值）

免责声明

本书所载资料的来源及观点的出处皆被认为可靠，但中国石油勘探开发研究院不对其准确性或完整性做出任何保证。报告内容仅供参考，报告中的信息或所表达观点不构成所涉证券买卖的出价或询价或者其他投资的决策依据。中国石油勘探开发研究院不对因使用本书的内容而引致的损失承担任何责任，除非法律法规另有明确规定。

读者不应以本书取代其独立判断或仅根据本书做出决策。中国石油勘探开发研究院可发出其他与本书所载信息不一致及有不同结论的报告。本报告反映研究人员的不同观点、见解及分析方法，并不代表中国石油勘探开发研究院的立场。

报告所载资料、意见及推测仅反映研究人员于发出本报告当日的判断，可随时更改且不予通告。未经中国石油勘探开发研究院事先书面许可，任何机构或个人不得以任何形式翻版、复制、刊登、转载或者引用，否则由此造成的一切不良后果及法律责任由私自翻版、复制、刊登、转载或者引用者承担。